岩溶水的管理、易损性与恢复

(美)Neven Kresic　著

马志刚　马奕仁　关金华　何家军　译

(上)

黄河水利出版社

·郑州·

Neven Kresic
Water in Karst: Management, Vulnerability, and Restoration.
ISBN:978 -0 -07 -175333 -3

备案号:豫著许可备字 -2015 - A -00000062

图书在版编目(CIP)数据

岩溶水的管理、易损性与恢复/(美)希奇(Kresic,N.)著;马志刚等译.
郑州:黄河水利出版社,2015.3
书名原文:Water in Karst: Management, Vulnerability, and Restoration
ISBN 978 -7 -5509 -1042 -3

Ⅰ. ①岩… Ⅱ. ①希… ②马… Ⅲ. ①岩溶水 - 水资源 - 资源保护 - 研究 Ⅳ. ①P641.134

中国版本图书馆 CIP 数据核字(2015)第 059358 号

出 版 社:黄河水利出版社
地址:河南省郑州市顺河路黄委会综合楼 14 层　　邮政编码:450003
发行单位:黄河水利出版社
发行部电话:0371 -66026940、66020550、66028024、66022620(传真)
E-mail:hhslcbs@126.com
承印单位:河南省瑞光印务股份有限公司
开本:890 mm×1 240 mm　1/32
印张:25.25
字数:727 千字　　印数:1—1 500
版次:2015 年 5 月第 1 版　　印次:2015 年 5 月第 1 次印刷

定价(上、中、下):128.00 元

《岩溶水的管理、易损性与恢复》翻译委员会

主　　任	张华忠
副 主 任	周运祥　周志勇
委　　员	王承云　陈　宇　马　恩　李鹏云　刘永贵 余　勇　宋金木　吴应真
翻　　译	马志刚　马奕仁　关金华　何家军　左绪海 向继红　岳洪波　裴来琼　周　彬　熊　艳 彭　俊　李德刚　彭怀文　关　翔　裴来勇
译　　校	龚　敬　黄灿璨
译　　审	余继承　刘子慧　黄建和　郑　丰
参加人员	刘　平　张　媛　刘宝珍　梁　玲　陈纯静

目　录

第二部分 岩溶水的管理

第三部分　岩溶水的脆弱性及修复

概　述

“喀斯特”是用来描述斯洛文尼亚和意大利的里雅斯特地区特有地貌的术语，是由德语的“carso”、“kras”演变而来的，前者意为“在意大利”，后者意为“在斯洛文尼亚”。而在印欧语系中，“kar”、“karra”是“岩石”的意思。以下关于“喀斯特”、“喀斯特地貌”的定义出自1960年版的《美国地质科学院地质词典》。

在喀斯特地区，石灰岩被地下水溶蚀成大量洞穴，像是蜂窝。水在地下流动，地表很干燥。地面布满落水洞，间或有陡峭的山脊和隆起的巨石。干谷随处可见，而有河的山谷中的河流会突然没入地下，在几英里外以泉的形式重新露出地表。这种地貌在东亚得里亚海岸是如此的常见，以至于将其他地方类似的地貌都称为喀斯特地貌。

斯拉夫语中描述喀斯特地区的词已成为国际通用的科学术语，这要感谢塞尔维亚地貌学家约万斯维基克（见图0.1），他于1893年发表了描述喀斯特地貌的博士论文，定义了落水洞、溶沟、管蚀、溶洞等名词。以后的20年间，约万斯维基克汇集了40多份研究喀斯特地貌及水文现象的文献，形成了理论框架。他的著作和大量描述喀斯特地形

图0.1　约万斯维基克在巴尔干旅行

及地下水源的图，被多次再版、拷贝和重新确认。图 0.2 ~ 图 0.4 是约万斯维基克在考察巴尔干地区时手绘的一些典型图，用以支撑、说明他关于喀斯特地貌的理论。他对迪纳拉山脉喀斯特地貌及其水文地质的深刻分析，使得全世界接受了经典的迪纳拉山脉喀斯特地貌是完整发育的喀斯特地貌的标准。他被许多科研机构称为喀斯特学科之父。他创建了贝尔格莱德喀斯特学校，40 年里培养出三位国际水文学会喀斯特专业委员会的奠基人，米加托维齐博士、柯马梯娜博士、斯蒂潘洛维奇博士。之后，还有世界上第一本关于喀斯地区水文地质专著的作者米兰洛维奇博士。

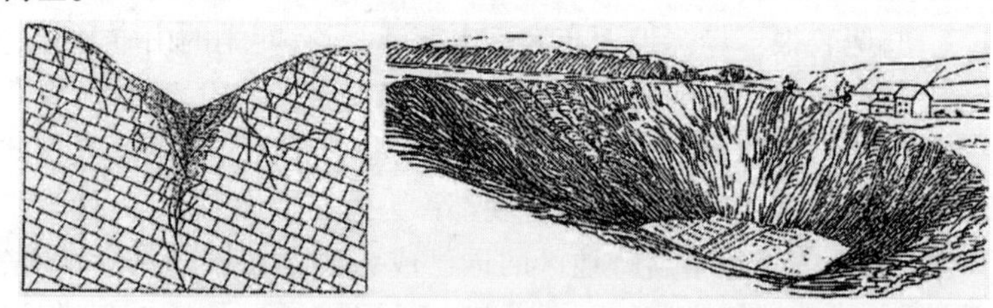

图 0.2　左图为顺岩石裂缝溶解生成的落水洞，右图为斯洛文尼亚的科济纳地区的经典喀斯特地貌

对于科学家和民众来说，喀斯特环境下的地下水充满着神秘感。在人类历史上，许多巨大的泉水孕育了最早的城市，直至今日仍是可靠的水源。它们制造了神秘的，有时是令人恐惧的地下洞穴（见图 0.6）；为某些特种生物提供栖息地（见图 0.7）。这些泉水的变化很难预料，大雨过后 1 h 水位会猛涨数百英尺，形成大量的临时泉眼。它们很容易受到污染，必须严格禁止无限制地使用泉水。

拉莫瑞克斯(2005)指出，最早关于水循环、水源、频率、水质的概念出自喀斯特地下水的研究。古代地下河、泉是希腊神话的组成部分，希腊、罗马的哲学家对此进行过大量论述，他们对喀斯特、喀斯特泉、地质特征进行过描述：

●公元前 852 年，亚速王萨尔曼拉萨Ⅲ世远征底格里斯河源头时，对喀斯特地区水文情况进行了记载。底格里斯河源是一个喀斯特泉，附近洞口刻有碑文，意思是这里是底格里斯河的源头，是不朽的萨尔曼

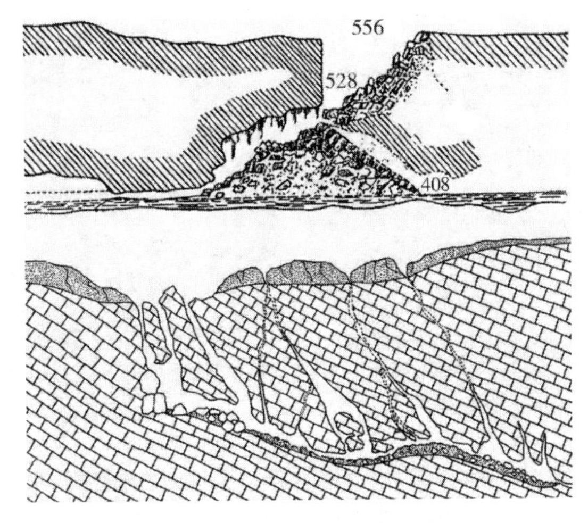

图 0.3　约万斯维基克为其关于喀斯特地貌形成原因说明所配的图。地表为崩塌的落水洞,底部为淤积落水洞

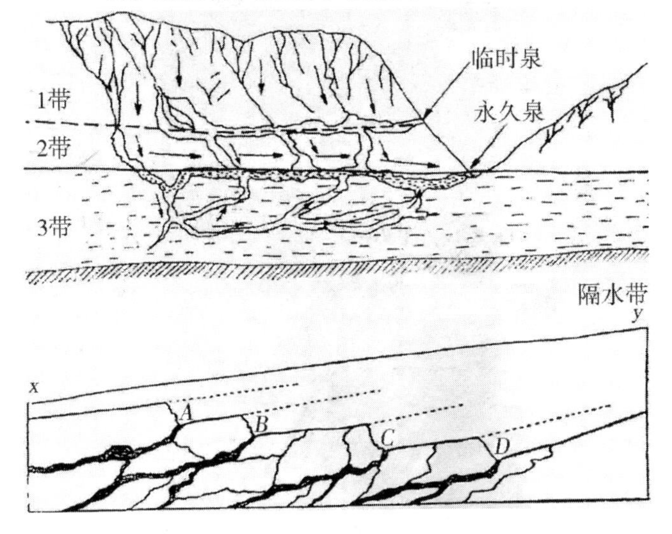

图 0.4　约万斯维基克说明喀斯特地区地下水的示意图。上图为喀斯特含水层的 3 个带。1 带为干燥带,只有入渗;2 带为过渡带,受入渗和饱和带地下水的补给;3 带为饱和带与毛细管水带。下图为连绵的落水洞形成的地下河谷,$x-y$为原始喀斯特地区

图 0.5　美国地质学会 1924 年颁给约万斯维基克的卡勤姆奖章，表彰他在巴尔干喀斯特地貌研究中的成就

图 0.6　查龙到达希腊地下世界地洞出口的图

拉萨Ⅲ世。

●希腊哲学家恩帕克莱斯（公元前 490 ~ 前 430 年）、亚里斯多德（公元前 484 ~ 前 322 年）认为喀斯特泉是水文循环的结果。

●埃拉托色尼（公元前 276 ~ 前 194 年）描述了希腊凡尼奥斯的落水洞与帕罗蓬的拉丹泉之间的水力联系。

图 0.7　得克萨斯火蜥蜴(穴居,视力较差,成年后长 5 ft。它终身生活于无光的环境中,对水质特为敏感,只在得克萨斯的圣马科斯洞穴中发现过,是美国 7 种濒危物种之一

●波塞东(公元前 135 ~ 前 50 年)发现了意大利的泰马沃泉,并指出蒂米维斯河就消失在附近的洞穴中。

●斯特拉堡(公元前 60 ~ 前 28 年)编写了 17 卷的地质百科全书,其中第 8 篇与希腊密切相关,描述了灰岩盆地、地下河及喀斯特现象。

图 0.8　耶路撒冷城外西罗亚水池的入口

●圣尼卡(公元前 3 ~ 公元 65 年)是著名的悲剧作家,但也许是罗马最重要的描写喀斯特的作家。他的《自然之谜》第 3 册专门描写水,

讲述了溶蚀、洞穴形成,泉、河流的消失与再现过程。

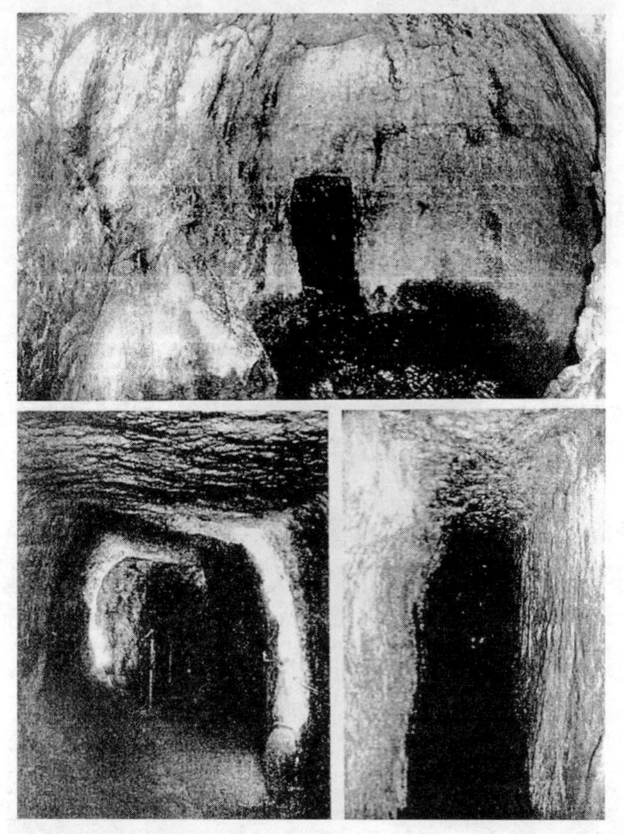

图0.9 耶路撒冷的基层输水工程。上图为泉水洞,中心为人工开凿的引水洞,引水到沃伦干渠和埃兹凯斯隧洞;左下图为沃伦干线输水断面;右下图为埃兹凯斯隧洞,目前还在使用

喀斯特地下水造就了人类第一个宏大的供水工程。古耶路撒冷城的主要水源是间隙泉——基宏泉。这股泉水还灌溉了汲沦谷的帝王庄园。泉水是间隙性的,且位于城外,这就需要修建专门的输水管网,以保证供水的可靠性。首先修建的是位于泰诺波恩的水库,即"西罗亚水池",由西罗亚明渠将泉水引入水库。明渠挖深 20 ft,用石板衬砌。进口位于城墙处的沃伦干渠,于 1867 年由沃伦发现,其中有 41 m 长的

不规则断面通道到达基宏泉(见图0.9)。多数学者认为沃伦干渠是人工建造的,但1980年代的水文地质研究成果则认为这些输水通道是喀斯特地区自然形成的,当时的建造者只是利用了这些地下通道而已。

在埃兹凯斯时代(公元前739~前687年),亚速人用埃兹凯斯隧洞将西罗亚明渠延伸至大卫城,他们在洞内采用泥灰止水以防岩石溶解和漏水。这条长553 m的弧形洞是为数不多的保存完好的公元前8世纪的圣经建筑物,今天仍可供人们参观。根据西罗亚碑文的记载,该隧洞由两端向中间施工,并部分利用天然地下河,该河由基宏泉流向西罗亚水池。碑文中有一句话为:“岩石中存在‘zdh’”。可能指的是断裂或喀斯特,也许二者均是。弗鲁姆金、西蒙龙推断(2006年)隧洞施工定向采用的是地面声音的方式,即用榔头敲击正在挖掘的岩石,由声音引导下面的掘进。

图0.10　上图为公元3世纪罗马戴克里先皇帝为其亚得里亚海夏宫修建的引水渠渡槽;下图为重现后的戴克里先皇帝宫

罗马人掌握了利用喀斯特含水层与泉供水的方法,他们把这种方法推广到其他地方。结果,属于罗马帝国的地中海国家形成了许多由喀斯特泉引水的渠道,其中有些保存得非常完整(见图 0.10)。15 世纪文艺复兴时期,罗马人通常会在喀斯特泉引水渠末端建造喷泉。图 0.11是特莱维喷泉,是世界最著名的巴洛克式喷泉。如今,罗马仍依赖大的喀斯特泉供水。

图 0.11　罗马巴洛克式的特莱维喷泉,特莱维喷泉由尼克拉萨维设计,1762 年建成。水由 13 km 外的萨龙喀斯特泉通过地下的维京渠引来。传说干渴的罗马士兵向少女要水喝,少女给他们指引了这个泉水,之后按她的要求将泉命名为维果。

如今,所有大陆和众多海岛上都发现了喀斯特含水层,出露的部分占到了地表的 20%,更多的则还藏在不溶蚀的岩石下。水源的重要性及持久性已成为世界范围的重要问题,其管理与保护正迅速成为关注的对象。本书旨在阐述这方面的研究进展及工程措施。衷心感谢我的同事及众多喀斯特爱好者所提供的大量研究材料,特别要感谢鲁卡斯、琼斯、阿克曼为本书提供的许多迷人的图片和说明,这是手工绘图难以达到的效果。我的另一些同事把他们最好的照片给了我,使得本书更为丰富多彩、更加形象。要特别感谢 AMEC 环境与基础设施公司的同事们,他们提供了乔治工程的资料和图片。在写书的过程中,我和喀斯特水文地质中心、贝尔格莱德大学的专家们进行过广泛的讨论,受益匪浅,此两机构是约万斯维基克奠定的。UNESCO 的库克瑞克博士、特雷德博士参与了迪纳拉山脉喀斯特跨界含水层(DIKTAS)保护与可持续利用研究项目,并负责与克罗地亚、波斯尼亚黑塞哥维那、黑山、阿尔巴尼亚、塞尔维亚的喀斯特专家接洽。最后,我要感谢米兰洛维奇博士、斯蒂万洛维奇、我的 LAHK 喀斯特委员会的老师们、贝克博士、拉莫茹克斯,他们为本书的编导提供了大量的指导。

参考文献

[1] Cvijič, J., 1893. Das Karstphänomen. Versuch einer morphologischen Monographie. Geographische Abhandlungen Herausgegeben von Prof. Dr A. Penck, Wien, Bd. V. Heft. 3, pp. 1-114.

[2] Cvijič, J., 1918. Hydrographie souterraine et évolution morphologique du karst. Recueil des Travaux del'Institut de Géographie alpine, Grenoble, t. VI, fasc. 4, pp. 1-56.

[3] Cvijič, J., 1926. Geomorfologija (Morphologie Terrestre). Knjiga druga (Tome Second). Državna Štamparija Kraljevine Srba, Hrvata i Slovenaca, Beograd, 506p.

[4] Frumkirt, A., and Shimron, A., 2006. Tunnel engineering in the Iron Age: Geoarchaeology of the Siloam Tunnel, Jerusalem. J Archaeol Sci 33(2): 227-237.

[5] IMFA (Israel Ministry of Foreign Affairs), 2003. Jerusalem-Water Systems of Biblical Times. Available at: http://www. mfa. gov. il/mfa/early%20history%20-%20archaeology/.

[6] LaMoreaux, P. E., and LaMoreaux, J., 2005. Karst: Foundation for concepts in hydrogeology. In: Stevanovic, Z., and Milanovic, P. (eds.), Water Resources and Environmental Problems in Karst, Proceedings of the International Conference and Field Seminars, Belgrade & Kotor, Serbia & Montenegro, 13-19 September 2005, Institute of Hydrogeology. University of Belgrade, Belgrade, pp. 3-8.

[7] Milanovic, P. T., 1981. Karst Hydrogeology. Water Resources Publications, Littleton, CO, 434p.

[8] Stevanovic, Z., and Mijatovic, B. (eds.), 2005. Cvijič and Karst. Serbian Academy of Science and Arts, Board on Karst and Speleology, Special Edition, Belgrade, 405p.

第一部分　岩溶水文和水文地质

第1章　喀斯特含水层

1.1　简　介

喀斯特地区水文地质环境具有其自然特征和地表水与地下水交换的动力特征。最明显的例子是整条河消失在一洞穴口(见图1.1),或以泉的形式形成河流(见图1.2)。事实上,如何定义喀斯特,除溶洞、落水洞外,最专业的和最不专业的就是对地下河的定义。这一点也不奇怪,在很多情况下,一条河可以反复消失和出现多次(见图1.3~图1.5)。有时可以直接观看到水从地表转入地下,又复回到地表的过程。这需要站对地方(见图1.6),或沿着河步行、爬行、坐船、潜水等(见图1.7、图1.8)。当然,即使是最具献身精神的洞穴潜水者也不可能将喀斯特汇水范围内所有的落水洞跑一遍。有些喀斯特地区的河流甚至消失的地点也不是固定的,它们会渐渐地浸入石灰岩河床及其裂隙中。这就是说,地表水与地下水之间的水力联系并不仅仅限于落水洞、泉眼,有些是在非喀斯特地区无法解释的。喀斯特地区的河流也会如非喀斯河流一样形成冲积平原,并且地下水会从那些松散的沉积物

图1.1　斯洛文尼亚消失于佳玛洞穴的拉卡河

下慢慢流出。这种情况下，地表水、冲积层、地下含水层之间的水交换呈现非常复杂的关系，不同的季节和不同的补给情况，水的流出层与流入层都不同。

图1.2 消失于佳玛洞的拉卡河在普朗宁斯卡形成尤尼卡河。左图为洞口，右图为洞内

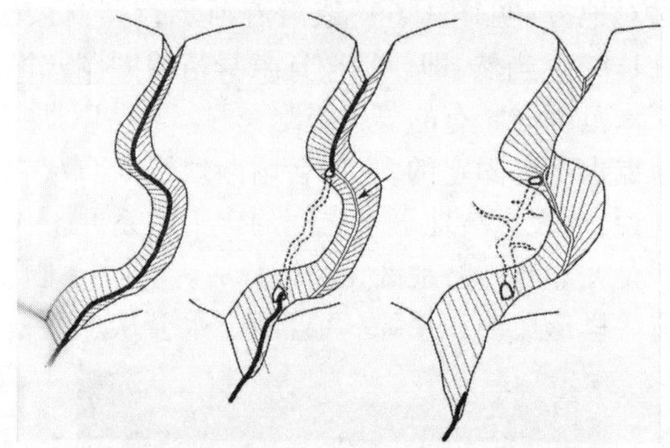

图1.3 河谷示意图。左图为初始状态；中图为开始出现地下河，某些河段成为季节性河；右图为随着河谷深切，过水洞干涸并不再发展。新的成洞过程在更低的高程循环，形成更长的季节性河段

不幸的是，通常人们会以没有河流沉入地下来说明一个地区不是喀斯特地区。那些经验不足的地质人员和水文地质人员，会因为没有见到落水洞而将一个区域划为非喀斯特地区。在以后的章节中会看到，这种对喀斯特复杂性质的误解在水资源的管理、保护中是常见现象。

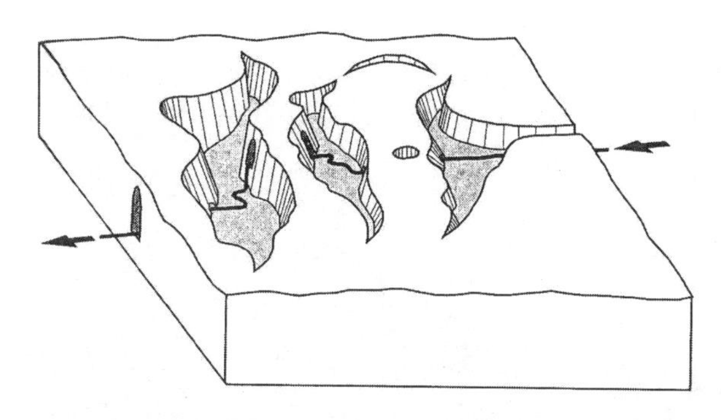

图 1.4　斯洛文尼亚的诺特仁斯卡河，多处沉入地下，最终消失在吉姆溶洞中，汇集到意大利的梯玛沃泉。吉姆溶洞已列为 UNESCO 保护的世界自然遗产

图 1.5　丰水期的斯洛文尼亚的诺特仁斯卡河

图 1.6　罗马尼亚卡帕底安的罗斯特瑞斯洞

图 1.7　塞尔维亚受帕斯特高原泉水补给的溶洞。该洞已经被尤瓦卡水库淹没,洞内可走小船

图 1.8　西维吉尼亚俄根洞中的河流

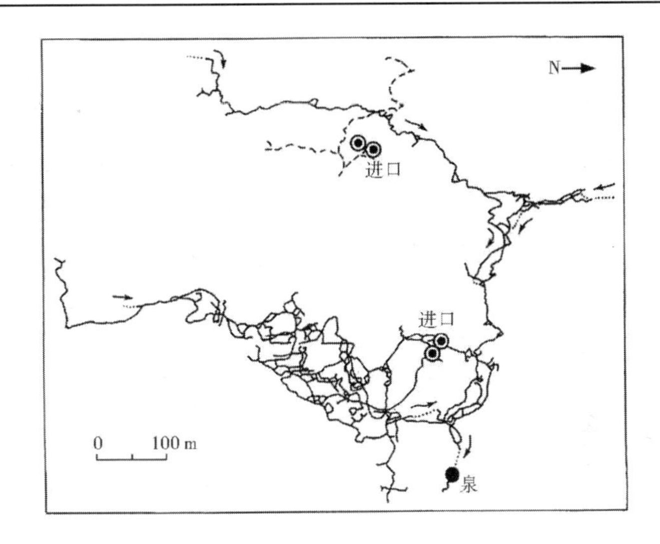

图 1.9　克罗地亚的约皮卡岩溶系统和柯顿岩溶系统

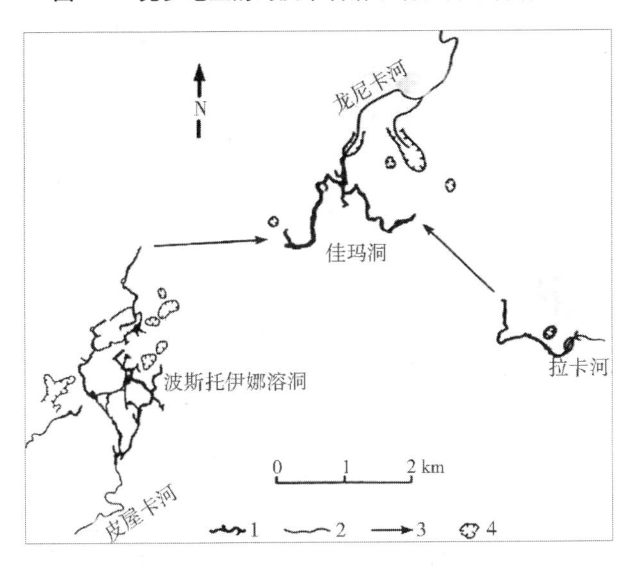

图 1.10　斯洛文尼亚已探明的最长溶洞系统。发源于佳玛洞的尤尼卡河，其水来自于皮屋卡河和拉卡河。佳玛溶洞是欧洲已探明的最古老的溶洞

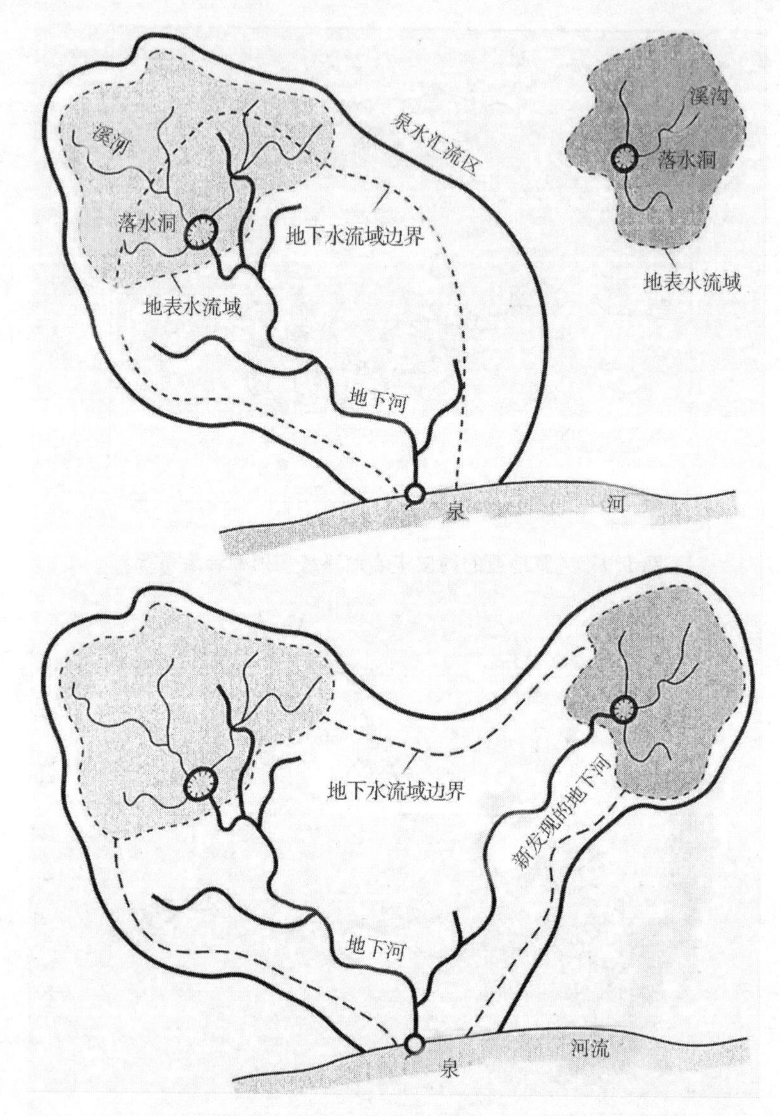

图 1.11　上图为地表水与地下水形成的泉水汇流示意图；下图为通过洞穴潜水与示踪技术探明的地下河系统，它们将地表水引入泉水的汇流区

喀斯特地区的河流，其水量与水质会存在很大的不同。比如在某一个季节，部分河段失水，另外的河段增水，而到下一个季节，失水与增

水的河段又反过来了。有时地下河会分叉，水量会在不同的流域出露地表。一般来说，地下河与地表河一样，具有汇流区域。但同一套岩溶系统地下河汇流区可能跨若干地表汇流区域。这对弄清地下水与地表水的相互作用造成了很大困难。比如，当发现某一泉水受到人工合成的化合物污染时，就很难找到进入该泉地表水汇流区中的污染物源。一个永久性的大型泉眼，通常是喀斯特岩溶系统（含地表水与地下水）总的出露点。这样的系统在佛罗里达通常称为“泉水汇流区”。

总之，弄清各种尺度上地表水与地下水相互作用的各个方面，从而摸清喀斯特水系统的特征，是成功管理、保护水资源的关键。本章以下内容将描述喀斯特含水层的各种特性、表述方式和水量计算方法。

1.2　地下含水层的一般特点

喀斯特含水层是喀斯特水系统的主要组成部分。从量上说，含水层接收、贮存、输送了比地表河流更多的水量。要弄清地下含水层的范围、水力联系、补给区和排泄区，其难度与水文地质构造有关。水文地质构造分为以下几类（见图1.12）：

（1）开放型。补给区与排泄区十分清晰。补给全部来自于降水，也称为自生式补给。如果河流来自非喀斯特地区，到喀斯特地区通过落水洞补给含水层，或通过河床裂隙补给含水层，则称为异源补给。含水层排泄以泉的形式出现，要么发生在与无渗透的岩层的接触面处（见图1.12情况1a）；要么发生在冲蚀区，如永久性河流或海岸地带（见图1.12情况1b）。

（2）半开放型。含水层不全暴露于地表，但排泄全部达到地表。含水层被松散的或致密的岩层覆盖。由于透水性有差别，含水层部分由大气降水直接补给，部分则不能。补给区有的清楚（见图1.12情况2a），有的不清楚（见图1.12情况2b）。

（3）半封闭型。补给区、排泄区只能部分弄清（见图1.12情况3a），或者大部分不清（见图1.12情况3b）。

（4）封闭型。含水层由不透水岩全覆盖，不能接受降水补给。实

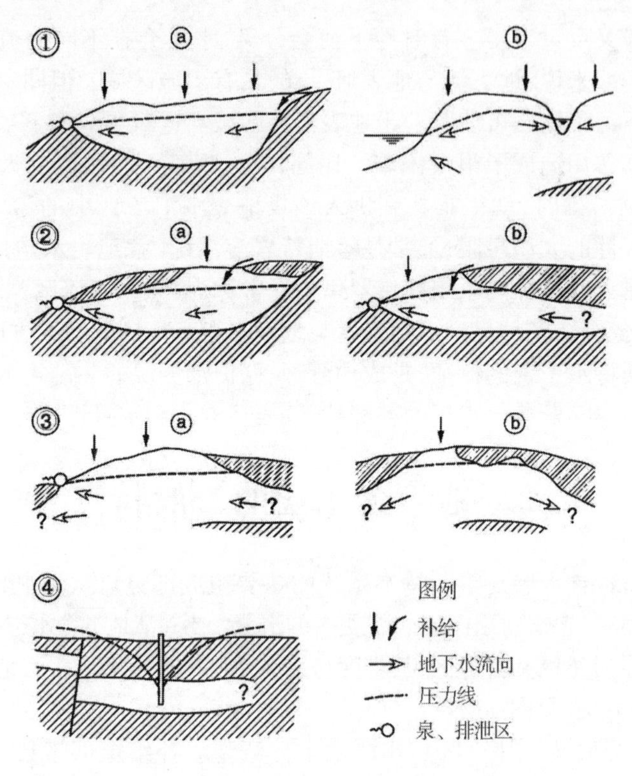

1—开放型;2—半开放型;3—半封闭型;4—封闭型

图 1.12 地下含水层分类

际中,这种含水层只能靠钻孔揭露。当抽取地下水造成水位大幅下降时,就说明含水层是没有补给的。

有些含水层与外界是完全隔绝的,它所拥有的淡水表明其水文地质条件曾经很不同。原先它是受到降水、地表水下渗和邻近含水层补给的,后来由于地质作用,如断裂、折褶,使其封闭起来。这种含水层称为"化石含水层",其中的水是不可更新的。一般来说,只要含水层不能接受大气降水的补给,无论其地质构造如何,都是"不可更新的"。极度干旱地区,基本没有降水,也没有河流,这种地区的含水层也属不可更新的。喀斯特含水层最本质的特征是水沿着地下的河道、溪沟、孔洞流动,而这些孔洞是由岩石溶解后形成的。孔洞的形成经历了若干物理、化学过程，包括水下渗、地下水位上升，上升的地下水将深地层中的 H_2S、硫酸、CO_2 带到上部地层中。然后形成了彼此不相干的喀斯特孔隙，这就是喀斯特含水层。以下将会进一步解释，区分喀斯特含水层的指标是它们的孔隙度，通常由三部分组成，即基岩的孔隙、裂隙、溶解孔隙（喀斯特廊道、溪沟、溶洞）。这就使得其间的水流与多孔介质中的渗流不同，即不遵循达西定律。喀斯特地下水由补给区运移到排泄点需要水头，或许只有在这一点上，它与其他含水层是相似的。喀斯特含水层中的水流常会发生异常转向，两眼距离只有数米的井，井底隔水层深度相同，与地下河相通的井出水量丰富，而位于基岩的井则出水很少，甚至是干的。

要说清喀斯特含水层的特征，需从碳酸盐岩层入手。古生代、中生代直至新生代形成了巨大的碳酸盐陆缘壳，绵延数百至数千千米，厚达数千米，伴随着在海洋中升起了众多孤立的碳酸盐平台。与此同时，那些尺度在数十至数百千米的碳酸盐平台伴随着内陆盆地也发展起来。在漫长的地质构造中，这些平台发生移动和变形。如今，世界各地都可见到它们，海边及内陆被新的不可溶解的岩石所覆盖。欧洲巴尔干迪纳拉的喀斯特地层就是中生代巨厚碳酸盐平台在地壳运动下形成的，地下水排泄在那里溶蚀生成了亚得里亚海。碳酸盐颗粒长期沉积成数千米厚的岩石（见图1.13），水文地质构造暴露于地表。油井钻探表明，地下3 km还有巨大的洞室。

如同欧亚的中生代地台，美国东南部的佛罗瑞丹含水层所涉及的北卡罗莱纳州、南卡罗莱纳州、佐治亚州、佛罗里达州，也是由陆缘地壳发展而来，但其表面覆盖了弱透水沉积层，内部未受外界侵扰，坡度平缓（见图1.14）。含水层基本由第三纪灰岩、古新世至中新世的白云岩组成，水的总体流向为从内陆露头处流向大西洋和墨西哥湾，排泄带淹没在海平面之下。佛罗里达有20多处有详细记载的近海泉，还有大量未曾记载的泉。在远古海平面较低时，这些泉水是史前人与野生动物的饮用水。佛罗里达大学人类学系的科学家在这些泉水附近发现了大量燧石制成的工具。今天，这些泉释放的是微咸水，但史前海平面低时，释放的是淡水。在类似佛罗里达中部和北部灰岩接近地表的地方，

图 1.13　前南斯拉夫著名的迪纳拉石灰岩喀斯特地貌，由中生代的碳酸盐地演变而来。上图为克罗地亚达尔马提亚的迪纳拉山；下图为克罗地亚马卡斯卡的比奥科沃山

喀斯特地区的落水洞、大型泉眼、溶洞随处可见，许多溶洞充满了水。相当多的溶洞补给泉水的情况是由洞穴潜水者发现的。

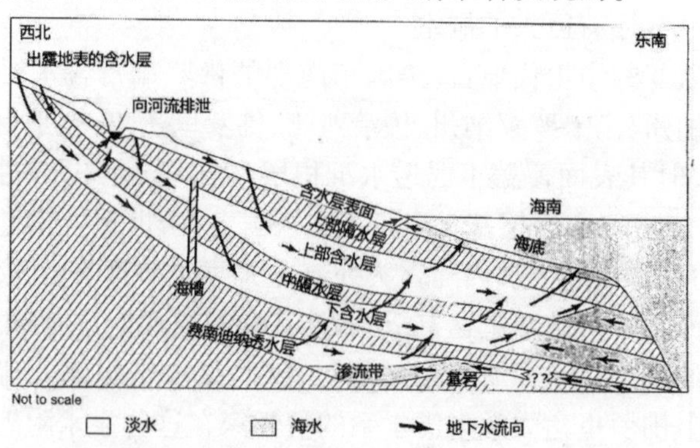

图 1.14　佐治亚州的佛罗瑞丹含水层示意图。西北—东南走向。下部为费南迪纳透水层，它将大量的微咸水输送到上部佛罗瑞丹含水层

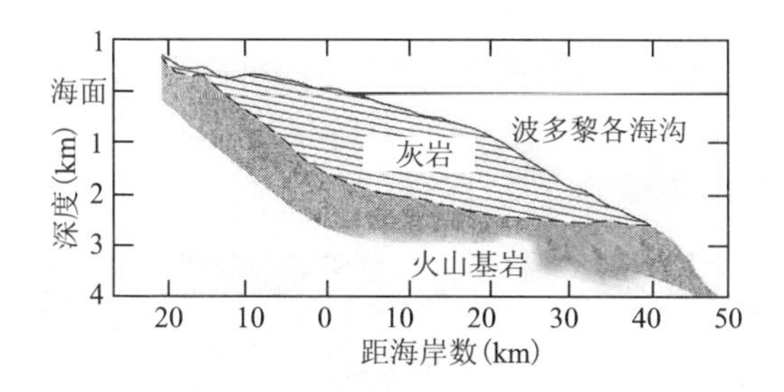

图1.15　波多黎各北部海岸的灰岩层

加勒比海中的岛国,如古巴、波多黎各、伊斯帕尼奥拉岛、牙买加,是一些相对较小的碳酸盐平台,它们坐落在透水性小的岩浆岩上,如图1.15所示。地下的和地表的喀斯特区充满了溶洞、落水洞、锥形山。锥形山在古巴称为“莫戈特斯”(mogotes),而在波多黎各称为“拍平缕斯”(pepinos)。图1.16是伊斯帕尼奥拉岛上典型的喀斯特地貌,在牙买加称为“座椅喀斯特”。这里的地下水是由上游陆地降雨补给区流向海洋,排泄区位于海平面以下,形成了淡水与咸水的交界带。

图1.16　多来尼加乔治提供的环状落水洞与残余灰岩山,箭头所指的为2间房屋

那些年代新、厚度大的碳酸盐沉积含水层,有可能成为重要的供水水源,如巴哈马群岛及加勒比海的岛屿、墨西哥的尤卡坦半岛(见图1.17)、洪都拉斯、危地马拉、牙买加、巴巴多斯、百慕大群岛、菲律宾的宿务岛、斯里兰卡的贾夫纳、印度洋的珊瑚岛(如马尔代夫群岛)、柬埔寨、越南等。沿海岸和岛屿新近沉积的碳酸盐层具有很强的透水性,这意味着难以形成地表河流,地下水是唯一的供水水源。这类水源若超采,则很容易遭到海水入侵。

图 1.17 潜水员正在探察墨西哥的水下庞德罗斯溶洞,洞壁上布满了孔洞

在美国,碳酸岩板块一般远离海岸。得克萨斯的爱德华兹石灰岩地区,肯塔基、田纳西、密苏里、印地安那的喀斯特地区,它们均富含地下水。图 1.18 是得克萨斯州圣安东尼奥的鲶鱼农场井,其出水流量达到 11 500 L/s,此井刚打成时,喷出的水柱高达 10 m。上述喀斯特区的地下水壅向喀斯特边缘地带最低处的泉眼,或壅向最低处的地表河流。地下水在投入河流前,常经过了多处泉眼。美国最著名的喀斯特地貌是肯塔基的猛犸溶洞(见图 1.19),水由落水洞、地下河进入含水层,地表河变得十分稀有。而地下水沿着猛犸溶洞、薄荷平原下的密西西比河灰岩地层向西南流去。猛犸溶洞群是世界上最长、研究最多的地下溶洞系统。

在美国的内华达州、犹他州,碳酸盐及其他沉积岩在 5.7 亿 ~ 2.8 亿年前形成了海岸带,这些海相沉积物厚达 12 000 m。沉积岩的变形断裂带使水导入地下,而只有碳酸盐沉积岩具有可溶性,形成了含水层。在断裂、折褶的作用下,含水层形状变得十分复杂,并与其他岩石

图1.18　上图为世界上出水量最大的井，流量为2.5 m^3/s，位于得克萨斯圣安东尼奥的鲶鱼农场，属爱德华兹喀斯特含水层。下图为井水正向鲶鱼平原输送。根据与爱德华的地下水管局的协议，为保证别的用水户的供水，此井将被关闭

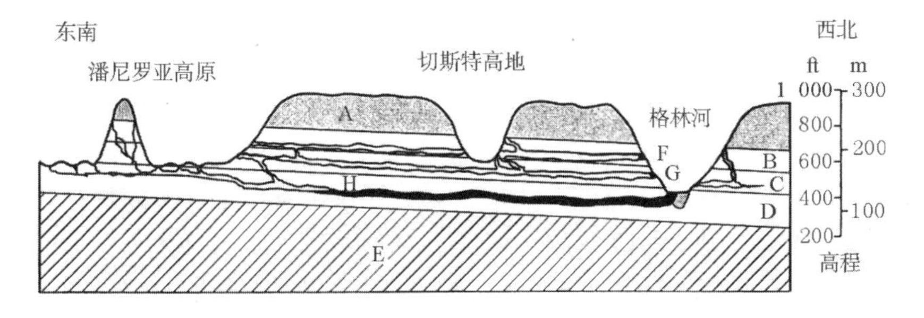

A—沙岩、灰岩；B—Girkin构造；C—吉纳维英灰岩；D—路易斯灰岩；E—灰岩及碎屑岩；F—第三纪的洞穴；G、H—第四纪岩层

图1.19　猛犸溶洞纵剖面图

含水层连在一起。有些含水层产水量很大,有些则一般,有些甚至阻水。地下水总体上由补给区(山脉上的降雨、降雪)流向排泄区(泉、盆地)。

图1.20、图1.21为内华达南部区域地下水流向图。总流量约有3 m^3/s。主要的排泄点是温泉和盆地沉积含水层,还有一部分排到其他州去了,大部分去了加利福尼亚。由于内华达州、犹他州是沙漠高原,降雨补给量很小,因此这一广大地区产生的总水量,还不及佛罗里达州的一股泉水。

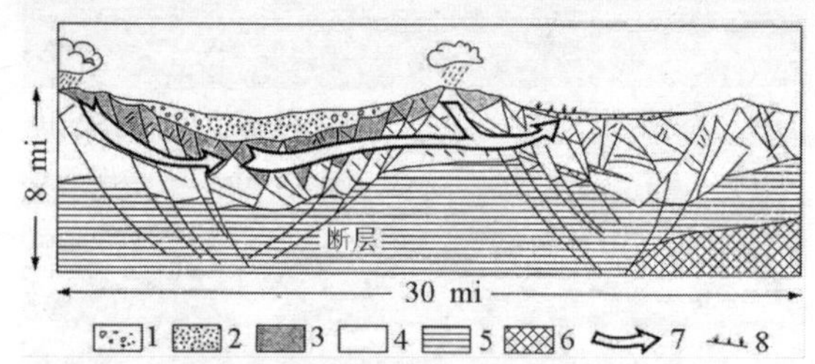

1—砂砾层;2—黏粒层,阻水;3—火山岩,阻水;4—碳酸盐含水层;
5—老的非碳酸盐层,阻水;6—结晶的基岩,阻水;7—地下水通道;
8—排汇区、泉、当地植物

图1.20　山地与盆地相向的水文地质剖面图。深部含水层与岩石是阻水的

在美国,砂岩、碳酸岩大范围相间沉积,形成了砂岩、碳酸岩含水层,广泛分布于东部地区,得克萨斯、俄克拉荷马、阿肯色、蒙大拿、怀俄明、南达科他也有分布。碳酸岩具有可溶性和大的孔洞,因而产水量比砂岩大。

除巴尔干的迪纳拉喀斯特外,中国西南部也有壮观的喀斯特地貌(见图1.22)。那里50万km^2的面积上有1/3是山区,高程由西北的2 500 m下降到东南的200 m,年雨量超过1 000 mm。由于喀斯特极为发育,30% ~ 70%的降雨渗入地下。喀斯特中的水占到地下水的40% ~70%(见表1.1)。地下水的排泄方式主要是泉眼。有记载的出水量大于50 L/s的泉有1 293处(见表1.2)。因气候潮湿、地表水丰富,中国西南地区一般不用地下水灌溉,这与中国华北很不一样。但地下水仍是城市居民生活的重要水源。省会城市昆明与贵阳、天津市大量使用喀斯特水和泉水。

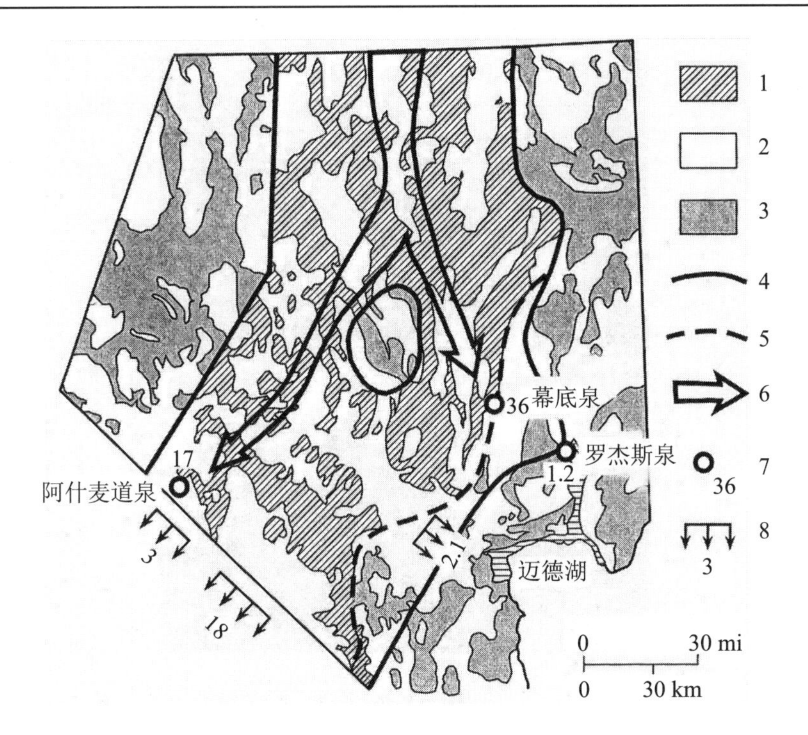

1—碳酸岩产水区;2—盆地;3—地下水贫瘠区;4—地下水边界;5—含矿物质喀斯特地表的西边界,以东的地下水质差;6—地下水总体流向;7—泉水年排汇量,单位为英亩·英尺

图1.21　内华达南部区地下水的补排图

表1.1　中国西南四省地下水资源量

省份	喀斯特水量(km^3)	总地下水资源量(km^3)	占地下水的比例(%)
云南	3 250	7 420	43.7
贵州	1 680	2 290	73.2
广西	4 840	7 760	62.3
四川	2 940	6 300	46.6

图 1.22 中国广西漓江的塔形喀斯特

表 1.2 中国西南三省不同流量级泉眼统计表

省份	流量范围				小计
	50 ~ 500	500 ~ 1 000	1 000 ~ 2 000	>2 000	
云南	648	45	35	3	731
贵州	231	20	11	1	26
广西	284	13	2	0	229
合计	1 163	78	48	4	1 293

如前所述,喀斯特含水层埋于地下的深度是不同的,上覆其他的沉积物与岩石,使地表没有落水洞、河流消失等喀斯特典型地貌的痕迹。中欧匈牙利、北塞尔维亚的潘诺尼亚平原底部是典型的中生代喀斯特含水层,埋于沉积岩之下,从而形成了与铝土矿伴生在一起的复杂的匈

牙利古喀斯特含水层。中生代碳酸岩上沉积了较新的地层,包括较新的碳酸岩,它们在第三纪发生了多次溶蚀。

如图1.23所示,在已经很复杂的古喀斯特含水层中,新入渗的冷水与热水发生强烈对流,将深地层的硫酸、硫化氢带到上部地层中,制造出所谓的“内生喀斯特”。而近代下渗水生成的喀斯特也可称为“外生喀斯特”。罗马人最早在今天的匈牙利首都布达佩斯一带殖民的理由之一就是要使用那里的温泉,如今那里还有许多当时留下的公共澡堂遗址。许多新一些的是土耳其人在1541~1686年间建造的。如今,布达佩斯已是欧洲无可争辩的温泉疗养中心。该城坐落在巨大的溶洞群上,这些洞穴系统具有许多埋藏于热水中的巨大廊道。

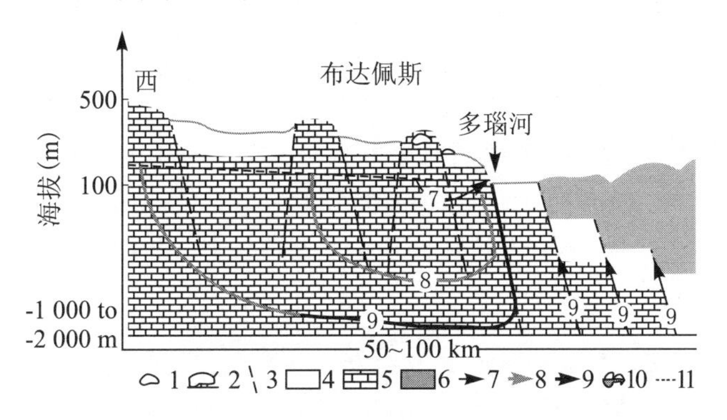

1—钙质凝灰岩;2—无水溶洞;3—断层;4—黏土;5—碳酸岩;6—晚第三系沉积物;7—本层地下水流;8—跨层地下水流;9—基岩向上的水流;10—水下溶洞

图1.23　匈牙利布达佩斯的布达喀斯特地下水示意图

世界各大陆均分布有碳酸岩喀斯特含水层,全球差不多25%的人口主要依赖甚至全部依赖喀斯特供水。

1.3　孔隙及喀斯特作用

多孔介质(沉积物和岩石)的孔隙特性是影响地下水贮存、运动的最主要特性。描述地下水循环、污染的参数都直接或间接地与孔隙有关,如降水入渗量、岩石渗透性、地下水流速、地下水可开采量、污染物扩散量等。

孔隙率 n 是岩石中总孔隙体积(包括被水占据的部分)与总体积之比:

$$n = \frac{V_v}{V} \tag{1.1}$$

式中:V_v 为孔隙体积;V 为总体积。若水的比重取1,则有

$$n = \frac{V_i}{V} = \frac{V_w}{V} = \frac{V - V_m}{V} = 1 - \frac{V_m}{V} \tag{1.2}$$

式中:n 为孔隙率,是体积的百分数;V 为总体积;V_i 为孔体积;V_m 为矿物颗粒和土颗粒体积。孔隙率还可用下式表示:

$$n = \frac{V_i}{V} = \frac{V_w}{V} = \frac{\rho_m - \rho_d}{\rho_m} = 1 - \frac{\rho_d}{\rho_m} \tag{1.3}$$

式中:ρ_m 为矿物颗粒的密度;ρ_d 为干密度。

孔隙形状、数量、连通情况会影响岩石的渗透性。但孔隙形成依赖于沉积过程的力学作用,以及其他地质作用。岩石形成后,孔隙率也就确定下来了。图1.24为砂砾,图1.25为岩石中的非连通孔隙,图1.26为沉积岩层面。

图1.24 威斯康星州奥蒂斯湖的砂砾层

松散沉积物(砾、沙、淤泥、黏土)的孔隙称为颗粒孔隙,一旦固结,

图1.25　中阿拉斯加鲁佐汀山采集的长石砂岩的显微镜照片。a—箭头所指为砂砾间的孔隙；b—箭头所指为长石晶体间的孔隙

图1.26　上图为石灰岩沿层面溶蚀；下图为中国广西漓江石灰岩的刻蚀

则称为基质孔隙。所有硬岩的孔隙都可称为基质孔隙，如花岗岩、片麻岩、板岩、玄武岩。当某些松散体含有裂缝时，则非裂缝体中的孔隙也称为基质孔隙，如黏土体中存在裂缝时就属这种情况。

有时，岩石中的细微裂缝也被看作基质孔隙，这是相对于那些大裂缝和孔洞而言的。一般地，如果岩体中存在基质孔隙和裂缝时，就称其具有双重孔隙特性。地下水在裂隙中的运动特点与在岩石块体中的特点有明显的不同。在污染物分析中这也是非常重要的，特别是当污染物浓度很高时，块体中的扩散需要更长的时间。

岩石形成后，在断裂与折褶作用下，会产生次生孔隙，即破碎、裂缝、断裂带（见图1.27）。对于可溶性碳酸岩，还能在环境液体与成矿作用下产生次生孔隙，生成白云岩。原生孔隙与次生孔隙可以多次交替进行，使得岩石的原始孔隙发生根本性变化。一般来说，深层岩石在地壳的挤压下，孔隙率会下降。次生孔隙体积也会减少，其作用机理有二：一是冲刷移走了松散土粒，使得浅层岩的密度增加（见图1.28）；二是深层裂缝密度会因上覆岩层的压力而减小。此外，用总体积计算的裂隙密度比用基质体积计算的裂隙密度小得多。

图1.29、图1.30给出了多种岩石孔隙率的变化范围。由图可见，构成喀斯特含水层主体的石灰岩的孔隙率变化范围很大，这归咎于沉积过程的差异和胶结过程的差异。由于世界上的大油田都位于石灰岩区和白云岩区，因此，对这些岩石的孔隙情况的研究已拥有大量的文献。水文地质学者在研究某个喀斯特地貌时需要对其孔隙特性有一个总体的了解，仅依靠一般概念可能导致错误结果。

最重要的是，石灰岩及其他可溶性岩（白云岩、白垩石、硬石膏、石膏、碳酸砾岩）都具有喀斯特效应，即母质会溶解，导致孔隙率增加，贮水体积增加。对于可溶性岩，不论其地质年代和矿物质成分如何，降雨入渗（见图1.31）和岩石中的地下水流都会引发岩石溶解，只不过溶解的程度不同而已。不幸的是，有些广为流传的关于喀斯特水文地质与地貌的著作在没有仔细分析的情况下，得出结论，认为孔隙率极高的可溶解岩，其喀斯特现象并不发育。然而，图1.32表明，佛罗里达全新世的石灰岩具有很大的孔隙率，包括总孔隙率与有效孔隙率（见

图 1.27　上图为智利阿塔卡马省伽马峰下 50 m 的逆冲断层和拖曳断层;下图为 L 东塞尔维亚比利安丽卡山中生代灰岩中的断层

图 1.33),形成的巨大溶洞成为世界最大泉水的发源地。相同的情况出现在墨西哥的尤卡坦半岛,那里有已探明的世界最长的水下溶洞,长达 170 mi,许多支洞分散开来,布满于整个半岛上中新世的石灰岩中。

图 1.28 上图为黑山共和国杜米托尔国家公园中生代石灰岩中密集的断裂带;下图为克罗地亚在中生代灰岩断裂上的房屋

迈阿密更新世鲕粒岩中的喀斯特也属类似情况。喀斯特过程都伴随着方解石胶结、文石溶解、鲕粒岩颗粒溶解、孔隙率增大及岩脉空腔的扩展(见图 1.34)。迈阿密的石灰岩(也称为比斯坎含水层)具有很大的孔隙率,在喀斯特作用下,形成巨大的地下水库,水位下降不到 1 ft 时,水井的出水流量达每分钟数千加仑。

从地下水管理的角度看,分清总孔隙率与有效孔隙率是很重要的。有效孔隙率中的孔隙体积是指连通孔隙的体积,它可以让地下水流在重力作用下自由流动。这与前文讨论过的第三纪石灰岩不同,较早胶结的中生代和古生代碳酸岩的孔隙率只有 5%(见图 1.35),有效孔隙率也很低。但这些岩体中的裂隙、次生孔隙(溶洞、断裂)发育,从而可蓄积大量的地下水,详见图 1.36 ~ 图 1.39。

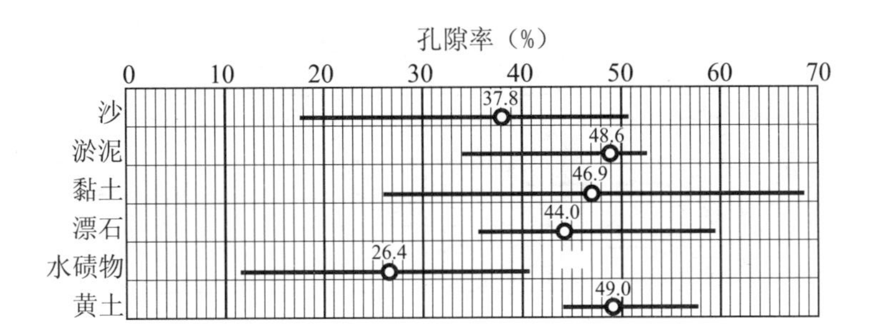

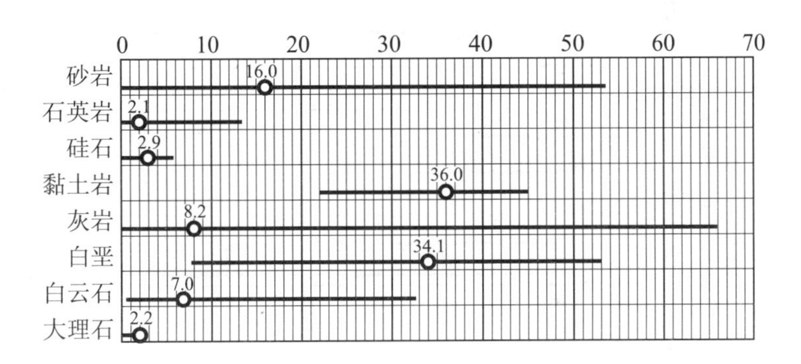

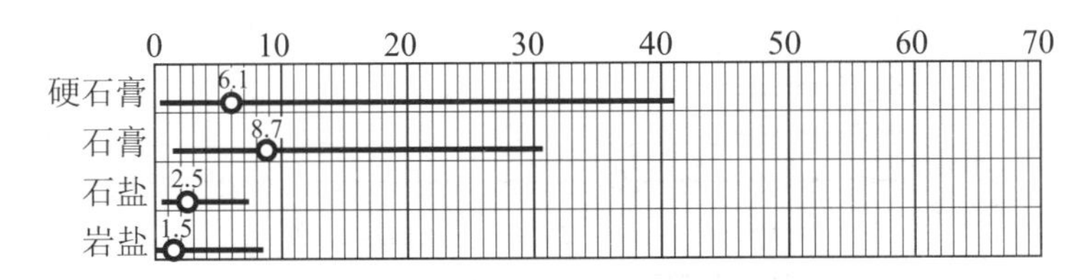

图1.29　沉积岩的孔隙率变化范围及平均值(圆圈值)

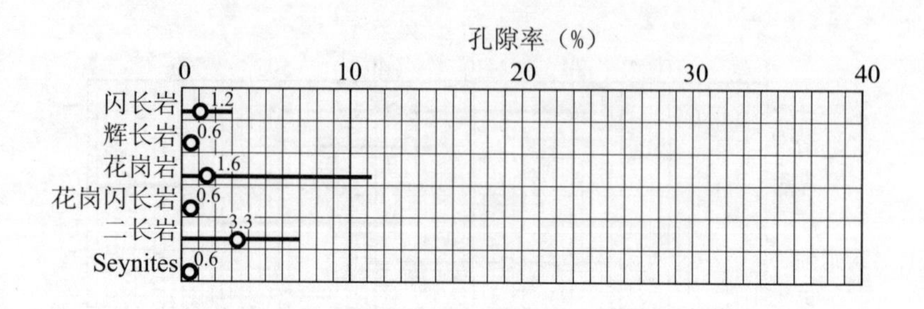

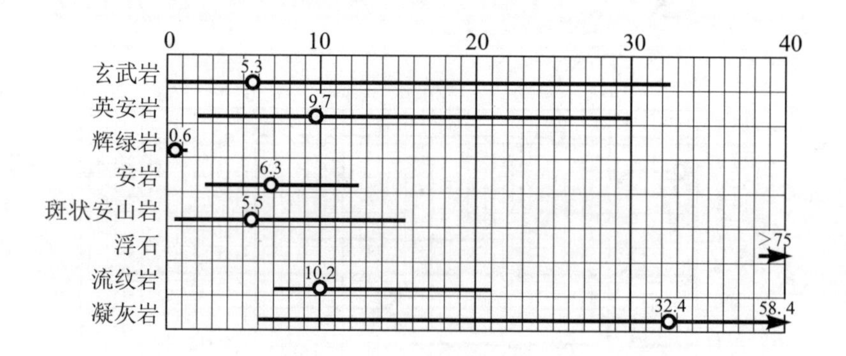

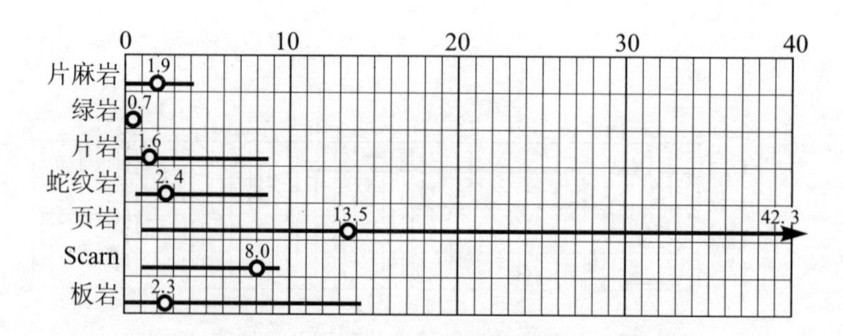

图 1.30　岩浆岩、变质岩孔隙率变化范围及平均值图

图 1.31　爱尔兰双重孔隙的喀斯特地貌。断层被溶蚀成大裂隙

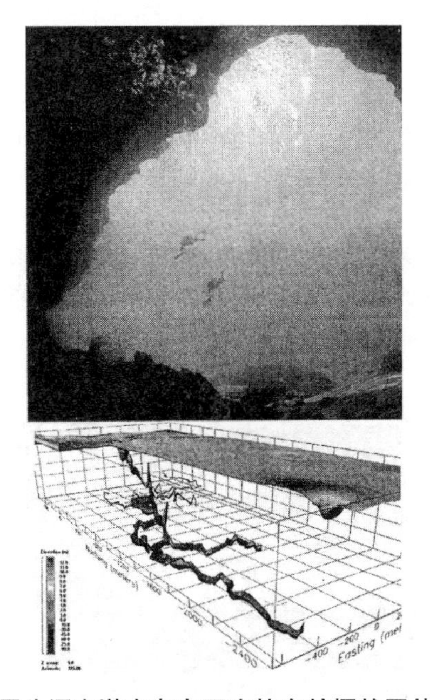

图 1.32　上图为洞穴潜水者在瓦库拉泉拍摄的图片。潜水右上方 100 ft 的是游船。这是世界上最大、最深的泉，位于佛罗里达的瓦库拉县，其探明的水下洞穴长达数英里。电影《人猿泰山》就是在这里拍摄的；下图为根据潜水探测生成的瓦库拉洞的电脑图，洞群都收缩到瓦库拉泉

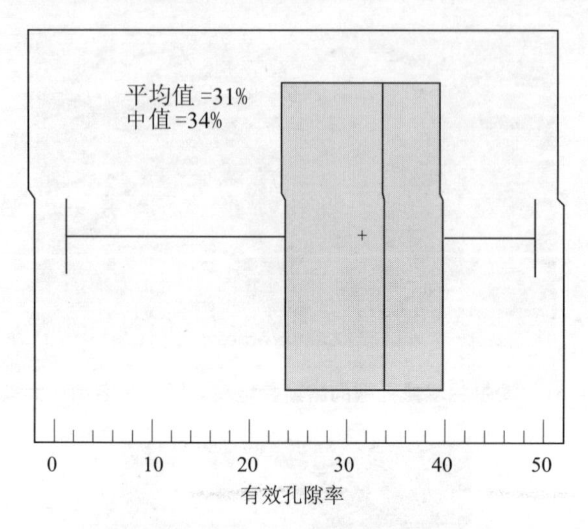

图 1.33　佛罗里达中西部碳酸盐孔隙率的威斯克图，由 10 个地点的 46 个岩芯资料绘制而成

图 1.34　迈阿密鲕粒岩中的大孔隙，渗透系数大于 1 000 ft/d

图1.35 田纳西建筑工地揭露的古生代石灰岩中的深层溶洞,基质孔隙率为2%

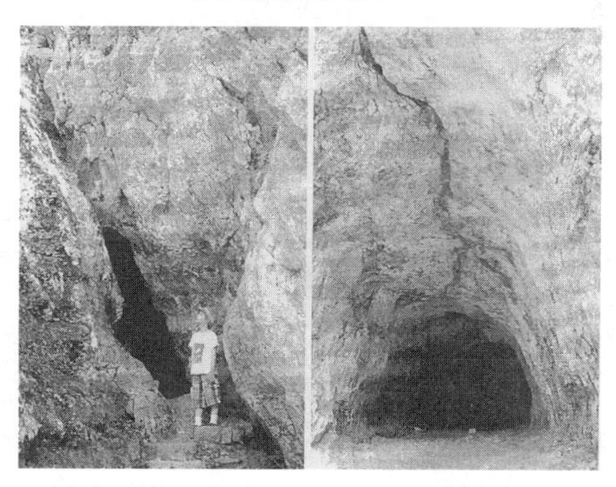

图1.36 克罗地亚普利特维寨国家公园中的断裂溶洞

图 1.37　秘鲁夏利佩可断裂带上的溶洞，已扩展为探矿廊道

图 1.38　断裂带上的溶洞。左图为法国利松泉的涌水洞，只在春天有水；右图为西塞尔维亚的皮特尼卡溶洞

图1.39　弗吉尼亚浴室县断裂带溶洞。左图为落水洞区的溶蚀谷;右图为黑里光梯特溶洞中光滑的断层面

虽然古老的石灰岩中有效的次生孔隙是生成地下水的主要因素,但与原始孔隙率相比,它只占整个体积很小的部分。从图1.40可见,

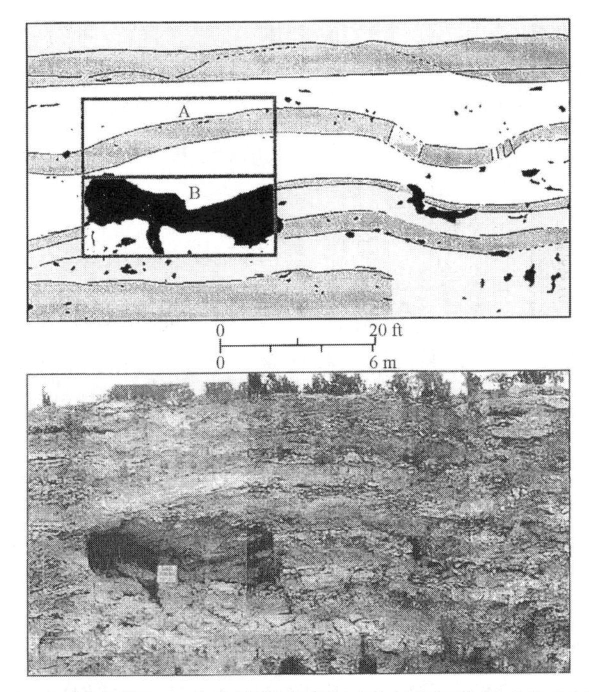

图1.40　得克萨斯公路边的管型溶洞,图中方框的尺寸为25 ft×10 ft。这种管型洞很常见,对应的基质孔隙率为1%～4%

有效孔隙率与总孔隙率之比，是在研究喀斯特含水层时须给予极大关注的参数。不幸的是，在使用不当的模型研究喀斯特地下水时，有效孔隙率的概念有时会被误解或误用。比如基于达西定律的模型常被用于分析喀斯特地下水（见6.5节），这等于说喀斯特含水层是均匀孔隙介质（EPM），即3种孔隙是均匀分布且连通的，它们对地下水运动是同等重要的。由此可认为，喀斯特含水层中水的运动与砾卵石（见图1.24）中水的运动特性是一样的，均可用达西公式（见1.6.1）描述。

有些学者对观测井中的水位随补给发生快速变化，而邻近的井却没有反应的情况，也试图用这种方法来研究地下水的运动。他们知道，在染色跟踪测试中，含水层中具有线性变化速度（V_L）的地下水运动是很快的，在EPM模型中，有

$$V_L = \frac{Ki}{n_{eff}} \tag{1.4}$$

式中：K为渗透系数；i为水力梯度；n_{eff}为有效孔隙率。

用有效孔隙率很小的单元描述具有明流通道的快速水流是有问题的。如图1.40所示，不论“专家”怎么解释，单元B的孔隙率都不会小于单元A，因为孔洞的孔隙率是100%。

有些文章给出了喀斯特含水层不同孔隙所占的准确比例，这是有疑问的。因为喀斯特中的孔洞体积和含水层体积怎么确定并不清楚。含水层体积由碳酸岩与非溶解岩的空间接触面确定，要弄清这些接触面，需要花费大量资金进行钻孔和物探。至于孔洞体积，即使花费巨资也难弄清。克里邱克（Klimchouk）给出了一些溶洞的勘测结果（见表1.3），并据此提出了一些假设。由表可见，溶洞孔隙率都很大，明显高于其他一些文献的数值。

作者没有陷入3种孔隙形式有效性的学术讨论，而是重点阐述世界各地那些具有献身精神的洞穴探索者的亲身亲历。有些洞穴探索者偶然发现了一个数十米长的洞，后来却梦幻般地发现此洞在不同深度上有数百条宽度和高度变化很大的通道，长度由数英里到数百英里（见图1.41）。这些探索者也许感觉到与他们年轻时相比，溶洞孔隙率与总孔隙率的比值发生了很大变化。

表1.3 典型溶洞的孔隙特征值

类型	溶洞名	长（km）	洞室面积（$\times10^6m^2$）	洞室体积（$\times10^6m^3$）	溶洞区占地面积（km^2）	总体积（$\times10^6m^3$）	单位长度上的洞室体积（m^3/m）	单位面积上的洞长（km/km^2）	溶洞孔隙率（%）	单位面积上的洞室面积（%）
普通溶洞	美国印地安那州石炭系灰岩中的蓝泉溶洞	32.0	0.146	0.5	2.65	119.34	15.6	12.07	0.42	5.5
普通溶洞	美国肯塔基石炭系灰岩中的玛莫斯溶洞	550.0	1.386	8.0	36.78	3 310.2	14.5	14.95	0.24	3.77
普通溶洞	美国弗莱尔石炭系灰岩中的洞群	70.0	0.3	2.7	4.37	349.92	38.6	16.00	0.77	6.86
普通溶洞	乌克兰克里米亚侏罗系灰岩中的克拉斯拉来溶洞	17.3	0.064	0.27	0.74	37.0	15.5	23.23	0.15	8.55
型溶洞迷宫	美国南达科他石炭系灰岩中的宝石洞	148.0	0.67	1.49	3.01	135.63	10.0	49.11	1.10	22.20
型溶洞迷宫	美国南达科他石炭系灰岩中的文德洞	143.2	0.43	1.13	1.36	61.0	7.9	105.68	1.86	31.73
型溶洞迷宫	英国奔宁山石炭系灰岩中的洛克菲尔洞	4.0	0.006	0.012	0.02	0.12	3.0	170.94	10.26	25.64
型溶洞迷宫	德国三叠系灰岩中的弗奇斯拉比润洞	6.4	0.005 8	0.007	0.03	0.15	1.1	217.61	4.80	19.55
型溶洞迷宫	卢森堡莫三叠系灰岩中的伊斯乔夫洞	4.0	0.004	0.003 5	0.01	0.05	0.9	406.09	7.14	40.61
型溶洞迷宫	俄国西伯利亚奥陶纪灰岩中的波特娃斯卡亚洞	23.0	0.067	0.104	0.11	1.37	4.5	201.75	7.62	58.51
型溶洞迷宫	西班牙马德里上第三系石膏岩中的伊斯特莫尔洞	3.5	0.008	0.064	0.06	0.71	18.3	59.32	9.04	13.56
型溶洞迷宫	乌克兰上第三系石膏岩中的奥普密斯蒂琴娜溶洞	188.0	0.26	0.52	1.48	26.03	2.8	127.03	2.00	17.57
型溶洞迷宫	乌克兰上第三系石膏岩中的奥泽拉溶洞	111.0	0.33	0.665	0.74	13.2	6.0	150.00	5.04	44.59
型溶洞迷宫	乌克兰上第三系石膏岩中的姆宁基溶洞	24.0	0.047	0.08	0.17	2.38	3.3	141.18	3.36	27.65
型溶洞迷宫	乌克兰上第三系石膏岩中的克丽斯塔娜溶洞	22.0	0.038	0.11	0.13	1.82	5.0	169.23	6.04	29.23
型溶洞迷宫	乌克兰上第三系石膏岩中的斯拉夫卡溶洞	9.0	0.019	0.034	0.07	0.98	3.7	139.14	3.47	29.05
型溶洞迷宫	乌克兰上第三系石膏岩中的维特巴溶洞	7.8	0.023	0.047	0.07	0.66	6.0	117.82	12.00	34.74
型溶洞迷宫	乌克兰上第三系石膏岩中的阿特兰梯达溶洞	2.5	0.004 5	0.011 4	0.02	0.29	4.5	168.00	4.00	30.00
型溶洞迷宫	乌克兰上第三系石膏岩中的俄格恩溶洞	2.1	0.004	0.008	0.01	0.14	3.8	176.67	5.71	33.33
型溶洞迷宫	乌克兰上第三系石膏岩中的朱比利娜溶洞	1.5	0.002	0.003 5	0.01	0.08	2.3	277.78	4.00	37.04

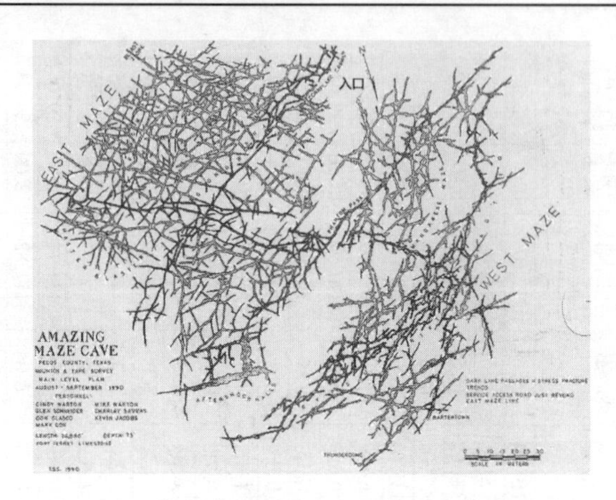

图 1.41　斯托克顿以东 30 mi 的马兹溶洞，已探明的长度达 4.7 mi。为得克萨斯的第 3 长溶洞

当然，在所有溶洞系统中，还有许多即使最具献身精神的洞穴探险者也未到达过的地方，其中就有那些永久淹没在水下的洞穴。对于每一个喀斯特开发项目，小到 10 英亩的工厂，大到数十平方千米的水资源开发，所面对的 3 种孔隙率都是不同的，按照某些教科书所述的方法进行一般化处理，可能产生错误并导致项目的失败。

那些由松散沉积物充填的喀斯特含水层（见图 1.42、图 1.43）的

图 1.42　田纳西最长的蓝泉溶洞。该溶洞系统总长 36 mi，如图尺寸的洞长约 1 mi。洞底有厚厚的淤积层。有关照片可在 http://innermostimagery.com 上看到

孔隙常被误解，因为其孔隙受到地下水运动的影响，有时充填物被冲走，新的充填物又沉积回来。也许充填是总趋势，但在动水压力高的情况下，沉积物仍会被带走。修建大坝、水库（见图1.44）时尤其要注意这一点。孔隙的性状对于水质及污染物运移也是非常重要的。

图1.43　左图为片状碳酸钙盐沉积物，会被水冲走；右图为洞穴探险者正在淤泥中找寻通道

图1.44　格林河大坝溢洪道左边坡，注意上面盘旋的喀斯特溶蚀沟

1.3.1　喀斯特作用的判断与深度

笔者曾参加过一些联邦股东大会，讨论恢复南部溶岩区地下水的可行性问题。某次会议上，一位政府聘请的咨询专家拿出一个类似

图 1.45上图的岩芯,认为不是喀斯特含水层,由此得出概念性结论,这里的地下水受氯化物污染。如今,管理单位否认当地的含水层是喀斯特含水层。他们认为那里是坐落于基岩上的风化岩石,在 20 多年的时间里花费了一千多万美元进行地下水回灌。偶尔钻孔揭露出基岩具有高透水性,渗透系数高达 1 000 ft/d,有些孔发生掉钻,有些发生泥浆漏失,导致塌孔。最终,大家认识到地下存在一个很大的泉水通道,排水量达到每天 3 000 万 gal,无疑是喀斯特含水层,但现场就是不用这个词。

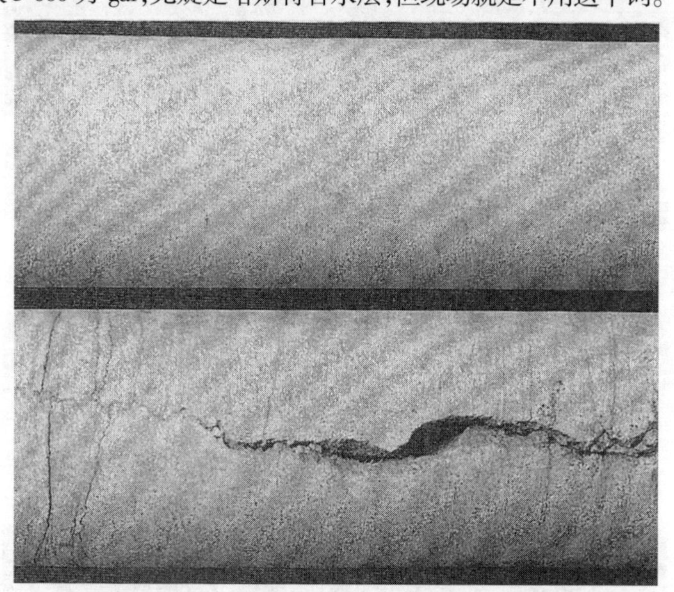

图 1.45　肯塔基莱克里顿古生代岩层中同一钻孔的两段岩芯,其直径为 4.5 cm

图 1.45 是肯塔基州莱克星顿的一处石灰岩钻孔中的岩芯,那里的官员知道喀斯特,他们布置了 12 个钻孔,打到了 150 ft 深,出现了大量如图 1.45 下方所示的岩芯。但仍没有人认为这是喀斯特含水层,原因是进场公路存在图 1.46 所示的地貌。

上述两例表明,对于地下喀斯特发育是否可预测这个问题,答案是“只有不可预测”的判断是可以预测的。不论规模大小、勘探资金多少,都是这样的。可以想见,当经过大量勘探后,斯柯罗普水库仍出现了图1.47的事件,人们是何等的惊讶。图中的1号孔、4号孔只发现了小的孔洞,而2号孔、3号孔没有孔洞。在进行帷幕灌浆时,所灌浆液大大超过设计值也没有成功,在坝肩开挖了20 m长的探槽,揭露出高20 m的溶洞室,不得不重新进行溶洞勘探。由图1.47可见,3号钻孔没有发现孔洞,没有任何溶解的痕迹,但其周围则全是溶洞。

图1.46　肯塔基莱克里顿古生代喀斯特灰岩,右下角洞的尺寸为2 ft

不幸的是,美国有许多环境管理机构,花费了大量资源和资金在受污染的喀斯特地区无休止地采集数据而忽略了水文地质的特性。在这种情况下,喀斯特水文地质学家就必须制订好勘探计划,防止过量钻孔,因为污染物可能隐藏在某处喀斯特溶洞中。要弄清哪些因素对人的健康和环境会产生不可接受的风险,以及项目的投资是否可接受。

喀斯特的深度也是不确定的,它与溶洞的空间分布密切相关。一般地,喀斯特随深度增加而减少,到一定深度后就不再有溶蚀的孔洞了。由于灰岩沉积的不均匀性,故喀斯特的底层也不是平整的。随着时间的推移,喀斯特含水层的排水量会下降,喀斯特会向深层发展。排水点一般发生在喀斯特与非水溶性岩层的接触面,在地表水土流失的作用下,喀斯特的排水量会减少。当灰岩不太厚时,喀斯特最终会向下

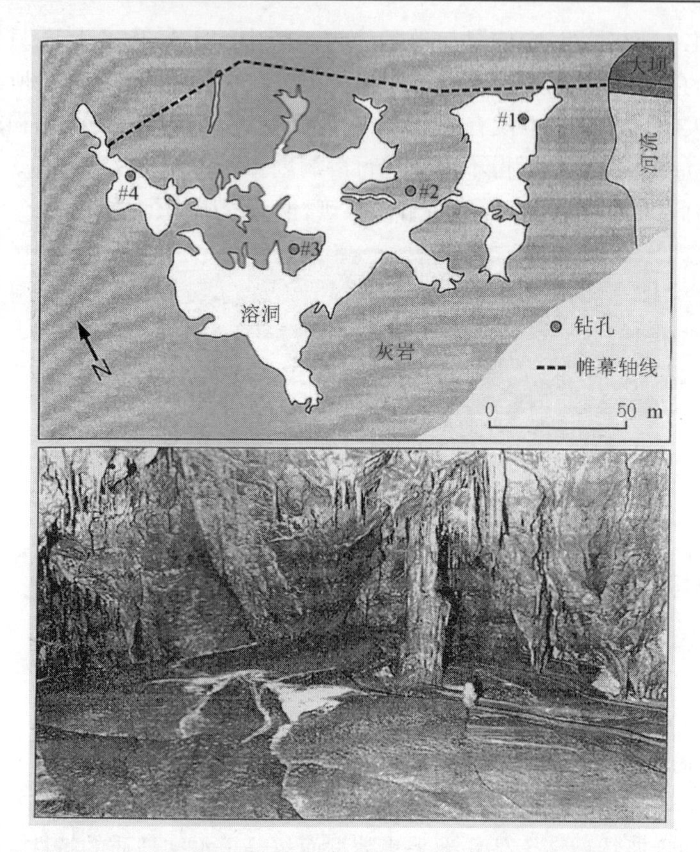

图 1.47　克罗地亚斯柯罗普大坝左岸的溶洞，帷幕灌浆失败后开挖发现的。下图的地面上可以见到灌浆物

发展到非水溶性基岩为止。

根据米兰诺维奇在黑塞哥维那 146 个深孔中所测得的渗透性，地面以下 10～20 m 深度内的总孔隙率最大，喀斯特溶蚀程度随深度成指数级减弱，300 m 以下就不存在喀斯特溶洞了。地质构造带会有 300 m 以下的溶洞，但其所涉及的岩石量不大且呈现二维分布，最大的洞室体积也不会超过构造带中地下水位的波动区域。喀斯特溶蚀在最低地下水位以下很快减弱，并形成溶蚀的底部。总体上，喀斯特底板是倾向于地下水排泄点的。最活跃的溶洞就位于底板附近。虽然不排除有水从底板下汇入,但肯定是极少量的。

上述成果虽具有实用价值,但还不能解释众多深厚灰岩中所记录下的含水层的排水点位置及其最低的水位。事实上,世界上最大的泉水是由地下很深的有压通道中喷出的,流量高达 10 m^3/s,其汇水面积达数百平方千米。在法国发现了索古河的源头方廷泉后,世界各地的洞穴探险者近年来又发现了很多类似的深潭。方廷泉的上升特点及地下倒虹吸式通道(见图 1.48)是 19 世纪探明的,2011 年由潜水机器人 MODEXA350 探明其输水道最深点达 315 m,图像显示那里是一片砂质河床。该泉在大暴雨期,出水量达 200 m^3/s。图 1.49 示意性地说明此泉为何能喷出地面。约万斯维基克认为(见图 1.4)这是最能说明他的理论的实例。

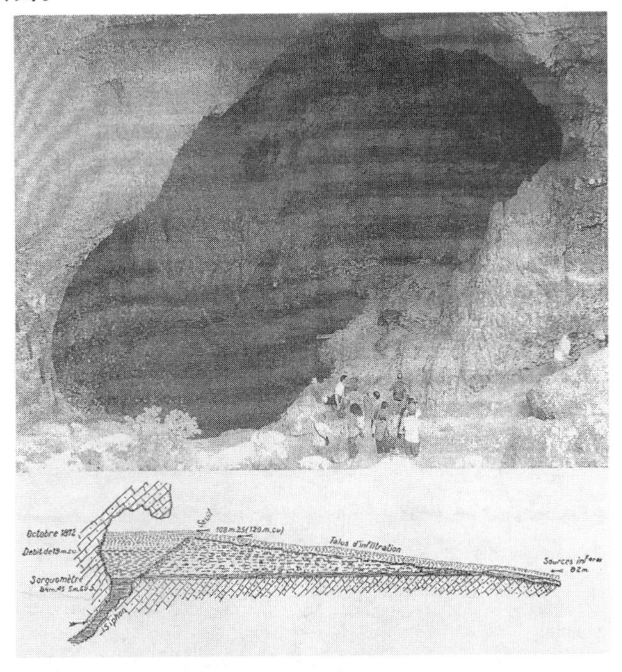

图 1.48　上图为法国最大的喀斯特泉形成的方廷溶洞湖,是普罗温斯的索古河的源头,照片显示的最枯水期水位;下图为方廷湖的剖面示意图

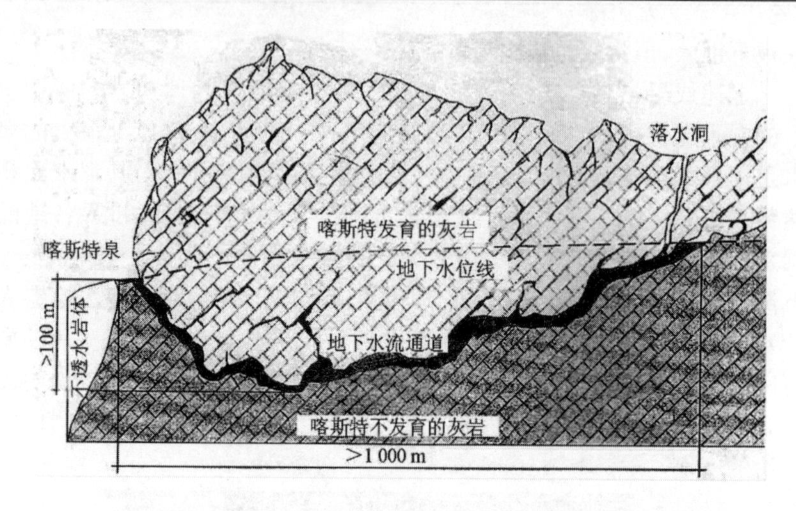

图 1.49 深厚开敞喀斯特含水层中的倒虹吸式的通道

因为在长期的地质运动和冰河期,海平面发生过巨大的改变,这使得弄清喀斯特的垂直分布成为非常复杂的工作。地中海沿岸、美国佛罗里达州、墨西哥尤卡坦半岛所进行的详细的水文地质勘探表明,在今天海平面以下数十米存在大量的海底泉眼。海岩洞穴潜水者发现了许多洞穴堆积物,这些堆积物曾与大气相通(见图 1.50)。

图 1.50 洞穴潜水员在尤卡坦半岛的水下廊道中。大量的堆积物(钟乳石、石笋、流石、石柱)于淹没之前形成

古喀斯特是用来描述埋于非溶蚀性岩层下的喀斯特地质的专用术语。这种喀斯特形成于较早的年代,它们当时位于地表附近。有时喀斯特会在地下数千米的深度出现,这说明在漫长的地质构造过程中,曾发生过多次喀斯特溶蚀。在地质活动期所形成的深厚喀斯特含水层中,在很深的地方常能发现渗透性很大的区域,并伴生着大规模的通道,这些区域往往就是远古时期的海平面变化区。

灰岩、白云岩具有很高的强度,因而在埋深很大的地方仍有溶蚀空洞存在,如克兹洛夫斯克盆地西坡和乌拉尔油气盆地东坡的石炭系、泥盆系中所发现的洞穴,埋深在 500 ~1 500 m,尺寸大于 2 m。在里海深达数千米的灰岩钻孔中,常发生掉钻 3 ~4 m 和固壁泥浆流失的情况。西伯利亚在深达 3 000 m 的侏罗系灰岩与白云岩中发现了众多的溶洞。世界上许多油田的钻孔在很大深度上还发现了山洞、溶蚀扩展裂隙等。南蒙吉西莱克 4 000 m 以下的三叠系灰岩中发现了大量的喀斯特溶洞,溶洞孔隙率在 7.4% ~21.5%。很多中石炭系、前二叠系灰岩 4 000 ~5 000 m 深度的孔隙率达到 14%。北美有些中生代、古生代的灰岩中,在深达 10 000 m 的地方的孔隙率达到了 15% ~20%。

感谢那些不畏艰险的洞穴探索行动,大量文献记载了所发现的深层喀斯特场景,如图 1.51 所示。在本书编写的时期,世界上最深的洞穴在阿布哈兹西高加索,深度达 2 191 m,这意味着至少在这个深度上还有非饱和的喀斯特溶蚀发生。

如安德瑞邱克(Andrechouk)2009 年所总结的,已有的资料表明,喀斯特在钻孔能达到的地壳深度中都存在,其不同深度的分布并无规律。相对大的孔洞(尺寸以米计)发生于地壳顶部数千米范围内,深层地壳中则多为小孔和溶蚀扩展裂隙。他认为这种分布特点可能因在很大深度地层中探明大孔洞的困难而被夸大。然而,世界各地的资料表明,4 000 ~5 000 m 深度的灰岩中,溶洞孔隙率较上覆岩层的高。

安德瑞邱克还提出,埋藏很深的喀斯特也是地下水下渗与 CO_2 作用的结果,这是一种有趣的观点。在地表,这一观点是普遍被接受的。安德瑞邱克还认为,地下热水和蒸汽是导致喀斯特化的另一重要因素。以下是支撑他的观点的材料:

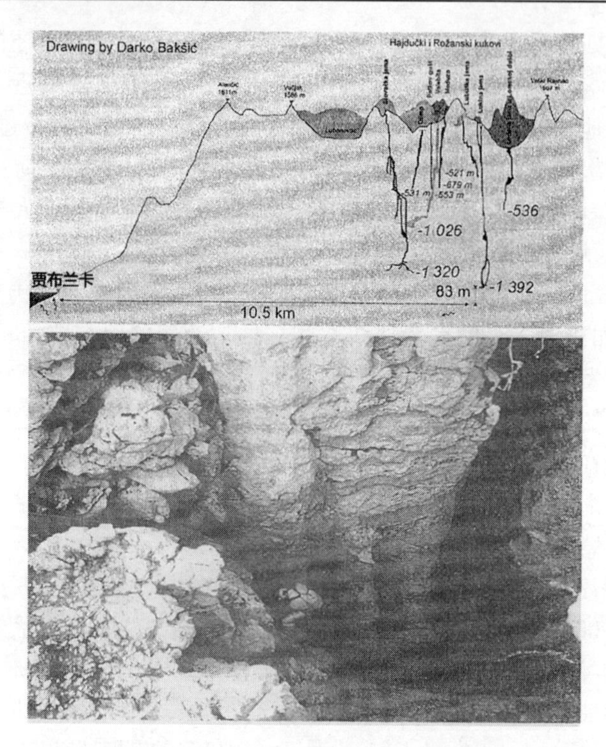

图1.51 上图为克罗地亚维勤彼特山的鲁金粒深坑,2010 年 8 月探查深度达1 421 m,其中 40 m 在水下。此坑为克罗地亚发现的最深的坑,它的排水点是亚得里亚海沿岸众多的水下泉;下图为洞穴探险者进入鲁金拉深坑

●地表静压力岩石层挤压着地壳的最下部(12 ~ 15 km 深度)。静压力层的岩石密度由于长期的水侵蚀而下降。深孔钻探资料显示,水侵蚀带接近水平,且是深层被禁锢液体的迁移通道,其孔隙率、裂隙较上覆岩层高得多,甚至达到浅层喀斯特的水平。水侵蚀作用使得含水岩石失去了密封性。

●静压力层岩石中的水含碳酸氢钠,矿化程度不高,含有来自地壳深层的 CO_2、He、F 及 As 等某些元素的同位素。与地表附近的水不同,深层岩石中的水对于沉积岩、变质岩、火成岩具有强腐蚀性,它们在持续上升过程中,将岩石中的可溶性物质带走。

●地表附近的喀斯特主要成因为降雨入渗、地表水入流、上部岩体中的水向外喷涌。深部的碳酸盐类、硅酸盐类和铝硅酸盐类（一般认为溶解性很弱）岩石，在深部上升液体的作用下都会成为可溶的。比如地壳内含量最丰富的二氧化硅和石英，在 300～350 ℃、200～500 MPa 条件下，如同地表石膏一样成为水溶性物质。

●地表水下渗到地壳的深度是有限的。到达地表以下一定深度后，那里的压力较静水压力大得多，因而重力不再能驱使水下渗了。

帕玛（Palmer）、克立姆邱克（Klimchouk）等提出了由下向上形成的喀斯特，这是传统教科书忽视了的问题，具有里程碑的意义。如前所述，"井理论"认为喀斯特是灰岩溶于富含大气中 CO_2 的地下水的结果，即所谓的"外喀斯特"，这种地下水是向下渗入的。而由下向上的喀斯特则是由上升的地下水的作用形成的，这类水中除含有 CO_2 外，还含其他的酸（如硫酸）。这些酸是变质作用、岩浆、地壳运动形成的。上升的地下水溶蚀灰岩形成了通道，扩散到广大的地区，慢慢吃掉大量的岩体，并沿着原先薄弱的岩体部位（破碎带、断裂）形成复杂而广泛的溶洞（见图 1.52）。这种喀斯特不一定埋藏很深，也不仅仅是由深层酸性水所形成，其诱发原因是上升的地下液体及渗透性小的岩石。多数情况下，这类喀斯特存在于下渗水与上升水交汇的地方，特别是地下

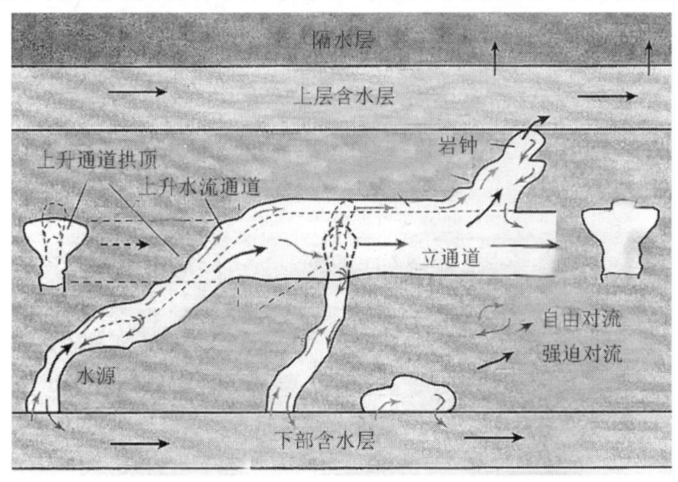

图 1.52　上升水流示意图

水溢出的地方。

美国黄石国家公园是地表喀斯特、地下喀斯特混杂的最好例证。那里的特瑞斯山是出露的一小块喀斯特灰岩，位于猛犸泉以南 2 mi。火山灰与岩浆厚达数千英尺。公园中有大量温泉和间歇喷泉，有些泉的出水量达每分钟数千加仑。从灰岩中涌出的水形成了波依凌河（见图1.53），它和猛犸泉一起组成了壮观的、由深层喀斯特形成的温泉。富含 H_2S 的水在压力下由地下含水层经上覆火山岩中的断层、裂隙排至地表，形成了温泉，有些温泉还具有迷人的池塘。

图1.53 美国黄石国家公园中位于猛犸泉附近的黄石河谷，其中的波依凌河由谷底的灰岩溶洞中涌出，流量为0.5～1 m^3/s，温度达60 ℃。黄石河切入几千英尺的火山灰与熔岩底，将灰岩揭露出来。下图为泉背面崩塌的洞顶

图1.54　怀俄明黄石国家公园猛犸泉中的一眼泉，富含H_2S气体，由深埋于地下的喀斯特含水层中的水通过断裂上升至地表面形成，它位于波依凌河附近

1.3.2　地表及地下喀斯特

所有的喀斯特区，地表的与地下的（见图1.55），都是灰岩不同程度溶蚀的结果，水流冲刷只是形成特定地貌的重要因素，最基本的因素

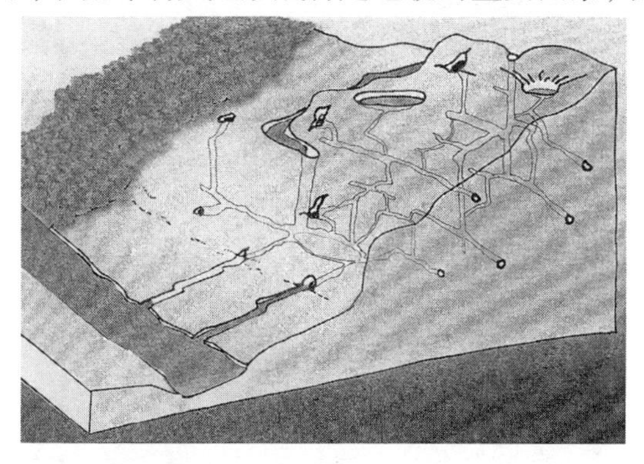

图1.55　喀斯特地貌示意图。落水洞和宽阔谷地将水导入地下迷宫似的溶洞中，补充了泉水的水量和下游河道的水量。高地上的古老泉要么因河的切入而干涸，要么只在遇暴雨时才有水溢出。这些区域因气候、土地使用条件的不同，要么贫瘠，要么成为森林

仍然是化学溶蚀过程。暴露于大气中的灰岩,虽处于不同的地理环境与气候条件,但其溶蚀特点是相仿的。不论规模与形态怎样,岩石表面的溶蚀印迹总是鲜明的(见图1.56~图1.59)。岩石的次生孔隙(裂隙与断裂)加速了溶蚀过程,形成了散乱、林立的岩石林,成为难以通行的地貌特征(见图1.57)。纯灰岩溶蚀后,会形成数米至数十米深的沟槽和峡谷(见图1.60)。上述照片中所展示的灰岩不含大量的沙和黏土,否则不能溶解的矿物质就会生成一层土壤,其厚度的可变性很大,并钻入下伏的喀斯特孔洞中(见图1.61),形成充满碎块的沟槽。这些沟槽往往在地面是看不见的(见图1.62)。沟槽充填物上部及风化严重的喀斯特又称为"地表喀斯特"。

图1.56 倾斜的灰岩表面雨水形成的。左下角有一顶帽子

图1.57 克罗地亚玛卡的管理重度喀斯特灰岩,当地称为狂躁喀斯特,也就是黑山喀斯特

图 1.58　西班牙的白云岩喀斯特

图 1.59　左图为秘鲁夏里佩可的轻罪溶蚀的白云岩地表，约 1 m 见方的区域；右图为罗马利亚庞洛瑞勤村附近的灰岩的溶蚀沟槽，约 1 m^2 面积

图 1.60　左图为黑山色廷杰的卡鲁克泉，约 1 个人的尺寸；右图为距中国昆明 90 km 的喀斯特石林

图 1.61　田纳西诺克斯维尔附近修路揭露的灰岩地槽

图 1.62　田纳西纳什维尔以东公路切出的灰岩地槽

落水洞及其他下潜通道　落水洞是喀斯特地貌的标志，通常由较脆弱的裂隙地表端开始发展，那里水很容易渗入地下，带走被溶解的碳酸盐。之后，地表形成一个凹盆（见图 1.63），并在不断的溶蚀作用下扩大。溶蚀作用与周边地面下沉，使更多的地表水渗入地下。不能溶解的物质沉积于洞底和四壁，有时形成坚硬的表皮，从而使落水洞之间相互隔离。当灰岩厚度大、纯度高时，落水洞会“长”到数百米大、数百米深，并使不同的落水洞之间相互贯通（见图 1.64）。其他一些因素（见图 1.65 ~ 图 1.67）也会影响到落水洞的形状、大小和水文特性（见图 1.68 ~ 图 1.70）。

图 1.63　克罗地亚玛卡灰岩中 4 ft 直径的落水洞，从卫星上看的图像为图 1.64

图 1.64　宇航员拍摄的克罗地亚得里亚海岸比奥科沃山脉，长约 20 km。这块典型的迪纳拉喀斯特区点缀着大量的落水洞。图片中的 M 为玛卡斯卡镇

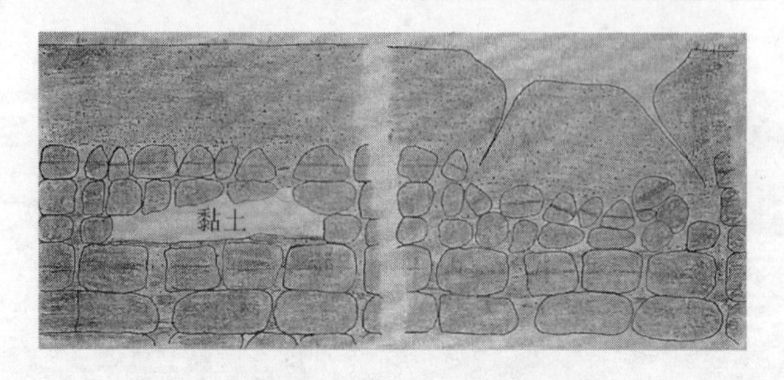

图 1.65　地下孔洞顶板坍塌形成的落水洞

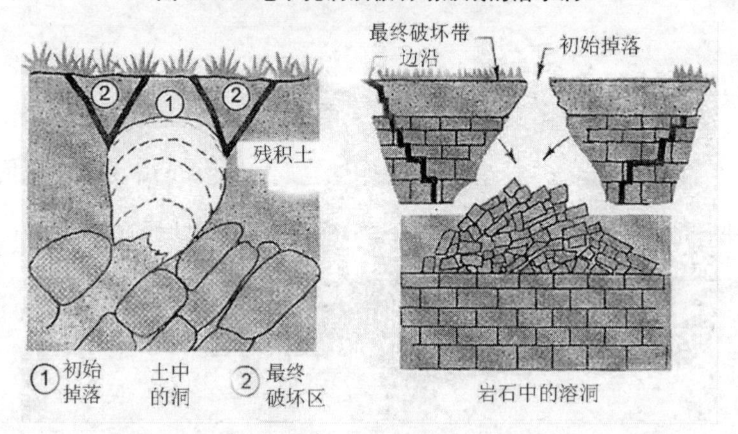

图 1.66　残积土(左)、坚固灰岩(右)中崩塌形成的落水洞。初始掉落形成一个小于下面溶洞的坑;最终破坏带构成落水洞的形态

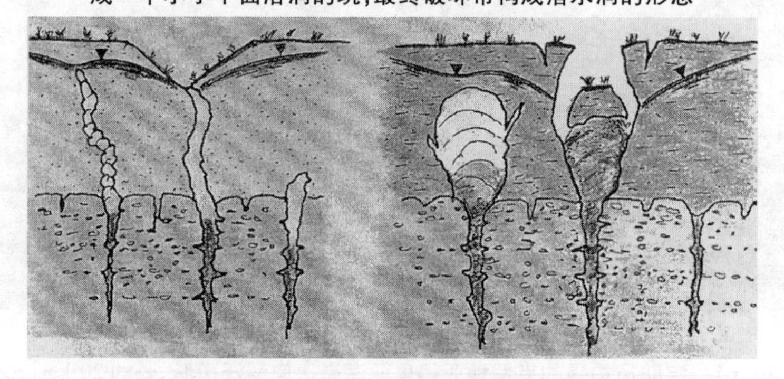

图 1.67　水的侵蚀与上部灰岩溶蚀所形成的落水洞。左图为沙漏管落水洞;右图为含黏粒砂土中崩塌形成的落水洞

A—黑山的溶蚀落水洞，底部为不透水的残留物，是天然蓄水坑；B—塞尔维亚的落水洞，提供农业用水；C—克罗地亚莫特斯基的深潭，宽 130 m，牲畜饮水地；D—肯塔基州斯哥特斯维尔以西 11 mi 处的落水坑；E—肯塔基玛英斯国家公园内崩塌了的落水洞；F—波多黎各的巴斯洛尼卡附近被填埋的落水洞；G—阿拉巴马灰岩中的落水洞，是美国最大的落水洞之一；H—佛罗里达一个落水洞的空中影像图

图 1.68 世界上各种不同规模和水文地质条件下的落水洞，其共同点是均与地下喀斯特含水层密切相关

图 1.69 克罗地亚的蓝湖，地拉那喀斯特中最令人震撼的落水洞。湖面水位起伏很大，干旱的夏季结束时，湖水会干涸，而高水时则会溢出落水洞边缘。落水洞深达 190 m，图中彩色平台靠近红湖，那是世界上最深的落水洞

当灰岩上覆盖着沙时，沙粒会向下运动，充填灰岩中被溶蚀掉的孔洞，形成狭窄的管道(见图 1.67 左图)。若沙层厚度达到 50 ft 以上，就会形成覆盖下沉式落水洞。

溶洞上方松散覆盖层及喀斯特灰岩中的落水洞坍塌物，其中的黏土会形成桥拱(见图 1.66 左图、图 1.67 右图)。一旦桥拱垮塌，就形成覆盖下沉式落水洞，其尺寸取决于下伏溶洞的尺寸和黏土的强度。很厚的密实黏土可以形成很大跨度的洞室，其顶板会逐渐掉落，最终突然坍塌形成相当大的落水洞，之后，松散物的持续坍落和洞壁溶蚀，确定了落水洞的最终形状。有时，在数百英尺厚的松散无溶解性覆盖层中，会形成非常大的落水洞(见图 1.70)。

图1.70 上图为佛罗里达州奥兰多附近的圆形落水洞;下图为佛罗里达阿卡地亚的"深湖"落水洞剖面图,由国家洞穴协会洞穴潜水分会探查

经过水的长期溶蚀,落水洞口以下会形成一个"喉道",它将洞口与地下溶洞贯通。如图1.71~图1.73所示,喉道通常被残留沉积碎岩掩埋,它是通向地下溶洞群中的一个洞室。

图1.71 左图为部分清除了土和松散岩石后的落水洞,洞口喉道后接2 mi长的通道。现由明尼苏达洞穴保护组织拥有;右图为大暴雨后突然出现的落水洞。65 ft长的喉道后接4 mi长的溶洞。现由明尼苏达洞穴保护组织拥有,探密工作仍在继续

图 1.72　落水洞下部的垂直洞壁，原为崩塌物所掩埋。挖除填埋物后，发现了一条水平长度数英里的溶洞

图 1.73　阿拉巴马州莱维里克洞，勇敢的洞穴探险者经常光顾的地方。洞底堆积物说明这可能是落水洞塌落后形成的宏大洞穴

在深厚发育的喀斯特区，存在巨大的下沉平地，拥有排水出路，此即为“灰岩盆地”，面积应超过 1 km^2。小于此面积的称为喀斯特谷，或

者称为大落水洞。多个落水洞可能连接起来形成喀斯特谷地。位于希腊、土耳其的地拉那喀斯特是发育完整的灰岩盆地,在世界其他地方也有类似的碳酸岩平地,笔者所知的最高的在秘鲁的安第斯山,海拔超过4 600 m。如图1.74所示,大断裂通常会形成灰岩盆地,而这些由地质构成运动形成的洼地不断地被崩塌物所填充。如地拉那喀斯特的某些盆地就被晚第三纪的物质填埋,所形成的湖相沉积物厚达1 000 m。

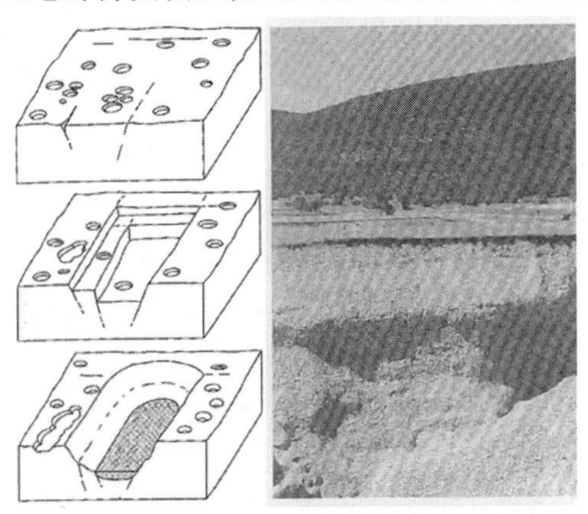

图1.74 左图为喀斯特盆地形成过程的示意图;右图为黑塞哥维那的达巴盆地,有浑厚的砾石沉积层

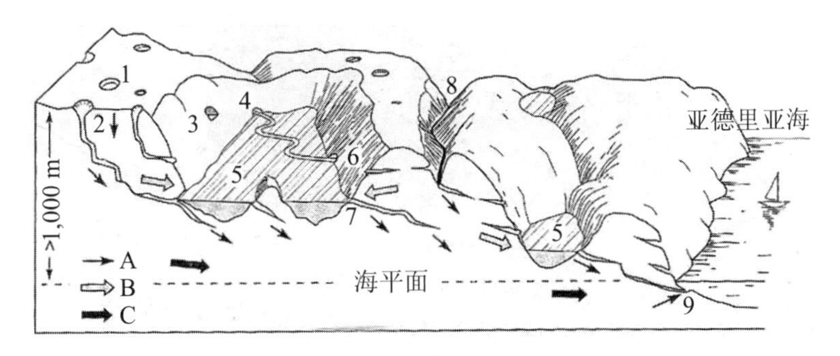

1—落水洞;2—竖洞;3—平洞;4—泉;5—喀斯特盆地;6—潜水洞;7—泉、潜水交替出现的洞;8—地表河消失的深谷;9—亚得里亚海的淹没泉;A—地下水总体流向;B—雨季地下水流向;C—区域地下水流

图1.75 迪纳里德山脉中生代碳酸盐高原喀斯特及地下水的特点

随着盆地的扩展,周边和下部的灰岩不断地被溶蚀,其在喀斯特系统中独特的水文作用逐步显现出来。在丰水季节,或是强降雨后,喀斯特含水层中的水会排向盆地,成为泉水、饱和土壤水,最终形成一个临时湖泊(见图1.76)。当含水层的水位低于盆地地板时,水就会沿着落水洞、泉眼回流至地下。这一简单的自然现象会因地质条件、水文地质条件的差异,如喀斯特区与非喀斯特区边界情况,而变得复杂。灰岩盆地边缘的上部常有永久性的泉眼,形成地表径流,最后消失在盆地底部周边的落水洞中。上述句子中的“永久”一词,在有些灰岩盆地要替换为“临时”一词。

图1.76 上图为黑塞哥维特瑞宾杰的波波沃盆地,2011大洪水的情景;下图为斯洛文尼亚洛斯基喀斯特谷地的洪水

某些盆地只在极丰水季节有水进入,而有的则无论融雪和降雨多少总有水排入。水文地质活动的盆地,每年接纳水的时间虽不同,但均在雨季有水进入,而在枯季排水。灰岩盆地周边不同高程上存在大量的干洞,它们是以前泉眼、落水洞、地下河的遗迹,标志着喀斯特溶蚀的过程。不同季节局部地下水流向可以不同,但盆地底部区域地下水总是流向低洼的排水点，如低处的河流、泉，或如同亚得里亚海的地拉那喀斯特那样排水入海洋(见图1.75)。

峡谷与天然水坝

喀斯特地貌中不仅仅有河谷，但河谷是其具有代表性的迷人风景。石灰岩中的河流常造就了深切、狭窄、两岸壁立的河谷(见图1.77)。两岸喀斯特含水层不断排泄的泉水使河谷不断下切(见图1.78)，两岸的干洞是河谷曾经较浅的证据(见图1.79)。有时在大暴雨后，这些干洞会形成壮观、短暂的瀑布。

图1.77　在黑山柯玛尼卡河峡谷，由皮瓦坝挡住的水体。右图为得克萨斯圣塔安娜峡谷的末端

图1.78　黑山的塔日啊河谷，欧洲最深河谷，多数时间只能通木筏。有一些大型和大量小型喀斯特泉排入该河，还有一些石灰华沉淀形成的瀑布

图 1.79　左图为中国漓江边的洞室;右图为科罗拉多一处悬崖上的溶洞

在石灰华沉淀物的后面,形成了喀斯特地区特有的瀑布、拦河坝、湖泊景观。石灰华是含饱和碳酸盐地下水排入地表水后形成的沉积物,它也常在泉眼附近沉积下来。起初,河床附近的断层、破碎带涌出的地下水中的碳酸钙在大气作用下沉积下来,水中的 CO_2 减少。这些石灰华沉积物含有纯净的方解石,有时会堆积成十多米高的坝,形成深的、清澈的湖泊。虽然石灰华的总孔隙率很高(见图 1.80),但其有效孔隙率接近于 0,故所形成的天然坝是不透水的。

图 1.80　西塞尔维亚色通杰的彼给泉在石灰华上形成的瀑布。插图所示范围宽 1 m,紧邻石灰华坝

克罗地亚的普里特维斯湖是典型的喀斯特坝形成的湖，属世界自然遗产，受 UNESCO 的保护。它是在可兰河峡谷中由石灰华坝形成的 16 个湖泊群（见图 1.81），目前，石灰坝还以每年 14 mm 的速度在增高。典型的地拉那喀斯特布满了石灰华坝和其形成的瀑布。克罗地亚的喀日卡国家瀑布公园的石灰坝（见图 1.82）被用来建造世界第二座水电站，仅晚于美国 1895 年 8 月 28 日建成的第一座电站（尼亚加拉瀑布电站）两天建成，该电站向海滨城市斯斑尼克供电。有趣的是，交流电发明人及第一座水电站的设计者——泰斯拉，生于地拉那喀斯特区，从小在泉水边做着建小坝推动水车的游戏。

图 1.81　克罗地亚普里特维斯湖国家公园中可兰河谷的梯级湖泊

图 1.82　克罗地亚喀日卡公园中的石灰华坝瀑布

洞穴

壶穴与深坑(国际通用术语为 jama)是喀斯特地区常见的垂直洞穴,由水侵入地下后形成(见图 1.83)。深坑是边壁近于垂直的深孔,具有圆形边界;壶穴则是所有竖直、单一的通道的总称。

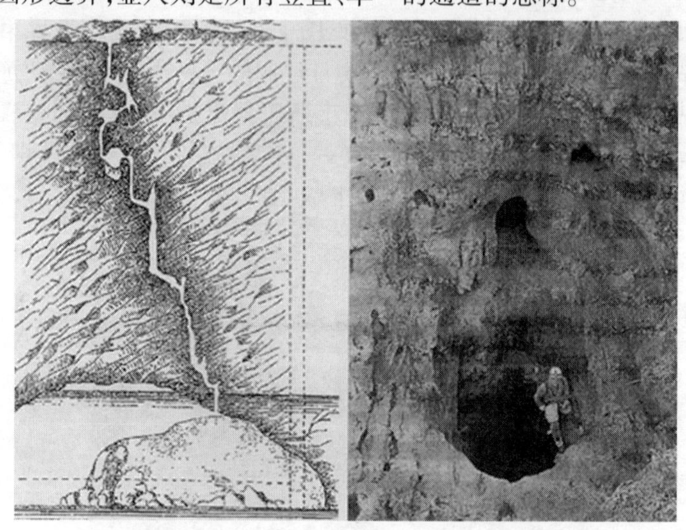

图 1.83 左图为斯洛文尼亚特瑞比卡壶穴示意图;右图为得克萨斯色柯河的沃那落水洞洞口

洞穴是水平的喀斯特洞,由水的溶蚀与机械作用形成。各种文献描述了不同类型洞穴产生的机理,基于地貌学、地质学等对洞进行了分类。伯格利(Bogli,1980)、帕玛(1991、2007)、吉利森(Gillieson,1996)详细分析了洞穴形态与水力坡度、动能、地质破碎带、地下水补给形式的关系,克立姆邱克(2000)、卡维与怀特(Culver、White,2004)、谷恩(2004)在这方面提供了参考资料。要弄清一个洞穴的形态通常是很困难的,即使对那些有水流过的、处在初期发育的洞也有许多令人惊奇的事等待人们去发现。在图 1.84 中,竖井通向两个形态相似的洞穴,它们坐落在同一条断裂带上。较低的洞穴通过一条干谷与上部进口相连,那是一个早先地表河的落水洞,但下沉的地表部分仍缺失,地表看不到任何洞穴的痕迹。

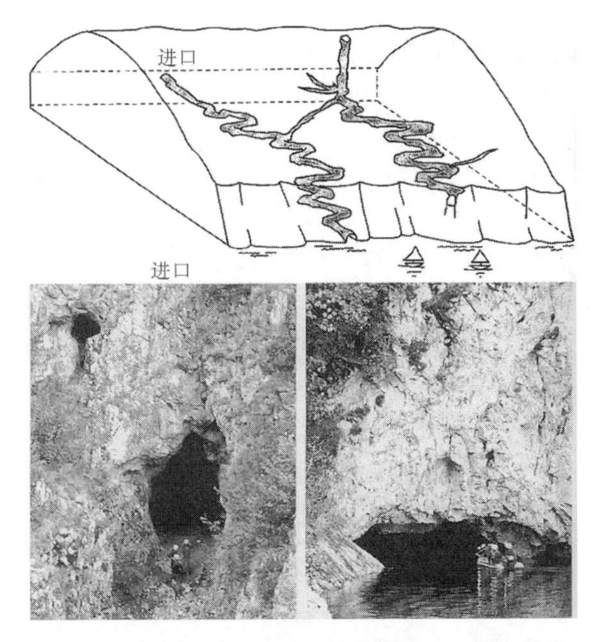

图1.84　塞尔维亚斯击尼卡附近的乌萨克洞穴系统，较低的口位于乌瓦河谷，只能划船进入

当碳酸盐层足够厚时，溶蚀不断向下发展，在不同高程上形成了许多洞穴（见图1.85），它们向不同的方向延伸，不同高程的洞穴以竖井方式连接。溶蚀水来源有以下几种：

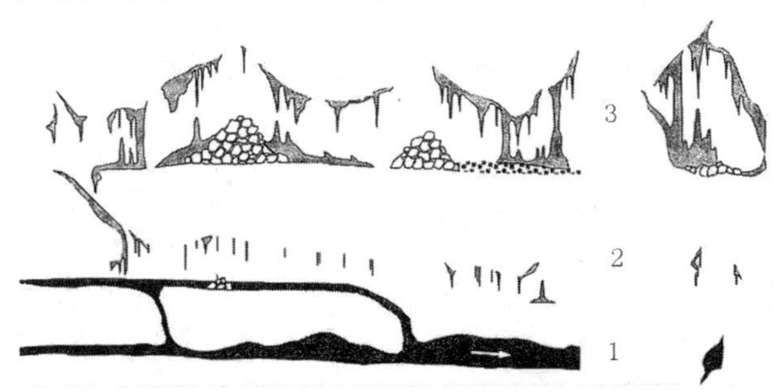

1—水面下形成井；2—形成有水的通道，出现钟乳石，岩块偶然掉落；
3—通道疏干，大量钟乳石形成

图1.85　洞穴形成的主要阶段

●进入落水洞的地表河。

●分散进入竖井和落水洞的地表水。

●以上两种混合形式的水源。

灰岩总是沿着裂缝、断层进行溶蚀,因而所形成的通道形似网状,并在排泄泉眼方向上形成很大的坡降。在一定的湿度下,干洞上部的渗水促使钟乳石的形成。在没有水流的情况下,钟乳石不会折断,形成细长的形状(见图 1.86)。有时,巨型的钟乳石会在自重或探洞者的干扰下掉落下来(见图 1.87)。在较下层的洞穴内,地下水较多,那里的钟乳石十分罕见(见图 1.88)。

图 1.86　左上图为东塞尔维亚文吉基卡洞中的巨大石笋;右上图为塞尔维亚西南受保护洞穴中千姿百态的彩色石笋;下图为东塞尔维亚色瑞英森佳洞穴中雪白的钟乳石

图1.87 新墨西哥州莱邱左拉洞中掉落的巨大的钟乳石。根据周边新生成的钟乳石判断,掉落时间已过去了数千年

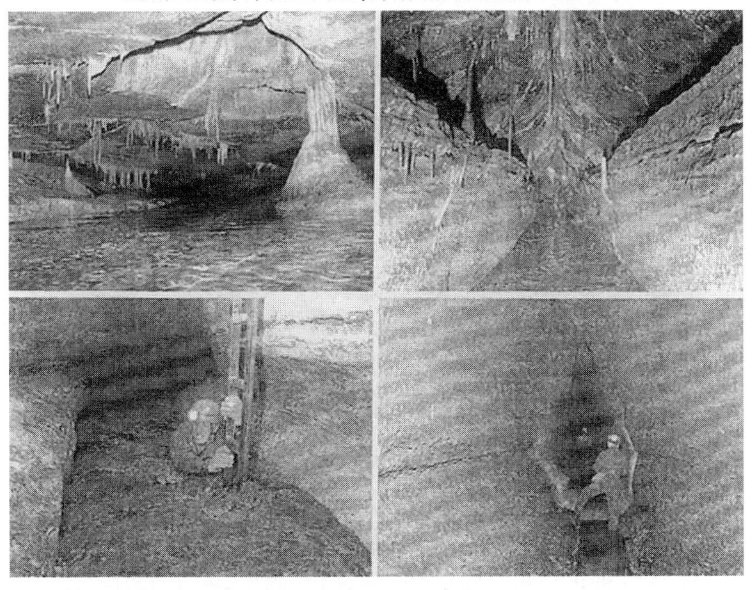

图1.88 上图为处于半活动期的洞穴,现归明尼苗达洞穴保护组织所有。洞中已出现了钟乳石,说明地下水很难淹没整个洞;下图为深处的洞穴还很窄,大暴雨后成为有压洞。左图中的勘探者正在通过钻孔中的扶梯逃离快速上升的泥浆流

喀斯特洞中地下水流的冲击作用和高水压力作用,会使洞穴扩大。水流将碎岩带走,并掏出新的岩石碎片。伴随着重力造成的洞顶崩塌,水流会造成巨大的洞穴(见图 1.89 ~ 图 1.91)。

图 1.89　左图为大块口;右图为惊人的块石堆

图 1.90　伯利兹的奇奎布溶洞群中的佛斯地下河通道。河已下切,留下此干洞

另一类不同的洞穴是前已述及的深成洞,它是由上升的地下水将深层的强酸带到上部地层所形成的(见图 1.52)。这类洞穴也沿着裂隙发育,并具有像海绵体似的网状结构。世界上最长、最复杂的洞穴就是深成洞(见图 1.92)。

图1.91　中国广西的打鼓洞,顶部落水洞坍塌形成新的进口。右下角站着一位洞穴探寻者

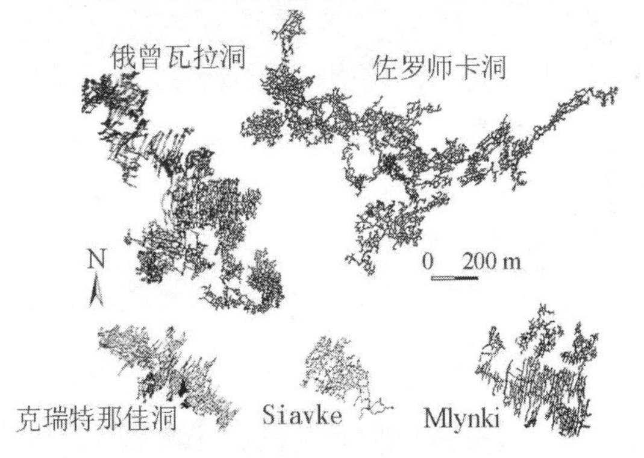

图1.92　乌克兰迈俄森的深成洞穴示意图。这里有世界上最长的5个石膏洞穴。第2长的俄曾瓦拉洞长117 km;第3长的佐罗师卡洞长92 km。最长的已成图的是俄普梯密斯蒂奇拉洞,长214 km

深成洞穴在地质构造运动中会被抬升至地面,并将原来含水层的水排出。地表水开始渗入这类洞穴,形成钟乳石(见图1.93)。在一系

列下渗水、上升水的作用下,发展成十分复杂、混乱的洞穴系统,对探险者更具诱惑力。地表冲刷将深成洞穴揭露出来,但所形成的洞口并没有落水洞的特征。图 1.94 是美国的卡尔斯伯德(Carlsbad)洞,是美国最大的深成洞穴。卡尔斯伯德洞穴国家公园有差不多 130 处深成洞穴,它们是从油气田上升的酸性液体造就的。

图 1.93　新墨西哥州的卡尔斯伯德溶洞,充满了美丽的钟乳石。这些钟乳石都是深成溶洞被抬深到地面后受大气降水影响后生成的

图 1.94　新墨西哥州的卡尔斯伯德洞的旅游入口

1.4　含水层的参数与水头

经典的地下水运动理论是从沙、砾含水层研究中发展起来的,其基本概念及相关参数(渗透系数、水力传导度、给水度)适用于松散的沉积物,如粉土、黏土及其与沙、砾的混合物。确定含水层参数的室内试验、现场测试均基于达西定律。达西是法国的土木工程师,他首次进行了沙层的渗流试验,于1856年提出了现代多孔介质中液体运动的基本方程。达西根据不同水头、不同沙粒径试验的结果,给出了如下经验公式:

$$Q = KA\frac{\Delta h}{l}\ (\mathrm{m^3/s}) \tag{1.5}$$

即通过多孔介质的流量 Q 与过水面积 A、水头损失 Δh 成正比,与水头测量点的距离 l 成反比。K 是一个常数,称为渗透系数,具有速度的量纲,是描述多孔介质液体运动最重要的参数。达西公式另外的形式为

$$v = K\frac{\Delta h}{l}\ (\mathrm{m^3/s}) \tag{1.6}$$

$$v = Ki\ (\mathrm{m^3/s}) \tag{1.7}$$

v 即为常说的达西流速,i 是水力梯度。v 并不是孔隙中水的真实流速,它只是经过总面积 A 上的虚拟流速,这个总面积中含有固体颗粒的面积。以后将引入线速度 v_L 的概念,它更贴切,但难以测量。

$$v_L = \frac{v}{n_{eff}}\ (\mathrm{m/s}) \tag{1.8}$$

n_{eff} 是有效孔隙率,即土中连通孔隙所占有的比例。图1.95是水头与水力梯度的示意图。在1号观测井的底部,滤层置于饱和含水层中,此处总水头为

$$E = z + h_p + \frac{v^2}{2g} \tag{1.9}$$

式中:z 为高程,通常以海平面为基准,也可以指定一个基准面;h_p 为压力水头;v 为流速;g 为重力加速度。

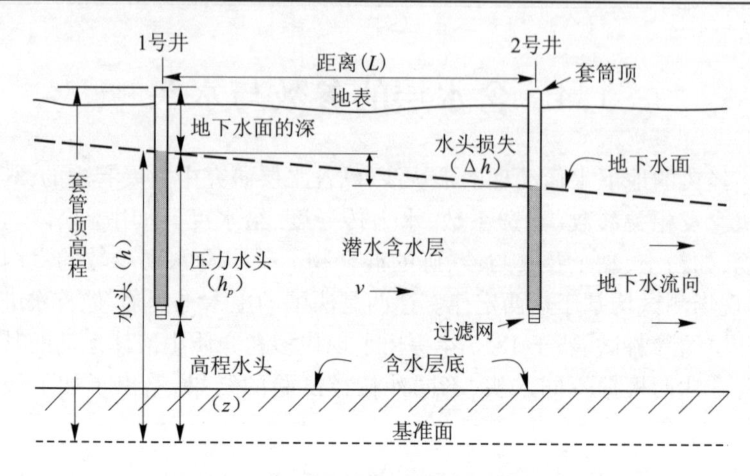

图 1.95 潜水含水层水头、水力梯度示意图

由于地下水流速很小,上式右端第 3 项可以忽略,即

$$E = h = z + h_p \tag{1.10}$$

h 是测压管水头,当密度不变时,压力水头为

$$h_p = \frac{p}{\rho g} \tag{1.11}$$

实际运用中,测压管水头可由观测井中的地下水埋深确定:

$$h = 井管顶高程 - 地下水埋深 \tag{1.12}$$

水从 1 号观测井流往 2 号观测井时,摩擦力的作用会导致能量的损失,其值为两口井的水头差:

$$\Delta h = h_1 - h_2 \tag{1.13}$$

水力梯度 i 为

$$i = \frac{\Delta h}{L}(无量纲) \tag{1.14}$$

孔隙介质中的水由高水头区域流向低水头区域,这和地表水是相同的。但在喀斯特地区的地下河中,情况有时并不如此。当水的流速很大时,式(1.10)不成立,这种情况较为少见。如图 1.96 所示,在地下水补给量很大时,水流先垂直向下流动,而在排泄区则向上流动。

有效孔隙率是影响孔隙介质渗透性的主要因素。对于不同类型的岩石,其值变化范围很大,因而渗透系数的变化也很大(见图 1.97)。

向下的
坡降
水平
向坡降
向上的
坡降
地面
地下水位
高程(m)
150
100
50
0
50
120
110
100
90
80
70
60
50
40
10
20

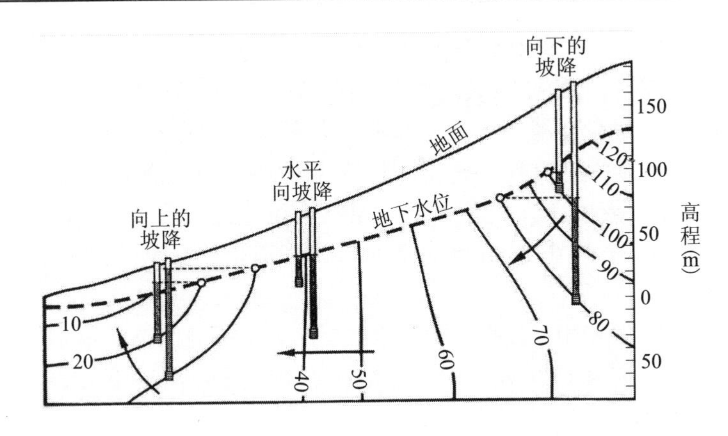

图1.96　潜层地下水流动受竖向、水平向水力梯度的影响

在所有岩石中，灰岩的渗透系数的变化范围最大。图1.97中的“溶蚀性灰岩与白云岩”的渗透系数很大，这类岩石中存在喀斯特洞穴；而固结的古老灰岩，基质孔隙率低，其渗透系数接近于“火成岩和变质岩”。

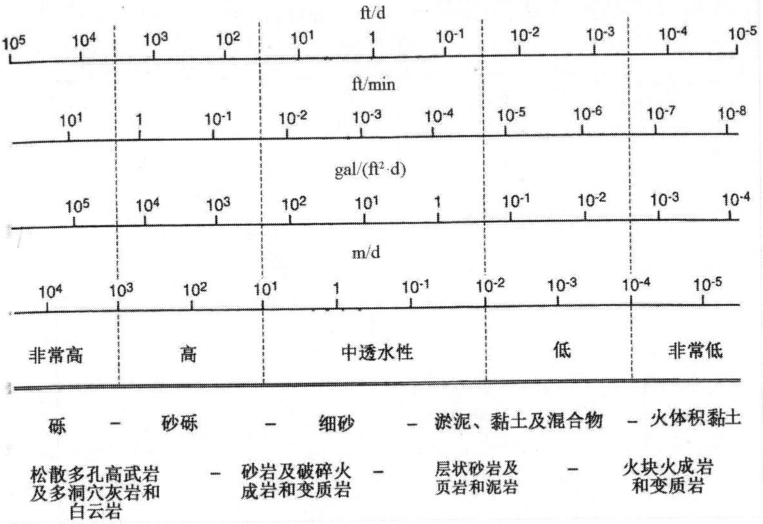

ft/d
10^5 10^4 10^3 10^2 10^1 1 10^{-1} 10^{-2} 10^{-3} 10^{-4} 10^{-5}
ft/min
10^1 1 10^{-1} 10^{-2} 10^{-3} 10^{-4} 10^{-5} 10^{-6} 10^{-7} 10^{-8}
gal/(ft²·d)
10^5 10^4 10^3 10^2 10^1 1 10^{-1} 10^{-2} 10^{-3} 10^{-4}
m/d
10^4 10^3 10^2 10^1 1 10^{-1} 10^{-2} 10^{-3} 10^{-4} 10^{-5}
非常高
高
中透水性
低
非常低
砾 – 砂砾 – 细砂 – 淤泥、黏土及混合物 – 火体积黏土
松散多孔高武岩及多洞穴灰岩和白云岩 – 砂岩及破碎火成岩和变质岩 – 层状砂岩及页岩和泥岩 – 火块火成岩和变质岩

图1.97　不同岩石中水力传导度的范围

以下实例说明灰岩渗透系数的变化性。白垩(松软的方解石粉

块)的孔隙率很大,但孔径很小,约 10 μm,故透水性很低。英格兰的林肯郡灰岩,其联通的孔隙只占总孔隙的15%,基质渗透系数仅 10^{-9},地下水都被禁锢在裂隙中。抽水试验测得的渗透系数为 20 ~ 100 m/d,约为基质渗透系数的 10^5倍。美国得克萨斯的安东尼奥含水层由白垩纪灰岩和白云岩组成,并经历了长期喀斯特化的过程。900 口井的抽水试验表明,平均渗透系数为 7 m/d,而其基质渗透系数只有 10^{-3} m/d。

美国乔治亚州的上佛罗里丹含水层的191 眼井的抽水试验结果表明,其水平向的渗透系数达 140.3 ft/d(见图 1.98)。这里的岩层为第三纪的灰岩,具有很大的基质渗透系数,与图 1.33 中所示的佛罗里达州的情况相仿。然而,该含水层的第 17 号岩芯的垂向渗透系数却低了 10^{-3}倍,且变化范围达 10^{-5} ~ 10^2。如何解释这一结果呢? 明显的原因是实验室的试件很小,直径一般只有几厘米,长度只有几英寸。这就可能避开了裂隙和溶洞。此外,由抽水和实验室两种方法测定的水平向与垂直向渗透系数的比值是不一样的。抽水试验实际包含了各类孔隙与溶洞的综合效应,并含有一定的垂向流量。图 1.99 只能代表岩石基

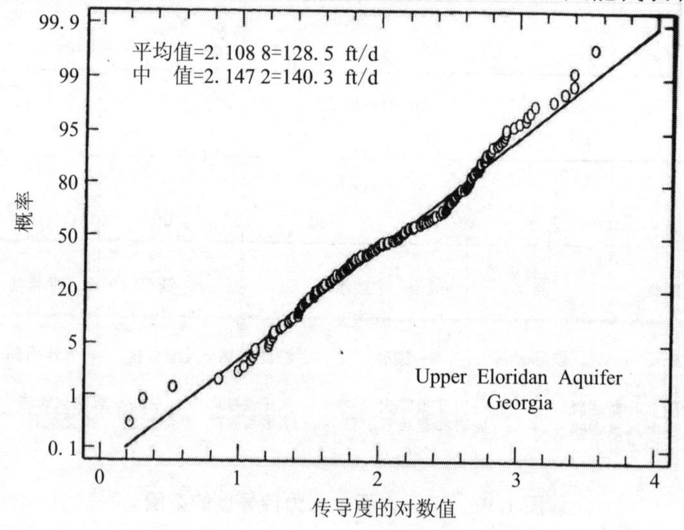

图 1.98　佐治亚州上佛罗里丹含水层水力传导度分布

质的垂向渗透系数。只有水平向取岩芯并在相同条件下做试验，才能判断基质是否具各向异性。由此而得的比值并不能代表含水层总的各向异性的量值，因为喀斯特含水层中的洞穴数量与走向是随机的。布德（Budd）和华奇（Vacher）2004 年对北美、澳大利亚、英格兰、德国的 12 个含水层的基质渗透性、裂隙渗透性、地下河的渗透性进行了比较，并以美国佛罗里达含水层为例说明了高基质渗透性对于地下水运动的重要作用。

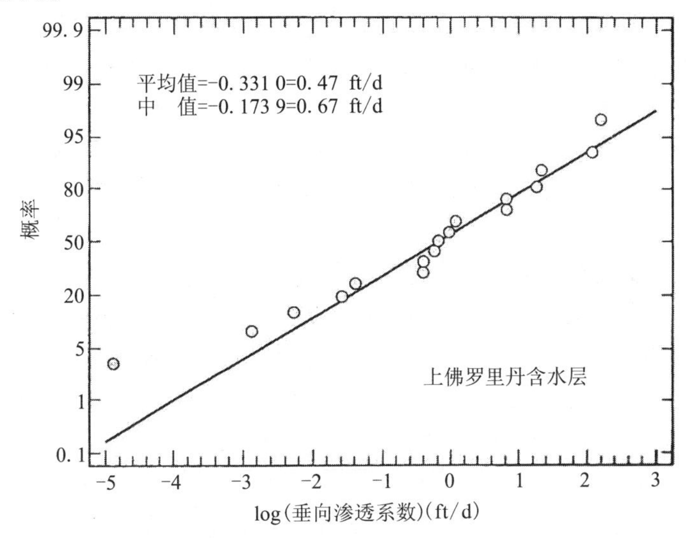

图 1.99　上佛罗里丹含水层 17 号岩芯的实验室测得的垂向渗透系数

多孔玄武岩的渗透系数很大，但总体上比砂砾岩要小，后者是渗透性最大的岩石类别。黏土与火成岩的渗透性很小，而盐矿床的渗透性几乎为零。有些国家将放射性废料储存于盐矿洞室中。均质、各向同性、松散沉积地层的情况是极少见的。多数情况下，岩石是不均匀的且各向异性，因而渗透系数随空间位置和方向而变化。多数学者将渗透系数分为水平向和垂直向分量来描述复杂的三维渗透系数张量，由此产生了一些无科学依据的判断，比如在没有对水文地质做充分研究的情况下就认为水平向渗透系数是垂向的 10 倍。事实上，对于很多非均质岩石，此差异超过了 10 的数次方倍数。而对于裂隙和喀斯特洞穴来说,这一概念就更不适用了,因为它们的形状、走向都是任意的。

另一个重要参数是传导度,它等于含水层厚度与渗透系数的乘积:

$$T = bK \tag{1.15}$$

含水层的渗透系数越大、厚度越大,则导水性越好,即可通过的水量越多。同一喀斯特含水层的导水性可以很大,也可能很小,具体与所在的位置和孔隙性状有关。德亭格(Dettinger)1989 年研究南内华达州的柯尤特(Coyote)泉含水层时的成果给出了这方面很好的例证。那里的 MX 井抽水检测的传导度达到极高的 200 000 万 in^2/d,12 ft 水位降对应出水流量达到 3 400 gal/min,而其他的 33 口井的传导度仅 5 000 万 ~ 11 000 万 in^2/d,具有代表性的莫柯瑞的军井 1 号,85 ft 水位降的出水量仅 455 gal。相关研究表明,泉水 10 mi 以内范围的含水层的传导度是较远处的 25 倍,这一范围内的地下水都向一点汇集,流速大。

含水层的给水度为水头变化所对应的水量变化值。对于潜水含水层和承压含水层,其物理含意是不同的。在潜水情况下,抽水引起水位下降,水量释放是因为水位下降区的含水层在重力作用下的疏干。含水层疏干所释放的水量与水位下降区含水层总体积之比称为比给水度,余下水量与含水层体积之比称为比持水率。因此,比给水度等于总孔隙率减比持水率,这有点类似于有效孔隙率的概念。经常会交叉使用这两个概念。但比给水度随水位的变化而改变,通过现场试验只能得到相对可靠的值,即抽水降低地下水位,在短时间内重力排水是很难完成的,因而由此而得的比给水度要小于有效孔隙率。还要注意的是,抽水试验的数据常不是单值的,这也导致了结果的不确定性。实验室中,一般采用美国“测试与材料协会”(American Society of Testing and Materias,简称 ASTM)给出的 D425 标准方法测试孔隙率 n 和饱和度,即比持水率 S_r:

$$S_y = n - S_r \tag{1.16}$$

梅恩泽(Meinzer)详细描述了比给水度的概念及哈曾(Hazen)、金提出的测试方法,要点如下:

● 比给水度常被称为有效孔隙率,因为这些孔隙可向水井排水,提供有效供水量。

●自流的水和含在岩土中的水的区别在于后者的量不是完全确定的,其排出量依赖于排水的时间;依赖于水温和矿物质,它们影响水的表面张力、黏滞度和比重;还依赖于岩土固结过程形成的结构关系。同一岩土材料,较小试样排出水的比例要小于较大试样排出水的比例。比给水度的测定还未形成标准的方法,而且针对不同的目的和条件采用不同的方法还将持续下去,因此,在给出比给水度的值时总要说明是采用何种方法确定的。

●饱和岩石的释水量是决定地下水源供水量的重要参数,它取决于比给水度而不是孔隙率。黏土含有大量的水,但产水量小,不能成为水源,而裂隙发育的岩石含水不多,但产水量丰富。

松散颗粒含水层的比给水度为0.05~0.3,当然还有更大和更小的值。比如细颗粒、不均匀材料的比给水度更小,而均匀的粗砂和砾石层会更大。按均质孔隙介质模型EPM,高孔隙率喀斯特含水层应具有很大的比给水度。通常,粗颗粒含水层排水更快,S_y随时间变化的幅度比细颗粒含水层的小。

潜水含水层的力学特性中还包括水的压缩性和材料的压缩性,但这些压缩性所引起的水量变化在绝大多数情况下很小,实际应用中可忽略不计。而在有压含水层中,贮水量则极大地依赖于水与固体的压缩性,即弹性变形性质。随着水头减小,有压含水层释放的水量来自于水的膨胀和岩土层的收缩;在水头上升时,靠水的压缩和岩土膨胀增加贮水量。对此,可用贮水度来描述,该值大体上在0.000 01~0.001。一般地,较密实的含水层具有较小的值。贮水度与含水层材料的孔隙没有直接关系。喀斯特洞穴不具有弹性贮水性质,它更像有压管流和有压贮水装置。

有压含水层的比贮水度S_s是单位水头差所引起的单位体积中的水量变化,其量纲为长度的-1次幂,如m^{-1}或ft^{-1}。比贮水度与含水层厚度(b)的乘积为贮水度S,即$S = S_s b$,是一个无量纲量。比贮水度的计算公式为

$$S_s = \rho_w g(\alpha + n\beta) \tag{1.17}$$

式中：ρ_w 为水的密度；g 为重力加速度；α 为含水层骨架的压缩系数；n 为总孔隙率；β 为水的压缩系数。

当使用传导度和贮水度进行地下水模拟时，由于考虑了含水层的厚度，故地下水的水平向运动是不言而喻的。在更一般的情况下，特别是研究污染物运移时，需要用到水平传导度、垂向传导度、比贮水度、含水层厚度。由此可计算三维速度向量并进行水量平衡，其结果可以用于污染物浓度的计算。

要强调的是，在讨论含水层的参数时，一定是针对颗粒状的多孔介质，如砂、砾、粉土、黏土及其混合物。然而，许多专业人员和管理人员坚持将达西公式用于喀斯特含水层，他们判断现场就是一个均匀孔隙介质含水层（EPM），而不做严谨的量化分析和敏感性分析。以下是研究地下水的通常程序，这套程序已得到广泛应用，且在诸如美国等一些国家中成为了强制性规程。

●设置若干观测井；

●记录井内水位并绘制等水位图；

●由等水位图确定地下水的流向和水力梯度；

●在观测井中进行 24 h 抽水试验，测定含水层的传导度及贮水系数；

●用达西公式计算流速、计算传导度、水力梯度、有效孔隙率；

●计算单井或井群的最优抽水流量和水位下降影响半径；

●对水位、污染物浓度进行长年观测，看是否有异常变化。

但上述程序不适用于喀斯特含水层，主要原因如下：

●喀斯特含水层的等水位线不连续，不像颗粒含水层中存在光滑的水面线。如图 1.100 所示，喀斯特含水层 A 和颗粒含水层 B 中的水的流向均为由北至南。在颗粒含水层中，设置 3 处观测井便可通过所测得的水位相当准确地确定由北至南的水的流向，但对于喀斯特含水层，3 个井可能给出非常不同的水流向，它与井相对于喀斯特溶洞、裂隙带的位置密切相关。

●由图 1.101 可见，距离很近（数 10 m 间距）的井群所测得的水头是不确定的。一口井可能完全位于均质岩层中，没有裂隙，孔隙率很

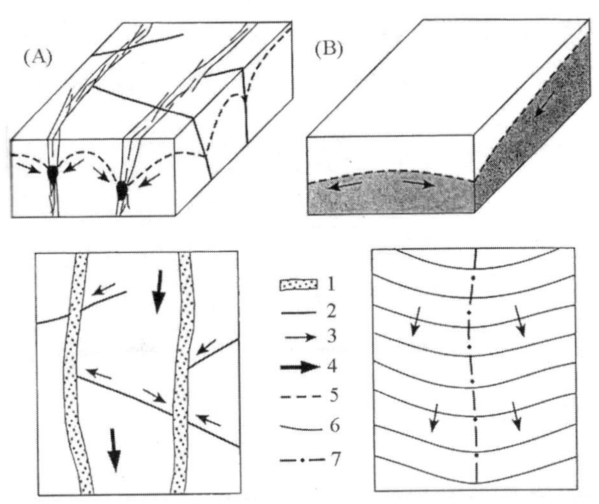

1—优先流路(裂隙、断层、喀斯特通道);2—破碎、断裂;3—点流向;
4—总流向;5—颗粒含水层的水位;6—等水位线;7—地下分水岭;
A—喀斯特;B—颗粒含水层

图1.100　上图为地下水三维流动示意图;下图为平面投影图

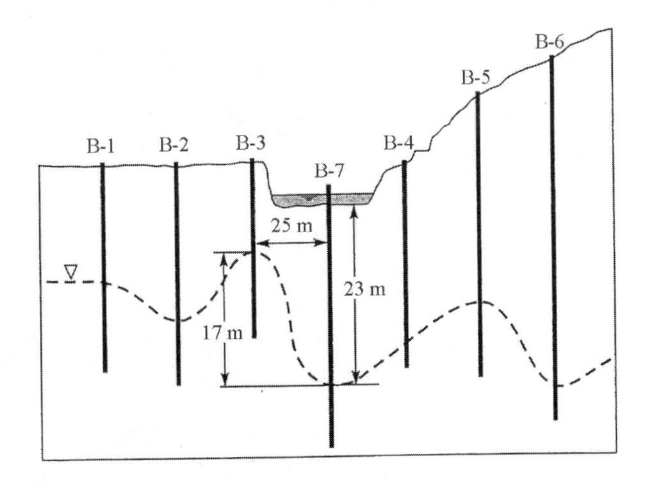

图1.101　欧洲最大暗河——特雷比什尼察河垂直河流向的
地下水位剖面图

低,像个玻璃杯似的,降雨不会引起水面波动。而 10 m 开外的井则可能位于地下流道处,那里裂隙发育,大雨时水位会波动数米。

●图 1.102 表明,靠得很近的井,如果其深度处在不同的喀斯特地下通道中,所测得的水头可能很反常。图中显示的是黑塞哥维那的迪纳拉喀斯特泉的情况。P3 号井的滤网穿过了 3 条地下流道,它的水位与埋深最浅的 P2 号井相同。由 P4、P3、P2 井测得的水位,容易错误地认为水是由泉眼向周边运动的,但事实上水是涌向泉眼的。

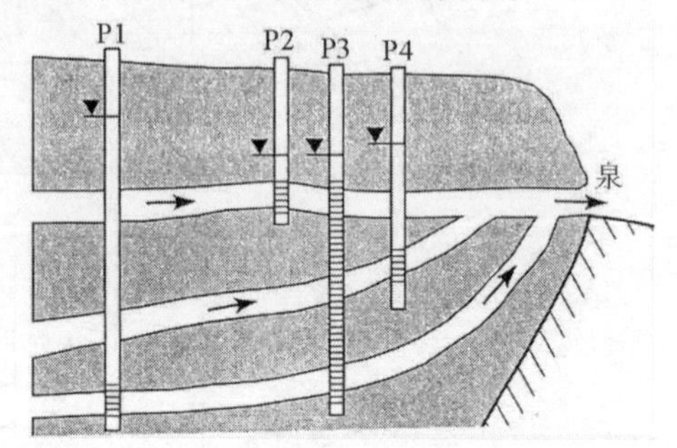

图 1.102 相距很近的井所测水位很不相同的例图。井的水位与深度及井管进水段长度有关

●每一个在喀斯特地区工作过的水文学者都知道降雨或融雪会使观测井中的水位大幅变动。水位可能上升数十英尺,甚至数十米,但几天或数周后,水位又降回原来的位置。如果 3 个月才观测一次水位,是得不到地下含水层的动态资料的。图 1.103 很好地说明了溶洞中水位的波动及水流突然增加的力量,而这些在一年只进行 3 次的观测中可能是记录不到的。

图 1.103 洞穴探查人员正向上看被地下洪水带来的圆木,地上有木头碎片。此图为西弗吉尼亚的卡文森溶洞系统

●计算地下水流速与流

量的达西定律、渗透系数、有效孔隙率对于地下通道中的水流是不适用的。图 1.104、图 1.105 表明，明流是流经固体表面空间的水流，这一空间的有效孔隙率为 100%。

图 1.104　卡文森溶洞通道中的地下河

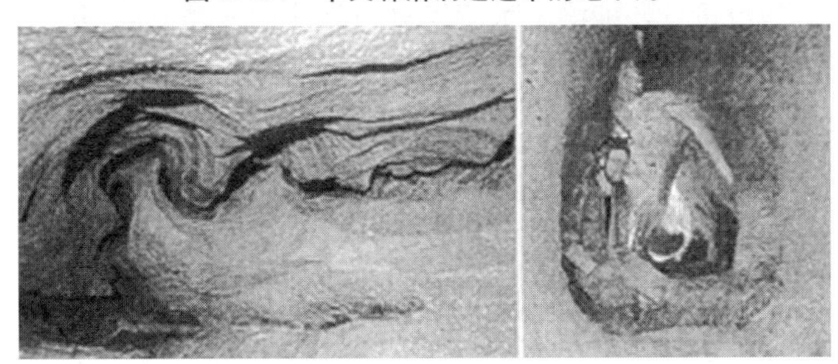

图 1.105　左图为溶洞底板上水流冲蚀出的沟槽的俯视图，水流向左下方（见 1.6.7 的说明）；右图为弗吉尼亚巴斯县的地下水通道，在水下形成的，现偶尔过水

●在喀斯特地层中做抽水试验和进行量化计算是没有意义的，至多能定性说明观测井之间的相对差别。

综上所述，对于喀斯特含水层，仅根据水头和等效渗透系数来确定地下水流的方向和流速是不充分的。当降雨观测资料连续时，观测井中水位的变化也应是连续的。条件允许时，应在不同的季节采用色彩示踪技术。此外,为了弄清喀斯特中的水力特性(包括水流通道和水压力),应采取各种可能的水力测试技术。

1.5　含水层试验

喀斯特地层中的井筒一般都会穿过不同的地下水流道(裂隙和溶蚀孔洞)。这些流道可以由钻探查明,孔中流量可以由流量计检测。这种流量计可以在抽水状态下工作,也可以不在抽水状态下工作。当井抽水时,需要用封隔器将井筒中的测流段隔离出来,以获得更准确的结果。这种封隔器原用于注水试验,通过压入水,确定测量段的渗透系数。此外,为了弄清含水层的出水量和水质,需要进行长时间抽水试验。

钻孔和流量仪是对喀斯特含水层进行现场观测的最有效的方法。常规钻孔方法就可以弄清水流的通道、岩石的性质和构造(见图 1.106)。垂向钻孔流量计和水平向流量计均可确定井壁的出水量。由此水平向流量计还能测出水流经过观测井的流动方向,从而可以推测哪些井壁段出水,哪些井壁段吸水。不同井的注水和抽水试验,可以揭示地下水通道处在井中的位置(见图 1.107),并可测定传导度和贮

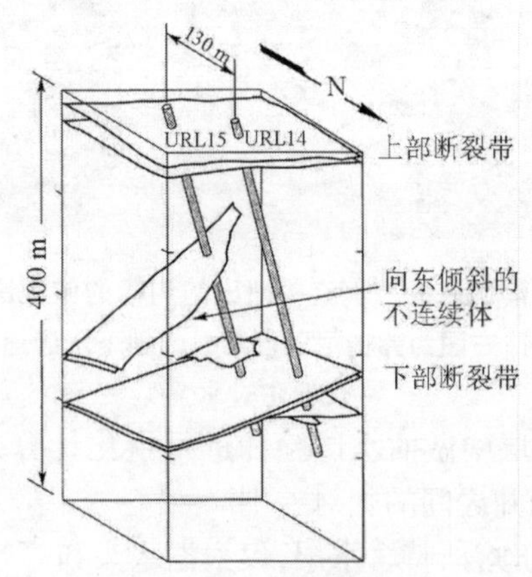

图 1.106　由声波探测仪确定的 URL14、URL15 钻孔与裂隙交叉示意图,以及孔向断裂的推测图

水系数。

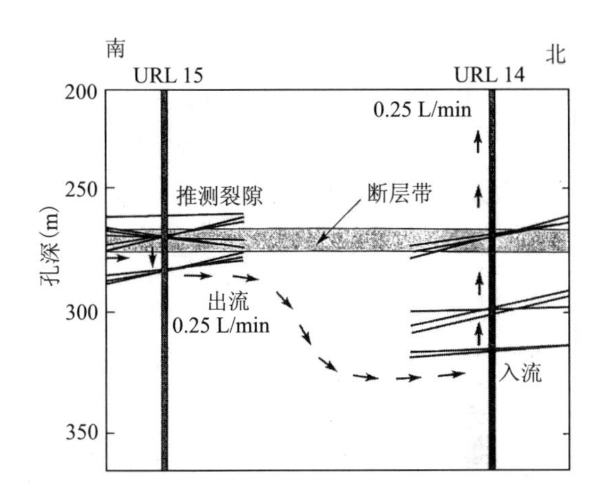

图1.107　URL14、URL15号井抽水试验所揭露的水力联系示意图

1.5.1　地球物理法

钻孔雷达——通过检测岩石电阻,探测钻孔周围30 m范围内的裂隙。雷达发射与接收可以在同一孔中进行,也可在不同孔中进行。在同一孔中进行时,可以找到裂隙的位置和方向,跨孔时采用断层扫描技术可以描绘裂隙的分布。钻孔雷达还可进行示踪剂运移的检测。

声波电视(ATV)和光学电视(OTV)可以得到井壁360°的影像,据此推断裂隙含水层中岩石性质、层位关系、结构面。在很多情况下,声学探测图像比光学探测图像更清晰,如岩石颜色深暗、钻孔水体混浊、孔壁挂浆等情况。但光学探测可提供岩石、断裂、节理、层理的直观图像。声学探测与光学探测联合解译是最好的勘探方式。钻孔壁的图像信息对于解释流量计测量结果、其他勘探成果、岩石样、抽水试验取得的水力参数和水质成果是非常有用的。

OTV可直接看到岩石性质与构造,如孔隙、裂隙、裂隙填充物、节理、层理等,其图像可采自于大气或清水钻孔中。钻孔中的残留泥浆、水中的化学物质、细菌、孔壁挂浆都会影响图像的质量。

ATV可在水中或轻度泥水中采集图像。钻孔会加大经过孔隙、裂隙、节理、层理的声波束能量损失,减小信号的振幅,在图像上留下可以辨认的迹象。钻孔中液体、井壁上的声阻抗差,反映了物质硬度的相对关系。只要能测到足够的声阻抗差,就可以辨别出岩性的改变、节理、层理、裂隙填充物(见图1.108)。多回声系统记录下所有返回的声信号,并形成塑料套管后的图像。新的数字式电视系统还可以采用交互方式确定裂隙的走向。

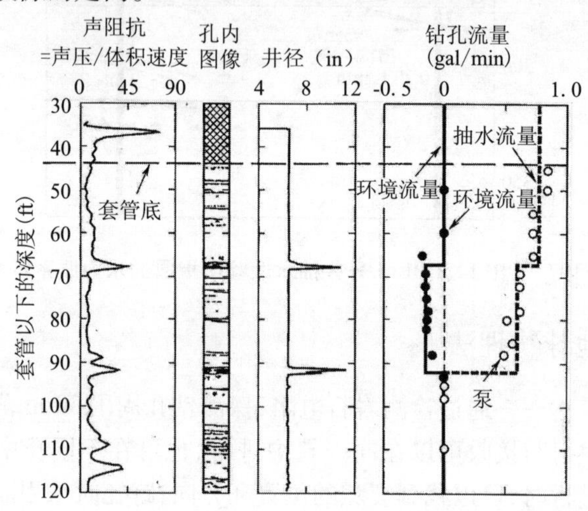

图1.108 肯塔基州坝培尔的FC-29号井物探及垂向流量图

钻孔电视:在检查观测井井套和滤网时,常要用到钻孔电视。它可以看到岩石结构、颗粒尺寸、颜色;可以看到水位和水流;可以发现岩石裂隙和孔洞。电视摄像可在清水中和水上进行。最先进的摄像系统是电磁导向的,可提供钻孔壁360°的图像。配备光源的摄像机在钻孔经过大的溶洞时,还能提供非常有价值的信息。

流量计:自然状态下和抽水时测流量,从而获得导水裂隙的分布图,并确定垂向水力梯度。这对于计算传导度和定性分析是非常有用的。

不同含水层的水头差,或是同一通道中的水头差是钻孔中垂向水流的动力。地下水总是由孔壁中高水头的单元流向低水头的单元(见图1.109)。垂向水流会受到弱传导度岩层的约束。当一个钻孔中各单

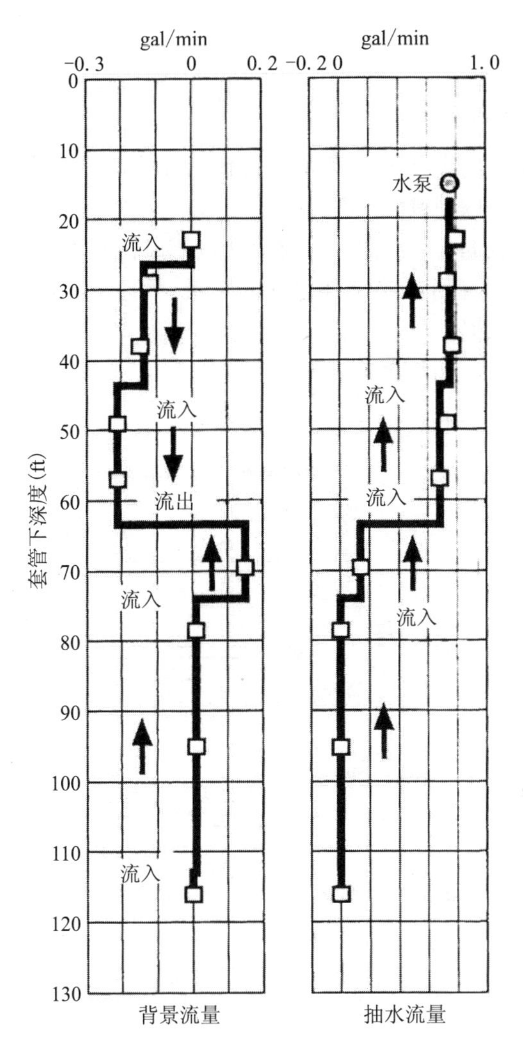

图 1.109　裂隙含水层钻孔热脉流量计测试结果。左图为背景流量，右图为抽水流量。箭头表示流向。水从高水头处流向低水头处

元的水头相同时，就不会有垂向水流发生。要注意的是，钻孔本身可能会促成含水层间或裂隙间的垂向水流，而这种水流原本可能是不存在的，对此应特别小心。

单孔流量计可做如下观测：

●垂向流量;

●水流的方向;

●相对水力梯度;

●分析钻孔穿过的含水单元可否作为水源,或者确定该地下水通道是否汇入到某一井中。

在跨井的流量监测剖面上,流量计置于以恒定速率抽水的井中,由此测得的流量剖面可以确定井之间的关系,并可计算传导度、水头和地质单元的贮水系数。

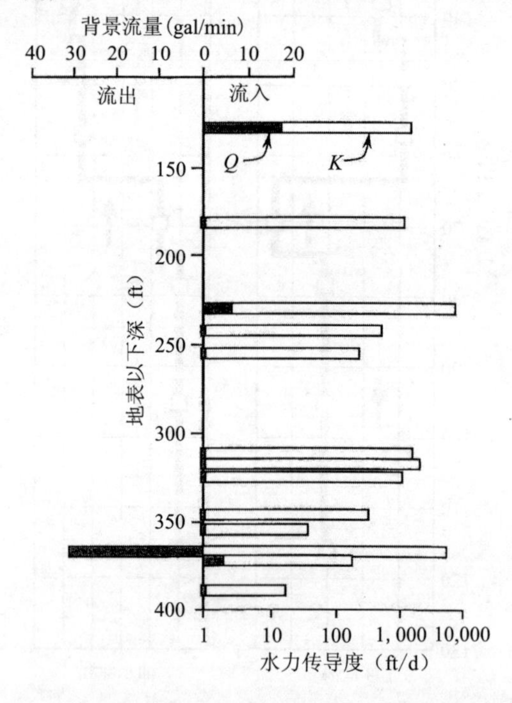

图 1.110 灰岩含水层深孔中水力传导度 K、背景流量 Q 的记录

含水层的不均匀性会影响流量计的测量成果,尤其对测流点与地下水通道之间的相对位置十分敏感。陡倾角裂隙会导致难以解释的结果,这时是没有水平向流动的。在三维流速场中,只能采用多普勒流速仪,通过三点法测定流量。

垂向流量计可以用于对含水层的特性进行定性、定量分析。定性分析重在说明水是由哪些含水层流出,又流入哪些含水层;与水位降落观测值结合,可以计算渗透系数和传导度。用流量观测数据对含水层进行水力分析的方法一般有比例法、解析法、数值分析法。比例法、解析法可以估算传导度,数值分析法则可计算传导度和水头分布。

钻孔流量计常常与水文物理观测结合使用。水文物理观测是将钻孔中的液体用去离子化的水置换,然后检测水温和导电值(FEC),从而找到钻孔中水的渗入点和渗出点。一个水文物理与流量计观测的时间序列可以确定观测点的入水量及出水量、垂向流量和水平向流量。由于不需要打多口井,因而这种方法是很实用的。水文物理观测的理论基础是水量平衡原理、水中不溶解物与电导率成正比。因此,只要记录下沿水井深度各点的导电率的变化,就能找到出水点,并计算出水量。

1.5.2　水力学法

气动式或机械式钻孔密封圈将钻孔隔为若干段,这样就可针对每一段进行水力测试和取水样,从而找到强渗流区和没有裂隙与溶洞的弱渗流区。弱渗流区的结果反映了岩石基质的孔隙率。

图1.111给出了3种最常用的密封圈测试法。第1种为压水法,由大坝帷幕灌浆发展而来。先对测试井段实施灌浆,然后钻孔,再对更深的井段进行灌浆和测试。由于费用高、费时,该法已很少使用。

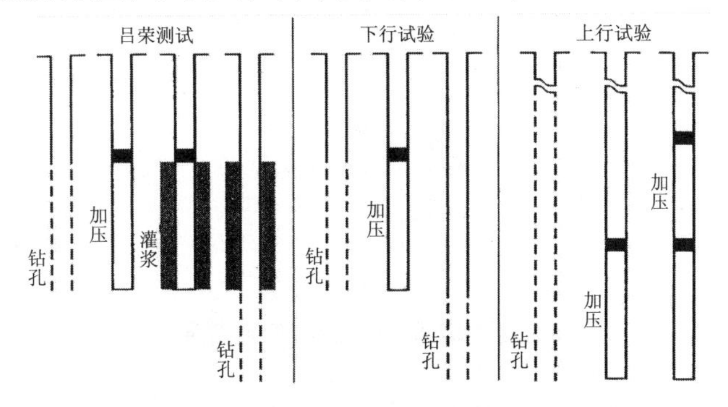

图1.111　注水试验方式图

下行法常用于不稳定增长的岩石。先钻孔至测试段的底部，在测试段顶部安装充气式密封圈，测试完成后，再钻孔至下一段的底部。上行法适用于稳定岩石，先钻孔至总深度，将两个密封圈装在试验套管上，间距 1.5 ~3 m，两密封圈之间的套管上凿有若干孔洞。测试由孔底开始，每试验完一段，就将密封圈上提一段，做另一段的试验。

一次试验段的长与岩石的性质有关，一般取为 3 m。有时，在设计好的深度上，由于碎渣、石块、洞穴、孔壁不平整，造成密封效果不好的情况，这时就要调整试验段长度，以期获得良好的密封效果。遇到裂隙发育、洞穴众多的强渗带，注水泵能力不够时，压力升不起来，这时就要减小试验段长度，直至起压。

图 1.112 表明测试渗透系数所需要的试验段长度。渗透系数由下式确定：

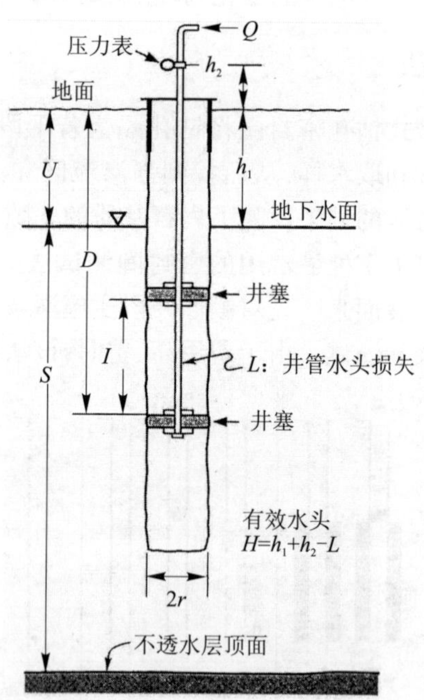

图 1.112　饱和带岩石渗透系数的压力试验

$$K = \frac{Q}{C_s r H} \tag{1.18a}$$

式中：C_s 为水流通过圆柱形井内饱和介质时的传导系数；H 为水头；r 为钻孔的半径；C_s 值由图 1.113 根据 $\frac{l}{r}$ 查算；l 为试验井段的长度。

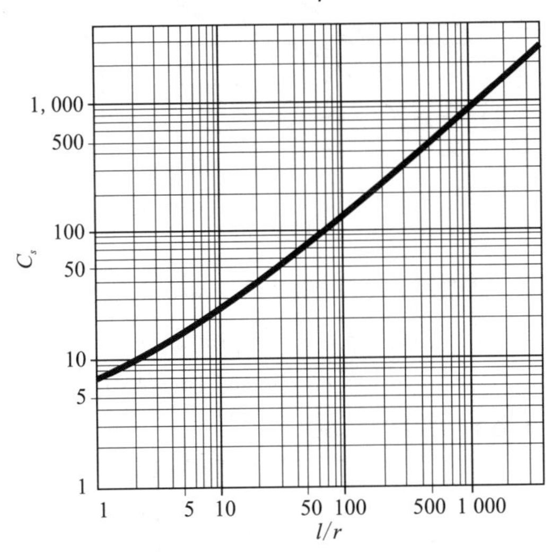

图 1.113　饱和材料导水系数

多压力渗流试验中，压力分 3 次以上逐级增加，第一级压力持续 20 min，或者持续到压入的流量稳定时为止，其间每 5 min 测一次流量。最高压力达到后，再进行反序减压。如此，可绘出图 1.114、图 1.115 的曲线。

压水入渗性能通常用吕荣来表达，1 吕荣（Lu）表示在 1 MPa（10 个大气压）下单位长度上每分钟入渗 1 L 水，即 1 Lu = 1 L/min/m/1 MPa。

比入渗量 q 是压水试验中衡量岩石渗透性的另一个指标，它表示 1 m 钻孔在 1 m 水头下，每分钟压入的水量。

$$q = \frac{Q}{Hl} \tag{1.18b}$$

式中：H 为水压；l 为试验长度（见图 1.112）。

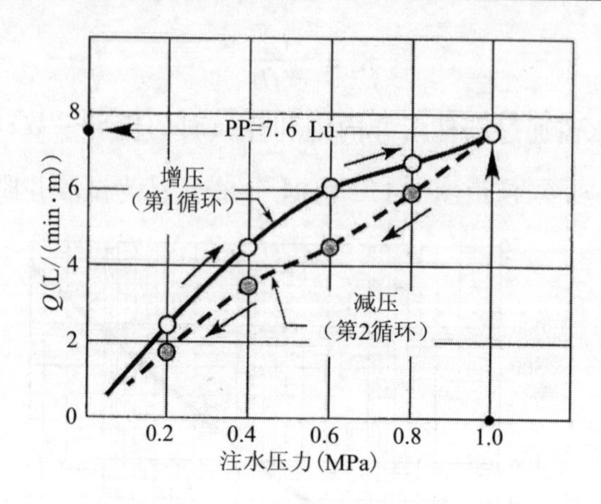

图 1.114　典型吕荣注水试验结果,1 MPa 压力时为 7.6 吕荣

图 1.115 是多压力渗流试验所绘制的曲线,常见的一些典型曲线已在图中示出。在分析钻孔压水试验资料时,要用有压含水层的理论。图 1.115 给出了各种可能的情况:

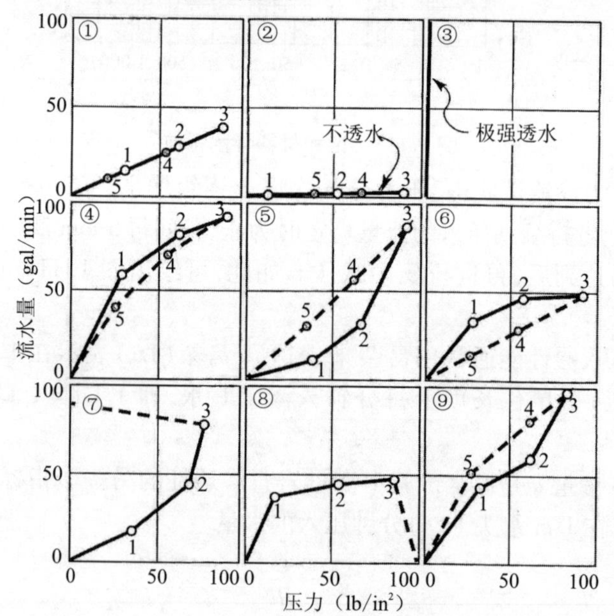

图 1.115　多压力渗透试验

(1)裂隙很窄且干净。属层流流态,渗透性很低,流量与水头成线性关系。

(2)基本不渗透。即在水压力作用下,压入水量十分微小。

(3)极强渗透性。开放的裂隙,压入水流量很大且不起压,所测得的压力是管道阻力所致。

(4)高渗透性。有相对开放的裂隙,其中有充填物,对水流起阻挡作用。裂隙中的水流呈湍流状态。

(5)高渗透性。裂隙较大,其中的充填物会被冲洗掉,渗透性随时间增加。裂隙中的水流呈湍流状态。

(6)与(4)类似,但裂隙封闭,水流呈层流状态。

(7)密封失效或裂隙宽大,水流为湍流。裂隙被清洗净,渗透性很高,压水泵的流量太小,不起压。

(8)裂隙较宽,充填黏性物。在临界压力以下,水基本没有被压入。

(9)裂隙充填物在逐渐增加的水压下被冲开,渗透性较大,水流呈湍流状。

USGS 开发了一套基岩渗透能力测试设备(BAT),用于钻孔的压水试验或抽水试验。该设备用两个密封圈分隔出钻孔的试验段,并进行如下测试:

●采集水样做化学分析;

●测定水头;

●进行抽水试验;

●进行压水试验;

●在一个钻孔中先压入示踪剂,再抽出示踪剂。

这套设备也可只用一个密封圈,将钻孔分为上区和下区两段。当用2个密封圈、3个压力传感器时,可掌握测试段及测试段上和测试段下的压力情况。而测试段上、下的压力可以表明密封圈的效果。

抽水试验可以很容易找到钻孔中传导度大的裂隙,而传导度不大的裂隙要靠压入少量水才能发现。基岩渗透能力测试设备与潜水泵、注水设备联合使用,可进行抽水与注水试验,确定井段的水力参数。传导度的测试范围达10^8数量级。

1.5.3 含水层抽水试验

抽水试验是最昂贵、花费劳力最多的一类水文地质勘探方法,其布井的规划和实施方案是非常关键的。USGS、美国环境保护署(USEPA)、陆军工程师团(USACE)、美国垦务局(USBR)、ASTM 出版了大量这方面的专著、指南。德瑞斯科(Driscoll)的《地下水与井》涵盖了井的设计、建造、观测的各个方面;克鲁斯曼(Kruseman)的《抽水试验数据分析与计算》、道逊(Dawson)等的《抽水试验设计与分析》都是这一领域里的优秀参考书。

一般地,含水层抽水试验的主要过程为:

- 确定试验目标;
- 构建现场概念模型(CSM);
- 试验设计;
- 数据采集;
- 数据分析。

试验目标就是"准确说明要了解含水层的哪些特性"。是为了水量供需平衡而测试传导度和贮水系数?还是测试井的比供水能力和安全产水量?或是为了研究地下污染物的运移,而弄清地下水的流速和流向;或是为了弄清多个含水层之间的联系,如顶部含水层与深部有压含水层之间是否存在弱透水层。总之,弄清目的是保证试验成功的基础。

抽水试验为构建现场概念模型(CSM)提供参数,但试验前弄清水文地质条件是极为重要的。在理想情况下,CSM 中应包含影响抽水井和观测井水位降的所有边界条件。边界就是弱透水层(垂直向的和水平向的)和自然的及人工的地表水排水面(如漏水的污水管)。对于喀斯特含水层,那些看不见的地下水通道也是重要的边界。还要注意邻近的其他抽水井。要预测井的出水量、影响半径和水位降分布,就要弄清含水层厚度、导水度、异向性、弱透水层分布等。现场概念模型 CSM 中应在水文地层图上整合这些信息。在地下水污染研究中,首先要弄清污染的水平范围和垂直范围,而含水层试验则提供受污染地下水的水平、垂直向的流速。

含水层抽水试验设计的主要内容有:

- 水井设计，包括半径、深度、加过滤罩的区段。
- 观测井设计，包括位置、深度、加过滤罩的区段。
- 水泵设计，包括尺寸、电源、运行费。
- 试验时间。
- 水流控制、测量、退水出路。

在喀斯特地区进行抽水试验时，退水通道要足够大，以便抽出的水不会又渗入地下，从而影响水位的下降。以后将要讲到，抽水试验应持续较长时间，以便分析含水层双重孔隙特性的影响。

在污染物水文地质调查中，抽水试验一定不能用得太多，因为抽出的污水会引发环境问题，还可能改变污染地下水的流向。故常使用压水试验方式，避免将污染水体抽至地表。当地下水回灌设计包括泵与处理系统时，必须进行抽水试验，这是因为压水试验只能进行数分钟，只能测得邻近区域内的孔隙特征，而抽水试验持续时间长得多，可以了解含水层大范围的反应。如前所述，在喀斯特地区是不能进行压水试验的，一方面是因为持续时间短，另一方面是因为分析方法的前提假定含水层为颗粒状介质。

绝大多数抽水试验的分析方法侧重于水位降的过程曲线。水位降是由若干观测井和抽水井得到的。在描述抽水流量、水位降、含水层参数关系的数学方程中，总含有抽水的时间过程变量，故也称这些方法为“瞬时”法，或与时间相关的方法。当今所使用的各种方法均基于塞西(Theis)1935年提出的理论，都是将时间—水位降观测线与某个理论曲线相适配。不幸的是，水文地质学家常常忽略了塞西公式的基本假定而将其任意应用到喀斯特地区。塞西公式的基本假定是：均质、各向同性、承压水、无限大、水平不透水底部、水平流线、无渗漏和补给。显然，实际情况很难与之相符，即使对于颗粒含水层、裂隙岩石也是如此。

对于含水层顶、底存在弱透水层的情况，非承压含水层重力释水滞后、各向异性、裂隙的情况，均开发出了相应的分析方法。不论含水层的类型和孔隙特性如何，与时间—水位降观测曲线相适配的曲线和分析方法不是唯一的，这一点特别重要。要做出正确的选择，依赖于对水文地质情况的总体把握(见图1.116)，尤其在喀斯特地区，由于缺乏严密的数学公式和一致公认的抽水试验资料分析方法，更需如此。如同用均匀孔隙介质法（EPM）建立喀斯特含水层数值模型一样，喀斯特地区抽水试验资料的分析方法常采用颗粒含水层及裂隙岩石含水层的分析方法。

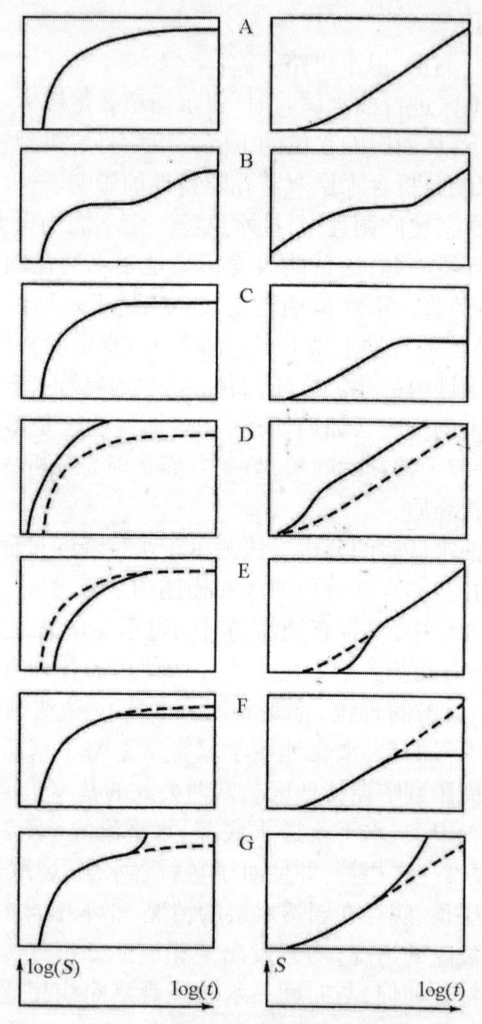

A—有压含水层；B—潜水含水层；C—半有压含水层；D—部分入渗效果；
E—大口径井；F—补给效果；G—无补给

图 1.116　水位降落过程线左边均取对数，右边仅横坐标取对数

图1.117是典型的喀斯特含水层的时间—水位降曲线。只要抽水时间足够长，这条曲线就会呈现3段。第一段坡度均匀，表明与抽水井相连的次生孔隙（包括水溶性孔洞和裂隙）发生快速响应，其早期排水特性与承压含水层的特性类似。非承压颗粒含水层的释水特性通常与抽水试验相仿，贮水系数远小于1%，约10^{-3}。第二段曲线很平缓，表明溶蚀性孔洞、裂隙释放水后得到其他类型孔隙中的水的补给，这只有当地下水通道、大裂隙中的水压力降低到足够小时，才能导致小裂隙中的水释出。此段曲线为一过渡曲线。之后，出现了非承压含水层释水的特征，在重力作用下水向低压区流动，可称为重力排水滞后响应。

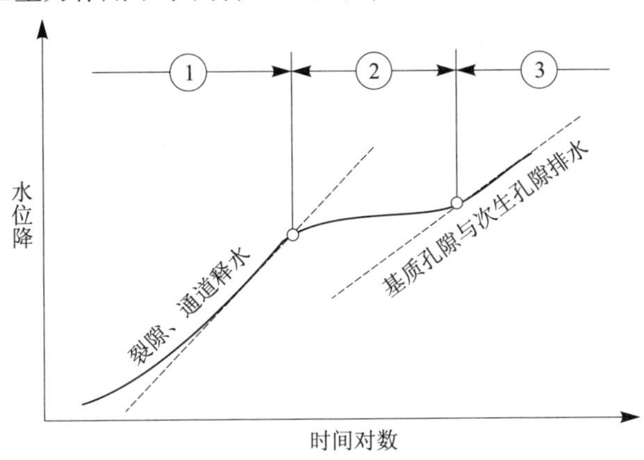

1—次生孔隙排水阶段；2—渐降段；3—全部孔隙稳定排水段

图1.117　喀斯特含水层用比孔隙率确定的水位降曲线

当次生孔隙及基质孔隙中释放的水达到一定量后，水位下降曲线进入第三段，它反映出岩石双重孔隙结构的水力特性。要确定喀斯特含水层的每一种孔隙的贮水性能是抽水试验无法完成的，这一任务只能由不同地点、不同深度取出的岩芯在实验室中完成。

受抽水时间及喀斯特含水层特性影响的时间—水位降曲线还与不透水边界、补给、常水头边界有关。即使喀斯特含水层的贮水特性及这些条件都给定，时间—水位降曲线仍呈现不同的变化。因此，只能用含水层的地质、水文地质条件去解释抽水试验的结果，而不能套用非喀斯特地区的典型曲线去分析试验结果。

图1.118给出了喀斯特含水层抽水试验的可能的时间—水位降曲线的形式。除图中文字说明的内容外,还要强调喀斯特含水层分步抽水的重要性。这些试验是为了确定水井的效率,优化泵的抽水流量,其结果提示了井周围含水层的孔隙特性。

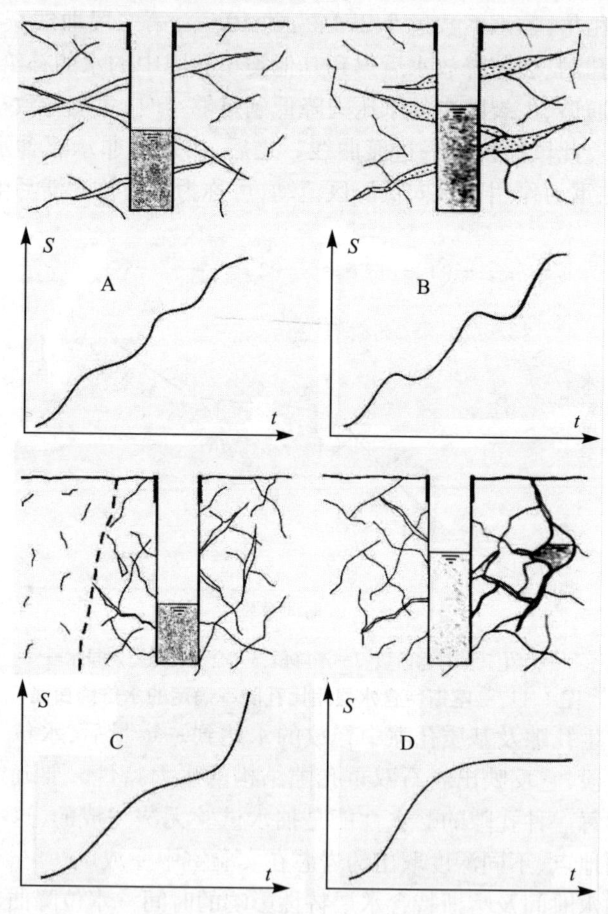

A—裂隙的通道不很发育的情况,连续释水;B—大裂隙及通道被碎屑沉积物充填的情况;C—洼陷渗透弱的情况;D—洼陷与通道或地表河连通的情况

图1.118　喀斯特含水层抽水试验水位降落曲线的特点

图 1.119、图 1.120 是美国佐治亚州上佛罗里丹含水层 14 号井抽水试验的结果图。该灌溉井深 88 m，抽水试验持续了 72 h，流量为 90 L/s。此处含水层厚度约 105 m，下部为灰岩，表层为 20 m 厚的风化残积层。水位降由临时钻孔 F1、F2 记录，两井与抽水井的距离分别为 380 m 和 90 m。较近的 F2 号井中的水位降比较远的 F1 号井中的水位降小，这说明含水层是非均质的。对 F1 井水位降的图形进行了对比研究，图 1.120 表明，佛罗里丹含水层不是那种理想的"塞西有压含水层"，因而典型的塞西曲线不能给出令人满意的导水系数 T 和贮水系数 S。

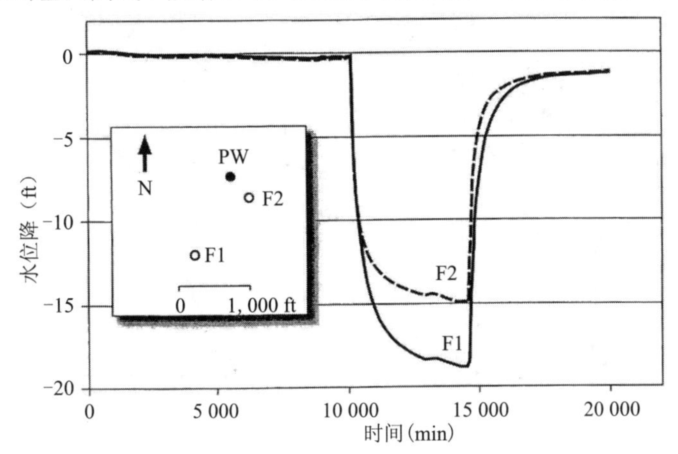

图 1.119　佐治亚州上佛罗里丹含水层抽水试验中抽水井(PW)、F1、F2 观测井水位降过程线

与塞西曲线不符，说明有某种不明的力学机制影响了水位降落过程，至少有以下几种解释：①水位降落速度减小，表明漏斗进入了渗透性更好的地层；②水位降落后，上部风化残积层开始供水（弱透水层理论）；③体现了双重孔隙效应；④等势边界（如喀斯特通道）开始发挥作用。由于解释如此不一，因而有必要进行更长时间的抽水试验，并寻找一种工具能估算双重孔隙的影响。在任何情况下，水位降落曲线的后期部分更能代表含水层的总体特性，代表含水层在长期供水条件下的响应，以及含水层的恢复特性。因此，我们应关注曲线后期部分的拟合与分析，而不要太注重曲线的总体拟合。

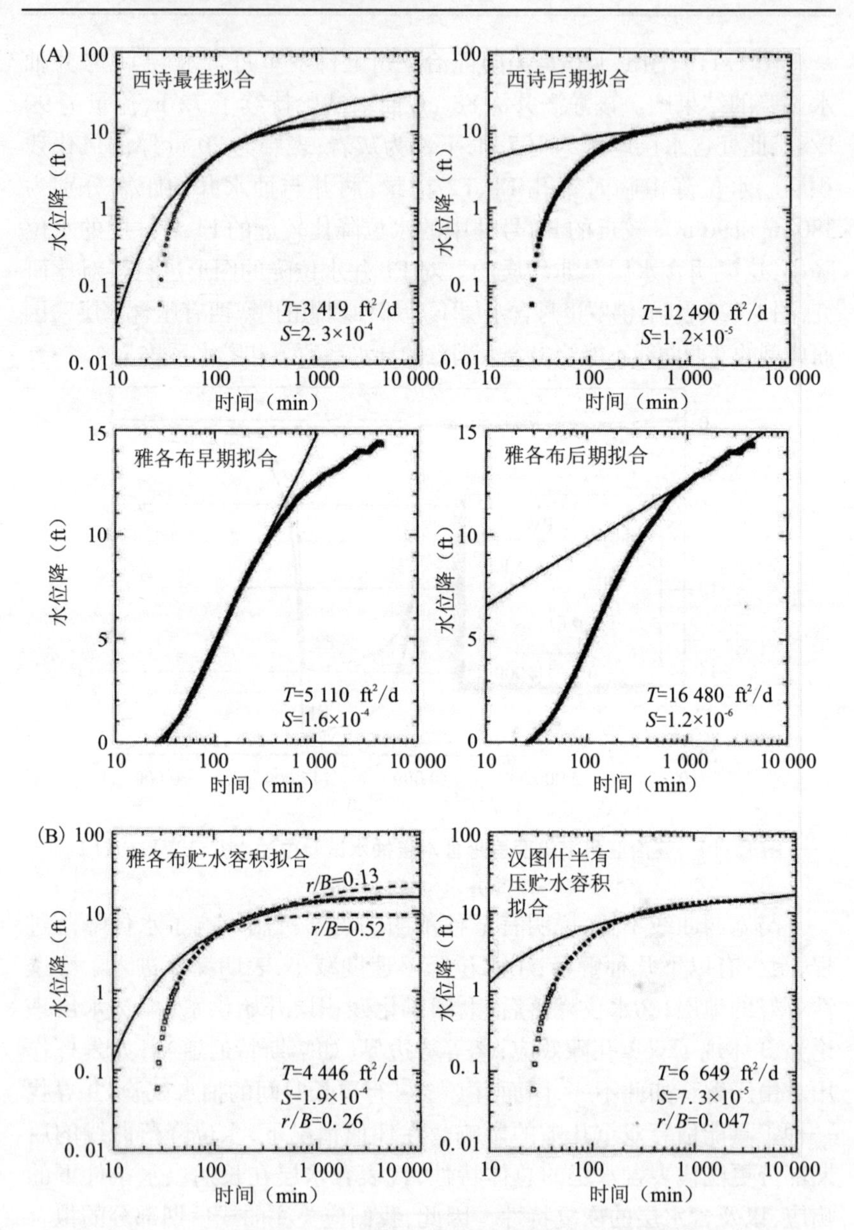

图 1.120　(A)上佛罗里丹含水层 F1 号井水位降的西诗和雅可布解；(B)半有压含水层的解

图 1.121 是孔洞、裂隙地层中抽水井示意图，描述此类问题的方程、边界条件为（格林，1999）：

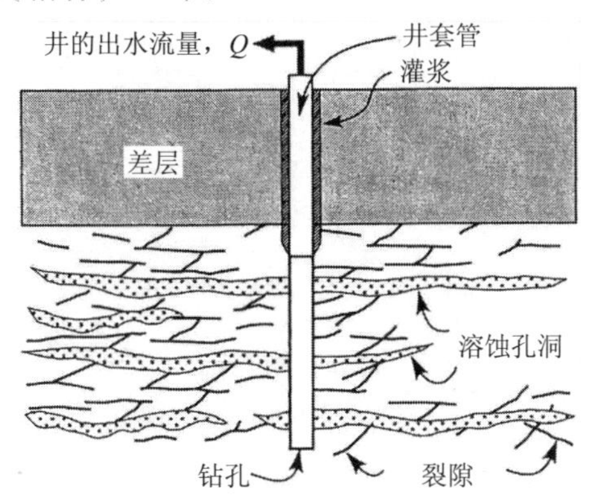

图 1.121　含水裂隙与溶蚀孔洞的喀斯特水下水概念模型

对于溶洞内的水流　$S\frac{\partial h}{\partial t}-T\frac{\partial}{r\partial r}(r\frac{\partial h}{\partial r})=\beta(h_f-h)$　（1.19）

初始条件　$h(r,t=0)=H$　（1.20）

边界条件　$2\pi rT\frac{\partial h}{\partial r}|_{r\to 0}=Q$　（1.21a）

$h(r\to\infty,t)=H$　（1.21b）

对于裂隙中的水流　$S_f\frac{\partial h_f}{\partial t}=-\beta(h_f-h)$　（1.22）

初始条件　$h(r,t=0)=H$　（1.23）

上述各式中：S 为溶洞贮水系数；S_f 为裂隙贮水系数；t 为时间；T 为溶洞传导度；h 为溶洞中的水头；h_f 为裂隙中的水头；H 为初始水头；r 为与抽水井的距离；β 为裂隙与溶洞之间水的交换率。

假定含水层是均质各向同性的，对于不同的 T、S、S_f、β 可以解上述方程，然后将观测数据与之比较，找到最合适的曲线。图 1.122 是美国南达科塔州斯皮尔菲什（Spearfish）的马迪逊（Madison）灰岩喀斯特承压含水层中迪奇（Dicky）抽水井试验数据的拟合情况。观测井离抽水井 1 800 ft，迪奇井抽水 6 d，抽水流量为 680 gal/min。值得注意的是，当抽水仅持续 1 d 时，孔隙的双重性质并不能体现出来。如前所述,非承压含水层水位降落曲线总表现出重力排水的滞后效应。

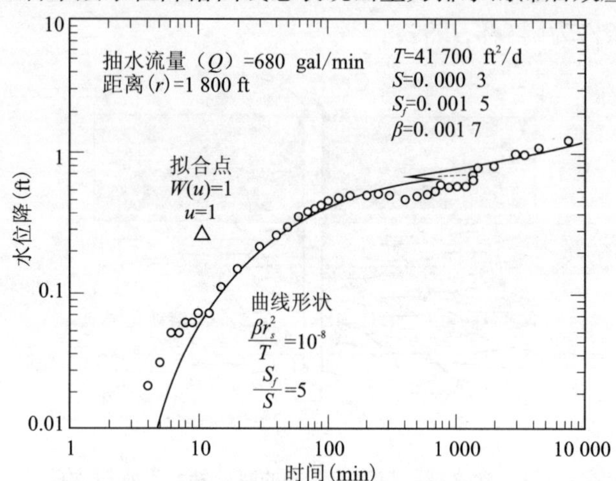

图 1.122　马迪逊灰岩含水层 6 天抽水过中凯特观测井的水位降落数据的最优拟合

图 1.123 为凯特(Kyte)井的观测数据与非承压含水层方程纽曼(Neuman)解的拟合情况,似乎较图 1.122 拟合的结果要好。玻尔顿(Boulton)证明了上述方程可用于:①非承压含水层井的出流;②计算承压含水层抽水时顶部弱透水层的下渗量。克瑞斯柯(Kresic)认为上述马迪逊灰岩抽水试验点处上部为迈里鲁莎(Minnelusa)含水层,该层下部为砂岩与白云灰岩互层,呈现承压含水层特性,如此有图 1.122、图 1.123 形式的曲线是令人费解的。

无论抽水试验的双重孔隙特性响应的原因如何(喀斯特含水层的双重孔隙或上部弱透水层的渗漏),在确定含水层参数时都要考虑水位降的滞后信息。非常有趣的是从图 1.124 看到,库布—雅各布(Cooper—Jacob)解在水位降落曲线的早期和后期得出的 T、S 值,与格林双重孔隙解的值很相近,即库布—雅各布抽水早期的贮水系数与格林的裂隙贮水系数相同,而库布—雅各布抽水后期的贮水系数与格林的溶洞贮水系数相同(见图 1.122)。

含水层各向异性。实际环境中,喀斯特含水层是非均质、各向异性

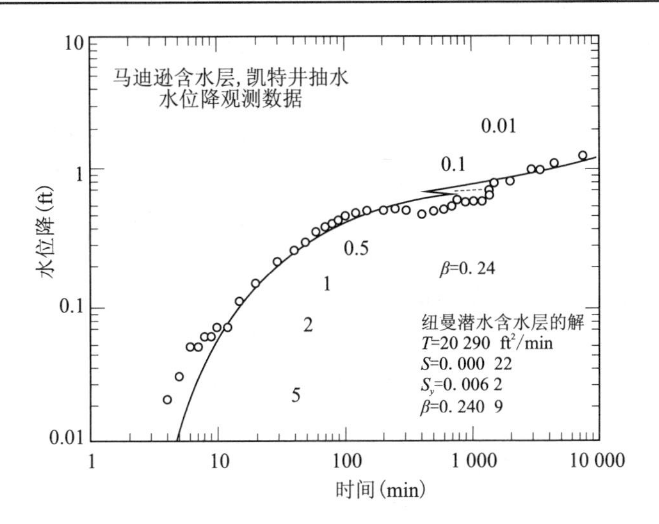

图 1. 123　凯特井观测数据的纽曼解拟合曲线

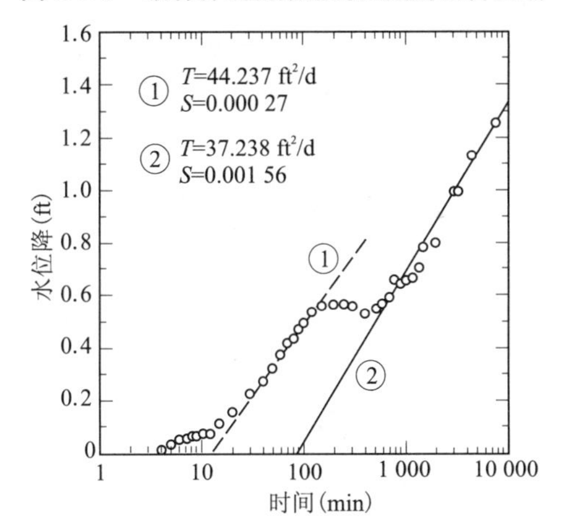

图 1. 124　凯特井 6 d 观测数据的库布—雅各布解的早、后期拟合情况

的，仅靠抽水试验是不能定量确定这两种特性的。要解释清楚喀斯特抽水试验的结果，必须对裂隙构造、含水层顶板与底板、碳酸盐沉积环境有清楚的了解。如前所述，图 1. 119 中较近的 F2 井所测得的水位降比距离远的 F1 井测得的值还小，但水位降落曲线的形状相似，这在各向同性的含水层中是难以解释的。当知道这是在上佛罗里丹含水层中进行的试验时,马上就会产生各向异性的疑问。当然,由于没有不同距离、不同方向上的第 3 口井的资料,要确定含水层各向异性指标是不可能的。

利用测量均质颗粒含水层传导度的方法来测量各向异性含水层的传导度,有成功的,也有不成功的。瓦勒(Warner)将巴巴多普罗斯(Papadopulos)法及相应的冉多夫(Randolph)计算程序用于估算上佛罗里丹含水层的传导度,通过专业判断,将传导度最大的井作为异常值予以剔除。虽然存有异议,但利用颗粒介质含水层并筛选数据的方法仍在喀斯特含水层水文地质分析中使用。

格林详细描述了汉图什在分析美国南达科他马迪逊灰岩含水层抽水试验数据所使用的方法(见图 1.125、图 1.126)。该方法假定承压含水层是均质的,在水平方向是异性的。图 1.125 给出了 5 处井中测得的数据,如果含水层传导度是各向同性的或不发生渗漏的话,理论上这 5 组数应落在一条曲线上。而实际发生的偏离是传导度各向异性的结果,也是含水层底部渗漏对各个井的水位降的影响不同的结果。图 1.126给出了各向异性的分析结果,主轴位于北东 42°,相应的传导

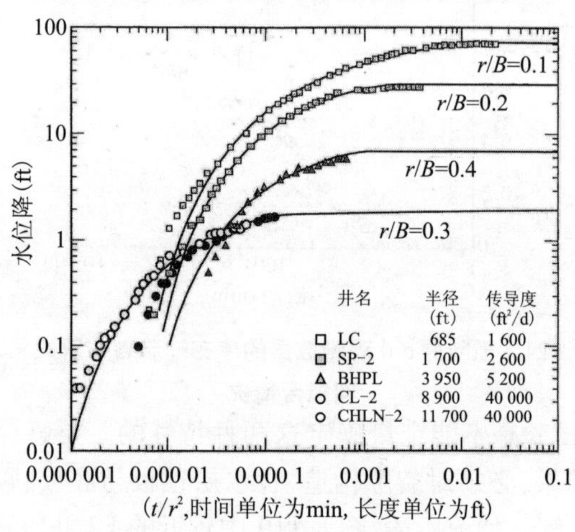

图 1.125 马迪逊含水层 5 口观测井采用半有压模型拟合的结果

度为 56 000 ft^2/d(5 200 m^2/d),极小轴位于北偏西 48°,相应的传导度为 1 300 ft^2/d(120 m^2/d)。这些基于均匀孔隙介质(EPM)的分析结果只说明存在各向异性的可能,比如存在喀斯特地下水通道。

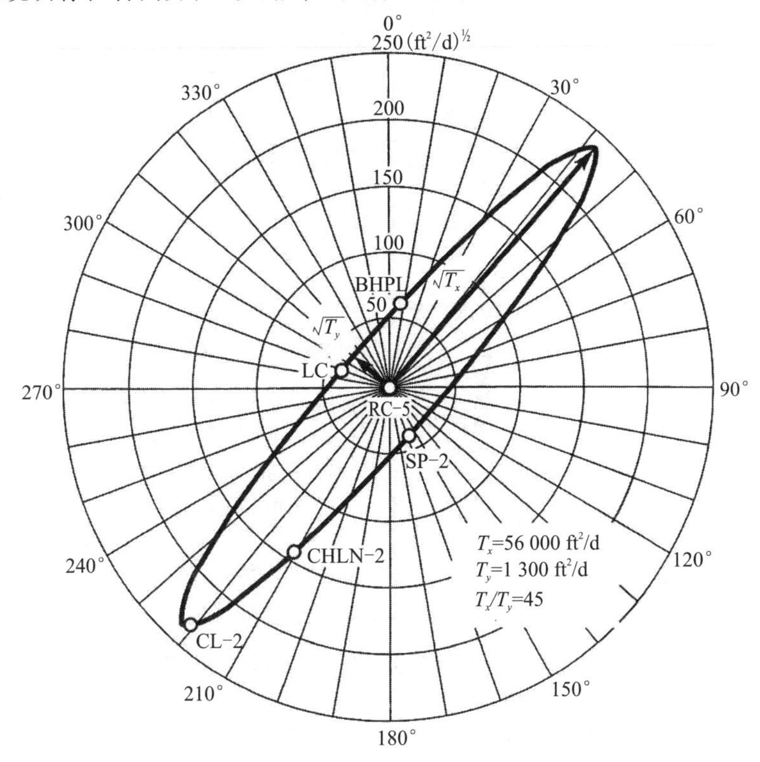

图 1.126　马迪逊含水层各向异性导水度最大、最小轴椭圆图

分散含水层的传导度　对于存在次生孔隙(裂隙、溶洞)的非均匀喀斯特含水层,当钻孔穿越不同的地下水通道时,抽水试验中有可能发生水灌入地下水通道的情况。图 1.127 为 12K147 号井 3 个抽水流量下的测流结果,它表明地表以下 118 ft、122 ft 处是水进入井的主要区域;当抽水流量为 1 080 gal/min 时,井的下部没有水进入。由此可能导致这样一个错误结论,那就是 123 ~136 ft 段的渗透性很小,但当抽水流量翻倍和增至 3 倍时,这一区段贡献的水量却明显增加。虽然地下水通道中的水并不直接进入井,但相应的岩石的渗透性肯定不会小。

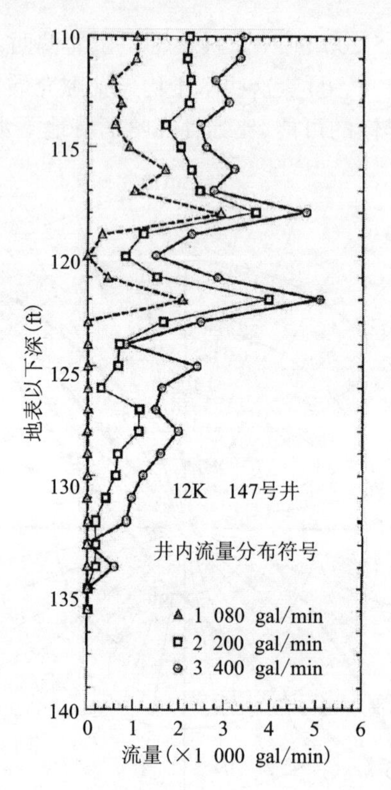

图 1.127 3 种抽水流量下,上佛罗里丹含水层位于阿尔班尼附近的试验井的流量分布

图 1.128 表明佛罗里达南部的格瑞(Gray)灰岩在抽水试验中遇到 1 个或 2 个高透水带。试验所在的含水层是非承压的,厚 25 ft,下伏承压含水层。测流结果表明,主要的出水带厚 5 ft,即地表以下 23 ~ 28 ft 的范围。另一个较薄的出水带约在 17 ft 深的地方。抽水试验持续了 24 h,流量为 297 gal/min,有 6 个水位降观测井。C – 1145 号井位于距抽水井 152 ft 的地方,井中在格瑞(Gray)灰岩段安装了过滤网,该井的水位降绘于图 1.128 中。C – 1135 号井位于 20 ~ 30 ft 段的岩芯仅占 7%,该段是地下水的通道。由图 1.128 可见,虽然最大的水位降仅 0.07 ft,但曲线的形状表现为典型的重力排水及双重孔隙的滞后特性。该试验还说明了利用传感器连续测水位降的重要性。

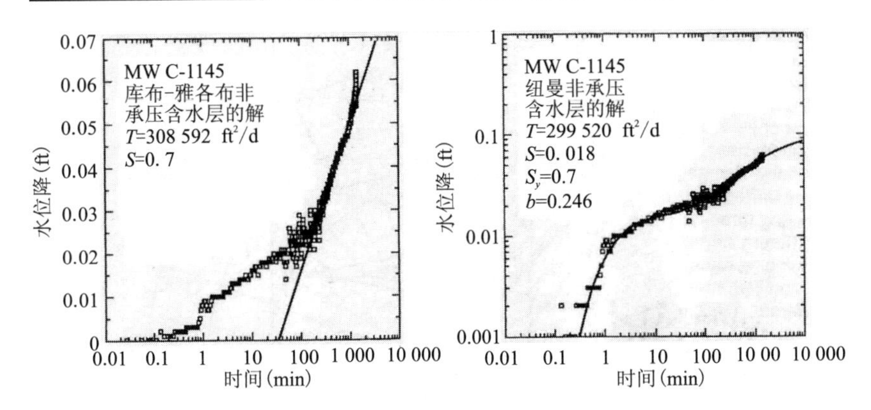

图1.128　南佛罗里达格瑞灰岩含水层在拉达的C-1145号井的水位降曲线

抽水试验分析有两种方法，一种是库布—雅各布法，修正后可用于非承压含水层；另一种是纽曼法，用于非承压含水层重力释水滞后响应分析。两种方法得出的导水度很接近，一个是308 ft^2/d与592 ft^2/d，另一个是299 ft^2/d与520 ft^2/d，给水度均为0.7。给水度很大，表明存在连通的大孔隙，颗粒含水层是达不到如此高的给水度的。在抽水开始后的50～300 min内，水位变化出现了有趣的扰动，这是因为井周围地面以下17 ft范围内的过渡层开始释水，即井中水位降至17 ft以下导致弱透水层开始释水，其特征是曲线突然变陡。

等势线边界　喀斯特通道或充满了水，或部分充水，都如同一个等势边界，就像与地下水有水力联系的地表河流一样。要把这种看不见的边界弄清楚，即便可能，工作量也非常大，花费高昂。当从地质和地貌上判断有这种边界时(断层、落水洞)，或者抽水试验中水位快速下降时，就可以通过至少两口观测井的水位降落曲线判断这种边界的大致位置。

图1.129、图1.130是波多黎各的威噶巴加(Vega Baja)地区抽水试验布置与水位降落曲线。策巴井(Ceiba)抽水10 min内所记录的水位降表明有一个很强的等势边界起作用了，并一直没有变化。抽水试验进行了几小时后，鱼虾开始从井中流出，说明有溶洞与500 ft外的西布科河(Rio Cibuco)相连，溶洞的大致位置可以用镜像井及承压完全

井汇流的塞西方程确定，见图 1.131 ~ 图 1.133。

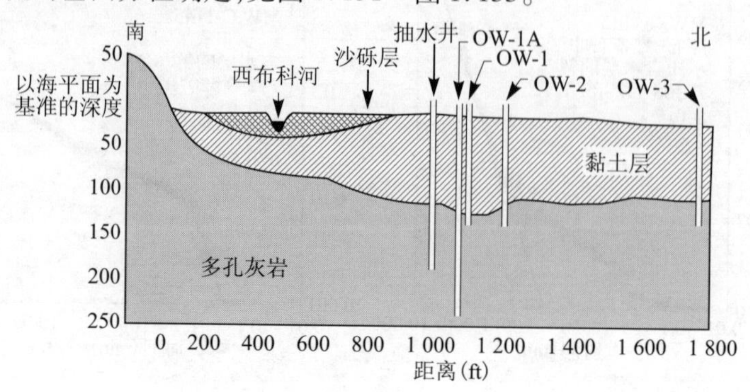

图 1.129　波多黎各西布科含水层抽水试验中，抽水井、观测井分布的纵断面图

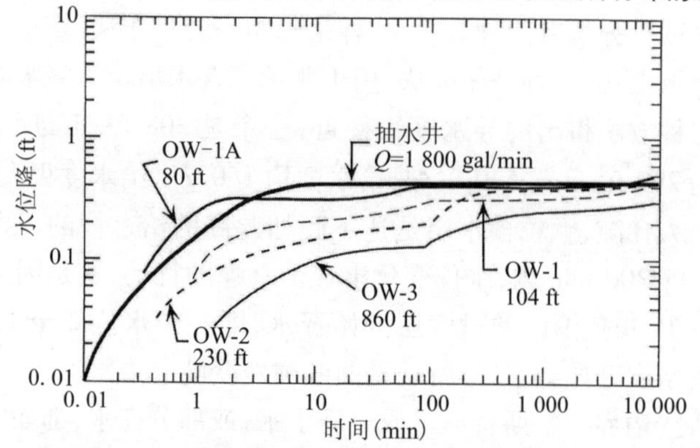

图 1.130　抽水井与观测井中的水位降落曲线

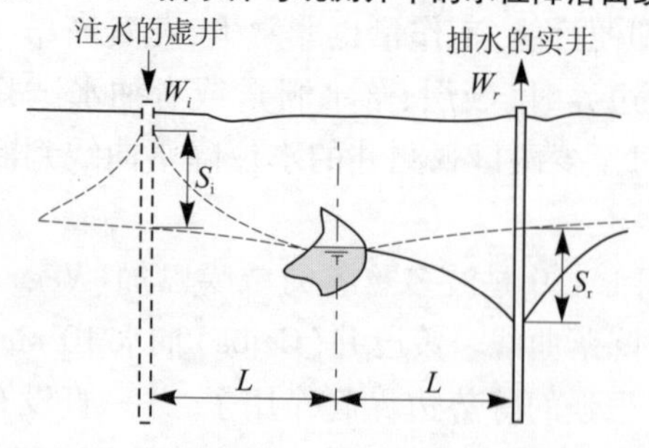

图 1.131　采用镜像井叠加法确定喀斯特通道的示意图

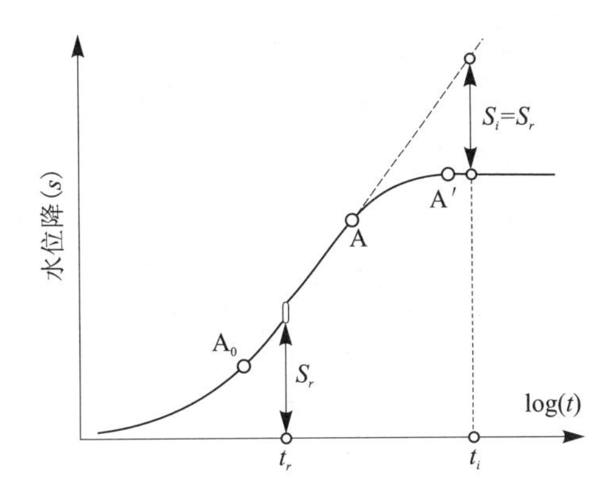

图1.132　S_r与S_i相等时的时间t_r、t_i的确定。解释见文中

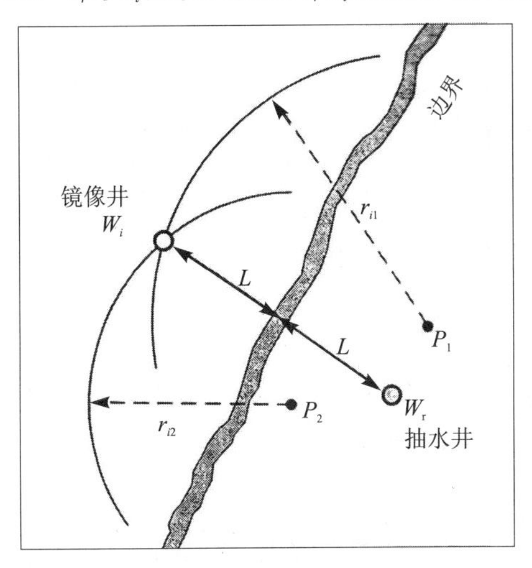

图1.133　根据P_1、P_2井的观测数据确定等势边界,解释见文中

图1.131中抽水井中的水位降S_r被镜像井中的反向S_i所平衡,镜像井向含水层注水,可替代等势边界,注水流量与抽水井相同:

$$S_r+S_i=\frac{Q}{4\pi T}W(u_r)+\frac{-Q}{4\pi T}W(u_i) \tag{1.24}$$

$W(u_r)$、$W(u_i)$分别为实际井与镜像井的塞西井函数:

$$u_r=\frac{r_w^2 S}{4Tt_r}W(u_i) \qquad u_i=\frac{(2L)^2 S}{4Tt_i}W(u_i) \tag{1.25}$$

式中：r_w 为抽水井不考虑井损失的水位降；L 为抽水井到等势边界的距离，与镜像井到等势边界的距离相同；T 为含水层传导度；S 为贮水系数；t_r、t_i 为图 1.132 中所示的时间。

式(1.25)中各量之间的关系见图 1.132。抽水井与观测井中的时间—水位降曲线的形状相似。在观测井水位降曲线的 A_0、A 之间的直线上选择 S_r，在边界完全发生作用的 A' 后选择 S_i，且 $S_i = S_r$，即得到用于以后计算的两个时间点。

由于实际井与镜像井除流量的符号不同外，其他均是相同的，故有：

$$L = \frac{r_w}{2}\sqrt{\frac{t_i}{t_r}} \tag{1.26}$$

接下来要确定镜像井的位置，使得观测井中的水位降等于实际井中水位降 S_r 与镜像井水位降 S_i 产生的影响之和，即

$$S_p = S_r - S_i = \frac{Q}{4\pi T}[W(u_r) - W(u_i)] \tag{1.27}$$

观测井与镜像井的距离由 t_r、t_i、S_r、S_i 确定，由 $W(u_r) = W(u_i)$ 得

$$r_i = r_r\sqrt{\frac{t_i}{t_r}} \tag{1.28}$$

对多口观测井进行类似计算，就可以得到图 1.133 的镜像井的位置，即等势边界位于镜像井与实井的中间，且垂直于两者的连线。

1.6 地下水流

1.6.1 达西定律(扩散流)

前已述及，喀斯特含水层的水头不是单一的，因而不能用达西定律计算地下水的流量。达西公式只能用于颗粒介质和层流状态，它将流量表达为渗透系数 K、水力梯度 i 及总过水面积 A(包括固体和孔隙)的乘积：

$$Q = KiA \tag{1.29}$$

对于拥有图1.134中三类孔隙的喀斯特含水层，要确定上式中的3个量是非常困难的。如图1.100和图1.102所示，用几口井中观测的水位计算水力梯度时就会产生令人困惑的结果。图1.134也属类似情况，在确定是否要计算和采用平均水力梯度时，必须进行专门的研判，包括对空间、时间和观测井覆盖的区域的分析。

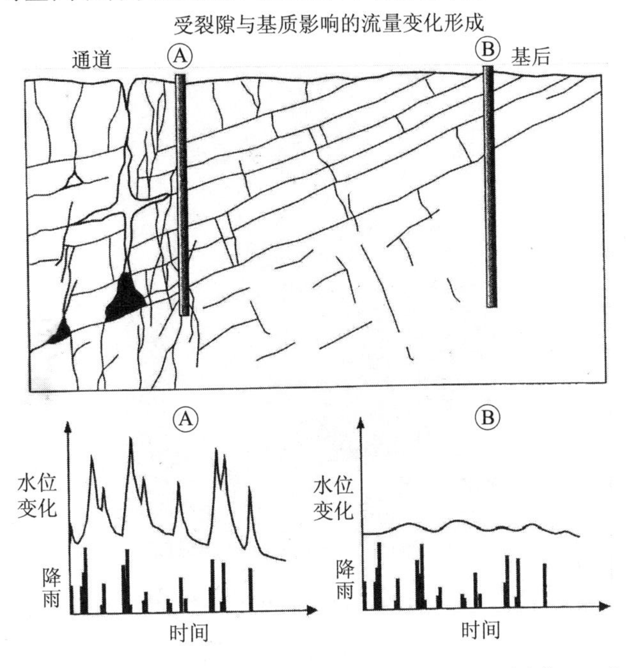

A—发生大的补给时，岩石基质凝水性能小，通道中的流量会急剧变化；B—基质的滞后和阻尼作用

图1.134　喀斯特含水层中观测井的水位波动

对于地下水分析计算来说，实地水位观测的重要性怎么强调也不过分，以下章节的公式中总会用到这些资料。同时，地下水位也是各种模型计算的目标量和边界条件。没有弄清地下水位随时间变化的分布情况，任何关于地下水流量的结果都是值得怀疑的。

由观测井、地表河、湖、泉得到的测压管水头，可以绘出地下水等势线图。一般的过程是，对于研究区绘制每一个水文季节的地下水位等值线图,得到各季节地下水的流向和水力梯度。不幸的是,这一方法在喀斯特地区完全不适用。如图 1.134 所示,由于地下水位和降水观测是不连续的,因而很难确定地下水的动态特征。但很多专业人士仍然绘制出各季节的等值线图,从中剔出那些反常的点,得到一张貌似正常的图。图 1.135 表明,在喀斯特地区,对所有有疑问的点都应进行分析,查出原因。

图 1.135 艾丽卡正在观察与拱顶泄向鲁斯梯溶洞的水流

最错误的做法是,当喀斯特井存在垂向水力梯度时,取一个混合水位值,将其绘入等值线中。当喀斯特含水层上覆厚残积层或松散冲积层时,如果将不同深度测得的水头混为一谈并加入到等值线中,那么就不可能弄清地下水的流动情况,原因如下:①浅层冲积层是颗粒潜水层,地下水的流向受地表排泄特征的影响。②下部的喀斯特含水层一般是承压的,水流经过不同深度的裂隙、地下通道时是不连续的。同一地点,这两种孔隙介质中的水流方向是不一样的,包括很强的由冲积层垂直流向基岩的水流。在这种情况下,构造一种“平均”意义上的等值线图,没有任何水文地质方面的意义。

然而,一旦对水力梯度有了判断,接下来遇到的同等的困难是确定过水面积，即水流经过的基质孔隙（扩散流）、裂隙、溶洞的面积。其中的溶洞可能是明流，或有压流，断面形状不规则（见图1.136）。

图1.136　左图为吉姆在新墨西哥州卡尔斯伯德的石膏洞中；右图为由溶蚀作用扩大的灰岩裂隙，位于亚尼桑那州蒙特祖马湖边

最简单地估算喀斯特地下水流量的方法是采用孔隙介质的达西公式。如图1.137所示，认为含水层是均质、各向同性、等厚的，由式(1.29)得：

$$Q = KA\frac{h_1 - h_2}{L} \quad (m^3/s) \tag{1.30}$$

在图1.137的左边，过水面积为$A = ab$，a为过流面的宽，b为含水层的厚度，它在h_1、h_2点及整个L长度上是不变的，K是渗透系数。

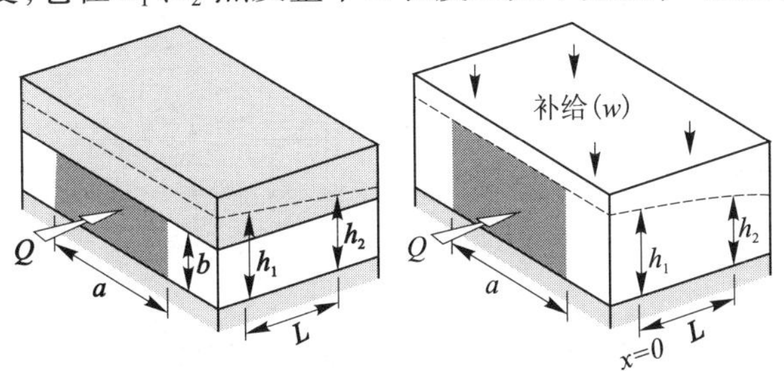

图1.137　承压含水层（左）与潜水层（右）中的稳定平面流。计算宽度为a上的地下水流量

图1.137的右边为非承压含水层，h_1、h_2点的含水层厚度是不同

的,流量方程中含有补给项 w:

$$Q = aK\frac{h_1^2 - h_2^2}{2L} + w(x - \frac{L}{2}) \quad x > 0 \tag{1.31}$$

$$Q = aK\frac{h_1^2 - h_2^2}{2L} + w\frac{L}{2} \quad x > 0 \tag{1.32}$$

实际情况却要复杂很多,如含水层厚度是变化的、存在越层补给、含水层底部不是水平的、孔隙不均匀、降雨入渗随时间变化、邻近含水层和弱透水层影响。在弗瑞兹(Freeze)、多门尼柯(Domenico)、克瑞斯柯(Kresic)的著作中给出了多种情况下的计算公式。

虽然孔隙介质方法在喀斯特水文地质分析中仍占主导地位,但很难说明是合理的,地下污染物运移分析中尤为明显。此时,弄清污染物进入介质和预测它们在地下的运动速度是很重要的。

在最复杂,也是很实用的分析中,都在用公式计算喀斯特含水层的流量,其中的水头有经过裂隙的,有经过有压管道的,有经过地下明渠的。一组裂隙具有倾向、走向、缝宽及间距等参数,溶洞也有自身的几何参数。对于所有这些次生孔隙,均可通过三维的地质勘察绘于图上。但却存在很多不确定的因素,比如,很难说明附近就没有其他的洞穴了。

随机通道是用概率论构建的裂隙、管道模型。图 1.138 是模型生成的裂隙和流管,它们由地下水通道相连通。

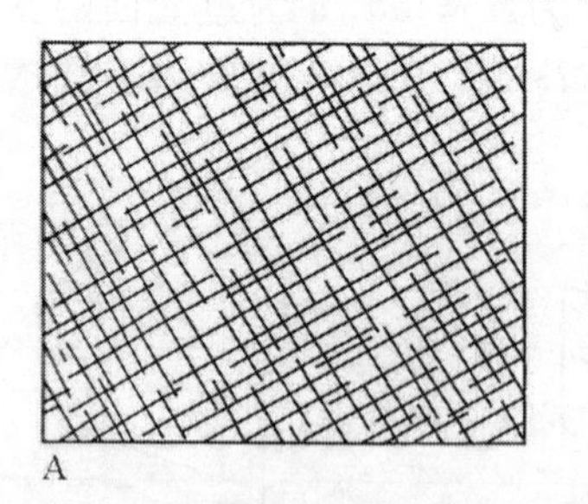

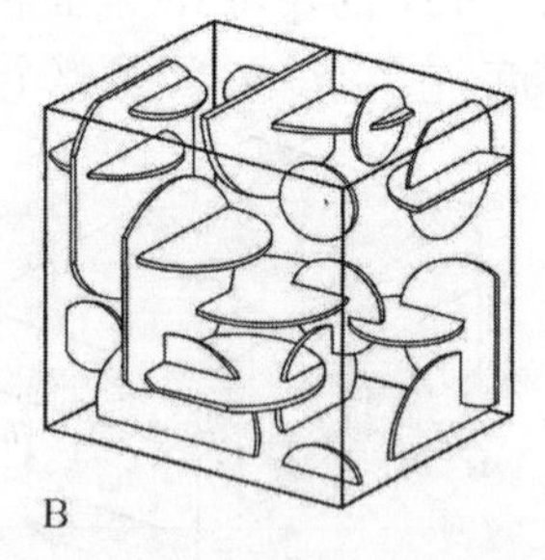

图 1.138　描述裂隙的两种方法:(A)平面互相垂直的随机裂隙;(B)三维相互垂直的盘状块

4 种水流由几何通道连通后,就需要建立如下的水流数学模型:

●岩石基质中的达西流方程;

●裂隙中的层流与湍流模型；

●有压管道中的层流与湍流模型；

●喀斯特地下明流通道中的层流与湍流模型。

综上所述，喀斯特地下水模型中除了基本的方程外，还含有其他一些模型。不幸的是，即使有了描述喀斯特通道的三维几何模型，但仍没有相应的水流方程。正因为如此，有些人选择在喀斯特地下水计算中使用孔隙介质水流方程，而有些人反对这么干。

1.6.2　裂隙中和岩石层面中的水流

灰岩中的裂隙与岩石层面对于水流的作用是相同的。在研究单条裂隙的水流时，缝宽是关键参数，而在计算一组裂隙的作用时，需要用到裂隙的间距和走向两个参数。但这些参数是很难取得的，原因如下：

(1)缝的宽度不是常数，有些地方甚至接触在一起，如图1.139所示。研究表明，裂隙中的水流路线是蜿蜒曲折的(见图1.140)，并不能像两个面之间的连续、均匀的水流。在道路修建过程中，可以揭露出这种现象(见图1.141)。

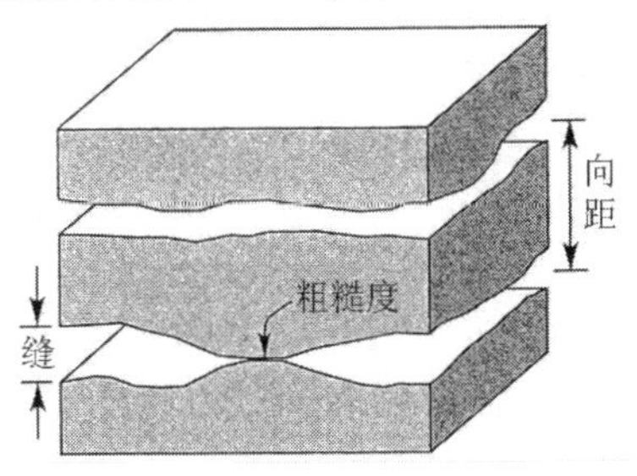

图1.139　左图为平行裂隙间的缝、粗糙度、间距；右图为不连续块体(层面与裂隙)是灰岩沉积的主要特征

(2)由于应力释放，在地表和可进入的洞中测量的缝宽与原位观测的缝宽是不相同的。钻孔中测得的缝也不准确，因为钻孔过程中会将裂隙周边的岩石击碎，从而增加所测得的缝宽。

(3)同一组裂隙中，裂隙的长、宽是不一样的，它们在三维方向上变化，要弄清楚需要很多钻孔，其代价高昂。

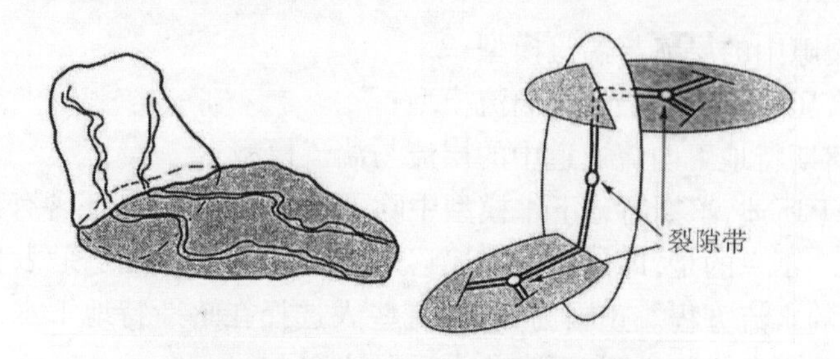

图 1.140 裂隙面上的流道及其模型

图 1.141 美国列克星墩 75 号州际高速公路沿肯塔基河段所揭露的灰岩,可见大量分散的渗入点

怀特斯布恩(Whiterspoon)和费比申科(Faybishenko)给出了估算裂隙流量的多个分析公式,最简单的是缝宽为 B 的裂隙的渗透系数

$$K = B^2 \frac{\rho g}{12\mu} \tag{1.33}$$

式中:ρ 为流体密度;g 为重力加速度;μ 为液体黏度系数。对于层流,单位水头的流量满足 3 次方定律,即

$$\frac{Q}{\Delta h} = CB^3 \tag{1.34}$$

式中:C 为与几何尺寸有关的常数。上式适用于光滑的平行裂隙中的水流。

引入糙率 f 对上式进行修正。糙率与区分湍流与层流的雷诺数 Re 及摩擦系数有关,即

$$f = \frac{\Psi Re}{96} \tag{1.35}$$

$$\Psi = \frac{D}{v^2/2g}\Delta h \tag{1.36}$$

式中:v 为流速。

雷诺数 Re 为

$$Re = \frac{Dv\rho}{\mu} \tag{1.37}$$

式中:D 为裂隙水力直径,等于4倍的水力半径;v 为平均流速;ρ 为流体密度;g 为重力加速度;μ 为液体动黏滞系数。在流体力学中,水力半径等于过水面积除以湿周。

对于相对光滑(表面凸起高 ε 与缝隙宽之比小于0.1)的裂隙,层流过渡到湍流的雷诺数为2 400,当粗糙因子 $f = \frac{\varepsilon}{B}$ 增加至0.5~0.8时,雷诺数将明显小于2 400。

当 $f>1$ 时,式(1.34)变为

$$\frac{Q}{\Delta h} = \frac{CB^3}{f} \tag{1.38}$$

一组平行裂隙的渗透系数 K_f、单位长度上的裂隙数 N、裂隙平均宽 B、裂隙孔隙度 $n_f = NB$ 的关系为

$$K_f = \left(\frac{\rho g}{\mu}\right)\frac{NB^3}{12} \tag{1.39a}$$

这实际上假定含水层介质类似颗粒含水层。

斯娄(Snow)认为三维各向同性裂隙含水层的裂隙孔隙度为 $n_f = 3NB$,其渗透系数是任一组裂隙传导度的2倍,即

$$K_{3f} = \left(\frac{\rho g}{\mu}\right)\frac{NB^3}{6} \tag{1.39b}$$

比尔(Bear)、兹玛门(Zimmerman)、费比申科(Faybishenko)研究了几何不规则裂隙中的水流,给出了裂隙的网格模型。

1.6.3　通道中的水流

喀斯特含水层中最重要的水流发生在相互连接的溶洞中,称为地

下通道。这些通道有长度,大小不成比例。在利用管流、明渠流理论描述其中的水流时,最大的挑战是这些通道的走向是不知道的和不可预测的。那些可以进入的、画在图上的溶洞,大部分时间是无水的。那些底部有水的可进入的溶洞,丰水季水量会很大甚至全部淹没在水下。在低处永久饱和带中的溶洞,即便是拥有良好的装备和高超技巧的潜水员也是进不去的。

传统的管道水力学认为管壁是没有水进出的。由图 1.142,微元面积 $\mathrm{d}a$ 上通过流量 $\mathrm{d}Q$,速度为 v,有:

$$\mathrm{d}Q = v\mathrm{d}a \tag{1.40}$$

当微流管上没有水损失和水进入时,有

$$Q = \int_A \mathrm{d}Q = \int_A v\mathrm{d}a \tag{1.41}$$

$$Q = v_{av}A \tag{1.42}$$

式中:A 为所有微元的面积和; v_{av} 为平均流速。

当两条管汇合时,流量是可加的(见图 1.142 的下图)。同样,一条流管也可以分为若干枝。要注意的是,这里所说的"流管"并不是说含水层像管道 ,而是指流线上的水粒不会离开流管,也没有外部水粒子进入流管。

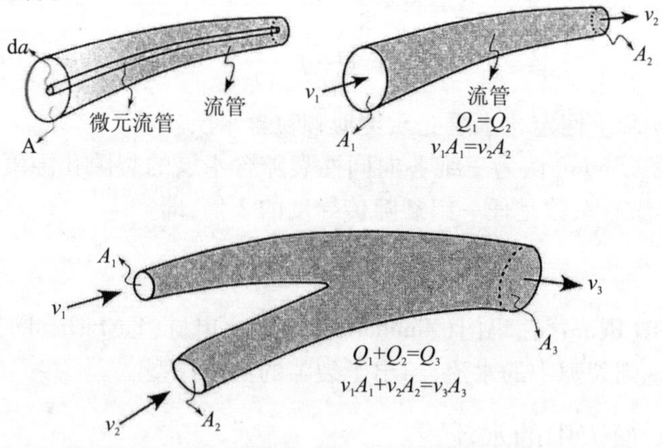

$\mathrm{d}a$—微元面积;A、A_1 、A_2—水流总面积;Q_1 、Q_2—流量;v_1 、v_2—平均流速

图 1.142 上图为多孔介质中的流管;下图为 3 流管示意图

然而,在喀斯特含水层中,通道和周边岩石基质及裂隙不断进行着水量交换。如图1.143所示,对于压力流,当补给水量大时,通道中的压力大于基质,水流向基质。而在旱季,则水由基质流向通道。此外,这两种情况随水动力特性、含水层补给特点、孔隙状态等因素的不同,而交替出现。

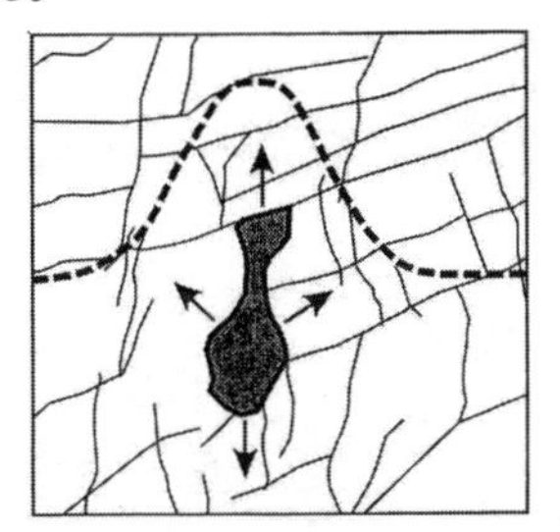

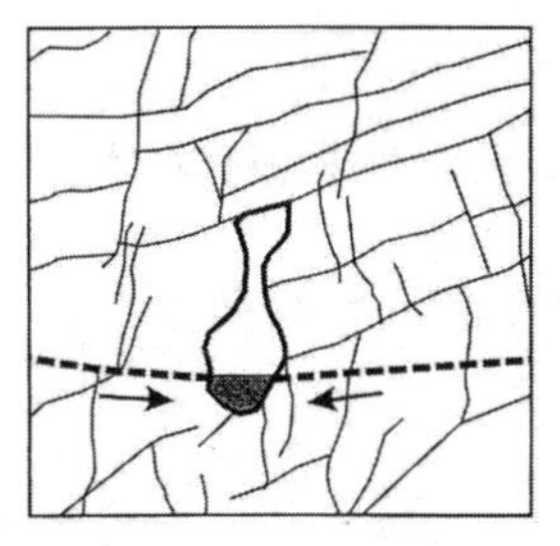

图1.143　左图为地下通道受补给后压力增高引起周边岩石充水;右图为通道水少时,周边水流入通道。粗虚线为水头线,箭头为水流向

多数情况下,水力学方程不适用喀斯特通道中的水流的原因是补给量与水头的急剧变化。在有压流通道中,压力变化传播数千米需要数小时。图1.144是传播的示意图,图1.145是传播过程真实的照片。地下通道网发育的喀斯特含水层,基质孔隙率较小,水位波动是非常大的,几小时水位会上升数十米。喀斯特含水层中的压力急速传播常被错误地认为是水的快速流动所致,事实上,补给增加而引起的水流急剧增加,与泉水量开始增加是不一致的。当灰岩含水层的基质孔隙率较大时,通道中水压力的急剧变化会被洞壁的高渗透性所抑制(见图1.17)。

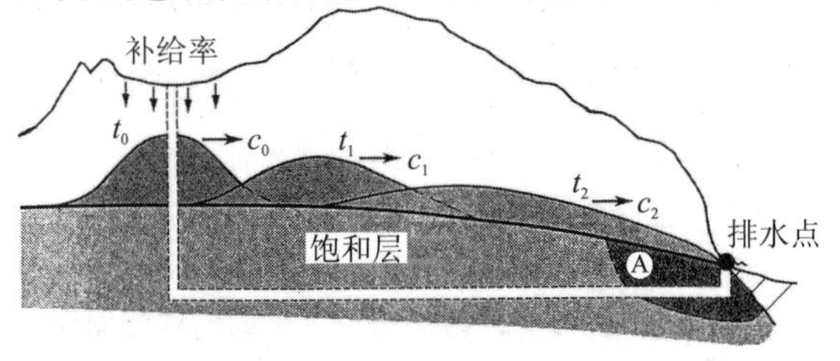

图1.144　由补给引起的地下水波动。c_0为t_0时的波速,c_1、c_2为t_1、t_2时刻的波速。用水头衰减,有$c_0 > c_1 > c_2$。A为含水层原有蓄水量。新入渗的水到达泉眼有时间滞后。虚线代表压力管道

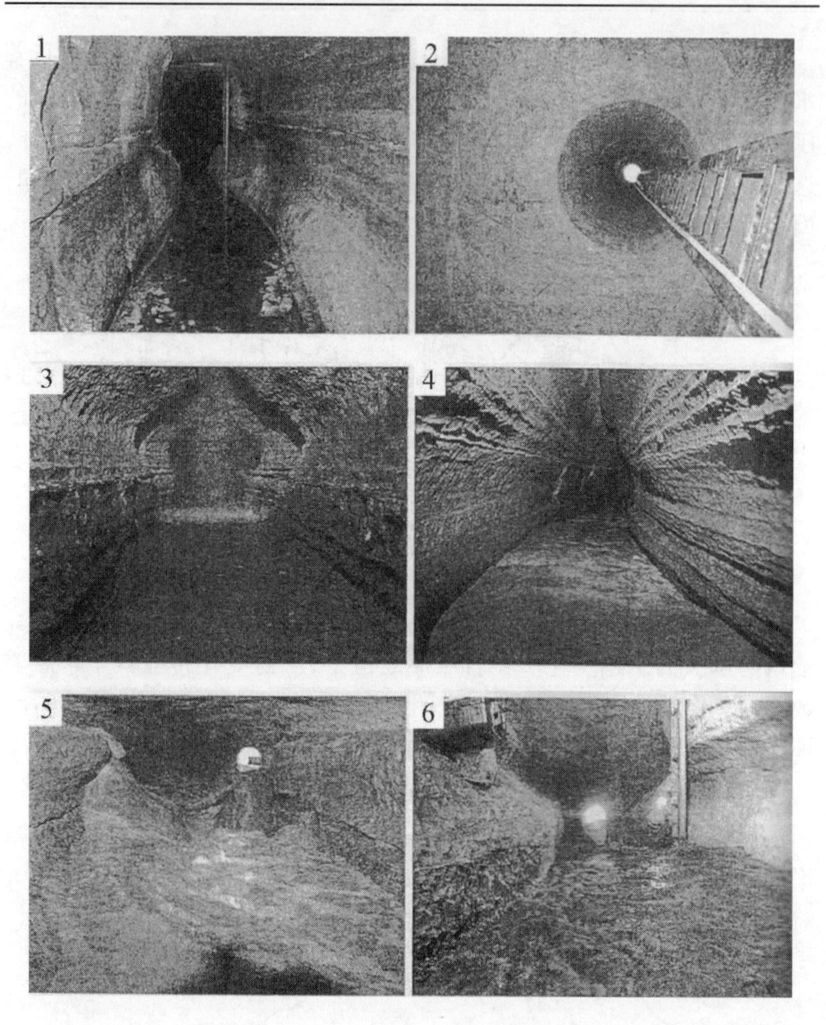

1—由钻孔放入的梯子,此时水少,很平静;2—钻孔处向上看;3—2007 年 8 月 18 日暴雨后,原来的洞顶出现瀑布(4:03);4—水位开始上升,水流湍急(4:17);5—探洞者奋力撤退(4:22);6—几秒钟后,人几乎不能站立

图 1.145　夏季大雨时的明尼苏达的巴特溶洞河

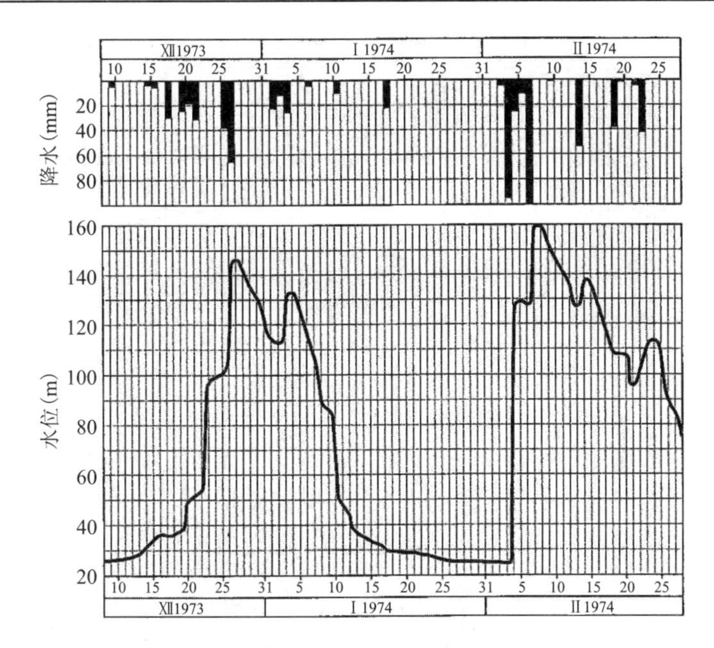

图1.146　克罗地亚的欧蒙布拉泉汇水区的水位过程线。观测点位于黑塞哥维那，离亚得里亚海和泉眼有数千米。1974年2月4日降雨96 mm，24 h水位上升了104 m。此地最大水位变动达到198 m

1.6.4　伯努利方程

如图1.147所示，管道中的水流可以用伯努利方程描述。由于没有水的进入或损失，流量沿程不变。由于能量损失，总能头线是下降的。水头损失是因为液体内部的摩擦、液体与边壁的摩擦、紊动（局部损失）、糙率所引起的。伯努利方程是能量守恒方程，其中的水头损失不可逆地转化为热能了。以下的方程是针对图1.147中的1—1、2—2、3—3断面列出的，图中0—0断面的流速为0：

$$E = z_1 + \frac{p_1}{\rho g} + \frac{\alpha v_1^2}{2g} + h_{w(0-1)} = z_2 + \frac{p_2}{\rho g} + \frac{\alpha v_2^2}{2g} + h_{w(0-2)}$$
$$= z_3 + \frac{p_3}{\rho g} + \frac{\alpha v_3^2}{2g} + h_{w(0-3)} \quad (1.43)$$

式中：z为参照面以上的水头；p为压力；ρ为液体密度；g为重力加速

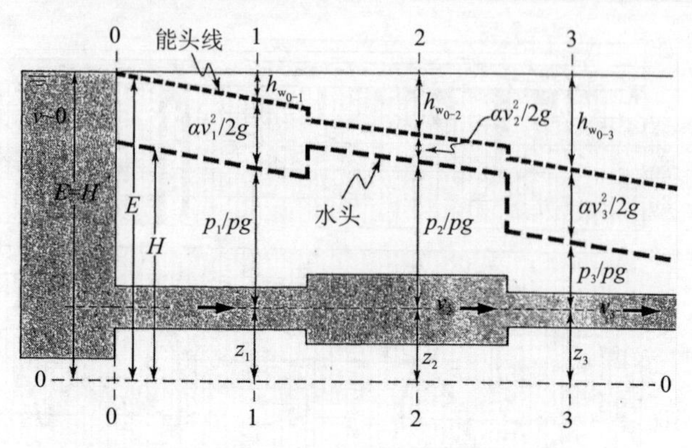

图 1.147　变断面管道中的伯努利方程（E 为断面总能量，等于水位压力 $p/\rho g$、速度水头 $xr^2/2g$ 之和。压力与水位之和即为水头）

度；v 为平均流速；α 为断面流速不均匀修正系数（$1.06 < \alpha < 1.13$）。

与总能头线不同，水头线会随着过水断面增大而增加，即当过水断面加大时，流速下降，水头就会上升。总能头包括流速水头 $\frac{\alpha v^2}{2g}$，该项可用毕托管量测，但在野外无法安装。观测井和测压管只能测量压力水头（不含流速项），因此同一通道中的两个测压管并不能提供流速和流量的信息，甚至连水流方向也可能判断成相反方向。玻格利（Bogli）曾描述过，在断面增大处上升的水流进入管道，会回流到断面窄小处的管道中。将管流和伯努利方程用于喀斯特通道时会遇到几个困难：

（1）同一水流通道中，有压流与自由流同时存在。那些像饱和带一样永久排水的通道被置于低位。

（2）由于边壁粗糙不一，与水头损失分布有关的糙率系数须估算。

（3）通道断面急剧变化（缩小或扩大）引起巨大的局部水头损失。

（4）在同一通道中，因流速不同、面积不同、粗糙度不同，有些地方的水流为层流，有的则为湍流。

（5）在洞室段和竖井处，遇大的水量补给时，不仅是水的通道，还会成为一个水库。这些水库的影响是难以预料的，下文会通过水流方程对此进行讨论。

虽然有上述限制，管流与水库理论仍在喀斯特含水层研究中有了成功的运用。图 1.148 是一个有 3 座地下水库的系统示意图，各库由管道相连，最终排水至一个喀斯特泉（选自阿德几柯 Avdagic 的论文）。水库可以是地表的灰岩盆地，也可以是地下洞室（有水头 H 和入流 P）。水头与入流是随时间 t 变化的，水库水面积与水头有关，即 $A_i(H_i)$，脚标 i 为水库编号。水库的流出量 Q_i 与注入量 U_i 是水头的函数。对于 1 号系统，有

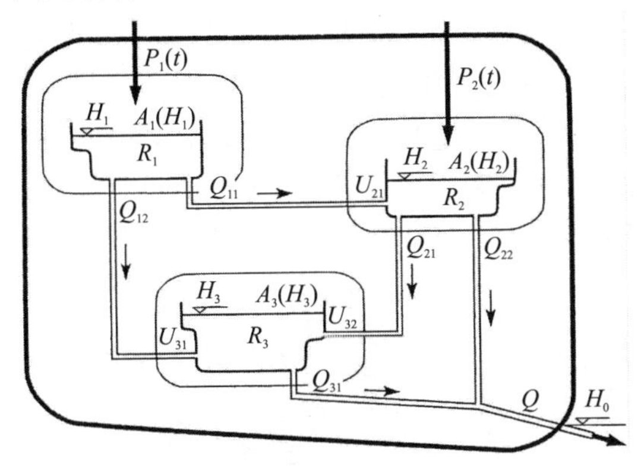

图 1.148　由 3 个水库及连接管构成的喀斯特含水层

$$A_1(H_1) \times \frac{dH}{dt} = P_1(t) - \sum_{i=1}^{2} Q_{1i} \tag{1.44}$$

$$Q_{11} = f_{11}(H_1, H_1 - H_2) \tag{1.45}$$

$$Q_{12} = f_{12}(H_1, H_1 - H_3) \tag{1.46}$$

对于 2 号系统，有

$$A_2(H_2) \times \frac{dH_2}{dt} = P_2(t) + U_{21} - \sum_{i=1}^{2} Q_{2i} \tag{1.47}$$

$$Q_{21} = f_{21}(H_2, H_2 - H_3) \tag{1.48}$$

$$Q_{22} = f_{22}(H_2, H_2 - H_0) \tag{1.49}$$

对于 3 号系统，有

$$A_3(H_3) \times \frac{dH_3}{dt} = \sum_{i=1}^{2} U_{3i} - Q_{31} \tag{1.50}$$

$$Q_{31} = f_{31}(H_3, H_3 - H_0) \tag{1.51}$$

对于连接管道，有：

$$Q_{11} = U_{21} \tag{1.52a}$$

$$Q_{12} = U_{31} \tag{1.52b}$$

$$Q_{21} = U_{32} \tag{1.52c}$$

系统总出流为

$$Q = Q_{31} + Q_{22} \tag{1.53}$$

具有广泛适应的解决此类管道水力计算和水库水力计算的软件，会使这种模型具有应用价值。然而，与其他喀斯特地下水流模型类似，许多假设、参数是难以测量的，并随着管道与水库的增加而迅速增加，导致解不唯一和模型过度参数化的问题。但如图 1.149 所示，这种管道流模型的计算机模拟结果达到最终正确解的可能性是不能被忽视的。

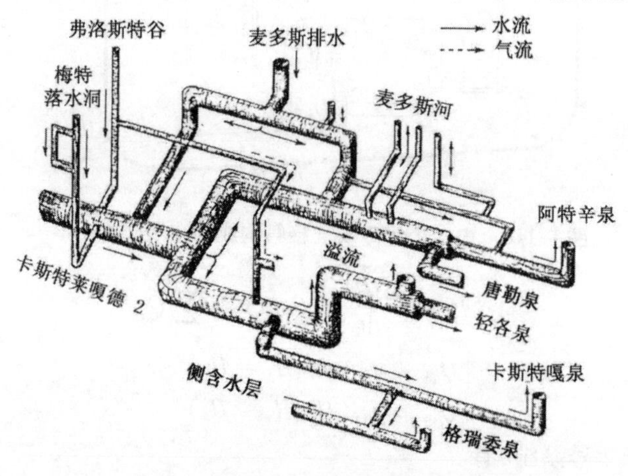

图 1.149　艾伯塔喀斯特含水层的管道模拟模型

1.6.5　层流与湍流

水流在通道中分层流动并不发生层间交混时，称为层流，最大流速位于通道的中心连线处，且流速越靠近壁越小，直到为 0，见图 1.150。水流在一个、一个的管道内流动，管道间存在黏滞阻力，阻力在边壁处达到最大。达到某个临界流速时，层流中的液体微粒发生三维旋滚、掺混,液体进入湍流状态。在地下水通道中,水进入湍流状态时,在边壁处仍存在一个很薄的层流层,称为边界层。重要的是,涡流会极大地增加阻力,从而使得通道中水量的增加需要更大的水头。

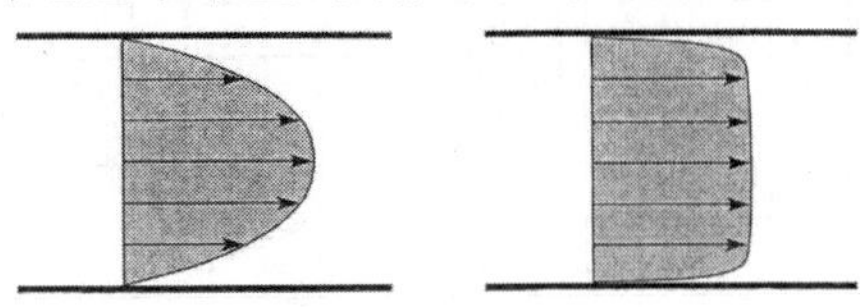

图1.150　管道中层流(左)流速分布与湍流(右)流速分布

黏度数μ是液体抗剪的能力,也可称为"绝对黏度"、"动黏度"。运动黏滞系数υ为

$$\upsilon = \frac{\mu}{\rho} \tag{1.54}$$

式中:ρ为液体密度。

运动黏滞系数的单位为Ns/m^{2}或kg/ms或Pa·s。若使用m^2/s为单位,则太大。一般用cSt = 10^{-6}m^2/s为单位。由图1.151可见,运动黏滞性系数、液体密度随温度上升而下降。

蜂蜜比水的黏性大得多,在相同的压力下,每层蜂蜜之间的摩擦力要大得多,故流动极慢。水和汽油的黏滞性都较低,易流动。润滑油与糖浆的黏滞性大。含沙量大的水,因密度大,故黏滞性较大。

对于圆管中不可压缩的层流流体的水头损失,一般可用海根—泊苏勒(Hagen - Poiseuille)公式计算:

$$\Delta p = \frac{128\mu LQ}{\pi d^4} \tag{1.55a}$$

$$\Delta p = \frac{8\mu LQ}{\pi R^4} \tag{1.55b}$$

式中:Q为流量;μ为动黏度;L为计算水头损失的两断面的间距;d为管道直径;R为半径。

压力损失与水头损失的关系为

$$\Delta p = \rho g \Delta h \tag{1.56}$$

式中:ρ为液体密度;g为重力加速度。

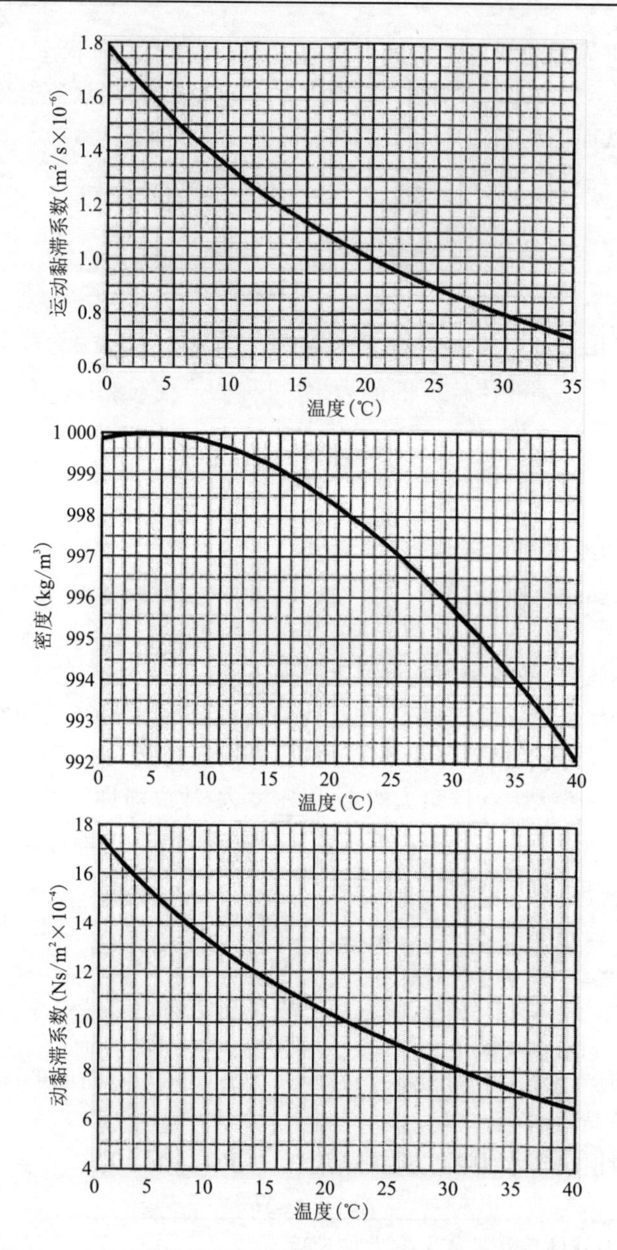

图 1.151　水的运动黏滞系数、密度、动黏滞系数与温度的关系曲线

海根—泊苏勒公式用 Δh 和流速 v 表示为

$$\Delta h = \frac{32\mu Lv}{\rho g\pi d^2} \tag{1.57}$$

$$v = \frac{\pi R^2}{8L\upsilon}\Delta h \tag{1.58}$$

由式(1.55),有

$$Q = \frac{\Delta p}{L}\frac{\pi d^4}{128\mu}\Delta h = \frac{\Delta h}{L}\frac{4\pi d^4\rho g}{128\mu}\Delta h \tag{1.59}$$

半径 r 处的流速为

$$v_r = \frac{\Delta p}{4\mu L}(R^2 - r^2) \tag{1.60}$$

最大流速在圆心处:

$$v_{\max} = \frac{\Delta p}{4\mu L}R^2 \tag{1.61}$$

即圆管内层流的最大流速是平均流速的2倍,因而有

$$Q = A\frac{v_{\max}}{2} \tag{1.62}$$

达西 - 威斯伯奇(Darcy - Weisbach)可计算圆管中层流和湍流的水头损失:

$$\Delta h = f\frac{L}{d}\frac{v^2}{2g} \tag{1.63}$$

f 是无量纲的达西摩擦系数。可见,水头损失与流速平方成正比,尽管层流时是线性关系。

由式(1.63),流量 Q 为

$$Q = A\sqrt{\frac{\Delta hd2g}{fL}} \tag{1.64}$$

式中:A 为垂直于水流的面积。

莫迪给出了各种管道的达西摩擦系数试验值,它与管壁的相对粗糙度和雷诺数有关(见图1.152)。相对粗糙度 $\frac{\varepsilon}{d}$ 是管壁颗粒凸起高度与管内径之比。如内径300 cm 的管壁上凸起1.8 cm,则相对粗糙度

为0.006,当雷诺数取20 000时,摩擦系数为0.036。在完全湍流区,摩擦系数只与相对粗糙度有关。在完全层流区,摩擦系数只与雷诺数有关,即

$$f = \frac{64}{Re} \tag{1.65}$$

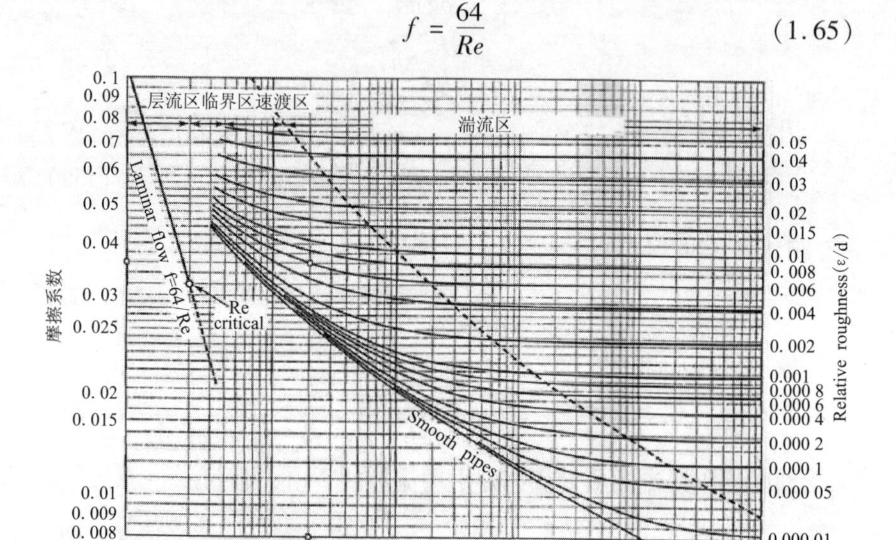

图1.152 基于相对粗糙度和雷诺数计算达西摩控系数的莫迪图

对于雷诺数大于4 000的情况,摩擦系数还可以通过解库勒布洛克(Colebrook)方程得到:

$$\frac{1}{\sqrt{f}} = -2\log_{10}\left(\frac{\frac{\varepsilon}{d}}{3.7} + \frac{2.51}{Re\sqrt{f}}\right) \tag{1.66}$$

当管道具有自由水面时,上述方程变为:

$$\frac{1}{\sqrt{f}} = -2\log_{10}\left(\frac{\varepsilon}{12R_h} + \frac{2.51}{Re\sqrt{f}}\right) \tag{1.67}$$

其中R_h为水力半径。在满流情况下,$R_h = \frac{d}{4}$,否则为过流面积A与湿周P_m之比。

在圆管满流情况下,哈兰德(Haaland)给出了库勒布洛克方程的近似解:

$$\frac{1}{\sqrt{f}} = -1.8\log_{10}\left[\left(\frac{\frac{\varepsilon}{d}}{3.7}\right)^{1.11} + \frac{6.9}{Re}\right] \qquad (1.68)$$

谢才(Chezy)公式是广泛应用的计算流速的公式,它起先是为明渠流而推导出来的:

$$v = C\sqrt{R_h J} \qquad (1.69)$$

式中:C 为谢才系数;J 为摩擦水头损失。

谢才系数是边界粗糙度的函数,它与达西系数的关系为

$$C = \sqrt{\frac{8g}{f}} \qquad (1.70)$$

达西摩擦系数与曼宁糙率系数 n 的关系为

$$n = R_h^{\frac{1}{6}}\sqrt{\frac{f}{8g}} \qquad (1.71)$$

n 的单位为 $m^{\frac{-1}{3}}s$。达西、曼宁、谢才系数由不同的学者进行了试验分析,它们适用于不同的问题。

在传统的管道水力学中,试验表明,雷诺数大于 2 000 ~2 300 时,不再是层流状态。小雷诺数时,液体保持层流状态,边界的糙率影响已不明显。较大雷诺数时,内力超过黏滞力,边界层内的小涡动将会发展成湍流。从莫迪的图 1.152 可看出,层流向湍流过渡的区域较宽,有多个因素在起作用。直径 d、运动黏滞系数 $\boldsymbol{v}$ 、动黏滞系数 μ 、密度 ρ 、流速 v 确定了雷诺数,即

$$Re = \frac{\rho}{\mu} = \frac{vd}{\boldsymbol{v}} \qquad (1.73)$$

一般地,层流发生在低流速、小管径、低密度、高黏度的流体中,反之则为湍流(见图 1.153)。当边壁不平整时,层流会很快过渡到湍流(见图 1.154)。然而,在喀斯特通道中,几何形状、边壁凸起情况是不知道的,因此使用上述公式时要格外小心,最多当成假设情况。例如,在同一喀斯特通道中,不同断面的流速是不一样的,流态由层流过渡到湍流,又回到层流。在层流段通道中,中心流速较大,可能大于某些湍

注:原书缺式(1.72)

流段的流速。涡动增加了液体中的阻力，将很大一部分能量转化为热能，因而通道中流量增加需要进口的压力大幅度增加。

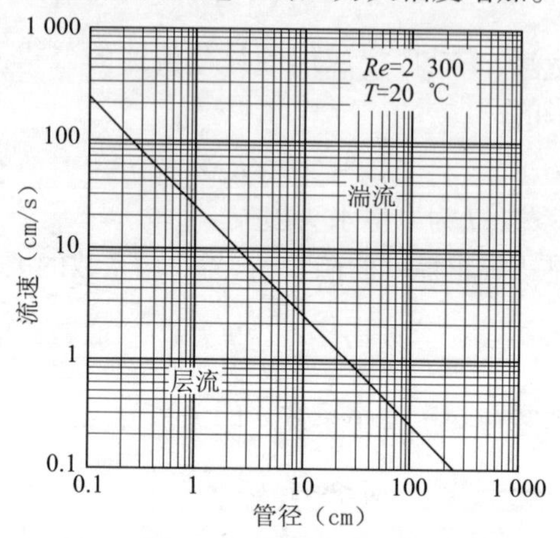

图 1.153 20 ℃水温下，运动黏滞系数 $\upsilon = 1.01 \times 10^{-6} m^2/s$、雷诺数 2 300 时，不同管径的层流与湍流的分区图

图 1.154 西弗吉尼亚的卡威逊洞的顶板，糙率极大

不幸的是，在许多关于溶洞和喀斯特的教材中，给出了很宽的湍流雷诺数区间，甚至低至 10。这些书籍并没有喀斯特通道中层流和湍流的试验观测数据，也没有说明其偏离传统水力学原理的依据。尽管在喀斯特含水层中，没有什么是必然的，笔者仍建议在进行喀斯特地区水

力计算时不要使用未经证实的雷诺数。

1.6.6　明渠流

喀斯特明渠流是没有被淹没的水流,即有自由水面(见图 1.104)的水流,其流量方程为谢才 - 曼宁公式:

$$Q = A\frac{1}{n}R^{\frac{2}{3}}i_0^{\frac{1}{2}} \tag{1.74}$$

式中:A 为过水面积;n 为曼宁糙率系数;R 为水力半径; i_0 为底坡,对于均匀流,底坡与水面坡降相同。

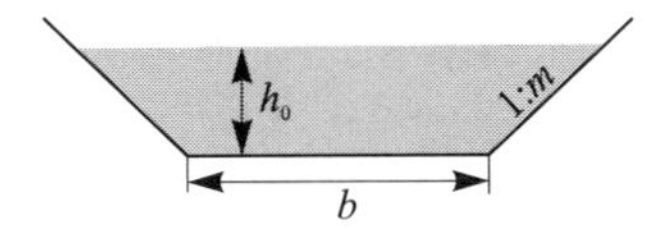

图 1.155　梯形断面几何要素

如前所述,水力半径等于面积除以湿周。对于图 1.155 的梯形断面:

$$A = (b + mh_0)h_0 \tag{1.75}$$

$$P_w = b + 2h_0\sqrt{1 + m^2} \tag{1.76}$$

由此得流量公式为

$$Q = (b + mh_0)h_0\frac{1}{n}\left[\frac{(b + mh_0)h_0}{b + 2h_0\sqrt{1 + m^2}}\right]^{\frac{2}{3}}i_0^{\frac{1}{2}} \tag{1.77}$$

对于矩形渠道,$m = 0$,流量公式变为

$$Q = bh_0\frac{1}{n}\left[\frac{bh_0}{b + 2h_0}\right]^{\frac{2}{3}}i_0^{\frac{1}{2}} \tag{1.78}$$

当宽度很大时,正常水深较宽度小很多,湿周近似等于宽,则水力半径近似为 h_0 ,流量方程变为

$$Q = \frac{1}{n}bh_0^{\frac{5}{3}}i_0^{\frac{1}{2}} \tag{1.79}$$

对于光滑表面,曼宁糙率系数为 0.01 ~0.015,喷混凝土岩石面为 0.017 ~0.03,泥沙淤积的渠道为 0.022 ~0.03(与泥径有关),新开挖

出的岩石面为0.035～0.045。

1.6.7　流速

由于喀斯特的渗透系数和有效孔隙率变化很大，在同一含水层中，地下水的流速差很多数量级。因此，当谈及"喀斯特中一般流速很大"时应格外小心。这一点在喀斯特通道中是正确的，然而，对于整个含水层来说，大量小裂隙和岩石基质中的流速还是很低的。确定地下水流向与流速的方法是染色示踪法。示踪法主要用于分析地下水与地表落水洞的连接通道（重在补给），分析地下水的排泄出路，如泉眼。因而通常都会涉及地下水通道，计算出的流速很大。图1.156是西弗吉尼亚喀斯特含水层43次染色示踪法分析的结果。流速的中位数为716 m/d，25%～75%的结果为429～2 655 m/d。有趣的是，在黑塞哥维那的迪纳拉喀斯特中的281组染色示踪试验中，出现频次最多（约14%）的流速十分接近，在864～1 728 m/d（见图1.157）。西弗吉尼亚的试验中，25%的测次的流速大于2 655 m/d，而黑塞哥维那则有25%的测次的流速大于5 184 m/d。这两例中，流速与水力梯度的关系密切（见图1.158）。

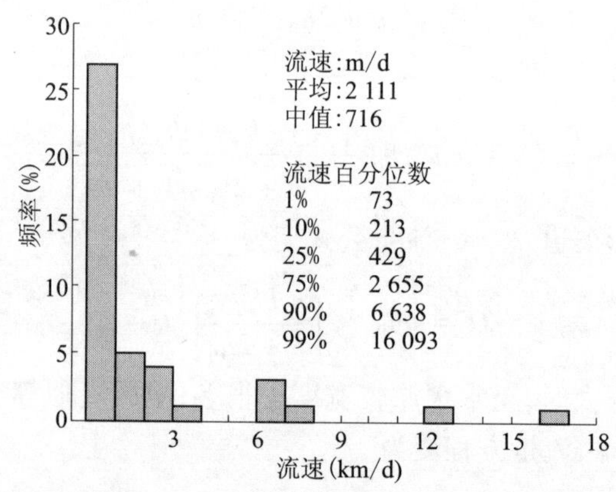

图1.156　西弗吉尼亚喀斯特含水层颜色示踪法测试的流速出现的频率分布

一些学者提出了扇贝形边壁（见图1.159）上的流速近似计算公

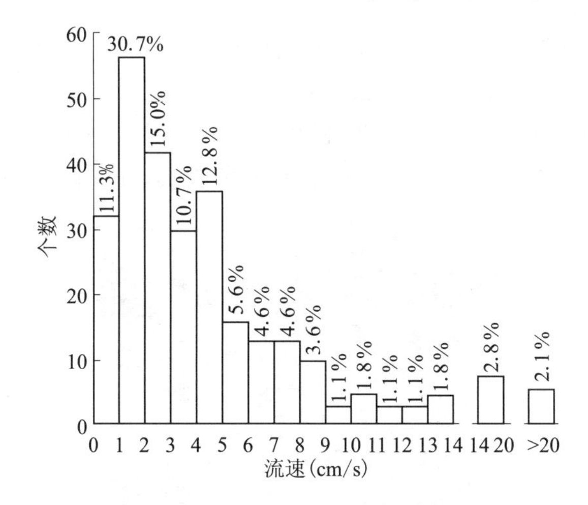

图1.157　东黑塞哥维那喀斯特281组颜色示踪法测定的流速分布

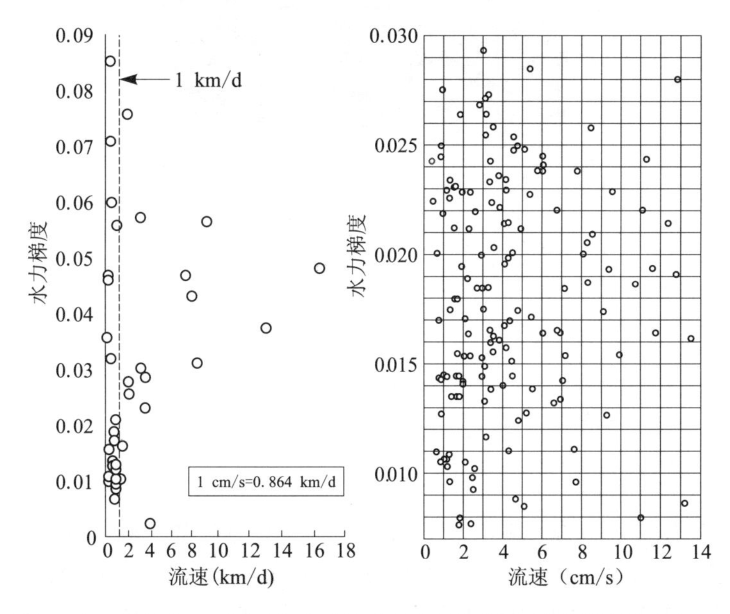

图1.158　左图为43组西弗吉利亚喀斯特颜色示踪所测得的流速与水力梯度;右图为黑塞哥维那281组颜色示踪法测得的流速与水力梯度

式。扇贝形边壁在灰岩、石膏溶洞中很常见,在白云岩中则少见,因为这种形态的出现要求岩石中的矿物质尺寸是均匀的。帕玛(Palmer)认为,当流速小于1 cm/s时,涡流不稳定且不均匀,故不能形成扇贝形边壁。当流速大于3 m/s时,水流泥沙冲刷基岩表面,也不能形成扇贝形边壁。他给出了流速与扇贝形长度的关系曲线,并强调只能作为一般的估计之用,即

图1.159　上图为弗吉利亚溶洞中的扇贝壁;下图为扇贝形状与水的流向,较陡的坡位于流线上,整面壁上会布满扇贝型坑

$$V(\mathrm{cm/s}) = \frac{X}{L} \tag{1.80}$$

式中:L 为扇贝形的平均长度,cm;X 为扇贝形的数目,与形成扇贝形时的水温有关,水温0 ℃时 $X=375$,水温10 ℃时 $X=275$,水温20 ℃时 $X=210$,水温30 ℃时 $X=170$。如英国的怀特雷迪溶洞,水的流速为1.21 m/s,流量达9.14 m^3/s,过流面积7.6 m^2。

在喀斯特承压含水层中,离集中汇流点(如大的泉眼)很远的地

方,流速很低。这与孔隙的形态没有关系,而是因为整个含水层处在压力状态下,且上部覆盖层补给喀斯特含水层的过程十分缓慢。图1.160是佛罗里达州的佛罗里丹含水层用碳-14示踪法确定的流速分布图,40个点上的流速的平均值为6.9 m/d,每天仅0.019 m。

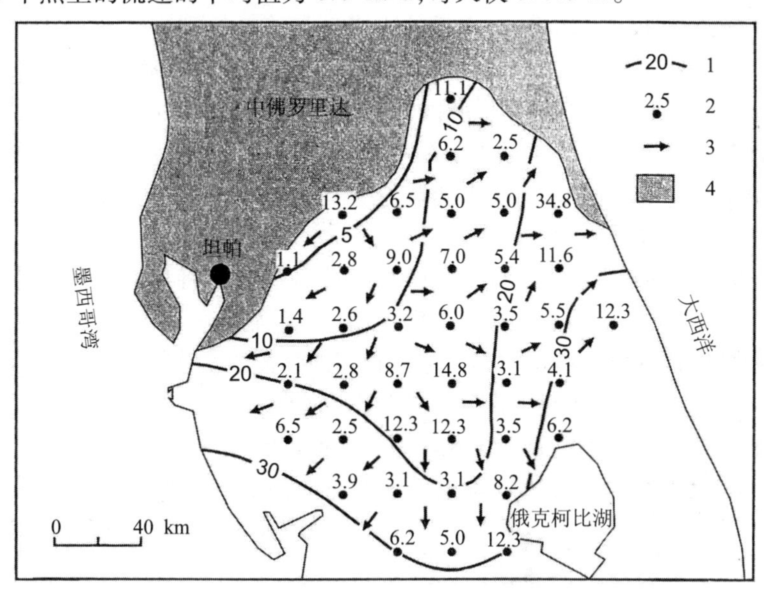

1—等势线;2—流速(m/a);3—流向;4—混合区

图1.160　佛罗里丹含水层碳-14法确定流速分布图。箭头为流向(m/a)

1.7　含水层补给

含水层有天然补给和人工开采。喀斯特含水层的补给量是水量平衡分析中最重要的量。了解并定量计算补给过程,是水资源可持续利用分析的先决条件。它可以帮助决策者在土地利用与水管理方面做出正确的决定。保护喀斯特补给水源地,是水资源持续开发利用的最关键的措施。进行补给分析的第一步是确定分析精度,它直接影响所采用的方法。例如,对于污染物侵入地下的问题,分析精度可以是数英亩至数十英亩,但对于喀斯特地下水资源评估来说,则不可能也没有必要达到如此的精度。然而,如下文所述,喀斯特含水层的补给问题则要涉及空间与时间尺度上的各种精度。对补给的估算,要进行一系列参数关于时间和空间的平均、外延、内插。这意味着补给量估算具有不确定性,这种不确定性是要进行分析和量化的。地下水补给既有随机性,又有确定性。降雨是随机的,之后的入渗并最终补给到饱和带的地下水则遵循物理规律。这两种特性所使用的参数可以是直接测量的,也可以是估计的,但都要进行空间和时间上的外延和内插。因此,含水层补给计算是水文地质领域最为困难的工作之一。不幸的是,我们常常将补给量简化为降雨量的比例,再将这一比例输入到地下水模型中。以下将说明这样处理的不恰当之处:

●基于颗粒介质假设建立的喀斯特含水层模型将补给作为一种标准格式输入,这种模型本身的合理性就存在问题。任何时候,模型的开发者都应该分析补给量的不确定性和其他参数的敏感性。入渗补给量误差 10% 或 15% 并不比假设渗透系数为均匀的假设所造成的影响大,但对于含水层的水资源平衡的影响却是很大的。

●补给流量、位置影响着地下水污染物运移的特性。补给量的大小决定了污染物进入地下水的多少。由地表落水洞对地下水造成的污染与由非点源污染物对地下水造成的污染是很不一样的。当补给水未被污染时,大的流量会降低地下水中污染物的浓度。

●在不同的水文地质条件下,降雨入渗水通过根系层、包气带到达地下水面需要的时间从数小时到 1 年。如果不与具体研究目的结合起来,补给量就是一个相当抽象的概念。

●自然的和人为的气候循环决定了地下水长期补给的形态,其影响涉及子孙后代。

水平衡与地下水补给的相通性有时会引起混淆。一般地,入渗是指地表水进入地下的过程,可称为潜在补给水,即只有一部分水能最终到达地下水体。“实际补给量”是指入渗后到达含水层的那部分水量,这样的表述不会引起混淆。发生实际补给的最明显的信号是地下水位上升(见图 1.161)。然而,当附近区域停止抽取地下水时,也会出现地下水位上升的现象,这种可能性是应该考虑的。有效入渗量和深层渗漏量都是指根系层以下的水的运动,有时用其描述实际补给量。蒸发与蒸腾是指地表及地下水分向大气中耗散,是应该明确的量。

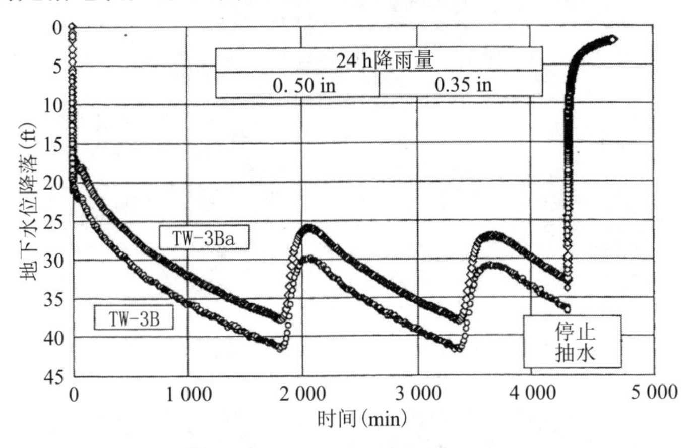

图1.161　马里兰的喀斯特含水层抽水试验图。夏季暴雨形成了两次水位上升,其间水泵一直以一个固定流量抽水

1.8　自发补给

当暴露在地表的喀斯特地层接受降雨补给时,称为“自发补给”。喀斯特上的覆盖层很薄或缺失时,补给量是最容易估算的。这时补给量超过降雨量的80%,基本上没有什么因素会阻挡降雨立刻渗入地下(见图1.162)。大范围裸露喀斯特地层接受强补给时,就会发生爆发式的间隙泉。图1.163所示的世界最大的泉就是这种泉。那些永久性泉的流量则呈现剧烈的波动。当喀斯特落水洞布满沉积物时(如白云岩黏土),就会将水蓄起来,形成临时湖泊(见图1.68),而不会出现上述现象。在落水洞沉积层很厚和喀斯特岩层表面覆盖有颗粒沉积的情况下,估算自发补给量的复杂性就会增加。此时应考虑如下因素(对非喀斯特地区也是如此)对入渗量的影响。

降雨

再次强调,喀斯特地区的水研究项目应首先分析降雨情况。应尽一切可能分析河流、泉水的流量变化过程,分析观测井中水位的变化过

图 1.162 德来特国家公园中广泛分布的折褶、断裂，降雨入渗的比例超过 80%

图 1.163 黑山亚得里亚海边的苏泊特泉，世界最大的间歇泉。左图为大暴雨 24 h 内的情况，流量超过 200 m^3/s。该泉没有落水洞补水，一年中多数时间是无水的。插图是泉眼入口

程。不论项目大小和范围大小，至少要对附近气象站的长系列降雨资料进行分析。最好现场应有气象站，因为降雨量会在很短距离内发生很大变化。由于观测井和产水井中的压力传感器不与大气相通，因此还应采集现场高程处的大气压数据。也就是说，压力计读数还应减去大气压才能得到水压。

通常情况下，地下水工程都缺乏现场的长期降雨、流量、水位资料。

有时,虽有数年的资料,但仍不足以支撑含水层年补给循环的研究。建议从有关的政府机构收集类似(水文地质条件、气候相似)地区的雨量站、水井、泉水的观测资料,用以确定现场的水文、气候的循环特性。

图1.164和图1.165给出了一种推求降雨—泉水流量间关系的方法,这种方法会提供降雨补给量的有用信息。例如,即使没有逐日的降雨、流量资料,我们也可以由图1.164推断,喀斯特的地下水补给量变化并不会立即响应降雨量的变化。娘子关泉(Niangziguan)的流量过程是很均匀的,其月过程的变幅不超过50%。不论中国北方地区季气候如何变,此泉的平均流量都很大,这要归功于其汇流面积大,约7 217 km^2,其中有2 250 km^2的喀斯特地层裸露于大气中。从图1.164的下图可看出,整个含水层对于降雨的响应要滞后一个月。而图1.165所示的密苏里州玛拉麦克(Maramec)泉的流量过程,其变化就迅速得多,此时用月平均降雨量和月平均流量就不合适了。

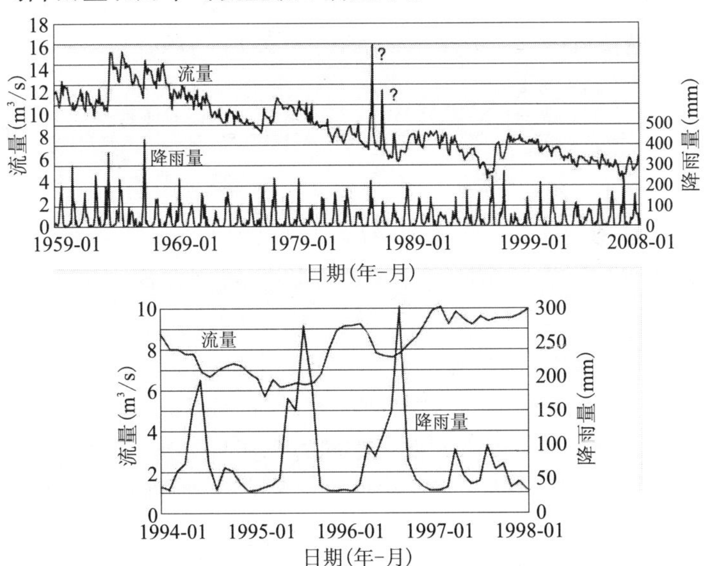

图1.164 山西娘子关泉的月流量及汇水区的月降雨量。下图为4年的降水过程

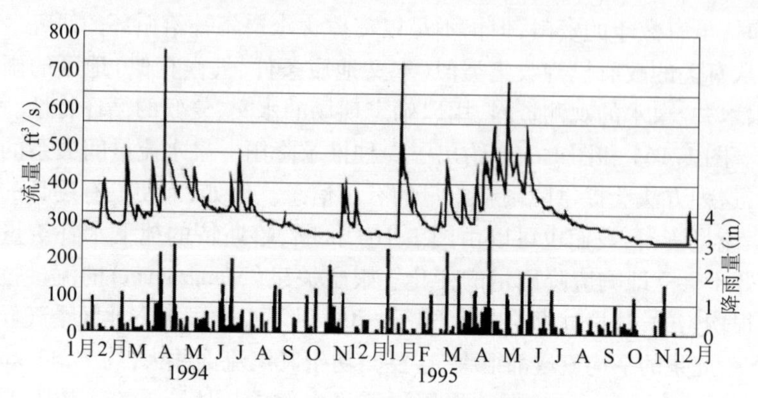

图 1.165　1994～1995 年玛拉麦克泉的日流量和日降水量过程

降雨过程与概率分布

时间序列(如降雨、径流)的自相关分析、频率分析、概率分析是标准的,且在第 6 章给出了若干建立预测模型的关键步骤。序列中各元素间的关联性可以用相关系数描述,若 k 表示滞后数,则

$$r_k = \frac{\frac{1}{n-k}\sum_{i=1}^{n-k}(x_i - x_{av})(x_{i+k} - x_{av})}{\frac{1}{n}\sum_{i=1}^{n}(x_i - x_{av})^2} = \frac{\mathrm{COV}(x_i, x_{i+k})}{\mathrm{VAR}x_i} \tag{1.81}$$

式中:n 为样本总数; x_i 为系列中第 i 时间的值; x_{i+k} 为系列中第 $i+k$ 时间的值; x_{av} 为样本均值;分子为协方差,分母为方差。方差的平方根为标准差。

当序列为降雨量时,若 $k=1$,则有数对 1 月和 2 月、2 月与 3 月、3 月和 4 月,等等,共有 $n-1$ 对数;若 $k=2$,则有数对 1 月和 3 月、2 月与 4 月,等等,共有 $n-2$ 对数。对于不同的 k,可计算出不同的相关系数,绘制出相关图。如果基于历史数据可预测当前值,则称系列是自相关的,也可以称为持续的和可记忆的。反之,这个序列就是随机的或独立的(即没有持续性和记忆性)。时间序列是否是自相关的,要由多个统计检验来判断。巴特莱特(Bartlett)给出了一个较简单的准则,即

$$r_k > \frac{2}{\sqrt{n}} \tag{1.82}$$

此时序列不自相关的置信度为 0.05（自相关的概率为 95%）。式中 n 为样本总数。对于水文序列，通常只做前两级滞后的检验。建议对所有的滞后都进行检验，从而得到置信度的范围，这是因为两级滞后检验还不能排除时间序列周期性所含有的独立性因素。安德逊（Anderson）给出了全样本置信度范围 LC 的计算公式：

$$LC = \frac{1 \pm Z_{\alpha}\sqrt{n-k-2}}{n-k-1} \tag{1.83}$$

式中：K 为时间滞后数；Z_{α} 为标准化正态分布变量在置信水平 α 时的值，见表 1.4。要注意的是，单侧检验用于极端值位于概率分布中一侧的过程的检验。

表 1.4　确定置信度水平的 Z 的临界值

置信度水平	0.1	0.05	0.01	0.005	0.002
单侧检验的 Z 值	-1.28	-1.645	-2.33	-2.58	-2.88
	1.28	1.645	2.33	2.58	2.88
双侧检验的 Z 值	-1.645	-1.96	-2.58	-2.81	-3.08
	1.645	1.96	2.58	2.81	3.08

图 1.166 是用商业软件 STATGRAPHICS 所绘制的娘子关泉汇流面积上月降雨的自相关图，可见到完美的周期峰值，周期为 12 个月。在 STATGRAPHICS 中，自相关系数显著性检验用的是标准正态分布零值两侧概率为 100(1 - α)% 的区间，即

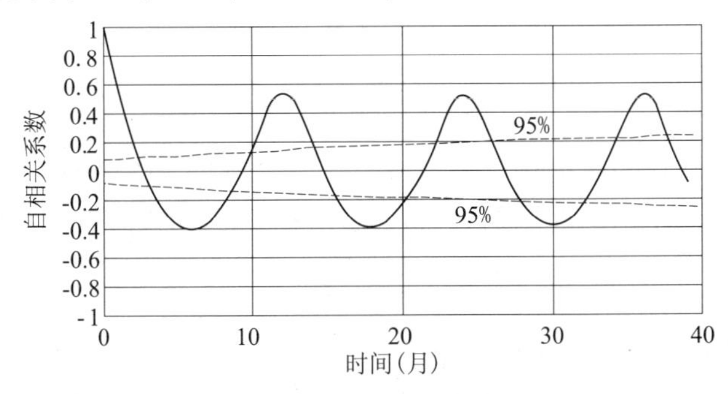

图 1.166

$$0 \pm Z_{\frac{\alpha}{2}} se[r_k] \tag{1.84}$$

式中：se 为自相关系数 r_k 的标准差：

$$se[r_k] = \sqrt{\frac{1}{n}\left(1 + 2\sum_{i=1}^{k-1} r_k^2\right)} \tag{1.85}$$

若 $\alpha = 0.05$，序列自相关落在式(1.84)之外的置信度为95%。

构建周期图是分析时间序列随机过程与季节特性的另一常用方法，此图是一张以样本值与频率为坐标轴的图，其理论基础是时间过程可以由傅里叶分解表示为调和波的和，这些调和波是三角函数 sines、cosines。该方法就是所谓"频率域分析"法，而自相关属"时间过程分析"法。周期图通过频率谱揭示时间序列频率的分布情况。时间序列 $Y(t)$ 各估计周期的傅里叶分解为

$$Y(t) = y_{av} + \sum_{i=1}^{n}\left[a_i\cos(2\pi f_i t) + b_i\sin(2\pi f_i t)\right] \tag{1.86}$$

式中：y_{av} 为序列的平均值，和为时间；f_i 为第 i 阶傅里叶频率：

$$f_i = \frac{1}{n} \tag{1.87}$$

当 i 为偶数时，$i=0,\cdots,n/2$，当 i 为奇数时，$i=1,\cdots,(n-1)/2$。

系数 a_i、b_i 的表达式为

$$a_i = 2f_i\sum_{i=1}^{n} y_i\cos(2\pi f_i t) \tag{1.88}$$

$$b_i = 2f_i\sum_{i=1}^{n} y_i\sin(2\pi f_i t) \tag{1.89}$$

对于每一个傅里叶频率，有幂指数

$$I(f_i) = \frac{n}{2}(a_i^2 + b_i^2) \tag{1.90}$$

除 $i=0$ 外的傅里叶频率之和等于序列关于均值离差的平方根。

如果周期图中出现很大的值，则序列可能不是随机的，周期为

$$T = \frac{1}{f} \tag{1.91}$$

式中：f 为这些大值出现的频率。

最大的频率称为尼奎斯特(Nyquist)频率，其值为0.5，则 $T=1/f=$

2。最小的频率为0,即不重复出现。趋势线的频率为0,周期无穷大。由此可见,周期图的频率范围为0 ~0.5。一个完整的循环(峰至谷再回到峰)可能被噪声淹没,因此,仅靠图形分析是不合适的。谱密度常常可以分辨出完整循环。

图1.167是用STATGRAPHICS绘出的娘子关泉汇流区月雨量频率域分析图。根据图1.164的数据,计算得最大值的频率为0.083 33,周期为12个月。较小两个值的频率为0.166 667和0.25。结果只是说明一个众所周知的事实,那就是许多水文过程具有年、季的干湿周期变化。

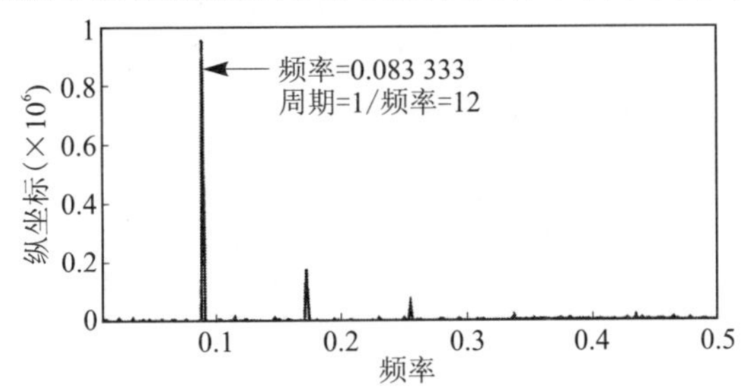

图1.167 娘子关泉汇水区月降雨周期图

但娘子关泉汇水区年降水量并不具有自相关的显著性,没有主频率,表明是一个随机过程(见图1.168)。这与世界各地气象站的年雨量资料相似,部分原因是有记录的序列长度较短的缘故。有可能娘子关泉汇流区的年降水量具有周期性,但现有资料还不能说明这一点。从图1.164、图1.168可看出,泉水流量、年降水量均呈下降趋势。

另一个具有长时间降雨、流量观测资料的泉是法国著名的方太恩泉(Fontaine),该泉为法国最大的喀斯特泉(见图1.169)。方太恩泉汇水面积1 130 km^2,1878 ~2004年序列多年平均降水量1 096 mm,最大值、最小值为1 740 mm(1977年)和641 mm(1953年)。雨量数据来自于6个雨量站,并按汇流面积的平均高程进行了修正。有趣的是,两个过程在1950年代以前很相似,但其后至今,泉水的年总量在下降,而年降水量却在增加。对此,没有详细而确定的解释,可能的原因有地表植被和土地利用发生变化导致地下水补给量减小,地下水开采量增加,喀斯特地下水排泄范围发生变化等。欧洲这一地区年降水量的增加可能是气候变化的结果。

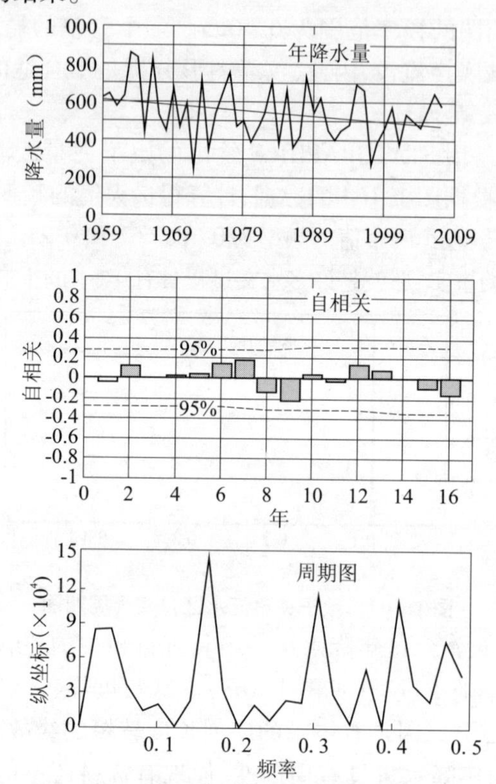

图 1.168　上图为娘子关泉汇水区年降水量的趋势图，中间为相关图，下图为周期图

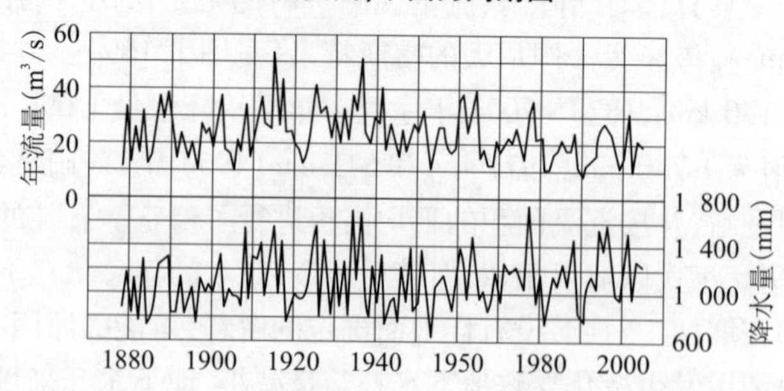

图 1.169　方太恩泉汇水区年流量与年降水量图

一般来说,当序列足够长时(如本例),就应按相关系数做周期图,而不用原始数据做相关图。在年数较少时(如娘子关泉仅49年),无偏估计的自相关系数个数应该为总样本数的1/3(16个),这时的周期计算就没有意义。许多统计学家认为,自相关系数的个数不超过序列长度的30%;在任何情况下,计算最后一个相关系数(对应最大的滞后数)时,数对不应少于30对。自相关的谱密度函数 $S(f)$ 为

$$S(f) = 2\left[1 + 2\sum_{k=1}^{m} D_k r_k \cos(2\pi k f)\right] \tag{1.92}$$

式中:$k=1,2,\cdots,m$ 为相关系数个数; D_k 为过滤函数; r_k 为相关系数;f 为频率。

巴特莱特(Bartlett)给出的滤函数与相关系数个数 m、滞后数 k 有关:

$$D_k = 1 - \frac{k}{m} \tag{1.93}$$

汉宁(Hanning)给出的滤函数为

$$D_k = \frac{1 + \cos(2\pi k f)}{2} \tag{1.94}$$

由图1.170可见,方太恩泉汇流区年降水量图不止一个主频率。多个分散的峰说明此时间序列是随机的,自相关分析也证明了这一点。相反,自相关系数的周期图表明有一个显著的频率0.082 47,相应的周期为12.125年,即年降水量属长周期循环。

除上述分析外,不同时距的滑动平均是对时间序列进行光滑处理的例行方法,很多公开的程序可进行这项简化的线性过滤的任务。使用较少但更强大的是加权平均过滤器,如汉德逊(Henderson)趋势过滤器,它可以对数据进行光滑处理并提示其可能的季节性。由于该方法生成3阶多项式,故最好用于较简单的滑动平均计算,它可以捕捉到趋势拐点。图1.171是方太恩泉汇水区年降水量的汉德森过滤器13年滑动平均图。有趣的是,此图中的峰值间距与图1.170底部图的12年周期非常接近。

对于时间序列来说,确定其概率分布是最基本的任务。对于降雨来说,要确定不同时间步(如小时、日、周、月、年)的降雨的概率分布。

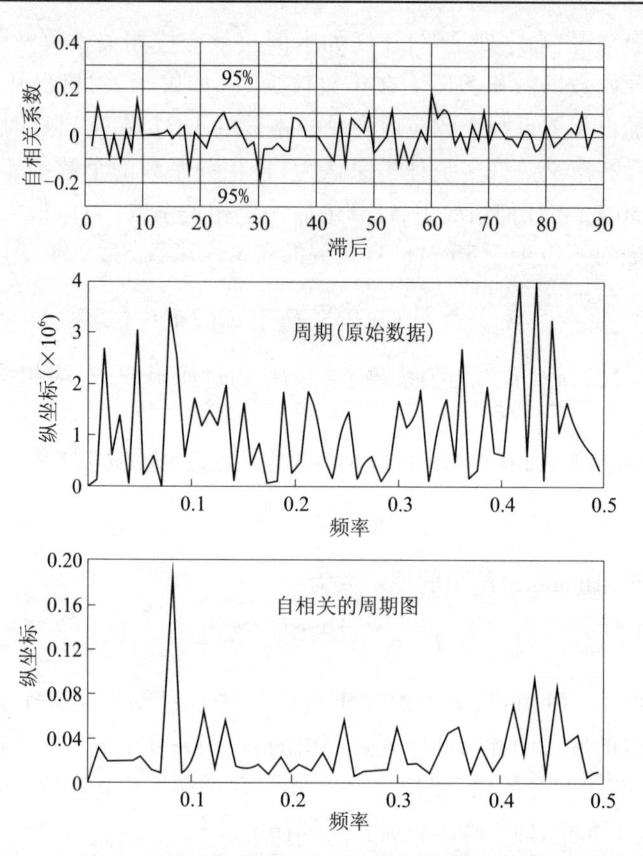

图 1.170　上图为自相关图;中图为方太恩泉汇水区年雨量原始数据的周期图;下图为自相关的周期图

当雨量由自记仪连续记录时,要按所需的时间步进行预处理。夏季的强暴雨会引起泉水混浊和流量暴涨,须以 10 min 间距(10 min、20 min、30 min、45 min、60 min、90 min)进行计算。周、月时间步对于泉水供水稳定性分析已足够。概率分析的主要障碍是观测数据太少。一般认为,至少有 30 年的资料才能得到可信的结果。例如,确定最大月降雨的概率分布,仅靠 5 年的资料(60 个数据)是不可靠的。要像图 1.166、图 1.167 那样,有 30 个以上的 1 月、2 月、…的降雨量才行。如图 1.172 所示,每一个月的降雨量是随机的,即下一年 7 月的降雨量

是不可预知的,因而这类序列很适合于进行概率分析。

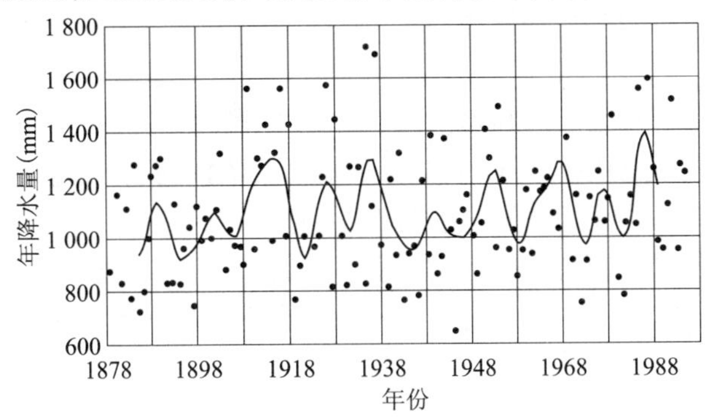

图 1.171　方太恩泉汇水区 13 年滑动平均值图

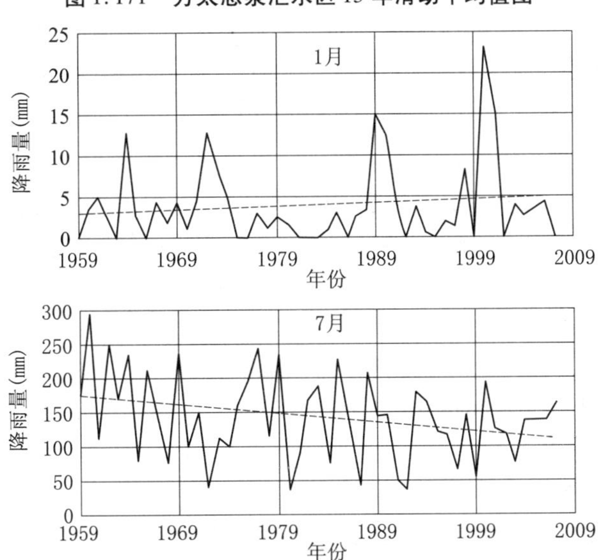

图 1.172　娘子关泉汇水区 1 月、7 月降雨量。注意:两个月份的降雨量变化趋势相反,表明气候变化在各月是不同的

在描述时间序列的概率分析时,应该分清不同术语的含义。"频率分析"有时也用来指概率分析,这时此术语与式(1.86)~式(1.94)和图 1.167 所说的"主频率分析"完全不是一回事。在概率分析中,频率是指某量级事件(如 7 月降雨量小于 150 mm)出现的次数。水文学

关注的点是不超过某量级的事件的概率。在 USACE 的网站 http://140.194.76.129/上,公开发行的《水文频率分析》给出了这方面的大量信息。

概率分析有图形法和理论法。USACE 强调,对每一组频率数据即使最终可以得出概率曲线,但都应画出原始数据的图形,这对于观察原始数据与频率曲线的差异是极为重要的。图形法是确定概率曲线的通用方法,但理论法有特别的优点,主要是通用性、可视化、可比较性。而且,图形法缺乏一致性,不同的人可以得出不同的概率曲线。图形法也不能进行可靠性估计,只是一种适线的方法。

适线的过程是选择理论频率曲线、确定参数、对某些感兴趣的点计算概率。多数商业软件都提供了多种概率分布函数(一般不少于 20 种),可快速计算出特定的数值进行可视化比较,使用者根据最佳适合的原则选择参数。建议要进行多次适线计算,特别是对降雨量分析理应如此,因为每个月降雨的概率分布特征都是不一样的。没有一个分布函数与实测数据符合的置信度达到 95% 的可能性也是存在的。

图 1.173 的上图是用几条理论概率曲线对娘子关泉汇水区 1 月降雨量适线的结果,实测数据为圆圈点,有些曲线适线较好,有些则不好。然而,统计分析表明,没有一条的置信度达到 95% 。但可以选择一条表观上适配得好的线进行频率计算,如柯西分布(Cauchy)曲线适合的最好,计算出大于 20 mm 降雨量的概率不到 5% ,而有些曲线计算出降雨量为 0 时的概率达到 20% 。在进行某些函数(如伽马、韦布)的适线分析时,对于 0 值(本例 49 个数中有 8 个)可以用很小的数(如 0.001)来代替,才能使适线进行下去。

图 1.173 的下图是 3 条理论概率曲线对娘子关泉汇水区 7 月降雨量适线的结果,其中的正态分布和韦布分布的精度达到 95% 。该地区 7 月、8 月的降雨量占全年的 30% ,因此用这两种分布去拟合全年降水量可以得到好的结果也就不足为怪了。

概率的另一表述是重现期与百分位数。重现期是概率的倒数,如 10 年一遇最大的 7 月雨量值,超过该值的概率为 0.1;50 年一遇最大值被超越的概率为 0.02。反过来,最小值的 10 年一遇被超越的概率为 0.9。

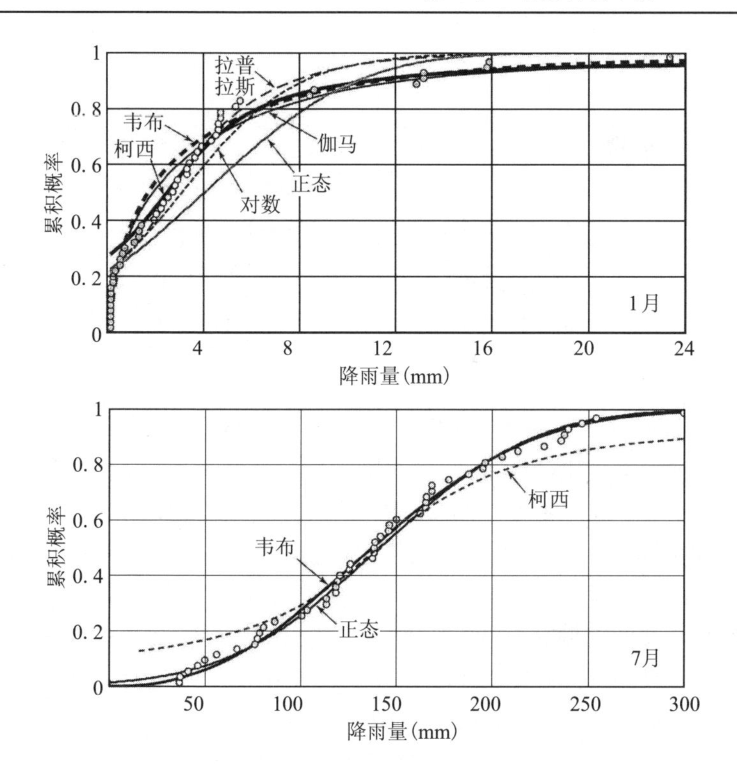

图1.173　1月、7月降雨的不同概率分布函数的适线图

百分位数是一个值,用于计算小于该值事件出现的百分比。如娘子关泉有49年7月的资料,由韦布计算的第25百分位数为96 mm,其含意为小于该降雨量的时间占25%,大于此量的时间占75%。百分位数常用来绘制月、周平均降雨量图以及水文变量观测资料图,然后与短期资料做对比,据此判断短期观测数据是否可代表长期序列的特征,这在水资源管理中是很有用的。图1.174说明仅靠1年的资料是不能知道水源供水的可靠性的。如1979年布克杰(Bucje)泉汇水区4、5月及接下来的夏季的降雨量大于平均值,与长系列的特征一致,而夏季正是用水的高峰期。相反,图1.164中娘子关泉7~8月的降雨量低于平均值,可以预计接下来冬季的泉水流量会小于平均值。只要连续更新类似于图1.174的图,水管理者就可以为短期供水策略做好预案。

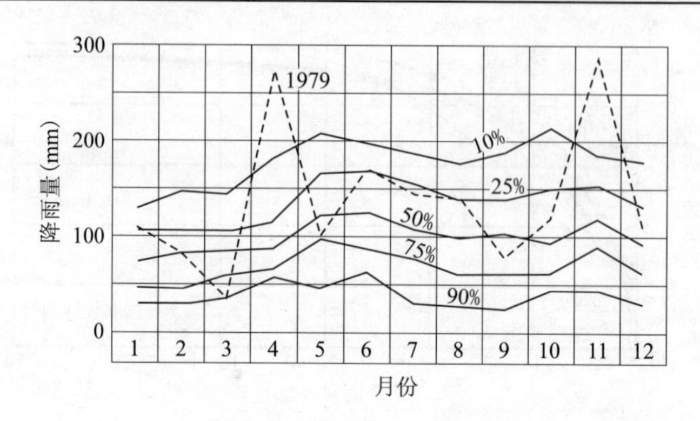

图 1.174　肯加卡雨量站 31 年降雨资料的月降雨概率分布图

如前所述，当喀斯特含水层对降雨反应灵敏时，大暴雨的概率分析显得格外重要。对于发育的、裸露于大气的喀斯特含水层，其反应时间仅数小时，并常导致大洪水危及供水安全和基础设施的安全。不同强度与历时的暴雨的重现期可以用前述的概率分析方法确定。对于短历时暴雨可以采用伽马类的概率分布函数，如双参数、皮尔逊Ⅲ型、对数皮尔逊Ⅲ型、韦布等，图 1.175 是这类分析中的一个实例。关于泉、地表河流的概率分析还要在 2.6.4 中做进一步阐述。

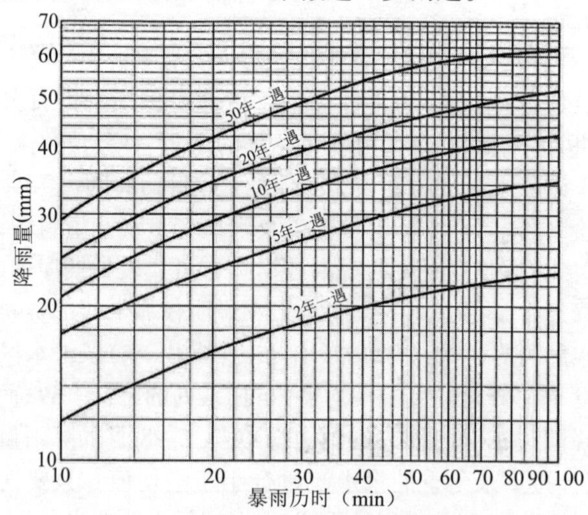

图 1.175　暴雨重现期例图

降雨的空间分布

当含水层范围很大时,降雨的空间分布对于补给量的计算影响很大。当地形与高程变化很大时,即使汇水区不大,但降雨的空间分布仍然影响大。计算面平均雨量(P_{av})最简单的方法是泰森(Thiessen)法,见图 1.176 的左图(6 个多边形),计算公式为

$$P_{av}\frac{\sum_{i=1}^{n}P_i a_i}{\sum_{i=1}^{n}a_i}=\frac{\sum_{i=1}^{n}P_i a_i}{A} \tag{1.95}$$

式中: P_i 为第 i 个雨量站的降雨量; a_i 为第 i 个雨量站对应的多边形的面积;A 为总面积;n 为雨量站数。

式(1.95)也适用于等雨量线法,见图 1.176 的右图,此时 P_i 为两相邻等值线的平均值, a_i 为两相邻等雨量线间的汇流区面积。如小区 a_2 的平均降雨量是 70 mm, a_4 的平均降雨量是 67.5 mm。

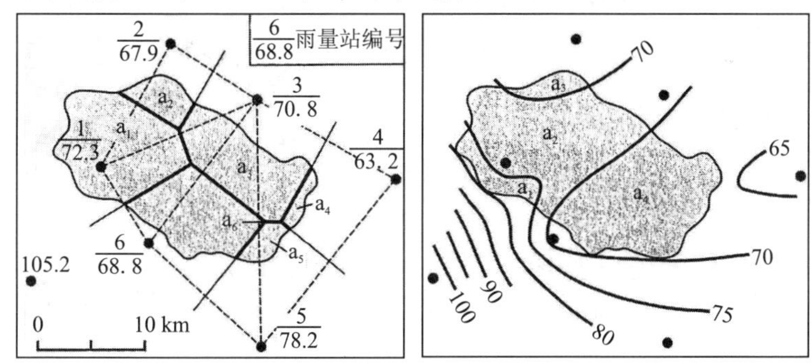

图 1.176　水文站月的雨量计算方法,左边为泰森多边形法,右边为等雨量线法

世界上大多数地方的降雨量会随着地面高程增加而增加,这是因为空气流遇到障碍后会上升,受冷后更多地变为雨和雪。在背风面空气下降,绝热增温,驱散乌云,形成少雨区(见图 1.177)。山地效应与风速、坡的陡峭程度和高度密切相关,导致降雨的空间分布差异很大,因而在计算平均降雨时必须考虑其影响。如果流域中各高程上没有足够的雨量站,采用图 1.176 的方法就会得到不准确的结果。许多水文要素都有山地效应,在中英格兰、美国,年均河川径流量、枯季径流量、

洪水都与高程密切相关。

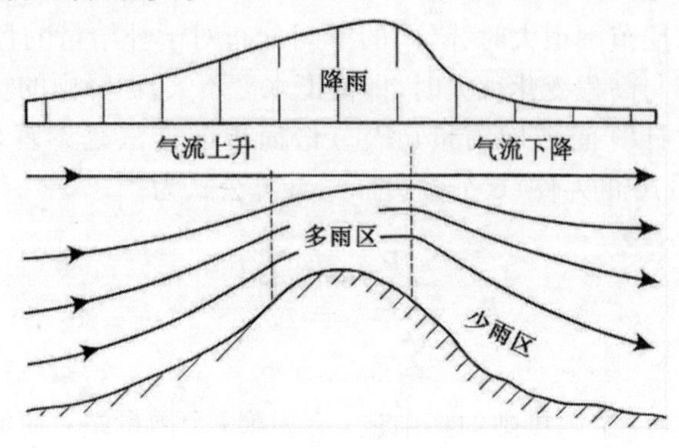

图 1.177　地形对降雨的影响，即通常所说的山地效应

降雪量是另一个计算含水层补给量要考虑的重要因素。雪像一层绝缘毯保持土温，这对于水文和生物是非常重要的。若土壤不被冻住，那么下渗过程就会加强，但总体上延缓了水文循环中水的下渗过程，从而影响地表径流量的季节分布和含水层的补给。

系列延长

种种原因会造成雨量站资料不完整、不连续、太短等问题，这就限制了前述统计与概率分析方法的应用，因此需要利用邻近的、相关性好的站的资料对降雨资料进行延长。通常，周围 4 个站的算术平均就能与被延长站的记录较好地吻合，从而完成资料延长的任务。如果达不到这种条件，就可以用最近站的资料进行回归分析。需要注意的是，最近站一般相关性好，而用多个站进行多重互相关回归分析的结果有可能是不正确的。还有一些更为复杂的方法，如变差函数法（统计地质学方法），详见里特（Little）、鲁宾（Rubin）、斯卡夫（Schafer）的专著。

蒸发和蒸腾

蒸发蒸腾（*ET*）与气候密切相关。全球 65% 的降水量通过 *ET* 返回到大气中，其形式为水面蒸发、土面蒸发、植被蒸腾。蒸腾可以考虑为总 *ET* 的某个比例，一般由气象站按某种植物的实测值推算。蒸腾可表示为每天英寸数，或每天毫米数。目前绝大多数估算 *ET* 的方法是针对耕地的，目的是灌溉，文献资料很丰富。这些方法均基于模糊的

“潜在腾发量”(*PET*)的概念,它是由松斯韦特(Thornthwaite)于1946年提出的,但还很少用到。*PET*是大面积完全均匀覆盖的植物在充分供水条件下、没有热容量的腾发量。

有许多相当复杂的计算*PET*的经验公式,它们要用到气温、太阳幅射、水面幅射交换、日照小时数、风速、饱和水汽压差(*VPD*)、相对湿度、空气动力粗糙度(见Singh、Shuttleworth、Dingman的文章)。实际应用中的主要问题是,对于同样的条件,同一经验公式计算出的结果可能很不一样。如布朗(Brown)所指出的,即使是广泛使用的彭曼公式也是如此。

在假定充分供水的情况下,腾发量还可以根据水面蒸发量进行计算。对于植物种类丰富的流域,实际腾发量ET_{act}与土壤含水量有关,浅根系植物较深根系植物提前停止腾发。土壤水量平衡方程如下:

$$P - R - G_0 - ET_{act} = \Delta M \tag{1.96}$$

式中:P为降雨量;R为地表径流量;G_0为补给地下水的量;ΔM为土壤含水量的变化量。ET_{act}可按下式计算:

$$ET_{act} = PET\frac{M_{act}}{M_{max}} \tag{1.97}$$

式中:M_{act}为时段计算的土壤含水量;M_{max}为土壤最大含水量。

植被类型是另一个影响腾发量的重要因素,因为各种植物需水量是不同的。科罗拉多大学对12种农作物进行了需水试验,得到玉米平均需水24.6 in,高粱平均需水20.5 in,冬小麦平均需水17.5 in。阿伦(Allen)等给出了农作物需水量的计算方法并给出了若干作物的需水量典型值。半干旱、干旱地区的土生作物比引入的作物更适于在低含水量的土壤中存活,且产生的实际腾发量ET_{act}更小。ET_{act}随着植物个体的增大而增大,随着顶冠层密度的增加而增加;植物在快速生长期的ET_{act}比休眠期的ET_{act}要大得多;风将空气中的热量传给植物,并将植物的水气带入大气,故会增强腾发量;湿度和温度决定了饱和水汽压差*VPD*,该指标是衡量空气干燥力的主要指标,它是植物与大气之间水汽浓度的梯度,随温度的增加而增大,随湿度的下降而增大。

图1.178说明了使用潜在腾发量与实际腾发量的问题。夏季的腾

发量会超过降雨量，含水层应该没有补给。当然，这不是“水头与入渗”要讨论的情况。

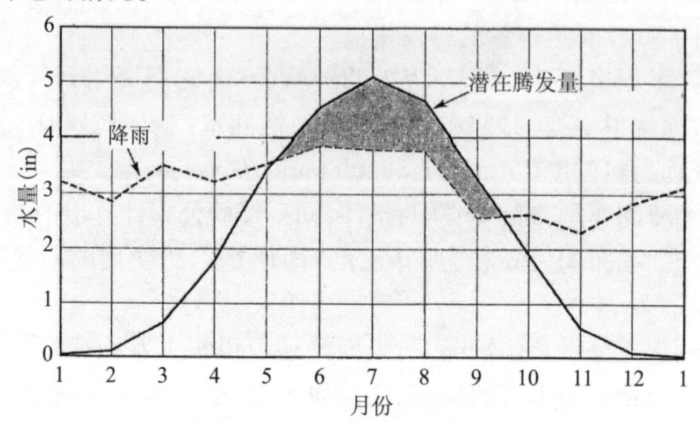

图 1.178　用松斯韦特法计算的西弗吉尼亚的潜在腾发量与月降雨量

特克(Turc)分析了世界上 254 个流域的情况，提出了如下计算实际腾发量的公式，它仅与降水量和气温有关：

$$ET_{act} = \frac{P}{\left[0.9 + \left(\frac{P}{I_T}\right)^2\right]^{0.5}} \tag{1.98}$$

式中：P 为年降水量，mm；I_T 为空气蒸发能力，$I_T = 300 + 25T + 0.05T^3$；$T$ 为年均气温，℃。

如果按 10 d 长度计算实际腾发量，则要加入土壤含水量和作物类型：

$$ET_{act} = \frac{P + E_{10} + K}{\left[1 + \left(\frac{P + E}{I_T} + \frac{K}{2I_T}\right)^2\right]^{0.5}} \tag{1.99}$$

式中：E_{10} 为 10 d 不降雨时裸土的计算蒸发量，不大于 10 mm；P 为同时段的降雨量；K 为作物因子，由下式计算：

$$K = 25\left(\frac{Mgc}{G}\right)^{0.5} \tag{1.100}$$

式中：M 为作物最终的干物质量；G 为作物的生长天数；c 为作物常数，对于短草取 1.33；空气蒸发能力 I_T 为

$$I_T = \frac{(T+2)\sqrt{R_{si}}}{16} \tag{1.101}$$

式中：T 为 10 d 的平均气温，℃；R_{si} 为入射太阳能，cal/(cm^2 · d)。

水头与入渗

当喀斯特含水层上覆沉积层时，该层中的饱和带与喀斯特含水层之间的水力梯度和覆盖层中的渗透系数决定了喀斯特的补给量，见图1.179。要注意的是，当喀斯特含水层的水头高于覆盖层中的水头时，地下水将向上流出喀斯特含水层，此时喀斯特是没有补给的。只有当喀斯特中的水头低于交接面时，向下流动的水将仅与覆盖层的渗透系数有关。

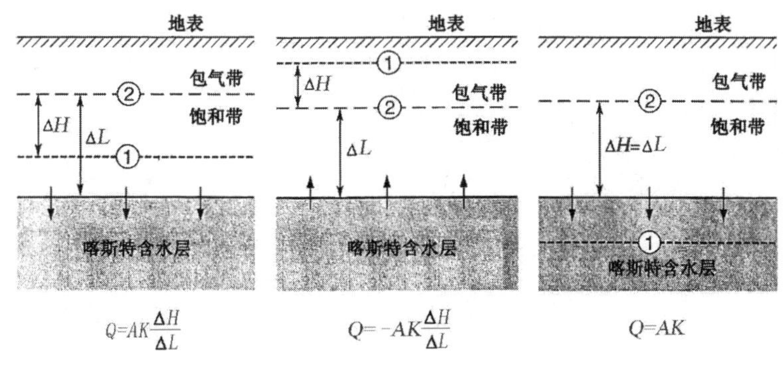

1—喀斯特含水层的水头号；2—覆盖层中的水头；A—与水流量的面的面积；
K—渗透系数

图1.179　喀斯特含水层受覆盖层中饱和地下水的补给流量

再一次强调，饱和含水层只有观测到水头增大时，才能判断发生了真实的补给。虽然喀斯含水层水头对补给的响应范围很小，但仍可以用它估算降雨补给量。图1.180给出了喀斯特含水层观测井对两场暴雨的响应过程。该喀斯特含水层上有5～10 ft的覆盖层。第一个峰由12.7 mm的暴雨所引起，第二个由下一日8.9 mm的暴雨所引起。补给量可以用下述简单的公式计算：

$$R = S_y \Delta h \tag{1.102}$$

式中：S_y 为比给水度（无量纲）；Δh 为水位上升值。

由抽水试验测得马里兰州的弗瑞德里克（Frederick）灰岩的比给水

度为0.037。据此计算第一次峰值补给量为0.19 in,第二次峰值补给量为0.28 in,分别为两次降雨量的38%和80%。这表明降雨补给是十分明显的,即便在夏季温度很高(本例分别为96℉、36℉)、潜在腾发量最大时也是如此。还有,在6 d的时间里,没有降雨时水位呈现下降趋势。这也说明了潜在腾发量在计算实际腾发量与喀斯特补给量时的缺陷。应注意,第二次雨量小,但补给量大,原因是土壤缺水程度已在第一次降雨时得到补充。

由于水位测量简单易行,因而成为湿润地区计算补给量的最常用方法。该方法在喀斯特地区应用的主要障碍是确定比给水度,在很多情况下不得不进行假定。另一个关键因素是水位观测的频次。从图1.180可见,依据每周甚至每天1次的观测数据确定喀斯特含水层的补给峰值是不可靠的。此外,当潜水层水位接近地表时,就可能需要考虑地下水到包气带和大气的腾发损失。

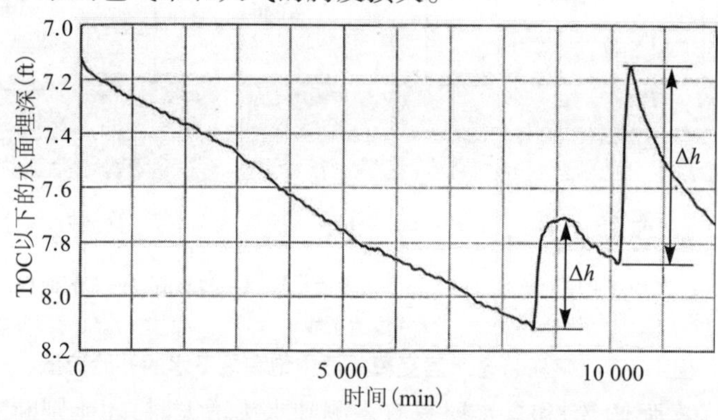

图1.180 马罗兰费瑞德马克的TW-7观测井两场夏季暴雨时的水位过程

如果喀斯特含水层的覆盖层较厚,又没有准确、连续的水头观测资料,补给量可以采用达西、里查兹(Richards)、布鲁克斯-柯瑞(Brooks-Corey)、凡甘陈(van Genuchten)方法以及放射性同位素含水量分析法确定。然而,降雨入渗过程与非饱和带的渗流过程高度依赖于土的性质(渗透系数只是特性之一),因而即便是在均质条件下,入渗量也会在短距离内发生很大变化。图1.181给出了美国宾夕法尼亚州裂隙岩石中 7 个渗流计观测的累计渗流结果。这些渗流计布置在 100 ft^2 的范围内,位于一个 2.8 mi^2 的汇流区中,汇流区布满裂隙发育的岩石。采用不同的算法计算该区域含水层补给量。观测结果表明,单个渗流计 6 个月读数的月变差系数超过了 20%,6、7、8 月间的月变差系数分别达到 50%、100% 和 60%。图 1.182 给出了 1994～2001 年 7 个渗流计的月平均值,据此计算年平均值为 12.2 in,是年均降水量的 29%。与此对应,采用水位波动法计算的补给量为年均降水量的 24%,因此,上部沉积层中的入渗在下部喀斯特中引起的入渗是相似的。

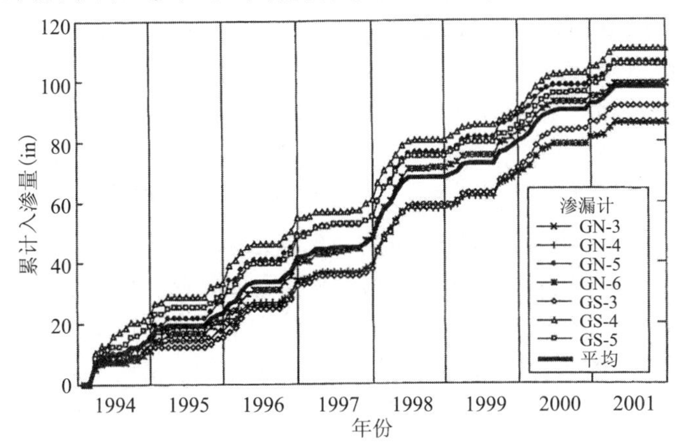

图 1.181　美国宾夕法尼亚 7 个渗流计测得的累计入渗量

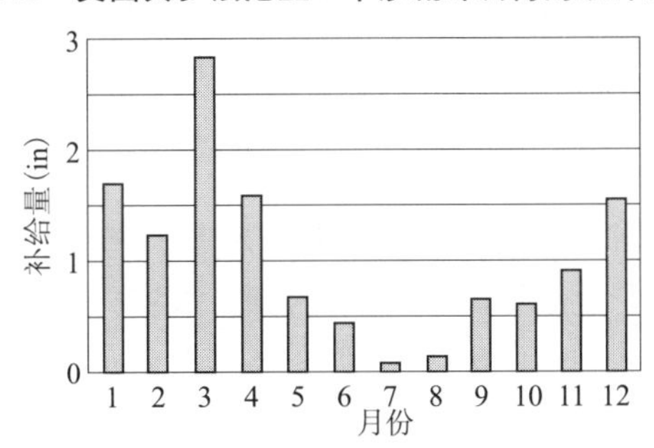

图 1.182　1994～2001 年 7 个渗流计的月平均入渗量

土壤有三项参数影响植物可以利用的水量,进而改变入渗量和土壤含水量分布,这三个参数是渗透系数、有效水容量(*AWC*)和坡度。入渗量与渗透性、坡度密切相关,而水容量是有效水容量与根系层厚度的乘积。陡坡上的细粒土(淤泥、黏土)层通常较砾质土薄,渗透性小,而有效水容量大,因而降低了入渗量,但土壤总的贮水量增加。当植被、渗透性相同时,坡越陡则径流量越大,入渗量越小。沙土限制了径流,故入渗多,从而加大了深层渗漏和潜在补给量。较高实际腾发量的细粒土具有较大的有效水容量,因而植被可用的水量较多。降雨强度是影响非喀斯特地区补给量的一个重要因素。一般地,强度大,入渗少,径流多;降雨强度小,则结果相反。

降雨入渗形成的湿锋到达地下水位时,就发生补给,此时入渗可能还在进行。在干旱、半干旱地区,地下水位很深且入渗时间短,在湿锋到达地下水位之前入渗早就停止了。此时,入渗的水量在非饱和带即由腾发作用所排除,或者虽通过了植物根系层但仍保存在非饱和土壤中,直至下一次降雨入渗将其挤出。根系层以下非饱和带中水的运动会持续很长时间,分为垂向运动和水平移动,最终会补给到地下水中。

在某些情况下,喀斯特通道中可以看到水由地面向下渗流的过程。然而,不熟悉喀斯特的水文地质学家会为这样的事实所困惑,即在长时间、强降雨情况下,并没有看到数百米长的通道顶滴水。这种现象在上覆有沉积层的喀斯特含水层和裸露于大气中的喀斯特含水层都是常见的,这是因为喀斯特含水层中水的垂向运动和水平向运动是很难预料的。如图 1.183 所示,在一个很深的井中,水从侧壁中的某个通道中流出,跌落数十至数百英尺才到达底部的水面。图 1.184 是三维地下通道图,水流出口高程会随外部条件而变化。

图 1.185 说明洞穴通道是怎样影响入渗水流的。位于隔水顶板上的通道似乎只接受毛细管渗水。由于矿物质的挥发,堆积物已不多,主要剩下石膏壳。从洞内向破坏处排列,各带描述如下:

1 带:挥发的矿物质紧密粘在顶板表面,进入通道中的水流量如此之小,以至于见不到水膜。所有的水气均被蒸发了。

2 带:毛细管渗流使得洞壁非常潮湿,以至于石膏和挥发矿物质不能停留于其上。此带逐渐侵入 1 带后,导致挥发矿物质从洞顶、洞壁

图 1.183 落水洞中 165 ft 落差的瀑布，落入洞底后即刻消失。此落水洞已不能参观

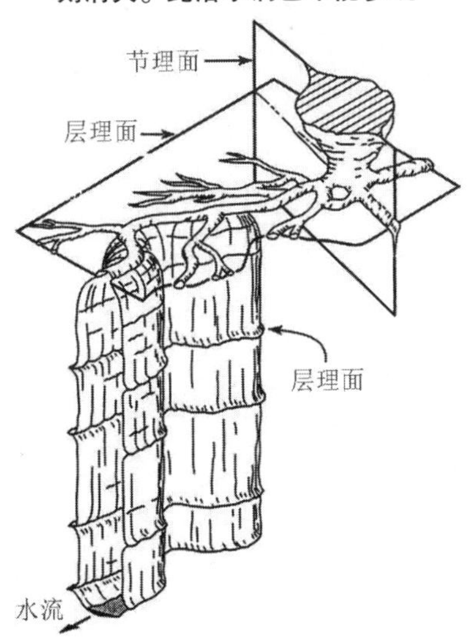

图 1.184 肯塔基的马姆斯溶洞及竖井

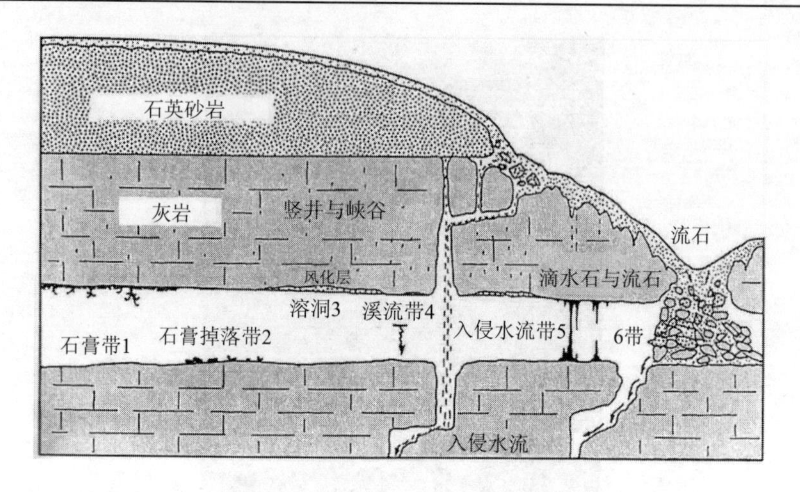

图 1.185　美国东、中部喀斯特台地砂岩中的各种渗流现象

落下。

3 带:降雨入渗水经上覆的沙砾石补充毛细管水,直达方解石饱和带,这里 CO_2 已释放完毕。水进入洞穴内,吸收空气中的 CO_2,变得更具入侵性。它在洞壁上形成微细的水膜,侵蚀岩石并使其再结晶。结晶过程渐弱,形成白色的风化外壳。这里的湿度太大,不能让石膏和挥发性矿物质停留。由于 pH 值突然下降,石英和蛋白石淀析出来。

4 带:水的渗入如第 3 带,但量要大得多,侵蚀岩石并在流入点以下形成细沟。

5 带:上部砂砾层中的渗流形成集中的落水,侵蚀所经过的洞穴。如第 6 带,沙性土含有过半的 P_{CO_2},岩石顶板被冲蚀掉。但此带中的水到达洞穴的量很小,还没有溶解碳酸盐。土、岩交接面上还没有发生溶蚀,溶蚀主要在洞穴内进行,多形成井和峡谷。

6 带:渗水流经覆盖层,方解石与 CO_2 的含量达到平衡。水进入洞穴中,大部分 CO_2 释出,方解石被迫淀析形成钟乳石。典型情况是有小股水流和水滴出现,而落水洞形成的大水流将继续侵蚀岩石形成洞室。

植被与土地利用

裸露的土表可以被其他的粉尘、细颗粒物所覆盖,从而阻止水进入土体。降雨开始时,细粒物凝固或进入土壤孔隙,封闭土体。土体本身可能具有良好的透水性,但由于表层被封闭而入渗量很小。这就是裸土入渗量比有植被土的入渗量小得多的原因(见图 1.186)。1975 年,纳寺弗(Nassif)与威尔森(Wilson)对裸土和种草的土进行了试验,发现无论灌水的流量多少,裸土的入渗量大约只有种草土的一半。裸土很易遭地表径流的冲刷,而有植被的土则不易受冲刷。植物根系能增加土的孔隙,提高透水性。土中有机质可降低土的密度,极大地增加孔隙的尺寸,从而增加土的透水性。

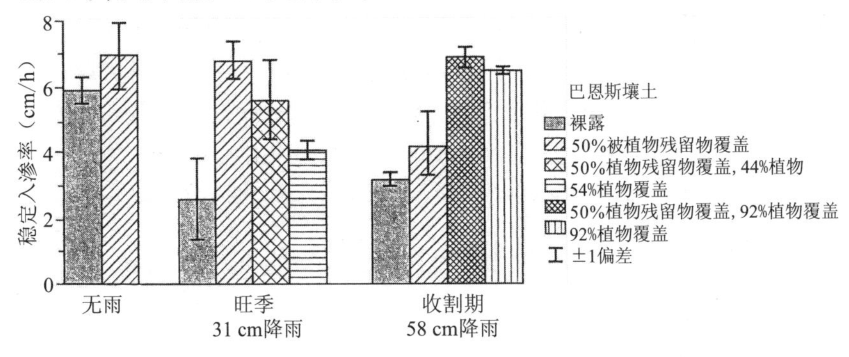

图 1.186　豆类植物及其残留物覆盖对巴恩斯壤土稳定入渗率的影响。裸土的入渗率最小

地下水的量和质极大地依赖于土地过去的使用情况和当前的使用情况,依赖于土地大范围覆盖和局部覆盖的情况。了解土地历史上的使用情况和植被情况,将之与当前的土地利用与植被进行比较,这是极为重要的。在世界范围内,土地的利用有 3 种发展趋势,它们会改变自然的水循环:

(1)将森林改为耕地,这在发展中国家更为常见;

(2)急剧城市化,其他土地均转为城市用地;

(3)城市郊区化,原来的耕地改为林地,这在发达国家尤其如此。

城市发展与地表硬化必然导致径流量的增加和水土流失,减少入渗和地下水的补给量。河流含沙量的增加,会使细颗粒物质沿河床沉积下来,这使得水力传导度下降,并减少了地表水与地下水之间的交换。森林砍伐也影响水文循环,导致水土流失,增加河流的含沙量。将低矮的灌木地改为农耕地可以增加地下水的补给量,特别是在对作物进行灌溉的情况下。然而,这一增加量只是灌溉的回归水,其来源是地下含水层。灌溉回归水只是抽取的地下水的小部分。相反,陡坡上的林地减少将会增加地表径流,从而减少地下水补给量。不过,喀斯特地表植被砍伐后,补给量会增加。

一般地讲,城市化增加了不透水地表(屋顶、柏油路面、混凝土路面)面积,因而径流量增加,入渗减少。不同城市用地的入渗量存在很大的差异,见表1.5。这对于在复杂区域建立地下水运动模型,估算污染物运移和影响是至关重要的。例如,污染可能来自于某个工厂,该工厂地面入渗率很小,但工厂污染物流到附近居民区,那里的庭院种有各种植物并进行灌溉,其入渗量很大。在覆盖层薄的局部喀斯特地块,水会很快下渗,这时地下水的补给量大,污染物负荷也很大。

表1.5　选自美国阿肯色州 CWRASA 研究区土壤与水项目

植被类型	入渗率	地表径流量	CWR	STD	AET	CIR	DP	DP(%)
中耕作物	36.45	8.25	32.14	7.36	24.78	8.98	11.67	26.11
苜蓿	39.51	5.19	40.59	6.82	33.77	9.13	5.74	12.84
小粒谷类	39.51	5.19	32.35	2.55	29.80	3.26	9.71	21.72
草地	39.51	5.19	33.29	6.02	27.27	7.61	12.24	27.38
林地	39.51	5.19	34.76	4.41	30.35	7.92	9.16	20.49
休耕地	36.45	8.25	22.26	1.19	21.07	2.10	15.38	34.41

注:年平均降水量44.7 in,年平均潜在腾发量51.53 in。CWR为需水量,STD为土壤亏水量,AET为实际供水量,DP为地下水补给量,CIR为灌溉需水量。

在欠发达国家,城市巨型化并伴随贫民区的增加,导致许多社会问题和环境问题,如供水管漏水和污水横流引起地下水补给量增加、地下水正受到污染等,由此而引发各种问题。当然,这种情况并不仅仅是在欠发达国家出现,得克萨斯州澳斯汀的爱德华含水层的观测资料表明,管道漏水、灌溉、不明水源正在引起城市地下水位上升。

佛罗里达州敦里仑(Dunnellon)市的彩虹泉汇流区1995～2007年的土地植被与土地利用情况已做成了彩色填图,如图1.187所示,这一巨型泉的出水流量呈下降趋势,其原因为人口增长、工业发展、商业发展、交通运输发展,导致地下水供水与灌溉水量大增。从图1.187中可见,同期降水量并没有明显变化,因此,泉水量减少的原因不是自然补给的减少。

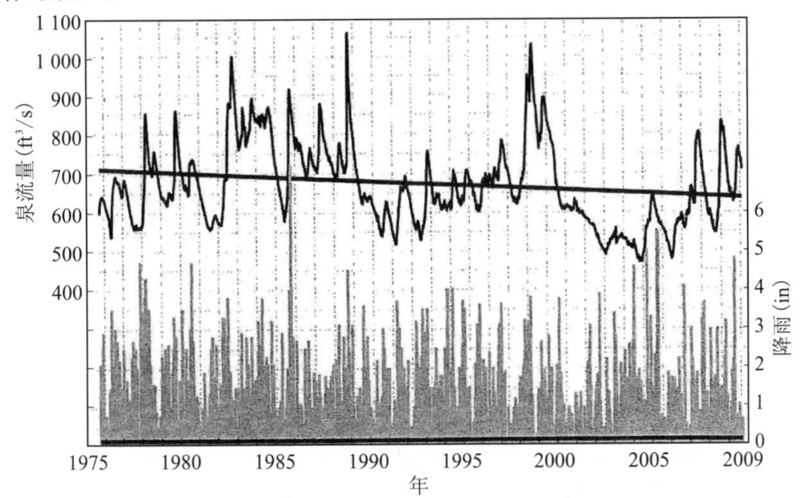

图1.187　敦里仑彩虹泉日流量过程图及相应的降雨过程图,直线显示变化趋势

地质与地形

当覆盖层很薄甚至缺失时,岩性、构造、基岩的喀斯特化是影响补给的主要因素。如前所述,裂隙、折褶、倾角、喀斯特化所引起的入渗量高达80%。图1.188、图1.189是世界上此类地形的范例。脆弱的碳酸岩沉积物(固结的灰岩、白云岩)不论走向、厚度如何,总是充满了裂隙。大体积碳酸岩沉积块也具有同样的特性。所以,白云灰岩的符号是斜的砖墙形状,而大体积碳酸岩则为表示裂隙的分散的交叉线条,见图1.190。出于某种理由,许多水文地质学者总是忽视了这些事实,并辩解说大体积灰岩、水平走向的灰岩、与地表平行走向的灰岩都是阻碍入渗的。虽然这在小范围(如数平方米)是对的,但对于喀斯特含水层的管理、保护与恢复并没有实际意义。流过灰岩表面的水会很快找到裂隙并进入地下,并不断溶蚀裂隙壁,使得下次水更快地渗入地下。

图 1.188　黑山地拉那喀斯特地貌,具有最大入渗能力的超级喀斯特

图 1.189　秘鲁安第斯山陡峭并带有落水洞的灰岩,又一处超级喀斯特

如果喀斯特岩上覆很厚的沉积层,地表坡度会产生径流量,从而减少入渗量。当喀斯特洼地被沉积物填充时(落水洞、宽谷),洼地周边的雨水汇集并贮存于盆地中,导致入渗量和蒸发量均增加。

图1.190　层状大体积炭岩和沉积的碳酸岩总是很破碎的,其地质符号反映了这一特点。上左图为塞尔维亚德贾大甫公园的炭岩,竖向裂隙与分层面连接,并穿透多个分层面积;上右图为塞尔维亚热萨瓦的炭石,裂隙杂乱;下图为不同碳酸岩的地质符号

术语“表层岩溶”已经得到广泛的认可,但正带来更多的混乱。对于世界各地许多从事工程建设的水文地质学者来说,这一术语意味着浅层的、风化更严重的岩石。喀斯特化越严重,地表附近的裂隙就越密集(所有岩石均如此),接受大气与土中的碳酸就越多。CO_2 溶于水成为碳酸,它是碳酸岩石的主要溶剂,是喀斯特化的主要成因。1.3.2 部分中的图 1.61、图 1.62 展示的是高风化带、地表岩溶、未固结沉积物、溶洞充填情况。

福德等对地表溶岩进行了详细描述,给出了它们的水文地质特征和水力特征。他们认为,地表溶岩是在喀斯特含水层永久饱和带上面零乱分布的含水层,水由这些含水层主要顺着竖井(通常位于落水洞下方)流达深部的主含水层。地表岩溶风化强、渗透性强,但越往下越窄,输水能力减小,因而表现为缓慢排水特性。饱和带的水呈现水平流向竖井的趋势。地表岩溶的特性随补给形式、风化程度、土与沉积物的不同而变化。

不幸的是,地表岩溶的概念被恣意乱用,甚至根本不存在岩溶的地方也在用。世界上许多喀斯特饱和含水层上根本就没有零乱分布的含水层。本书中的许多照片(图 1.162、图 1.188、图 1.189)清楚说明地表岩溶的概念不适用于的特别情况。还有，认为喀斯特含水层都是通过竖井将地表入渗水导入深部饱和带的观点也是错误的。世界各地无数疏干了的观测井、廊道、各种深度的勘探洞、地下水示踪试验都表明，地表岩溶并不能贮存水。世界上没有人在喀斯特地区通过打浅井而获得生活用水，这是因为喀斯特地表以下数百米深都是完全干的。喀斯特地区的降雨很快就会通过裂隙和溶蚀裂缝向深部渗漏，并不存在散乱的上部含水层。有些竖井中见到的瀑布会持续一定的时间，但一般都会在降雨停止后迅速消失(见图 1.83)。对于图 1.51 的情况如果用地表岩溶来解释的话，那么其厚度将达到 1 000 m。克罗地亚埃莫斯基(Imotski)的红湖是世界上最深的落水洞，在其竖直的井壁上见不到地表岩溶散乱的渗水点(见图 1.191)。

图 1.191　埃莫斯基的红湖，世界最深的落水洞，深 513 m，洞壁生长着云杉。湖面是周围喀斯特含水层的水位，低水位情况下水位约 250 m

在“地表岩溶”概念提出之时，本书作者也参与了讨论，并支持这一理论，还提供了美国的案例。此时，这一理论将有些喀斯特(如迪纳拉)排除在外，它要求喀斯特为“平层”，少有裂隙，这才能假定水为横向运动，向少量竖井汇集。这是很难见到的情况，因为脆弱的灰岩和白云岩有着大量的裂隙和断裂。学院派的“地表岩溶”概念在实际应用中遇到如下问题：

- 很小范围的地表岩溶中是否也存在散乱的饱和带？
- 这些饱和带是永久的、短期的、断续的(持续时间多长)吗？
- 如果饱和带受到污染，可以将其抽出或排除吗？
- 可否确定地表岩溶竖向排水的时机，以便对含水层进行修复？

帕尔默对上述问题进行了说明。图1.192是美国印地安那州的蓝泉的落水洞分布图。本图只是1∶240 000一幅图中示出的洞，实际密度要大很多倍。这些落水洞的直径8～12 m，全为灰岩，位于地表以下2～5 m，上覆土层。出露的岩石主要是圣特路易斯灰岩，下面主要为大块体的萨里姆(Salem)灰岩。数百个落水洞随机分布于溶洞上，最深的位于主河道上。水可将落水洞塌落的堆积物带走。

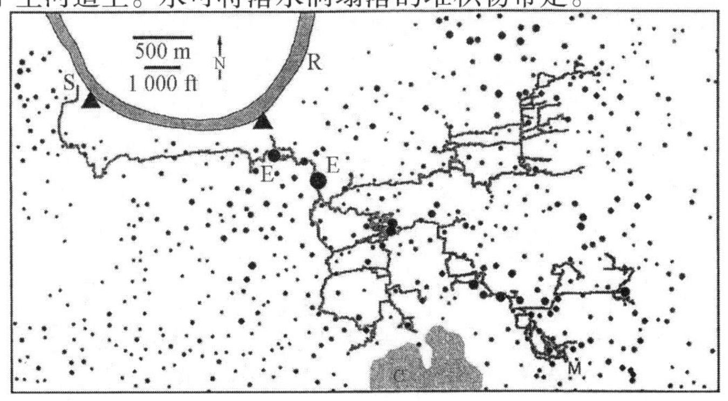

E—溶洞入口；M—地下河的入口中；S—蓝泉；R—白河的东支；C—灰岩上的砂岩；黑三角为泉池，大圆点为至少25 m深的落水洞，最小的圆点是3 m深落水洞。其他圆点的洞深与点的大小成比例

图1.192　印地安那州蓝湖泉上的落水洞分布，它们均在圣特路易斯灰岩中。最大入渗水量进入萨里姆灰岩

正如帕尔默所指出的,绝大部分入渗水通过溶蚀通道进入小的落水洞。但多数落水洞与图中所示的溶水洞并没有隶属关系,也就是说那些小落水洞中的水的去向并不清楚。他认为许多小落水洞的水排入了人难以进入的小通道,再汇入许多地下小溪中,最后进入巨大的溶洞中。

这些论断和图 1.192 似乎对前面提出的“地表溶岩”所遇到的实际应用问题给出了否定答案,而落水洞密度、浅层零乱含水层也没有太大的意义。

如果不纠缠地表岩溶尺度这类学院式的争论(如零乱含水层是 100 ft^2、1 英亩、1 hm^2;厚度 10 ft、100 ft;水平长度 100 ft、1 000 ft),尽管“地表岩溶”在某些场合还是适用的,但作者提醒年轻的水文地质学者应注重实地勘测和连续的地下水观测,这样才可以得到有依据的结论,也是实施具体项目时重要的实践活动。

1.7.2 异体补给

地表落水洞是喀斯特地貌最显著的特征,它以连续或间隙的方式对含水层提供大量的补给水。方解石未处于饱和状态时,这些水可以溶解岩石,扩大裂隙,从而使地下通道迅速发展。图 1.193 表明了地表河顺落水洞进行异体补给的情况。如图所示,在断层带,通常会形成很大的落水洞。初始扰动导致水集中进入地下,许多情况下,在可溶性灰岩与不可溶性岩石的接触带形成大的落水洞,甚至可以吞下整个河流,称为“暗河”,见图 1.194。当洞口被淹没时,地表冲刷便向下游和上游发展。干溶洞进口和无水的峡谷就是以前的初始地下水补给通道的遗证(见概述中的图 1.4)。

流经碳酸岩地区的河流,水会进入河床裂隙和溶蚀的孔洞。由于冲积物的覆盖,这些裂隙是不易看见的(见图 1.195)。河水补给下伏喀斯特的唯一证据是越往下游,流量越小。

当落水洞的分布弄清后(单个洞,或相距很近且未被淹没),便可通过洞口测流来确定异体补给量。如果落水洞被淹没,由于很难测量落水洞口的流速,确定异体补给就要复杂得多。这时要用一组流量计

图1.193　弗吉尼亚波特河的落水洞

图1.194　波斯尼亚和黑塞哥维那洛斯特河的落水洞

和毕托管测量平均流速,用以下公式计算流量:

$$Q = v_{av}A \tag{1.103}$$

图1.195 得克萨斯州爱德华含水层由沿河溶洞、断层、裂隙补给的图。上左图为澳斯汀奥尼恩河溶洞进水形成的旋涡;上右图为荷洛兹河的裂隙,河水中这些裂隙,对下部的喀斯特含水层进行补给;下图为2002年瓜达鲁普河上的坎拥大坝泄洪都,将下游灰岩上的沉积物冲走,暴露出裂隙。伍德1986年提出该河是通过了渗补给马克洛斯泉的

式中:v_{av} 为平均流速;A 为洞的过流面积。

在无水季节,可以通过向落水洞鼓风并测定风速的方法来模拟水流特性。这一方法的条件易掌握,可测量不同气流时断面的流速分布,则过水流量可计算如下:

$$K = \frac{v_{av}}{v_{rec}} \quad Q = Kv_{rec}A \tag{1.104}$$

式中:v_{av} 为鼓入空气的平均流速;v_{rec} 为实测的落水洞平均流速。

许多时候,上述方法难以实施,原因是洪水和碎石会轻易冲走测流仪器,见图1.196。对此,建议通过洪水位与进洞水头的关系,用管流方程计算落水洞的流量。图1.197、图1.198是由水位确定水头的实例;第一例表明洞口淹没后,进洞流量成为常数;第二例表明全有压与非全有压情况下水头的计算方法。

图 1.196　弗吉尼亚落水洞局部被淹(左)和全部被淹的景象。注意浑浊的水与落水洞进口处的灰岩峭壁

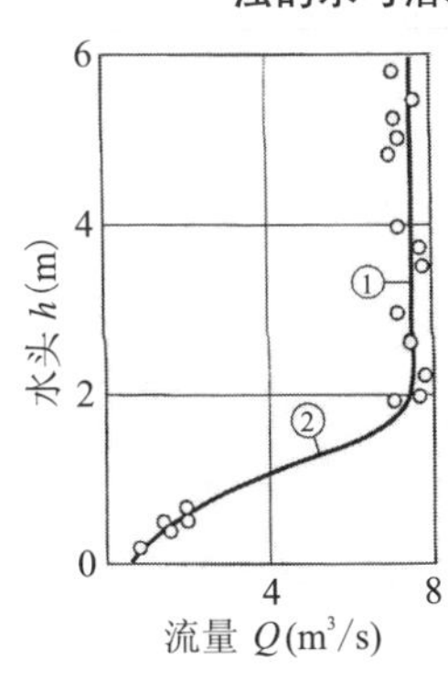

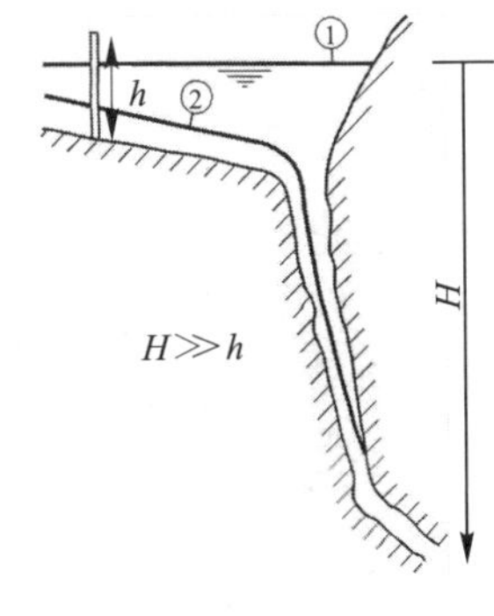

当 $P_c > Z_0$ 时,$H = P_0 - P_c$　　　当 $P_c < Z_0$ 时,$H = P_0 - Z_0$

图 1.197　淹没落水洞水头 H 的计算

图 1.199 是迪纳里克灰岩盆地洪水期典型的流量过程线,这些盆地均与大的泉眼连通,故进入洞内的水量与泉眼出水量呈反向变化关系。在大雨期间,含水层水位急速上升,落水洞的进洞流量下降,甚至出现负值,这时落水洞也成为了泉,将水排入灰岩盆地中(图 1.199 中的情况 a)。同时,由于含水层水头增加,主泉的流量增加。大暴雨之后,落水洞的流量增加,主泉的流量则因含水层的水力坡降下降而减小(图 1.199 中的情况 b)。落水洞进流量与泉的出流量的差(图 1.199 中的阴影部分)是其他补给的结果,主要为降雨直接入渗、其他小落水洞的入流。

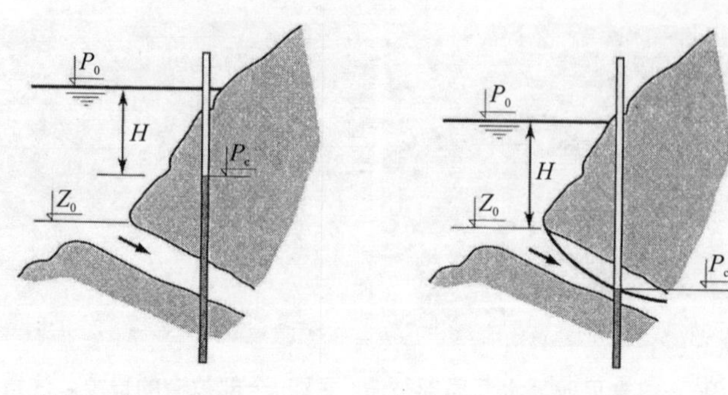

当 $P_0 > Z_0$ 时，$H = P_0 - P_C$　　当 $P_0 < Z_0$ 时，$H = P_0 - Z_0$

图 1.198　淹没落水洞水头 H 的计算

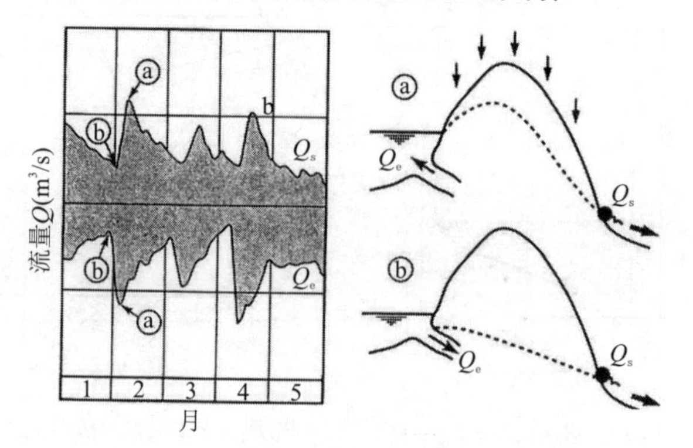

ⓐ—落水洞流量为负，像一个泉，即雷公洞；ⓑ—由于含水层水头降低，落水洞流量增加，泉的出水量减少

图 1.199　泉流量 Q_s 与落水洞流量 Q_p 的关系图

1.9　喀斯特泉

泉是地下含水层在地表处的排水点，其水流是可见的。泉出水是含水层水头高于该处地表高程的缘故，地下水冒出的孔称为“泉眼”。岩石泉眼稳定，而松散冲积层中的泉眼可能很清晰，但却经常变化。裂隙泉则是岩石基面、接触面、劈理、断裂带中水的集中排泄现象。在喀斯特地区，裂隙泉因发生溶蚀而成为洞穴泉。

次级泉是主泉排水所形成的泉,它被冲积物、滚落的岩石所覆盖,故是看不见的。由于次级泉的位置经常变动,因此勘察时要移去冲积物,找到主泉的泉眼。

喀斯特因形成壮观的溶洞泉而著名(见图1.200)。溶洞泉很少是只有一个泉眼的,一般都存在许多分散的、高程不同的小泉眼,其中一些只在大暴雨之后才出水。1个溶洞泉无论是看作1个泉眼,还是有多个泉眼,都只有1个名字,有时这个名字是唯一的,有时则不同,如银泉也称为科马尔泉(Comal)。当水从单个泉眼流出,或从相距很近的多个泉眼流出,可以当作一个泉。若各泉眼相距较远,则应作为泉群处理(见图1.201)。“泉”、“泉群”无明确的划分,但含义还是不一样的。

图1.200 法国第3大泉——勒娄泉,由保罗系灰岩供水

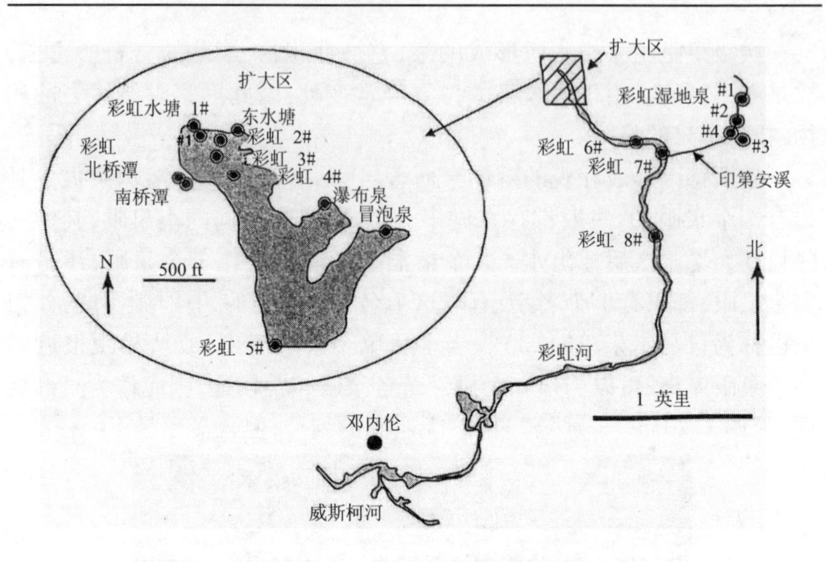

图 1.201　彩虹泉的泉眼分布图

所有的泉(不包括由火山、地热的气体与温度驱使形成的泉)在重力作用下都将于地表排出。按照水力特性,可将泉分为两类:

●潜水泉,地下水水面与地表交汇,又称为下降泉;

●喷水泉,承压含水层形成的泉,又称为上升泉。

一般情况下,含水岩层与下伏不透水岩层接触面倾向泉眼时,称为接触下降泉(见图 1.202(a)),接触面不倾向于泉眼时,称为溢流泉(见图 1.202(b))。

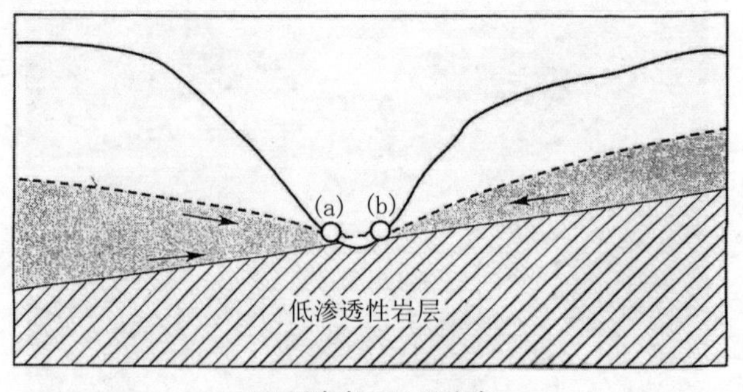

(a)下降泉;(b)溢流泉

图 1.202　接触泉

喀斯特下降泉常为间隙性的。当地表河流冲蚀、嵌入灰岩含水层时，就会在岩壁上形成壮观的瀑布。活断层的竖向移动也会造成同样的水流状态。图1.203、图1.204是一些下降泉的实例。

图1.203　左图为斯洛文尼亚萨瓦河在断层上形成的下降泉，流量约0.5 m^3/s；右图为湖南吉首的打龙洞泉图

图1.204　伊拉克白基纪灰岩中的向隙性下降泉

图1.205为界面泉，指那些含水层与不透水层接触形成的泉。这

些界面因沉积过程、地壳运动(形成断裂与折褶)而呈现不同的类型。如前所述,在喀斯特汇水流域形成时,地表水还在不断切深河床。如果地表水体下的灰岩足够厚,溶蚀过程会生成喀斯特承压过水通道,向下降泉补水,如法国的方太恩泉,这种泉又称为龙潭泉(见图 1.48、图 1.49)。世界上很多永久性喀斯特泉均是龙潭泉,它们中的部分展示在图 1.206 ~图 1.208 中。

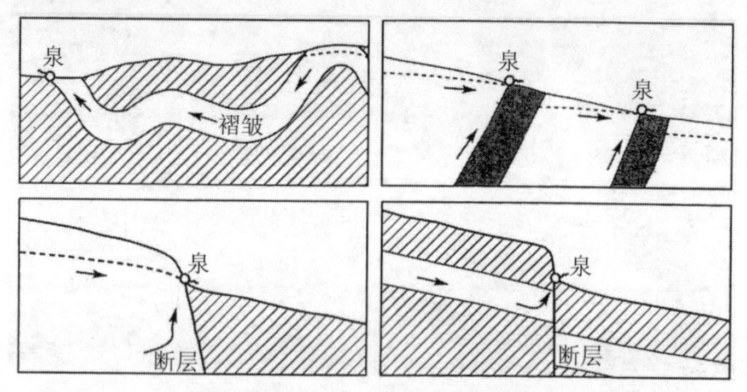

图 1.205　几种类型的界面泉,这些界面是含水的碳酸岩与阻隔地下水的低渗透岩石的分界面

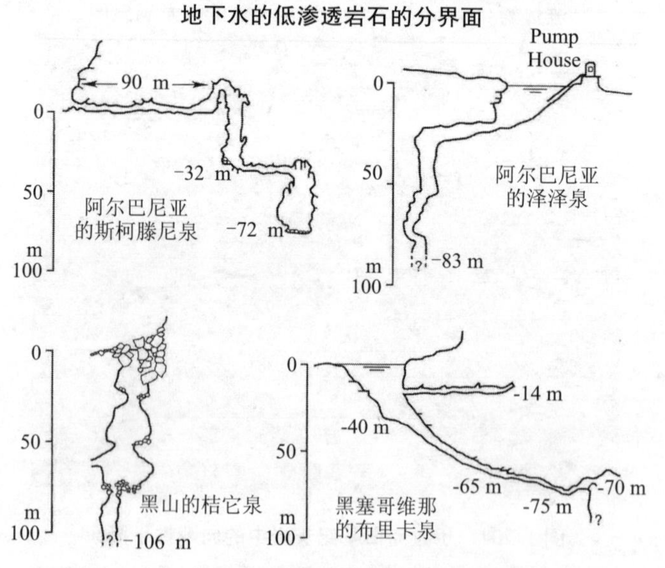

图 1.206　由潜水者发现的喀斯特通道连接的下降泉

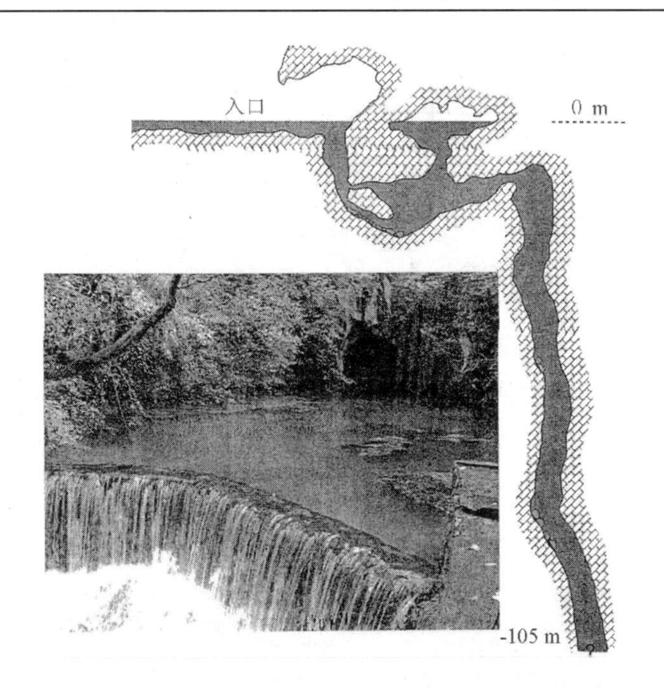

图 1.207　塞尔维亚的克鲁帕加上升泉，平均流量超过 1 m^3/s

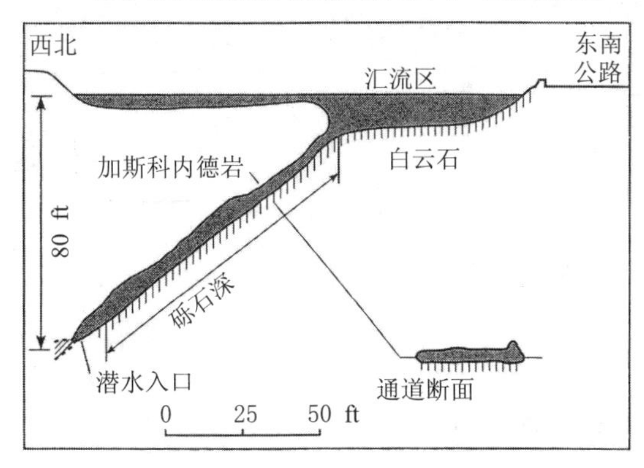

图 1.208　密苏里州最大的奔里特泉的纵断面图

有些情况下，下降泉是由池塘补水的，这种池塘的底部虽没有漏水通道，但由沙、砾、岩石碎块组成，但也不排除隐形通道和沉积架空的可能。梅因泽(Meinser)对密苏里州的奔里特泉(Bennet)的描述就是这方面的例子(见图 1.208)。

佛罗里达州有很多泉出自灰岩,由池塘供水。那里有很厚的地表沙层,看不见地下通道,只是地表偶见砂岩的露头。

对于经验不足的喀斯特水文地质人员来说,如果一个大型泉的汇水面积很小,那就可能是碰到喀斯特泉了。也就是说,即使泉眼不在喀斯特中,但附近存在灰岩沉积层,就不能排除泉水是由喀斯特含水层供水的可能性。蒙大拿州大瀑布的巨泉就是如此,它跻身最大泉的行列,流量非常稳定,每天约 2 亿 gal,形成了诺依河(Roe),差不多是美国最短的河,流入密苏里河。此泉的水来自于里特贝尔特山的灰岩区接受的降水,这一区域比密苏里河高出 4 000 ft。那里的灰岩具有喀斯特的各种特点,如河流失踪、干溶洞等。巨泉看似是在库腾莱(Kootenai)砂岩的裂隙中冒出来的,实则是下部约 400 ft 的马地森(Madison)灰岩所排出的水量(见图 1.209)。

图 1.209　蒙大拿州区泉公园的库腾莱砂岩中的裂隙,属张裂隙,是马地森灰岩含水层向上排水至地表的通道。该泉水流入密苏里河

喀斯特泉出口还可能被河流形成的冲积潜水层所掩埋(见图 1.210),或被冰川、海相沉积层所掩埋,以至于看不出是喀斯特泉,但一般可通过水文地质图、水样分析、水流观测发现其真正的来源。

在地表河与地表水体水面下排水的泉,也不能一眼就看得见。当含水层水头高于地表水面时,特别是在大暴雨后,水面会出现沸腾的水花(见图 1.211)。

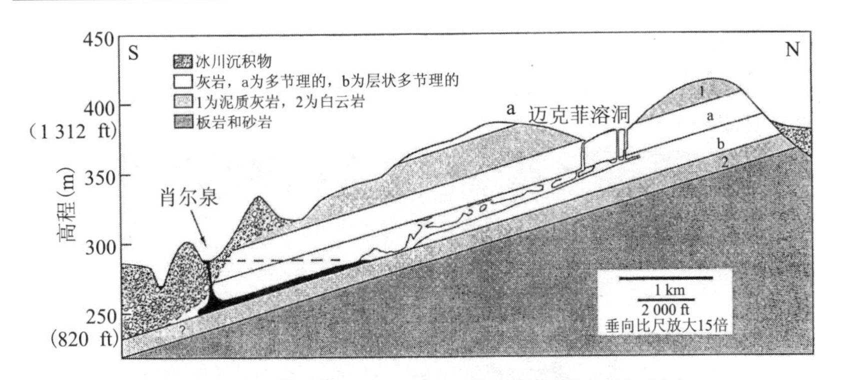

图1.210　纽约的迈克菲溶洞剖面，在12万年的时间里，泉眼被冰川、河流沉积物埋入地下30 m，现已成为沉积层中的自流泉

图1.211　弗吉尼亚州波茨河中的沸腾泉

几千年来，海底排泄的淡水泉（海底泉）都在吸引着人们的眼球。罗马的地理学家斯特玻（Strabo）是公元前63～公元21年的人，他对地中海叙利亚的拉它齐亚海岸外4 km的海底泉进行了描述，当时人们用船采集泉水，通过皮革管送到城中作为淡水水源。历史上，巴林（Bahrain）人曾由近岸的海底泉采集淡水，用船送到陆地上去贩卖。伊特鲁里亚（Etruscan）人利用海岸泉洗热水浴，而黑海的海底泉就如同管中出水形成了冒泡的淡水泉。地中海岸有60%的海底泉属喀斯特，供给

当地 75% 的淡水资源，其中大部分排入海中。黑山与克罗地亚的亚得里亚海沿岸分布有大量的海底泉，很多泉的流量达到数十立方米每秒（见图 2.212）。

图 1.212　上图为克罗地亚的乌鲁佳海底泉，大雨后，由波尔君斯卡河带来的清水与周边的浑水形成鲜明对比；下图为亚得里亚海克罗地亚人镇附近的一处海底泉

内陆的补给区与海的高差使地下水流向海岸并在海底排泄（见图 1.213）。当含水层有压时，水就会沿含水层流向远海，并在含水层出露的地方排入海中，如同南卡罗莱纳及佐治亚州的佛罗里丹含水层远离海岸排泄一样（见图 1.214）

雷公洞是一种间隙泉，地下水位高时为泉，地下水位低时为落水洞

(见图1.215)。这种泉一般与地表水体相邻。

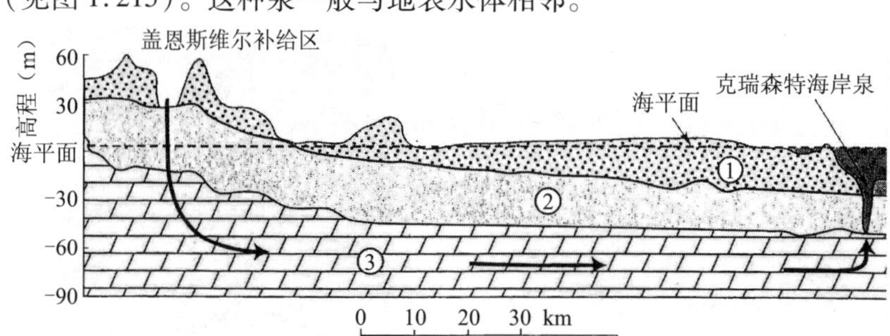

1—中新统的黏土;2—有压含水层;3—上佛罗里丹含水层

图1.213 佛罗里达克瑞森特海底泉的水运动剖面图

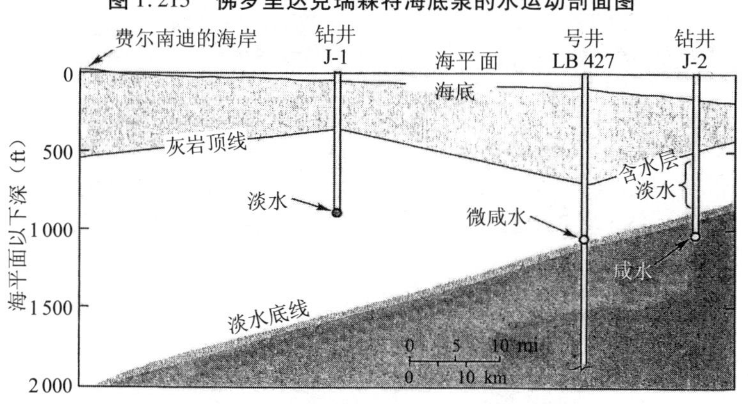

图1.214 根据海岸石油勘探井的资料分析确定的淡、咸水分界面

间隙泉的时间间隔很有规律,通常认为这种泉的后面有一个倒虹吸,倒虹吸的充水与放空是有规律的。怀俄明州布瑞格特同森林公园里的间隙泉就是如此,该泉坐落于灰岩峭壁上,流量达285 gal/s,连续喷涌数分钟,戛然而止,过4~25 min又开始新一轮循环,泉水清凉。

地形地质条件决定了泉的特征。在复杂条件下会形成多种形式的泉。当地壳断裂形成不透水阻碍时,就会迫使深层地下水上升排水至河谷中(见图1.217)。上升过程中,地壳温度使水的温度升高,形成温泉;旁边有常温状态的自流泉。

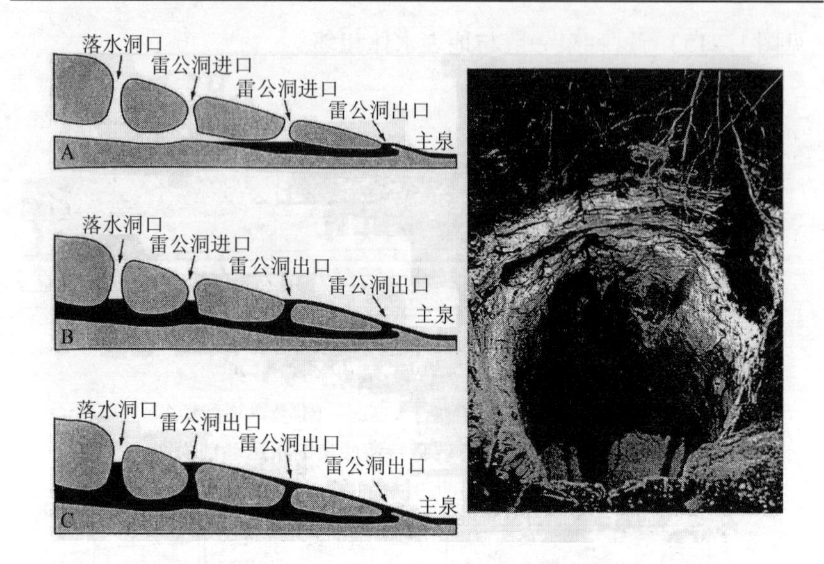

A—旱季，只有深层喀斯特有水，雷公洞成为落水洞；B—中水季节，低处的雷公洞出水，成为泉；C—丰水季节，地下水蓄满，回水至最上游的溶洞，雷公洞成为了泉

图 1.215　左图为雷公洞的推测剖面；右图为密苏里的奥维尔雷公洞

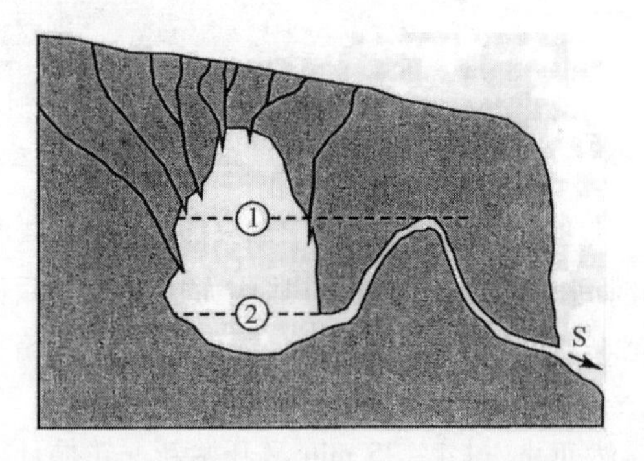

当水位达到①线时，倒虹吸过水，泉出水；当水位到达②线时，泉停止出水

图 1.216　间隙泉示意图

泉水的温度还受降雨、季节、不同水的掺混影响。

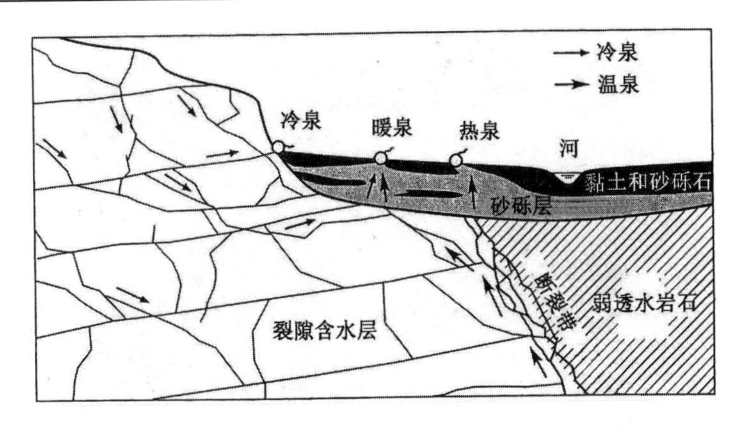

图1.217　断层上的冲积层中的温泉,温度各不相同

以人的体温37 ℃为界,将温泉分为暖泉和热泉,热泉温度高于暖泉。暖泉的温度高于排泄点的年平均气温。温泉的温度会受地表因素的影响而波动。

梅因兹(Meinzer)指出,美国西部许多温泉是沿断层分布的,多数的热源来自于气体或从下部入侵岩石中上升的液体。最热的是那些上覆其他岩石的喀斯特含水层。冲积物像保温毯一样将地热保存在含水层中。内华达、西部犹他州山脉边缘的泉是由深层地下水沿断层上升形成的,出水量很大,达到每秒数立方英尺的量级。在干旱地区有如此多的泉,流量如此大,给人留下深刻印像。那里的山脉存在巨大的断裂块体,山脚处河流冲刷出年代很近的陡峭断层。泉眼沿大的断层面分布,其流量比地理汇水面积的来水大得多。最大的一些泉位于狭窄干旱的山脉带,几乎没有补给水,但其流量却相当稳定。其他的泉则流量随季节波动。大量的温泉是由地表水体流经由裂隙、断层形成的地下通道后形成的。这在美国西部地区是常见的情形。图1.218是格兰德河(Rio Grande)断层带附近的一处泉,泉眼就在灰岩与冲积层的接触面上。

美国西部的泉通常位于断层面上,东部的泉则位于折褶与逆冲断层上。图1.219是索利(Sorey)等给出的3种可能的情形,布瑞肯里奇(Breckenridge)、享克利(Hinckley)、霍巴(Hobba)给出了其他一些情形。早期对阿巴拉契亚山脉的温泉所做的描述重在其医疗价值和旅游

图 1.218　得克萨斯州班德公园的上升温泉，位于灰岩的峭壁处。小池中的水位较高，与周边混浊的河水形成鲜明对照

价值。这些泉位于陡峭的东西走向的倾斜褶皱上。由泉与地形、峡谷的关系可看出，容易侵蚀的区域都存在大量的裂隙，这些裂隙增加了垂向渗透性，为地热传递创造了必要条件。温泉总是产生于灰岩或砂岩中。灰岩泉水中的钙含量低，镁与铝含量高；砂岩泉水中的钙含量高，镁与铝含量低。

地质化学分析表明，水库水温并不明显高于东部温泉的水温，温度范围为 18～41 ℃，温度梯度也不大，这说明地热集中在地下 1～3 km 深的范围内。图 1.220 是弗吉尼亚州巴斯县的霍姆斯特德矿泉疗养池，水温为 37 ℃，由俄克塔冈（Octagon）的霍特暖泉群供水，暖泉群的水温为 90～108 ℉。这里还有美国最著名的冷水泉。一条徒步旅游线路通向阿巴拉契亚山脉最大的落水洞，几英里之外就是霍特暖泉，那里的洗浴房建于 1761 年，并应用至今（见图 1.221）。此处还有私人所有的温泉游泳溶洞，其秘密只有很少的人知道。

世界上最大的泉是喀斯特泉，其水量比其他类型含水层的泉大得多。许多喀斯特泉流量变幅很大，大雨后悬移质含沙量增大。这些特点是喀斯特泉最吸引人的特点，也是作为供水水源最难解决的问题（第 8、第 9 章将专门讨论这一问题）。梅恩泽按平均流量对泉的分类法（见表 1.7）在美国得到广泛应用，但在评价泉的使用价值时，仅靠这

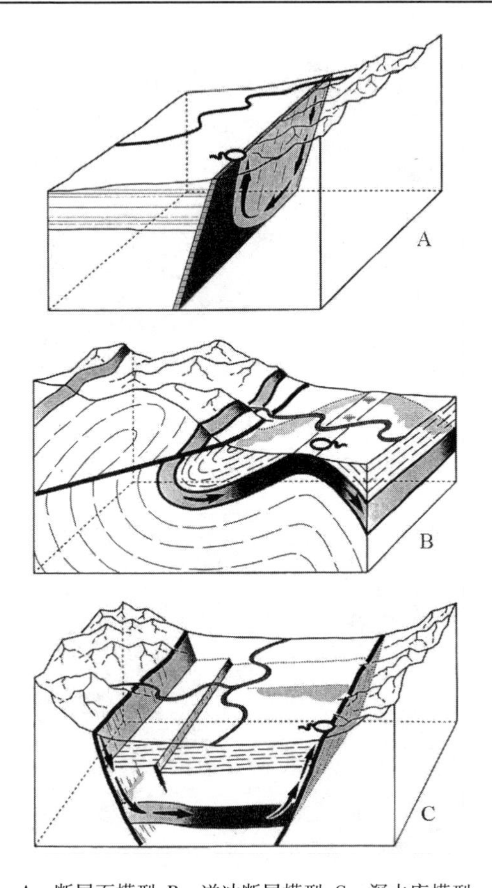

A—断层面模型；B—逆冲断层模型；C—深水库模型

图1.219　地热的水力对流概念模型，箭头为液体流向；阴影部分为含有地热资源的水库

一指标是不行的。一个泉的平均流量可能很大，但多数时间是干的或只有很小的流量，这种情况在低孔隙率灰岩中是常见的，因为它不能贮存足够多的水保持大流量的持续性。许多国家按泉在多个水文年（含干、湿季节的年）中测得的最小流量作为评价泉的依据。泉流量变幅的最简单指标是最大流量与最小流量之比：

$$I_V = \frac{Q_{\max}}{Q_{\min}} \tag{1.105}$$

图 1.220　矿泉疗养池，由俄克落冈温泉供水。插图为该温泉的建筑，建于 1766 年

图 1.221　弗吉尼亚州霍特温泉的男浴室

$I_V \geqslant 10$ 属高变差泉，$I_V < 2$ 属稳定泉。梅恩泽评价泉变化的指标是：

$$V = \frac{Q_{\max} - Q_{\min}}{Q_{av}} \tag{1.106}$$

图1.222　阿夸泉费吉尼亚州巴尔帕斯卡峡谷中英尺最大的泉，其流量变幅也是最大的左图为平均流量的情况；右图为大流量的情形，泥沙含量大，泉口喷水高数

式中：Q_{max}、Q_{min}、Q_{av} 分别为最大、最小、平均流量。V 小于25%的为稳定泉，V 大于100%的为变化泉。

巴钱兰尼(Buchananne)与里查德孙(Richardson)对东田纳西州泉的变化特点与地质情况进行了大量的研究，对960个泉进行了观测和描述，其中许多是进行了测量的。总流量约每天2.65亿gal，基本上都是在干季的6～9月，大致可认为是最小值，至少是低于平均值。这些泉的流量分级见表1.8。

表1.7　按平均流量对泉进行分级

规模级别	流量	利用分级	流量
1	>10 m^3/s	1	>100 ft^3/s
2	1～10 m^3/s	2	10～100 ft^3/s
3	0.1～1 m^3/s	3	1～10 ft^3/s
4	10～100 L/s	4	100 gal/min～1 ft^3/s
5	1～10 L/s	5	10～100 gal/min
6	0.1～1 L/s	6	1～10 gal/min
7	10～100 cm^3/s	7	1 pt/min～1 gal/min
8	<10 cm^3/s	8	<1 pt/min

表 1.8　田纳西州 960 个泉的梅恩泽法分级结果

流量(gal/min)	泉的数量
<100	653
100 ~ 450	155
450 ~ 4 500	147
4 500 ~ 45 000	5
>45 000	0

桑等对上述地区未开发利用的 84 个泉的最小、平均、最大流量进行了研究,结果见图 1.223,图中水平线表示流量的变化范围,纵坐标为测量的时间。泉的规模分级见表 1.9。流量变化最小的泉发源于康

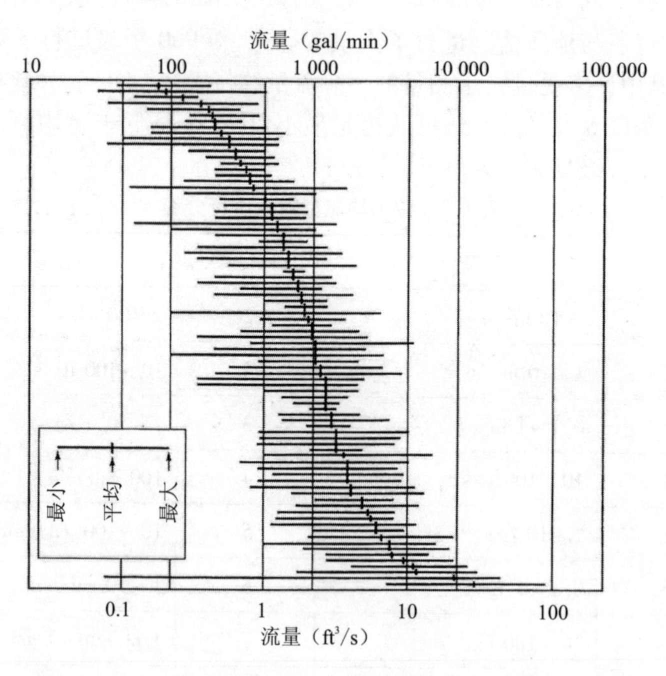

图 1.223　田纳西州东部 84 个泉的最小、平均、最大流量

纳萨嘎(Conasauga)组的页岩,规模相对较小;变化最大的泉是溶洞泉和诺克斯(Knox)组、奇克莫加(Chickamauga)、康纳萨嘎组的喀斯特含水层泉,它们的孔隙率都很小。喀斯特溶洞的尺寸与连通情况都有很大差异,随着干、湿季节水位的波动,导致泉眼出水量的波动。

表 1.9　田纳西州 84 处大泉的分级情况

规模级	数量
第一级	无
第二级	4
第三级	62
第四级	16
第五级	2

估计佛罗里达州有近 700 个喀斯特泉(见图 1.224),其中 33 处的平均流量超过 100 ft^3/s(2.83 m^3/s)。降雨量丰富、补给条件好、新近的多孔灰岩贮水容积大,这些使得佛罗里达州成为世界上淡水泉最集

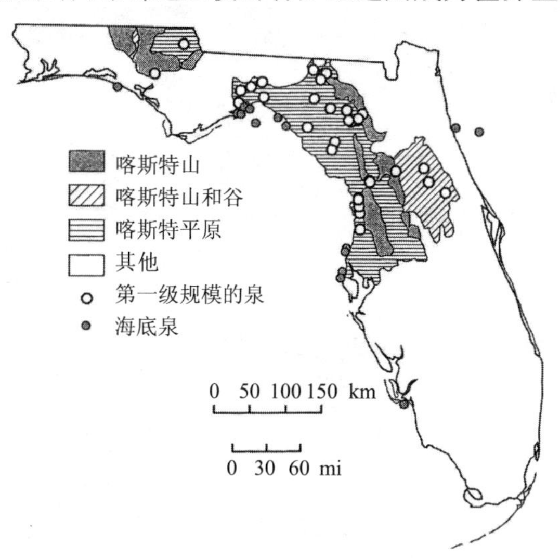

图 1.224　美国佛罗里达州最大级别的泉与海底泉的分布图

图 1.225 黑塞哥维那东部的尼克斯卡泉,欧洲最长和最大的落水洞泉。最大流量超过 800 m^3/s,现被比勒水库淹没,该水库是地拉瑞克喀斯地区最大的水库

图 1.226 A:法康索雷芯的泉;B:秘鲁安第斯山的喀斯特泉;C:波斯尼亚波斯那河附近的第一级别的泉;D:伊拉克北部的贝克哈尔尔泉,最大流量超过 17 m^3/s;E:塞尔维亚东部的格日扎泉,流量超过 1 m^3/s;F:得克萨斯州的桑帕洛泉,由于大量开采地下水,该泉已成为只在大暴雨后有水的泉

中的地方。在美国,只有密苏里有9处喀斯特泉的规模接近佛罗里达州的泉。世界上最大的泉无疑是特雷比什尼察(trebisnjica)泉,最大流量超过800 m^3/s;黑塞哥维那的布拉(Buna)泉是单个溶洞流出的最大的泉,流量在10~300 m^3/s;土耳其、中国的喀斯特含水层拥有数十处世界最大级别的泉。法国、欧洲的阿尔卑斯山、中东、墨西哥、巴布亚新几内亚的著名的喀斯特地区都有一些大型泉,见图1.226、图1.227。

图1.227

参考文献

[1] Andreychouk, V., Dublyansky Y., Yezhov Y., and Lysenin G., 2009. Karst in

Earth's Crust: Distribution and the Main Types. University of Silesia and Ukrainian Institute of Speleology and Karstology, Sosnowiec—Simferopol, 72p.

[2] ASTM (American Society for Testing and Materials), 1999. ASTM Standards on Determining Subsurface Hydraulic Properties and Ground Water Modeling, 2nd ed. West Conshohocken, Pennsylvania, PA, 320p.

[3] Australian Bureau of Statistics, 2005. Information Paper: An Introductory Course on Time Series Analysis—Electronic Delivery. 1346.0.55.001, January 2005, p. 124. Available at: www. abs. gov, au/websitedbs/D3310144. nsf/home/home?opendocument.

[4] Barenblatt, G. E., Zheltov, I. P, and Kochina, I. N., 1960. Basic concepts in the theory of seepage of homogeneous liquids in fissured rocks. J Appl Math Mechs, 24:1286-1303.

[5] Bathurst, R. G. C., 1975. Carbonate sediments and their diagenesis. Second Enlarged Edition. Developments in Sedimentology, vol 12, Elsevier, Amsterdam, The Netherlands, 658p.

[6] Bear, J., Tsang, C. F., and de Marsily, G. (eds.), 1993. Flow and Contaminant Transport in Fractured Rock. Academic Press, San Diego, CA, 548p.

[7] Beck, B. F., and Sinclair, W. C., 1986. Sinkholes in Florida: An Introduction. Report 85-86-4, The Florida Sinkhole Research Institute, Orlando, FL, 16p.

[8] Bishop, P. K., and Lloyd, J. W., 1990. Chemical and isotopic evidence for hydrogeological processes occurring in the Lincolnshire Limestone. J Hydrol, 121: 293-320.

[9] Boulton, N. S., 1973. The influence of delayed drainage on data from pumping tests in unconfined aquifers. J Hydrol, 19(2):157-169.

[10] Božičević, S., 1984. Kroz naše špilje i jame. Mala znanstvena knjižica Hrvatskoga prirodoslovnog društva, II izdanje. Zagreb, Croatia, 72p.

[11] Božičevič, S., 1971. Primjena speleologije pri injektiranjima u krsu (Application of speleology in grouting of karst terranes; in Croatian). 1st Yugoslav Symposium on Hydrogeology and Engineering Geology, Herceg Novi.

[12] Bögli, A., 1980. Karst Hydrology and Physical Speleology. Springer-Verlag, New York, 284p.

[13] Breckenridge, R. M., and Hinckley, B. S., 1978. Thermal Springs of Wyoming: Geological Survey of Wyoming Bulletin 60, 104p.

[14] Broner, I. and Schneekloth, J., 2007. Seasonal Water Needs and Opportunities for Limited Irrigation for Colorado Crops. Colorado State University Extension. Available at: http://www.ext.colostate.edu/Pubs/ crops/04718.html; accessed 23rd August 2007.

[15] Brown, P., 2000. Basis of evaporation and evapotranspiration. Turf Irrigation Management Series: I, The University of Arizona College of Agriculture, Tucson, Arizona, 4p.

[16] Budd, D. A., and Vacher, H. L., 2004. Matrix Permeability of the Confined Floridan Aquifer, Florida, USA. Hydrogeol J, 12:531 –549.

[17] Cacas, M. C., 1989. Développment d'un modèle tridimensionel stochastique discret por la simulation de l'écoulement et des transports de masse et de chaleur en milieu fracturé. Ph. D. Thesis, Ecole des Mines de Paris, Fontainebleau, France.

[18] Chilès, J. P., and de Marsily, G., 1993. Stochastic models of fracture systems and their use in flow and transport modeling. In: Bear, J, Tsang, C. F., and de Marsily, G. (eds.), Flow and Contaminant Transport in Fractured Rock., Academic Press, San Diego, CA, pp. 169-236.

[19] Clarke, J. S., Leeth, D. C., Taylor-Harris, D., Painter, J. A., and Labowski, J. L., 2004. Hydraulic properties of the Floridan Aquifer System and equivalent clastic units in coastal Georgia and adjacent parts of South Carolina and Florida. Georgia Geologic Survey Information Circular 109, Atlanta, Georgia, 50p.

[20] Coes, A. L., and Pool, D. R., 2005. Ephemeral-stream channel and basin-floor infiltration and recharge in the Sierra Vista subwatershed of the upper San Pedro basin, Southeastern Arizona. U. S. Geological Survey Open-File Report 2005-1023, Reston, Virginia, 67p.

[21] Cognard-Plancq, A. –L., Gévaudan, C., and Emblanch, C., 2006a: Apports conjoints de suivis cli matologique et hydrochimique sur le rôle de filtre des aquifères karstiques dans l'étude de la problématique de changement climatique; Application au système de la Fontaine de Vaucluse. Proceedings of the 8th Conference on Limestone Hydrogeology. Neuchatel, September 21-23, 2006, pp. 67-70.

[22] Cognard-Plancq, A. –L., Gévaudan, C., and Emblanch, C., 2006b. Historical monthly rainfall-runoff database on Fontaine de Vaucluse karst system: Re-

view and lessons. Ⅲ éme Symposium International Sur le Karst "Groundwater in the Mediterranean Countries", Malaga, Spain. In: Duran, J. J., Andreo, B., Carrasco, F. Y. (eds.), Karst, Cambio Climatico y Aguas Subterraneas. Publicaciones des Instituto Geological y Minero de Espana. Serie: Hidrogeologia y Aguas Subterraneas, vol. 18, pp. 465-475.

[23] Colebrook, C. F., 1939. Turbulent flow in pipes, with particular reference to the transition region between smooth and rough pipe laws. J Inst Civil Eng, London, 11:133-156.

[24] Cook, P. G., 2003. A guide to regional groundwater flow in fractured aquifers. CSIRO Land and Water, Seaview Press, Henley Beach, South Australia, 108p.

[25] Costain, J. K., Keller, G. V., and Crewdson, R. A., 1976. Geological and geophysical study of the origin of the warm springs in Bath County, Virginia. Virginia Polytechnic Institute and State University Report for U. S. Department of Energy under Contract E-(40-1)-4920, Blacksburg, VA.

[26] Crook, J. K., 1899. The Mineral Waters of the United States and Their Therapeutic Uses. Lea Brothers & Co., New York, 588p.

[27] Culver, D. C., and White, W. B. (eds.), 2004. Encyclopedia of Caves. Elsevier, Academic Press, Burlington, MA, 654p.

[28] Cvijič, J., 1895. Karst; Geografska Monografija (Karst; A Geographic Monograph; in Serbian). Beograd, Štamparija Kraljevine Srbije, 176p.

[29] Cvijič, J., 1926. Geomorfologija (Morphologie Terrestre). Knjiga druga (Tome Second). Beograd, 506p.

[30] Dawson, K., and Istok, J., 1992. Aquifer Testing; Design and Analysis. Lewis Publishers, Boca Raton, FL, 280p.

[31] De Buchananne, G. D., and Richardson, R. M., 1956. Ground-Water Resources of East Tennessee. Tennessee Division of Geology, Nashville, TN, Bulletin 58, pt. 1,393p.

[32] Dettinger, M. D., 1989. Distribution of carbonate-rock aquifers in southern Nevada and the potential for their development, summary of findings, 1985-88. Program for the Study and Testing of Carbonate-Rock Aquifers in Eastern and Southern Nevada, Summary Report No. 1, Carson City, NV, 37p.

[33] Dingman, S. L., 1994. Physical Hydrology. Macmillan, New York, 575p.

[34] Domenico, P. A., and Schwartz, F. W., 1990. Physical and Chemical Hydro-

geology. John Wiley & Sons, New York, 824p.

[35] Driscoll, F. G., 1989. Groundwater and Wells (Third Printing). Johnson Filtration Systems Inc, St. Paul, MN, 1089p.

[36] Dugan, J. T., and Peckenpaugh, J. M., 1985. Effects of climate, vegetation, and soils on consumptive water use and ground-water recharge to the central Midwest regional aquifer system, mid-continent United States. U. S. Geological Survey Water-Resources Investigations Report 85-4236, Lincoln, NE, 78p.

[37] Eröss, A., Madl - Szönyi, J., and Csoma, A., 2008. Characteristics of discharge at Rose and Gellért Hills, Budapest, Hungary. Central Eur Geol, 51(3): 267-281.

[38] Faybishenko, B., Witherspoon, P. A., and Benson, S. M. (eds.), 2000. Dynamics of Fluids in Fractured Rock, Geophysical Monograph 122, American Geophysical Union, Washington, D. C., 400p.

[39] Ferris, J. G., Knowles, D. B., Brown, R. H., and Stallman, R. W., 1962. Theory of aquifer tests. U. S. Geological Survey Water Supply Paper 1536-E, Washington, D. C., 173p.

[40] Field, M. S., 2002. A Lexicon of Cave and Karst Terminology with Special Reference to Environmental Karst Hydrology. U. S. Environmental Protection Agency, Office of Research and Development, EPA/600/R02/003, Washington, D. C., 214p.

[41] Fitch, W. E., 1927. Mineral Waters of the United States and American Spas. Lea & Febiger, New York, 799p.

[42] Folk, R. L., 1959. Practical petrographic classification of limestones. Am Assoc Petroleum Geologists Bull, 43(1):1-38.

[43] Folk, R. L., 1980. Petrology of Sedimentary Rocks. Hemphill Publishing Company, Austin, TX, 182p.

[44] Ford, D., and Williams, Iv., 2007. Karst Hydrogeology and Geomorphology. John Wiley and Sons Ltd, The West Sussex, England, 562p.

[45] Freeze, R. A., and Cherry, J. A., 1979. Groundwater. Prentice-Hall, Englewood Cliffs, NJ, 604p.

[46] Garcia-Fresca, B., and Sharp, J. M., 2005. Hydrogeologic consideration of urban development: Urban induced recharge. In: Ehlen, J., Haneberg, W. C., and Larson, R. A. (eds.), Humans as Geologic Agents. GSA Review in Engi-

neering, Boulder, CO, vol. XVI, pp. 123-136.

[47] Giles, R. V., Evett, J. B., and Chiu, L., 1994. Fluid Mechanics and Hydraulics, 3rd ed. Schaum's Outline Series, McGraw Hill, New York, 378p.

[48] Gillieson, D., 1996. Caves; Process, Development, Management. Blackwell Publishers, Oxford, 324p.

[49] Giusti, E. V., 1978. Hydrogeology of the karst of Puerto Rico: U. S. Geological Survey Professional Paper 1012, Washington, D. C., 68p.

[50] Gottman, J. M., 1981. Time-Series Analysis. A Comprehensive Introduction for Social Scientists. Cambridge University Press, Cambridge, 400p.

[51] Greene, E. A., 1993. Hydraulic properties of the Madison aquifer system in the western Rapid City area, South Dakota. U. S. Geological Survey Water-Resources Investigations Report 93-4008, Rapid City, South Dakota, 56p.

[52] Greene, E. A., Shapiro, A. M., and Carter, J. M., 1999. Hydrogeologic characterization of the Minnelusa and Madison aquifers near Spearfish, South Dakota. U. S. Geological Survey Water-Resources Investigations Report 98-4156, Rapid City, South Dakota, 64p.

[53] Greswell R., Yoshida, K., Tellam, J. H., and Lloyd, J. W., 1998. The micro-scale hydrogeological properties of the Lincolnshire Limestone, UK. Q J Eng GeoI, 31:181-197.

[54] Griffioen, J., and Kruseman, G. P., 2004. Determining hydrodynamic and contaminant transfer parameters of groundwater flow. In: Kovalevsky, V. S., Kruseman, G. P., and Rushton, K. R. (eds.), 2004. Ground-water Studies: An International Guide for Hydrogeological Investigations. IHP-VI, Series on Groundwater No. 3, UNESCO, Paris, France, pp., 217-238.

[55] Günay, G., 201.0. Geological and hydrogeological properties of Turkish karst and major karstic springs. In: Kresic, N., and Stevanovic, Z. (eds.), Groundwater Hydrology of Springs; Engineering, Theory, Management and Sustainability. Elsevier, New York, pp. 479-497.

[56] Gunn, J. (ed.), 2004. Encyclopedia of Caves and Karst Science. Fitzroy Dearborn, Taylor & Francis Group, New York, 902p.

[57] Haaland, S. E., 1983. Simple and explicit formulas for the friction factor in turbulent flow. J Fluids Eng (ASME), 103(5):89-90.

[58] Halihan T., Mace, R. E., and Sharp, J. M. Jr., 2000. Flow in the San Antonio

segment of the Edwards aquifer: Matrix, fractures, or conduits? In: Wicks, C. M., and Sasowsky, I. D. (ed.), Groundwater Flow and Contaminant Transport in Carbonate Aquifers. AA Balkema, Rotterdam, The Netherlands, pp. 129-146.

[59] Hazen, A., 1892. Experiments upon the purification of sewage and water at the Lawrence Experiment Station. Massachusetts Board of Health Twenty-third Annual Report, November 1, 1889, to December 31, 1891, pp. 428-434.

[60] Healy, R. W., and Cook, P. G., 2002. Using groundwater levels to estimate recharge. Hydrogeol J, 10(1):91-109.

[61] Hobba, W. A. Jr., Fisher, D. W., Pearson. F. J. Jr., and Chemerys, J. C., 1979. Hydrology and geo-chemistry of thermal springs of the Appalachians. U.S. Geological Survey Professional Paper 1044-E, El-E36.

[62] Hovorka, S. D., 2009. Stop 3, 337 Loop Road Cut, New Braunfels. In: Schindel, G., Johnson, S., Hoyt, J., Green, R. T., Alexander, E. C., and Krietler, C., Hydrology of the Edwards Group: A Karst Aquifer Under Stress. A Field Trip Guide for the US EPA Groundwater Forum, November 19, 2009, San Antonio, Texas.

[63] IZRK, 1982. Krasko podzemlje pri nas i v svetu. Vodnik 7, Postojna, Slovenia, various pagination.

[64] James, N. P., and Mountjoy, E. W., 1983. Shelf-slope break in fossil carbonate platforms: An overview. In: Stanley D. J., and Moore, G. T. (eds.), The Shelfbreak: Critical Interface on Continental Margins. SEPM Special Publication, No. 33, pp. 189-206.

[65] Jevdjević, V., 1956. Hidrologija, I deo (Hydrology, Part 1; in Serbian). Hidrotehnički Institut Jaroslav Černi, Beograd, 404p.

[66] Jevdjević, V., 1974. Vjerovatnoča i statistika u hidrologiji (Probability and statistics in hydrology, in Serbc Croatian). Zavod za hidrotehniku Gradjevinskog fakulteta, Sarajevo, br. 15, 309p.

[67] Jocha-Edelényi, E., 2005. Karsthydrogeology of the Transdanubian Range, Hungary: Geological constrains and human impact on a unique karst reservoir. Occasional Papers of the Geological Institute of Hungary, vol. 204, Geological Institute of Hungary, Budapest, pp. 53-58.

[68] Johnston, R. H., Bush, E W., Krause, R. E., Miller, J. A., and Sprinkle, C. L., 1982. Summary of hydrologic testing in tertiary limestone aquifer, Tenne-

co offshore exploratory well-Atlantic OCS, leaseblock 427 (Jacksonville NH 17-5). U. S. Geological Survey Water-Supply Paper 2180, Washington, D. C., 15p.

[69] Jones, W. K., 1973. Hydrology of Limestone Karst in Greenbrier Countu, West Virginia. Bulletin 36, West Virginia Geological and Economic Survey, Charleston, WV, 49p.

[70] Jones, W. K., 1977. Karst Hydrology Atlas of West Virginia. Special Publication 4, Karst Waters Institute, Charles Town, WV, Ⅲp.

[71] Jones, G. W., Upchurch, S. B., and Champion, K. M., 1996. Origin of Nitrate in Ground Water Discharging from Rainbow Springs, Marion County, Florida. Ambient Ground-Water Quality Monitoring Program, Southwest Florida Water Management District, Brooksville, FL.

[72] King, R. B., 1992. Overview and bibliography of methods for evaluating the surface-water-infiltration component of the rainfall-runoff process. U. S. Geological Survey Water-Resources Investigations Report 92-4095, Urbana, IL, 169p.

[73] King, F. H., 1899. Principles and conditions of the movements of ground water. U. S. Geological Survey Nineteenth Annual Report, Washington, D. C.

[74] Klimchouk, A. B., 1992. Large gypsum caves in the Western Ukraine and their genesis. Cave Science, 19(1):3–11.

[75] Klimchouk, A. B., 1994. Speleogenesis under confined conditions, with recharge from adjacent formations. Publ. Serv. Geol. Luxembourg, vol. XXVII: Comptes Rendus du Coll. Intern. de Karstologie a Luxembourg, pp. 85-95.

[76] Klimchouk, A., 2011. Hypogene Speleogenesis: Hydrogeological and Morphogenetic Perspective, 2nd ed. Special Paper No. 1, National Cave and Karst Research Institute, Carlsbad, New Mexico, 106p.

[77] Klimchouk, A. B., Ford, D., Palmer, A., and Dreybrodt, W. (eds.), 2000. Speleogenesis: Evolution of Karst Aquifers. National Speleological Society, Huntsville, AL, 527pp.

[78] Klimchouk, A., and Ford, D. C. (eds.), 2009. Hypogene Speleogenesis and Karst Hydrogeology of Artesian Basins. Ukrainian Institute of Speleology and Karstology, Simferopol, Ukraine, 292p.

[79] Knochenmus, L. A., and Robinson, J. L., 1996. Descriptions of anisotropy and heterogeneity and their effect on ground-water flow and areas of contribution to

public supply wells in a karst carbonate aquifer system. U. S. Geological Survey Water-Supply Paper 2475, Washington, D. C., 47p.

[80] Kohler, M. A., 1958. Meteorological Aspects of Evaporation. Int. Assn. Sci. Hydr. Trans., General Assembly, Toronto, vol. Ⅲ, pp. 423-436.

[81] Krause, R. E., and Randolph, R. B., 1989. Hydrology of the Floridan aquifer system in southeast Georgia and adjacent parts of Florida and South Carolina. U. S. Geological Survey Professional Paper 1403-D, 65p.

[82] Kresic, N., 1988. Karst i pečine Jugoslavije (Karst and Caves of Yugoslavia; in Serbo-Croatian). Naučna knjiga, Belgrade, 149p.

[83] Kresic, N., 1991. Kvantitativna hidrogeologija karsta sa elementima zaštite podzemnih voda (Quantitative karst hydrogeology with elements of groundwater protection, in Serbo-Croatian). Naučna knjiga, Beograd, 196p.

[84] Kresic, N., 2007a. Hydrogeology and Groundwater Modeling, 2nd ed. CRC Press, Taylor & Francis Group, Boca Raton, FL, 807p.

[85] Kresic, N., 2007b. Hydraulic methods. In: Goldscheider, N., and Drew, D. (eds.), Methods in Karst Hydrogeology. International Contributions to Hydrogeology 26, International Association of Hydrogeologists, Taylor & Francis, London, pp. 65-92.

[86] Kresic, N., 2009. Groundwater Resources. Sustainability, Management, and Restoration. McGraw Hill, New York, 852p.

[87] Kresic, N., 2010. Types and classification of springs. In: Kresic, N., and Stevanovic, Z. (eds.), Ground-water Hydrology of Springs; Engineering, Theory, Management and Sustainability. Elsevier, New York, pp. 31-85.

[88] Kresic, N., and Mikszewski, A., 2009. Chapter 3, Groundwater Recharge. In: Kresic, N., Groundwater Resources. Sustainability, Management, and Restoration. McGraw Hill, New York, pp. 235-292.

[89] Kresic, N., and Stevanovic, Z. (eds.), 2010. Groundwater Hydrology of Springs; Engineering, Theory, Management and Sustainability. Elsevier, New York, 573p.

[90] Kresic, N., and Mikszewski, A., 2012. Hydrogeological Conceptual Site Models: Data Analysis and Visualization. CRC, Taylor & Francis Group, Boca Raton, FL, 552p.

[91] Kruseman, G. P., de Ridder, N. A., and Verweij, J. M., 1991. Analysis and

Evaluation of Pumping Test Data, completely revised 2nd ed. International Institute for Land Reclamation and Improvement (ILRI) Publication 47, Wageningen, The Netherlands, 377p.

[92] Ladiray, D., and Quenneville, B., 2001. Seasonal adjustment with the X-11 method. Lecture Notes in Statistics, vol. 158, Springer-Verlag, New York.

[93] Larsson, I., 1982. Ground water in hard rocks. Project 8.6 of the International Hydrological Programme, UNESCO, Paris, 228p.

[94] Lee, K. K., and Risley, J. C., 2002. Estimates of ground-water recharge, base flow, and stream reach gains and losses in the Willamette River Basin, Oregon. U. S. Geological Survey Water-Resources Investigations Report 01-4215, Portland, Oregon, 52p.

[95] Liang, Y., Han, X., Xue, E, et al., 2008. Water Protection of Karst Springs in Shanxi. WaterPower Press, Beijing, China.

[96] Linsley, R. K., and Franzini, J. B., 1979. Water-Resources Engineering, 3rd ed. McGraw-Hill, New York, 716p.

[97] Little, R. J. A., and Rubin, D. B., 2002. Statistical Analysis with Missing Data, 2nd ed. Wiley-Interscience, New York, 408p.

[98] Lohman, S. W., 1972. Ground-water hydraulics. U. S. Geological Survey Professional Paper 708, 70p.

[99] Lugeon, M., 1933. Barrages et Géologie: Méthodes de Recherches, Terrassement et Imperméabilization. Dunod, Paris, 138p.

[100] Maidment, D. R. (ed.), 1993. Handbook of Hydrology. McGraw Hill, New York, various paging.

[101] Manugistics, Inc., 2000. Statgraphics Plus 5. Rockville, MD, variable paging.

[102] Maslia, M. L., and Randolph, R. B., 1986. Methods and computer program documentation for determining anisotropic transmissivity tensor components of two-dimensional ground-water flow. U. S. Geological Survey Open-File Report 86-227, 64p.

[103] Maupin, M. A., and Barber, N. L., 2005. Estimated withdrawals from principal aquifers in the United States, 2000. U. S. Geological Survey Circular 1279, Reston, VA, 46p.

[104] Meinzer, O. E., 1923a. The occurrence of ground water in the United States with a discussion of principles. U. S. Geological Survey Water-Supply Paper

489, Washington, D. C., 321p.

[105] Meinzer, O. E., 1923b. Outline of ground-water hydrology with definitions. U. S. Geological Survey Water-Supply Paper 494, Washington, D. C., 71p.

[106] Meinzer, O. E., 1927. Large springs in the United States. U. S. Geological Survey Water-Supply Paper 557, Washington, D. C., 94p.

[107] Meinzer, O. E., 1940. Ground water in the United States; a summary of ground-water conditions and resources, utilization of water from wells and springs, methods of scientific investigations, and literature relating to the subject. U. S. Geological Survey Water-Supply Paper 836-D, Washington, D. C., pp. 157-232.

[108] Milanovic, P., 1979. Hydrogeologija Karsta i Metode Istraživanja (in Serbian; Karst Hydrogeology and Methods of Investigations). HE Trebišnjica, Institut za korištenje i zaštitu voda na kršu, Trebinje, 302p.

[109] Milanovic, P. T., 1981. Karst Hydrogeology. Water Resources Publications, Littleton, CO, 434p.

[110] Milanovic, P. T., 2004. Water Resources Engineering in Karst. CRC Press, Boca Raton, FL, 312p.

[111] Milanovic, P. T., 2006. Karst Istočne Hercegovine i Dubrovačkog Priobalja (Karst of Eastern Herzegovina and Dubrovnik Litoral; in Serbian). ZUHRA, Belgrade, 362p.

[112] Milanovic, S., 2005. Hydrogeological characteristics of some deep siphonal springs in Serbia and Montenegro karst. In: Stevanovic, Z., and Milanovic, P. (eds.), Water Resources and Environmental Problems in Karst, Proceedings of the International Conference and Field Seminars, Belgrade & Kotor, Serbia & Montenegro, September 13-19, 2005, Institute of Hydrogeology, University of Belgrade, Belgrade, pp. 451-458.

[113] Moody, L. F. 1944. Friction factors for pipe flow. Tran ASME, 66(8):671-684.

[114] Moore, C. H., 1989. Carbonate Diagenesis and Porosity. Developments in Sedimentology, vol 46, Elsevier, Amsterdam, The Netherlands, 338p.

[115] Moorman, J. J., 1867. The mineral waters of the United States and Canada. Kelly & Piet, Baltimore, MD, 507p.

[116] Nassif, S. H., and Wilson, E. M., 1975. The influence of slope and rain intensity on runoff and infiltration. Hydrol Sci Bull, 20:539-553.

[117] Osborne, P. S., 1993. Suggested operating procedures for aquifer pumping tests. Ground Water Issue, United States Environmental Protection Agency, EPA/540/S-93/503, 23p.

[118] Paillet, F. L., 1989. Analysis of geophysical well logs and flowmeter measurements in boreholes penetrating subhorizontal fracture zones, Lac du Bonnet Batholith, Manitoba, Canada. U. S. Geological Survey Water-Resources Investigations Report 89-4211, Lakewood, CO, 30p.

[119] Paillet, F. L., 1994. Application of borehole geophysics in the characterization of flow in fractured rocks. U. S. Geological Survey Water-Resources Investigations Report 93-4214, Denver, CO, 36p.

[120] Paillet, F. L., 1998. Flow modeling and permeability estimation using borehole flow logs in heterogeneous fractured formations. Water Resources Res, 34(5): 997-1010.

[121] Paillet, F. L., 2000. A field technique for estimating aquifer parameters using flow log data. Ground Water, 38(4):510-521.

[122] Paillet, F. L., 2001. Hydraulic head applications of flow logs in the study of heterogeneous aquifers. Ground Water, 39(5):667-675.

[123] Paillet, F. L., Hess, A. E., Cheng, C. H., and Hardin, E. L., 1987. Characterization of fracture permeability with high resolution vertical flow measurements during borehole pumping. Ground Water, 25:28-40.

[124] Paillet, F. L., and Reese, R. S., 2000. Integrating borehole logs and aquifer tests in aquifer charactenzation. Ground Water, 38(5):713-725.

[125] Palmer, A. N., 1985. The Mammoth Cave region and Pennyroyal Plateau. In: Dougherty, P. H. (ed.), Caves and Karst of Kentucky, Kentucky Geological Survey Special Publication 12, Series XI, pp. 97-118.

[126] Palmer, A. N., 1991. Origin and morphology of limestone caves. Geol Soc Am Bul, 103:1-21.

[127] Palmer, A. N., 2007, Cave Geology. Cave Books, Trenton, NJ, 454p.

[128] Palmer, A. N., and Palmer, M. V., 1995. Geochemistry of capillary seepage in Mammoth Cave. Mammoth Cave National Park, 4th Science Conference, pp. 119-133.

[129] Papadopulos, I. S., 1965. Nonsteady flow to a well in an infinite anisotropic aquifer. Proceedings of the Dubrovnik Symposium on the Hydrology of Fractured

Rocks. International Association of Scientific Hydrology, pp. 21-31.
[130] Perry, W. C., Costain, J. K., and Geiser, P. A., 1979. Heat flow in western Virginia and a model for the origin of thermal springs in the folded Appalachians. J Geophys Res, 84(B12):6875-6883.
[131] Polhemus, N. W., 2005. How to: Forecast time series data using STATGRAPHICS Centurion. StatPoint, Inc. Available at: www. statlets. com/howtoguides. htm.
[132] Prohaska, S., 1981. Stohastički model za dugoročno prognoziranje rečnog oticaja (Stochastic model for long-term prognosis of river flow; in Serbian). Vode Vojvodine, Special Edition 1981, Novi Sad, 106p.
[133] Radovanovic, S., 1897. Podzemne Vode; Izdani, Izvori, Bunari, Terme i Mineralne Vode (Ground Waters; Aquifers, Springs, Wells, Thermal and Mineral Waters; in Serbian). Srpska književna zadruga, Beograd, vol. 42, 152p.
[134] Rawls, W. J., 1983. Estimating soil bulk density from particle size analysis and organic matter content. J Soil Sci, 135(2):123-125.
[135] Rawls, W. J., Ahuja, L. R., Brakensiek, D. L., and Shirmohammadi, A. 1995. Infiltration and soil water movement. Chapter 5. In: Maidment, D. R. (ed.), Handbook of hydrology. McGraw Hill, New York, pp. 5.1-5.51.
[136] Reese, R. S., and Cunningham, K. J., 2000. Hydrogeology of the Gray Limestone aquifer in South ern Florida. U. S. Geological Survey Water-Resources Investigations Report 99-4213, Tallahassee, FL, 244p.
[137] Risser, D. W., Gburek, W. J., and Folmar, G. K., 2005. Comparison of methods for estimating ground-water recharge and base flow at a small watershed underlain by fractured bedrock in the eastern United States. U. S. Geological Survey Scientific Investigations Report 2005-5038, Reston, VA, various pages.
[138] Robinson, R. B., 1967. Diagenesis and porosity development in Recent and Pleistocene oolites from southern Florida and Bahamas. J Sediment Petrol, 37:355-364.
[139] Rorabaugh, M. I., 1953. Graphical and theoretical analysis of step-drawdown test of artesian well. Proc Am Soc Civil Eng, 79(separate no. 362):23.
[140] Roscoe Moss Company, 1990. Handbook of Ground Water Development. John Wiley & Sons, New York, 493p.
[141] Schafer, J. L., 1997. Analysis of Incomplete Multivariate Data. Chapman &

Hall/CRC, New York, 444p.

[142] Scoffin, T. P., 1987. An introduction to carbonate sediments and rocks. Chapman and Hall, New York, 274p.

[143] Scott, T. M., Means, G. H., Meegan, R. P., et al., 2004. Springs of Florida. Florida Geological Survey, Bulletin No. 66, Tallahassee, FL., 658p.

[144] Shapiro, A. M., 2001, Characterizing ground-water chemistry and hydraulic properties of fractured rock aquifers using the Multifunction Bedrock-Aquifer. Transportable Testing Tool (BAT^3). U. S. Geological Survey Fact Sheet FS-075-01, 4p.

[145] Showcaves, 2011. Available at: http://www. showcaves. com/english/fr/springs/Vaucluse. html. Accessed 29th November 2011.

[146] Shubert, G. L., and Ewing, M, 1956. Gravity reconnaissance survey of Puerto Rico. Geol Soc Am Bull, 67(4):511-534.

[147] Shuttleworth, W. J., 1993. Evaporation, Chapter 4. In: Maidment, D. R. (ed.), Handbook of Hydrology. McGraw Hill, New York, pp. 4.1-4.53.

[148] Singh, V. P., 1993. Elementary Hydrology. Prentice Hall, Englewood Cliffs, NJ, 973p.

[149] Smart, C. C., 1983. Hydrology of a glacierized alpine karst. Ph. D. Thesis, McMaster University, Hamilton, Ontario, 343p.

[150] Snow, D. T., 1968. Rock fracture spacings, openings, and porosities. J Soil Mech Found Div, Am Soc Civil Eng, 94:73-91.

[151] Sorey, M. L., Reed, M. J., Foley, D., and Renner, J. L., 1983. Low-temperature geothermal resources in the Central and Eastern United States. In: Reed, M. J. (ed.), Assessment of Low-Temperature Geothermai Resources of the United States-1982. Geological Survey Circular 892, United States Department of the Interior, PP. 51-65.

[152] Southeastern Friends of the Pleistocene, 1990. Hydrogeology and geomorphology of the Mammoth Cave area, Kentucky. 1990 Field excursion led by Quinlan, J. F., Ewers, R. O., and Palmer, A. N., Nashville, TN, 102p.

[153] Spiegel, M. R., and Meddis, R., 1980. Probability and Statistics. Schaum's Outline Series, McGraw-Hill, New York, 372p.

[154] Stallman, R. W., 1971. Aquifer-test, design, observation and data-analysis. U.S. Geological Survey Techniques of Water-Resources Investigations, book 3,

chapter B1, 26p.

[155] Stanley, S. M., 1966. Paleoecology and diagenesis of Key Largo Limestone, Florida. Bull Am Assoc Petrol Geologists, 50:1927-1947.

[156] StatPoint Technologies, Inc., 2012. Statgraphics—Rev. 1/7/2010. Warrenton, VA. Available at: www. statlets. com/statgraphics_centurion. htm

[157] Sun, P. -C. P., Criner, I. H., and Poole, J. L., 1963. Large springs of East Tennessee. Geological Survey Water-Supply Paper 1755, Tennessee Geological Survey, Nashville, 52p.

[158] Tackett, J. L., and Pearson, R. W., 1965. Some characteristics of soil crusts formed by simulated rainfall. Soil Sci, 99:407-413.

[159] Theis, C. V., 1935. The lowering of the piezometric surface and the rate and discharge of a well using ground-water storage. Trans, Am Geophys Union, 16: 519-524.

[160] Thornthwaite, C. W., 1946. The moisture factor in climate. Trans Am Geophys Union, 27:41-48.

[161] Thornthwaite, C. W., 1948. An approach toward a rational classification of climate. Geologic Rev, January:55-94.

[162] Torres, A., and Diaz, J. R., 1984. Water resources of the Sabana Seca to Vega Baja area, Puerto Rico. U. S. Geological Survey Water-Resources Investigations Report 82-4115, San Juan, Puerto Rico, 53p.

[163] Touloumdjian, C., 2005. The springs of Montenegro and Dinaric karst. In: Stevanovic, Z., and Milanovic, P. (eds.), Water Resources and Environmental Problems in Karst-Cvijič 2005, Proceedings of International Symposium, University of Belgrade, Institute of Hydrogeology, Belgrade, pp. 443-450.

[164] UNESCO (United Nations Educational, Scientific and Cultural Organization), 2004. Submarine ground-water discharge. Management implications, measurements and effects. IHP-VI, Series on Groundwater No. 5, IOC Manuals and Guides No. 44, Paris, 35p.

[165] US Forest Service Intermountain Region, 2008. Geologic Points of Interest by Activity; Springs/Falls. Available at: http://www. fs. fed. us/r4/resources/geology/geo-points-interest/activities/springs-falls. shtml; Accessed 30th November 2008.

[166] USACE (U. S. Army Corps of Engineers), 1993. Hydrologic Frequency Analy-

sis. Engineering manual 1110-2-1415, Washington, D. C., various paging. Available at: http://140.194.76.129/publications/engmanuals/.

[167] USACE (United States Army Corps of Engineers), 1999. Groundwater Hydrology. Engineer Manual 1110-2-1421, Washington, D. C., various pages.

[168] USBR (U. S. Bureau of Reclamation), 1977. Ground Water Manual. U. S. Department of the Interior, Bureau of Reclamation, Washington, D. C., 480p.

[169] USGS (United States Geological Survey), 2004. Vertical Flowmeter Logging. Office of Ground Water, Branch of Geophysics. Available at: http://water, usgs. gov/ogw/bgas/flowmeter/.

[170] USGS (United States Geological Survey), 2006. FGDC Digital Cartographic Standard for Geologic Map Symbolization. Appendix A, 37-Lithologic patterns, 37.1-Sedimentary-rock lithologic patterns. FGDC-STD-013-2006. Available at: http://ngmdb. usgs. gov/fgdc_gds/geolsymstd/download. php

[171] USGS (United States Geological Survey), 2011. USGS Photographic Library. Available at: http:// libraryphoto. cr. usgs. gov.

[172] Vandike, J. E., 1996. The Hydrology of Maramec Spring. Missouri Department of Natural Resources, Division of Geology and Land Survey, Water Resources Report Number 55, Rola, MO, 104p.

[173] Vukmirovič, V., and Despotovič, J., 1983. Osnovne faze statističke obrade jakih kiša (Key steps in statistical processing of storm rainfall; in Serbo-Croatian). Jugoslovenski simpozijum o inženjerskoj hidrologiji, Okrugli sto, Split, Novembar 9-12, pp. 32-45.

[174] Vukovič, M., and Soro, A., 1985. Osnovi Hidraulike. Drugo Izdanje (Fundamentals of Hydraulics. Second Edition; in Serbian). University of Belgrade, School of Mining and Geology, Department of Hydrogeology, Belgrade, 232p.

[175] Warner, D., 1997. Hydrogeologic evaluation of the Upper Floridan aquifer in the southwestern Albany area, Georgia. U. S. Geological Survey Water Resources Investigations Report 97-4129, Atlanta, GA, 27p.

[176] White, W. B., 1988. Geomorphology and Hydrology of Karst Terrains. Oxford University Press, New York, 464p.

[177] Williams, J. H., and Johnson, C. D., 2004. Acoustic and optical borehole-wall imaging for fractured-rock aquifer studies. J Appl Geophys, 55(1-2): 151-159.

[178] Williams, J. H., and Lane, J. W., 1998. Advances in Borehole Geophysics for Ground-Water Investigations: U. S. Geological Survey Fact Sheet 002-98, U. S. Geological Survey, 4p.

[179] Williams, J. H., Lane, J. H. Jr., Kamini, S., and Haeni, F. P., 2001. Application of advanced geophysical logging methods in the characterization of a fractured-sedimentary bedrock aquifer, U. S. Geological Survey Water-Resources Investigations Report 00-4083, Ventura County, California, 28p.

[180] Wilson, J. T., Mandell, W. A., Paillet, F. L., et al., 2001. An evaluation of borehole flowmeters used to measure horizontal ground-water flow in limestones of Indiana, Kentucky, and Tennessee, 1999. U. S. Geological Survey Water-Resources Investigations Report 01-4139, Indianapolis, Indiana, 129p.

[181] Winter, T. C., Harvey, J. W., Franke, O. L., Alley, and W. M., 1998. Ground water and surface water: A single resource. U. S. Geological Survey Circular 1139. Denver, CO, 79p.

[182] Witherspoon, P. A., 2000. Investigations at Berkeley on fracture flow in rocks: from the parallel plate model to chaotic systems. In: Faybishenko, B., Witherspoon, P. A., and Benson, S. M. (eds.), Dynamics of Fluids in Fractured Rock, Geophysical Monograph 122, American Geophysical Union, Washington, D. C., pp. 1-58.

[183] Wolff, R. G., 1982. Physical properties of rocks—Porosity, permeability, distribution coefficients, and dispersivity. U. S. Geological Survey Open-File Report 82-166, 118p.

[184] Woodruff, C. M., and Abbott, P. L., 1986. Stream piracy and evolution of the Edwards Aquifer along the Balcones Escarpment, Central Texas. In: Abbott, P. L, and Woodruff, C. M. (eds), The Balcones Escarpment, Geological Society of America, San Antonio, TX, pp. 51-54.

[185] Worthington, S. R. H., and Ford, D. C., 2009. Self-organized permeability in carbonate aquifers. In: Kresic, N. (guest editor), Theme Issue: Ground Water in Karst. Ground Water, 47(3), pp. 326-336.

[186] Wu, Q., Xing, L., and Zhou, W., 2010. Utilization and protection of large karst springs of China. In: Kresic, N., and Stevanovic, Z. (eds.), Groundwater Hydrology of Springs; Engineering, Theory, Management and Susiainabiliiy. Elsevier, New York, pp. 543-565.

[187] Zhaoxin, W., and Chuanmao, J., 2004. Groundwater resources and their use in China. In: Zekster, I. S., and Everet, L. G. (eds.), Groundwater Resources of the World and Their Use. IHP-VI, Series on Groundwater No. 6, UNESCO, Paris, pp. 143-159.

[188] Zimmerman, R. W., and Yeo, I. W., 2000. Fluid flow in rock fractures: from the Navier-Stokes equations to cubic law. In: Faybishenko, B., Witherspoon, P. A., and Benson, S. M. (eds.), Dynamics of Fluids in Fractured Rock, Geophysical Monograph 122, American Geophysical Union, Washington, D. C., pp. 213-224.

岩溶水的管理、易损性与恢复

(美)Neven Kresic　著

左绪海　向继红　岳洪波　裴来琼　译

（中）

黄河水利出版社

·郑州·

Neven Kresic
Water in Karst: Management, Vulnerability, and Restoration.
ISBN:978 - 0 - 07 - 175333 - 3

备案号:豫著许可备字 - 2015 - A - 00000062

图书在版编目(CIP)数据

岩溶水的管理、易损性与恢复/(美)希奇(Kresic,N.)著;马志刚等译. 郑州:黄河水利出版社,2015. 3
书名原文:Water in Karst: Management, Vulnerability, and Restoration
ISBN 978 - 7 - 5509 - 1042 - 3

Ⅰ. ①岩… Ⅱ. ①希… ②马… Ⅲ. ①岩溶水 - 水资源 - 资源保护 - 研究 Ⅳ. ①P641. 134

中国版本图书馆 CIP 数据核字(2015)第 059358 号

出 版 社:黄河水利出版社
地址:河南省郑州市顺河路黄委会综合楼 14 层　　邮政编码:450003
发行单位:黄河水利出版社
发行部电话:0371 - 66026940、66020550、66028024、66022620(传真)
E-mail:hhslcbs@126. com
承印单位:河南省瑞光印务股份有限公司
开本:890 mm × 1 240 mm　1/32
印张:25. 25
字数:727 千字　　印数:1—1 500
版次:2015 年 5 月第 1 版　　印次:2015 年 5 月第 1 次印刷

定价(上、中、下):128. 00 元

目 录

第二部分　岩溶水的管理

第三部分　岩溶水的脆弱性及修复

第2章　测流与分析

2.1　简　介

尽管岩溶水的测流原理和方法与其他水力学条件下使用的相同，但很多情况下，在现场应用时需要解决的问题要多得多。对淹没管流，或对很难进入的偏远地区流出的大流量岩溶泉水进行测流时尤其如此。很多情况下，可用如下三种方法对地表河流和地下岩溶暗河测流：①堰槽；②断面流速；③染料示踪剂。这三种方法以及其他更专业的方法，如声学多普勒流速仪（Acoustic Doppler Current Profiler ADCP）法，在美国地质调查局（USGS）出版的系列技术丛书中有详细的介绍，这些丛书可从如下网址免费下载：http:// pubs. usgs. gov / twri/。美国地质调查局出版的全国河川径流信息计划中有这方面的介绍（www. water. usgs. gov/nsip/）。美国几家政府机构联合出版的《测流手册》（垦务局，2001）特别有用，这本手册可在线阅读（http://www. usbr. gov/pmts/hydraulics_lab/pubs /wmm/）或免费下载。

正如国家非点源监控程序（NNPSMP）（2008）所述，测流变量及频次根据项目目标和数据分析的需要确定。比如，对间歇性泉水或河川径流的单次测流，不可能满足岩溶水资源管理的需要，因为单次测流仅仅是一个瞬时值而已。如果是作为所研究流域内天气学调查的一部分工作，则这样的单次测流获得的数据对比较各小流域的水文特性、确定泥沙（或污染物）或各小流域径流量级的相对特征值，或校验所研究流域的水文模型等是必要的。

而洪水管理、大坝设计、集雨工程、地表水对含水层的人工回灌、非点源控制工程、供水设计、栖息地修复等工作中，则需要系统收集枯水与丰水径流资料。流经城市的河流是由丰水径流形成的，水量管理通常是流域水资源开发利用工程的首要目标。丰水期监测相对容易、费用低,对雨水最优管理(BMPs)工作前后的丰水时段进行比较是非常实用的。在河道治理和生物群落修复的河流修复工程中,了解高水位变化情况也非常重要。在此情况下,监测降雨及其他重要解释变量对研究丰水流量变化也是必要的。同时,在基流时段和长期干旱期连续记录小水流量与记录大水流量一样重要。在为供水可靠度设计和不同用水户争水情况下维持最小环境流量等多个管理目标确定水质和水量标准时,尤其要做这些工作。

未对河川径流和泉水进行常规测流,并未获得充足的实测数据时,要确定各种计算所需的流量特征是非常困难的。长期最小基流对确定地下水允许最大污染负荷率等各种研究工作尤其重要,这也是地表水的水质保护标准。美国的这一标准一般是7Q10,也就是10年一遇7天连续枯水流量(即10年发生一次、连续7天的最小流量)。

在确定河流河段间的是向外输水还是接纳径流时,常采用的方法是对连续河段进行测流。但是,同一河流的水流情况复杂,也可能会存在相关的测流误差,采用这种方法时要格外小心,以避免得出错误的结论。例如,如果只在几个地点作一套测流,间隔时间几个小时或更长,并且径流受近期降雨影响,由于水流传播速度很快,几乎可以肯定其结果是有误的。因此,最好是在长期无雨后测流,并且在连续河段上分流段连续施测。用这种方法得到的径流过程可反映河段之间的水量实际变化信息,这是真正实测到河流是接受补给或向外输水情况的唯一方法。

连续流量资料在设计抽样程序中发挥着重要作用。由于地表径流中很多污染物的含量与地下溶洞有很强的水力联系,很多抽样程序根据水流状况分级——比如抽到较大的流量多一些。流量资料也可用于分析流域水量问题,其本身也可能是实施最优管理工作(BMPs)中期望响应的变量。例如,Baker等(2004)提出了瞬变指数(flashiness index)——一种计量径流短期变化频次与速度的指数。瞬变是河流水力状况的重要组成部分;土地利用和土地管理的变化可增加或减少瞬变性,通常影响水生生物。这一指数可用于量化流域变化对水文的影响,并可用于评价天然河川径流状况修复计划。在评价时会用到流量资料,但在农业计划中,其最优管理工作(BMPs)有可能使渗透量超过径流量,或者排水工程影响地表径流。流量与污染物浓度间的关系也可能随着最优管理工作的实施而发生变化。在实施保护性耕作后悬移质含沙量可能会降低一些,比如,在可比较的流量范围内情况会是这样;良好的流量资料对反映这样的变化情况非常重要。

以下是用于野外溶洞测流的几种常用方法。

2.2　堰

对于长期监测项目,可采用堰或水槽测流,通常称其为主要测流设施。主要测流设施是已知流经其中或其上的水流水位流量的构成。如果一个设施可用于测流,流量测量就很简单,只需要观测这个设施上游水位,然后查表得到或用简单的公式计算得到流量。堰通常根据流经锐缘堰薄板开口上的水舌形状命名(见图 2.1),或者根据宽顶堰水流控制断面形状命名。由此,堰可分为矩形堰、梯形堰或三角堰。在锐缘堰中,三角堰也称为 V 形堰,梯形堰(Cipolletti weir)(见图 2.1)是一种常用型式的堰。在矩形堰和梯形堰中,薄板开口底边为其堰顶,侧边壁

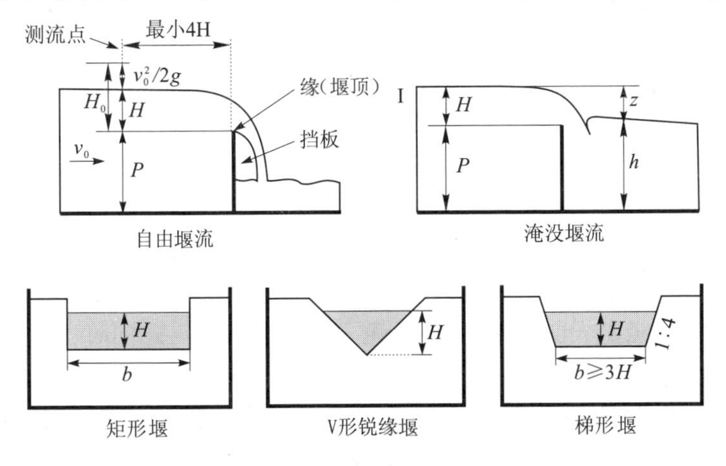

图 2.1　河流和泉水测流中采用的锐缘堰

(垂直或向上向外倾斜)为堰体两侧。三角形顶点为V形堰的堰顶。V形堰开口或者宽顶堰控制断面上的水舌最低高程为水头测量的零点参考高程点(美国垦务局,2001)。

当水流接近堰顶时,水面会明显降落。水面的这种连续降落即骤降是由水流接近堰体时加速引起的。反坡上的测流站与堰顶之间水面降落的大小等于两者之间流速水头变化值,即 $v_0^2/2g$(见图2.1)。行进流速等于流量除以水头测量站的过流面积。行进流速之所以重要,是因为通过有效减少堰顶长度和/或测量水头可使堰的校准值发生变化。此外,通过增加流速改变从堰板流出的水流曲率,可得到一系列堰体流量系数。

当堰口与堰池侧的距离比两处的实测水头大时,水流会沿着挡板面以较低流速流向溢流口。水流从河道一侧接近堰口时加速转向流过堰口。水流的这种转向不会瞬时发生,所以,会产生曲线径流即侧收缩,此时水流自由形成的水舌比开敞式宽顶堰溢流的水舌窄。

当降落的水舌下空气可自由进入到薄壁堰时,即发生自由流。在自由流情况下,由已知的堰体尺寸和形状,通过上游位置的水头实测值确定流量。下游水位上升超过堰顶高程时,即产生淹没流(见图2.1)。当下游水位接近或超过锐缘堰的堰顶高程时,不可能精确测流。采用淹没堰测流不是一种好的方法,只能作为一种临时措施。由于薄壁堰在淹没流态下会导致测流精度很不准确,在设计时应当尽量避免出现这种流态。但淹没堰流态会在不经意间出现,或者,一些岩溶泉水水位很高但流量很小时,出现这种流态也可能是不可避免的。

在实际操作上,可以临时用小木头或金属板制作堰体并安装在小沟或溪流上(见图2.2),也可以用混凝土墙或其他结构制作更永久的堰体。需要注意的是,在河道上建设任何阻碍结构设施都会使上游形成水潭,在流量大的时期,要小心避免洪水危害。与此同时,可能还需要许可。

在利用堰体测流时,先在上游堰池中适当位置测量水深或堰顶以上的水头 H(见图2.1),然后采用特定型式和尺寸堰体的表格或公式确定流量。通常,在水尺上标上刻度,并将刻度零点置于堰顶同高处,

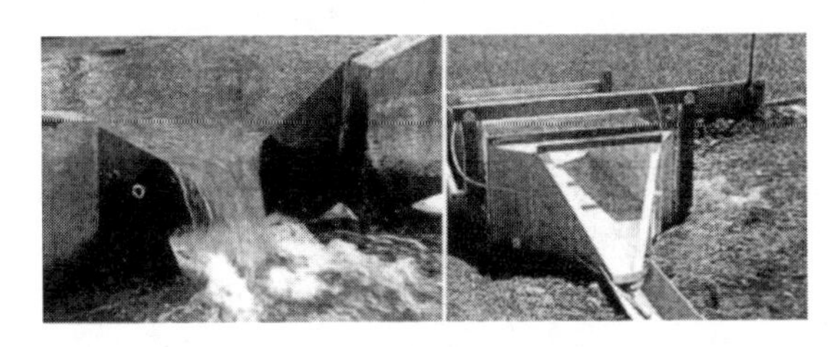

图2.2 120°角V形锐缘堰(左)及预制H形槽(右)

(承蒙Tetra Tech公司的Don Meals提供照片;来源于国家非点源监控程序:NNPSMP,2008.)

用于测量水头。将水尺安置在静水池内,在读数时要消除水波的影响(见图2.3)。在静水井内用游标卡尺比一般水尺的精度高得多。这些水尺的零点读数必须以堰顶高程为参考点。

图2.3 Drvar,Bosinia和herzegovina附近的Bastasica泉

(上图矩形堰相对与流量尺寸偏小。静水井布置在右侧,内安装有数据记录仪)及美国弗吉尼亚Millwood的Carter Hall泉(下图),(静水井设在右侧)。(承蒙岩溶水研究院Willian Jones提供照片)

非淹没堰流时，矩形锐缘堰流量按下式计算：

$$Q = mb\sqrt{2g}H_0^{3/2} \tag{2.1}$$

式中：m 为流量系数；b 为(溢流)堰宽；g 为重力加速度；H_0为含水深 H 和行进流速水头的总能量水头。流量系数范围为 $0.4 < m < 0.48$，在实际测流中多用 $m = 0.42$。由于一般不测行进流速，该式更实用的表达形式为：

$$Q = m_0 b\sqrt{2g}H^{3/2} \tag{2.2}$$

式中，流量系数 m_0一般用 Bazen 经验公式计算；

$$m_0 = \left(0.405 + \frac{0.0027}{H}\right) \times \left[1 + 0.55\left(\frac{H}{H+P}\right)^2\right] \tag{2.3}$$

开口 90°角的三角 V 形锐缘堰(见图 2.1)，也称为 Thompson 堰，通常用于对小流量的精确测量，比如在小溪或者在实验室里。采用下式计算其流量：

$$Q = 0.32\sqrt{2g}H^{5/2} \tag{2.4}$$

$$Q = 1.4H^{5/2} \tag{2.5}$$

式(2.5)中，H 为溢流水深，m；Q 为计算流量，m^3/s。

对于广泛使用的梯形堰，按下式计算流量：

$$Q = 0.42b\sqrt{2g}H^{3/2} \tag{2.6}$$

$$Q = 1.86bH^{3/2} \tag{2.7}$$

式(2.7)中，H 为溢流水深，m；Q 为计算流量，m^3/s。

当下游水位超过矩形堰顶高程，即 $h > P$ 时(见图 2.1)，堰被淹没。堰发生淹没流的一般判别条件是 $z/P < 0.7$，在此流态下，流量是上下游水头的函数，$Q = f(H, h)$。可按下式计算流量：

$$Q = \sigma_s m_0 b\sqrt{2g}H^{3/2} \tag{2.8}$$

式中：σ_s 为淹没系数，用如下 Bazen 经验公式计算：

$$\sigma_s = 1.05\left(1 + 0.2\frac{H-z}{P}\right) \times \sqrt[3]{\frac{z}{H}} \tag{2.9}$$

流量系数 m_0用式(2.3)计算。

测大流量溶洞泉水时常采用梯形堰和矩形堰，这类堰适用流量范围广，从数十升每秒的流速，到大数量的流量(m^3/s)。

水槽为专门定制的明渠水流结构。水槽过流面积小,因而流速增大,水流流过水槽时,水位发生变化。定点测量水位后,根据水槽型式确定流经水槽的流量。一般情况下,在不宜安设堰时,才用水槽测流。水槽尤其适用于在含沙量大的水流中测流,因为流经水槽的流速增大后,可使水槽自清洁。常采用的水槽类型有巴歇尔(Parshall)式, 帕默尔 - 波吾雷斯(Palmer - bouwlus)式和 H 形槽(见图 2.2)。水槽尺寸范围很大,适应于拟测水流的最大水深,并可买到预制成品,也可以在现场制作。大多数成品对安装有专门的要求,布设时可能会遇到一些困难。有关堰和水槽的更多信息可在如下网址获取:http://www.usbr.gov/pmts/hydraulics_lab /winflume/。

2.3　流速 - 面积法

由于存在摩擦力和过流断面不规则,河道也不成直线,沿程水流流速会发生沿程变化,从河底到水面也会发生垂直向变化。粗糙的河道表面引起摩擦,减缓河底与两岸岸坡附近处的水流流速,通常在河中间和水面处的流速最大。在河弯处,凹岸流速比凸岸大,这是因为在同一时间内凹岸水流的流经更长。因此,需要在河流全断面和不同水深处多处测流。图 2.4 可应用于任何地表和地下河流流速 - 面积法布置方

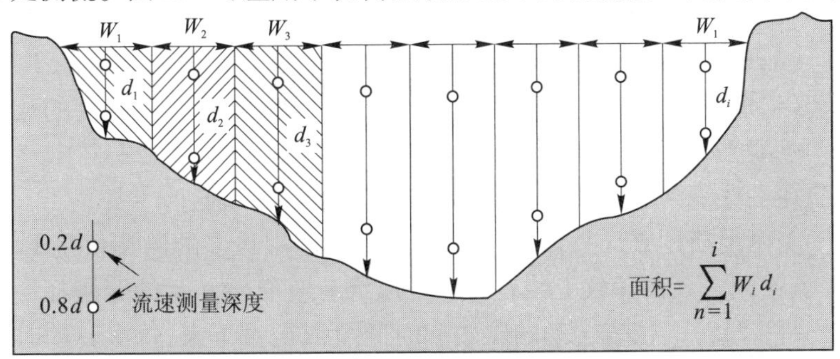

图 2.4　流速面积法测流方案

(河道断面划分成若干分段,每个分段的流量由各分段面积乘以该分段的流速求得。在各分段的 0.2 倍和 0.8 倍水深处测量流速。将各分段流量相加后求得全断面总流量。)

案。可由各分区面积乘以该分区测得的平均流速,以计算出该分区的流量,这一平均流速为该分区0.2倍水深和0.8倍水深处流速的平均值。然后,将每个分区的流量相加,得到断面总流量。应用这一方法时,要选择河道顺直、没有大的块石或障碍物、河床较平、远离河宽变化的影响河段。

确定河流横断面面积时,通常要在河道全断面多点实测水深,再将水深所代表的每个分段宽度乘以实测水深。然后将各分段面积相加,即得到全断面过流面积。一般将整个河宽分为20~25个分段(河宽小于10英尺(3 m)时可能不需要分成很多分段),采用皮尺或线绳在与流向垂直的方向架设的线缆上标记每个分段中心点;河宽分段数量要足够,每个分段宽度不大于整个河宽的10%。分段宽度一般用线缆、钢尺或类似计量设备测量。各分段处的水深采用水尺测量,或者条件许可的话,在经校准的线缆和桥梁、缆道、船等上悬吊测深锤测量水深,或者在冰面钻孔测量水深。

为了解决河流断面上各分段中流速变化问题,美国地质调查局提出了如下基本准则:

(1)最大流速发生在5%和25%水深处,水深越深,这一百分比越大;

(2)垂线平均流速发生在0.6倍水深处;

(3)0.2倍和0.8倍水深处流速平均值更接近于平均流速;

(4)垂线平均流速为水面流速的80%~95%,数百次观测的数据表明垂线平均流速为水面流速的85%。

在一些浅河和溶槽内,也许只需要测量一点的流速。

美国地质调查局目前在测河川流速中使用最多的测流仪是Price AA流速仪。该流速仪上装有6个可以绕着垂直轴转动的金属杯形轮子(见图2.5)。仪表转动的次数和时间可以记录下来,每次转动时电子信号可以传输出去。由于杯轮转动速率与水流流速直接相关,故采用转动时间确定水流流速。将Price AA流速仪固定在水尺杆上,就可以在潜水中测流,或者装在缆索与绕转系统的吊锤正上方,用以在急流和深水中测流。在浅水中可以用Price-Pigmy流速仪(见图2.5)。这种流速仪规格为 Price AA 流速仪的 2/5,安装在水尺杆上。第三种机械式测流仪也源自 Price AA 流速仪,用于在冰层下测流。这种流速仪尺寸适于穿过冰层上的小洞,流速仪上装有聚合物转轮,不易与冰雪粘合。

图 2.5　用 Price – Pigmy 流速仪和水尺杆实测地下水流情况

(承蒙岩溶水研究院 William Jones 提供照片。右上角小图为圆形水尺杆上的 Price AA 流速仪。)

水位与流量间有很强的相关关系,由此可以从连续观测的水位确定河流相应流量。建立精确的水位流量关系需要在所有水位和河流流量范围内实测流量(见图 2.6)。此外,由于河道在不断变化,这种水位流量关系要连续不断地根据实测流量进行复核调整。侵蚀或水流携带物质的淤积、季节性的植被生长、石块或者冰块等均经常会引起河道变化。因此,要连续实测水位,定期实测流量,建立和维护调整水位流量关系,才能可靠地完成测流工作。应用水位流量关系,根据实测水位确定连续流量,对水资源管理是非常重要的。

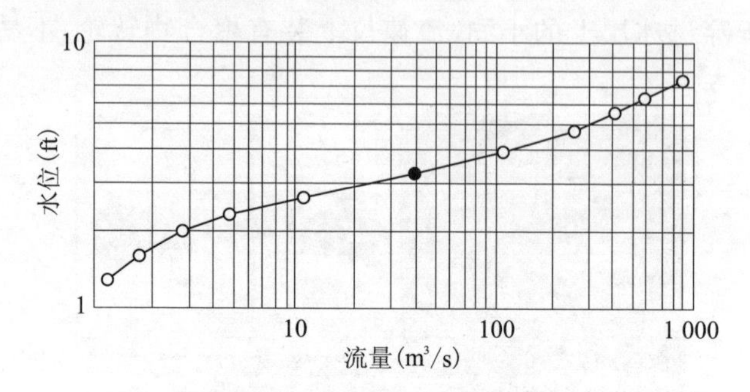

图 2.6　典型水位－流量关系

(图中大黑点对应的水位是 3.3 ft,,相应流量是 40 ft^3/s。曲线上的小点为同时测得的水位和流量点。(USGS 修编,2005))

美国地质调查局大多数测流设备都是测量水位的,这些设备上都装有用于测量、记录和传输水位信息的装置。水位有时也称为水尺高度,可以用很多方法实测。其中常用的一种方法是在河岸边设置一个静水井(见图 2.7),或者借助于桥墩。河道内水流通过埋置在水下的管道进入静水井,这样,静水井中水位与河流水位相同,然后用浮标或

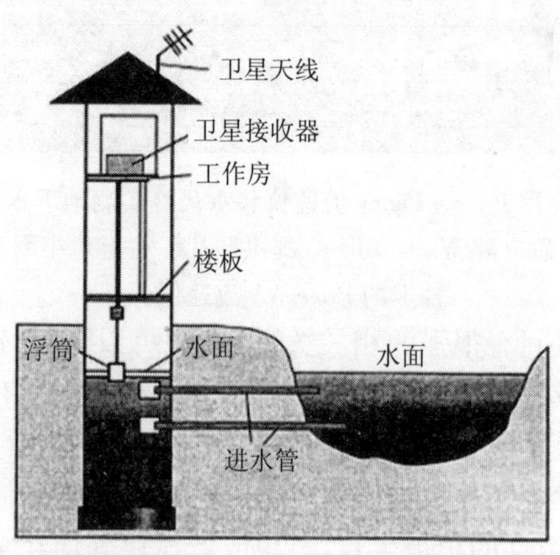

图 2.7　美国地质调查局(USGS)典型静水井布置图修编,2005)

者压力传感器、光纤或声音传感器在静水井内实测水位。测得的水位定期记录在电子存储设备中,记录间隔时间通常是 15 min。

在全国水信息系统(NWIS)网址(http://waterdata. usgs. gov / nwis/)可查到美国地质调查局提供的接近时时测流工况的大多数水位与流量信息。除时时测流资料外,全国水信息系统网址上还可查到美国地质调查局在测和已停测监测点的测流期日平均流量和年最大流量。这些监测点涵盖全美监测井和岩溶区泉水。

条件许可时,流速－面积法也可成功应用于图 2. 8 ~ 图 2. 10 所示的淹没溶槽中测流。有兴趣的读者可在 www. karstenvironmental. com 网址上查到更详细的信息。

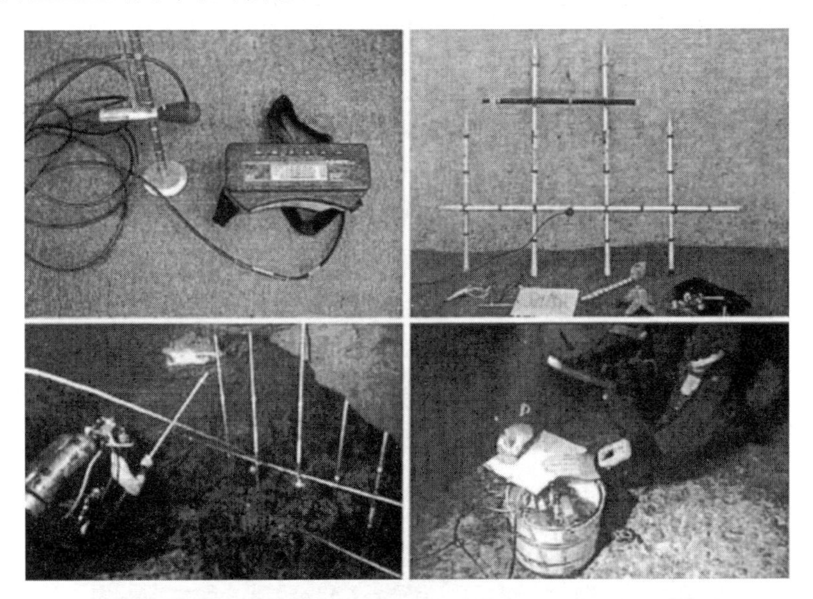

图 2. 8　美国佛罗里达一处泉水淹没溶槽中使用的面积－流速测流法

(水流流速用上右图中所示标准布局的流速仪施测。电子流速传感器安装在伸缩干网上(上右),杆网横跨整个溶槽断面。杆网由溶洞潜水员安装,杆网上各点流速通过右下图所示的水下流速仪记录。)(Butt 修编,2003;承蒙岩溶环境服务公司提供照片)

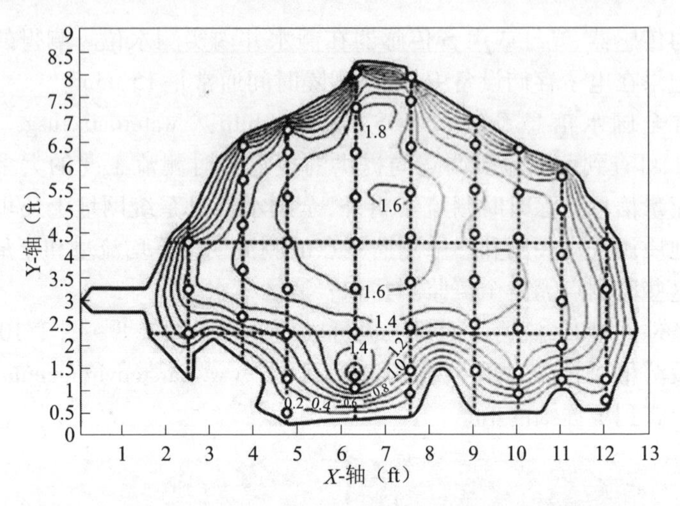

图 2.9　用于计算佛罗里达 Putnam 县 Croaker Hole 泉流量淹没溶槽全断面流速等位线

（全断面面积为 62.73 ft^2，断面平均流速为 1.248 ft/s，流量为 78.3 ft^3/s 或 2.2 m^3/s。）Butt，2003；承蒙岩溶环境服务公司供图）

图 2.10　佛罗里达 Jackson 县 Merritt's Mill Pond 处的 Jackson Blue 泉水下测流（承蒙岩溶环境服务公司提供照片）

2.4 坡降 - 面积法

坡降 - 面积法是用均匀河段的水面比降和平均断面面积确定流量。可用曼宁公式计算流量：

$$Q = \frac{1.486}{n} A R_h^{2/3} S^{1/2} \tag{2.10}$$

式中：Q 为流量，ft^3/s；A 为断面平均面积，ft^2；R_h 为河道平均水力半径，ft；S 为水力坡降；n 为根据河渠岸坡表面特性确定的糙率。

选择顺直河段长度应至少达到 200 ft，最好能到达 1 000 ft。如果河段上没有急流、陡坎，急剧收缩或扩散，那么水面比降与水力坡降是相同的。用河段两端的水位差除以河段长度可得到坡降 S。测流点要仔细对准普通水准点，并在河段中间河道两岸布置，如果可能的话，安放在静水井中。

平均水力半径 R_h 由断面面积除以断面湿周求得。当河道断面规则、河段两端水深相同时，整个河段的湿周将为常数。在河段断面不规则时，需要测量几个断面面积和湿周，在计算水力半径时要用这几个断面的平均值。可采用静水测压管测取水深。

糙率 n 与河道特性有关。糙率变化范围从接近理想条件的 0.010 到布满块石与石渣，或者 1/3 断面长满植被的河道糙率为 0.060。由于对很多河流来讲选择合适的糙率是困难的，作为估算，最好情况下，坡降 - 面积法确定的流量只是一个接近值。如果是在水位变化条件下，要注意同时确定坡降和面积。

1.6.3 节至 1.6.6 节介绍了另外一些流量方程式，其中含有可在本方法中使用的摩擦系数；在美国垦务局（2001）编制的测流手册摩擦系数表中可查到其他参考值。

2.5 染色跟踪法

跟踪法用于确定流量时，其精度变化很大，一般在 ±（1% ~

30%),精度大小取决于所使用的仪器设备及在应用这一技术时是否细心。在可进入的封闭溶槽中的测流精度要比在明槽中的测流精度高,这是因为可对封闭溶槽的断面面积进行较精确测量,染色剂在其中的扩散也更好。在明槽中则相反,在低流速情况下,染色剂的混合就是一个问题。一般而言,可考虑可溶于水且可随水流动的任何物质作为示踪剂。可探测的示踪剂流过一段距离时,可记录流经时间,也可通过测验绘制流经距离内的示踪剂浓度变化纵剖面。已使用的一些示踪剂有各种有色染料,其他化学物如肥料、盐,以及气体、加热。由于放射性同位素存在安全和污染问题,现在已很少使用。此外,使用同位素示踪剂必须获得许可。在美国,使用任何可能影响水体及输水边界生态特性的化学物或其他物质,必须有数个联邦或者州政府管理机构的许可,这些机构包括美国食品与药物管理局、美国环境保护局、州政府鱼类与野生动物和自然资源部门。政府管理条例和限制随时变化,在测流前应进行查阅。但即使是按政府规定进行测流,也会在测流后的水体中留下味道、颜色和颗粒等问题(美国垦务局,2001)。

盐示踪剂可以通过蒸干、化学过滤后称其质量,或者通过测量电导率来感知和计量。染色剂浓度可用荧光测定法或标准色谱比较法测量。有时也用肉眼观察染色剂颜色,但精度不高。使用最多的染色剂有荧光素(fluoresein),罗丹明(rhodamine)B、罗丹明(rhodamine)WT,有时也用滂酰桃红(pontacyl pink),因为其在很稀浓度时可见性好。罗丹明(rhodamine)B、罗丹明(rhodamine)WT已由美国食品与药品管理局确认为无毒剂。罗丹明(rhodamine)和 滂酰桃红(pontacyl pink)在受阳光影响和水生化学物引起的变化影响情况下仍然相当稳定。这些示踪剂不会在水流、泥沙或草丛中沉积。上述染色剂通常为粉末状,制作溶液很容易。在测流前,应取水样、土质河岸的土样,测试所选择的染色剂,检查可能存在的吸附性、化学反应以及反映染色剂稳定性的褪色情况(美国垦务局,2001)。

用盐和染色示踪剂确定流量时有两种基本方法:①流速-面积法,用染色剂通过已知流长时间和平均断面面积确定流量;②浓度稀释法,用充分混合的示踪剂下游浓度(向上游以常数增量递增)并计量示踪剂质量确定流量。

2.5.1 流速-面积和示踪剂-稀释-流量法

流速-面积法中,无论对明渠或是封闭溶槽,可按下式确定流量:

$$Q = \frac{AL}{T} \tag{2.11}$$

式中:Q 为流量,ft^3/s、m^3/s;A 为流长内平均断面面积,ft^2、m^2;L 为两测流断面间流径长度,ft、m;T 为示踪剂溶液流经两端测流断面间测验段需要的时间,s。

在用示踪剂-流速-面积法测流量时,无论使用盐或者染色剂均都方便,而且精度相同。唯一不同之处是使用的设备不同。染色剂是可见的,这是优势,只需要进度不高的简单测验就足以满足一般测流要求。

在示踪剂注入溶液中,普遍选用氯化钠(NaCl)。因为很容易买到用于混合溶液的细磨盐。为便于精确测验其浓度必须在水中加入足够多的盐来大幅度提高水的电导率。通过分析待测水流中盐的现状背景浓度、估计待测水流量、查阅化学手册中电导率与盐度关系数据表等,估算需要的加盐量。为确定最优加盐量,有必要根据待测流量范围进行不同级别流量的测试。

在测验时,要加压向水流中注入大量示踪剂溶液,以便提高溶液初始扩散度,并确保溶液与待测水体在水流到达测流断面前得到充分混合。Thomas 和 Dexter(1955)介绍的流行阀喷射器可按标准要求的精度较快和较好地完成混合。正如 Kilpatrick 和 Wilson (1989)所指出的,注入水流中的染色剂运动特性与水中颗粒运动特性是相同的。测验示踪剂的运动实际上也是在测验河流中流体单元的运动及其扩散特征。示踪剂在受体河流中的扩散和混合是发生在河流水体中的三维空间(见图2.11)。根据河流特性和流速分布的不同,一般先发生垂直方向的混合,然后是侧向混合。水流方向的扩散没有边界,会无止境地继续下去,所以应该首先研究扩散部分。因此,最重要的是要在混合基本充分的断面下游足够远处,测取响应曲线。在瞬时注入溶液的地点下游不远处,示踪剂没有与河流中的水流充分混合,河中心的示踪剂比岸

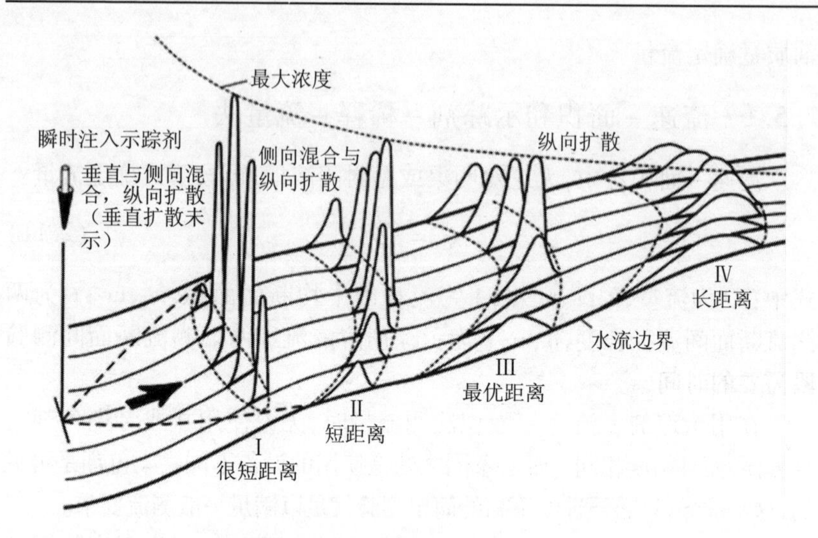

图 2.11　河中心单点瞬时注入的示踪剂，在下游为侧向混合与纵向扩散，以及浓度分布变化情况（摘自 Kilpatrick and Wilson，1989）

边的多（见图 2.12）。此外，在河中心测得的相应曲线的持续时间 T_d 可能比岸边的短。这是一种普遍现象，因为岸边水流流速一般较低，河岸减缓和延长了失踪剂扩散。在这样短的距离内，是不可能通过稀释原理用普通数学方法精确测取流量的。当达到充分混合时，时间 - 浓度曲线不管形状如何，其下方的面积是基本相同的；距离太短时，此面积是不同的。从实用上讲，并不要求充分混合。在这里定义的下游最优距离 L_o 上就可以采用稀释排放法获得到好的测流成果。这个距离之所以是最优的，是因为时间 T_n 并不长，因此在全断面侧向取几个点选取相应完整的曲线是不难的。要注意的是，相应曲线的峰值并不相同，并且其长度即持续时间和到达与离开的时间也不相同。不管怎样，每个响应曲线的面积是基本相同的，这说明示踪剂混合得很好，可用稀释排放法很好地测量（Kilpatrick 和 Cobb，1985）。

注意在图 2.12 中，示踪剂流过断面的时期即时间 T_D 是沿着一岸的最慢跟踪时间和示踪剂云舌形成的最快时间的差值，通常与河中心观测到的情况一致。T_d 与 T_D 间的差值可能很大。除非另外说明，在讲到响应曲线的持续时间时一般指 T_D，因为在涉及的长距离河道中（Kil-

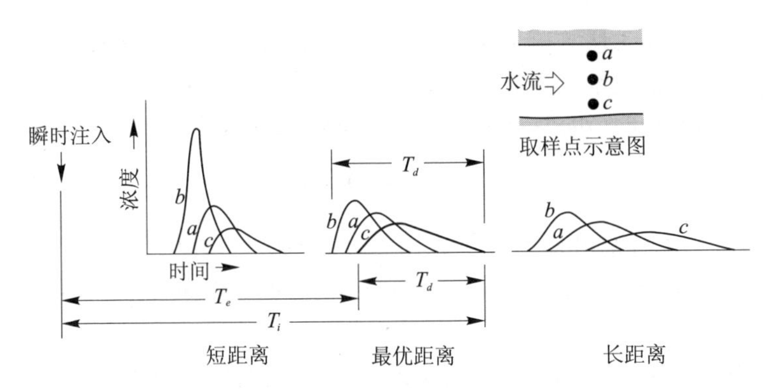

图 2.12　河中心瞬时注入染色剂后下游不同距离侧向观测的相应典型曲线(源自 Kilpatrick 和 Cobb, 1985)

patrick 和 Wilson, 1989),据对大多数流经时间研究证实 $T_D \approx T_d$。

用瞬时注入示踪剂 - 稀释技术测流时,流量按下式计算:

$$Q = \frac{M}{A_C} \tag{2.12}$$

式中:Q 为水流的容积速率;M 为注入的示踪剂质量;A_C为水流中示踪剂充分混合后测得的响应曲线以下的面积。

式(2.12)也可改写为:

$$Q = 5.89 \times 10^{-7}\frac{S_G V_I C}{A_C} \tag{2.13}$$

式中:Q 为水流流量,ft^3/s;V_I为注入河流的浓缩染色剂溶液量,mL;C 为注入河流的染色剂溶液浓度,μg/L;A_C为时间 - 浓度曲线下的面积,min · μg/L;S_G为注入溶液的比重。

应用式(2.13)时,要求注入的示踪剂质量在取样点能全部重新测取。可用响应曲线,即时间 - 浓度曲线面积 A_C乘以流量 Q 计算测取量。如图 2.11 所示,典型的示踪云在河中心的传播速度比岸边的快,在岸边传播的时间也可能更长。因此,为能全部俘获注入的示踪剂,需要在如图 2.12 所示的横向 a、b 和 c 几个点位测取时间 - 浓度曲线。应用这种方法时,取样工作量很大,这就是此方法不在美国常用而更多的是采用将要介绍的常量注入法(Kilpatrick 和 Cobb, 1985) 的原因。不过在没有常量注入设备或者其使用不方便时,还是有可能用此方法的。

用瞬时注入法施测流量与河流流量、实测段长度、水流流速和在取样点达到的最大浓度等有关。下面是 Kilpatrick (1970)提出的天然河流中使用罗丹明(rhodamine)WT 20%染色剂剂量估算经验公式:

$$V_S = 3.79 \times 10^{-5} \frac{QL}{v} C_P \tag{2.14}$$

式中:C_P为取样点峰值浓度,mg/L;L 为施测段长度,ft;Q 为水流流量,ft^3/s;V_s为罗丹明(rhodamine)WT 20%染色剂体积,mL;v 为平均流速,ft^3/s。

当 $C_P = 1.0$ μg/L 时,应用式 2.14 点绘的图形如图 2.13 所示。对大多数测流情况,推荐采用峰值浓度 10 ~ 20 μg/L。根据经验,在衬砌渠道和满流的光滑管道中,剂量可分别减少到天然河流剂量的50% ~ 25%。在此情况下,沿程扩散较少。因此,为得到需要的峰值浓度要求染色剂较少。

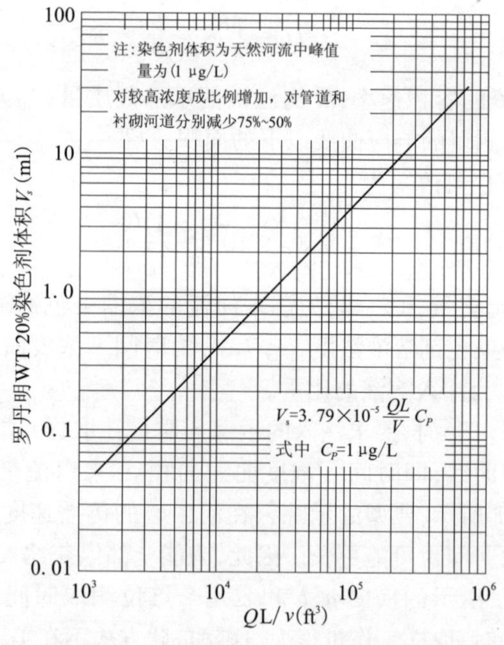

图 2.13 测流段内,在下游距离处,平均流速 v 和流量 Q 时,为得到峰值浓度,采用瞬时注入法需要的罗丹明 WT 20% 染色剂(源自 Kilpatrick 和 Cobb, 1985)

滂酰桃红(Pontacyl Pink)染色剂为纯度100%的粉末。作为水示踪剂,这种染色剂与罗丹明WT相比有它的优势,使用的灯具和过滤器与罗丹明WT所用的相同,多数荧光计都可用于对其进行分析。应用瞬时注入法需要的滂酰桃红(Pontacyl Pink)染色剂量(g)可由式(2.14)计算,或者从图2.13查得体积V_s(mL)后,再乘以0.24。

如前所述,瞬时注入示踪剂处下游任一点的响应曲线,正常情况下可用点绘的浓度与消散时间的关系曲线来代表。图2.14所示曲线是在分析了选定时段内染色剂云通过时的水样后绘制的。该图是确定流经时间(即流速)和水流扩散特性的基础。为了用盐示踪剂确定式(2.11)中的流速,在测流段距离注入点足够远的两端断面中安装一对电导体或离子电极。这对电极之间的距离应足够,以确保精确测量期间的传播时间。电极通电后,与数据记录仪相连,数据记录仪连续记录每个电极与时间相关的电导率(或离子浓度)。现场用包括与数据记录仪相连的高级光纤在内的荧光计测量流水中染色剂浓度效率最高。无论哪种情况,在现场连续测量示踪剂可点绘精确的示踪剂浓度与时间关系曲线,在确定示踪剂质量获取率和流速时需要这样的曲线(见图2.14)。

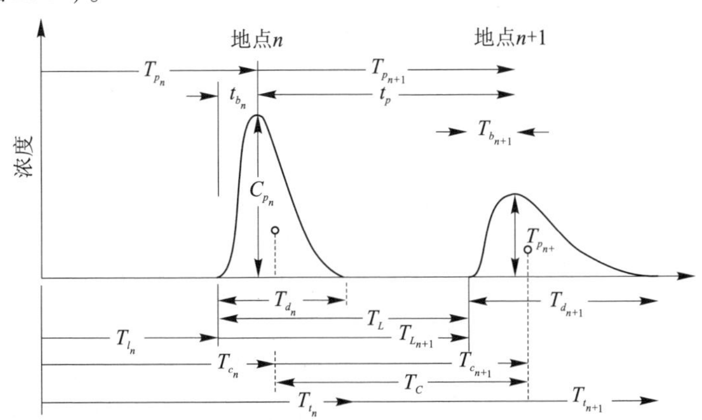

图2.14 沿选定流线采用染色剂瞬时注入法获得的时间-浓度曲线示意图(符号含义与文中相同)(源自Kilpatrick和Wilson,1989)

如图2.14所示的沿河时间-浓度曲线特性采用染色剂瞬时注入

后流经时间来表达。除其峰值浓度外，当水流中的示踪云达到基本电导率（浓度）时，还可对其前锋与尾翼点绘低电导率（对于盐）图和低浓度（对于染色剂）图。图 2.14 中各流经时间说明如下：

T_L为到达取样点相应曲线前沿的历时；

T_P为某取样点响应曲线达到峰值浓度的历时；

T_C为取样点响应曲线质心历时；

T_t为取样点响应曲线末端历时；

t_L为前锋历时；

t_P为达到峰值浓度历时。

水流沿一条流线传播的平均历时与同一条流线上下游时间－浓度曲线质心的历时是不同的。

$$t_c = T_{C_{(n+1)}} - T_{C_n} \tag{2.15}$$

式中：n 为取样地点数。

经过断面取样点需要的响应时间 T_d按下式计算：

$$T_d = T_{t_n} - T_{L_n} \tag{2.16}$$

明渠内采用示踪－流速－面积法存在局限性和缺点。在高速水流下，由于水面和水面上的水雾带有空气，难以观察到染色水体质心位置（Hall，1943）。若水流流速低，又会有混合问题产生。

2.5.2 示踪剂定速注入法

尽管定速注入法要求注入设备注入速率小且恒定，但与瞬时注入法相比仍具优势，这些设备都是可以买到或可以制造的。图 2.15 所示为河道断面上三点处示踪剂浓度与时间的关系曲线。从图中可以看出，主流上达到平稳值的时间比接近河岸上的早，岸边的流速要低一些。在选择取样地点时考虑的其他因素如下：

（1）短距离：①曲线面积不同，侧向混合不充分；②很快达到不同量级的稳定值；③可按流量比例取样，或者通过加权浓度流量数据，实现稀释－流量测量。

（2）最优距离：①曲线面积基本相同，混合基本充分；②快速达到几乎相同的浓度稳定值，混合充分；③以适度时间长度 T_D注入和实现完美的稀释－流量测量。

(3)长距离:①曲线面积相同,混合良好;②缓慢达到完全相同的稳定浓度值,但要在长时间注入滞后才能达到。

(4)常规:定速注入要求的最短距离,按时间 T_D,即按瞬时注入的染色剂云可在河流任意位置出现的最长时间确定。注入时间不够以及取样时间延后不足时,会出现问题,在 T_f 之前取样时,给人的印象会是混合不充分,获取的示踪剂数据不正确,示踪剂量不足。

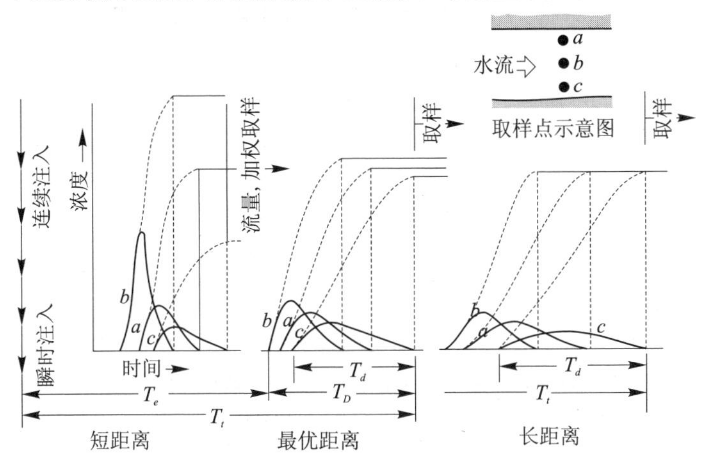

图2.15 离注入点下游不同距离河道断面横向三个点观测到采用瞬时和模拟定速注入法的时间－浓度曲线

通常存在的一个误解是,水浅和湍流的清水河流中混合充分。湍流可促进示踪剂垂直向快速混合,但除非水很深,否则横向扩散缓慢,混合距离可能相当长。深潭－浅滩水流中的混合距离较短,不过,不应低估达到平衡稳定值的混合时间。应避开有死水、大回流涡旋或浅滩测流的水流;这样的水流会使示踪云传播时间延长和减弱,需要长时间加注。

定速注入法的优点是不需要测取整个响应曲线,仅达到稳定浓度值即可。一旦达到平衡稳定值时,应用质量守恒原理和连续方程计算水流流量:

$$QC_0 + qC_1 = (Q + q)C_2 \tag{2.17}$$

$$Q = q\frac{C_1 - C_2}{C_2 - C_0} \tag{2.18}$$

式中：C_0为示踪剂天然即背景浓度；C_1为注入的示踪剂浓缩浓度；C_2为平衡即稳定浓度，为横断面平均值或者加权平均值，包括水流中的背景浓度；Q 为测取的流量；q 为注入水流中的(染色剂)浓缩液流量。

从所含的变量和式(2.18)可以看出，定速注入法不需要测取河道几何参数或时间参数。只需在下游某一地点记录到最终的浓度稳定值C_2就够了，不需要像流速－面积法要求的那样完整记录整个示踪云流经的全过程。

如果忽略水流中示踪剂天然背景浓度，可将式(2.18)改写为更实用的表达式：

$$Q = 5.89 \times 10^{-7} q\frac{C_1}{C_2} \tag{2.19}$$

式中：浓度单位为 mg/L，示踪剂注入速率单位为 mL/min，计算得到的流量单位为 ft^3/s。

图 2.16 中所示直线由式(2.19)计算得出，为 10 μg/L 的稳定浓度 C_2。水流中 10 μg/L 的染色剂浓度远高于一般的背景浓度。大多数情

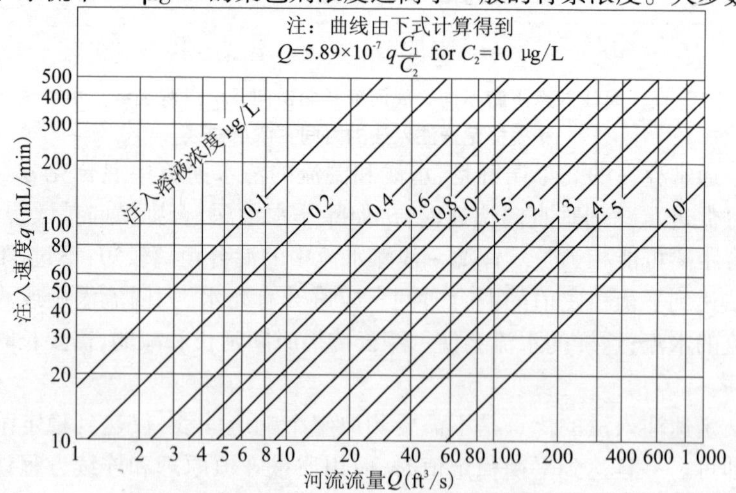

图 2.16　在不同水流流量和注入溶液浓度条件下染色剂注入速率估算图

(源自 Kilpatrick 和 Cobb，1985)

况下,在浓度低至 2 μg/L 时就可做到完美的染色剂稀释 - 流量测量;但为减轻背景浓度影响,提高测量精度,浓度还是高一点好。图 2.16 仅用于估算需要的注入速率;无论这种估算误差如何,达到 C_2 垂向允许值即可确保测量成功。另外,如果将 2 μg/L 视作 C_2 下限值,用图 2.16 所示的浓度和注入速率,可能可以测得比图中所示大 5 倍的流量。

正如 Kilpatrick 和 Cobb (1985)所指出的那样,从测流经验看,测量误差往往被错误地归因于染色剂损失。从式(2.19)可以看出,染色剂损失可降低 C_2 值,计算得到的流量偏高。在很多情况下,注入时间不够长,或者在注入后的太短时间内取样都会致使 C_2 值较低,在岸边取样时尤其如此。注入时间足够长,并在注入后等待足够长时间再取样,沿河岸可缓慢达到稳定峰值浓度。染色剂确实会损失,因此上述的注意事项需要得到重视。

地表水渗入地下含水层发生渗入损失、河段特别长时,在水流中携带有细粒悬移质泥沙尤其含有黏土质或有机絮状颗粒时,或者氯等化学物存在致使染色剂发生氧化或者消失时,均会发生真正的染色剂损失。为避免染色剂消失,一般不应在 pH 值小于 5 的水流中测流。在 pH 值如此低的水流中,建议使用滂酰桃红(Pontacyl Pink)染色剂。在非常湍急的水流中也有发现染色剂损失的情况。水中含氧量高时,也会如同氯一样氧化染色剂。

如果待测水流中含有可能使染色剂损失的物质,应取 1 gal 河水用于实验室制备标准样,并与蒸馏水制备的复制样相比较。实验室的工作必须及时完成,因为耽误时间太长的话,河水化学成分可能已经发生变化。

2.5.3　示踪剂 - 稀释法的应用

示踪剂 - 稀释法是较小河流中最精确的测流方法之一。此外,当结合污染物化学分析时,可用于确定是否有和在哪里有污染水流入地下水。图 2.17 和图 2.18 可用于评价河流枯季基流和地下水向河流补给情况下的示踪剂研究成果。在研究河段最上端断面以常速率和已知浓度注入罗丹明染色剂。在最下端断面取样点将装有罗丹明感应器的

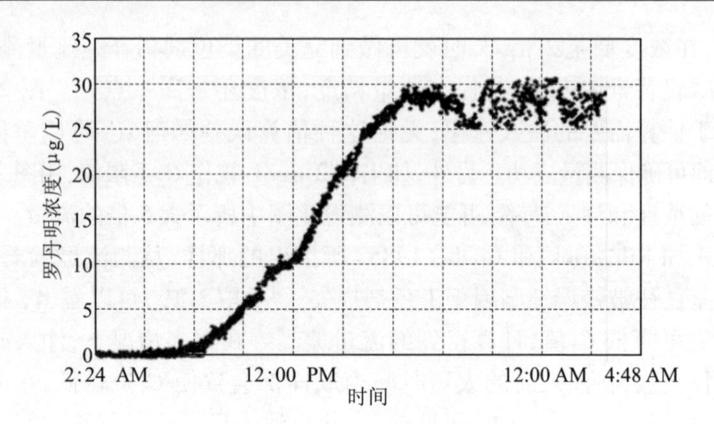

图 2.17　下游断面罗丹明浓度

(在水流示踪剂研究中用于确定小河流基流(承蒙 Lisa Pfau 和 Larry Neal 供图, AMEC.))

水质测验仪放入河中,并有计划地连续测取罗丹明浓度。连续向水流中注入染色剂,直到最下游断面的染色剂浓度达到稳定峰值。需要注意的是,如果使用盐溶液作为示踪剂,就要测取下游断面水流中的电导率。一旦水流中染色剂浓度达到稳定峰值时,要在每个取样断面的水面取水样,分析罗丹明浓度并关注成分浓度(COC)。根据观测到的示踪剂稀释程度确定罗丹明浓度,计算每个取样点的水流流量。从图 2.18 可以看出,在研究河段中段附近,关注成分浓度(COC)明显增大,然后逐渐减小,这说明,在短河段内有地下水沿优先流径向河内补给。

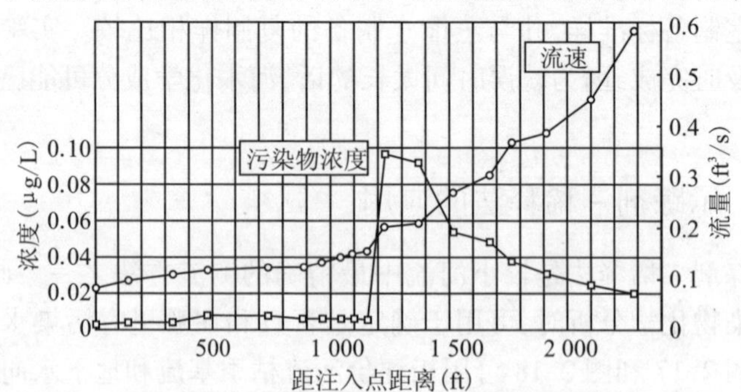

图 2.18　河流染色剂研究确定的河段内污染物浓度和河流流量

(承蒙 Lisa Pfau 和 Larry Neal 供图, AMEC.)

2.6　流量过程分析

如下内容主要参考了 Kresic (1997, 2007, 2009)以及 Kresic 和 Bonacci (2010)提供的资料。地表河流或泉水的流量过程是地下水向河流和泉水补给的最终结果,其间经历了流域内降雨和其他补给的各种转换过程。在很多情况下,岩溶泉水的流量过程与地表径流的流量过程极其相似,如果含水层为非承压并且对补给水响应很快时尤其如此。如同地表径流情况一样,很多岩溶泉水流量在强降雨后数小时内数次增加,甚至在增加量级上也与降雨息息相关。另外,与降雨入渗之类地表水直接影响隔绝的深部上升泉水(通常为温泉)流量特征——表现为轻度和延迟的季节性变化。

图2.19所示为可能在某种程度上影响泉水流量的各种水平衡因子。如果用地表径流代替泉水,Q_s直接汇入河流即形成所谓的河川基流的地下水。另外还要补充向河流补给的两个分项:地表径流和浅表径流即潜流。一般情况下,地表径流流域或者泉水集水区(泉水流域)的水平衡表明,区域内水量蓄变率与进入和流出该区域的水流变量是平衡的:

$$\text{流入水量} - \text{流出水量} = \text{蓄变量} \tag{2.20}$$

蓄积水量与三种蓄水体有关:地表储水体包括湿地、渗流区和饱和带。水平衡方程可以用水量平衡(固定时段)、流量平衡(单位时间水量(m^3/d))和径流密度(单位时间单位地表面积水量(mm/d),原文如此,译者注)

水平衡中大多数因子普遍存在的问题是不能直接测取,必须通过测取相关变量(参数)和估算其他因子来估算。例外的是,可以直接测取的因子包括总降雨量、河川流量、泉水流量和井抽水流量。其他可直接测取并用于各种方程中水平衡计算的部分重要变量包括地下水和地表水的水头(水位)以及土壤含水量。

在所研究流域内确定水平衡时的复杂程度取决于很多自然与人为因素,如气候、水文地理与水文、地质与地貌特性、地表土壤水文地质特

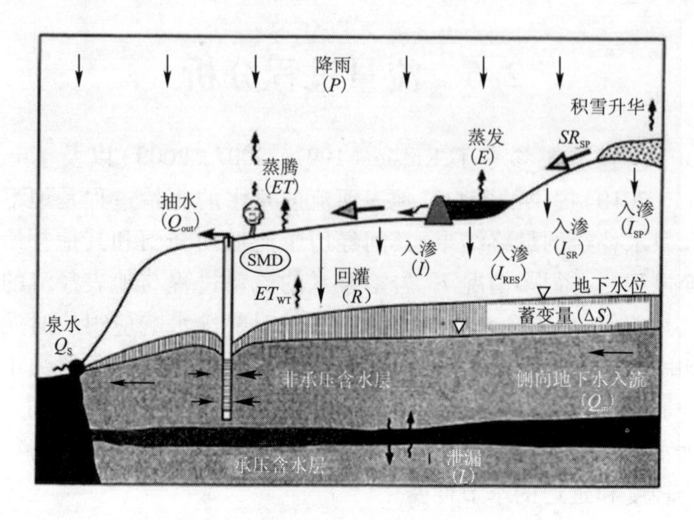

图 2.19　泉水集水区(泉水流域)水平衡因子(解释见文内)

(Kresic 改编,2009)

性和地下空隙介质、土地植被和土地利用、人工地表水库建设与运行、地表水开发与地下水开采用于消耗和灌溉以及废水处理等。下面图 2.19 所示各因子间的一些关系式,可用于对此系统中的水平衡作量化分析:

$$
\begin{aligned}
I &= P - SR - ET \\
I &= I_{SR} + I_{RES} + I_{SP} \\
R &= I - SMD - ET_{WT} \\
Q_s &= R + Q_{in} + L - \Delta S - Q_{out}
\end{aligned}
\tag{2.21}
$$

式中:I 为总入渗;SR 为地表径流;ET 为蒸散量;I_{SR} 为地表径流(包括沉失流)入渗;I_{RES} 为地表水库入渗;I_{SP} 为积雪与冰川入渗;R 为地下水回灌;SMD 为土壤水分亏缺;ET_{WT} 为地下水蒸散量;Q_s 为泉水流量;Q_{in} 为向泉水供水的含水层侧向入流;L 为从(向)下伏滞水层(含水层)的渗漏系数;Q_{out} 为井内含水层抽水量;ΔS 为含水层蓄变量。如果区域内有灌溉,还要加上另一个因子:灌溉水入渗量。

在理想情况下,需要确立上述关系中的大多数,用以量化补给泉水或者地表径流(包括贮存,并在三种普通贮水体间流动的水量—地表水、渗流区和饱和带)的地下水系统水平衡过程。水平衡中诸多因子中一项有变化时一定会引起连锁反应，从而导致所有其他因子发生变化。这些变化或多或少地延迟发生，延迟多少取决于水的实际流动情况和三种普通贮水体的水力学特性。

数十年来，降雨向河川径流的转化是应用地表水水文学者的主要关注点。如前所述，由于很多岩溶泉水的流量过程与地表径流的流量过程非常相似，地表水水文学研究的量化方法中，即使不能全部，也会有大部分可用于岩溶水文学。下面根据美国农业部出版的 James Dooge 的著作《水文系统线性理论》（Dooge，1973；也可参见 Dooge 和 O'Kane，2003），阐述这两个密切相关系统的相似之处。在后来的一些年里，Dooge 和其他地表水水文学者提出的原理与数学模型已得到越来越多的岩溶水水文地质学者的应用。

地表径流、潜流和地下水径流间的区别如图 2.20 所示，在应用地表水水文学中一般没有关注这些区别。在岩溶泉水水文学中，这种模拟模式如图 2.20（B）所示。地表径流是降雨之后的最快产流，在岩溶含水层中相当于溶槽类水流。潜流类相当于裂缝（裂隙）系统，地下水（河川基流）相当于带扩散流或者全部泉水流量中泉水基流成分的母岩蓄水。

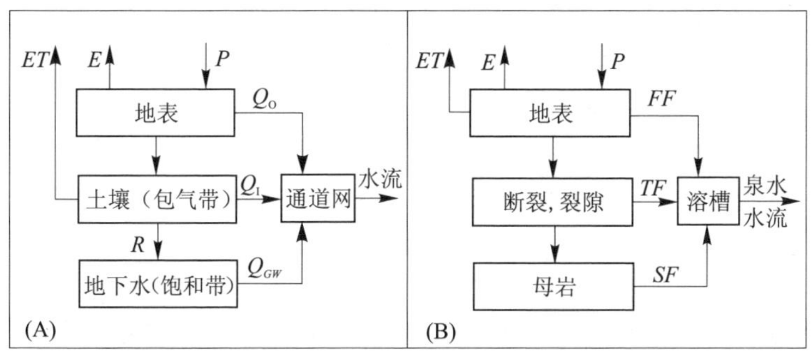

P—降雨；ET—蒸散；R—回灌；

Q_O—地表径流；Q_I—潜流；

Q_{GW}—来自地下水的基流（Dooge 改编，1973）

FF—快速水流（溶槽）；

TF—过渡水流（裂隙）；

SF—慢速水流（母岩、小裂隙）

图 2.20　（A）水系内地表河流集雨区（流域）及（B）水系内含水层泉水排泄情况

在实际工作中，水文学者将地表径流与河川基流分开，并使用如

图2.21(A)所示的简化水文周期模型。泉水模拟如图2.21(B)所示。降雨分割为过量降雨、入渗与其他损失。过量降雨直接在地表产生地表径流。在岩溶泉水水文学中,过量降雨相当于快速入渗到饱和带,在泉水口产生第一响应。入渗致使已因蒸发降低含水的土壤得到水的补充。土壤含水饱和后,任何过量的入渗水都会向地下水回灌,这些地下水最终会形成河川基流。在泉水水文学中,"地下水"贮存在含水层母岩中,基流为退水的泉水水流。

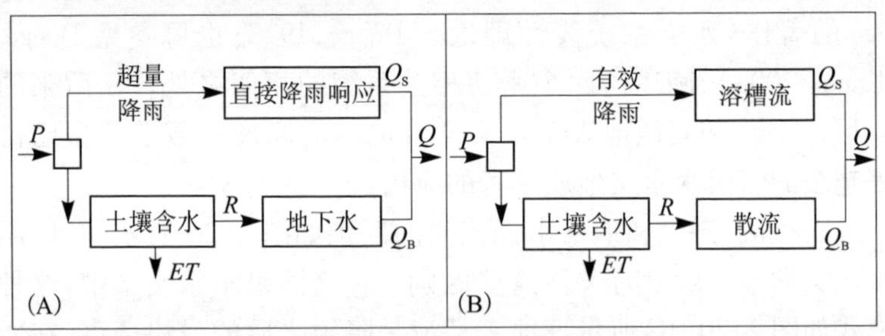

Q_S—降雨响应;Q_B—基流;P—降雨;　　Q—泉水流

ET—蒸散量;R—地下水回灌;

Q—地表径流(Dooge 改编,1973)

图2.21　(A)地表河流流域简化模型及(B)等效含水层泉水模型

正如Healy等(2007)指出,并在岩溶水中所应用的那样,了解水平衡及其中的水文过程是有效管理水资源的基础。水平衡过程中观测的流量可用于评价气候变化和人类活动对水资源可利用量的影响。比较不同地区地表径流或者泉水水平衡成果,可量化地质、土壤、植被和土地利用等影响要素。人类活动在很多方面影响天然水文周期。为适应农业发展而改变土地,比如建设排灌系统,改变了入渗、径流、蒸发和作物蒸腾率。建筑物、道路以及城市内的停车场等都有可能增加径流和减少入渗。

由于河流与泉水流量是水平衡中可直接测取的成分,分析流量过程后可评估供水可利用水量及其可持续性。此外,对岩溶水流量过程的渗入分析,还可为了解含水层特性提供有用的资料,这些特性包括含水层的贮水特性和传输率等。

图2.22所示为水平衡中的主要因子。降雨期后的首次出流以A点表示,降雨开始至出流开始之间的时间,通常称为开始时间,用t_s表示。达到流量过程线最大值(C点)的时间称为峰值时间t_c。从最大流量至流量过程线末端,在理论上的流量为零(E点)的时间,为消落时间t_f。峰值时间与消落时间之和称为流量过程线的基流时间t_b。降雨图的质心(C_p)与流量过程线图的质心(C_H)时间的时间称为滞后时间(t_r)。记录雨量与泉水流量的时段为Δt。

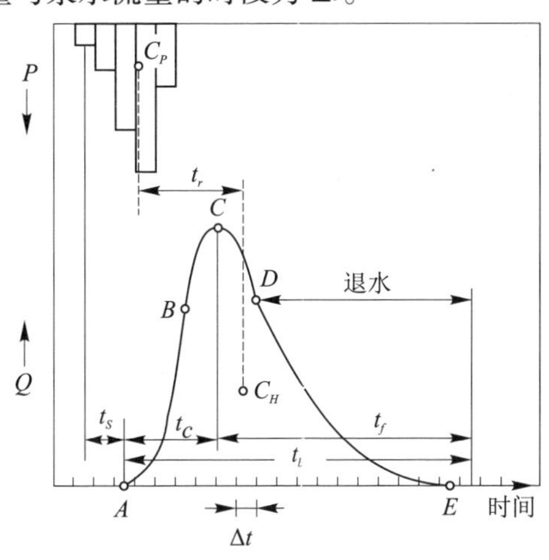

图2.22 流量过程线构成情况

流量过程线的形状用其基线(AE)、涨水段(AB)、峰值段(BCD)和落水段(DE)定义。落水段相应于退水期。B和C是流量过程线形状从凸向凹变化的拐点,反之亦然。对于地表径流而言,D点是雨后直接径流的末端。D点以后的流量过程线一般称为退水曲线。流量过程线的形状与流域面积的大小和形状以及降雨强度有关。当降雨期较长且降雨强度较低时,流量过程线的时间基线会更长,反之亦然:短历时、强降雨情况下流量过程线尖瘦且时间基线短。流量过程线以下的面积记录其内的径流量。在实际工作中,除非泉水或者地表河流是间歇性的,否则观测到的流量过程线还反映了前期降雨和其他可能的补给来源的影响,形状会很复杂。这样的流量过程线由相应的独立降雨事件(见

图 2.23)和其他补给水如暗河补给形成的单峰流量过程线叠加而成。

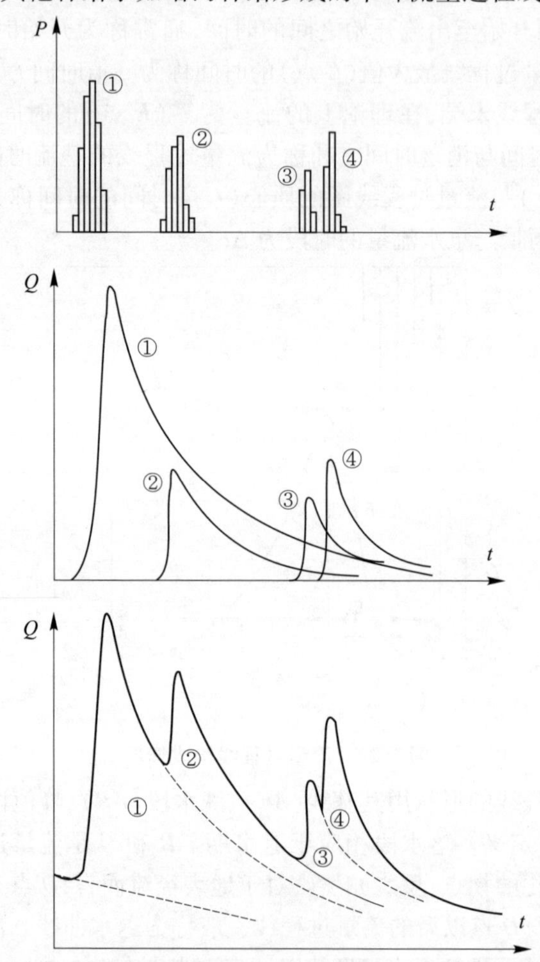

图 2.23 由几次降雨时间(顶部)形成的单峰流量过程线(中部)叠加成的复杂流量过程线(底部)(来源于 Jevdje vic 修编稿,1956)

新入渗的补给水对泉水流量的影响大小与孔隙率的主要类型和地下水位有关。但在开敞式水文地质结构中发育的岩溶含水层,在很多情况下,对补给水的第一响应是通过溶槽和(或者)大断裂的压力传播结果,而不是新入渗水的外泄(见图 1.144)。新的补给水要延迟一段

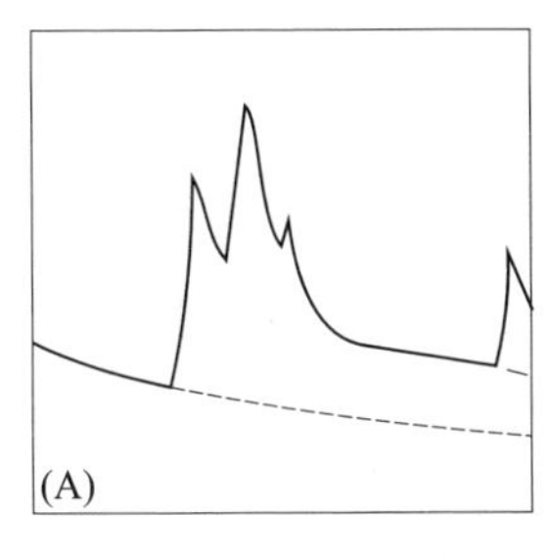

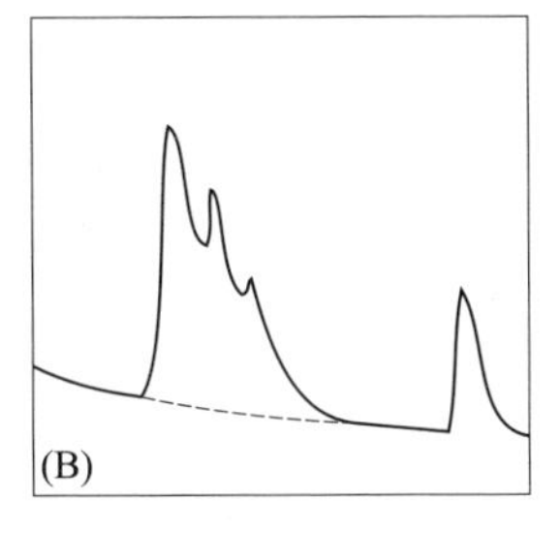

图 2.24　如同从泉水流量过程线看到岩溶含水层对降雨入渗之类补给水的可能响应形式。((A)由于贮水量增加,基流在流量过程线中上升到较高水平。(B)贮水没有增加流量过程线。来源于 Kresic,1991)

时间后才能到达泉水口,并且只占溢出流量的一部分。在补给期和系统初始响应过后可能会发生如图 2.24 所示的两种情况:(A)贮存在含水层的地下水量增加,反映在退水曲线转折段的是流量较大;(B)新补给水大部分通过发育良好的网状断裂或溶河(槽)流动水而外泄,在其周边含水层母体空隙中贮存量不大。退水曲线如同雨前延长线一样外延。第一种情况(A)在主要含水层接受补给时期是普遍存在的,比如在北半球温暖气候区的 3 ~6 月:非饱和带地下水位和含水量都高,与一年中生产峰值期相比,这一时期的蒸散损失小。新入渗的水加大了含水层中已经很高的水头,地下水更容易注入含水层母体空隙和狭小的裂缝中,这其中包括从溶槽内注入。第二种情况(B)可反映夏(秋)时节,这时水头和水力梯度都低,从夏季暴雨新入渗的水通过大裂缝和(或)溶槽快速传播。这种情况也可能表明含水层中缺少丰富的母体(裂隙)空隙。

2.6.1　退水分析

图 2.25 为流量过程线退水段分析情况,对应于没有大量降雨时期称为退水分析。需要注意的是,泉水或地表径流不会因新水向含水层快速补给而引起湍流。通过退水分析可很好了解含水层结构。建立合理的泉水流量与时间关系的数学模型后,可以预测一定无降雨期内的流量,并计算径流量。为此,退水分析中对长期泉水流量分析有一个广泛使用的量化方法。

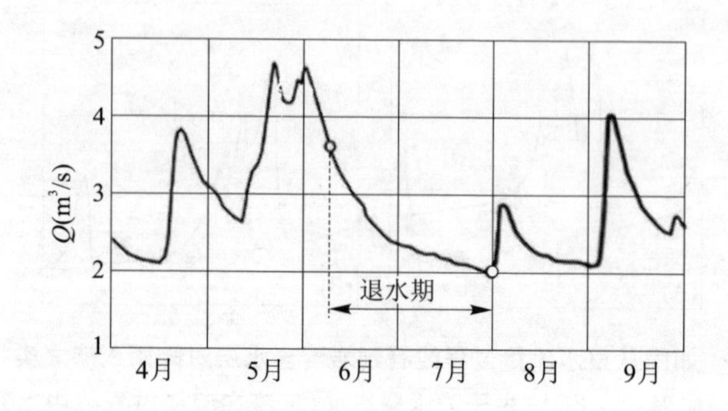

图 2.25 退水期泉水流量过程线(来源于 Kresic,1991)

在温暖(湿润)地带很少有理想的退水形态——长达数月的无雨期。而分析经常的降雨可使退水曲线形成多峰。因而理想的情况是尽可能多地分析不同年份的退水曲线。通过大量样本分析可得到平均退水曲线和最小流量外包线(见图 2.26),这样的外包线可用于精确定量计算长期期望最小流量。

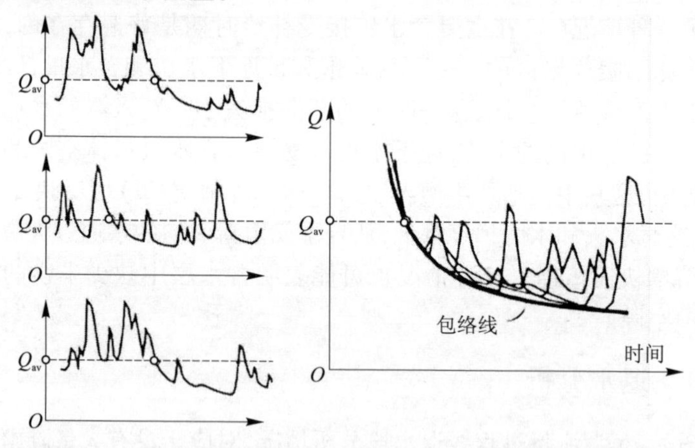

图 2.26 3 条年流量过程线及长期退水曲线,前者以年平均流量点叠加而成。后者以 3 条线叠加后的最小流量连线形成的包络线(前者即长期退水曲线(kresic,2007))

Boussineq (1904)和 Maillet (1905)提出了两个著名的数学表达式描述流量过程线的退水段和基流。表达式中确定了某时间的流量

(Q_t)与退水开始时的流量(Q_0)之间的关系。

Boussinesq 方程为双曲线式：

$$Q_t = \frac{Q_0}{[1 + \alpha(t - t_0)]^2} \tag{2.22}$$

式中：t 为退水开始后的流量计算时间点；t_0为退水开始时间，通常（不是必须）取零。

Maillet 方程用得较多，为指数函数式：

$$Q_t = Q_0 e^{-\alpha(t-t_0)} \tag{2.23}$$

两式中的无量纲参数 α 为流量系数（或退水系数），与含水层渗透率和流场有关。用 Maillet 方程在半对数纸上点绘的图形为直线，直线斜率为流量系数 α：

$$\begin{aligned} \log Q_t &= \log Q_0 - 0.434\,3\alpha\Delta t \\ \Delta t &= t - t_0 \end{aligned} \tag{2.24}$$

式中

$$\alpha = \frac{\log Q_0 - \log Q_t}{0.434\,3(t - t_0)} \tag{2.25}$$

为方便式(2.25)表达 Q_t 的单位取 m^3/s，引入转换系数 0.434 3，并且用 d 作为时间单位。由此，α 的量纲为 d^{-1}。

图 2.27 为图 2.25 所示退水期时间与流量关系半对数图。实测日均流量连成三条直线，这意味着可取三个不同的流量系数(α)，相应用三个指数函数表达退水曲线。三条线代表退水期三个小的流量过程。用式(2.25)求第一个小过程的流量系数(Kresic,2007)：

$$\alpha_1 = \frac{\log Q_{01} - \log Q_{02}}{0.434\,3(t_{01} - t_{02})}$$

$$\alpha_1 = \frac{\log(3.55\ m^3/s) - \log(2.25\ m^3/s)}{0.434\,3 \times 24.5\ d} = 0.019$$

第二个小过程流量系数为：

$$\alpha_2 = \frac{\log(2.25\ m^3/s) - \log(2.06\ m^3/s)}{0.434\,3 \times (44\ d - 24.5\ d)} = 0.004\,5$$

第三个过程流量系数，即第三条直线的斜率，可在线段上任一点取

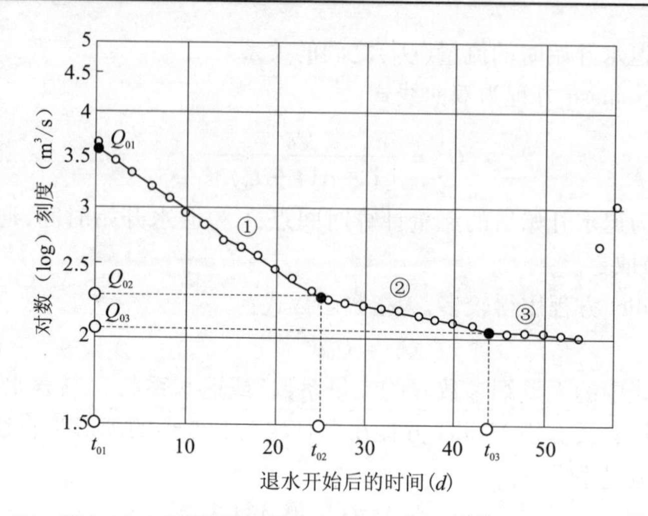

图 2.27　图 2.25 中所示的退水期时间与流量半对数关系图。退水期为 45 d(改编自 Kresic，1991)

一流量值计算，如果这条线太短的话，还可在其延长线上取。在本例中，60 d 后(图中未示)为 2.01rn³/ s，则 α_3 为：

$$\alpha_3 = \frac{\log(2.06\ \mathrm{m^3/s}) - \log(2.01\ \mathrm{m^3/s})}{0.434\ 3 \times (60\ \mathrm{d} - 44\ \mathrm{d})} = 0.001\ 5$$

在确定流量系数后，可用 Maillet 方程式计算退水开始后任一时间的流量。如退水开始后 35 d 位于第二小段线，泉水流量计算如下：

$$Q_{35} = Q_{02} \cdot \mathrm{e}^{-\alpha_2(35\ \mathrm{d} - t_{02})}$$

$$Q_{35} = 2.25\ \mathrm{m^3/(s} \cdot \mathrm{e}^{-0.004\ 5(35\ \mathrm{d} - 24.5\ \mathrm{d})}) = 2.146\ \mathrm{m^3/s}$$

注意第二小段线的初始流量为 Q_{02} = 2.25 m³/ s，相应的时间是 24.5 d。

假定退水开始后 3 个月内无雨，这一期间的泉水流量可用第三小段特征值预测(见图 2.27)，图中 Q_{03} 为该段的初始流量：

$$Q_{90} = Q_{03} \cdot \mathrm{e}^{-\alpha_3(90\ \mathrm{d} - t_{03})}$$

$$Q_{90} = 2.06\ \mathrm{m^3/(s} \cdot \mathrm{e}^{-0.001\ 5(90\ \mathrm{d} - 44\ \mathrm{d})}) = 1.923\ \mathrm{m^3/s}$$

流量系数(α)与泉水溢出高程以上含水层内贮存的自流地下水量(即地下水补充给向泉流的补给量)成反比关系：

$$\alpha = \frac{Q_t}{V_t} \tag{2.26}$$

式中：Q_t为时间 t 时的流量；V_t为溢流水位（泉水位）以上含水层内贮存水量。

式(2.26)可用于计算退水开始后含水层内贮存水量，以及一定时期内流出的水量。计算的地下水剩余水量总是指溢出水位以上的储量。含水层三段流量排泄情况（如本例）及其相应的排出水量如图 2.28 所示。退水开始时贮存在含水层内的地下水初始总水量（溢流水位以上的）对应三种不同类型（有效孔隙率）的贮水量之和：

$$V_0 = V_1 + V_2 + V_3 = \left(\frac{Q_1}{\alpha_1} + \frac{Q_2}{\alpha_2} + \frac{Q_3}{\alpha_3}\right) \cdot 86\,400\ \mathrm{s} \quad (\mathrm{m}^3) \tag{2.27}$$

式中：Q 为流量，m^3/s。

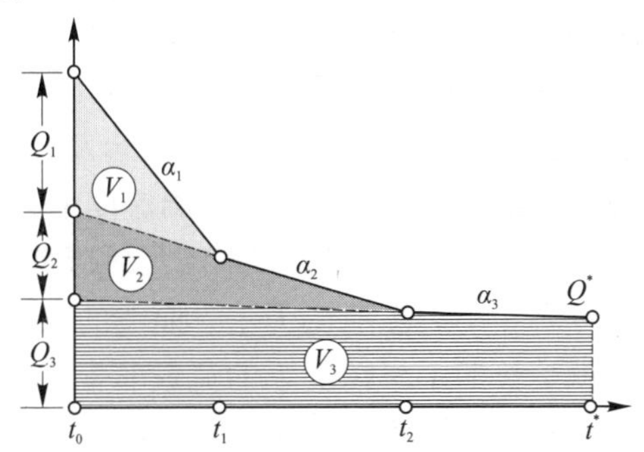

图 2.28　三段退水流量及其相应水量示意图
（源自于 Kresic，2009）

在第三段末留存在含水层中的地下水量为时刻 t^* 的流量与流量系数 α_3的函数：

$$V^* = \frac{Q^*}{\alpha_3} \tag{2.28}$$

V_0与 V^* 之差为 $t^* - t_0$期间流出的地下水量。在本例中，退水开始时含水层贮水量为：

$$V_0 = \left[\frac{(Q_{01} - Q_{02})}{\alpha_1} + \frac{(Q_{02} - Q_{03})}{\alpha_2} + \frac{Q_{03}}{\alpha_3}\right] \cdot 86\,400\ \mathrm{s} \quad (\mathrm{m}^3)$$

$$V_0 = \left[\frac{(3.55\ m^3/s - 2.55\ m^3/s)}{0.019} + \frac{(2.55\ m^3/s - 2.20\ m^3/s)}{0.0045} + \frac{2.20\ m^3/s}{0.0015} \right] \times 86\,400\ s$$

$V_0 = 4.547 \times 10^6\ m^3 + 6.720 \times 10^6\ m^3 + 1.267 \times 10^8\ m^3 = 1.380 \times 10^8\ m^3$。由此可知，大多数水贮存在含水层中，然后在第三小段缓慢溢出。

退水末期留存在泉水位以上含水层中的水量为：

$$V^* = \frac{2.03\ m^3/s}{0.0015} \times 86\,400\ s = 1.169 \times 10^8\ m^3$$

则，退水期泉水溢出的水量计算如下：

$$V = V_0 - V^* = (1.380 \times 10^8\ m^3) - (1.169 \times 10^8\ m^3) = 21.1 \times 10^6\ m^3$$

大型常年岩溶泉，如同本例一样，在退水期通常有 2 ~ 3 段流量。但各泉水的退水曲线有很大不同，其形状也有各自的物理意义。

一直在争论的是，对于岩溶泉水，曲线的初始大斜率段表示大断裂或溶槽中的湍流排泄，随后的曲线过渡段中湍流度小的水流，反映的是较小裂隙和母岩（第二小段）中的泄流，末端是缓降曲线，即所谓的主退水线，此段内以母岩和小裂隙泄流为主。曲线的末段对预测未来完全没有水补给，也就是长期干旱情况下的流量非常重要。但如下面所述，对于退水曲线的各种分段还可以有其他解释。

如 Bonacci (1993) 所述，退水曲线上的每个分段点是由地下水库（含水层）特性变化产生的。其中两个常见原因如图 2.29 所示。泉水排水区减少和（或者）含水层有效孔隙率减少时，退水曲线上就会出现断点。

图 2.30 所示为一些不常见的退水曲线形状以及退水系数的变化。图 2.29 与图 2.30 所示的不同之处是后者中 $\alpha_2 > \alpha_1$，也就是退水系数 α 随时间增加。造成这种现象的原因有多方面。比如，图 2.30(B) 所示的流域内分布有部分石灰岩和片岩情况。地下水在石灰岩中的排泄比片岩中快得多，这样就造成片岩区（t_i - t_j期间）溢出水流滞后，从而引起希腊 Mikro Vuono 泉退水曲线斜率变化（增加）（Soulios, 1991）。

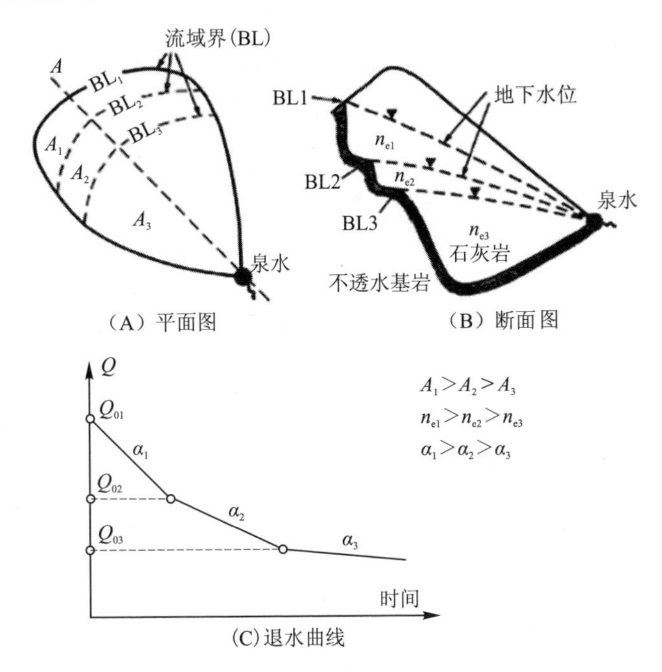

图2.29 由集雨面积(A)和有效孔隙率(n_e)大小变化引起退水系数值改变的常见成因俯视图(A)和断面图(B)和退水曲线(C)(改编自Bonacci,1993)

图2.30(C)为岩溶含水层中临时充蓄的溶洞示意图。溶洞主排泄口底部高程为H。只要地下水位低于这一高程,地下水流动就很缓慢或者根本不流动。地下水位突然降低使得水从充蓄的溶洞内排出。可以理解的是,这不是溶洞特有现象,这种现象在局部有效孔隙率高的大片区含水层中都会发生(Bonacci, 1993)。图2.30(D)所示为相同情形。在此图中,岩溶区分布有临时充蓄的灰岩洼地而不是溶洞中的地下水库。溶洞与洼地的作用是相同的。

退水曲线的初始部分反映了快速排泄关系,可能不适用于Maillet类简单指数表达式,但可采用一些其他的函数表达。如果将实测数据点绘在半对数纸上不能连成直线,就可很容易检测指数函数计算结果的合理性。

估算退水开始时的排泄常用Boussinesq类的双曲线表达式。其一

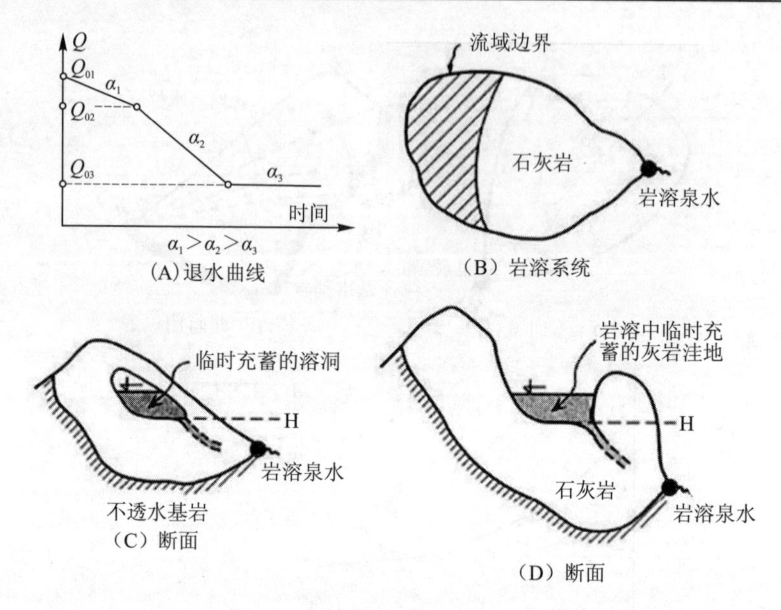

图 2.30 退水系数(α)值变化的其他原因图(源自 Bonacci, 1993)

般形式为:

$$Q_t = \frac{Q_0}{(1 + \alpha t)^n} \tag{2.29}$$

在很多情况下,这一表达式可描述整个退水曲线。Drogue(1972)根据对法国 100 个岩溶泉水退水曲线的分析得出的结论是,在研究的 6 个指数中,指数 n 的最接近值是 1/2、3/2 和 2。要使函数式与实测资料吻合,最好用图解并通过下列计算具体确定指数 n 和流量系数 α(Kresic,2007):

(1) 要注意退水末期最小实测流量(Q_2 =0.057 m^3/s;比如图 2.31);

(2)退水曲线上的任何流量 Q_1 并不一定(可能)是最近降雨的产流,要在 Q_2和 Q_1线段上选择;

(3)α 值满足如下方程:

$$\frac{\log(Q_0/Q_1)}{\log(Q_0/Q_2)} = \frac{\log(1 + \alpha t_1)}{\log(1 + \alpha t_2)} \tag{2.30}$$

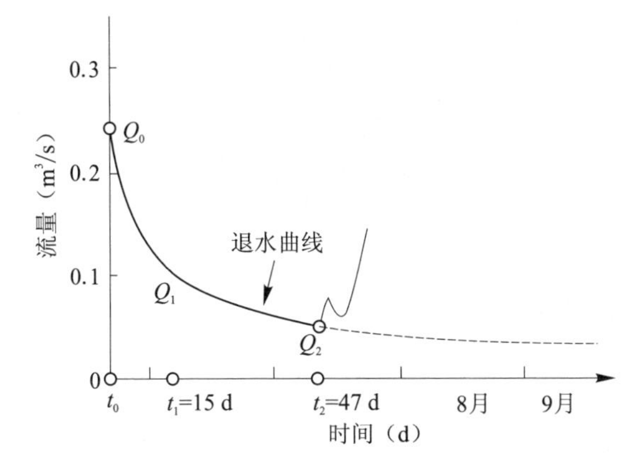

图 2.31 泉水退水曲线,其流量用于确定双曲函数参数(改编自 Kresic, 2007)

并通过取 α 初始值(通常为 0.5)后通过试算求得。试算结果可如图 2.32 所示那样通过绘图检验:正确的流量系数应能将图中的 Q_0点、Q_1点和 Q_2点与相应的时间点 t_0、t_1和 t_2点连成直线。本例中 α 值为 0.202。

$$\frac{\log(0.240\ \mathrm{m^3/s}/0.105\ \mathrm{m^3/s})}{\log(0.240\ \mathrm{m^3/s}/0.060\ \mathrm{m^3/s})}=\frac{\log(1+0.202\times15\ \mathrm{d})}{\log(1+0.202\times47\ \mathrm{d})}$$

$$0.596\,3\approx0.592\,9$$

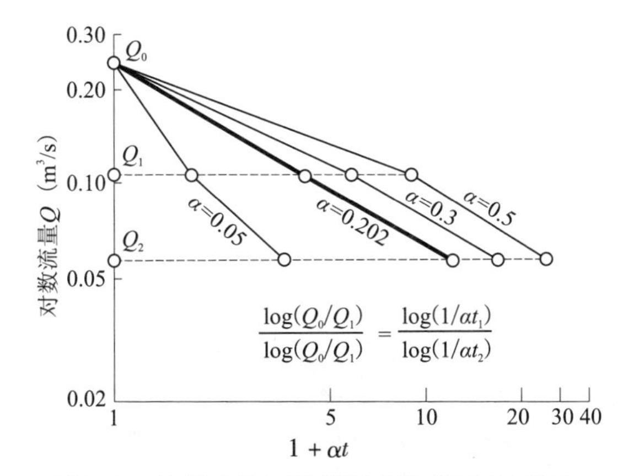

图 2.32 流量系数 α 图解(案例如图 2.31 所示)(源自 Kresic, 2007)

将确定的 α 值代入如下两式计算指数 n：

$$n = \frac{\log(Q_0/Q_1)}{\log(1 + \alpha t_1)} \tag{2.31}$$

$$n = -\frac{\log(Q_1/Q_2)}{\log\left(\dfrac{1 + \alpha t_1}{1 + \alpha t_2}\right)} \tag{2.32}$$

对本例，采用式(2.31)计算出 n 值得：

$$n = \frac{\log\left(\dfrac{0.240\ \mathrm{m^3/s}}{0.105\ \mathrm{m^3/s}}\right)}{\log(1 + 0.202 \times 15\ \mathrm{d})} = 0.593$$

则退水流量方程为：

$$Q_t = \frac{0.24\ \mathrm{m^3/s}}{(1 + 0.202\ t)^{0.593}}$$

流量系数 α 和指数 n 的一般关系表达式如下：

$$\alpha = \frac{\sqrt[n]{Q_0} - \sqrt[n]{Q_t}}{t\ \sqrt[n]{Q_t}} \tag{2.33}$$

如同在 Maillet 表达式中的情况一样，推算的双曲函数可用于计算储存在泉水位以上含水层中自流水量。一般情况下，自退水开始后任意时刻 t 的自流水量按下式计算：

$$V_t = \frac{Q_0}{\alpha(n-1)}\left[1 - \frac{1}{(1 + \alpha t)^{n-1}}\right] \times 86\ 400\ \mathrm{s} \tag{2.34}$$

2.6.2 流量过程线分割

在水平衡和地下水补给研究（比如可参见 Kresic 和 Mikszewski，2009）中要做的一项重要工作是分割地表河川径流中的基流。对长期天然状况并且在没有人工开采地下水的情况而言，在常年获得地下水补给的河流流域内，地下水的回灌补给率等于地下水向河流的补给率。假定所有地下水都补给地表河川径流，不管这种补给方式是直接补给还是通过泉水补给，都遵循这样的规律，即河川基流等于流域内向地下水的回灌补给。这一简单概念的说明如图 2.33 所示。但是，这一概念的应用并不总是那样直接,在岩溶地区尤其如此,应该以流域内地质与水文地质特性调查为依据。

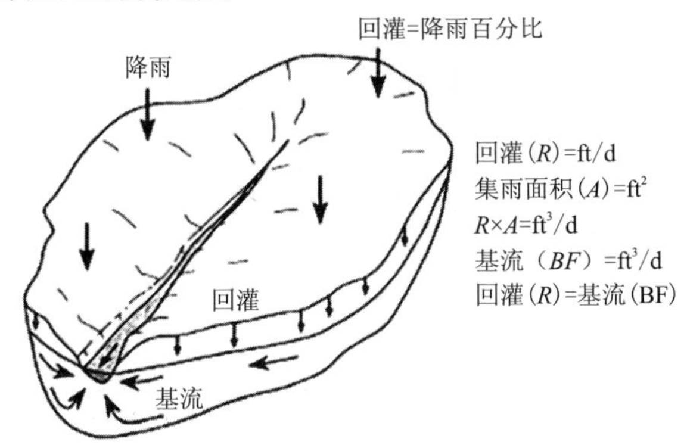

图2.33 含水层向地表河流补给基流估算(改编自 Kresic,2007)

下面为常见的案例,用以说明不应仅用河川基流估算实际地下水回灌补给量的一些情况(Kresic,2007):

(1)地表河流流经地表分水岭和地下分水岭不一致的岩溶区。因为具体情况不同,根据基流确定地下水回灌补给有可能会过量或者低估回灌补给总量。

(2)河流不是常年的,或者有些河段损失水量(无论常年或者季节性);测流时间和地点不适于这种条件下的评估计算。

(3)河漫滩上长满河岸植被,植被通过蒸散发吸收了大量水分。

(4)有深层含水层的补给,这些深层含水层在遥远的其他流域有回灌补给区。

(5)河流上有水库调节径流。

大多数估算基流的方法是将地表河川径流过程线分割为两个主要部分:一是地表径流与潜流;二是和地下水补给有关的径流。如图2.34所示最常用的 *ABC* 线分割流量过程线方法用于有大量地下水向河流补给的地表河流。假定 *C* 点表示所有地表径流的结束和仅由地下水补给河流的开始,后者接近直线的流量过程线向后延长直至与最大流量的纵坐标线相交于 *B* 点。点 *A* 表示雨后地表径流的开始,然后用直线连接点 *A* 和点 *B*。*ABC* 连线下的面积即为基流,或者说为河川径流中的地下水补给流量。很明显,对泉水流量过程线而言,这一面积的含义是不同的,这是因为所有流出的泉水都是地下水。但泉水过程线中相应于地表河川径流基流的那一部分可能部分由较小空隙(小裂隙、母岩孔隙)中的水稳定补给形成,部分由新入渗水提高水压后贮存在母岩中的水补给形成。

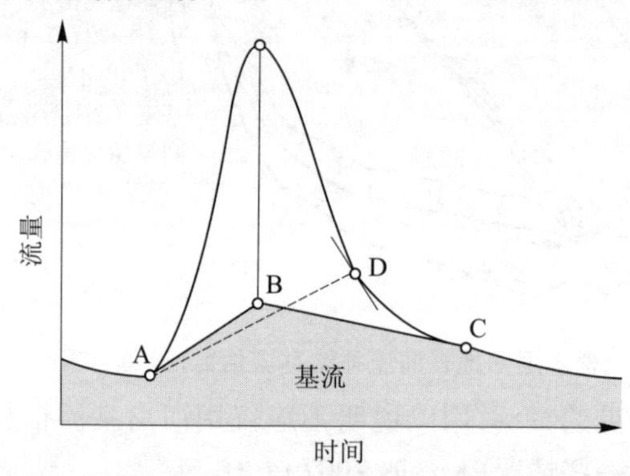

图 2.34 两种方法图解分割流量过程线的径流成分

图中所示 *ADC* 连线是分割基流的另一种可视(图解)方法,这一方法更主观一点。应用此法时选择切于流量过程线的落水段最突出的 *D* 点。不过,由于这种方法主观性很强且缺少理论基础,很多专业人员将这种图解基流分割视为“方便的魔术”,但在缺乏详细(昂贵)的地表径流过程和产流流域特性资料时,用这种方法有时也能获得有用的信息。Risser 等(2005)运用宾夕法尼亚 197 个流量站资料,详细应用和比较了两种估算地下水回灌补给的流量过程线分割程序计算方法。美国地质调查局开发的两个计算机程序——PART 和 RORA(Rutledge,1993,1998,2000),在其网站公开主页上可查到,并可免费下载。PART 计算机程序根据实测径流资料用流量过程线分割法估算基流。如图 2.35 所示,除流量过程线的峰值部分外,其余均为基流。直观上似乎合乎岩溶区情况,在这些地区的总流量中的大部分在以泉水或者散流形式形成河川径流的基流前在含水层内流动。

RORA 计算机程序使用了 Rorabaugh (1964)提出的退水曲线移动法估算每个降雨期的地下水回灌补给量。RORA 程序用的不是流量过

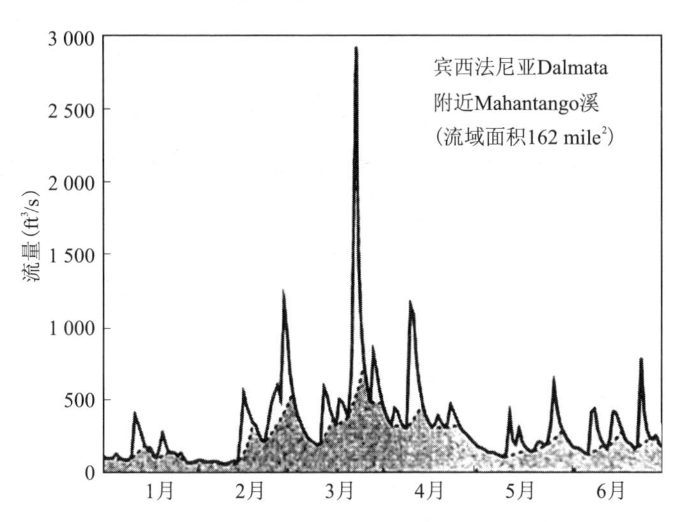

图 2.35　用 PART 程序分割基流成分后的地表径流过程线

(源自 Risser 等,2005)

程线分割法;其根据地下水排水理论,通过移动河川径流 - 退水曲线来确定回灌补给量。

RORA 程序中用的 Rorabaugh 法为一维分析模型,适用于地下水在具有空间均匀回灌补给的均质理想含水层内排向全透水的河流。因为方程中存在固有的假定,Halford 和 Mayer (2000)提醒大家,RORA 程序可能不能用于一些流域的回灌补给估算。实际上,在某些情况下,RORA 程序估算的回灌补给率比降雨强度还大。Rutledge (2000)认为,RORA 程序估算的月均回灌补给率没有其估算的长期回灌补给率可靠,并建议用 RORA 程序估算时,时间不应小于一个季度(3 个月),这是因为其估算结果与应用退水曲线位移法手算得出的短期结果差别很大。因为降雨事件后泉水流量增加,使整个含水层获得回灌补给的主要指标,泉水流量过程线分割对估算含水层回灌补给是非常有用的。尽管在岩溶区常常难以精确测取泉水排泄量,但泉水流量过程线反映了整个含水层内所有类型孔隙对降雨的响应,以及含水层对所有回灌补给水的响应。除降雨直接回灌补给外,这些回灌补给量中可能还包括透水性较小区域覆盖物中水流的穿透,消失的地表河流(暗河)的异源直接回灌补给。为此,根据各种来源确定整个含水层回灌补给率的泉水流量过程法可以认为是最主观的方法。

图2.36和表2.1说明了由单个流量过程线及其相应的降雨量确定含水层回灌补给量的原理。长期基流以上的排泄水量(流量过程线下阴影面积)等于含水层从单次降雨时间获得的回灌补给量。由泉水集雨面积(约为600 km^2)乘以与单次流量过程明显相关的降雨深(mm)求得降雨量。将这两个量的比值乘以100,可求得用总降雨量百分比表示的含水层回灌补给率(见表2.1)。

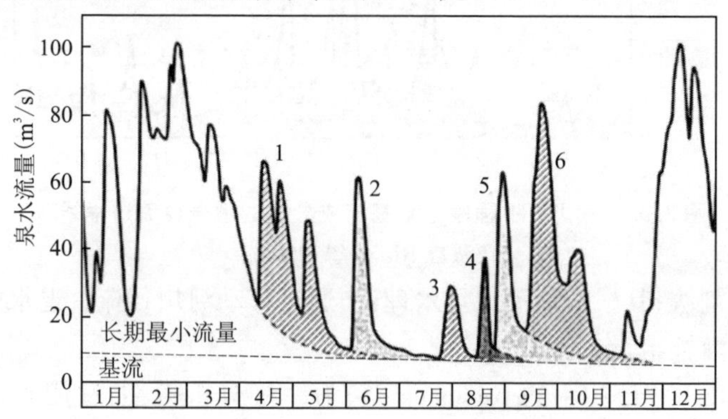

图2.36 用单个泉水(克罗地亚Dubrovnik附近的Ombla泉)流量过程线确定含水层回灌补给量,成果参见表2.1)(来源于Kresic ,1991)

表2.1 用图2.36所示的泉水流量过程线法确定Ombla泉水集雨面积内降雨的回灌补给率

过程线序号	径流量(m^3)	降雨量(mm)	回灌补给率(%)
1	8.704×10^7	201.5	72
2	3.451×10^7	69.3	83
3	1.614×10^7	35.4	76
4	1.067×10^7	27.8	64
5	5.046×10^7	164.9	51
6	1.011×10^8	271.8	62

注:集雨面积约为600 km^2;1969年数据(源自Kresic,1991)。

当收集到多年泉水流量过程线和降雨资料时,用上述方法可估算集雨区内季平均和月平均回灌补给率。这些回灌补给率每年都会发生变化,变化情况与各季节因素有关,比如饱和带的前期饱和程度、积雪和蒸散发,以及单次降雨的持续时间和强度等。但总体而言,通过这样的分析可合理评估泉水集雨区内长期回灌补给结构和特性。图 2.37 为石灰岩含水层月平均回灌补给案例,这个含水层有完整的集雨区,通过一个常年泉口排泄。图中水平线表示 29 个独立流量过程线及其由图 2.37 和表 2.1 确定的相应回灌补给率的基长。

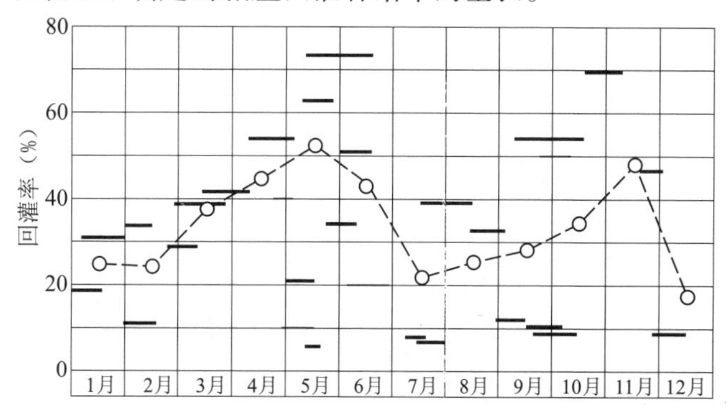

图 2.37　塞尔维亚东部的 Graz 泉水含水层月平均回灌补给率(采用图 2.36 所示流量过程线法确定(解释见正文内))(源自 Kresic,1991)

月均回灌补给率(用点表示)为以时间为权重的逐月回灌补给率加权平均值(注意有些单月基线延伸到 2 个月的区域)。由图 2.37 可以看出,单月回灌补给率分布很散,在 5 月和 6 月尤其如此,在所分析的流量过程线中这 2 个月的数量最多。但能很明显地看出温带潮湿气候区含水层回灌补给的季节特性。回灌补给率在植被生长前和早期(3 月至 6 月)含水层回灌率高,由于这一时期气温适宜,加之前期融雪影响,土壤饱和度最大。此外,这一时期降雨频繁,而 5 月和 6 月降雨量最大,这些因素都使含水层回灌补给率增高。

如图 2.38 所示,基流分割图解法在有些情况下可能根本不适用。在河漫滩蓄水能力大的含沙水流的河流中,汛期或高水位时会有大量的水向地下渗漏,以至于根本没有基流补给(见图 2.38(A))。河流向下伏岩溶补给水时情况也是如此。或者,河流从区域含水层连续接受基流补给,但这样的含水层与浅层含水层不同,有另外的主回灌补给区并维持高于河水位的地下水位(见图2.38(B))。尽管已有人尝试用普通方法图解分割这两种流量过程线,但不进行更多的现场调查是不可能得出河川径流中地下水补给量成果的。

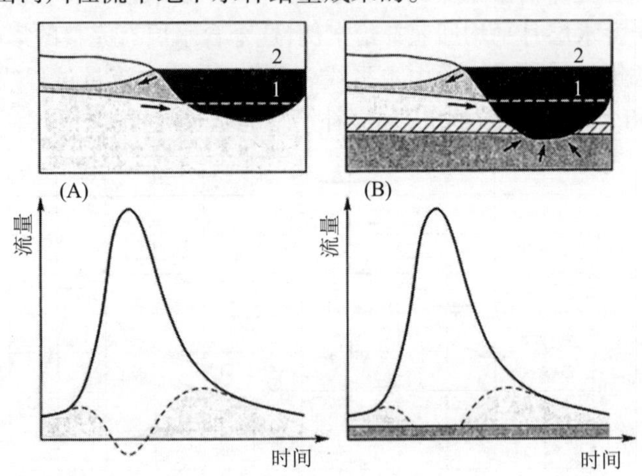

图2.38 当(A)河流水位比地下水位高;(B)河流水位比浅层含水层地下水位高,但比补给河流的深层含水层水头低时,降雨引起主涨水后流量过程线流量情况。(1—雨前初始河流水位,2—大流量期间河流水位(改编自 Kresic, 2009))

结合流量过程线分析与降雨和水流的化学与物理因素分析可深入了解其来源与地下贮存时间、含水层回灌补给机制和产生泉水的水力学特性。例如,各种环境同位素和人工同位素,以及地下水中含有的阴离子、阳离子等化学成分及其传输性等,都可用于化学图解及评估泉水排泄过程。White(2010)解释了与溶解成分很少的非岩溶泉水相比,碳酸盐岩溶泉水中更适于采用这种方法的原因。岩溶泉水可分为如下三大类型:①与降雨间隔时间相比响应时间很短的泉水;②与降雨间隔时间相比响应时间很长的泉水;③相对降雨间隔时间而言立即响应的泉水。①和③为快速产水类型,地下水在碳酸盐岩石壁内达到化学平衡浓度前就已到达泉水口。因此,到达泉水口的基流受到新入渗雨水的稀释。从水的硬度和其他化学参数突然降低中可判断稀释后的雨水到达了泉水中(White,2010)。

如同该书所论,岩溶含水层空隙独特,其中地下水有两种主要类型:缓慢扩散流即基流和快速的溶槽流(见 Atkinson,1977)。但由于可能的回灌补给多样以及岩溶含水层特性千变万化,岩溶泉水流量过程线上这两种类型水各占的比例变化很大。有暗河时,其可向含水层回灌补给,枝状溶槽网和高母岩孔隙率都可产生复杂的多峰化学过程和流量过程线;在同一泉水的过程线中,有些表现出对降雨的快速响应,有些又表现出严重滞后。因此,如果没有对系统进行全面、完整的现场调查,就不可能对这样的过程线进行分割。比如,图2.39示出了同一泉水在连续2年的上半年相类似的主回灌补给期反应大不相同的情况,接着从6(7月)~10月有一个长时间的退水期。这两个退水期情况表明,由于长期滞留的地下水(从含水层母岩和(或)从含水层较深部位)开始向泉水补给,单位导水率普遍增加。但在1995年,单位导水率增加值尤其大,并伴有巨大声响,因为降雨特性并没有明显变化,简直无法解释。Vandike(1996)详细阐述了在泉水集雨区的几个测站实测的降雨与回灌补给情况和泉水流量过程线及化学过程线变化情况。

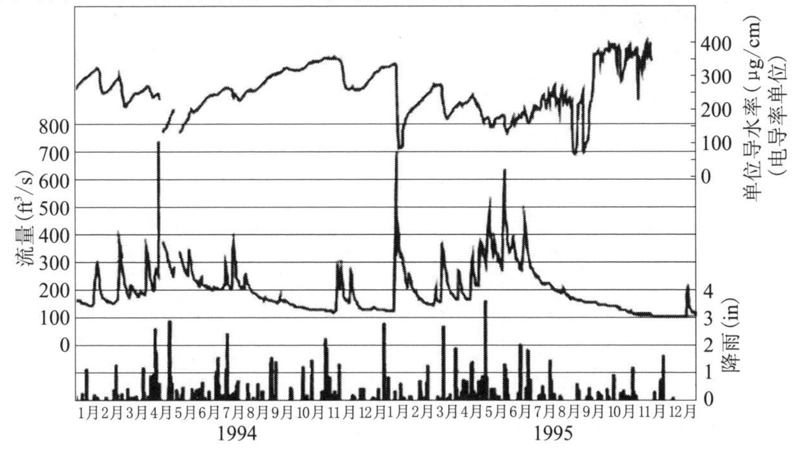

图2.39 1994-1995Maramec泉水日均流量和单位导水率及Rolla-UMR站日均雨量(Vandike修编,1996)

密苏里的第五大泉水 Maramec 泉出口为下加斯科内德白云石中发育的开敞溶洞。溶洞泉水探测发现,将水导向泉水的溶槽深度至少在溶池水位以下 190 貌—新 ft。Maramec 泉水流量变化范围为 56 ~ 1 100 ft^3/s,平均流量约 155 ft^3/s(Vandike,1996)。

染色示踪试验显示,Maramec 泉的回灌补给区位于 Dry Fork、Norman 和 Asher Hollow Watersheds 泉的西部和南部,面积 310 $mile^2$。所有这些集水区都接受暗河补给,这些暗河向地下注入大量的水。在 Dry Fork 流域 4 个地点收集到小时雨量资料,结合收集到的 Maramec 泉单位小时流量和单位导水率资料分析,泉水出流流量在降雨 4 ~6 h 后就开始增加。在较干旱期,其响应时间似乎要长一些。在汛期,由于雨前土壤含水量高,响应时间要短一些。Maramec 泉水流量快速增加的原因是回灌补给区水位增加导致岩溶系统的压力水头增加。实际回灌补给水在几天内也不会到达泉水口,回灌补给过程线质心处的水体一般要在大雨过后 12 ~ 15 d 能到达泉水口(Vandike,1996)。

结合使用流量过程线、化学浓度过程线和浊度过程线的另一案例见图 2.40,该图的工作由 Ryan 和 Meiman (1996)完成,White (2010)进行了解释。Big 泉是位于 Mammoth 国家溶洞公园(Mammoth Cave National Park)的石灰岩岩溶水。此泉位于 Green 河以北,与 Green 河以南的 Mammoth 溶洞及相关的大型岩溶排水系统没有水力联系。Big 泉的回灌补给区呈狭长型,延伸到公园边以北的农业区。回灌补给区的公园部分为森林,没有开发。大雨过后,Big 泉水的流量过程线很快上升,但化学浓度过程线平稳保持常数,仅在流量过程线起涨约一天后浓度略有下降。浊度过程线保持平坦,浊度值低,过 18 h 后才达到峰值。泉水浊度达到峰值时大肠杆菌数量上升。对这种现象的解释是,流量过程线起涨至化学浓度回落流出的是贮存在积水溶槽中的水。之所以在降雨后流量即刻增加,是因为地下水系统上游水头增加,而雨水本身要在 24 h 后才到达泉水口。再过 18 h 后,上游雨水流经农业区,挟带着泥沙和大肠杆菌到达泉水口。染色示踪试验也支持后面的这一解释,据试验,从系统上游末端到泉口的水流传播时间与浊度过程线传播时间是相同的。

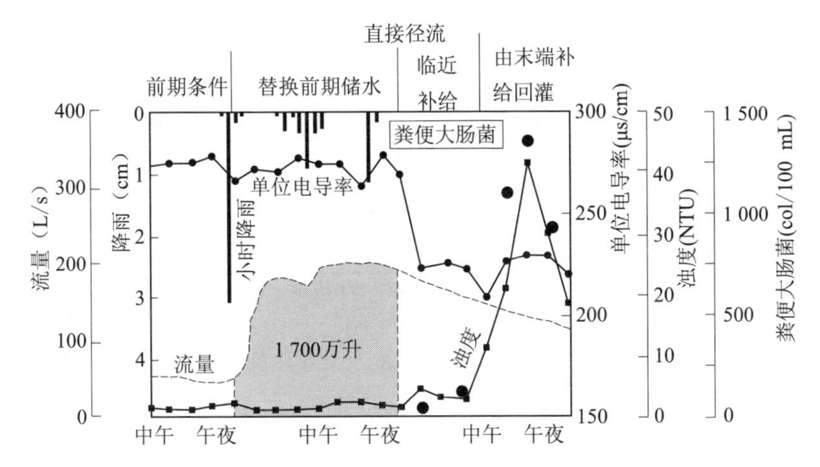

图 2.40　美国肯塔基 Mammoth 国家溶洞公园 Big 泉雨水响应及雨水和泥沙到达时间(来源:Ryan 和 Meiman,1996 ,White 供图, 2010)

假定新进入含水层的水中成分与已贮存在其中的水中成分大部分相同,由此可进行泉水流量过程线水化学分割。在发生雨水回灌补给时,标志地下水特征的大多数阳离子浓度,如钙离子和镁离子浓度,在雨水中是很低的。应用此法的其他假定还有如下几条(Dreiss, 1989):

(1)从雨水监测资料中选择的化学成分浓度在空间和时间上是均匀的;

(2)雨前相应浓度在整个集流含水层中的时空分布上也是均匀的;

(3)降雨期内水文周期中,包括回灌补给与地表水等其他过程的影响可以忽略不计;

(4)化学成分的浓度和传输不受含水层中化学反应的影响。

最后一条是假定新入渗水在快速流经第二孔隙期间,碳酸盐岩石有很少的溶解。如图 2.41 所示的案例,开始两条有关钙离子的假定是可接受的;在大雨后,流量增加,其在泉水中的浓度快速下降。

假定已贮存在含水层中的水(Q_{old})与新入渗的雨水(Q_{new})简单混合,则实测的泉水总流量是这两量的和 (Dreiss, 1989):

$$Q_{total} = Q_{old} + Q_{new} \tag{2.35}$$

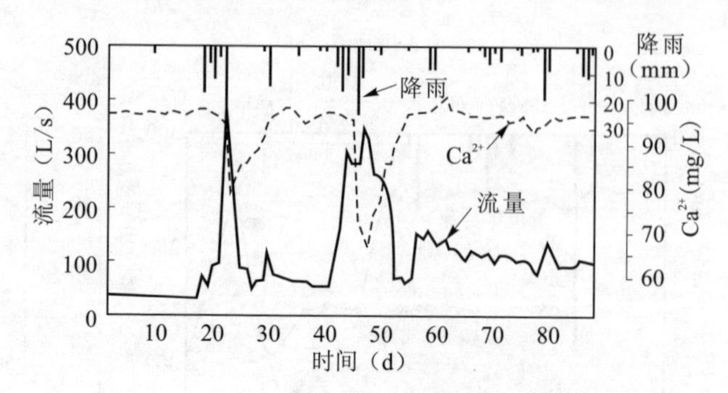

图2.41 泉水集水区的泉水流量过程线、钙化学浓度过程线及降雨图

(源自 Kresic，2007)

如果含水层中的化学反应不引起入渗雨水中钙离子浓度大量和快速变化(这一点对水流流速高的非承压岩溶水和裂隙发育的含水层的水而言是实际情况)，泉水中的钙离子浓度平衡方程式为：

$$Q_{\text{total}} \cdot C_{\text{total}} = Q_{\text{old}} \cdot C_{\text{old}} + Q_{\text{new}} \cdot C_{\text{new}} \tag{2.36}$$

式中：Q_{total}为实测泉水流量；C_{total}为实测泉水钙离子浓度；Q_{old}为泉水中属于“老水”(即雨前已经存在含水层中的水)的一部分；C_{old}为实测雨前泉水钙离子浓度；Q_{new}为泉水中属于新入渗补给水的那一部分；C_{new}为新入渗水的钙离子浓度。

如果C_{new}比C_{old}足够小(本例情况就是这样，因为雨水钙离子浓度通常小于5 mg/L)，钙离子输入质量比含水层存水中钙离子质量小很多：

$$Q_{\text{new}} \cdot C_{\text{new}} << Q_{\text{old}} \cdot C_{\text{old}} \tag{2.37}$$

式(2.36)忽略输入钙离子质量后，则求得下式：

$$Q_{\text{old}} = \frac{Q_{\text{total}} \cdot C_{\text{total}}}{C_{\text{old}}} \tag{2.38}$$

联解式(2.36)和式(2.38)，则形成下式：

$$Q_{\text{new}} = Q_{\text{total}} - \frac{Q_{\text{total}} \cdot C_{\text{total}}}{C_{\text{old}}} \tag{2.39}$$

如果雨前和雨后都实测了泉水流量并连续监测了水化学成分，应用式(2.39)就可估算新入渗雨水形成的流量部分。

图2.42为第二次大雨事件分离的水化学过程成果,这场雨是在监测开始(见图2.41)后40 d开始的。在流量增加3 d后,只有少量新入渗水流到了泉水口。最大泉水流量与最大新入渗水流量的间隔时间为1 d。在降雨开始影响全部水流后14 d,再也没有新入渗水到达泉水口。新入渗水流量仅占全部泉水流量的18.3%。新入渗水量占14d的全部泉水水量的14.6%(Kresic,2007)。

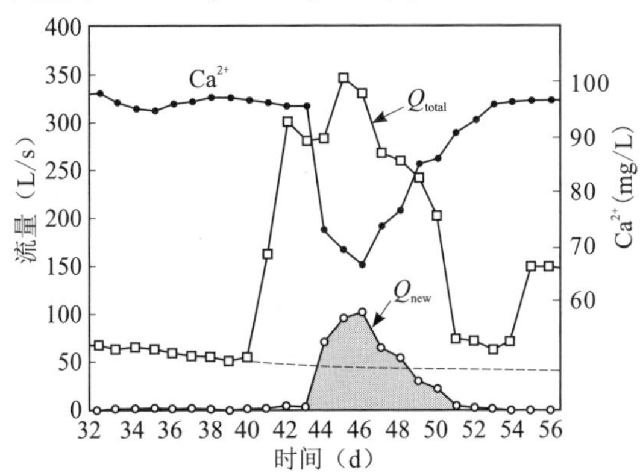

图2.42 泉水流量过程线中分割新入渗雨水和雨前存水的情况。(注意,由于含水层水压力增加,在新入渗水到达泉水前,雨前存水已快速排泄到泉水中)(Kresic修编,2007)

Imes等(2007)用非常类似水流过程解释了上述内容,在此过程中,考虑了基流的初始单位导水率。如图2.43为不同回灌补给事件中这两部分流量的总量。

碳酸盐含水层中滞留水的一项有用指标为方解石饱和度指标(SI_c),可用下式计算:

$$SI_c = \log(IAP/K_T) \tag{2.40}$$

式中:IAP为矿物(方解石)离子活度积;K_T为给定温度热力学平衡常数。美国地质调查局开发的各种地质化学反应模拟公共域计算机程序PHREEQC(Parkhurst和Appelo,1999)可用于快速计算这类问题。SI_c值等于零表示水样中方解石是饱和的,SI_c值大于零表示水样中方解石是超饱和的,SI_c值小于零表示水样中方解石不饱和。SI_c值可用于评价影响地下水化学特性的水文地质条件。例如,水流以散流方式流经碳酸盐岩石或者以较快流速流经小裂隙后水中方解石饱和。相反,水流流经大断裂或溶槽时,要达到方解石饱和,就需要更长的流径或者滞留时间(Adamski,2000)。如果大雨过后泉水流量明显和快速增加,但钙浓度和 SI_c 值无变化或者平稳增加,这表明排泄的是滞留在含水层中的水。

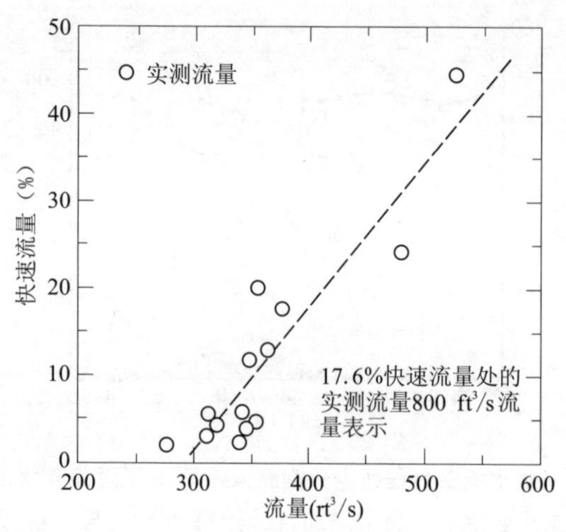

图 2.43 2001~2004 水文年快速流量 Big 泉水流量占的百分比(Imes 等,2007)

White(2010)指出,岩溶泉水中的方解石和白云石饱和度变化很大,平衡方程计算的是说明岩溶水化学的边际值。饱和状态本身不是出现溶槽排水的判别指标。因为 CO_2 沿溶槽释放气体,从溶槽排出的泉水可能是超饱和的。佛罗里达的一些大型泉水从其上覆土壤里接受大量回灌补给,分布着大溶槽,排出的水接近饱和至不饱和(Katz 等,1999)。

Desmarais 和 Rojstaczer (2002)发现,典型的快速溶槽排水为主的泉水没有延迟响应时间,受覆盖土壤或者母岩贮水的影响也不大。田纳西 Bear Creek 流域内的 Maynardville 石灰岩泉水开始出水后,大约在夏季暴雨中段后的 1~2 h 流量达到最大。起初的峰值有可能是由地表入渗形成的,地表入渗提高了含水层内水压力,迫使滞留其中的水体排出。监测的所有降雨资料都显示紧跟着主退水线的衰退情况,表明降雨反应是相当一致和可重复的,与降雨和降雨事件本身分布之间的时间无关。电导率在0.5～2.9 d(降雨小时时长)后开始增加,这是贮存的水排出所致。随后的2.1～2.5 d,电导率降低,这是回灌补给的那部分低电导率水进入泉水所致。稳定碳同位素数据和泉水方解石饱和度指标也支持了这一概念模型。回灌补给期后的泉水流量在很大程度上由含水层内替换的水形成,而不是由土壤带的直接回灌补给形成的。

2.6.3　环境同位素

环境同位素和其他天然示踪剂在普通地下水研究中是不可替代的,因为它们可以提供现实和历史回灌补给信息,时间跨度可从数天至数千年。它们可用于确定不同时期地下水的混合以及地下水系统的发源,或者地下水回灌补给源。此外,如Sophocleous(2004)所指出的,示踪剂研究中常出现令人惊奇的情况,让人怀疑回灌补给评价使用的物理模型是否可用。一个典型的例子是,试图量化高原(Ogallala)含水层上覆草地和灌区的回灌补给。根据物理包气带的测验资料,使用达西方法计算草地根区以下的年补给径流深为0.1～0.25 mm。在同一地点,另外用氯化物剖面求得的年补给径流深为2.5～10 mm。这两者之间有1～2个数量级的差别,因此在某种情况下,优先流可能是主要的回灌补给机制,说明在该地区需要进行更深入地研究。在岩溶区尤其要研究这一点。在岩溶区残积物和下伏碳酸盐岩层中存在优先流时尤其要加强研究。Trcek和Zojer(2010)对环境同位素在水文地质学中的应用做了非常丰富和详尽的介绍,尤其注重于岩溶区情况,本章简单介绍其中的一部分。

环境中的放射性同位素可能是天然的,也可能是人工的。输入源功能是众所周知的,其描述来自于大气、宇宙和人类生产活动而且随时间变化的同位素总通量,如^{3}H、^{14}C和^{36}Cl。自1950年以来在年和月降雨中已实测了这些同位素并形成有峰值形状的曲线(详见图2.44)。来自于核电站或者染料后处理的放射性同位素输入源功能具有稳定增加的曲线图形(如 ^{85}Kr)或维持在高峰值(如 ^{129}I)。氟氯烃(CFCs)之类的一些工业化学物质在空气和水中的浓度曲线具有很稳定的形状,可以作为输入源功能的一部分用于跟踪地下水。研究泉水中随时间变化的几种环境同位素和氟氯烃(CFCs)之类人工化学物质的浓度可得出过去数十年里非常翔实的年代测定值。

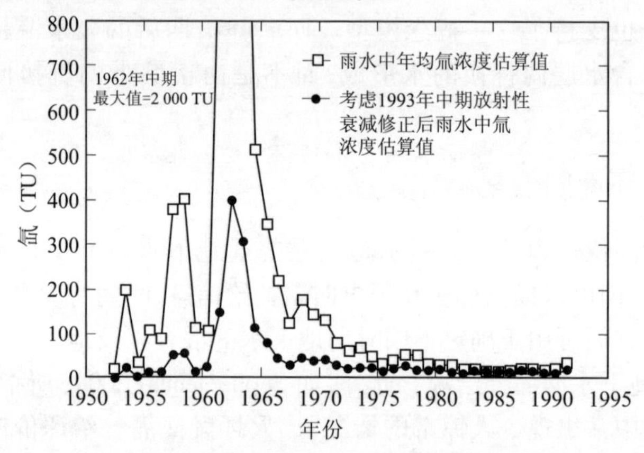

图 2.44　1952~1991 年,俄亥俄西南雨水中年氚浓度估算值(源自 Rowe 等,1999)

在传统报告中,物质中稳定同位素成分根据 δ 相对值计量:

$$\delta_x = \left(\frac{R_x}{R_{st}} - 1\right) \times 1\ 000 \tag{2.41}$$

式中:物质 x 中,R_x 为同位素比例(如,$^2H/^1H$、$^{18}O/^{16}O$ 和 $^{13}C/^{12}C$),R_{st} 为在相应国际标准物质中的同位素比例,δ 为 R_x 与 R_{st} 的比例差 ×1 000 的值(‰)。

δ 为正时表示试样中含有的同位素比标准物质中的重。δ 为负时表示试样中含有的同位素比标准物质中的轻。+30‰的 $\delta^{15}N$ 值表示在试样中的 ^{15}N 比标准物质的重 30‰(即 3%)。

报告同位素成分时使用了多种同位素标准。稳定氧和氢同位素比例一般用于报告与平均海水标准(SMOW)或者近似等效标准(VS-MOW)作比较。稳定碳同位素比例与 PDB 或者等效 VPDB 标准比较。碳的稳定氧同位素比例也常用于与 PDB 或者 VPDB 比较。硫和氮同位素分别与 CDT(卡留恩暗黑硫铁矿) 和 AIR(大气空气) 比较。VS-MOW 和 VPDB 近似等效于现在无法获取的 SMOW 和 PDB 标准物质，因此现在更多地使用 VSMOW 和 VPDB。

在进行岩溶水同位素调查时，应考虑三种温度系统：低温(<90 ℃)，中温(90 ℃ < T <150 ℃)，高温(>150 ℃)。在低温状态下，由于反应缓慢，地下水同位素基本不受影响。因此，同位素技术在这些系统的水文地质和水文研究中有着广泛用途。在其他两种温度系统下，了解矿物与流体(气体和水)之间的同位素分馏系数的大小和温度对于解释泉水稳定同位素成分变化是必不可少的。

估算年限较短地下水(50 ~70 a)贮存时间环境示踪剂常采用 CF-Cs(氟氯化碳)和氚和氦比率($^3H/^3He$)。由于存在与取样、分析和环境示踪剂资料的解释等有关的各种不确定性和假定，用 CFCs(氟氯化碳)和$^3H/^3He$ 方法估算的地下水年限视为表观年限，必须仔细审查，以确保其与地球化学相符和水文学上的现实性(Rowe 等, 1999)。用于确定长年限地下水的典型同位素为碳 -14、氧 -18 与氘、氯 -36，但现在有越来越多的研究其他同位素的应用(Geyh, 2000)。地表水与地下水研究中各种环境同位素应用的许多研究，最好参考国际原子能机构主持的国际会议资料，以及该机构出版的相关专题论文，其中很多可在网上(www.iaea.org)免费下载。

虽然可得到地下水年限的参考值，但这种年龄实际上是通过示踪剂资料而不是通过水得到的。除非人们了解并考虑影响含水层内环境示踪剂浓度的所有物理和化学过程，否则，根据示踪剂得出的年限不一定等于水的贮存时间(Plummer 和 Busenberg, 2007)。在输移过程中，所有溶质的浓度都会在一定程度上受到影响。对某些示踪剂来说，其浓度还受化学过程的影响，比如在输移过程中的降解与吸收。为此，年限这个术语通常要用模拟或表观等修饰，也就是模拟年限或表观年限。之所以强调是模拟或者表观年限，是因为常对输移过程进行简化假设，并且没有考虑影响示踪剂浓度的化学过程。

如 Trcek 和 Zojer (2010)所述，岩溶研究中用环境同位素作为常用示踪剂有如下原因：

(1)在不同时间和不同地点回灌补给的地下水具有不同的同位素成分,在泉水同位素成分中也发现有这些成分。

(2)流经不同路径的地下水保留了特有的痕迹,在泉水同位素成分中也发现有这些痕迹的成分。

(3)沿地下水流径而来的特有同位素对泉水同位素成分有很大影响,这说明期间具有水力联系。

(4)大气水在与不同成分的水混合前,或者与矿物及其他水体发生反应前,保持其特有的成分。

(5)在地下水中,有些溶质是大气补给水带进来的,有些溶质是含水层地层和生物中溶解出来的,这些不同来源溶质中的同位素通常是不同的。

(6)由于溶质的生物周期和水与围岩的相互作用等原因,在地下水流动过程中,溶解物同位素的比例会发生改变;但这种变化通常是可以预测的,并且可根据泉水同位素成分重塑。

由此可见,岩溶水同位素研究中使用了两种截然不同的同位素。一般情况下,它们是指:①由于物理和化学过程引起地下水中的同位素组成发生变化,如混合过程和水－岩相互作用;②从流域到排泄点如泉水的地下水全部流程中,同位素组成保持不变。岩溶水同位素调查通常包括如下专题(Trcek 和 Zojer, 2010):

(1)确定含水层回灌－排泄关系;

(2)评价泉水的可能来源;

(3)确定从回灌补给到泉水排泄区域的水流路径;

(4)地下水滞留时间及相关的含水层储水特性;

(5)补给水(如融雪和降雨)与补给前地下水在泉水中的混合;

(6)确定地下水溶解物同位素组成中大气来源的比例;

(7)确定沿地下水流径影响泉水同位素组成的风化作用;

(8)评估生物循环对地下水溶质同位素组成(例如,生态系统内的营养物质)的影响;

(9)确定地下水地球化学演变;

(10)确定地下水污染污染源与污染机制;

(11)生物降解过程与传递现象

(12)用同位素资料测试水力学模型

氧和氘

同位素^{16}O、^{18}O、^{1}H和^{2}H是组成水分子的主要同位素。这些氧和氢同位素稳定,并且不会因放射性衰变而分离。在温度低于50 ℃的浅层地下水系统中,水中的δ^2H和$\delta^{18}O$不受水－岩相互作用的影响(Perry等,1982)。因为其为水分子的一部分,这些同位素是理想的保守天然示踪剂。地下水与雨水中不同的地下水同位素成分可用于探测包括新近补给水的不同来源。用δ^2H和$\delta^{18}O$的一个重要优点是,在全球水循环的不同阶段中其组成是可以预测的,如图2.45所示。

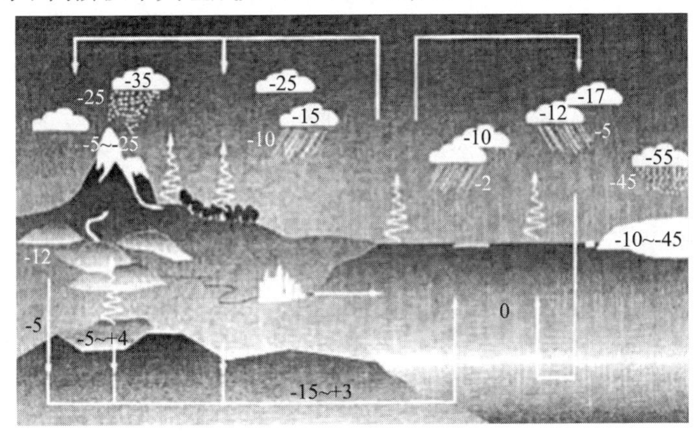

图2.45　全球水循环中典型^{18}O组成(‰)

(国际原子能机构/世界气象组织修编,2006)

由于水体中氧和氢同位素质量存在差异,在蒸发、压缩、冰冻、融化,或者化学及生物反应情况下,会出现同位素不同的分区(分离)。例如,年均气温较低的地区雨水中δ^2H和$\delta^{18}O$同位素较少。在某些地区可能季节性变化大,但任何地区雨水中的δ^2H和$\delta^{18}O$的年均值变化很小(Dansgaard, 1964; Key等, 2002)。一般而言,地下水中δ^2H和$\delta^{18}O$成分的平均值等于其在雨水中相应成分的加权平均值,而地表水由于存在蒸发,与雨水相比,其含有的同位素更多(更活跃)。国际原子能机构(IAEA)提供了在世界各地实测的雨水δ^2H和$\delta^{18}O$资料

(ftp://ftp. iaea. org)。

全球大气降水线(GMWL)反映了雨水中的 δ^2H 和 δ^{18}O 值存在紧密关系。其斜率接近于 8,所谓的氚过量值约为 +10‰。氚过量值(d)由下式确定:

$$d_{excess} = \delta^2 H - 8\delta^{18} O \tag{2.42}$$

沿海附近区氚过量值小于 +10‰,只在南极洲接近于 0。在紧靠海洋之上相对湿度为目前平均值或者曾经低于目前平均值的区域或者时期,d 值大于 +10‰,如地中海东部地区氚过量值达 +22‰。d 值主要与洋面以上空气的相对湿度有关。因此,系数 d 可视为古气候指标(Geyh, 2000; Merlivat 和 Jouzel, 1979; Gat 和 Carmi, 1970)。在特殊地区,当地大气降水线(LMWL)与全球大气降水线(GMWL)的斜率和截距都不相同。可用世界各地雨量站实测长系列雨量资料求解全球大气降水线 GMWL(或 LMWL)方程,国际原子能机构(IAEA)监测项目中有这些资料,并公布在该机构的网页中。

下面为水样中的一些 δ^2H 和 δ^{18}O 含量解释一般规则(Trcek 和 Zojer, 2010):

(1)与热带地区相比,极地地区雨水中的同位素成分更小。由于水汽从热带向两极输送过程中云层连续除雨作用,而产生这种纬度效应。一般可观测到 0.6‰或每纬度 δ^{18}O 的纬度效应。

(2)陆地效应与空气从沿海向内陆移动时雨水同位素成分的连续衰减有关。雨水同位素各地不同,各季度也不同。

(3)与小雨相比,大雨雨水中的同位素成分较少一些。这一效应应在当地研究。

(4)纬度增加时,δ^2H 和 δ^{18}O 值减少,每上升 100 m 纬度,效应变化范围一般为:δ^{18}O 为 −0.15‰ ~ −0.5‰;δ^2H 为 −1‰ ~ −4‰。

(5)季节效应为雨水同位素成分与当地温度相关联;δ^2H 和 δ^{18}O 的最低值出现在较冷月份,最高值出现在温度较高月份。

在斯洛文尼亚西南部通过多学科岩溶水文地质调查得到了大量的同位素研究成果,调查范围为 700 km^2,如图 2.46 和图 2.47 所示(Stichler 等,1997)。在 3 年期间,监测了 6 个主要岩溶泉水和 2 个岩溶天坑(落水洞)雨水中 δ^2H 和 $\delta^{18}O$ 含量。在纬度为 50 ~ 1 070 m 区域、均对分布在这个项目区的 5 个监测站取了雨水样。图 2.46 所示为雨水中 $\delta^{18}O$ 年加权平均值与相应取样测站纬度的关系线。并均在基流期对泉水和落水洞留取了水样,用其 $\delta^{18}O$ 含量年均值与图 2.46 进行了比较,以估算地下水回灌补给区的平均纬度。

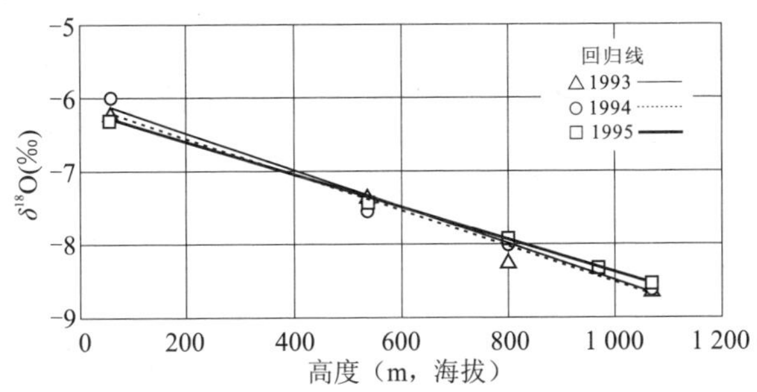

图 2.46　斯洛文尼亚(南斯拉夫共和国)西南部气象站降雨中 $\delta^{18}O$ 含量相关关系

斯洛文尼亚西南部同位素调查资料数据也用于确定 6 个岩溶泉水的地下水平均滞留时间。确定滞留时间依据的是两种水样变化幅度的差别,即雨水中 ^{18}O 变化幅度和地下水中 ^{18}O 变化幅度(Stichler 等,1997)。采用扩散模型计算地下水滞留时间如下:

$$T = \frac{1}{2}\pi\left(\frac{-\ln f}{P_D}\right)^{1/2} \tag{2.43}$$

式中:T 为平均滞留时间;f 为变化率,$f = B_0/A_0$;A_0 为雨水中 ^{18}O 变化幅度;B_0 为地下水中 ^{18}O 变化幅度;P_D 为扩散参数。

滞留时间变化范围为:Vipava 泉水 4.4 个月,Hubelj 泉水 5.8 个月。但据分析,泉水中的两种地下水成分中,溶槽中地下水的平均滞留时间为数周,含水层母岩中地下水滞留时间为数年。据对 Hubelj 泉水的详细分析研究,地下水中 ^{18}O 变化幅度随着滞留时间的增加而减少,在地下水中滞留时间超过 5 年后,其值实际上可忽略不计(图 2.47;也可参见 Trcek, 2003, 2007)。

Geyh (2000)讨论了当雨水和地下水中的同位素组成受各种过程和因素的影响,及其与全球大气降水线(GMWL)、当地大气降水线

(LMWL)的偏差。这些过程和因素包括地下水混合、反应、蒸发、温度、纬度和陆地效应。如图 2.48 所示,蒸发可改变 $\delta^{18}O$ 和 $\delta^{2}H$ 的值;

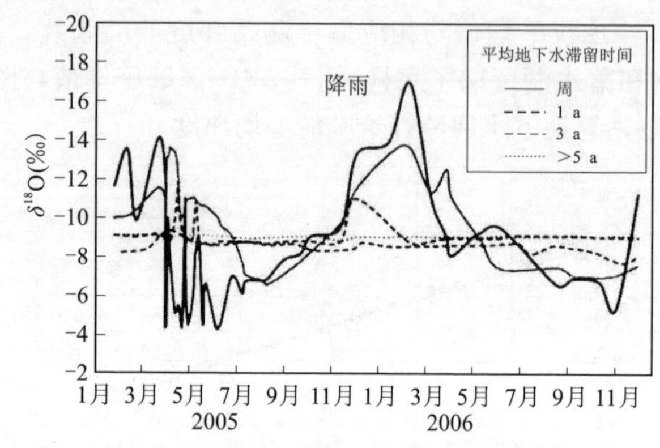

图 2.47　地下水不同滞留时间 $\delta^{18}O$ 变幅比较图

(Trcek 和 Zojer, 2010)

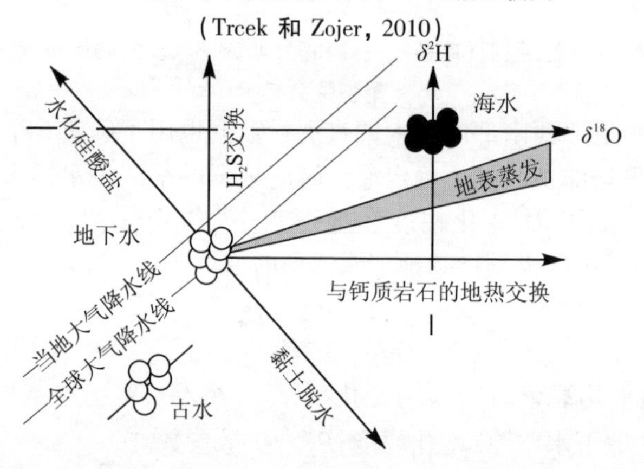

图 2.48　从大气降水线转换 $\delta^{18}O$ 和 $\delta^{2}H$ 值的各种过程(Geyh,2000)

前者由于与火山 CO_2 和石灰岩的同位素交换而被替代,后者由于与 H_2S 和水化碳酸盐的同位素交换而被替代。当地大气降水线(LMWL)相应于地中海降雨;更新世古水的大气降水线(MWL)可能不属于大气降水线(MWL)。

氚

氚(^{3}H)是天然存在的半衰期为 12.43 a 的氢放射性同位素,已广泛用作水文学示踪剂和数据工具。这种同位素在上层大气中经由氮与宇宙射线的轰击而天然生成，尽管实测资料很少，但可估计雨水中氚浓度在5～20 TU（Kauffman和Libby，1954）。1952年至20世纪60年代末期的热核武器试验向大气层释放了大量的氚，60年代初期释放的量最大。由于这些氚加入了水循环，试验期间氚的数量急剧增加，试验结束后随之减少。因此，大气层试验氚峰值可为估算地下水年限提供绝对的时间记号。但是，由于氚放射性衰减和水动力扩散作用，地下水中的最大氚浓度会大量降低，因而现在确定20世纪60年代的大气层氚峰值已越来越困难。由于监测井和取水井通常是有过滤的，并按一定间距分布，这些井所在地的地下水年限大不相同，因此，仅依赖氚的年限解释已更显复杂；类似地，岩溶泉水中混有溶槽流出的地下水和含水层母岩中流出的地下水，这些地下水的滞留年限是大不相同的。

在某一时刻地表水中氚的数量是入渗补给时大气层中氚的含量和氚的放射性衰减率的函数。如果假定包气带中的水流为下垂和活塞形，可用下式估算平均入渗流量(q_i)（Coes和Pool，2005）：

$$q_i = \frac{\Delta Z}{\Delta t} \cdot \theta_v \tag{2.44}$$

式中：ΔZ为最大氚活跃(L)深度；Δt为取样与最早氚活跃期(T)的时间差；θ_v为土水体积比(L^3/L^3)。

雨水中氚的含量因经历时间、放射性衰减、水动力扩散和不同年限地下水在地下的混合等而发生变化，基本不能用这一同位素定量估算地下水滞留时间。在很多情况下，定性观测是使用氚数据的最好方法（Clark和Fritz，Key等，2002）。最精确使用此资料时，要说明地下水回灌补给是在1952年前还是后。对于完全确定的水文系统，分析氚输入函数可得到足够信息，用于定量估算系统中地下水年限。对较复杂的水系统，使用氚数据定量计算时一般需要较复杂的模型（Plummer等，1993）。用氚数据精确确定地下水年限时，也需要长系列资料和多深度取样资料。

假定存在活塞水流流态（没有扩散和混合），Clark和Fritz（1997）提出了使用氚数据的指导意见：①地下水中含有的氚量小于0.8 TU，所在地区为大陆性气候,在 1952 年前已获得回灌补给;②氚浓度0.8~4 TU 表示可能已有 1952 年以前和以后回灌补给的水发生了混合;③氚浓度为 5~15 TU 预示着回灌补给可能发生在约 1987 年以后;④氚浓度在 16~30 TU 时,可能说明自 1953 年以来一直在获取回灌补给,但不能用于准确确定回灌补给时间;⑤氚浓度大于 30 TU 时,则可能是在 20 世纪 60~70 年代发生的回灌补给;⑥氚浓度大于 50 TU 时,基本可以确定回灌补给发生在 20 世纪 60 年代。

正如 Eastoe 等(2012)所详细解释的那样,环境中人工氚的连续衰减有可能限制了其在将来地下水研究中的应用。

氚-氦-3

$^3H/^3He$ 法用于消除与氚年限估算有关的模糊性。氚的放射性衰减时产生稀有气体氦-3(^3He)。因此,确定 $^3H/^3He$ 比例后,可估算回灌补给进入含水层的水样表观数据。因为这些物质在地下水中实际上是惰性的,不受地下水化学影响,大多数人工污染源中也没有这种物质,因为不必知道 ^3H 的输入状态,但 $^3H/^3He$ 数据可广泛用于水文学调查(Geyh, 2000; Kay 等, 2002)。如果水样是没有混合的,并且是从呈活塞状流动的地下水含水层中抽取的,通过实测上代和下代的活动性,即可计算水的年限。若更切合实际地考虑分散和扩散的影响,则需要应用模拟技术。

水样($^3H_{spl}$)中 ^3H 活动性由下式计算(Geyh, 2000):

$$^3H_{spl} = {}^3H_{init} e^{-\lambda \cdot t} \tag{2.45}$$

式中:$^3H_{init}$ 为氚的初始活动性;λ 为氚的放射性衰减常数;t 为自氚开始衰减后的时间(绝对年限)。水样中 ^3He 的增长按下式确定:

$$^3He_{spl} = {}^3H_{init}(1 - e^{-\lambda \cdot t}) \tag{2.46}$$

联解式(2.45)和式(2.46),可消除未知初始变量 ^3H 的活动性($^3H_{init}$),水的年限(t)可由下式求得:

$$^3He_{spl} = {}^3H_{spl}(e^{-\lambda \cdot t} - 1) \tag{2.47}$$

$$t = -\frac{\ln\left(1 + \frac{^3He_{spl}}{^3H_{spl}}\right)}{\lambda} \tag{2.48}$$

因存在从地壳和大气中混入^3He的情况，需要修正水样中^3He的浓度。相关介绍可参见Schlosser等(1988，1989)和Shapiro等（1998）的资料。

假定由氚的放射性衰变产生的氦没有向上扩散到非饱和带而发生损失，氚总量及其下代含量($^3H+^3He_{trit}$)是回灌时雨水中氚数量的守恒值。对于垂直流速超过约1.5 ft/a的含水层而言，这一假定是合理的(Schlosser等，1988，1989；Poreda等，1988)。

由氚产生的^3He，其浓度随着氚的放射性衰减而增大。因此，滞留时间较长水中$^3He_{trit}/^3H$的比例较高。运用这一技术求得的年限等于水与大气隔绝后流到取样点的时间，与氚的来源无关。相对于较复杂的模拟而言，应用上述岩溶含水层取样方法时有一个限制因素是：必须假定取样地点水的分散、扩散或者混合不影响^3H或$^3H_{init}$的浓度(Rowe等，1999)。

碳-14

放射性碳(碳-14即^{14}C)是半衰期为5 730 a的碳放射性同位素。是由大气中的CO_2、生物圈和水圈受到宇宙射线照射后产生的。地下水中产生的这种同位素可以忽略补给。^{14}C的活性通常以标准活性比值表示，大约等于近期或现代碳的活性。因此，含碳物质的^{14}C含量et现代碳r百分比(pMC)；根据此定义，100 pMC(即100%现代碳)为源自(生成于)公元1950年碳的^{14}C活性(Geyh，2000)。除放射性同位素^{14}C外，还有另外两个稳定碳同位素^{13}C和^{12}C，这两个同位素对于了解地下水中溶解碳酸盐-CO_2体系以及校正从^{14}C同位素得到的年限成果等非常重要。

地下水^{14}C成分是其放射性衰减、水与非饱和带和饱和带空隙媒介之间的各种化学反应等产生的结果。这些反应包括二氧化碳溶解和碳酸盐矿物的溶解。近期入渗的水和非饱和带溶解二氧化碳气体，含有约100%现代碳的^{14}C成分，这是因为二氧化碳气体在大气中扩散，植物吸收后二氧化碳气体传到土壤即非饱和带，而非饱和带是100%现代的。含有溶解二氧化碳气体的水穿过非饱和带入渗或者穿过能溶解碳酸盐矿物的含水层，这一过程无机碳溶解增加浓度，可大量减少水中的^{14}C成分(Anderholm 和 Heywood, 2003)。含水层中长期滞留的地下水自其形成时就经受了如此类似的过程,并自那时起就通过与含水层空隙媒介的反应发生各种转化。由此,^{14}C不是一种守恒的示踪剂,不能直接用其进行地下水年限研究。

滞留时间超过30 000 a的地下水一般认为可使用^{14}C测年限,而原来针对有机碳水样提出的测年技术适用于45 000 ~ 50 000 a范围的地下水(Libby, 1946)。在确定地下水与大气层即与现代^{14}C气团隔绝多长时间之前,需要确定化学反应对地下水中^{14}C成分的影响。各种模型已用于调整或估算从非饱和带和含水层各种过程中产生的水中^{14}C成分(Mook, 1980; Geyh,2000; Anderholm 和 Heywood, 2003)。这些模型有的简单,有的需要少量数据,有的很复杂,需要有关非饱和带气体碳同位素成分(稳定碳同位素$^{13}C/(^{12}C$比值$+^{14}C)$)、非饱和带碳酸盐矿物碳同位素成分和水流经含水层发生的反应等大量资料。可用下式估算地下水的表观年限(Anderholm 和 Heywood, 2003):

$$t = \frac{5\ 730}{\ln 2} \cdot \ln\left(\frac{A_0}{A_S}\right) \tag{2.49}$$

式中:t为表观年限,a;A_0为放射性衰减前和发生化学反应后的^{14}C成分(%);A_S为水样中测到的^{14}C成分(%)。^{14}C测取年限应用实例详见图1.160。

很明显,根据各种^{14}C法的校正模型使用经验,使用同样的水化学和同位素资料,不同模型求解得出的年限校正值可达数千年(Geyh, 2000)。用一个案例来说明^{14}C对岩溶地下水测年存在的模糊性,这个案例是位于蒙大拿大瀑布的Giant泉(见图1.209)。瓶装泉水的公司还在做广告,比如2012年2月广告,其宣称的超级水质有一部分依据,很明显是一个研究生用^{14}C数据测取的年限。该分析的结论是泉水滞留时间长达2 900 a,因而没有受到任何现代影响(污染)。与此相反,据蒙大拿矿物与地质局近来的研究,Giant泉水的多个水样含有升高的氚,这说明该泉水补给是1950年以后回灌补给的。此外,氟氯碳化合物(CFC)水样分析结果与氚分析结果一致,说明泉水的测取年限为

20～30 a(Patton,2005)。当然,这两种结果都有可能是相对正确的,因为这两项研究都没有考虑泉水中可能存在的“老”水与“新”水的混合问题。不管结果如何,此例说明,岩溶含水层研究经常出现意想不到的结果,需要多学科校正。

氟氯碳化合物和六氟化硫

氟氯碳化合物(CFCs)与氚和新兴环境示踪剂六氟化硫(SF_6)一起,可用于跟踪新入渗(过去50 a回灌补给)的水流,并确定回灌补给后的滞留时间。氟氯碳化合物也可用于从河流向地下水系统的渗流,作为填筑工程和垃圾填埋场及化粪池渗流探测与早期预警的诊断工具,并可评估供水井遭受附近地表水源污染的可能性。

氟氯碳化合物是稳定和有机合成化合物,自20世纪30年代早期就研发用于制冷剂,取代氨和二氧化硫,一直以来在工业与制冷行业中有着广泛的应用。大家可能更了解氟利昂(TM),氟氯碳化合物是无毒、阻燃和无致癌性的,但其破坏臭氧层。因此,1987年37国签署了限制氟氯碳化合物(CFCs)排放协议,到2000年氟氯碳化物排放量减半。美国根据空气洁净法(Clean Air Act),于1996年1月1日停止了氟氯碳化合物生产。目前估算的CFC－11、CFC－12和CFC－113在大气中的寿命分别约为45 a、87 a和100 a。

地下水测年用CFC－11、CFC－12和CFC－113是可能的,这是因为:①其过去50 a在大气层中的数据库已重建;②其在水中的溶解性是已知的;③其在空气和水中浓度很高,可以测取。通过建立实测的氟氯碳化合物在地下水中的浓度,与已知的在大气层历史上的浓度之间的关系,计算水中与空气中的平衡浓度,就可确定年限。如要得到最好的结果,就要采用多种测年方法确定表观年限,这是因为每种测年方法都有其局限性。氟氯碳化合物测年最适合用于没有化粪池、污水、垃圾填埋场或城市排水等当地和非大气层氟氯碳化合物污染的较原始环境的地下水。在浅表、有氧和砂质含水层使用这种方法效果很好,这类含水层中颗粒有机物含量低,测年结果可以精确到取样日期前的2～3 a内。即使用氟氯碳化合物测年取得的成果有问题,只要出现氟氯碳化合物(CFCs)就说明水样中至少含有一定量的20世纪40年代以后的水,由此说明,将氟氯碳化合物用作近年回灌补给水的示踪剂是合适的。在用氟氯碳化合物和^3H ^3He测得的年限相同时,或者所有三种氟氯碳化合物测取的年限类似时,则这样的表观年限的可信度就很高(Plummer 和 Friedman, 1999)。

由于大气层氟氯碳化合物浓度持续降低,在地下水测取年中已使用六氟化硫(SF_6)取代氟氯碳化合物。SF6 的工业化生产始于1953年,引入了充气高压电力开关。SF_6特别稳定,在大气层中集聚迅速。现在正根据生产记录、存档的空气试样和大气层测验重建SF_6的大气层历史混合比例。这一混合比例也可从海水和以前已测年的地下水中测取的浓度获得。北半球SF_6混合比例数据的主要重建工作已经完成(见图2.49)。由于大气层CFCs持续降低,比较敏感的测年工具是SF_6与CFC-12的比例。尽管SF_6基本是人造的,但也可能有天然的,如岩浆源中就存在SF_6,这将使得在一些环境中测年变得复杂。美国地质调查局科学家已成功使用SF_6对美国马里兰的Delmarva半岛浅层地下水和弗吉利亚的Blue Ridge山泉水测年(Plummer 和 Friedman, 1999)。

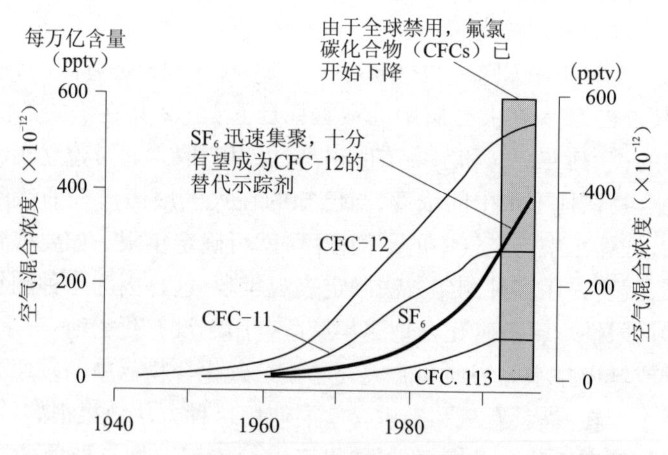

图2.49 过去50年间全北美氟氯碳化合物(CFCs)和六氟化硫(SF_6)空气混合浓度

2.6.4 径流概率分析

降雨科学中的降雨时序概率分析原理也适用于径流概率分析。对于其他水文时序,径流和泉水过程分析至少应确定一些一般性参数,如统计时期的径流平均值、最小值,径流的标准偏差(方差)和变差系数,径流历时曲线和特征径流频率等。但在很多情况下,调查的河流或者泉水的实测流量期短且测流时段不定。由于这种并不复杂的情况存在,不能进行统计学上严格的概率分析。但最终,负责岩溶水工程的工程技术人员和科学研究人员还是要面对需要进行一定程度定量分析的问题。这里仅列出其中如下一些问题:夏季可能最小流量是多少?送达末端用户的保证水量是多少?溢流坝的规模是多少?

在任何情况下,无论实测时间有多少以及有多少问题,即使不是全部也是大多数成果要用概率来描述。流量概率分析的第一步也是最重要的一步是:同时评估所研究集水区域的主要降雨时序,并与同一时间范围比较分析流量过程。应考虑人类活动可能对泉水流量的短期和长期影响,比如从同一含水层开采(抽取)地下水,或者改变土地利用(如城市化)。

根据项目目标的不同,有些流量特征值可能比另外一些更重要。常见的概率分析包括月最小流量和月均流量,最大需水周期(温暖湿润气候区一般在每年的8~9月)最小流量,绝对最小日流量。对于概率分析需要的观测数据点数,并没有一个公认的要求,不过很多统计学教科书在总体上要求达到30个。如前所述,实际水文和地下水研究中的观测期一般较短(几年或者更少)。这一总体要求就使得很多研究自然而然不能进行下去。但是,除非常专业的判断需要外,在这些情况下,通过概率分析还可得出同时径流时序成果和(或者)用随机时序模型模拟可能的历式流量(见第6.4节)。

图2.50所示为进行概率分析应该考虑的流量过程重要特性(注:该泉水不是岩溶水,但其表现出的特性与岩溶河流和泉水的流量过程非常类似)。根据Crater湖泉水的长期观测资料,可以很容易回答如下一些问题:

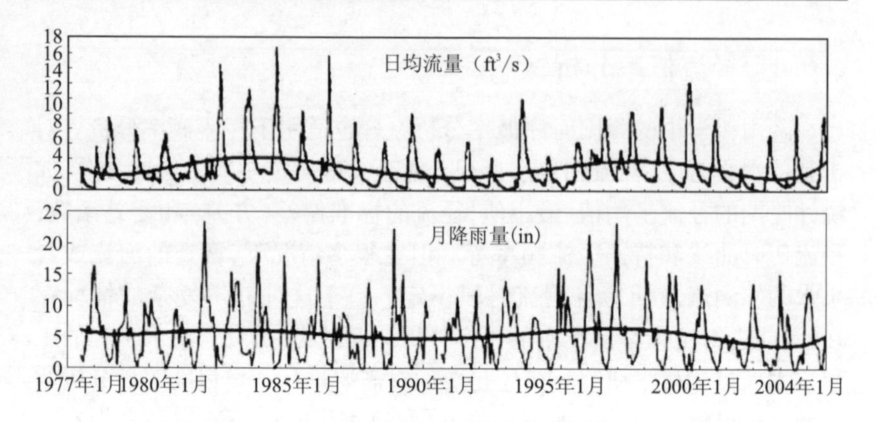

图 2.50　俄勒冈 Crater 湖泉水日均流量(ft^3/s)(上图),俄勒冈 Crater 湖月雨量(in)(下图),(自然周期循环以六阶多项式线表示)(源自 Kresic 和 Bonacci,2010)

(1)从一个水文年到另一个水文年的流量是有规律的吗?(是)

(2)流量受降雨影响大吗?(是)

(3)在主要降雨季节与泉水流量之间一般有延迟吗?(是;最大降雨发生在每年 11 ~12 月,次大降雨发生在每年 3 ~4 月;最大流量在 5 月中旬和 7 月中旬)

(4)泉水流量有长周期吗?(是;丰水与枯水间的时间约为 14 a)

(5)长期线性趋势与天然周期无关吗?(否;泉水特性像一个近 30 年完美可靠的时钟)

很明显,如果只从图 2.50 中随机选择 1 ~2 a 观测期,上述回答的不确定性就大得多(可靠性不高)。

频率分析这个术语与概率分析是交互使用的,通常需要大量有一定量级的事件,比如每年有等于或小于 2 m^3/s 日流量的数量。在水文学分析中,首先研究的主要是超过(或者不超过)某些量级的概率。这种形式的数据用概率密度曲线下的累积概率(面积)表达。这一曲线称为累计概率函数。在大多数统计学文献中,这一面积是从最小事件向最大时间累积计算的。然后,将累积面积表达成非超越概率或者占比(%)。在水文学研究中,较常见的是从最大事件向最小事件的累积面积。用这种方式累积的面积为超越概率或者百分位。图 2.51 为 1977 ~

1985 年 Crater 湖泉水日均流量直方图和累积概率分布或者占比。

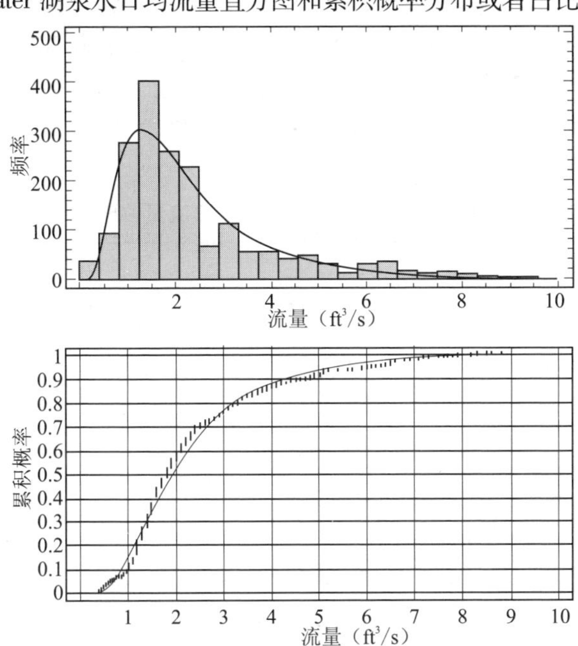

图 2.51　俄勒冈 Crater 湖泉水日均流量直方图实测日期为 1977 ~ 1985 年。最常见的流量为 1.5 ft^3/s，在 2 920 d 中有 400 d 出现（上图），以及累积经验概率分布（点）和理论正对数概率函数适线（下图）（源自 Kresic 和 Bonacci，2010）

描述流量概率还有另外两个常用的术语：概率分布的重现期（有时成重现时段）和百分位（或者数量）。理论重现期是事件在任何一年超越的概率的倒数。比如，10 年最大流量在任何一年超越的概率，表达为 1/10 =0.1 或者 10%，50 年最大流量在任何一年超越的概率为 0.02或者 2%。相反，10 年最小流量在任何一年超越的概率为 90%。

百分位数为在此值下某一数据的特定占比。比如，Crater 湖实测 5 年日流量，实测数据（实测流量）的占比为什么是 5%，测流量为 1.3 ft^3/s，这是指 25% 的时间里流量比此值低，在 75% 的时间里高于此值。表 2.2 所列为其他特征数据占比。占比常用于点绘所研究的流量（如月流量或者日流量）（见图 2.52）。结合点绘历史与当前（近来）月降雨,用这一方法可预测近期可能出现的流量并在必要时采取各种管理措施,在水资源管理中非常实用。例如,若当前实测流量小于 10%(即在 90% 时间里流量高于此值),并且近期降雨也是这样,如果泉水流量与降雨关系很密切,那么就有必要在水文与气象条件得到改善前采取某种限制措施。

表 2.2　1977 ~ 1985 年 Crater 湖泉水日流量占比及日流量

超时百分比(%)	流量(ft^3/s)
1	0.39
5	0.62
10	1.0
25	1.3
50	1.8
75	3.0
90	4.8
95	6.2
99	7.9

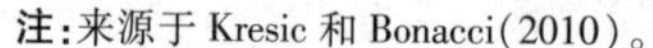
注:来源于 Kresic 和 Bonacci(2010)。

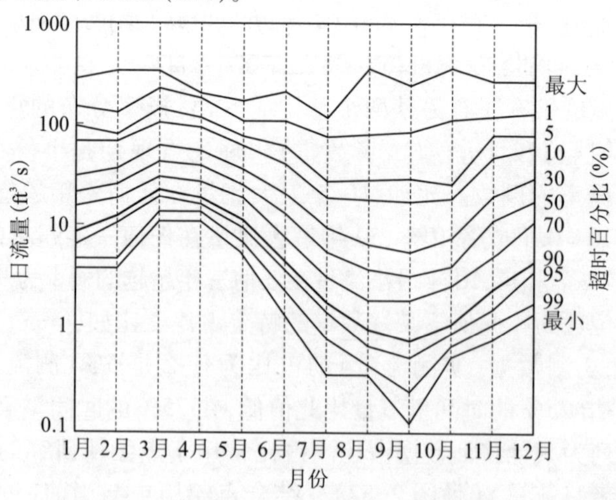

图 2.52　每月日流量历时曲线案例(美国陆军工程师团(USACE)改编, 1993)

图2.53为泉水受到集水区内地下水开采严重影响的案例。在73 a的长期观测期内，得克萨斯Cmoal泉水5月和8月的月均流量过程线中出现几个干旱期的影响，又伴有Edwards含水层地下水开采量增加。5月一般实测流量最大，8月的最小。在20世纪50年代干旱期，泉水于1956年6~11月干枯。在这种情况下，如果不剔除地下水开采影响，就不可能准确估算天然回灌对泉水过程和含水层特性的影响。从该图也可看出，即使有很长的观测期，在判断任何时刻保证流量时，使用平均值也会得出错误结论。

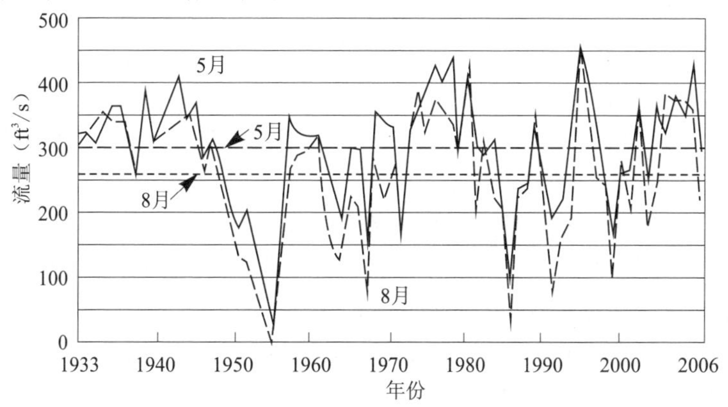

图2.53　美国得克萨斯Comal泉水74 a观测期中每年5(黑实线)~8月(虚线)月均流量(ft^3/s)(源自Kresic,2009)

如图2.54所示，概率图更适合于对长期实测流量的评估。例如，在本案例中，8月平均泉水流量小于50 ft^3/s，其理论概率为4%，为零的概率为2%~3%(注意，根据实测资料，已知1956年8月泉水干枯)。但也应注意到，这一概率分析也反映了历史上人工开采地下水的情况，因此不能单独进行用水规划。换言之，这种开采情况在未来可能有变化，在一些定量分析中要考虑其影响。

广泛用于水文频率分析的一些理论概率分布形式有正态分布(Gaussian)、正对数分布、指数分布、双参数伽马分布、三参数伽马分布、皮尔逊Ⅲ型分布、对数－皮尔逊Ⅲ型分布、极值(Gumbel)分布和对数－刚贝尔(Gumbel)分布(Riggs, 1968；Stedinger等, 1993)。

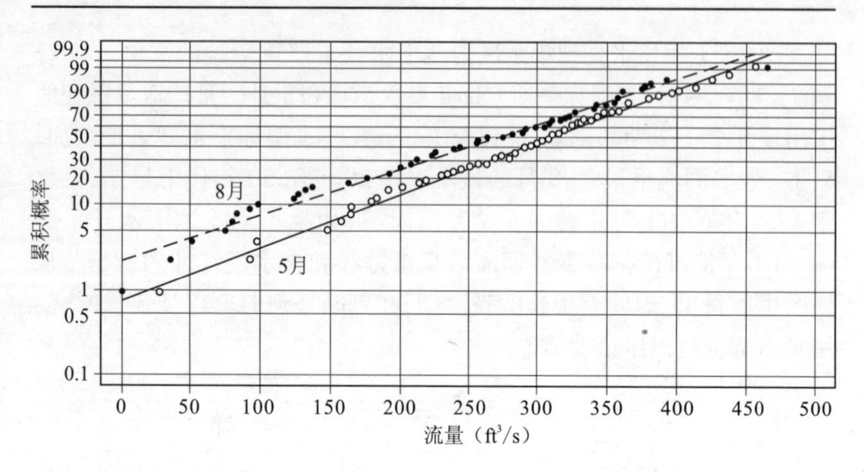

图 2.54　Comal 泉水 5 月和 8 月平均流量极值概率分布(来源于 Kresic,2009)

大流量与小流量概率

正对数皮尔逊Ⅲ型分布和广义极值分布(Gumbel,1941)适用于以实线法描述洪水流量。但应根据区域经验选择该地区分布类型,减少某个地区的估算参数数量(Stedinger 等, 1993)。在美国,水文资料协调咨询委员会(IACWD,1982)推荐对大流量(洪水)采用对数－皮尔逊Ⅲ型分布。

很多大型岩溶泉水的最大流量有上限,不受集水面积、流域状况(如雨前土壤含水量和地下水位)、降雨量(Bonacci, 2001;Panagopoulos 和 Lambrakis, 2006; Herman 等,2008)等的影响。例如,美国 Arch 泉水的岩溶水系因 Hurricanes Frances 和 Ivan 排出最大流量时期的观测显示,其排水流量必定是包含岩溶水系的,并向地表河流排泄超额水量(Herman 等,2008)。

一些泉水的流量限制在某一最大值有多种可能的原因,包括溶槽和泉水出水孔尺寸限制(见图 2.55)、含水层高水头岩溶(溶槽)排水区之间的地下水掠夺,以及从主泉向同一流域或者临近流域的间歇泉漫溢。类似的,在某些情况下,岩溶泉水也有一个最小流量,无论干旱时间有多久、多严重,都不会小于这个值。例如,克罗地亚的 Jadro 泉水和 Ombla 泉水最小流量为 4 m^3/s,两者分别是 Split 和 Dubrovnik 沿海城市的可靠供水水源。这些泉水长期拥有较高的最小流量,内有大型和贮水丰富的岩溶含水层,在长期干旱期稳定排出水量(Bonacci,1995, 2001)。

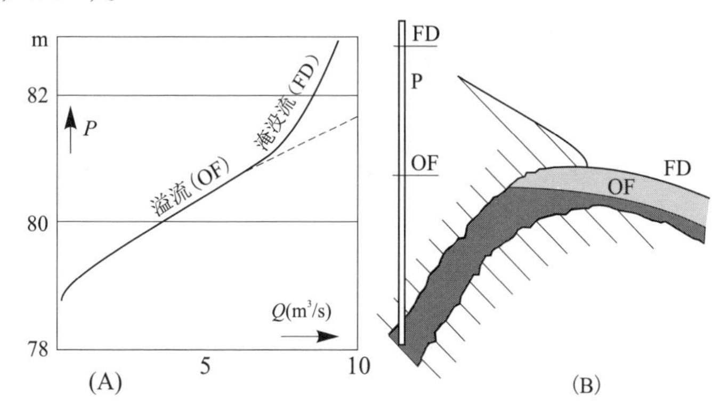

图2.55 (A)黑塞哥维那(Herzegovina)Mostar附近间歇泉水流量(Q)与测压管水头P的关系曲线;(B)溢流(OF):流量增加引起出口过水断面增加,因而测压管水头P微增。淹没水流(FD):因全部孔口已充满水,过流断面不能再增加;流量进一步增加引起水头P快速增加(来源于Hajdin,1981)

Komolac测流站1968~2007年实测Ombla泉水年径流中最小和最大日均流量如图2.56所示。尽管集水区很大,也有很强的降雨,其最小日流量从未低于4 m^3/s,而最大日流量从未超过104 m^3/s。最大流量受到进水溶槽过流能力以及Mesozoic灰岩非常低的母岩孔隙率的限制。泉水流量与如图2.57所示的泉水集水区两处测压管实测水头之间的关系很明显地反映了这些限制因素的存在。在接近泉水处的岩溶含水层部位具有压力管道水力学系统的特征。

低水流量

由于对水资源的需求日益增加,越来越需要了解低水流量信息。在美国,美国地质调查局要求各区及时分析低水流量资料并向社会公布。所谓7Q10流量一般用于评价可能影响地表河流和泉水水资源管理决策的低水流量。对这一流量的定义是,年连续7 d最小平均流量(7天小流量)频率曲线上其重现期为10年。这意味着,在平均10年

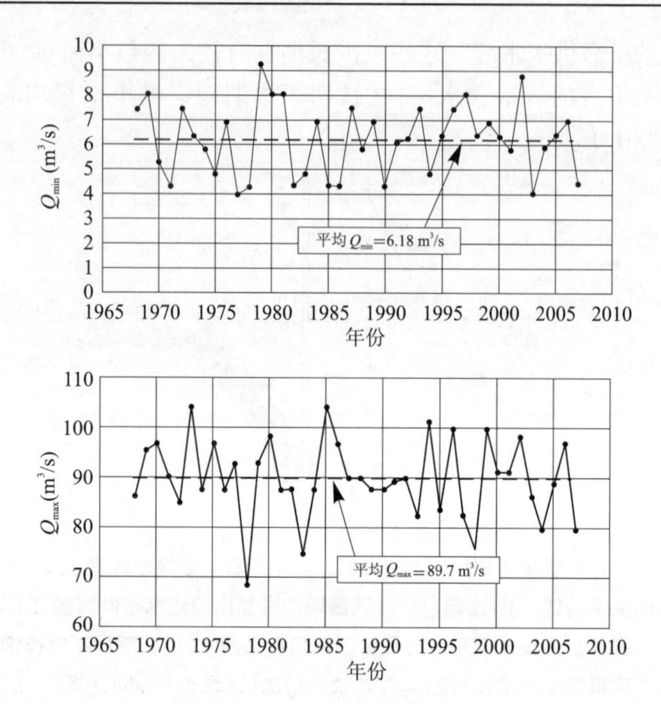

图2.56 1968~2007年克罗地亚Ombla泉水历时最小(上图)和最大(下图)流量(资料来源于Kresic和Bonacci,2010)

时段内,7 d低水流量将小于7 d10年一遇低水流量;或者说,在任何一年,7 d低水流量低于7 d10年一遇低水流量概率为1/10。一般来讲,年最小n天流量是每个水文年任何n天(如2 d、7 d或者10 d)连续日均流量的最小平均值。对每个水文站的全部实测资料,连续分析每个水文年(开始于4月),得出年最小n天流量的时间序列。美国地质调查局建议(Raines和Asquith, 1997),最好不要采用传统的样本积矩法(平均值、方差、偏态和峭度),这种传统方法是汇总数据后再拾取概率分布。用Hosking(1990)介绍的L-矩阵统计学方法替代传统方法。样本的L-矩阵估算是序列数据域线性组合,不像积矩法那样涉及对样本值求平方与立方。由此,L-矩阵几乎没有偏差,样本方差很小,但因积矩的偏差很大,样本的方差也很大(Stedinger等, 1993)。

皮尔逊Ⅲ型分布在很多情况下适用于低水流量数据,是一种三参

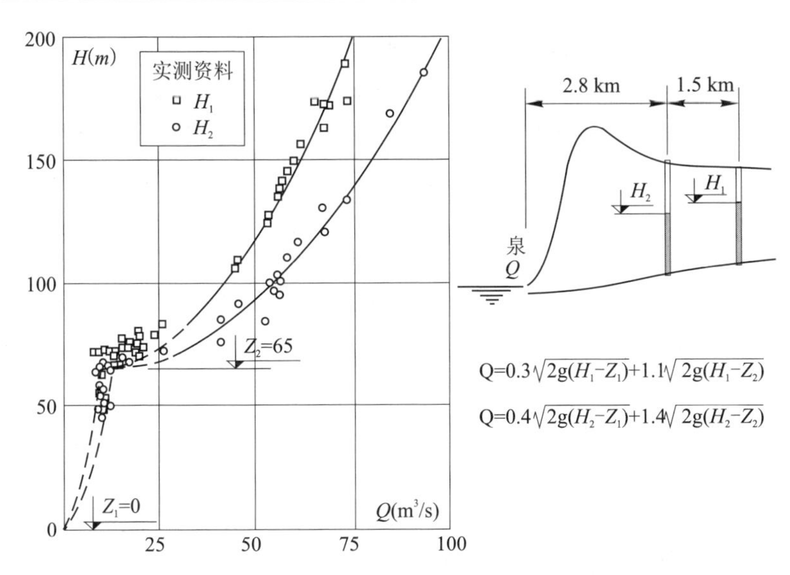

图2.57　在Ombla泉水两处测压管中实测的流量(*Q*)与含水层水头(*H*)之间二次方关系线

数概率分布。数据的L矩阵统计用于估算这种分布的参数。数据或者数据的对数转换值一般用于估算矩(平均值、标准差和偏态)。对数-皮尔逊Ⅲ型分布适用于洪水(大流量)频率分析(水文资料协调咨询委员会(IACWD),1982),采用实测洪峰流量对数转换值。对数转换对减少变化幅度超过几个数量级的洪峰值的偏差常常是有效果的。但是,对数转换会在很大程度上增加小值(低水流量)的峰值比例。当采用L矩阵统计时,没有必要用对数转换。而且,最小7 d流量为零也是有可能的,如果存在这种情况,就需要在分析中剔除,因为零的对数是不确定的。使用L矩阵和皮尔逊Ⅲ型分布进行频率分析的完整介绍可参见Stedinger等(1993)。

受径流调节影响河流的低水流量可能受到上游水库运行的影响。类似地,泉水流量也有可能受到地下水开采的影响。这种影响与水库放水时间和放水流量大小以及地下水开采时间和开采量大小有关,可能每年都不同。这种不一致性与频率分析中关于低水流量是独立事件的假定不相符。因此,频率分析一般用于没有径流调节(天然)的河流和未受影响的岩溶含水层。但是,如果实测调节流量不存在显著变化趋势并在分析期运行规则相同时,对受这种调节影响的河流也可以进行频率分析。检验可影响低水流量独立性假定的天然因素引起的未受调节影响的流量变化趋势也是有益的。

Mann – Kendall 检验 (Helsel 和 Hirsch, 1992)常用于确定观测期内受调节影响和未受调节影响河流年最小 7 d 流量是否有明显的趋势。此类检验采用排序法(因而不受少量异常值即溢出值的影响)确定变量是否随时间增加或者减少。在本案例中,Mann – Kendall 检验为双面假设检验,测试在 $\alpha = 0.05$ 显著水平时天然最小 7 d 流量是否有增加或者减少趋势。零假设(检验前假定是正确的)为没有趋势;另一个是替代假设(如果数据显示零假设不可能)为有增加或者减少趋势。如果检验中 p 值小于或者等于 a 水平,零假设不成立,采用替代假设。P 值是达到的显著水平(数据达到显蓍性水平),当零假设为真时,这是获得计算检验统计量的概率,或者说是一种不太可能的概率(Helsel 和 Hirsch , 1992 年,第 108 页)。

设 $\alpha = 0.05$,零假设在事实上为真时,有 5% 的概率不成立,也就是说,检验结论为有趋势,但实际情况是没有趋势。因此,检验的可信度为 95% 。从检验中可得到一个相关系数,Kendall τ。τ 值受样本大小影响,变化幅度为 $-1 \sim +1$。τ 是衡量趋势强度的量(流量与时间之间的相关程度)。比如,如果一次检验时间序列中的所有流量随时间减少,$\tau = -1$,如果所有流量随时间增加,$\tau = +1$。因此,τ 给出的信号是趋势方向。趋势分析有助于选择合适的同质实测资料,适用于低水流量频率分析。

美国地质调查局(2012)强调,水文站实测资料中的 7Q10 的可靠度一般随实测时间的增加而增加,但包含或者不包含特早年的资料是主要因素。估算频率曲线上一个点的可靠性时,就多年的实测资料和多变性而言,一般假定所有数据是完全随机的。这一假定对于低水流量并不完全适用;连续出现大水或者枯水流量是常见的。因此,纯粹地统计估算频率曲线的可靠性并不太适宜。一般应采用理论频率曲线适线法,但是,如果这样的理论曲线在较小值部分与数据不匹配,就需要在计算机打印后进行绘图插值,并将这样的经验曲线用作低水流量的基本频率曲线。有时满足某种用途或者为某些地区需要,可能要提出季低水流量频率曲线或者年而不是水文年(开始于 4 月 1 日)频率曲线。

需要将低水流量频率曲线延长到大的重现期时,一般应采用绘图或者图形检验的方法。数学方法适配的频率曲线有正偏移,低水流量端受重现期小于2 a 的数据点影响,但低水频率曲线的低水部分的现状取决于很多因素,如

①全流域降雨时空分布;

②温度分布,温度与是否有水在相当长的时期内以雪的形式储存有关,也对蒸发量有影响;

③ 土壤和地质特性,决定流域的回灌补给和地表径流量。

重现期长的低水流量特征值比其他的可靠性低,这不仅仅是因为蒸发,也因为这些低水流量更有可能受到人类活动的影响。此外,在某些地区,年低水径流可能全部来自地下水向河流的补给,并且还有另一种情况是,在枯水季发生经常性降雨的年份,上游水库调蓄水量减少,低水流量中可能包括这部分影响。此外,河川基流可能来自多个含水层,不是所有的含水层在全部时间内随时向河流补给。换而言之,某一地点的年低水流量不一定是单一含水层补给的(Riggs, 1972)。例如,Suwannee 河(见图 2.58) 频率曲线形状异常,反映了流量内的地质差异。该河流的年最小径流有两个主要部分组成:①流量从每秒几百立方英尺到 Okefenokee Swamp 源头的零;②河流下游从石灰岩含水层的补给流量为 5 ~ 10 ft^3/s。

美国地质调查局(2012)建议,低水流量报告中,即使不可能严格对精度作出评价,也应介绍成果精度。另一方面,报告中也不宜对每项估算都提精度值。毫无把握地声明有能力估计精度以及忽视精度都会有损报告的可信度。

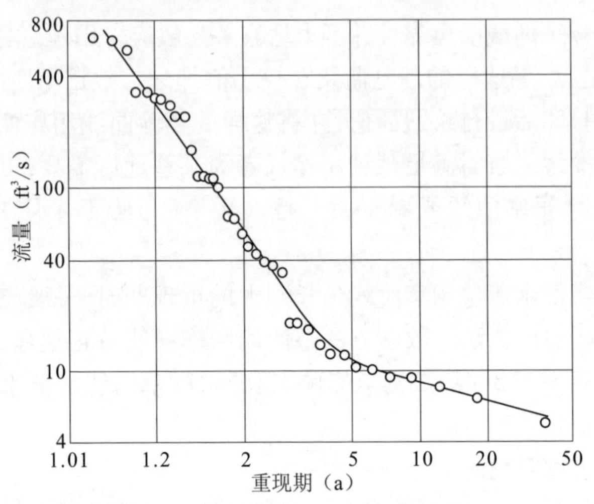

图 2.58 佛罗里达 White 泉水的 Suwannee 河年最小 7 d 平均低水流量频率曲线（源自 Riggs，1972）

参考文献

[1] Adamski, J. C., 2000. Geochemistry of the Springfield Plateau aquifer of the Ozark Plateaus Province in Arkansas, Kansas, Missouri and Oklahoma, USA. Hydrol Process, 14:849-866.

[2] Anderholm, S. K., and Heywood, C. E., 2003. Chemistry and age of ground water in the southeastern Hueco Bolson, New Mexico and Texas. U. S. Geological Survey Water-Resources Investigations Report 02-4237, Albuquerque, New Mexico, 16p.

[3] Atkinson, T. C., 1977. Diffuse flow and conduit flow in limestone terrain in Mendip Hills, Somerset (Great Britain). J Hydrol, 35:93-100.

[4] Baker, D. B., Richards, R. p., Loftus, T. Y., and Kramer, J. W., 2004. A new flashiness index: Characteristics and applications to midwestern rivers and streams. J Amer Water Resour Assoc, 40(2):503-522.

[5] Bonacci, O., 1993. Karst springs hydrographs as indicators of karst aquifers. Hydrol Sci, 38(1):51-62.

[6] Bonacci, O., 1995. Ground water behaviour in karst: Example of the Ombla Spring (Croatia). J Hydrol, 165(1-4):113-134.

[7] Bonacci, O., 2001. Analysis of the maximum discharge of karst springs. Hydrogeol J, 9(4):328-338.

[8] Boussinesq, J., 1904. Recherches théoriques sur l'écoulement des nappes d'eau infiltrées dans le sol et sur les débits des sources. J Math Pures Appl, Paris, 10:5-78.

[9] Bureau of Reclamation, 2001. Water Measurement Manual. A water resources technical publication. Water Resources Research Laboratory, U. S. Department of Interior, Washington, D. C., various paging. Available at: http://www. usbr. gov/pmts/hydraulics. lab/pubs/wmm/.

[10] Butt, P., 2003. Making discharge measurements within submerged conduits (Karst Environmental Services, Inc.). Significance of Caves in Watershed Management and Protection in Florida, Workshop Proceedings, April 16th and 17th, 2002, Ocala, FL. Florida Geological Survey Special Publication No. 53.

[11] Clark, I. D., and Fritz, P., 1997. Environmental Isotopes in Hydrogeology. Lewis Publishers, New York, NY, 311p.

[12] Coes, A. L., and Pool, D. R., 2005. Ephemeral-stream channel and basin-floor infiltration and recharge in the Sierra Vista subwatershed of the upper San Pedro basin, Southeastern Arizona. U. S. Geological Survey Open-File Report 2005-1023, Reston, VA, 67p.

[13] Dansgaard, W., 1964. Stable isotopes in precipitation. Tellus, v. 16, no. 4, pp. 437-468.

[14] Desmarais, K., and Rojstaczer, S., 2002. Inferring source waters from measurements of carbonate spring response to storms. J Hydrol, 260:118-134.

[15] Dooge, J. C. I., 1973. Linear Theory of Hydrologic Systems. Teclnical Bulletin No. 1468, United States Department of Agriculture, Washington, D. C., various paging.

[16] Dooge, J. C. I., and O'Kane, J. P., 2003. Deterministic Methods in Systems Hydrology. IHE Delft Lecture Note Series, A. A. Balkema Publishers, Lisse, The Netherlands, 309p.

[17] Dreiss, S. J., 1989. Regional scale transport in a karst aquifer. 1. Component separation of spring flow hydrographs. Water Resour Res, 25(1):117-125.

[18] Drogue, C., 1972. Analyse statistique des hydrogrammes de decrues des sources karstiques. J Hydrol, 15:49-68.

[19] Eastoe, C. J., Watts, C. J., Ploughe, M., and Wright, W. E., 2012. Future use of tritium in mapping pre-bomb groundwater volumes. Ground Water, 50 (1):87-93.

[20] Gat, J. R. and Carmi, I., 1970. Evolution of the isotopic composition of atmospheric waters in the Mediter ranean Sea area. J Geophys Res, v. 75, pp. 3039-3048.

[21] Geyh, M., 2000. Groundwater, saturated and unsaturated zone. In: Mook, W. G. (ed.), Environmental Isotopes in the Hydrological Cycle: Principles and Applications. IHP-V, Technical Documents in Hydrology, No. 39, Vol. IV, UNESCO, Paris, 196p.

[22] Gumbel, E. J., 1941. The return period of flood flows. Ann Math Statist, 12 (2):163-190.

[23] Hajdin, G., 1981. An example of the hydraulic explanation of the flow out of a karst spring and the piezometric levels in its hinterland. Nas Krs, Bull. Speleological Society, VI(10-11):109-115.

[24] Hajdin, G., and Ivetič, M., 1976. Jedan primer pokušaja objašnjenja hidrauličkih uslova u kraškom podzemnom toku na osnovu opažanja pijezometarskog stanja i izlaznih proticaja. XII jugoslavenski kongres mehanike, Sarajevo, sveske B3/B4.

[25] Halford, K. J., and Mayer, G. C., 2000. Problems associated with estimating ground-water discharge and recharge from stream-discharge records. Ground Water, 38(3):331-342.

[26] Hall, L. S., 1943. Open channel flow at high velocities. American Society of Civil Engineers, Transactions, Paper No. 2205, vol. 108, 1394p.

[27] Healy, R. W., Winter, T. C., LaBaugh, J. W., and Franke, O. L., 2007. Water budgets: Foundations for effective water-resources and environmental management. U.S. Geological Survey Circular 1308, Reston, VA, 90p.

[28] Helsel, D. R., and Hirsch, R. M., 1992. Studies in Environmental Science. Statistical Methods in Water Resources, vol. 49. Elsevier, Amsterdam, 522p.

[29] Herman, E.K., Toran, L., and White, W., 2008. Threshold events in spring discharge: Evidence from sediment and continuous water level measurement. J Hydrol, 351:98-106.

[30] Hosking, J. R. M., 1990. L-moments: Analysis and estimation of distributions

using linear combinations /of order statistics, J R Stat Soc, B, 52(1):105-124.

[31] IAEA/WMO(International Atomic Energy Agncy/World Meteorological Organization), 2006. Global network of isotopes in precipitation. The GNIP database. Available at:http//www-naweb. iaea. org/napc/ih/GNIP/IHS_GNIP. html.

[32] Imes, J. L., Plummer, L. N., Kleeschulte, M. J., and Schumacher, J. G., 2007. Reacharge area, base-flow and quick-flow discharge rates and ages, and general water quality of Big Spring in Carter County, Missouri. U.S. Geological Survey Scientific Investigations Report 2007-5049, Reston, VA, 80p.

[33] Interagency Advisory Committee on Water Data, 1982. Guidelines for determining flood-flow frequency. U. S. Geological Survey, Office of Water Data Coordination, Hydrology Subcommittee, Bulletin 17B, Reston, VA, variously paged.

[34] Jevdjević, V., 1956. Hidrologija, I deo (Hydrology, Part 1; in Serbian). Hidrotehnički Institut Jaroslav Černi, Beograd, 404p.

[35] Katz, B. G., Hornsby, H. D., Bohlke, J. F., and Mokray, M. F., 1999. Sources and chronology of nitrate contamination in spring waters. U. S. Geological Survey Water-Resources Investigations Report 99-4252, Suwannee River Basin, FL, 54p.

[36] Kauffman, S., and Libby, W. S., 1954. The natural distribution of tritium. Phys Rev, 93(6):1337-1344.

[37] Kay, R. T., Bayless, E. R., and Solak, R. A., 2002. Use of isotopes to identify sources of ground water, estimate ground-water-flow rates, and assess aquifer vulnerability in the Calumet Region of Northwestern Indiana and Northeastern Illinois. U. S. Geological Survey Water-Resources Investigation Report 02-4213, Indianapolis, IN, 60p.

[38] Kilpatrick, F. A., 1970. Dosage requirements for slug injections of rhodamine BA and WT dyes. In: Geological Survey Research 1970, U. S. Geological Survey Professional Paper 700-B, pp. 250-253.

[39] Kilpatrick, A., and Cobb, E. D., 1985. Measurement of discharge using tracers. Techniques of Water-Resources Investigations of the United States Geological Survey, Chapter A16, Book 3, Application of Hydraulics, Washington, D. C., 52p.

[40] Kilpatrick, A., and Wilson, J. F., 1989. Measurement of time of travel in streams by dye tracing. Techniques of Water-Resources Investigations of the U-

nited States Geological Survey, Chapter A9, Book 3, Application of Hydraulics, Washington, D. C., 27p.

[41] Kresic, N., 1991. Kvantitativna hydrogeologija karsta sa elementima zaštite podzemnih voda (Quantitative karst hydrogeology with elements of groundwater protection, in Serbo-Croatian). Naučna knjiga, Beograd, 196p.

[42] Kresic, N., 1997. Quantitative Solutions in Hydrogeology and Groundwater Modeling. CRC Press, Boca Raton, FL, 461p.

[43] Kresic, N., 2007. Hydrogeology and Groundwater Modeling, 2nd ed. CRC Press, Taylor & Francis Group, Boca Raton, FL, 807p.

[44] Kresic, N., 2009. Groundwater Resources. Sustainability, Management, and Restoration. McGraw Hill, New York, NY, 852p.

[45] Kresic, N., and Mikszewski, A., 2009. Groundwater recharge. In: Kresic, N. (ed.), Groundwater Resources. Sustainability, Management, and Restoration, Chapter 3. McGraw Hill, New York, NY, pp. 235-292.

[46] Kresic, N., and Bonacci, O., 2010. Spring discharge hydrograph. In: Kresic, N., and Stevanovic, Z. (eds.), Groundwater Hydrology of Springs: Engineering, Theory, Management and Sustainability. Elsevier, New York, NY, pp. 129-163.

[47] Libby, W. F., 1946. Atmospheric helium three and radiocarbon from cosmic radiation. Phys Rev, 69:671-672.

[48] Maillet, E. (ed.), 1905. Essais dihydraulique souterraine et fluviale. Herman et Cie, Paris, 1:218.

[49] Maloszewski, P., and Zuber, A., 1996. Lumped parameter models for the interpretation of environmental tracer data. In: Manual on mathematical models in isotope hydrology. IAEA, Vienna, pp. 9-58.

[50] Merlivat L. and Jouzel J., 1979. Global climatic interpretation of the deuterium-oxygen 18 relationship for precipitation. J Geophys Res, v. 84, pp. 5029-5033.

[51] Mook, W. G., 1980. Carbon-14 in hydrogeological studies. In: Fritz, P., and Fontes, J. Ch. (eds.), Handbook of Environmental Isotope Geochemistry, Volume 1. The Terrestrial Environment, A, Chapter 2. Elsevier Scientific Publishing Co., New York, NY, pp. 49-74.

[52] NNPSMP (National Nonpoint Source Monitoring Program), 2008. Surface water flow measurements for quality monitoring projects. Technotes 3. Available at:

www. bae. ncsu. edu/programs/extension/. . . /technote3. . surface-flow, pdf.

[53] Panagopoulos, G. , and Lambrakis, N. , 2006. The contribution of time series analysis to the study of the hydrodynamic characteristics of the karst systems: Application on two typical karst aquifers of Greece (Trifilia, Almyros Crete). J Hydrol, 329(3-4):368-376.

[54] Parkhurst, D. L. and Appelo, C. A. J. , 1999. User's guide to PHREEQC (Version 2): A computer program for speciation, batch-reaction, one-dimensional transport, and inverse geochemical calculations. U. S. Geological Survey Water-Resources Investigations Report 99-4259, 310p.

[55] Patton, T. , 2005. Giant springs: Climate impact on a first magnitude spring in Montana. Proceeding for Surface Water/Ground Water One Resource, 22nd Annual Meeting of the Montana Section of the American Water Resources Association, Bozeman, Montana, pp. 22-23.

[56] Perry, E. C. , Grundl, T. , and Gilkeson, R. H. , 1982. H, O, and S isotopic study of the ground water in the Cambrian-Ordovician aquifer system of northern Illinois. In: Isotope studies of hydrologic processes: Northern Illinois University Press. DeKalb, Illinois, pp. 35-45.

[57] Plummer, L. N. , and Friedman, L. C. , 1999. Tracing and dating young ground water. U. S. Geological Survey Fact Sheet 134-99, 4p.

[58] Plummer, L. N. , Michel, R. L. , Thurman, E. M. , and Glynn, P. D. , 1993. Environmental tracers for age-dating young ground, water. In: Alley, W. M. (ed.), Regional Ground-Water Quality. Van Nostrand Reinhold, New York, NY, pp. 255-294.

[59] Plummer, L. N. , and Busenberg, E. , 2007. Chlorofluorocarbons. In. : Cook, p. , and Herczeg, A. (eds.), Excerpt from Environmental Tracers in Subsurface Hydrology, Kluwer Academic Press. The Reston Chlorofiuorocarbon Laboratory; U. S. Geological Survey, various paging.

[60] Poreda, R. J. , Cerling, T. E. , and Solomon, D. K. , 1988. Tritium and helium isotopes as hydrologic tracers in shallow aquifers. J Hydrol, 103:1-9.

[61] Raines, T. H. , and Asquith, W. H. , 1997. Analysis of minimum 7-day discharges and estimation of minimum 7-day, 2-year discharges for streamfiow-gaging stations in the Brazos River Basin, Texas. U. S. Geological Survey Water-Resources Investigations Report 97-4117, Austin, TX, 29p.

[62] Riggs, H. C., 1968. Frequency curves. U. S. Geological Survey Techniques of Water Resources Investigations, Book 4, Hydrologic Analysis and Interpretation, Chapter A2, 15p.

[63] Riggs, H. C., 1972. Low-flow investigations. U. S. Geological Survey Techniques of Water Resources Investigations, Book 4, Hydrologic Analysis and Interpretation, Chapter B1, 18p.

[64] Risser, D. W., Gburek, W. J. and Folmar, G. K., 2005. Comparison of methods for estimating ground-water recharge and base flow at a small watershed underlain by fractured bedrock in the eastern United States. U. S. Geological Survey Scientific Investigations Report 2005-5038, Reston, VA, various pages.

[65] Rorabaugh, M. I., 1964. Estimating changes in bank storage and ground-water contribution to streamflow International Association of Scientific Hydrology Publication 63 IAHS Press, Wallingford, UK, pp. 432-441.

[66] Rowe, G. L. Jr., Shapiro, S. D., and Schlosser, P., 1999. Ground-water age and water-quality trends in a buried-valley aquifer, Dayton area, Southwestern Ohio. U. S. Geological Survey Water-Resources Investigations Report 99-4113. Columbus, OH, 81p.

[67] Rutledge, A. T., 1993. Computer programs for describing the recession of ground-water discharge and for estimating mean ground-water recharge and discharge from streamflow records. U. S. Geological Survey Water-Resources Investigations Report 93-4121, 45p.

[68] Rutledge, A. T., 1998. Computer programs for describing the recession of ground-water discharge and for estimating mean ground-water recharge and discharge from streamfiow records—Update. U. S. Geological Survey Water-Resources Investigations Report 98-4148, 43p.

[69] Rutledge, A. T., 2000, Considerations for use of the RORA program to estimate ground-water recharge from stream flow records. U. S. Geological Survey Open-File Report 00-156, Reston, VA, 44p.

[70] Ryan, M. and Meiman, J., 1996. An examination of short-term variations in water quality at a karst spring in Kentucky. Ground Water 34:23-30.

[71] Schlosser, P., Stute, M., Dorr, H., Sonntag, C., and Oto, K. M., 1988. Tritium/^{3}He dating of shallow ground water. Earth Planet Sci Lett, 89:353-362.

[72] Schlosser, P., Stute, M., Sonntag, C., and Muennich, K. O., 1989. Tritio-

genic ^{3}He in shallow ground water. Earth Planet Sci Lett, 94:245-256.

[73] Shapiro, S. D., Rowe, G., Schlosser, P., Ludin, A., and Stute, M., 1998. Utilization of the ^{3}H-^{3}He dating technique under complex conditions to evaluate hydraulically stressed areas of a buried-valley aquifer. Water Resour Res, 34(5):1165-1180.

[74] Sophocleous, M., 2004. Ground-water recharge and water budgets of the Kansas High Plains and related aquifers. Kansas Geological Survey Bulletin 249, Kansas Geological Survey, the University of Kansas, Lawrence, Kansas, 102p.

[75] Soulios, G., 1991. Contribution à l'étude des courbes de récession des sources karstiques: Exemples du pays Hellénique. J Hydrol, 127:29-42.

[76] Stedinger, J. R., Vogel, R. M., and Foufoula-Georgiou, E., 1993. Frequency analysis of extreme events. In: Maidment, D. A. (ed.), Handbook of Hydrology, McGraw-Hill, New York, NY, Chapter 1-66.

[77] Stichler, W., Trimborn, P., Maloszewski, P., Rank, D., Papesch, W., and Reichert, B., 1997. Environmental isotope investigations. In: Kranjc, A. (ed.), Karst Hydrogeological Investigations in South-Western Slovenia, Acta Carsologica, vol. 26, no. 1, pp. 213-236.

[78] Thomas, C. W., and Dexter, R. B., 1955. Modern equipment for application of salt velocity method of discharge. Proceedings of the Sixth General Meeting, vol. 2, International Association of Hydraulic Research, the Hague, the Netherlands.

[79] Trček, B., 2003. Epikarst zone and the karst aquifer behaviour: A case study of the Hubelj catchment, Slovenia. Geološki zavod Slovenije, Ljubljana, 100p.

[80] Trček, B., 2007. How can the epikarst zone influence the karst aquifer hydraulic behaviour? Environ Geol, 51(5):761-765.

[81] Trček, B., and Zojer, H., 2010. Recharge of springs. In: Kresic, N., and Stevanovic, Z. (eds.), Groundwater Hydrology of Springs: Engineering, Theory, Management and Sustainability. Elsevier, New York, NY, pp. 87-127.

[82] USACE (U.S. Army Corps of Engineers), 1993. Hydrologic frequency analysis. Engineering manual 1110-2-1415, Washington, D.C., various paging. Available at: http://140.194.76.129/publications/engmanuals/.

[83] USGS (United States Geological Survey), 2005. U.S. Geological Survey Streamgaging. Fact Sheet 2005-3131. Available at: http://ga. water, usgs. gov/edu/

measureflow. html.

[84] USGS (United States Geological Survey), 2012. Low-flow program guidelines. Available at: http: // water. usgs. gov / osw / pubs / memos / sw 79. 06. attachment. html.

[85] Vandike, J. E., 1996. The Hydrology of Maramec Spring. Missouri Department of Natural Resources, Division of Geology and Land Survey, Water Resources Report Number 55, Rola, MO, 104p.

[86] White, W. B., 2010. Springwater geochemisatry. In: Kresic, N., and Stevanovic, Z. (eds.), Groundwater Hydrology of Springs: Engineering, Theory, Management and Sustainability. Elsevier, New York, NY, pp. 231-268.

第 3 章　岩溶排泄区

3.1　简　介

在使用岩溶排泄区一词的时候,大多数专业人员首先可能会想到同为某一地表河流或岩溶泉供水的地形区域与地下(水文地质)区域的差异。通常还包括认真考虑地表河流失水的可能性。然而,岩溶排泄区一词并不局限于地区尺度;定义与本地工程规模有关的地面区域和地下区域也同等重要,如某一平面面积达若干英亩(acre)或公顷(hm^2)的工业场址。对间粒状的疏松多孔介质来说(例如,准确定义某一岩溶场址地下水的来龙去脉),常常不是一项简单直接的工作。换句话说,在这种场址若像非岩溶区域工程场址的常规做法那样,安装 5 口或 10 口监测井对地下水水头进行季度监测,可能不能满足要求。在划分排泄区边界时,不管何种尺度和目的,最为重要的是要记住,地下水的优势流向不仅季节性变化,可能(而且通常确实)在 3 个维度和时间上也都发生变化。地下水排泄区的边界可能发生暂时性变化,这是因为含水层在暴雨径流和高水头情况下,基流条件会变活跃,有些优势水流路径在此期间则会处于非活动状态。正是这些因素改变了水流路径和地下水流向,导致水从一个地形排泄区(流域)流到另一个区。水的这种地下迁移也可能是永久性的,因此使用"岩溶地下水流域"一词通常比岩溶排泄区更为合适,它强调了含水层在大多数岩溶水系统中的核心作用。

图 3.1 和图 3.2 显示了几种体现定义地下水流域复杂性的情况。正如本书始终强调的,在研究岩溶问题时唯一可以预知的是,很多调查

结果可能或者常常就是不可预知。因此,水文地质学者的作用就是设计和开展经得起科学推敲的现场调查,并根据旨在发现调查场所的最终神秘岩溶特征而收集的各种资料呈现案例。这在默认情况下包括就什么构成不可接受的财务风险以及与拟建工程相关的人体健康和环境风险开展讨论。最后,唯一需要真正证实的是某一岩溶地下水流域(或相关地方尺度的边界)已经被完全划定,这是在包括基流和季节性暴雨径流等不同水文条件下进行的多次示踪试验的积极结果。然而,虽然示踪试验在岩溶地区总是可行的,但染色试验在特定情况下是浪费或没有必要的。无论是否进行了染色示踪试验,大多数经得起推敲的岩溶地下水流域或较小的研究区域的划分方法应该包括如下内容:

(1)用多种方法确定尽可能多的潜在优势流路径。

(2)选择和确定与当前问题有关的地下水流路径(例如,容易造成污染或可能为下游受体或用户提供主要水量)。

(3)被选择的水流路径的详细水文地质学调查包括流量测定、含水层测试和确定在地下水污染情况下的运移指标。

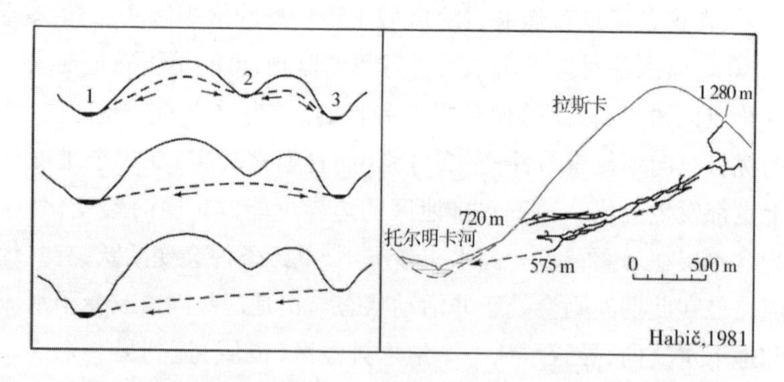

1—下蚀速率最快的永久河流;2—先是盈水河流,然后是被袭夺(亏水)河流,最后是永久干枯河谷;3—先是盈水河流,然后是被袭夺(亏水)河流

图 3.1 岩溶河流袭夺示例(左图,源自 Kresic,2007)及斯洛文尼亚的波罗斯卡溶洞(右图,后是典型的由伏流形成的洞穴,上游水文地质不活跃,而下游的比较活跃。源自 Habič,1981)

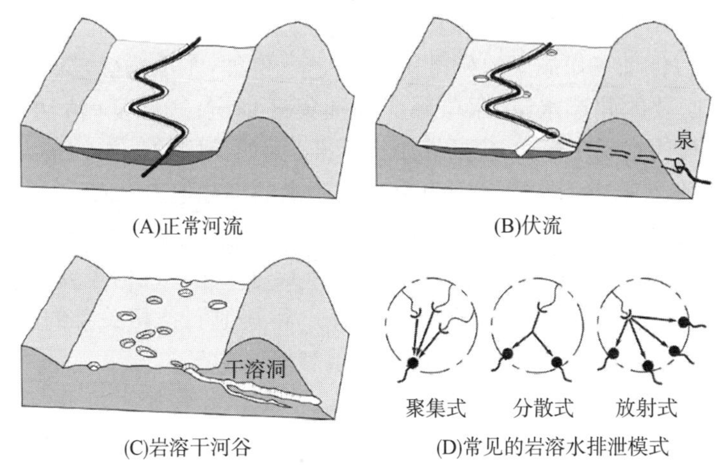

图3.2　最初流过下伏可溶性碳酸盐非溶解性沉积物岩溶河流的发育过程及最常见的三种岩溶水排泄模式((A)～(C)图)

((A)最初的正常河流(B)使河水流失到另一流域的泉的伏流
(C)岩溶干河谷和由于岩溶作用底部的下切使原来的泉转变为不活跃的溶洞(Kresic,2010)(D)根据染色示踪研究总结的美国西弗吉尼亚州最常见的3种岩溶排泄模式(Jones,1977))

3.2　优势流路径

本书作者多次希望有一个天才的探测者,总能保证发现隐藏在岩溶环境中的优势流路径。对该探测者的唯一要求是其对工作成果质量的保证。然而,寻找探测者的工作还在继续。笔者认为主要原因是没有探测者愿意提供这种保证。但是有少数水文地质学者、地球物理学者和其他专业人士似乎毫不犹豫地保证,自己将定位和定义所有特定岩溶含水层内的相关优势流路径。这些经验丰富的专业人士可能在获得足够资金和时间的条件下做出这种保证,包括工作开始后根据需要修改自己工作内容的可能性。由于在这种条件下,即没有资金、时间和工作更改的限制,难以与投资者进行协商,因此咨询界又加入了如下内容:

(1)不考虑岩溶工作的公司和专业人士。

(2)保证工作成果的公司和专业人士,例如:①准确确定优势流路径;②必要的井产水量、水位降深和捕集区划定;③修复(清洁)地下水,使其达到规定标准,包括饮用水标准(例如美国的污染物最大的允许浓度值,或 MCLs);④设计和修建不透水的坝和地表水库。

(3)通过完全为客户与管理部门服务和事先或及时解释岩溶问题的错综复杂性来进行岩溶工作的公司和专业人士。最为重要的是,这类公司和专业人士主动管理自己的客户和其他利益相关者的预期效益,但不作上述第 2 条所列的各项无限制保证。

优势流路径的定义与岩溶场地概念模型(GSM)密不可分;在大多数情况下也是这种模型中最重要的因素。如 Kresic 和 Mikszewski (2012)所述,场地概念模型在水文地质学中的主要目的是提供一个由图、文本或动画构成的单一成果,其中可很容易地获得有关场地的所有信息,用于工程实施任何阶段的决策。同时,场地概念模型是一个需要不断定义和更新的动态实体,理解这一点非常重要。在工程的开始阶段,所获取的信息难以形成一个特有概念,因此可能会有 2 个或 3 个备选的初步场地概念模型。随着工程的进展和新信息的收集,场地概念模型变得更为具体和量化,有助于计划进一步的调查,使工程团队将重点放在切实可行的解决方案上。这些解决方案(如供水井田或含水层生物修复系统的设计)只有在最终场地概念模型在关注尺度准确反映场地的岩溶水文地质学状况的所有相关方达成共识的时候才有可能。虽然为了便于阅读,以下各节分别讨论了几种确定岩溶优势流路径方法,但需要反复强调的是,这些方法通常相互重叠,只有互补利用时才能获得最佳结果。

在一篇信息丰富的评论文章中,Worthington 和 Ford(2009)提出了各种模拟岩溶优势流路径形成的实验室试验和模型。对可溶性碳酸盐,存在很强的形成所谓自生渗透性的趋势,导致含水层通过几个或单个较大的泉排水,与地表水排水层次相似。笔者认为,地下水流过碳酸盐含水层的共同结果是,增加流量与增加溶解之间的正反馈作用导致了强透水的岩溶管道(导管)网的自主生成。如果流过含水层的地下水流量最小，例如在某些承压含水层，岩溶管网的形成就会滞后。相反，在地下水流量很大的承压含水层及非承压含水层中，在大量地下水开始流过含水层后的 $10^3 \sim 10^6$ a 时间里，岩溶管网可能会输送绝大部分地下水通过含水层。这个时间段与大多数非承压灰岩含水层发挥作用相比是短的，因此有理由推断，这类含水层大多数都具有十分发育的管道网。岩溶含水层自生渗透性的主要后果是岩溶泉的排泄区通常延伸到了地形分水岭之外，只要下伏碳酸盐层比较厚并且延伸到地表水流域以外。这也是岩溶含水层会产生世界上最大泉的主要原因。

3.2.1 地貌和地质方法

构成岩溶景观形状的特有地表和地下地貌还可提供优势流路径的各种直接和间接证据。最明显的是洞穴潜水员探索的水下导管、带有地下河的可通过洞穴或一系列岩溶天窗、落水洞和出水洞（见图3.3）。然而，这些地下岩溶地层并非总是出现或可以到达，而且在任何情况下很少全面反映某一含水层中的潜在路径。因此，首先要利用容易获得的资料建立下伏岩溶含水层可能流型的首个初步场地概念模型，而不是立即派一个洞穴探索队去探索洞穴的入口及通道（见图3.4）。这些资料包括地形图、地质图、航空照片和遥感影像。这些视觉信息源最好在与一般地理信息系统（GIS）平台整合的时候进行分析。

得益于数字制图技术、遥感技术和网上便捷获取地球影像及数字高程数据等方面的快速发展，现在已有可能对某一场地的地貌特性进行非常详细的远程可视化分析。然而，笔者并不建议人们每次都设法亲自到达自己的研究场地。逼真的三维地形图像也会使现场考察计划大大受益。无论现场考察的最终决定如何，研究场地的地形现在已可很容易地利用各种商业及公共域电脑程序进行三维显示、旋转和从不同角度观看（Kresic 和 Mikezewski，2012）。同样，航空与卫星图像、地质图和其他专题地图都很容易加载在三维数字地形图上进行分析（见图3.5）。此外，专业人员在工作时都应能够随时进入谷歌地图（Google Earth），这是一个地表覆盖特征可视化的默认、免费平台。在默认情况下，虽然纸质地形图在今后几年还将继续使用（而且世界上

图 3.3　西弗吉尼亚唐纳利堡附近 DePriest 洞穴的岩溶天窗(图的前方)和 Charley Run 进入 Culverson Creek 溪流的出水洞(图中央)
(照片由岩溶水研究所 William Junes 提供)

图 3.4　洞穴探索者在探索美国佐治亚州西南某一泥泞潮湿的岩溶洞穴通道后见到白天光亮的喜悦

有些地方可能仍将是唯一的选择),所以在开发如图 3.6 所示岩溶场地的场地概念模型时,数字高程模型(DEMs)与遥感图像的联合运用会带来很多好处。可视化三维数字高程模型的另一个好处是与二维等高线图相比,可能会使非技术使用者更易于理解,因此非常适合为公众准备的展示和报告。

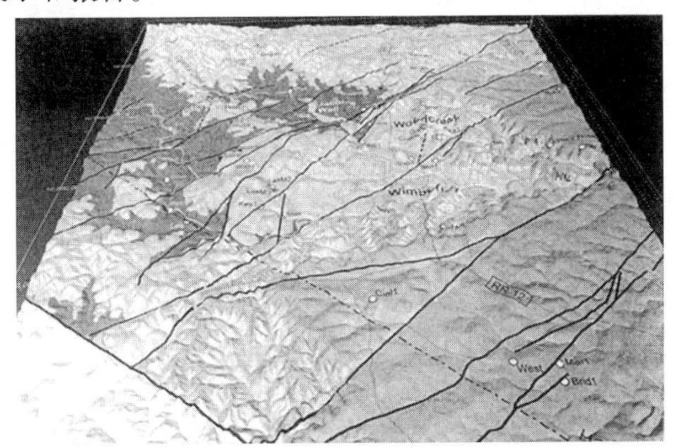

图 3.5　Wierman 等(2010)的加载于数字高程模型的局部地质图
(粗黑线是默认的,不同形状的灰色区块(原图为彩色)表示水文地质单元(照片由 AMEC 环境与基础设施股份公司 Gavin Hudgeons 提供))

图 3.6　利用机载激光雷达(光探测和测距,LiDAR)设备收集的高分辨率数字高程模型(像佛罗里达州奥卡拉附近这样,落水洞呈现状分布,在表层砂质沉积物基础上发育而成,说明下伏含水层可能存在优势流路径。注意 LiDAR 技术获取的其他细节;路旁较大的落水洞深度约为 6 m)

美国地质调查局的国家高程数据集(NED)高分辨率数据通常来源于 LiDAR 技术或数字摄影测量,通常为断裂线,以说明地形起伏特征。如果以不大于 5 m 的地面采样距离收集,这类数据还可以从分辨率为 1/9 弧秒的国家高程数据集中获得,目前美国很多地方都可下载(例如,在 http://seamles. usgs. gov/可看到美国地质调查局的无缝数据仓库,或在 http://viewer. nationalmap. gov/viewer/可看到国家地图查看器)。新一代 1:24 000 美国地形图(方块地形图)基于这个高分辨率高程数据,整合了高分辨率照片图像,并且有各种数字、地理坐标参考及 pdf 等格式的信息层,图 3.7 ~ 图 3.9 显示了这些示例。数字标准地形图及其航空照片等所有图层,以及附带的高分辨率国家高程数据集(数字栅格文件),都可按照说明下载和分析。国家高程数据集文件可以独立绘制等高线,并以 Surfer、Geostatistical Analyst 和 Spatial Analyst 等常用程序进行三维显示(Kresic 和 Mikszewski,2012)。

图 3.7　新墨西哥州由石膏岩发育而成的大落水洞——无底湖群

(从很多州机构的地理信息系统网站可下载地理坐标参考航空照片,可在充分利用了三维可视化的谷歌地图上显示。本图是新墨西哥州由石膏岩发育而成的大落水洞——无底湖群,从新墨西哥大学官网(http://rgis. unm. edu)的新墨西哥州 GIS 资源中获得)

图3.8显示了美国地质调查局2011年新版西弗吉尼亚路易斯堡的方块地形图的局部等高线和水文地质图层,反映出独特的岩溶地形特征。闭合的等高线表示由格林布赖尔石灰岩发育而来的很多落水洞和其他闭合塌陷。等高线上的凹痕指向塌陷的中央。闭合塌陷和缺乏地表排泄(流入河流)是壮年期岩溶地貌的主要特征。相反,弱透水岩层,例如地图东侧的麦克格雷迪地貌和波科诺斯组的页岩层,有密集发育的地表排泄。图3.9为同一方块地形图另一部分的国家高程数据集的三维显示,图中可以清楚地看到一些相邻区域呈线状分布的落水洞和其他起伏轮廓。这些受岩溶作用、断层作用和岩性对比而形成的线性特征是下伏含水层可能存在优势流路径的主要指标。路易斯堡的方块地形图的整个岩溶区域通过戴维斯泉排泄,该泉是西弗吉尼亚最大的泉,临近于西弗吉尼亚的阿斯伯里(Kresic和Mikszewski,2012)。

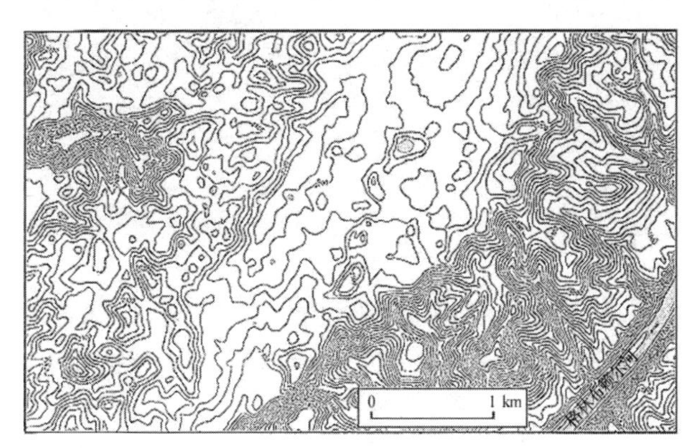

图3.8　美国地质调查局2011年新版西弗吉尼亚路易斯堡的方块地形图的局部等高线(等高距为20 ft。原来的地表排泄非常分散,但其中一些还可根据落水洞的分布走向、长形闭合塌陷的形状和等高线的大方向进行推断)

由于存在辨识问题,打印的纸质地形图受到等高距的限制,甚至在有高分辨率高程数据的时候,如图3.10所示。地图20 ft的等高距不足以描绘在放大的航空照片上清晰可见的较小落水洞。拥有相同方块

图 3.9 西弗吉尼亚路易斯堡及其西部邻近区域三维局部方块地形图(上图)及根据国家高程数据集(NED)绘制的三维地面细节放大图(下图)

(箭头表示一些线状分布轮廓。大多数区域都下伏岩溶石灰岩层,点缀着大小不同的落水洞和其他闭合塌陷,以及很多间歇性河流和干旱岩溶河谷)

的国家高程数据集文件,就能以任何期望的间距绘制等高线,包括 3 ft,在此等高距下可以识别图 3.10 底部所示的更多落水洞。但最好还是采用等高线与彩色阴影三维地面图联合运用,后者可以旋转、放大和垂直拉伸显示,有助于对各种地貌特征的可视化识别。

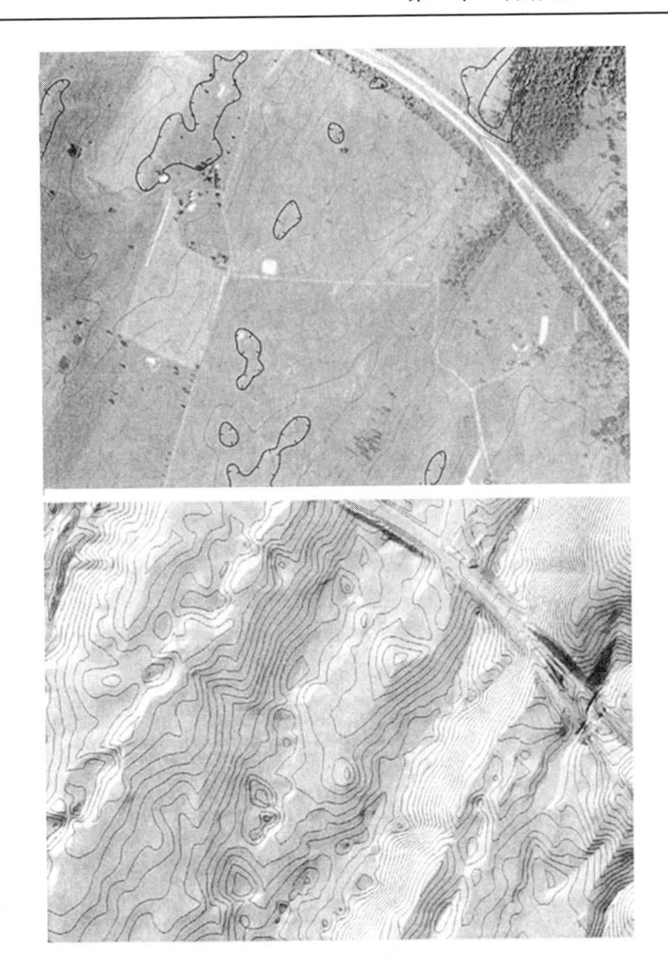

图3.10　西弗吉尼亚路易斯堡航空照片和初始20 ft等高距的方块地形图(上图)以及根据国家高程数据集3 ft等高距绘制的等高线(下图)

(上图原图上闭合等高线所示的闭合塌陷被突出显示,下图采用Surfer软件根据高分辨率国家高程数据集3 ft等高距(NED)绘制的等高线,以及同一软件绘制的阴影地形图。注意以州际高速公路为参照比例尺)

除图3.11和图3.12所示可能存在优势流路径的典型岩溶特征外,地貌学分析在解释如图3.13所示的某一类地表排泄的主要地质原因时特别有用。有时,这样显示的线状轮廓可代表优势流路径,后者输送地下水流过不同地质单元,从而将看起来独立的岩溶含水层连接在一起。

图 3.11 塞尔维亚西部戴维斯溶洞部分淹水的入口与此长约千米溶洞大致平行的干旱岩溶河谷(右侧)

(戴维斯溶洞内几乎所有通道都处于水文不活跃状态,所以问题是:含水层内目前活跃的优势流路径在哪里?是在所探究的溶洞下面?还是在干谷下面?还是在二者之间?或者临近的某处?)

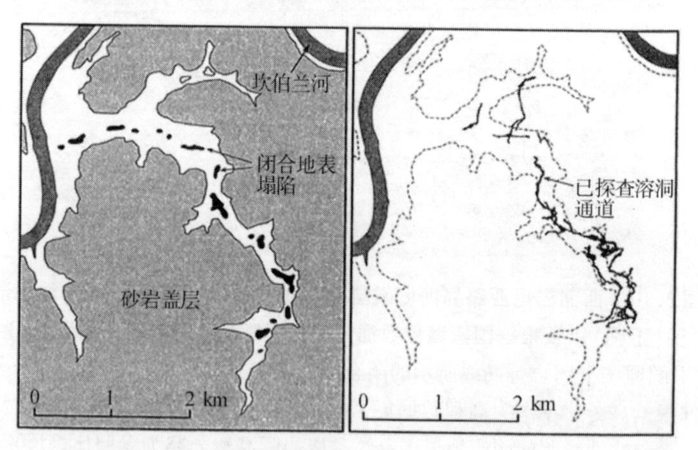

图 3.12 肯塔基州中北部普瓦斯基县卡夫克里克干谷闭合地表的塌陷(左图)

((河流侵蚀破坏了弱透水性砂岩及页岩盖层,暴露了下伏的石灰岩层(左图),其中一些会发育为塌陷及总长 17 km 的三维溶洞通道网络沿干谷的轴线分布(右图)(根据 Ewer,1985 修改;溶洞的信息由 Louis Simpson 提供))

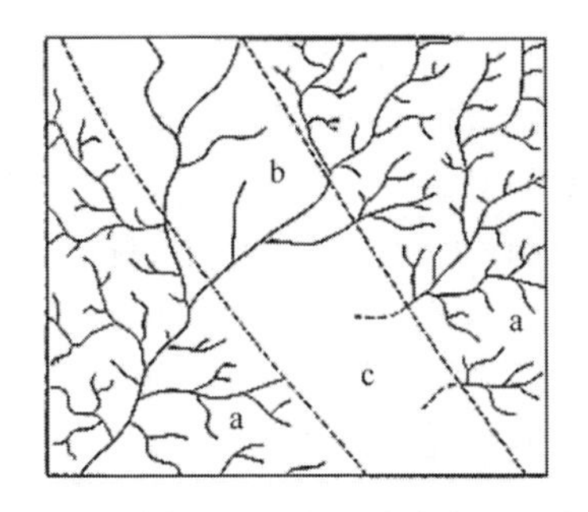

a—低透水性岩层的排泄密度高;b—透水性岩层多,排泄特征则弱;c—地表排泄分散或消失于岩溶岩层

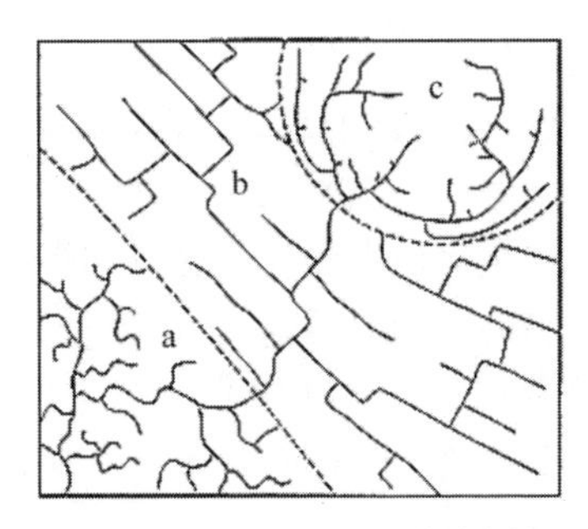

a—树枝状的排泄是均匀且各向同性地质地貌的特征;b—矩形的排泄常见于由垂直裂隙和断层切割而成的褶皱层状(分层)沉积岩层;c—圆形(环形)排泄是穹丘或部分破坏的火山口的特征

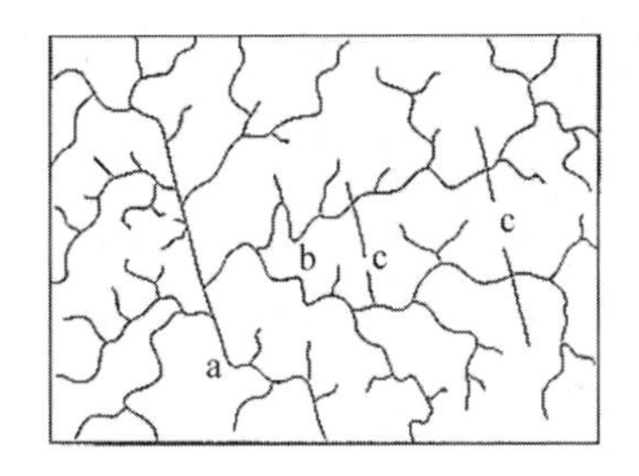

断层可通过以下方法进行推断:a—排泄特征,如河段长而直;b—突然改变流向的相邻河流的河段呈直线分布;c—不同河流河段呈直线状延伸到山脊

图3.13　地形图和遥感影像上排泄模式的解译规范(根据 Dimitrijević,1978 修改)

由于各种,有时甚至神秘的原因,地质图并非总能显示可能存在下伏地质基础和对水文地质场地概念模型非常重要性的明显特征。得克萨斯州鲍尔肯断层带就是这样的例子,该断层促成了世界最大最丰富岩溶含水层之一的爱德华含水层几何形态的形成。如果不是所有至少也是大多数这一大片区域不同比例尺的地质图显示了很多东北—西南走向的主要断层,以及少数走向不同的小断层。东北—西南走向的断层通常被解释为具有地质学重要性。然而,即使像图3.14这样非常通

用的小比例尺地形图,也清晰地显示了其他方向上很长的突出线性走向,有些还垂直于东北—西南走向的主要断层。即使不是地质学专业人士也能识别出本图中的西北—东南走向断层。除理想的爱德华含水层候选优势地下水流路径外,这些断层也可能正在将相邻的特里尼蒂含水层的大量地下水输送到爱德华含水层。Kresic 和 Mikszewski 在 2012 年的论文中使用高分辨率数字高程模型分析了位于圣安东尼奥与奥斯丁之间的鲍尔肯断层带中段的地形线性。

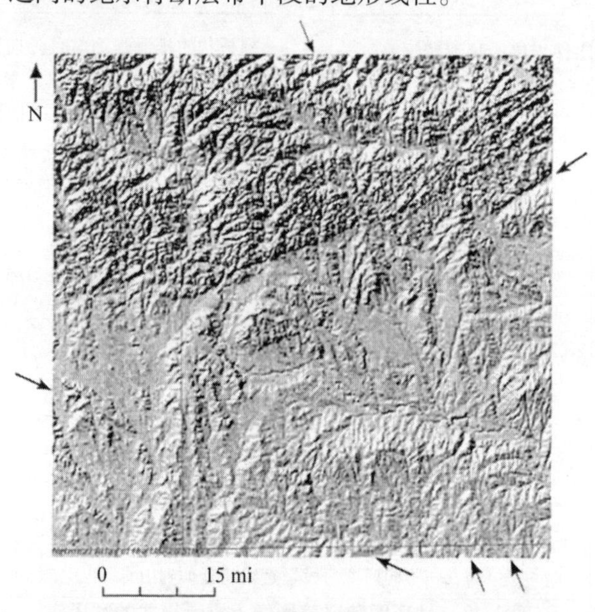

图 3.14　得克萨斯州大圣安东尼奥的阴影地形图,从联合国官网(www. nationalatlas. gov)《国家地图集》获得,箭头表示这一小比例尺地图上可见的一些地形线性

在解释与岩溶地下水流域相关的岩性时有一个让人吃惊的常见错误,认为非碳酸盐和非岩溶岩层是理想的地下水流屏障。有的专业人士和缺乏经验的岩溶水文地质工作者甚至会区分岩溶岩的“多”和“少”,然后得出结论:岩溶岩“少”实际上是没有优势流路径,甚至可能作为“真实”岩溶含水层中地下水流的屏障。然而,事实远非如此,如果将这种推理用于绘制地下水脆弱性地图,情况可能更为危险(详见

第10.3节)。

图3.15和图3.16所显示的又一例子进一步说明了这一点。在图3.15的地质图中,深灰色区域为下爱德华灰岩层,浅灰色区域为上爱德华灰岩层。爱德华灰岩层中位移超过50%的断层据认为是地下水流的屏障。在示踪试验结果出来之前,传统观念认为地下水围绕断

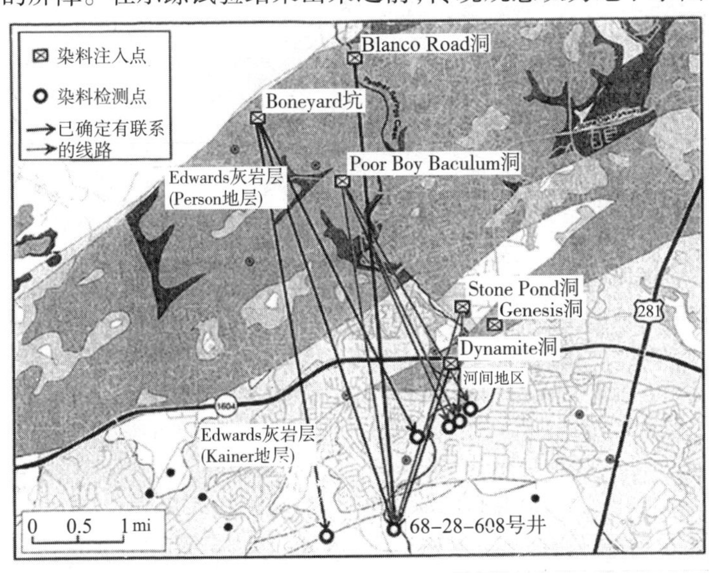

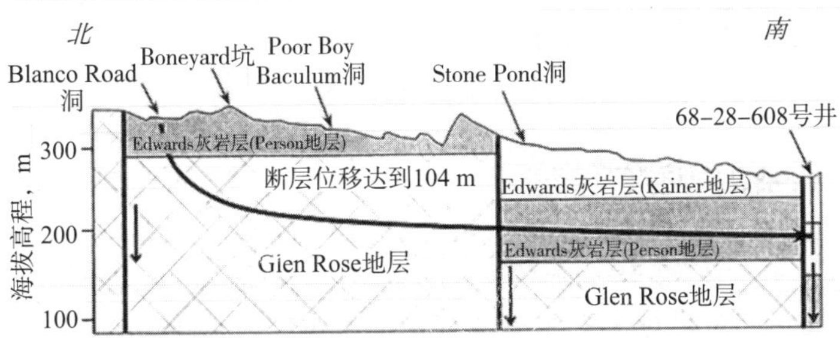

图3.15　得克萨斯州圣安东尼奥附近某区域的地质图和地质横剖面,以及示踪剂投放点与检测井(深灰色区域为下爱德华灰岩层,浅灰色区域为上爱德华灰岩层。示踪剂投放点与回收检测井之间的用箭头线表示虚拟水流路径的走向(由得克萨斯州圣安东尼奥爱德华含水层管理局首席技术官 Geary Schindel 提供))

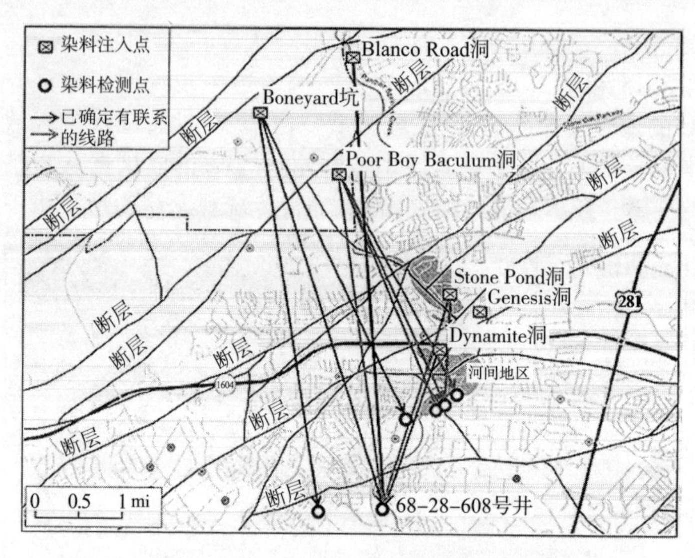

图 3.16　图 3.15 所示地质图中的断层

（爱德华灰岩层位移 50% 以上的断层据认为是地下水流的屏障。示踪试验结果显示，染料试剂迅速穿越了不止 6 个断层，流速为 80 ft/d ~ >12 000 ft/d（由得克萨斯州圣安东尼奥爱德华含水层管理局首席技术官 Geary Schindel 提供）

层流向西南，流径 30 多 mi。最近由爱德华含水层管理局进行的示踪试验明确显示断层不起屏障作用。染料试剂迅速穿越了不止 6 个断层和一条位移达 300 ft 的断层，示踪剂流速为 80 ft/d ~ >12 000 ft/d（Schindel 等，2009）。图 3.15 中的地质横剖面显示了主断层的位移和上格伦罗斯灰岩层与爱德华灰岩层之间的沟通。上格伦罗斯灰岩层以往被认为是一个弱透水性多孔介质，可以作为地下水流的有效屏障。顺便说一句，用箭头线标示的从示踪剂投入井到回收井之间的虚拟水流路径走向，非常类似于图 3.14 所示的主要地形线性走向。走向地形线性在该地区目前的地质图中是没有显示的。

Cvijić很早就意识到溶洞发育于所有水溶性碳酸盐岩层，虽然洞穴的形状、大小及其他特征根据岩石类型有所不同，但都会相互连通，最终形成或大或小的通道（图 3.17）。洞穴探索者和洞穴学者探寻了美国阿巴拉契亚山脉的很多洞穴，他们也可证明地下洞穴通道常常沿薄弱的裂隙和断层带穿越非水溶性非碳酸盐岩层。虽然这些岩层充当其上覆和下伏碳酸盐层中地下水流的局部屏障(见图3.18),如果只要绘制这类地质图都视其为理想的地下水流屏障,就可能犯严重的概念错误。一个非碳酸盐夹层发生的初始穿透,也许如图3.18中的断裂作用那样可迅速发展,因为流水的机械侵蚀加上非碳酸盐塌陷成洞穴。

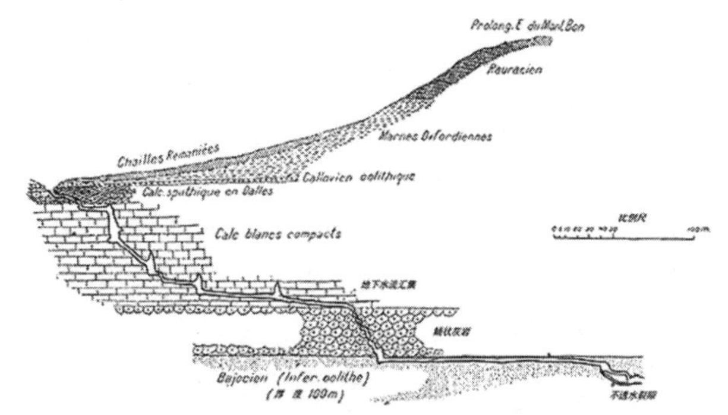

图3.17 法国侏罗省由不同类型灰岩发育而成的帕拉迪斯洞穴(Cvijić,1926)

图3.18 西弗吉尼亚埃尔金斯以西6 mi(10 km)莫农格希拉国家森林内消失的瀑布

(塔加德页岩层将绿蔷薇地层分为上、下灰岩层。流出地面的泉水在塔加德页岩层露头的垂直表面形成瀑布,并且很快落入地下,重新进入下灰岩层的溶洞(图文由James van Gundy提供;网页 http://epod.usra.edu/blog/2009/10/lost-waterfall.html))

然而,预测下伏水溶性碳酸盐层的区域里哪些地质构造特征在优势流路径的形成中起主导作用,最多有一半是靠运气的。在地表或干溶洞进行地质地貌观测只能提供饱和带可能存在优势流路径的线索。例如,化学成分略有不同只是图3.19所示碳酸盐层优先溶蚀的原因之一,还可能存在其他原因,因此只通过实地观测难以全面了解。这种看得见的不连续面确实增强了入渗,并使溶蚀深度不断增加。然而,还可肯定的是,在某些时候,这些不连续面的大小和方向由于各种原因而发生变化,包括褶皱作用、断层作用和沉积环境改变等。因此,预测其在地下的三维方向及范围只能是推测。进行更为准确的预测,必须纳入其他将作进一步介绍的方法,包括更为昂贵的方法,例如在项目具有较高财务或其他风险情况下进行调查性钻探。这类项目包括但不限于集中供水、开采、建坝和基础设施隧道工程等,要求分阶段进行调查性钻探。

图3.19 秘鲁安地斯山脉的厚层石灰岩

(照片由AMEC环境与基础设施股份公司Marc Etienne提供)

最好和最昂贵的方法是连续取岩芯结合一系列地球物理测井方法,这样能够为随后的地表地球物理测量收集到验证数据,地表地球物理测量能够收集更大区域的有用信息,而且成本远低于仅用钻探的方法。无论如何,岩芯的地质编录都可提供有关增强孔隙度等碳酸盐岩主要特征和不同深度裂隙及溶洞的存在与走向的非常有价值的细节。所有这些信息在三维空间的解译常常会产生比较准确的可能优势流路径概念。图3.20显示了从秘鲁安地斯山脉几个深层调查性钻探获取的岩芯。以下的讨论都基于Law Engineering公司(现为AMEC环境与基础设施股份公司)已故高级顾问乔治·索尔斯的工作,对碳酸盐岩孔隙度和岩溶特征的解译给出了建议,可用于岩芯的地质编录。

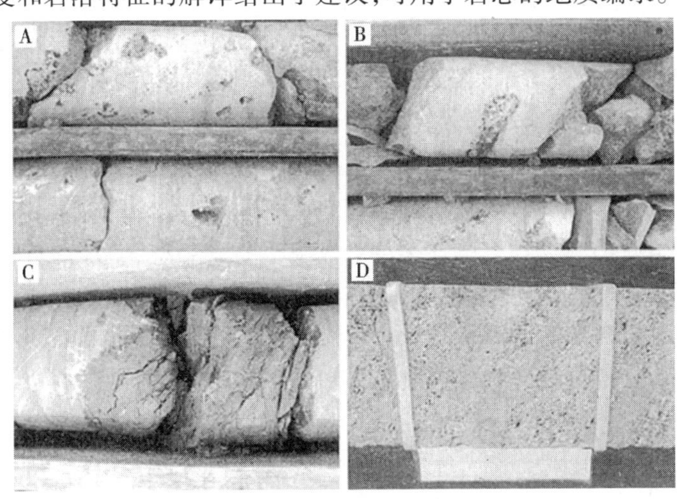

图3.20　拟开采场地钻探活动期间从地表以下(bgs)不同深度钻取的灰岩和白云岩的岩芯

((A和B图)一系列沿陡斜、微小的次生孔隙发育的岩穴;岩芯取自强烈破碎层段内或其附近2个深度相近(超过地表以下500 m)的不同钻孔,表明可能存在优势流路径;(C图)地表以下208 m处被黏土充填的小洞穴,表明附近可能有促进黏土运移的优势流路径;(D图)切开中生界白云岩岩芯,可见溶蚀作用和化学作用导致基质表现出较高的孔隙度;像这样的传导性层段非常有利于优势流路径的发育)

通过用低饱和度的新鲜水代替先前与碳酸钙接触的饱和度较高水,增加了在孔隙中循环的淡水。降雨增加了水量,能量梯度增加提高了流速,都促进了溶蚀作用。溶蚀作用的主要影响是扩大所有孔隙和降低单位体积岩石中固体碳酸钙比例。所产生的后果也有两个方面:第一,孔隙度的增加增强了水循环,从而使溶蚀作用加剧。第二,孔隙度增加使剩余岩石固体骨架的应力增加,从而直接降低了岩石强度,还可能间接促进溶解蚀作用加速。任何新的构造运动(新造构运动)或许会因此诱发这些强度降低并且已经变脆的灰岩产生裂缝。一旦原生孔隙度(新碳酸盐岩)和次生孔隙度(老碳酸盐岩)扩大到空穴形成的程度时,优势流路径(通道,管道)的发育过程将会加速并且自我加重;随着岩溶管道的扩大,渗水在此集中,增加了溶蚀速度和汇流。

溶蚀作用在单个粒子之间的结合点最强,这可能是因为应力对溶蚀作用的影响,或者是因为钙质连接点的精细晶体结构比较容易受损。因此,连续的溶蚀作用部分破坏了岩石的固结或胶结。已经硬化的物质转化为离散碎片团、均质钙质砂或类似滑石粉一样的钙质粉砂。

渗流环境下的任何变化都可能引起水中碳酸钙再沉淀。因此,某一点位溶解的碳酸钙可能会增加另一点位岩石的胶结。有时,碳酸钙再沉淀于比较大的溶孔,形成美丽透明的方解石晶体。有时又会形成非常坚硬的镶嵌结晶灰岩块体。最后,碳酸钙的溶解可能伴随某种难溶物质的化学沉淀(置换),例如碳酸镁或二氧化硅。结果,原始岩石层的化学特性慢慢发生了变化。方解石或碳酸钙变成了白云石(含碳酸镁)。二氧化硅以燧石结核形式积累,往往不断扩大,将较软的灰岩挤到一边。

总而言之,灰岩不是一种惰性物质,而是动态的、随环境而变化的。而且,由于碳酸钙的强溶解性和化学活性,这种变化的发生比大多数其他地质变化快得多。正是岩石的这种动态特征导致了工程问题(Sowers,1974)。

新构造地形测量分析

新构造活动或现代构造运动的分析在由于发生断层及裂隙而正在崩解的岩体带划分中起重要作用。在岩溶含水层情况下,这也意味着对机械性质削弱岩石的加速溶蚀所形成的孔隙度较高和岩溶较发育地带进行划分。这些地带因此成为候选的主要优势地下水流。此外,定义相对陷落的地质块为岩溶含水层内局部侵蚀基准面的划分提供了基础:假定下盘为收集上盘地下水的地下水库。这也就是所谓岩溶地貌地下水流的块模型概念(Kresic,1991)。常用的新构造地形测量分析方法包括地形起伏度、局部水力梯度异常、理论地表起伏度（由重力侵蚀引起的）与当前实际的差异（Marković，1983；Kresic 和 Tasic，1984）。在地表排泄十分离散且溶蚀地形为主的壮年期岩溶地貌，后两种方法通常难以实施或不可行。

地形起伏度是指在地球表面给定点（$E = mgh$）的势能（E）。在这一点位，地势表示岩体（m）的空间位置（h），因此具有势能。如果所考虑的地表面积较小（单位面积），就可假定其中的岩体为常数。单位面积内的重力加速度（g）也被视为常数。因此，定义单位面积的地形起伏度只用高度，更准确说用最高点与最低点的高度差就可以了。

在地方尺度上，地形起伏度受到岩性和流动地表水等外部地貌因子的影响。系统测量和统计学分析可以确定地形起伏度的最大值和最小值区域，即侵蚀增加区域和沉积增加区域的位置。在地区尺度上，侵蚀和沉积的增加反映了新构造活动的存在。地区地形起伏度分析可显示新构造带的位置和移动的垂直方向及相对强度，因而可为各种地球相关研究提供重要信息。

Kresic 等（1994）提供了采用地形起伏度方法对得克萨斯地区奥斯丁的巴顿泉进行新构造分析的示例。对地形起伏度进行地形测量分析的基础是一个通过 9 张美国地质调查局数字高程模型 7.5 分方格图合并而成的数字高程模型。对分辨率为 3 s 的原始数据进行重采样，形成 50 m×50 m 的格网（见图 3.21），地形起伏度及其前两个趋势的计算按以下程序进行：

（1）确定包含 100 个数据点的 500 m×500 m 单位面积内最高点与最低点的高程差。假定岩体为常数，所获得的值对应于单位面积所代表的起伏地表的势能。

（2）通过求所有地形起伏度点的平均来确定研究区的参照地面。

（3）用参照地面减各地形起伏度值。正值代表相对抬高的区域，负值表示陷落的区域。

（4）应用一个简单的线性单通数字滤波器找出新（相对）地形起伏面的前 2 个趋势。这个程序消除了局部有效外力作用（“噪声”）对地形的影响，增强现代地区内力（构造）运动——抬升和陷落。

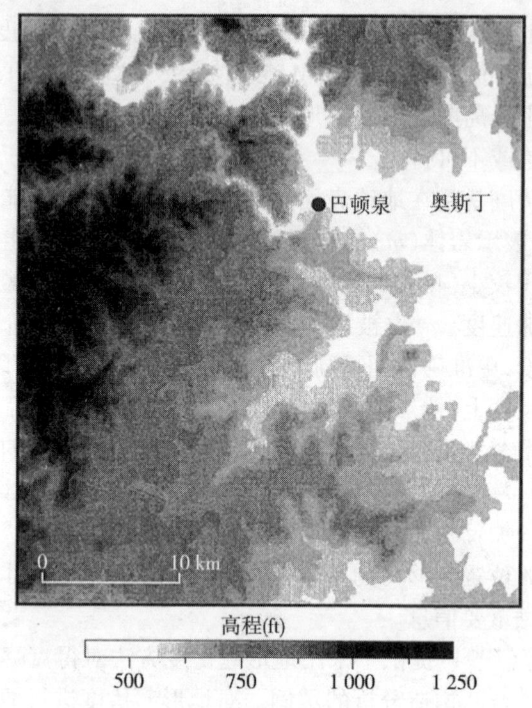

图 3.21　得克萨斯地区奥斯丁巴顿泉的数字高程模型（Kresic 等，1994）

图 3.22 显示了研究区第二种地形起伏趋势（垂直刻度单位为英尺）。图 A ~ D 显示了采用美国国立卫生研究院编制的公共免费软件包 Image 产生的对比逐渐减弱的数字域结果。虽然初始设计是为了进行显微照片分析，但目前已成功运用于各种遥感数字影像定性和定量分析。在仅用灰度图进行分析时几乎是不可替代的，因为初始对比最明显的新构造运动活跃区随着对比的减弱而明显减少，甚至会消失。图 3.22（A）和图 3.22（B）用白线标出了这两类区域。图 3.22 中的深色/黑色区域为相对抬升的新构造地块。最明显的地块位于西北部，包括科罗拉多河的深切曲流。值得注意的是，研究区的最高地形位于其西部（见图 3.21），与最高地形起伏度不一致。

抬升地块与陷落地块之间狭窄的地带（淡色/白色区域）的新构造

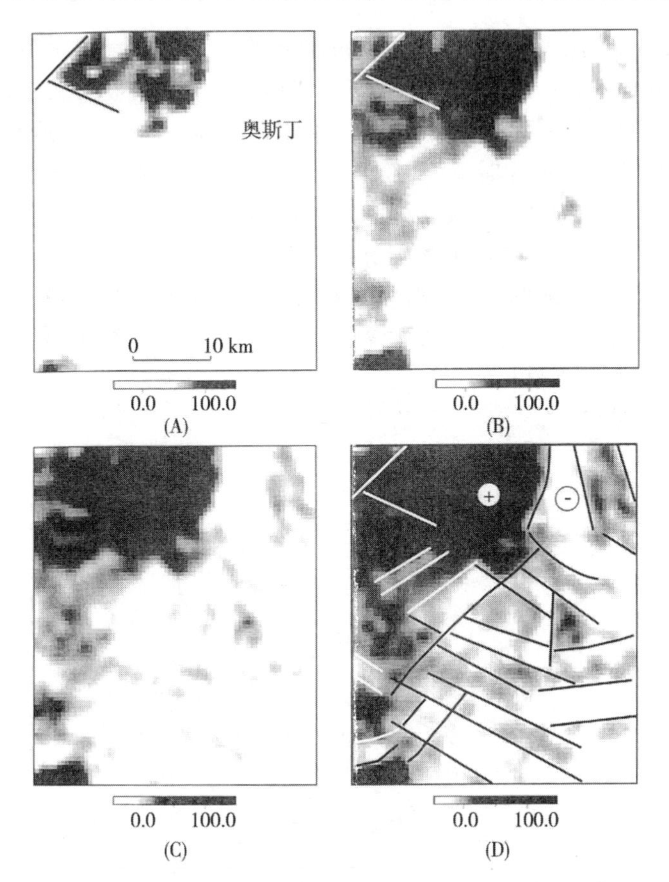

图 3.22　第二种地形起伏趋势图及可能的新构造活跃带

(活跃带在(D)中用黑/白线显示。(A)~(C)显示了数字域间的对比度逐渐减弱。深色/黑色区域为相对抬升的新构造地块(+),淡色/白色区域为相对陷落的地块(-)(Kresic 等,1994))

运动比较活跃。代表单一的大断层或临近并行且以垂直分量占优的断层系统。图 3.22(D)显示了以新构造地块之间的黑/白线解译的新构造运动活跃带。地形起伏度方法及其他新构造研究常用的地形量化分析方法具有统计性质和外来因素对地形演变的影响,可根据解译者的主观进行加权(Marković,1983)。因此,任何新构造地形测量分析都应至少同时进行地质或遥感研究。

图 3.23 比较了巴顿泉域可能的新构造活跃带和已出版地质图所示断层（Garner 等，1976；Proctor 等，1981）。2 个最明显的新构造活跃带系统为东南—西北走向和西南—东北走向，而实际上只有西南—东北走向断层（巴尔肯斯系统）绘制在地质图上。东南—西北走向断层在实际应用中或钻井记录解译时之所以不太明显，可能是最近一次活跃造成的移动较小的原因。西南—东北走向断层与新构造活跃带恰好一致表明，上述地形起伏度分析这种地形测量方法的实用性。巴顿泉恰好位于 2 个新构造活跃带交叉处，其中巴尔肯斯系统所在的新构造带也是研究区内最长的。

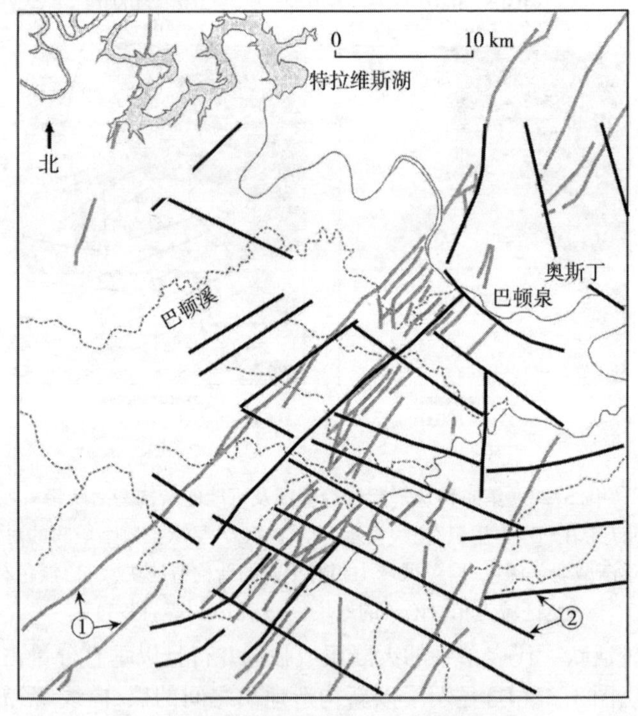

1—与可能的新构造活跃带；2—在巴顿泉域内

图 3.23 地质图上的断层（Kresic 等，1994）

新构造地形测量分析结合线性构造的遥感，是岩溶含水层可能优势流路径初步研究中的快捷和经济的工具。利用数字高程模型和各种负担得起的软件包，能够在大面积区域应用地形起伏度方法。这种方法对显示尚未在地表出现明显地质反映的现代构造活动非常有用。新构造活跃带和含水层地块（子流域）的划分还为岩溶含水层地下水建模的初始概念化打下了良好的基础。

3.2.2　遥感

Floyd Sabins（1987）在其经典的遥感教科书中定义，遥感是指在不实际接触的情况下收集目标物体信息和进行解译的过程。飞行器和卫星是最为常见的遥感观测平台。遥感这一术语仅限于利用电磁（EM）能（例如光波、热波和无线电波）作为工具来检测和测量目标的特征。这一定义不包括常常借助飞行器进行的电法勘探、磁法勘探、放射性勘探和重力勘探，这是空中地球物理勘测，而非遥感。

遥感的最初形式，也是最常见的形式是航空照片的解译，包括立体图像。这些处于电磁波谱可见部分的产品可以通过光学或数字相机获取，而且在大多数国家可以随时提供各种政府项目（例如农业、林业、土地利用规划和一般测量目的）的常规全国范围照片。历史航片在研究对目前的项目问题有重大影响的土地利用和土地覆盖变化时是不可替代的。例如，如 Panno 和 Luman（2011）所述，为了探测目前残遗的岩溶特征并进行分类，对全国范围的航片进行了数字化处理和正射纠正处理，形成了极高几何精度的主要位于美国伊利诺斯州门罗、圣克莱尔和兰道夫等县的落水洞平原图像底图。美国农业部农业调整管理局（USDA - AAA）于 1940 年夏季获取的航片，是机械化耕作普及之前最早和最详细的景观图像记载（图 3.24 上图）。由于该地区马拉农耕设备仍然盛行，农药化肥的应用基本不为人知，所以作物的种植密度非常低，近地表的地质概况可以通过成熟的夏季作物冠层来识别。农业调整管理局有叶航片的解译，用美国地质调查局的国家高空摄影计划（NAPP）2005 年初春的（无叶）航片（图 3.24 下图）增强，确定了出现于地表的落水洞比从最新美国地质调查局 7.5 分地形方格图划分的该研究区地图约多 30%。国家高空摄影计划的航片于 2005 年 3 月 6 日获取，比农业调整管理局航片晚 65 a。国家高空摄影计划的航片的地表呈现出非常湿润的自然景色，有大量岩溶池塘，而后者在农业调整管理局的航片上是干的。大型农耕设备广泛应用几十年后，农场主自20世纪80年代初以来发生了改变，采用排水立管和填充材料，结合广泛采用的保墒耕作方法，使农业调整管理局航片上显示的落水洞在新近的航片上难以或者不可能辨别出来了(Luman 和 Panno，2011)。

图3.24 圣克莱尔南部的伊利诺斯落水洞平原的局部航片(上图)及国家高空摄影计划航片(下图)

(上图由美国农业部农业调整管理局于1940年7月获取，下图由美国地质调查局于2005年3月6日获取。图片由伊利诺斯地质勘探局 Donald Luman 和 Sam Panno 提供；参见 Luman 和 Panno，2011)

虽然摄影像片还将继续成为遥感研究的重要部分，但目前可在市场上买到的其他遥感图像所具有的多样性和技术优势，使其成为专业人士的优先选择，包括商业供应商和政府机构定期获取的同一地区各种高分辨率多光谱卫星图像，能够进行实时分析。这些产品有些在地面分辨率和总体图像品质方面可与可见光谱航片媲美。例如，从美国地球之眼公司（GeoEye）获得的商业图像，"地球之眼 -1"（GeoEye -1）卫星能以 0.41 m 全色分辨率和 1.65 m 多谱段分辨率搜集图像（见图 3.25）。多光谱图像具有普通图像不可能实现的数字信号处理和定量分析优势。但这种先进的图片与普通航片相比价格较高，在很多情况下很快能得到几倍的回报。

图 3.25　"地球之眼 -1"卫星拍摄的秘鲁安第斯山脉图像

（这是一张地面分辨率约 1.65 m 的彩色合成图像的黑白版本；图像覆盖宽达几百千米的区域。陡峭的层状石灰岩层密布裂隙和断层。参见图 3.19 的地面情形（经许可印刷；更多地球之眼公司产品资料可在该公司网站 www.groeye.com 获取））

岩溶不同于其他地形的独特地貌也使其最为上镜，因此非常适合进行遥感。彩版中提供了更多各种黑白和彩色遥感图像的实例。遥感的主要优势在于其能够比较分析来自不同遥感器、不同光谱区和不同比例尺的遥感图像。专业工作者应尽可能进行这样的比较分析，因为在某张图像中可能隐藏重要的细节会在其他图像中显示出来。最后，如图 3.26 所示，光探测和测距设备（激光雷达）等新技术的不断发展，使整个岩溶遥感工作变得更为有趣。

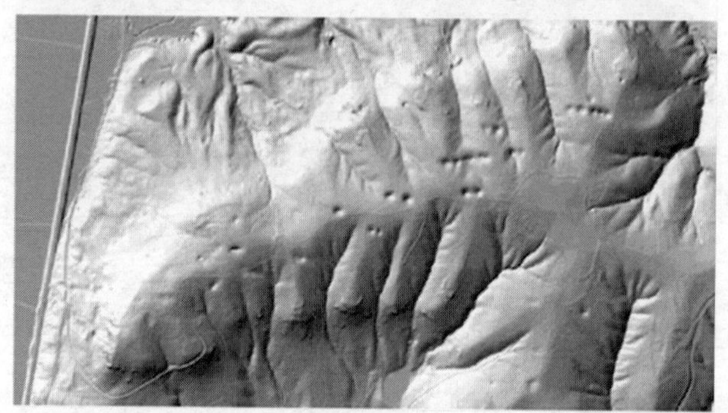

图 3.26　美国伊利诺斯州乔戴维斯县西南地区（上图）及相同区域激光雷达高程图像描绘的地表许多落水洞（下图）

（上图是 2005 年 4 月拍摄的航片，茂密的森林覆盖于地表，阻碍了对地质特征的探测；下图描绘的地表落水洞在航片上均看不出来。图像由美国伊利诺斯州地质勘探局的 Sam Panno 和 Donald Luman 提供；参见 Panno 等，2012）

伊利诺斯州地质勘探局的科学家正在用激光雷达的高程数据深入了解构成伊利诺斯州西北部乔戴维斯县地下水资源的岩溶含水层的构造和几何形状。激光雷达是光探测和测距设备的首字母缩略词，是一种包括从低空飞行的飞行器到地表的脉冲激光的成像技术。反射回来的脉冲激光被仪器检测到，并记录其三维位置（美国联邦地理数据委员会，2006）。所产生的图像为地表地貌的高分辨率表征，Panno 等（2012）用其进一步了解岩溶含水层的构造和几何形状。特别的是，还可以用于识别是否存在落水洞和线条特征（轮廓特征）等用于指导可能与下伏含水层有关的地表特征的定位。

乔戴维斯县近 1/3 的土地面积主要为茂密森林覆盖的陡坡，与图 3.26的上图相似。下伏基岩为位于或者接近地表的志留纪时代白云石。尽管这张早春时节所拍图片没有林冠，但景观还是遮掩了地表的地形，难以甚至不能采用传统的航片或地形图进行地质特征探测。下图为 2008 年利用激光雷达高程数据形成的相同地理区域地形图。激光雷达遥感器发出的激光脉冲遇到林冠等软目标时，一部分激光束会继续下行；最后被遥感器记录的返回激光就代表了地面或裸露地表的高程。值得注意的是，在几个坡顶处有一些与众不同的环状体特征，这在航片中被完全遮掩了。这些环状物为直径 20 ~ 70 ft，深度近 10 ft 的塌陷落水洞。落水洞在下伏志留纪时代白云石的沉积物上沿近东西向线性构造呈雁列状（阶梯式）分布。沉积物塌陷成裂隙形成了落水洞，后者可用激光雷达的高程数据直接观测到（Panno 和 Luman，2011；Panno 等，2012）。

航空和航天摄影像片

比例尺为 1∶10 000 到 1∶50 000 的全色黑白立体航片直到最近才成为基础地质和水文地质遥感中最常用的像片。这些像片很容易获得，廉价，而且很适合进行结构分析，水文地质特征调查（例如泉、渗流、灰岩坑、可见潜水面的落水洞即岩溶天窗），以及地表排泄、植被及其他细节的分析。强烈建议对同一地区不同时期，如丰水期与枯水期，而且没有林冠的像片进行分析。图 3.27 为典型岩溶地形的航片。在图片很容易获得而且廉价或免费时，例如在美国（例如无缝数据仓库 http://seamless.usgs.gov/或国家地图浏览器 http://viewer.nationalmap.gov/viewer/），应该对真彩色的可见或红外航片进行经常分析。这类图片很容易通过专门的图像处理程序或 Adobe Photoshop 等优质用户程序分成 3 个黑白通道(红绿蓝或 RGB)。原始像片和新建的 3 个黑白通道可以分别增强、过滤并用数字技术处理,可揭示出原图上不太明显的一些形态和特征。传统的彩色或黑白纸质照片也可进行高分辨率扫描,然后采用相同的方法进行数字分析。图 3.28 显示了这种有效分析的例子。通过不同过滤器增强并以数字形式获得的各种线性和其他特征,可以通过计算机程序做进一步的量化分析,包括其形态、长度和主轴线走向,以及面积。

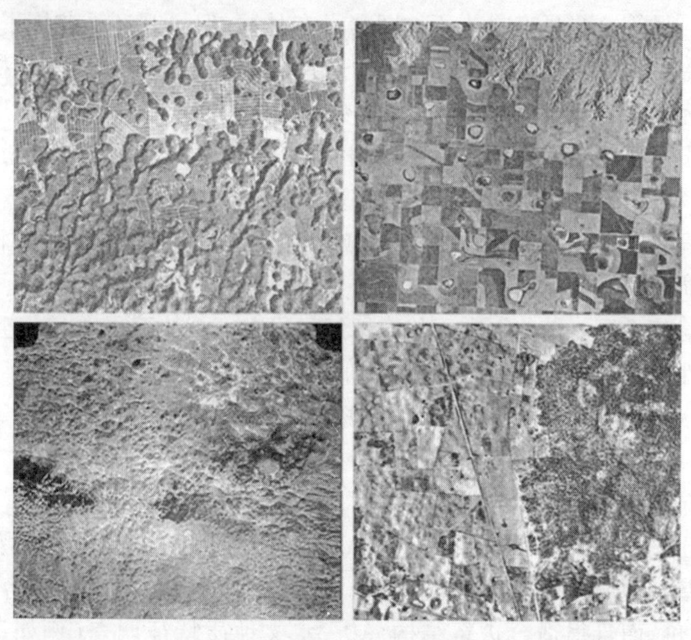

图 3.27　典型岩溶地形的航片

(上左为在韦加巴哈附近的波多黎各北部岩溶特征航片中,树木丛生的灰岩溶蚀残丘或峰林明显有别于平坦的冲积沙农田(美国地质调查局提供);上右:直径约半英里的浅表落水洞,位于得克萨斯州卢博克市以东的高地平原陡坡附近(美国地质调查局提供);下左:黑塞哥维那涅雷特瓦河上游三叠统石灰岩地区的落水洞;图的右上方可见上覆白云岩层的水平地层(Miroslav Markovic 提供);下右:肯塔基州帕克城附近的圣路易斯灰岩区形成的很多落水洞;图右边的山林有砂岩盖层(美国地质调查局提供))

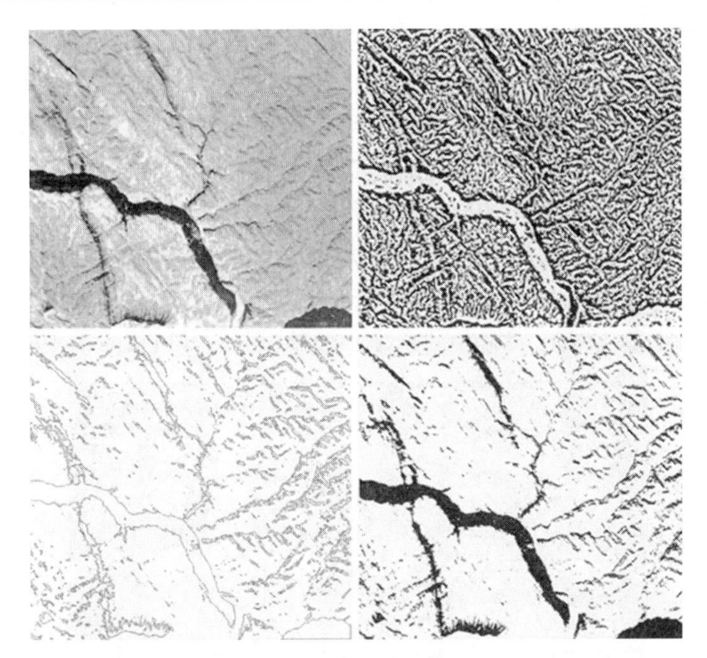

图3.28　得克萨斯州大本德国家公园被格兰德河切割形成的圣海伦娜峡谷上的灰岩高原航片(上左)(美国地质调查局提供,其他三图(上右、下左、下右)为通过 Adobe Photoshop 对图片进行增强和过滤)

前文已强调,专业工作者都应登陆谷歌地图,充分利用其几乎将地球任何地方都进行了三维显示的优点。优质的卫星图片,包括一些历史图片和很多情况下的高分辨率卫星图片都可以免费观看。用户友好的平台提供了对图片的基本测量(例如长度和面积)并支持图片的旋转及缩放。但是不能下载高分辨率图片和对其进行数字处理;这些都需要按谷歌地图屏幕上提示,与图片版权所有者联系,有偿进行。

总的来说,立体航片分析仍是研究地形目前最佳的三维模型。例如图3.29中的航片,是一个地形高度切割、难以到达和条件不利于结构要素实地研究的典型例子。在这些例子中,将零散的实地数据整合到一张整体图片可能是错误的。但是,从立体航片中解译出的断裂和褶皱数据可以容易且迅速地整合到一张初始地质－水文地质图,见

图3.30。图中清晰可见该区域以总体呈西南向倾斜的层面占优势。很多小的紧闭褶皱和断层特别明显。西南—东北走向的大断层系统为主导。图片的岩性描述和解译能够相当可靠地分离出3大具有明显地形和构造区别的单元:①东北部被茂密植被覆盖的白云石山脉;②中部发育有很多斗淋(落水洞)的岩溶石灰岩地区;③西南部的碎屑沉积物(碳酸盐复理石)石灰岩地区。用立体镜可以清晰看见已知的大永久泉和小间歇泉。根据地质图分析,可以形成地下水流向假设,如图3.30中箭头所示,并随后进行实地检验(Kresic 和 Pavlovic,1990)。

图3.29 东黑塞哥维那布雷加瓦河谷的一个岩溶泉地区的全色航片(Kresic,1995)

虽然对较大的同质区域,特别是没有植被覆盖时,有时能够相当精确地彼此区分,但仅用遥感片确定岩性还是受到了很大程度的限制。在碳酸盐地形,岩溶发育程度、水系类型和植被覆盖对确定岩性差异是最有用的。纯石灰岩地区有大量落水洞和分散的深切排泄系统。白云

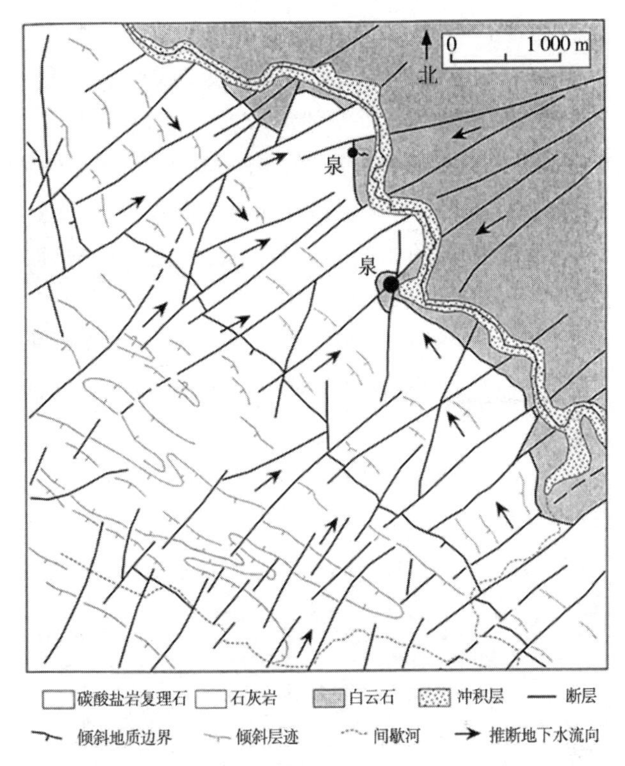

图3.30 图3.29所示区域的初步影像地质图

(改编于 Kresic 和 Pavlovic,1990;Kresic,1995)

石和碳酸盐复理层的斗淋和溶蚀洼地等岩溶洼地比较少,而且植被覆盖则通常比石灰岩更丰富。由于有较厚的土壤覆盖层、较高的水分含量(导致全色和彩色图片上较暗的色调)和相对平缓的地形起伏,岩溶洼地和沉积盆地的碎屑沉积物比较容易划定。一般来说,用各种光谱通道组合生成的多光谱彩色图片在岩性分析中是最为有用的(Olué,1983;Sabins,1987)。

线性结构的遥感,解译为断层、大断裂,或断层/断裂等地带,已发展成熟,而且在岩溶水文地质研究中几乎形成了强制性程序。这是因为这种线性结构是优势流路径的主要判断依据(Lattman 和 Parizek,1964;Parizek,1976;Kresic 和 Pavlovic,1990;Kresic,1995)。通常,线性结构被定义为地表上与相邻特征图形有明显差异并大概反映某种地下现象的图形化示例或复合线性特征。虽然很多线性结构受到结构位移的控制,但通过对比差也可能反映地形(地理)或色调特征。顺直河谷是典型的地形线性结构,而色调线性结构可能是由于植被、含水量或土壤岩石组合等造成的(Marković,1980;Sabins,1987)。

图3.31显示了经典的第纳尔岩溶台地中较大结构的典型走向。最明显的地质特征是在地形图上也可清晰反映的区域性线性结构,这些线性结构可以代表背斜上冲断层、断层带、走向相似的闭断层系统或单个大断裂等。具有所谓第纳尔走向的西北—东南系统(图中箭头标示)是最显著的。线性结构既可是新断层,也可是最近复活的老断层。位于非洲与欧亚大陆板块之间的第纳尔中生代碳酸盐岩台地是世界上地震最活跃的地区之一(Ciric,1984)。这一地区很多地表河流都是间歇河流,常常突然沉入位于大区域断层的大落水洞。

图3.31 黑塞哥维那典型的第纳尔岩溶台地局部的陆地卫星增强型与题绘图仪(Landsat ETM)+波段4增强遥感图像(宽约72 km)

(图中箭头显示了线性结构系统主要走向为西北—东南方向。值得注意的是,图中有3条深切的峡谷在显著的区域线性结构处突然终止了,而且在右下部有个区域有很多落水洞(美国地质调查局提供的陆地卫星图像))

在解译地形图和其他遥感图像上看见的各种线性结构时应该相当谨慎,因为其中有很多并不反映地下的自然现象。在确定哪个线性结构可能为断层/断裂存在疑问时,即为了排除各种人为特征(道路、电线、农田轮廓),最好用立体镜对图像进行三维分析,但这常常是不可行的。在这种情况下,可见光谱图像分析与多光谱图像分析的结合可能会有帮助,因为多光谱图像可以随时从 Landsat 等公共域获取。

最佳的线性结构分析是核实其在实地的类型。例如,Panno 等(2012)的研究显示,在伊利诺斯州乔戴维斯县研究区的激光雷达图像上,线性结构很突出。来自路堑、采石场、落水洞、泉的实地证据,来自实地和参考文献的裂隙走向,及其与基于激光雷达的线性结构的关系,提示这些线性结构为岩溶含水层中溶蚀作用扩大的裂隙、裂隙群和管道。线性结构与许多落水洞、基岩形成的河道断面形态和近碳酸盐基岩面开挖造成的淹没是相符的。线性结构的走向与在研究区已知岩层露头、路堑和采石场观测到的裂隙方向一致。

部分由于数据收集的高成本,高分辨率的航空热红外扫描图像分析主要在水坝水库和集中供水建设等大型工程才进行。这种图像通常在黎明时拍摄,在主要含水层补给期间(例如在北半球温带湿润气候区为4~5月)和接近预期的夏末(8~9月)都要至少拍摄一次。这种热红外图像对地下水排泄场地的详细分析特别有用,不管是地表,还是地表水体。在某些罕见的有利情况下,热红外图像还适合发现岩溶盆地的浅表岩溶管道(Marković,1980)。

图3.32 显示了美国地质调查局对佛罗里达墨西哥湾岸区的萨旺尼河下游沿海水域和近岸潮浸浅滩地进行的一项热红外遥感研究结果。热红外图像探测出了温度的异常。图像包括 VeriMap Plus 公司2005年3月2~3日获得的分辨率1.5 m 的白天及夜晚热红外(TIR)图像和分辨率0.75 m 的彩红外(CIR)图像(VeriMap,2005;http://www.verimap.com)。在地面上也同步收集了温度读数,用于校正图像。佛罗里达含水层位于或接近这一区域的地表,有着约22 ℃的恒定温度特征,这一恒定的温度在冬季和夏季月份与环境温度形成了强烈

的对比。在晚冬寒潮期间的图像中识别出来的温度异常可能与含水层的渗出有密切关系。热点可以识别出来,因为这些区域比周围的水温要高4 ℃以上。热水流也可在白天和夜晚的图像上标示出来。从谢尔德岛到喜达尔岛的小支流和潮沟也识别出了很多温度异常,并通过实地勘查证实。在沿萨旺尼河以南和万卡斯撒湾附近的一些潮沟(Raabe 和 Bialkowska - Jelinska,2007)。

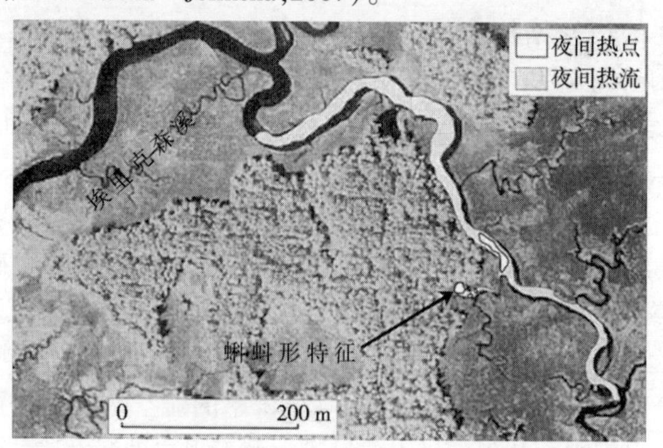

图 3.32　埃里克森溪热红外图像产生的温度异常

(Raabe 和 Bialkowska - Jelinska,2007)

在美国地质调查局的研究中,在潮间带标示了几个蝌蚪形特征。图 3.33 显示了其中一例。这些通过夏季实地勘查证实的特征通常被视为一个通过一条狭窄出口与潮沟连通并带有一个小气泡的泉眼,整个外形似一蝌蚪。这些气泡都比较小(30 ~ 60 m),也比较浅(深度 0.5 ~2 m)。泉流量不清楚,但估计较小的泉眼为 1 ft^3/s。每个特征的热水团向下游延伸较长距离(0.1 ~ 1.5 km),某些情况下还与来自附近的渗流发生混合。这些地方常常可以看到鳄鱼。泉眼的温度差异已证实,在夏季高温期间比潮沟低 4 ~ 10 ℃(Raabe 和 Bialkowska - Jelinska,2007)。

多光谱图像

如制图人 Nicholas Short 在一个很好的在线免费美国航空航天局遥感教程(该教程可在美国航空航天局技术报告服务器订阅)中所述,

图3.33　埃里克森溪旁的一个冒泡泉眼

(Raabe 和 Bialkowska－Jelinska,2007)

光谱测量涉及利用照明辐射与物质的原子/分子结构之间的相互作用产生反射信号,当信号穿越大气层返回时再进一步改变信号。光谱测量还取决于遥感器中探测系统光谱响应的性质。在实际操作中,对地表的地物及特征的描述更像是类别,而不是材质。例如,混凝土这种材质可能是公路、停车场、游泳池、建筑物或其他构筑单元,而每一种又分别作为单独一类处理。植被这种物质可细分为很多种:树林、草地、湖泊藻华等;更细致的分类也是可以的,如树林分为落叶林或常绿林,落叶林又可细分为橡树、枫树、胡桃树、杨树等。

这些不同类别的地物中有些具有相同的材质,所以在对其进行区分时除根据其光谱属性外,还借助另外两种属性,即形状(几何模式)和用途或所处背景环境(有时包括地理位置)。两个具有几乎相同植被光谱特征的特征可能归类为“树林”和“作物”类,取决于图像所见的相似光谱响应的区域是否具有不规则或顺直(通常为长方形)的边界。遥感数据的主要用途为将一张图像上很多地物特征分为有意义的类别,然后转换为专题地图(主题可选择,如土地利用、地质和植被类型等)。仅仅根据地物的光谱特征分类时,是非监督分类,而当我们根据遥感图像场景中地物类别的先验知识或已获得知识建立训练区,判断和确定类地物别的光谱特征时,就是监督分类。

遥感系统的任务简单说就是探测辐射信号,确定其光谱特性,提取光谱特征,建立其所代表的地物类别与空间位置的相互关联,最终生成可解释的显示成果,如图像、地图或数值型数据集。在许多遥感影像中的重要组分是色彩。虽然黑白影像的灰阶变化可以表达许多信息,如早期常见的航片,但在对比量表上,人眼可识别的灰色梯级为20~30(最大灰阶为255)。相反,人眼可以辨识20 000多种色彩,从而在所观察的地物或类别中,人我们可以察觉出细微而重要的变化。本书不可能大量使用彩色插图;但在书中彩色插图部分还是提供了彩色遥感图像。像其他教育网站那样,Short博士的教程(Short,1982)充分利用了网上可大量显示彩色图像的能力。

自1972年起,地球观测卫星的陆地卫星系列一直在拍摄地球陆地区域的图像。陆地卫星是世界上最大的不断收集所获得的天基中分辨率陆地遥感数据的卫星。农业、地质、林业、区域规划、教育、绘图和全球变化研究等方面的几乎所有卫星图像判读原理,都是利用陆地卫星图像形成,或者基于对其分析所获得大量经验的。感兴趣的读者可以在网上找到很多有用的开源软件和免费指南文件,用于分析陆地卫星图像。

陆卫7是陆卫计划中的最新静止轨道卫星,其上搭载的ETM+多光谱传感器有7个波段(见表3.1)和一个全色波段(波段8),后者可以以15 m的分辨率捕获可见光和红外线(见图3.34),通常用于锐化其他波段的影像。光波段的分辨率为30 m(热波段的分辨率为60 m),即1像素等于30 m×30 m的正方形;1张陆卫7影像约含350万像素。捕获影像的卫星传感器在灰阶进行记录——每个像素分配一个亮度值,数值范围从0~255,0为黑色,255为白色,两者之间为灰色阴影。灰度影像(波段)可以指定为红、绿或蓝色,分别显示各种颜色的亮度。3种相当于单一光波段的灰度影像的任意组合都可以形成1张假彩色影像。通过红、绿和蓝数值的所有可能组合,可以形成一个能够提供超过百万种不同色彩的显示系统。

表3.1　陆地卫星7号增强型专题绘图仪(ETM+)波段及其常见用途

波段号	光谱区	用途	波长(μm)	分辨率(m)
1	蓝绿	监测水中沉积物,绘制珊瑚礁和水深图;还可用于分辨林地类型	0.45~0.52	30
2	绿色	监测植被健康,识别人造建筑	0.52~0.60	30
3	红色	帮助识别植物物种;帮助突出贫瘠土地,城区和街区格局	0.63~0.69	30
4	近红外	监测植被(多叶植物在这一波段的反射较好)	0.76~0.90	30
5	中红外	测量植被和土壤的含水量	1.55~1.75	30
6	热红外	测量地表温度,识别岩石类型;探测含水量变化引起的地表温度变化	10.4~12.5	60
7	中红外	监测土壤和植被的含水量;鉴别材料	2.08~2.35	30
8	全色	捕捉可见和近红外光波;用于锐化其他光波	0.25~0.90	15

注:根据美国地质调查局(2011)修改。

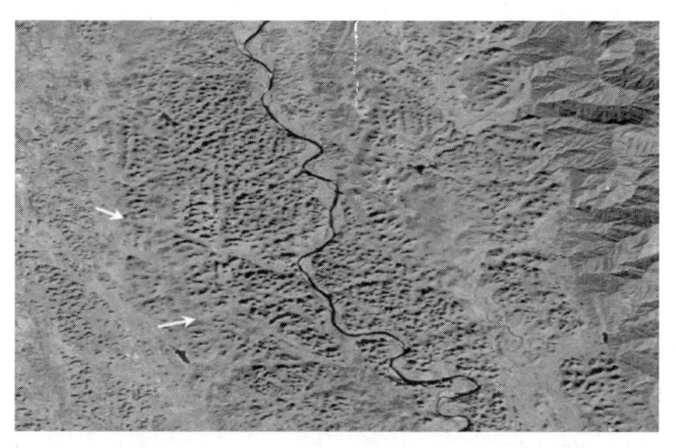

图3.34　中国广西漓江沿岸塔状岩溶地貌的陆卫7增强型专题绘图仪ETM+波段8影像(塔状灰岩山的阴影呈现为黑色。注意横跨这个山区的主要线性结构,其中2个用箭头标示出来。参见相同区域彩色图像的彩色版,RGB=7,4,2。原图由美国地质调查局提供)

不同波段的组合揭示了地表的各种细节，常见的组合有（美国地质调查局，2011）：

（1）3，2，1 波段组合最接近于自然色；用于城市研究和探测水中沉积物。

（2）4，3，2 波段组合常用于显示植被，为红色，因为波段 4（近红外）分配了红绿蓝（RGB）中的 R（红）（植被反射近红外光）；城区 = 蓝光的阴影；土壤 = 深到浅棕色。

（3）7，4，2 波段组合常用于健康植被 = 翠绿色；疏林区域 = 橙色和棕色；城区 = 浓淡不一的紫红色；干枯植被 = 橙色；贫瘠土壤 = 粉红色。彩色图中提供了与图 3.34 相同区域运用此组合的例子。

（4）4，5，1 波段组合代表健康植被 = 红色、棕色、橙色和黄色；土壤 = 绿色和棕色；城区 = 白色、浅蓝色和灰色。

（5）4，5，3 波段组合与 4，5，1 类似，但增加了陆水边界定义。

（6）5，4，3 波段组合健康植被 = 翠绿色；土壤 = 淡紫苏色。

不同波段比等其他组合也可能适用，主要取决于所分析地表特征、项目目标和使用者偏好等。例如，据作者的经验，红色 TM 波段在很多情况下最适用于线性结构的分析，因为其城市和农业特征的视觉噪声最低。其他研究者可能喜欢其他波段，以及某些地形特征更适合某一波段。在任何情况下，建议最好用各种波段及其组合进行遥感分析，不管项目范围如何。

通过各种商业和免费影像分析软件，以及具有“合并通道”功能的 Adobe Photoshop 等较好的用户程序，可以将下载的陆卫影像合并为彩色合成图像。MultiSpec 是广受大学欢迎的免费软件，是美国普渡大学做的一款多光谱影像数据分析系统（http://engineering. purdue/edu/ ~ biehl/MultiSpec/），可用于进行影像特征的光谱分类和生成专题地图。地理资源分析支持系统（GRASS）是包含影像处理工具的免费地理信息系统软件（http://grass. fbk. eu/index. php），最初由美国陆军建筑工程研究实验室（USACERL）开发，目前已发展成为一种广泛应用的强大工具。UNESCO – Bilko 是一个免费的遥感图像分析技巧教学软件（http://www. noc. soton. ac. uk/bilko/）。

各种卫星影像，包括来自历代陆地卫星的影像都可以免费下载，下载网址分别为美国地质调查局 Earth Explorer 网址：http://earthexplorer.usgs.gov；美国地质调查局 Global Visualization Viewer 网址：http://glovis.usgs.gov/；Global Land Cover Facility 网址：http://www.landcover.org。查找最新的陆卫影像和免费下载全球正射陆卫影像数据（global orthorectified Landsat data）的网址为 http://landsat.org。

商业高分辨率多光谱卫星影像包括高分辨率全色产品，可从以下网址获取：GeoEye（ICONOS 和 GeoEye－1 卫星，地面分辨率为 0.5 m；http://geoeye.com）；Digital Globe（QuickBird，WorldView－1 和 WorldView－2 卫星传感器，全色地面分辨率 0.5 m，http://www.digitalglobe.com）和 French SPOT（分辨率为 2.5 m 全色影像；http://www.astrium－geo.com）。德国雷达遥感计划的合成孔径雷达（SAR）商业高分辨率 X 波段卫星影像可以从欧洲宇航防务集团阿斯特留姆公司（EADS Astrium GmbH）获得，地面分辨率低于 1 m（http://www.astrium－geo.com）。

定量空间分析

遥感影像上可见的特定岩溶特征，即落水洞、溶蚀洼地和岩溶盆地等闭合洼地，可以用各种图像处理程序进行定量分析，包括美国环境系统研究所（ESRI 公司）的 ArcGIS 系列软件和地球资源数据分析系统公司（ERDAS 公司）的 IMAGINE 遥感图像处理软件。定量分析通常包括影像的长轴方向、面积和单位面积里所选特征的密度。软件根据光谱信号自动识别岩溶特征，但通常建议这种选择是由使用者交互引导，并根据需要用最佳职业判断进行修改。航片和新一代卫星影像都具有很高的分辨率（1 m 或更小），能够准确划定哪怕是最小的落水洞。这对岩溶研究有很大的帮助，很多地形的落水洞，如图 3.29 和图 3.35 所示，进行地面测量是不可行的，这是因为很多落水洞在实地工作中难以到达。

若干岩溶洼地的线性结构几乎可以肯定地表明存在裂隙或断层。在关注区域所有落水洞和溶蚀洼地的走向统计最大值将揭示各种裂隙/断层系统的存在，从而也揭示了含水层中地下水最有可能的大致流

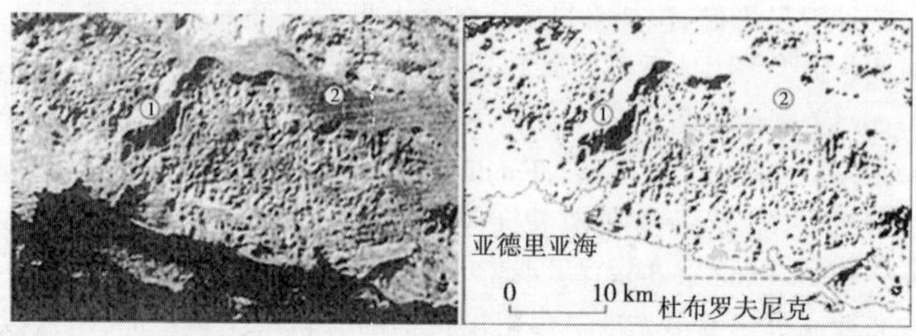

图 3.35　盖黑塞哥维那东部波波沃平原地区的增强陆卫 7 拍摄的局部影像(左图),用美国国家卫生研究院(NIH)的图像分析程序进行密度分割增强的图像(右图)

(左图影像成像日期为 1973 年 10 月 31 日,近红外光谱—波段 8,(1)岩溶干谷(黑色调为谷地东南面的阴影)和(2)波波沃平原的平坦第四纪沉积物。右图黑色区域("颗粒")可以解读为岩溶洼地—溶蚀洼地和斗淋。山坡上明显的阴影不在本研究范围,显示为灰色(Kresic,1995))

向。图 3.35 和图 3.36 显示了利用美国国家卫生研究院(NIH)开发的免费公用开放软件——Image 进行此类分析的结果。通过阴影处理而增强岩溶洼地,经过 Image 软件内的密度分割或阈值选项处理后明显比其周围的地形暗。处理后形成的"颗粒"(Image 软件所提示)显示为图 3.35中右图的黑色区域。

对图像上线性特征的定性观测和对落水洞走向(见图 3.36)的统计分析显示,东北—西南走向占优势。通常对那些明显不代表岩溶洼地的颗粒图案,如沿山坡的长形阴影,可以通过手工从分析中排除。对比规定数值长的颗粒也可通过程序自动从分析中排除。这又是一个有用的选项,使更多用户输入纳入其他自动程序中。

对优质航片上的线性结构进行可视判读,最好用立体镜,尽管存在一定主观性,但仍不失为一种最可靠的方法,假定使用者完全是一个新手。例如,对图 3.37 所示的立体图像进行地质分析将使人相信,线性结构是很有可能形成落水洞地层的下伏地质过程所造成的。明显的断层和裂隙和各种大小不等的落水洞甚至不用立体镜也清晰可见。相反,计算机软件对线性结构的自动选择通常导致使用者总是不得不储

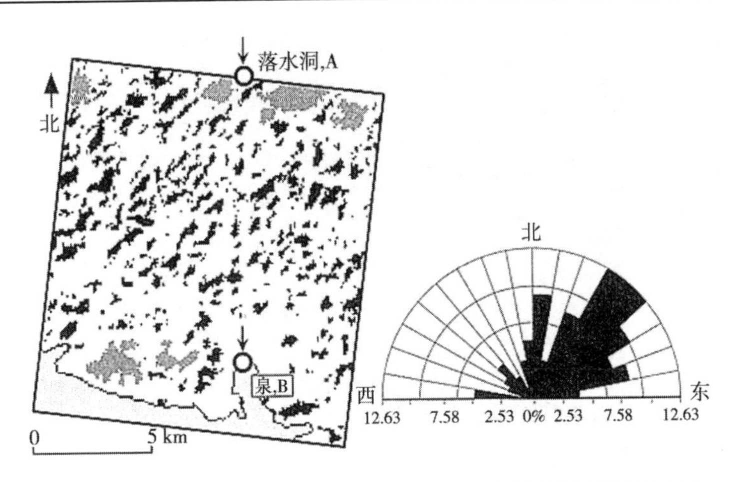

图3.36 图3.35所划区域的放大图(左图)及"颗粒"(岩溶洼地)方向示意图(右图)

(注意左图中落水洞A与泉B之间沿南北向线性排列的斗淋,右图用美国国家卫生研究院Image程序进行测量)

存大量自然和人为的特征(Abdullah等,2009)。然而还是有一些计算机程序不同程度地成功用于这类分析,例如LESSA(线性结构提取和纹理统计分析;http://www.lineament.ru/indese.htm)、Geomatica软件(《图像处理软件系统(地理空间软件)》;http://www.pcigeomatics.com/geomatica)和ERDAS Imagine遥感图像处理软件中的线性结构分析向导(http://www.erdas.com)。

图3.38显示了一组源自通过屏幕数字化进行的航片判读的线性结构和裂隙痕迹(Haryono等,2005)。总共识别了5 221个线性结构,其中最小长度为90 m,最大长度为3 234 m。研究区内有3个大落水洞和一个泉通过染料示踪试验发现是相连的,被用于网络模型。将ArcView网络分析模块中的"最佳路线分析"程序应用于线性结构网络,产生了3个假定地下河网。它们通常显示与以往研究相同的纹理,这些研究还包括在苏慕鲁普-巴隆泉地区进行的大地电磁测深(Haryono等,2005)。

图 3.37 黑山共和国一个典型岩溶地形的航片

（初始天然色图片的地面分辨率小于 50 cm。中央靠右处的大落水洞宽度约 60 m。参见彩色图片。图片由贝尔格莱德大学地矿学院遥感与地理信息系统实验室的 Radmila Pavlović博士提供）

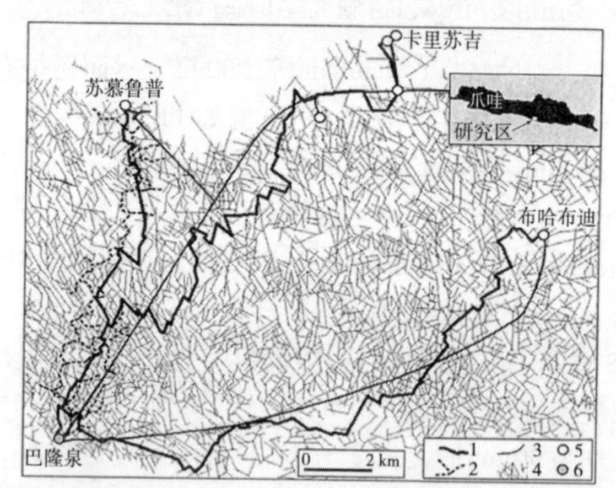

1—通过地理信息系统模拟生成的干管网络；2—Kusumayuda 和 Santoso（1998）绘制的网络；3—MacDonald 和 Partners（1984）绘制的地下水联系；4—线性结构和裂隙痕迹；5—落水洞；6—泉

图 3.38 印度尼西亚爪哇局部地下河网图

（采用 ArcView3.2 网络分析模块进行判读，然后人工绘制航片上可见的线性结构。Haryono 等，2005）

3.2.3　地球物理方法

正如本书始终强调的,地下岩溶特征的勘探总是一项具有挑战性的任务。由于具有随机性和不可预测的分布,天然洞穴或被埋藏的落水洞都非常难以准确定位,而且确认岩溶洞穴的唯一直接方法就是大量钻孔,其成本很高。然而地球物理测量与前述的确定可能优势流路径位置的间接方法结合起来,能够大大提高钻出阳性钻孔的可能性。地球物理方法有一个好处是很多都能在钻孔中和地面上应用。这可提供直接方法和间接方法之间非常有价值的反馈,并能校验地球物理方法的结果。这样可使用于岩溶的地球物理测量最为经济有效。但是,当地球物理方法单个应用时,甚至更糟糕,即没有通过钻孔进行实地确认,可能会产生误导性的结果。因此,作者和很多其他岩溶水文地质学家的经验是应该完全避免采用这些方法。换句话说,不同岩溶特征的相同地球物理特征同时出现于地表常常会相互掩盖(抵消),因此任何判读充其量是模棱两可的,这一点怎么强调也不过分。例如,充满空气的洞穴和充满黏土的洞穴具有相反的电阻率信号,因此二者混合在一起则会相互抵消。此外,任何地球物理方法的空间分辨率会随构成明显地表起伏岩溶地形的深度和难以穿过的岩溶碳酸盐岩的厚度而快速降低。在这种情况下,只有一般的地球物理评价是合理的,并且包括在覆盖型碳酸盐岩情况下的基岩深度估值,或岩溶化深度,和/或岩溶作用强度可能较高的地带。给深度超过 50 m(150 ft)的饱和带中洞穴或实际(目前)优势流路径定位,已超出了任何应用于地表的地球物理方法能力所限。

如 Enviroscan(2012)所述,即使深度较浅,也没有单一的地球物理技术能够探测出所有与岩溶相关的地表特征,因为它们非常多样化,而且具有不同的物理特性。图 3.39 说明了通过几种方法结合的地球物理测量能够识别的岩溶特征及其特性。Enviroscan 还通过一系列富含信息的动画和讨论提供了其他常见特征及其组合,网页为 http://www.enviroscan.com。

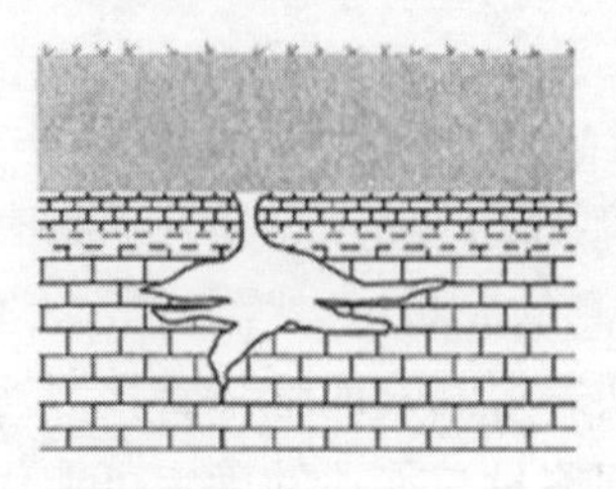

无电阻率异常 无湿土、空气与岩石的 电阻率相似	可能发生电阻率异常 导电的厚层湿土可能部分 抵消阻电土壤空穴
无自然电位异常 无流水	可能发生自然电位异常 有流水
无地震折射波异常 无岩石埋深变化	地震折射波异常 局部岩石埋深增加
可能发生重力异常 开口基岩洞穴为质量亏空	可能发生重力异常 局部岩石埋深增加，基岩洞穴和 土壤洞穴都是质量亏空
迫在眉睫的落水洞危害性 低	迫在眉睫的落水洞危害性 很高

图 3.39 说明可通过不同地球物理方法测量的某些常见岩溶特征及其地球物理信号的动画

(开口基岩洞穴(左图),开口基岩洞穴(右图),其上为土壤洞穴,潮湿土壤中的水渗入基岩洞穴,基岩塌陷。(图片由 Tim Bechtel 和 Eiviroscan 公司提供;更多类似动画和信息可参见网页 http://www.enviroscan.com))

不建议用地球物理方法替代钻孔或其他能够确认岩溶相关特征的直接探测方法,但可将其作为一种普查手段,识别可能需要增加或减少钻孔的区域,优化钻孔的数量和位置,最终使探测总成本最低。最常见的地球物理普查技术包括基于岩石电阻率及电导率的电学法、电磁法(EM)、自然电位法(SP)和地震学测量等。运用这些方法,可以较快地收集大片区域的数据。相反,收集同样的数据,微重力测量需要大量人力,而且其成本通常是电学法、电磁法、自然电位法和地震学测量的2~3 倍,因此很少用于普查。但这种方法在提供特定区域洞穴的详细制图和尺寸时却是一种成本有效的手段(例如钻孔遇到洞穴的地方、落水洞活动提示洞穴存在或处于某重要结构范围内的地方)。表 3.2 为能够探测对确定碳酸盐(岩溶)含水层和优势流路径位置十分重要的不同岩溶相关特征和地下特征的地球物理方法的选择提供了指南。有很多方法可以用于地表并直接用于钻孔,有些可以通过飞行器或海船快速测量较大区域(见表 3.3)。

表 3.2　岩溶研究中不同地球物理方法的适应性

地球物理方法	空穴探测	洞穴/管道探测和制图	断层和裂隙描述	落水洞危害测定	岩石深度测定	地层剖面测定和制图	地下水位制图
微重力法	A	A	A	A	B	B	
电阻率成像法	A	B	A	A	B	B	A
电阻率剖面法	B	NR	A	B	B	B	A
电阻率测深法	B	NR	B	NR	NR	NR	A
自然电位法(SP)	B	NR	B	A	NR	NR	NR
探地雷达(GPR)	A	NR	B	B	B	B	B
地震面波分析法	B	A	A	B	B	B	A
地震反射:P 波	B	B	B	B	A	A	A
地震反射:P 波	B	A	A	B	A	A	A
地震反射:S 波	B	A	A	B	A	A	A
地震反射:S 波	B	A	A	B	A	A	A
磁化率或场强	B	B	B	NR	NR	NR	NR
频率域电磁法(FDEM)	B	NR	B	A	B	B	NR
甚低频电磁法(VLFDEM)	NR	NR	A	B	NR	NR	NR
时域电磁法(TDEM)	NR	A	B	NR	B	B	B
射频电磁法(RFEM)	NR	B	NR	NR	NR	NR	NR

注:资料来源:Enviroscan(2012)。

A—推荐;B—有条件推荐;NR—通常不推荐。

表 3.3　不同地球物理方法的适用位置

地球物理方法	仅地表	钻孔到地表	钻孔到钻孔	钻孔地表结合	钻孔测井	海船测量	飞行器测量
微重力法	是	否	否	否	是	是	是
电阻率成像法	是	是	是	是	否	是	否
电阻率剖面法	是	否	否	否	否	是	否
电阻率测深法	是	否	否	否	是	是	否
自然电位法(SP)	是	是	是	是	是	否	否
探地雷达(GPR)	是	是	是	是	否	是	是
地震面波分析法	是	否	否	否	否	否	否
地震反射:P 波	是	是	是	是	是	是	否
地震反射:P 波	是	是	是	是	否	是	否
地震反射:S 波	是	是	是	是	是	否	否
地震反射:S 波	是	是	是	是	否	否	否
磁化率或场强	是	否	否	否	是	是	是
频率域电磁法(FDEM)	是	是	是	是	是	否	是
甚低频电磁法(VLFDEM)	是	否	否	否	否	是	是
时域电磁法(TDEM)	是	是	是	是	否	是	是
射频电磁法(RFEM)	是	否	否	否	否	是	是

注:资料来源:Enviroscan(2012)。

《岩溶地球物理学》是一本经典著作,由贝尔格莱德地球物理研究所 Dušan Arandjelović根据自己的专业知识写成,目前仍然是这方面最全面和信息丰富的教科书。该书含有大量应用地球物理学实例,有助于解决第纳尔经典岩溶区的复杂工程实施期间遇到的水文地质和地质技术问题,这些工程包括坝库、供水和隧道工程等。尽管写于30多年前(Arandjelović,1976),却有惊人的创新,因为书中含有各种方法的理论和实践两个方面,这些方法在第纳尔岩溶区十分完善,或者具有先进性;书中还附有西方国家文献中的实例,而且俄罗斯文献中的大量实例在西方国家知之甚少。然而该书是以塞尔维亚语出版的,因此作者希望塞尔维亚同仁尽快出版英文版的升级版本。以下章节将简述在岩溶研究中最常用的地球物理方法,包括由 Enviroscan 公司的 Tim Bechtel 提供的插图(http://www.enviroscan.com)和 Arandjelović(1976)的工作。

电阻率和电导率

电阻率测量是将电流输入2个电极之间的地下,并测量两极间的电压差,通常在地面测。在近一百年的时间里,这些测量一直用来进行一维剖面探测(制图)和测深。剖面探测是通过移动沿探测线排列的固定电极阵列来测量地下电学性质的横向变化,测深则是通过扩宽某一固定位置的电极阵列来测量垂直变化。近十年里,随着多导体电极缆线和计算机自动开关的发展,以及大型电阻率数据集的创新性处理,已使剖面探测和测深可以同时进行,并能生成描绘地下电子特性详细变化的二维和三维电子图像。对于多个截面,可以直接对数据进行三维处理,产生可以分割和旋转的块图像,最后生成离散深度图和栅栏图(见图3.40)。

岩石的电学(或更准确说是电磁)特性是不同的,在岩溶地区,还不足以认为就是碳酸盐(主要为灰岩和白云石),因为其岩溶作用还会导致形成不溶于水的碎屑沉积物,如黏土。这些沉积物可沉积于地表,还可沉积于地下洞穴。岩溶碳酸盐还可夹在非碳酸盐或岩溶碳酸盐岩层之间或与其横向接触,使电学探测的应用和判读更为复杂。

电阻率(ρ)及其倒数和电导率($\nu = 1/\rho$)都是岩石的基本电学特性。电阻率取决于岩石基体的电导率(通常电阻率较高)、有效孔隙中的自由水的电导率和矿物颗粒所持水膜的电导率。更广泛一点说,影响岩溶地区不同岩层电阻率的水文地质因素有基质孔隙度,次生孔隙

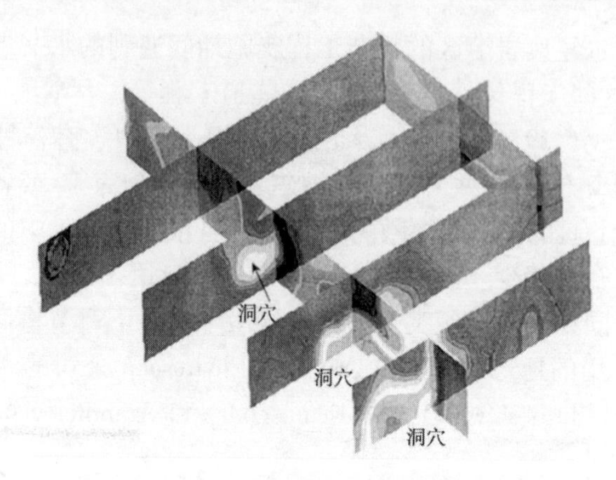

图 3.40 根据三维电学成像数据生成的栅栏图

(其中有一个"消失的"洞穴(肯尼迪港骨洞),该洞发现于 19 世纪,但后来被采石场的弃方掩埋。图片由 Enviroscan 公司提供)

度(裂隙和岩溶空穴),水的饱和度、温度及矿化程度和岩石的结构/纹理。这些关联中有些不仅在第纳尔岩溶区是比较典型的,也可适用于图 3.41 和图 3.42 所示的任何地方。

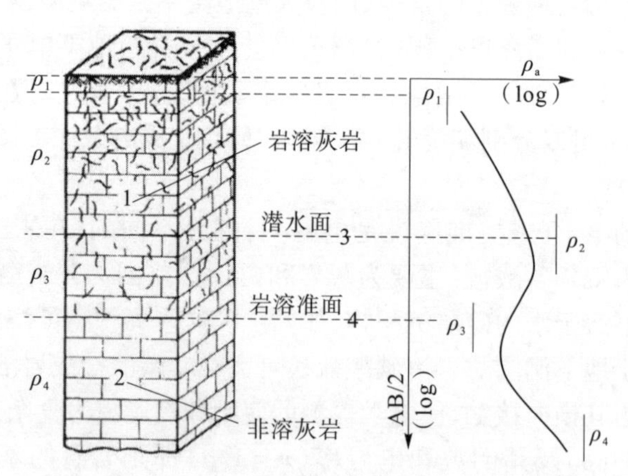

1—岩溶灰岩;2—非岩溶灰岩;3—潜水面;4—岩溶基准面

图 3.41 某岩溶柱的理论电测深曲线示意图

(Arandjelović,1976)

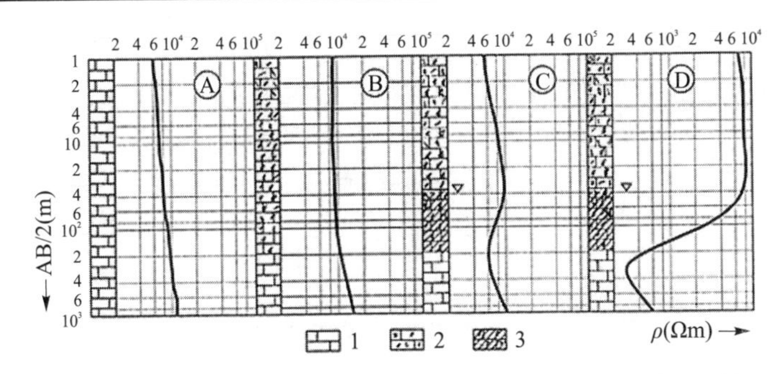

Ⓐ—非岩溶灰岩;Ⓑ—非饱和岩溶灰岩;Ⓒ—饱和岩溶灰岩;Ⓓ—海水饱和灰岩,岩溶作用随深度而减弱

1—非岩溶灰岩;2—非饱和岩溶灰岩;3—饱和岩溶灰岩

图3.42 典型第纳尔岩溶区部分典型电子测深曲线

(Arandjelović,1976)

由于很多地下特征都具有不同于周围的电学特性,因此电成像(EI)可用于探测和划分一系列可疑目标,包括黏土层,砂砾透镜体,岩石顶层及岩石尖顶或浮块,咸水入侵,羽状渗滤团,非水相液体(NAPL)烃类,坝体渗漏,矿化带,含水裂隙,废物处理坑或沟,矿区、隧道和洞穴等。电成像特别能够探测与不规则厚度或湿度土壤(电导率高)或导电性黏土土壤表层空穴(电导率低)相关的地下电特性。对于某些目标,记录感生极化强度或极化率可以促进探测和判别。每张电成像都可以从横向和纵向描述目标。

通常,电成像都是单面的,即仅有地表电极。但在有钻孔的情况下,可收集两面(例如在两个钻孔中布置电极)或三面(在两个钻孔中及两孔间地面布置电极)电成像,提高了图像的分辨率和准确性。

有些情况下,电成像可用于提供潜在空穴的横截面图。然而,在判别空穴这样的电性异常时需要十分小心,因为空穴或坚硬岩石(都具有电阻性)可能出现相同的电成像,但却代表完全不同的工程关注(Enviroscan,2012)。

图3.43显示了用垂直测深评价埋藏碳酸盐岩层位置的电阻率探测应用。图3.44显示了沿横断面的剖面探测,可用于探测壮年岩溶地区可能存在优势流路径的区域。在第一种情况下,孔隙度较低的灰

岩—白云岩基岩的视电阻率高于上覆复理石沉积物。第二种情况下，灰岩中岩溶发育强烈区域的电阻率低于周围岩石。

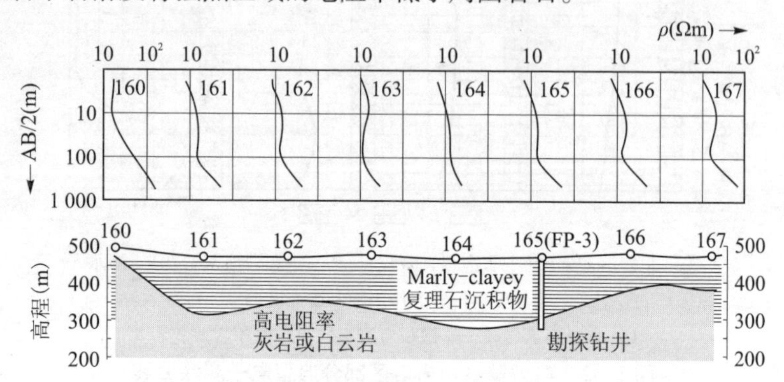

图 3.43　黑塞哥维那东部 Fatničko 岩溶盆地的灰岩—白云岩基岩电测深图（Arandjelović，1976）

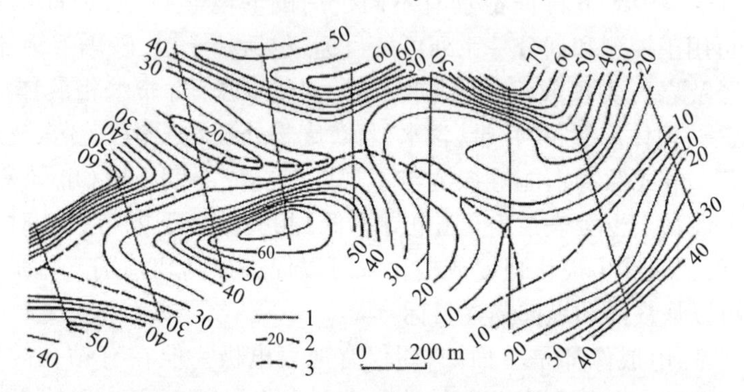

1—电成像剖面轨迹；2—视电阻率等值线，电极距 AB = 120 m；3—视电阻率较低区域轴线

图 3.44　黑塞哥维那东部灰岩中岩溶作用和/或地质构造运动强烈区域的视电阻率图（Arandjelović，1976）

图 3.45 显示了沿径向断面进行垂直测深的应用。这种方法有时可以探测可能表明存在岩溶区和/或优势流路径的下伏各向异性。

充电法

充电法是一种 20 世纪 20 年代以来一直在采矿业中用来圈定地下

导电矿体的电阻率方法。在该应用中,将一个供电电极放入导电矿体(在露头处或钻孔中),将第二个电极(形成电路)放置于电无穷远处的地下(实际为地下矿体最大预期范围 5 倍以上的距离)。这使整个矿体辐射电流。这一电流流动模式的等位线可以用一个电压表和两个移动探头绘制成图。这些等位线的形状通常在一定程度上模拟出导电矿体的占地范围。这种方法还成功地应用于绘制导电(离子形态)羽状渗滤团、淹没矿山巷道、矿化断层带和优势地下水流路径,因为电流和水流的物理特性是相同的(Enviroscan,2012;见图 3.46)。

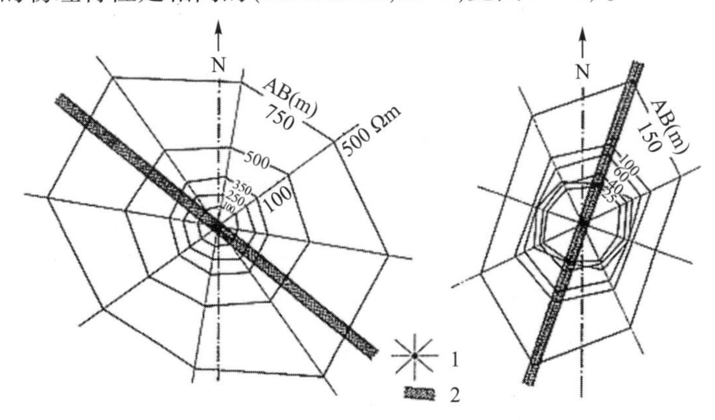

1—方位角测深;2—岩溶作用的主要方向

图 3.45　黑塞哥维那东部 Fatničko 岩溶盆地 2 个地方的径向电测深示意图(Arandjelović,1976)

在岩溶地区,充电法在有些情况下可用于绘制将水输送到泉的潜在优势流路径。一个供电电极放在泉口,另一个位于电无穷远处,将电流很好地传输到地下流。然后利用若干断面测量电势随距泉口距离不断增加的变化梯度,确定可能的优势流路径。可用同样的方式确定通过某一落水洞进入地下的水流方向,这样做的另一个好处就是可能将如氯化钠等电解质引入伏流。电解质会形成在流向上细长的较强势场,可以用很多集中于落水洞的径向断面来映射,见图 3.47。同样的方法也可用于单井。如 Arandjelović所述,利用电极的充电法已经成功地用来确定第纳尔岩溶地区地面下 100 m 以内深度范围地下水的流向

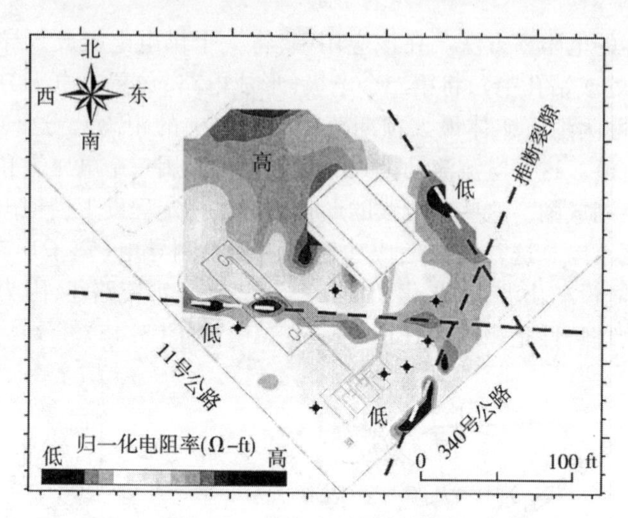

图 3.46 充电法测得的电阻图

(一个供电电极放在井内,另一个位于电无穷远处,测量电极可以绘制沿含水管道的优势电流。注意,"无穷远"实际上只是地下矿体最大预期范围 5 倍以上的距离。由 Enviroscan 提供)

和流速。这种方法应用的主要限制因素是存在陡倾层和潜水面以上电导率很高或很低的层。

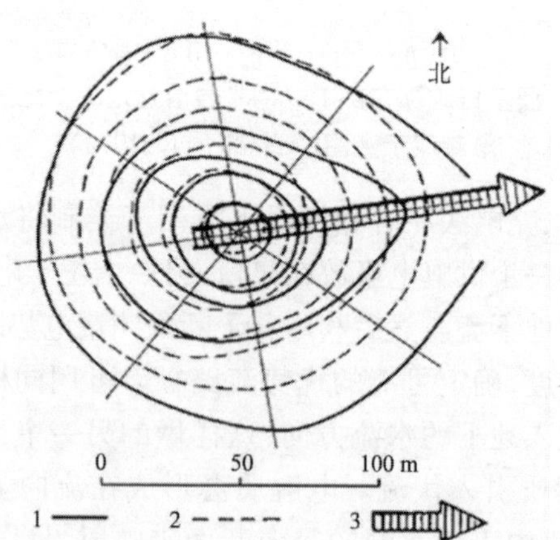

1—引入电极后的等势线;2—引入电极前自然条件下的等势线;3—优势流向

图 3.47 用充电法和电极确定源于某落水洞的优势水流方向图

(Arandjelović,1976,根据 Kruic,1966)

自然电位法(SP)

自然电位法是指测量由地球环境直流电流引起的电势场。地球几乎到处都存在电流,这是由于:

(1)金属或金属矿石周围的氧化还原反应(例如,腐蚀)。

(2)离子流体跨越土壤或岩石接触面的运动(例如,咸水入侵)。

(3)地下温度梯度(例如,矿井火灾或地热区域附近)。

(4)地下化学梯度(例如,硫化物或分解石油的附近)。

(5)地下水运动(即渗流、渗漏和水流的路径)。

以上前4项一般是由于地下化学反应释放或截获带电粒子的原因。第5项是压力梯度使流体通过渗透介质产生的。这一电滤作用形成了沿水流路径的电荷分离,可以从流动方向上正自然电位的增加进行测量。因此,自然电位测量可以确定化学反应带的位置,还可探测地下流体的实际运动方向,从而划定优势路径或检测水坝、堤防或防渗垫层的渗漏。

酸性矿井排水或渗滤液等流动电解质溶液成为了引人注目的自然电位目标。集中渗滤到青年期落水洞的水也是一个在岩溶地区可探测自然电位异常的源极(图3.48;见彩色图片的原色图)。自然电位数据可以表示为能够判读的剖面图或平面图(基于地理信息系统的定位),以识别多种多样的地下条件和特征。流体流动所产生的电荷不平衡通常在流动停止后还会保持很久——这样就有可能探测先前的流径、渗滤带或入渗点(例如,古落水洞)。

在含有分解或反应生成化学物质的羽状污染团或其他地下现象的地方,带电离子的释放或截获会形成自然电位法可检测出的电流。酸性矿井排水生成带,以及地下矿井火灾或有机垃圾团(例如,填埋的树叶覆盖物或树桩)会产生很强的自然电位异常。

和所有物理现象一样,自然电位法最好与其他数据结合起来判读。例如,电成像上一个导电带可能表示含水裂隙——同时出现自然电位电滤异常则会对此判读给予很强的支持。在岩溶地形,重力法和自然电位法勘探可用于评估落水洞的危害。但是,自然电位法勘探显示存

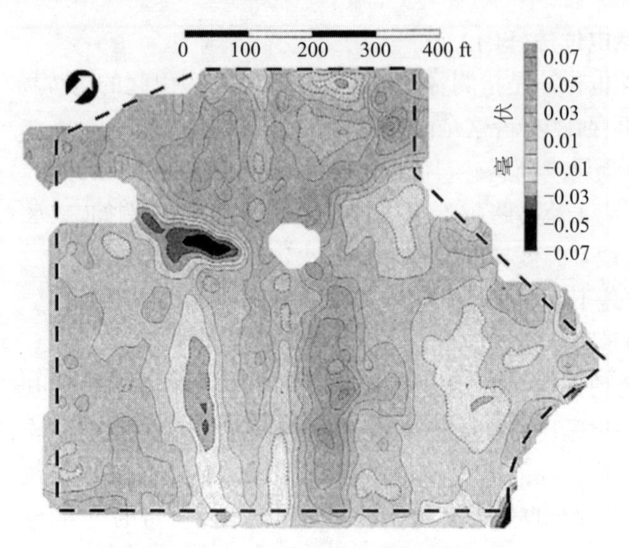

图 3.48 集中渗滤带自然电位图

(集中渗滤带为深灰;原图为红色——见彩色图),后被确认为被新近沉积物覆盖但仍将水向下输送到岩溶含水层系统的古深落水洞。由 Enviroscan 提供)

在某类活动或陈旧的渗滤,可能促使土壤发生管涌,而重力法显示这里存在某类基岩洞穴,可能还不是土壤管涌的受体,但在场地水文条件发生改变时可能发生渗滤,例如在重整或施工期间(Enviroscan,2012)。

电磁勘探法(EM)

电磁阵列剖面法最近广泛应用于岩溶研究。这种方法涉及测量自然发生或感生地磁场和感生地电场,统称为大地电磁场。电磁波遇到地下导电体可使其内部感生出电流,然后产生可通过天线在地面收集的电磁波(见图 3.49)。这种方法对勘测那些存在被黏土或水充填的基岩洞穴的岩溶地区是非常有用的。黏土填充的裂隙和被水部分填充的洞穴所传导的电信号比碳酸盐基岩要好得多,通常会产生较大幅度的电异常。但是,含气的裂隙或空穴对电磁信号是通透的,因此难以探测(Stierman,2004)。这种方法在通常具有多种电磁干扰源的城市和工业区是不可行的。

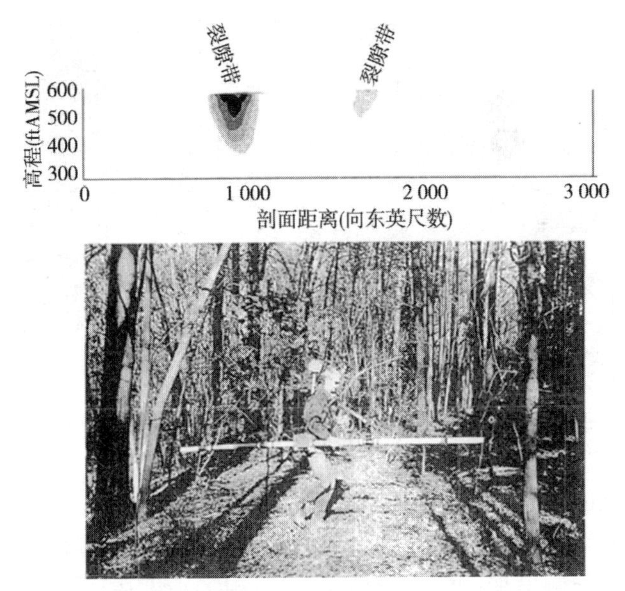

图3.49　甚低频电磁剖面图揭示的裂隙带(上图)及 GeonicsEM31 大地电导度探测仪(下图)(由 Enviroscan 提供)

微重力勘探法

严重冲蚀等原因形成的大空穴、矿山巷道、隧道和岩溶相关洞穴都是微重力勘探法的很好目标物。空穴失去的质量在地球重力场产生可测量的干扰,干扰幅度大小与空穴的容积存在直接的正比关系(见图3.50)。其他微重力勘探法应用实例包括绘制无证矿山巷道图、确定废弃或秘密隧洞的位置和划定无支撑地台的区域等。由于微重力勘探法不受很多常见的可能干扰水文地质技术的电或声噪声源的影响,因此特别适用于高度开发或工业场地(Enviroscan,2012)。

微重力勘探法在岩溶研究中的主要局限性是探测深度较浅和在深部地质及岩石密度方面的横向变化较快,例如前例中的尖塔状与烟囱状岩柱交错地貌(见图1.61和图1.62)。这意味着在未检测出重力异常的地方也可能存在空穴,这是由于累加异常与负异常结合所致。如图3.51所示,对记录数据进行复杂的计算机处理可明确一些模糊之处,但对勘探精度影响有限。图中显示充气空穴必须很大而且较浅才

图 3.50　Scintrex CG - 3M 型重力仪(左图)和图 3.40 所示“消失的洞穴”重力图(右图)

能以 0.2 mgal 以上的精度检测出来。较小的充水空穴显著减少了重力异常,深度超过 30 ~ 40 m 时即使是在比较均匀岩溶环境(如果存在)也很难检测出来;重力探测仪的实际现场精度在理想条件下很少优于 0.01 mgal(Stierman,2004)。在其他岩溶地球物理勘探时,最好将微重力勘探法与测量电学性能等地下物理对比的方法联合运用(见图 3.52)。

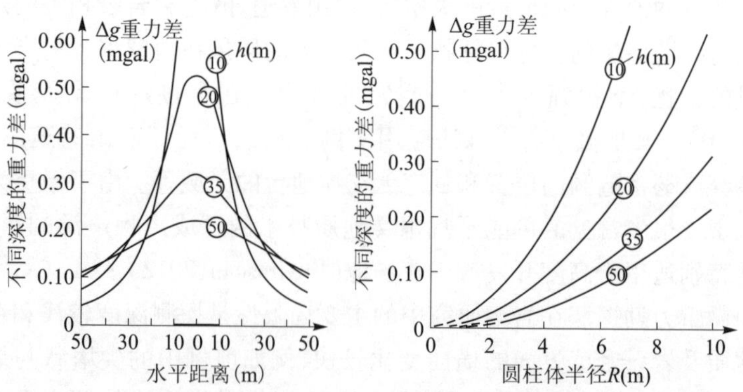

图 3.51　某一半径为 10 m 圆柱形空间(地下隧道)上在密度为 2.60 g/cm^3 多孔介质中不同深度(h)的重力差 Δg 理论曲线(左图)。某一不同半径水平充气圆柱体的 Δg 在不同地下深度变化的理论曲线(右图)(Arandjelović,1976)

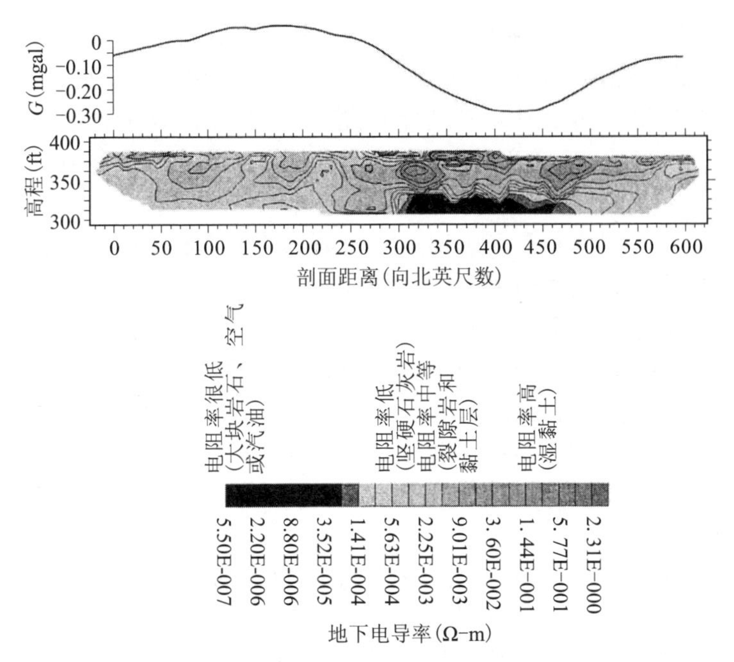

图 3.52　二维电成像(下图)和相匹配的重力剖面图(上图)

显示了一个电阻很大区域上面的低重力,可能存在充气空穴

(由 Enviroscan 提供)

彩色插图

图 1　黑山共和国杜米托尔山国家公园的褶皱灰岩层。(图片由 Dobrislav Bajović - Bajone 提供)

图 2　波斯尼亚黑塞哥维那的莫斯塔尔市附近的布纳泉,为世界上最大泉之一。这个上升泉源于一个溶洞,洞穴潜水者已探至 68 m 深度。

图 3　匈牙利布达佩斯的莫尔纳亚诺什溶洞。(图片由 Radoslav Husák 提供)

图 4　斯洛文尼亚萨瓦河的泉。(图片由 Zoran Stevanovic 提供)

图 5　美国亚利桑那州大峡谷的部分——哈瓦苏峡谷的哈瓦苏瀑布,前景可见华面池。(图片由 David Price 提供)

图 6　Christy Henson 站在美国田纳西州埃斯佩溶洞一个小入口的前面。埃斯佩溶洞长 6.6 mi，美国洞穴学会的田纳西中央盆地溶洞分部在 20 世纪 90 年代初对其进行了勘测。（图片由 Bob Biddix 提供；经版权所有者 Innermost Imagery 同意打印；更多图片可见网页 http://innermostimagery.com）

图 7　神秘瀑布是美国田纳西州最深的天坑和单股跌流，达 281 ft。一股水流自侧面通道流出，倾泻直径达 100 ft，深度为 281 ft 的天坑，形成了这股跌流。跌落的水流继续流向田纳西河。（图片由 Bob Biddix 提供；经版权所有者 Innermost Imagery 同意打印）

图 8　黑山共和国卢卡维察山由大型岩溶泉形成的河流。（图片由 Dobrislav Bajović – Bajone 提供）

图 9　中国桂林乐业岩溶区大石围天坑（崩塌漏斗）。（图片由 John Gunn 提供）

图 10　克罗地亚米来尼岩溶泉的瀑布与石灰华水池。

图 11　美国得克萨斯州圣安东尼奥附近圣佩德罗历史名泉，由爱德华含水层的地下水抽取，目前大部分时间都是干枯的。图中显示了一场大雨后泉水涌出的罕见情形。（图片经版权所有者 Gregg Eckhart 同意打印）

图 12　伊拉克北部村民正从新建于岩溶含水层的自流井取水。（图片由 Zoran Stevanovic 提供）

图 13　已故吉姆昆兰站在澳大利亚南部纳拉伯平原的一个钻透溶洞顶板与一个水体相交的钻杆旁边。（图片由 John Gunn 提供）

图 14　陆地卫星 ETM + 彩色合成 RGB = 7，4，2 影像，中国广西漓江沿岸的塔状岩溶地貌（参见图 3.34）。

图 15　美国佛罗里达州彩虹温泉地区 1995 年（左图）和 2007 年（右图）土地利用/土地覆盖图。这些图是西南佛罗里达水管理区提供 Shapefile 格式图形的简化版本。红色和粉红/紫色表示含水层补给可能减少的住宅、工业、商业和交通开发。（Kresic 和 Mikszewski，2012；经版权所有者 Taylor&Francis 同意印刷）

图 16　地球物理自然电位图，揭示了集中渗滤带（红色）并在后来

被确认为被新近沉积物覆盖并仍在向下面岩溶含水层系统输水的深落水洞。(图片由 Enviroscan 的 Tim Bechtel 提供)

图 17 印度尼西亚爪哇塞武火山岩溶地区的典型的漏斗湖。(图片由 Eko Haryono 提供)

图 18 神秘瀑布是美国田纳西州最深的天坑。(图片由 Bob Biddix 提供;经版权所有者 Innermost Imagery 同意打印)

图 19 中国重庆兴隆岩溶区小寨天坑(崩塌落水洞)底部巨大溶洞的地下河(最大流量为 174 m^3/s)。(图片由 John Gunn 提供)

图 20 美国新墨西哥州卡尔斯巴德附近的石膏洞扇形洞壁。(图片由 Jim Goodbar 提供)

图 21 美国犹他州蛇谷南部的大克莱温泉,其源头为一个未勘探的深泉池。该泉由于受南内华达水资源管理局为适应拉斯维加斯发展而准备实施的供水管网扩建工程的影响。(图片由 Gretchen Baker 提供,www. ProtectSnakeValley. com)

图 22 美国新墨西哥州龙舌兰洞穴内的石膏"吊灯",由富含硫酸盐水膜的蒸发所形成的,其中的溶蚀石膏含量较高。(图片由 Arthur Palmer 提供)

图 23 美国怀俄明州黄石国家公园猛玛温泉区的一个温泉。(图片由 Miles Kresic 提供)

图 24 克罗地亚伊莫茨基附近的红湖。落水洞深度为 518 m,平均枯水条件下的水深为 250 m。(图片由克罗地亚国家旅游局提供,www. croatia. hr)

图 25 洞穴学者考察印度尼西亚爪哇塞武火山岩溶地区的一条主要伏流——苏吉河(清河)。(图片由 Eko Haryono 提供)

图 26 美国佛罗里达州奶牛场落水洞。(图片由乔治·索尔斯拍摄,AMEC 环境和基础设施公司提供)

图 27 美国弗吉尼亚州纽马基特附近的雪兰多溶洞中的石幔。

图 28 斯洛文尼亚第纳尔岩溶区常见的洞螈。(G. Aljani 拍摄,经允许印刷)

图 29 基莱尼泉曾是重要水源,源于爱尔兰巴仑岩溶平原,并有

很多形成于周边非灰岩层并在灰岩接触带下沉的河流汇入。(图片由 David Drew 提供)

图 30　斯洛文尼亚的斯科契扬溶洞,列入世界自然遗产,受到联合国教科文组织的保护。(图片由斯科契扬溶洞国家公园 Borut Petric 提供)

图 31　位于欧洲最大伏流——黑塞哥维那特雷比涅地区特雷比什尼察河上的古奥特曼时代石桥。(图片由 Neno Kukuric 提供)

图 32　美国新墨西哥州龙舌兰洞穴内的珍珠湾——方解石水池边的石笋、石柱、钟乳石和石帘。(图片由 Dave Bunnell 提供;更多图片可见网址 http://www. goodearthgraphics. com/under_earth/)

图 33　黑山经典型的第纳尔岩溶地区某典型岩溶景观的高分辨率自然色航片。被绿色植被覆盖的底部平坦区域已被附近村民用于农业灌溉的落水洞。(图片由贝尔格莱德大学地矿学院 GIS 与遥感中心提供)

图 34　美国弗吉尼亚州巴斯县某溶洞内的“带城墙城市”。(图片由 Phil Lukas 提供)

图 35　新西兰北岛上某溶洞内的石吸管群。(图片由 Dave Bunnell 提供)

图 36　西班牙马拉加附近阿尔塔卡迪纳山脉岩溶系统的荧光示踪试验。(图片由马拉加大学水文地质中心 Bartolome Andre Navarro 提供)

图 1

图 2

图 3

图 4　　图 5

图6

图7

图8

图 9

图 10

图 11

图 12

图 13

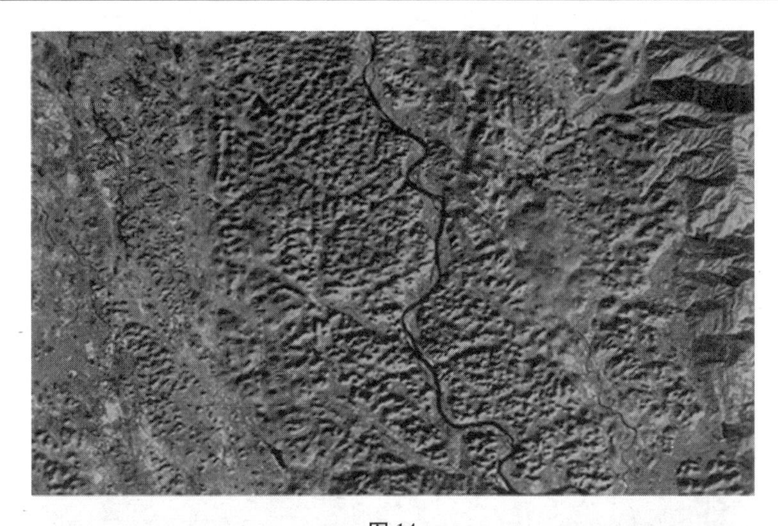

图14

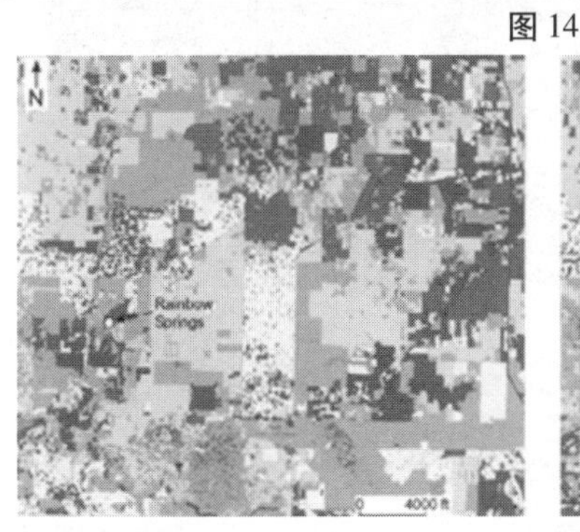

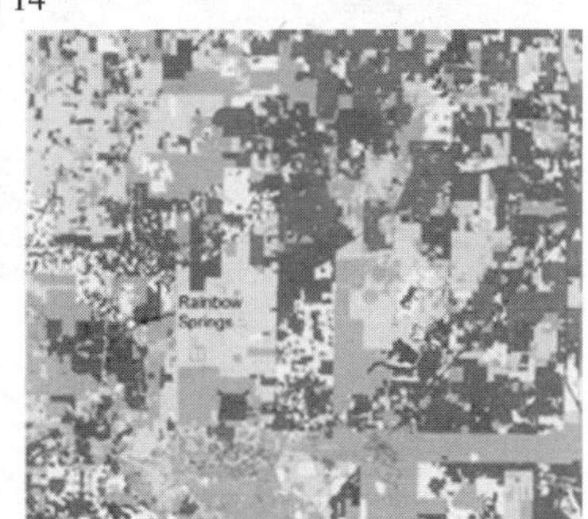

图15

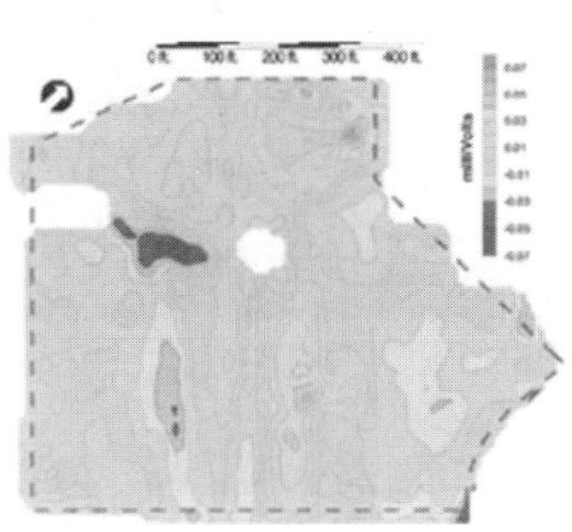

图16

图17

图 18

图19

图20

图21

图 22

图 23

图 24

图 25　　图 26

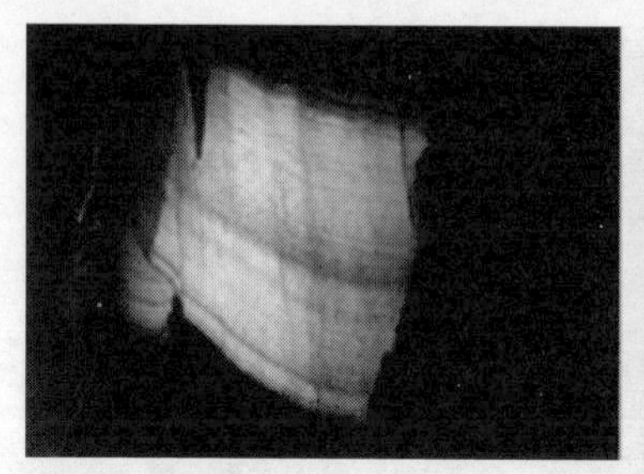

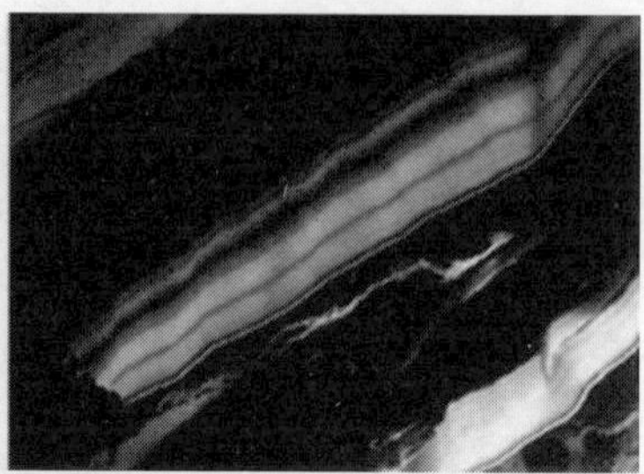

图 27

图 28

图 29

图30

图31

图 32

图 33

图 34

图 35

图 36

探地雷达

探地雷达(GPR)是一种比较昂贵、非侵入性的电学地表地球物理方法,可用于确定浅表岩性界面和地下特征。在探地雷达勘探中,将射频电磁信号射入地下,通过判读从地下岩性和水文特征与边界反射回来的信号,识别出沉积层厚度、距潜水面及黏土层的深度、隔水层裂缝、岩溶发育、地下目标和湖底结构等。探地雷达的有效探测深度是指相关反射可以被识别的最大地下深度。较高的地下电导率可削弱传输信号,限制探测深度。据Barr(1993)报告,在佛罗里达州中西部5个场址的以不饱和及饱和砂—黏土为主的沉积物中,探地雷达的有效探测深度为地下几英尺到50多英尺。探测深度之所以受到限制,是因为信号遇到电导率高的黏土时发生严重衰减,只有遇到电导率较低的砂时才能提高探测深度。

Stierman(2004)指出,进行探地雷达勘探时射频的选择可能最为重要,因为较低的频率(10~300 MHz)虽使探测深度达到几十米,但不能探测较小直径的异常。500 MHz以上的频率虽可提供很好的分辨率,但使探地雷达的探测深度限制在5 m以内。由于富含黏土的土壤会削弱探地雷达的信号,有时使其探测深度只有1 m,因此探地雷达勘探在大多数岩溶地形的适应性有限。

在条件有利时,例如佛罗里达有些地方有较厚的砂覆盖在黏土和碳酸盐层上,探地雷达可以成功地识别落水洞发育危害、潜水面位置、距碳酸盐基岩的深度和地下岩溶特征,Barr(1993)在下面进行了举例说明。图3.53显示了佛罗里达州希尔斯伯勒县的彭伯顿河的探地雷达图。一个被初步推测为落水洞下面洞穴的山型特征尚未得到证实,但这个区域有很多落水洞,而且其他探查人员已将此类山型特征记录为洞穴。图3.54中视为落水洞内的沉积物具有不规则反射图形,是沉积物受到干扰或变形的特性。

探地雷达探测有一个特别有用的特性为具有可以产生图形显示的标准设备,可使使用者在实地进行判读。探地雷达设备包括在进行测量时人工携带或拖在车辆或船只后面的部件。

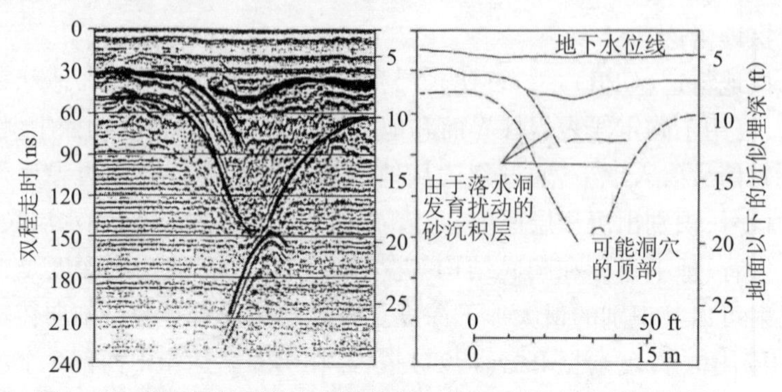

图 3.53　佛罗里达州希尔斯伯勒县彭伯顿河探地雷达探测的某一地下洞穴剖面图及其水文地质解释(Barr,1993)

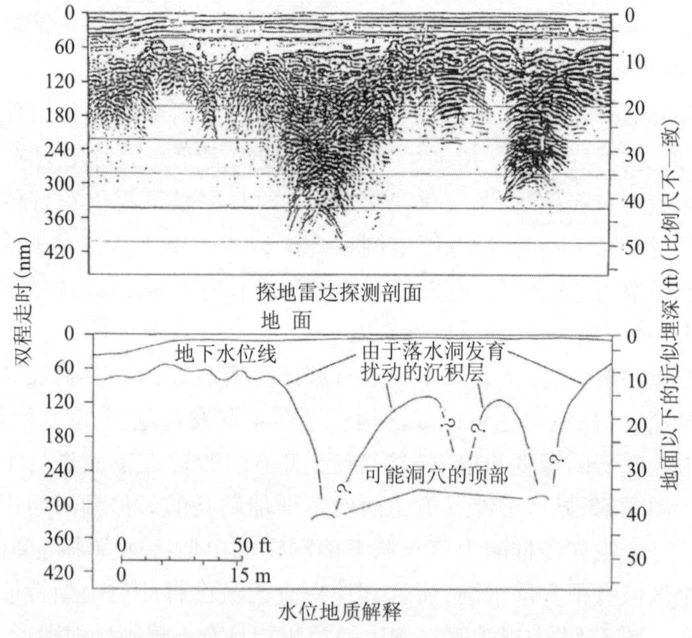

图 3.54　佛罗里达州皮内拉斯县皮内拉斯西北探地雷达探测的污水处理厂某一落水洞剖面图及其水文地质解释(Barr,1993)

地震学测量

分析地震的折射波、反射波和表面波可以提供岩石顶部的剖面图，可能显示与古塌陷或线性深渊相关的锥状陷穴类型，前者可能代表易形成落水洞的断层、裂隙、层面或其他线性结构。地震岩石深度在没有钻孔数据的情况下被用于验证微重力勘探的结果。正如 Enviroscan (2012)强调的,地震剖面图还常常被用于电磁法或电成像电导异常(可能表示基岩或潮湿黏稠土壤)或者电磁法或电成像电阻异常(可能表示是干燥坚固岩石或充气空穴)。

Stierman(2004)指出,单组的地面地震数据常常难以产生可判读的结果,但对大数据库进行计算机分析产生的地震层析图像(通过测量多个钻孔点之间数以百计的地震波射线所获得的地震波速度)已被证实更为有效。绘制三维地震层析成像(3DT)还依赖强大的计算机软件,但还是产生了一些令人印象深刻的揭示地面看不到的复杂岩溶空穴图像。这是目前最主要的地球物理洞穴搜索工具,但确实代表了一种结合钻孔的调查方法,除非已有地下通道(如隧洞)。

案例研究——高分辨率地震波反射

Kindinger 等(2000)提出了数字高分辨率地震剖面图(HRSP)数据,用于识别佛罗里达选定湖泊的湖底特征。研究目的是:①识别地表水体与佛罗里达含水层之间承压单元的破裂面或不连续面证据;②识别岩溶湖的判别特征、结构和地貌。这些成果也适用于岩溶地区地表水库和水库通过地下洞穴发生渗漏或失水的一般问题。

估计佛罗里达东北部的地表水体 95% 都是落水洞。湖泊的形成是化学和机械过程的直接结果,包括:①下伏碎屑或碳酸盐沉积物的坍塌或下沉;②落水洞的聚集;③上述 2 种情况的结合。佛罗里达的岩溶湖多分布于埋深浅区域,通常小于 61 m(100 ft)。在不透水承压层和没有破裂面的区域,湖泊可能是悬湖(湖水位始终高于地下水位),与下伏含水层没有联系。另外,有些地方缺少覆盖层或透水承压层,使下伏灰岩层的岩溶作用加剧,在充填物质有限的情况下会形成洼地、湖泊。佛罗里达的岩溶湖群处于不同的发育阶段,有些曾经由于堵塞湖底水流通道物质被冲刷而干枯的湖泊又再次淹没成湖。佛罗里达最大的那些湖泊中有些实际上就是被淹没的灰岩盆地,这也已得到了公认。奥兰治湖就是一个典型的例子,具有活动的沉降和过渡特征。

重要的是,湖底的落水洞和其他岩溶特征为地表水随着贯穿半承压层的破裂面补给含水层提供了重要的管道。但是同时也成为饮用水的污染源。因此,落水洞和岩溶湖需要用其水力联系可能性来表征,而且随着今后佛罗里达人口快速增长和土地开发的持续不减,还要进行维持和保护。

美国 Triton Elics 公司的 Delph2 地球物理系统在研究中被用于测量和显示声学脉冲波的往返走时(TWTT)的毫秒(ms)数。信号的振幅和速度受下伏地层的岩性变化的影响。横向一致的振幅变化(岩性界面)在地震波剖面图上显示为连续的水平线。水平线的深度通过往返走时来确定,调整为信号的地下传播速度。湖底沉积层的互层性质为声波信号提供了良好的反射表面。这些层面在地震记录上表现为聚集、分散或平行的波段。褶皱、断层和沉积性改变可以认为是波段、纵向和横向间断面及波段被其他反射截断等。

过去,高分辨率地震剖面图一直用于确定具有独特声学特征地层单元的分布。在这项研究中,湖泊分布均匀而且直径较小,难以进行地层对比。高分辨率地震剖面图数据一直主要用于描绘佛罗里达东北部选定湖泊下面的浅层地下特征。可利用地下判断特征来定义构造史和定位维持悬湖高于佛罗里达含水层的承压层可能存在的破裂面。在很多情况下,声学记录可显示出岩溶特征的细节。汇编这些从湖泊勘测所得地震剖面图上的特征表明,有些特定声学图型在不同湖泊中重复出现。

图 3.55 上图所示的两类岩溶特征表示了基本上被填埋并成为目前湖底的塌陷。这种填埋表现为完全覆盖于塌陷区的水平反射体。塌陷区域周围的应力性裂隙、坍塌、断层或溶蚀性裂隙证据可区分二类斗淋,而且可能显示更快或连续的沉陷,或更坚硬的覆盖地层。塌陷中的破裂面可提供地表水体与下伏含水层之间的重要水力联系。

勘测中经常探测到的另一个特征是穿插于水平反射之间的高频或杂乱反射(图 3.55 左下)。这些反射体显示了比较完整地层层序内的干扰,可能表示贯穿覆盖地层的溶蚀管道或裂隙。这些特征可能连通到下伏灰岩层的非溶蚀系统,可能表示贯穿半承压层与下伏含水层有直接的水力联系。受干扰的反射显示潜在的下沉或塌陷的区域。这些

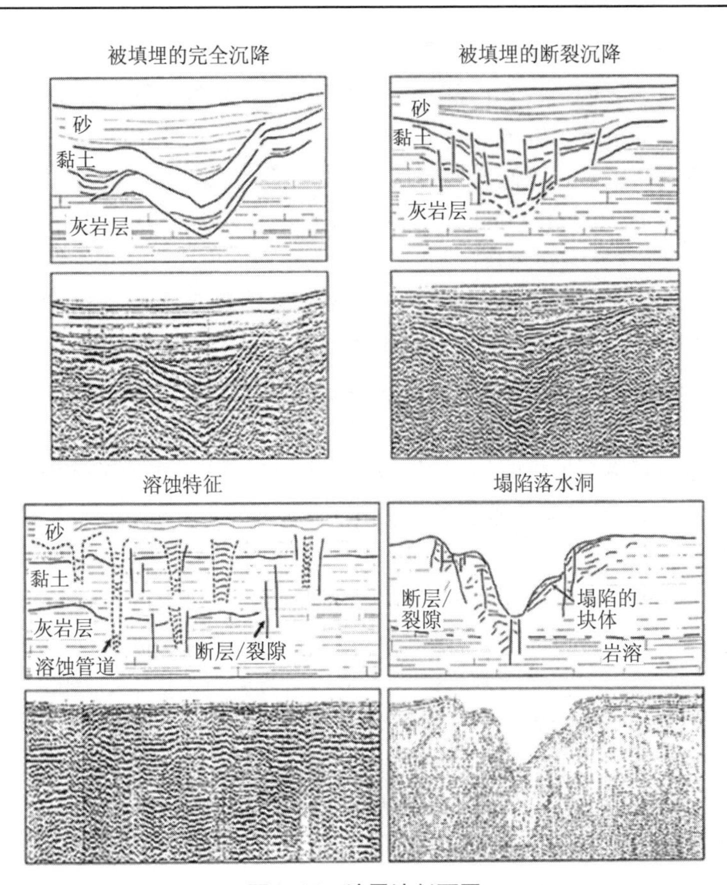

图 3.55　地震波剖面图

（用线条进行解释了佛罗里达东北部湖泊的不同类型特征。Kindinger 等，2000）

特征具有很大的再活化潜力，因为填埋溶蚀管道的阻塞物质在降雨量变化大的期间可能被冲走。溶蚀管道和相关特征通常发生在黏性覆盖层厚度为中－薄的区域。在管道发育形成过程中，溶蚀作用集中，直接覆盖在洞穴的物质被冲入空隙中。

图 3.55 右下图所示的特征表示典型的陡壁塌陷落水洞，显示了塌陷周边的坍塌和活动发展的证据。目前已根据海洋环境（例如月牙滩泉）发现的类似坍塌特征绘制出了羽状淡水团。在地震波剖面图中，假设坍塌下面反射回来的波可以忽略的区域表示地下洞穴。这些处于

活动阶段的塌陷落水洞在没有成像的表面比较明显，发生于最小覆盖地层区域。它们还表示内部排泄或排放区域，取决于佛罗里达含水层的静水压面位置(Kindinger 等,2000)。

案例研究——电阻率测量法

Graham(2000)提供了一本关于应用电阻率测量法在肯塔基的内蓝草地区探测已知岩溶特征和确定含水管道位置的著作，信息十分丰富。作者指出，目前所用的电阻率法测量较快且没有破坏性，可以确定各种地下特征的位置，已经得到很快普及。研究人员得出了一些分析解法和数学模型，描述不同地质材料和几何图形在电场中的行为。其中最常用的解为：①所带电场横向穿过高角度间断面时的行为；②电场扩大影响到更深地层时地表视电阻率测值的变化。作者还就此方法难以理解之处、岩溶实地数据的常见误判和完整的参考文献列表提供了详细的讨论。

Graham(2000)的著作利用了 3 个研究区内的大量钻孔和已知岩溶特征，包括斯科特县的马歇尔泉的管道。在电阻率测量的同时进行钻孔为地球物理数据的判读提供了重要信息(见图 3.56)。例如，有一个位于非常明显的异常低电阻率区域的钻孔遇到了某重要的含水岩溶管道，后者被判读为流入肯塔基州乔治城附近罗亚尔泉。利用 2 个电极阵列测量得出的沉溪河岩溶流域点剖面图确定了电阻率异常区的位置，对应被判读为含水管道和该岩溶系统内废弃充气管道。作者的结论是，电阻率测量法适用于在内蓝草岩溶地区探测水，特别是在可以得到当地钻孔数据的情况下。他还提出，依赖于地下简单几何图形勘探和判别方法可能会导致对引起电导率异常地下体的误判。在该地区运用电阻率测量法的建议包括考虑地貌及其对电阻率测量的影响、利用已知地质特征的诊断信号和采用多个电极阵列准确定位窄段异常。例如，Graham(2000)提出了一个实用的建议："电场对近地表条件的反应非常重要。潮湿的地面、土壤水分和不同土壤的持水能力，以及土壤岩石界面是否有水，都可能对视电阻率产生很大影响，甚至在布置电极阵测量更大深度情况下。在进行电测深时，十分重要的是要记住，去除短电极距数据虽然节省了野外工作的时间，但可能影响到对测深数据的细节判读。”

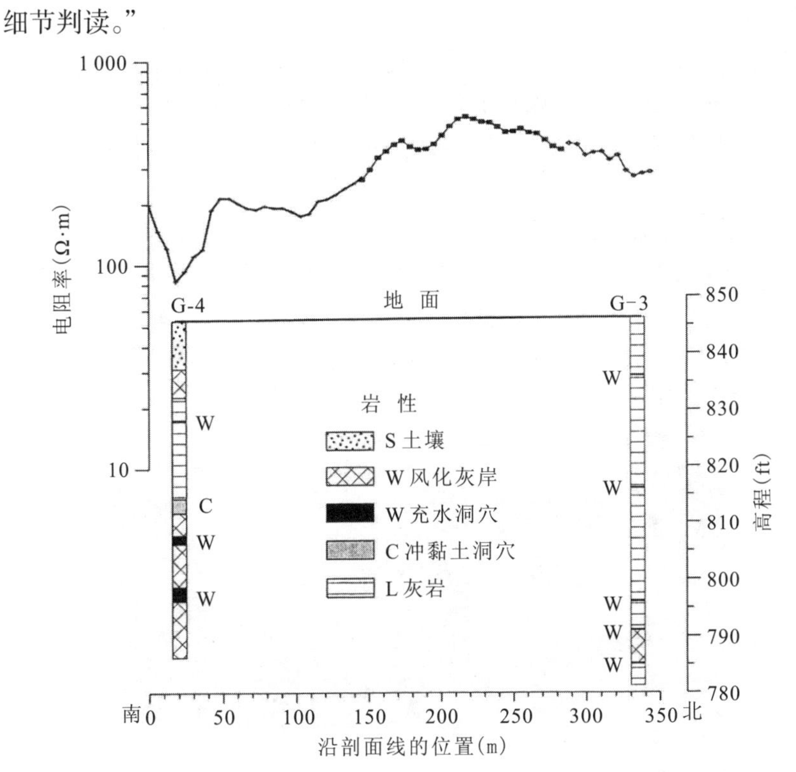

图3.56 肯塔基马场南部和中部测线A的电阻率测量剖面图和钻孔数据(Graham,2000)

钻孔地球物理测井

单钻孔水力学方法和地球物理测井方法都是利用了周围环境或者引入的流体(水文地质物理学),详见第1.5.1节。在这些方法应用于多个钻孔情况和与前述地表地球物理勘探技术联用的时候,所得出的岩溶环境场地概念模型更为完整。

同样,地表地质物理勘探使我们可能“看见”地表以下,钻孔地球物理测井使我们可能看见孔壁或井壁以外。实施钻孔测井时,将测量钻孔周围地层不同物理性质的传感器(或探测器)放置在钻孔下面,连续记录数据(日志)。电动绞车上的多芯电缆控制探测器,将数据通过井口回传到计算机和图形显示器。地球物理测井通常还会在钻孔周围采集大量物质样本，提供比芯样更有代表性的未受干扰的现场数据。通常，多个日志(称为日志系列)会按单个钻孔记录，分别测量不同性质，能够更为全面地了解地下的环境条件(Enviroscan,2012)。表 3.4 和表 3.5 分别给出了岩溶环境所用的各种测井方法及其实施所需井况。

声学或光学孔内造影仪测井方法可以对洞穴、裂隙和节理等特征的深度、厚度和走向进行定量测量和统计分析。为此，井下地球物理测量实际上比芯样更为精确，因为造影仪描绘了现场条件，磁性上参照真北(从而消除了对定向岩芯的需要)，因此不受岩芯采取不完全的影响(裂隙岩体的常见问题)，加上钻孔摄像机的话，这些方法可以对地下条件进行很有价值的直接观测(见图 3.57)。

图 3.57　钻孔视频检查设备(左图)及其拍摄照片(右图)
(右上图为钻孔摄像机拍摄的静止画面，显示了水正注入局部静态地下水位以上约 50 ft 的钻孔。右下图为包裹在虚拟岩芯内被溶蚀扩大的水平和接近垂直灰岩裂隙的光学造影仪成像。图片由 Enviroscan 提供)

表3.4　不同地球物理测井方法在岩溶研究中的适应性

地球物理测井方法	密度	孔隙度	黏土/砂	裂隙区	裂隙厚度和倾角	含水区	低流量水运动	高流量水运动	洞穴尺寸
自然伽马(nγ)	NR	NR	A	B	NR	NR	NR	NR	NR
短电位电阻率	NR	B	A	B	NR	B	NR	NR	NR
长电位电阻率	NR	B	A	B	NR	B	NR	NR	NR
单电极电阻(SPR)	NR	NR	B	B	NR	B	NR	NR	NR
天然电位(SP)	NR	NR	B	B	NR	NR	NR	NR	NR
磁化率	NR	NR	B	B	NR	NR	NR	NR	NR
磁场矢量	NR	NR	NR	B	NR	NR	NR	NR	NR
测径规	NR	NR	NR	A	A	NR	NR	NR	B
流体温度	NR	NR	NR	NR	NR	A	B	B	NR
流体电导率	NR	NR	NR	NR	NR	A	B	B	NR
电磁感应	NR	NR	A	B	NR	B	NR	NR	NR
垂直度	NR	NR	NR	NR	NR	NR	NR	NR	NR
全波列声波测井	A	A	B	A	B	NR	NR	NR	NR

续表 3.4

地球物理测井方法	密度	孔隙度	黏土/砂	裂隙区	裂隙厚度和倾角	含水区	低流量水运动	高流量水运动	洞穴尺寸
数字视频测井	NR	NR	B	A	A	A	NR	B	B
孔内声波造影仪(BHTV)	NR	NR	NR	A	A	NR	NR	NR	B
孔内光学造影仪(OPTV)	NR	NR	NR	A	A	B	NR	NR	B
热脉冲式地下水流仪	NR	NR	NR	NR	NR	B	A	B	NR
叶轮流量计									
激发极化测井(IP)									
井下重力测量									
伽马密度(γ-γ)									
中子密度									
pH 值									
溶解氧(Q_2)									
空穴声呐									
空穴超声波									

注:资料来源:Enviroscan(2012)。

A—一般推荐;B—有条件推荐;NR—一般不推荐。

表3.5　不同地球物理测井方法的应用所需井况

地球物理测井方法	测井区间内需要的井况		套管以外的信息，如果存在的话?
	套管	内容物	
自然伽马(nγ)	无,钢或聚氯乙烯——固体或筛管	空气或水——清澈或混浊	是
短电位电阻率	无或聚氯乙烯筛管	清澈或混浊的水	是
长电位电阻率	无或聚氯乙烯筛管	清澈或混浊的水	是
单电极电阻(SPR)	无或聚氯乙烯筛管	清澈或混浊的水	是
天然电位(SP)	无或聚氯乙烯筛管	清澈或混浊的水	是
磁化率	无,或聚氯乙烯——固体或筛管	空气或水——清澈或混浊	是
磁场矢量	无,或聚氯乙烯——固体或筛管	空气或水——清澈或混浊	是
测径规	无,钢或聚氯乙烯——固体或筛管	空气或水——清澈或混浊	否
流体温度	无,钢或聚氯乙烯——固体或筛管	清澈或混浊的水——充分均衡	否
流体电导率	无,钢或聚氯乙烯——固体或筛管	清澈或混浊的水——充分均衡	否
电磁感应(地层电导率)	无,或聚氯乙烯筛管——筛管或固体	空气或水——清澈或混浊	是
垂直度	无,或聚氯乙烯筛管——筛管或固体	空气或水——清澈或混浊	否
全波列声波测井	无	清澈或混浊的水	是

续表 3.5

地球物理测井方法	测井区间内需要的井况		套管以外的信息，如果存在的话？
	套管	内容物	
数字视频测井	无，钢或聚氯乙烯——固体或筛管	空气或清水	否
孔内声波造影仪（BHTV）	无，钢或聚氯乙烯——固体或筛管	清澈或混浊的水	否
孔内光学造影仪（OPTV）	无，钢或聚氯乙烯——固体或筛管	空气或清水	否
热脉冲式地下水流仪	无，钢或聚氯乙烯——固体或筛管	清澈或混浊的水——缓流	否
叶轮流量计	无，钢或聚氯乙烯——固体或筛管	清澈或混浊的水——快流	否
激发极化测井（IP）	无或聚氯乙烯筛管	清澈或混浊的水	是
井下重力测量	无，钢或聚氯乙烯——固体或筛管	空气或水——清澈或混浊	是
伽马密度（$\gamma-\gamma$）	无，钢或聚氯乙烯——固体或筛管	空气或水——清澈或混浊	是
中子密度	无，钢或聚氯乙烯——固体或筛管	空气或水——清澈或混浊	是
pH 值	无，钢或聚氯乙烯——固体或筛管	清澈或混浊的水——充分均衡	否
溶解氧（Q_2）	无，钢或聚氯乙烯——固体或筛管	清澈或混浊的水——充分均衡	否
空穴声呐	无	清澈或混浊的水	否
空穴超声波	无	空气	否

注：资料来源：Enviroscan（2012）。

在某些环境下,钻孔或井之间(井间)或者钻孔与地表(井口)之间的层析勘探可以提供优于仅基于地表勘探的地下图像。这些环境包括相对埋深很小的目标物、位于建筑物或其他构筑物下面的目标物或位于具有浅表干扰或“噪声”场地下面的目标物。层析通常包括一个钻孔中的发射器与另一个钻孔中的接收器之间的信号传送。这种信号可能是地震/声学脉冲、电流或者电磁场或雷达脉冲。地表地球物理层析成像的优点在于,信号通道是单程的,因此很短,即从一个钻孔到另一个钻孔,而非从地表下来再返回去。信号路径短意味着地下物质的采样量较小(形成较高分辨率图像),信号损失较少,因此形成更多隐藏目标物的成像能力(Enviroscan,2012)。

就任何地球物理勘探而言,一个层析成像技术(例如,地震、电流或电磁)的准确选择取决于目标物及其周围的物理特性,和潜在干扰源或噪声源。图3.58和图3.59显示了井间电层析成像的例子。

图3.58　利用电阻率层析成像技术确定钻孔之间存在的裂隙及其三维走向的装置

(图片由AMEC公司的Peter Thompson提供)

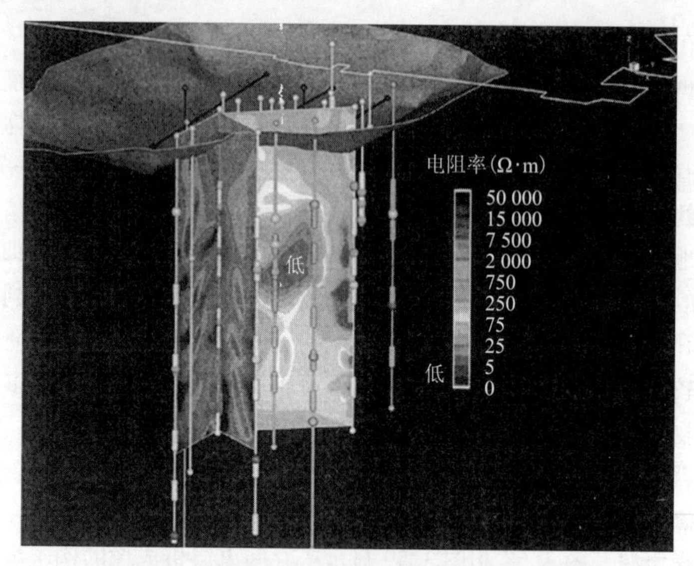

图 3.59 用钻孔间面板显示的电阻率层析成像图
(裂隙和裂隙带显示为低电阻率,图片由 AMEC 公司的
Peter Thompson、Scott Calkin 和 Rod Rustad 提供)

3.2.4 染色示踪试验

地下水示踪是最早的岩溶水文地质勘探方法。虽然水文地质学者和水文学者几乎在岩溶水各方面的观点都存在很大差异,但是应该说,正确实施的示踪试验还是被很多人视为解决以下各种问题的最准确方法:

(1)关注点之间存在地下连通,例如地下水受到污染的落水洞或工业场地和泉或供水井(参见 Quilan 等,1988)。

(2)示踪剂在关注点之间的移动时间和地下水流速。

(3)划定某泉或某河流的水文地质(地下)排泄区。

(4)划定某供水井的捕获区(地下水水源地保护区)。

(5)评价地下水模型所需污染物运移参数。

(6)评价管道或管道网中的地下水流量。

根据作者和世界上很多同仁的经验,岩溶地区的示踪试验以为各种监管机构利用和需要,成为决策的一部分。这主要是源于越来越多的非专业人士意识到,很多传统的水文地质勘探方法都难以充分提供岩溶信息。如下类似的表述在目前已很常见:

“这是俄亥俄州第一次利用示踪剂的人工注入点和公共供水系统接收点进行的水文地质勘探,为缺少地表岩溶特征,但仍显示出地下水快流的区域提供了表明存在岩溶含水层的证据。这项研究所取得的数据将被用于完善吉布森堡饮用水源保护区和其他利用这一岩溶含水层的公共供水系统。”(俄亥俄州环境保护局,2010;见图3.60。)

图3.60　将50 mL荧光染料注入俄亥俄州吉布森堡的2号检测井(左图)及在检测井应用活性炭被动采样法(右图)

(俄亥俄州环境保护局,2010)

有很多常见和不太常见类型的示踪剂已经和可能用于岩溶研究。由于对示踪剂类型进行详细讨论超出了本书的范围,以下评述的重点是水文地质研究中目前广泛用作示踪剂的商业染料的应用。作为一个简要的补充,以下为由Jones(2012)提供的对岩溶示踪试验的优秀历史综述的几段摘录,包括由Hagler在1872年进行的可以说是第一个岩溶地区示踪科学试验。

“2000年前进行的示踪试验应归功于菲利普斯王,他在公元10年确定了约旦河源泉的源头。被投入菲亚罗塘(以色列的贝列卡特蓝火山湖)的谷壳,在约旦河的源泉—班略洞的泉水中重现。虽然这个试验的结果一直受到质疑,但它确实证明了,地下水示踪试验的基本思想是相当古老的。

“Hagler 在 1872 年通过进行科学计划的示踪试验确定了瑞士劳森村伤寒暴发流行的污染源。他将 800 kg 盐(NaCl)注入劳森村南面某农场的伏流,为该村供水的泉水在随后的日子里显示出了强烈的氯化反应(Käss,1998)。

“1929 年在斯洛文尼亚进行的新奇示踪试验中利用了做了标记的鳗鱼。494 条鳗鱼的背鳍上被刻上凹痕,然后被释放并沉入斯科契扬溶洞的雷卡河,向西游 34 km 重现于意大利雅斯特湾的蒂马沃泉。在为期一年的观察期里,其中的 29 条鳗鱼被位于蒂马沃泉的捕鳝笼捕获。”

染色示踪试验可以是定量和定性的。定量示踪试验包括连续或频繁收集示踪剂排放点的示踪剂浓度数据和流速。此数据被用于绘制示踪剂的穿透曲线和确定示踪剂的质量回收(平衡)。定性示踪试验是通过简单的发现目标来进行的,如果关注点之间存在地下连通的话。通常先进行定性试验来帮助制订计划,包括选择更为频繁(或连续)采样的点位,使费用最低。

仅进行定性试验存在的主要问题是旧的染料残存于地下且在背景采样期间未被检出,在新的水文条件下重新加入,干扰新注入的染料,造成试验判读的严重偏差。精心设计和实施的定量染料示踪试验有助于解决此问题。作者认为,最后决策时,无论是何种问题,都应避免运用定性试验。

第 2.5 节介绍的定量染料示踪试验一般原则适用于地表河流和岩溶地下水的示踪。有 4 个被广泛引用的有关地下水示踪的公共域出版物提供了大量信息和参考文献,包括现实的示例和实用的建议:Mull 等(1988)、Quinlan(1989)和 Field(2002,2003)。前 2 个的下载网址为 http://www.karstwaters.org(美国岩溶水研究所主页),所有 4 个都可从美国环境保护署主要出版物搜索和下载网页(www.epa.gov/nscep/index.html)。Atkinson 等(1973)、Benischke 等(2007)和 Trček 与 Zojer(2010)也提供了对岩溶染料示踪试验的有用综述。有关各种示踪技术的深入探讨,作者可参阅 Käss(1998)的著作。

染料示踪试验的准备工作

在进行试验前,需要采集背景水样,分析其中的拟用示踪剂含量。如果示踪剂背景值较低(例如,几微克/升),则所选示踪剂可用,否则应另选其他示踪剂。水样中示踪剂背景浓度都较低时,需要进行平均,在后续示踪试验获得的每个示踪剂回收样中扣减。例如,用荧光素钠为汽车防冻剂上色。由于汽车太多,其中有很多发生水箱漏水,因此荧光染色防冻液在环境中普遍存在(Field,2002)。表 3.6 列出了示踪试验常用的商业染料。

表 3.6　常用荧光染料及其性质

染料类型和常用名	通用名和比色指数	CAS 号码	检出限(μg/L)	吸附性
氧杂蒽类				
荧光素钠 Sodium Fluorescein (Uranine)	酸性黄 73	518 - 47 - 8	0.002	很低
四溴荧光素 Eosine	酸性红 87	17372 - 87 - 1	0.01	低
罗丹明类				
罗丹明 B	碱性紫 10	81 - 88 - 9	0.006	强
罗丹明 WT	酸性红 388	37299 - 86 - 8	0.006	中
磺酰罗丹明 G	酸性红 50	5873 - 16 - 5	0.005	中
磺酰罗丹明 B	酸性红 52	3520 - 42 - 1	0.007	中
芪类				
天来宝 CBS - X Tinopal CBS - X	荧光增白剂 351	54351 - 85 - 8	0.01	中
天来宝 5BM - GX Tinopal 5BM - GX	荧光增白剂 22	12224 - 01 - 0	?	?
波维 BBH Phorwite BBH pure	荧光增白剂 28	4404 - 43 - 7	?	?

续表 3.6

染料类型和常用名	通用名和比色指数	CAS 号码	检出限(μg/L)	吸附性
联苯亮黄 7GFF Diphenyl Brilliant Flavine 7GFF	直接黄 96	61725 - 08 - 4	?	?
功能化多环芳烃类				
丽丝胺核黄素 FF Lissamine Flavine FF	酸性黄 7	2391 - 30 - 2	?	?
8 - 羟基 - 1,3,6 - 芘三磺酸三钠 Pyranine	溶剂绿 7	6358 - 69 - 6	?	?
7 - 氨基 - 1,3 - 萘二磺酸 Amino G Acid	—	86 - 65 - 7	?	?

注:资料来源:Field(2002)。

检出限为采用荧光分光计对清洁水进行示踪剂检测的典型值。这些数值可能受到的增强荧光和散射光背景的不利影响。

岩溶地区进行示踪试验最重要的方面在于,项目组要做好染料在多个地点出现这种难以避免的可能性所产生的意外情况的准备,尽管可能性不大。在一个采样点采集样本时宁多勿少,这一建议有些人看起来像是不必要的奢华,特别是在预算严重制约的情况下。但在很多情况下,(低价的)被动采样与主动采样相结合应该足以有助于消除试验结果分析过程中可能出现的麻烦。图 3.61 和图 3.62 显示了几个壮年岩溶地区复杂地下连通的实例,都是在多次染料示踪试验后进行的解释。值得注意的是,有些追踪不同泉的染料相互交叉,而且所有主要的泉都接纳来自不同地形地貌流域的水,距离超过几十英里。

应该将项目的完善水文地质场地概念模型作为制订染料示踪试验计划的依据。很多场地概念模型元素有助于决定染料的注入点、回收采样点、所用染料类型、染料用量和对采样点开始进行监测的时间及监测频次。重要的场地概念模型元素包括已知或疑似地表水消失点、可

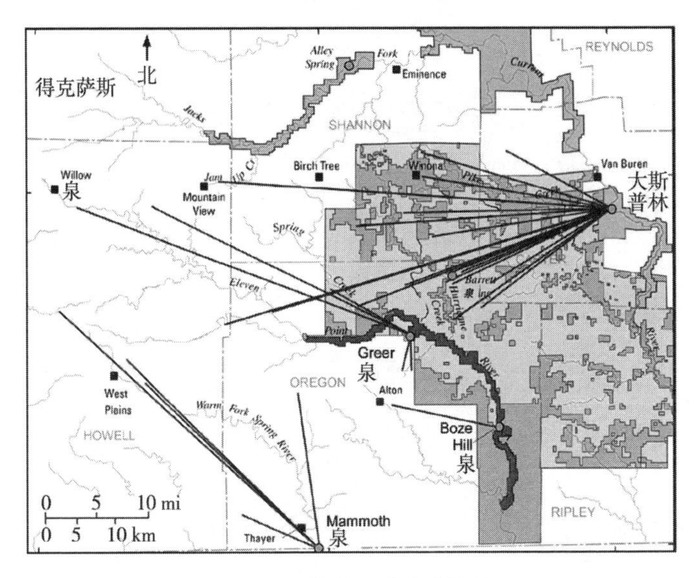

图3.61　染料示踪试验结果

（其中成功识别了密苏里州中南部落水洞或亏水河段与主要泉之间的水文连通。染料踪迹用长直线表示。灰色多边形表示各种土地利用。）(Imes 等,2007)

能优势流路径、季节水文特性、地表河流及泉水的流量、染料注入点的预计优势流型(管道流、分散流/基质流)、预计地下水流速、示踪试验大概区域内的地下水抽取和其他与项目相关并可能影响染料在注入点与采样点之间运移的因子。采样还应尽可能包括试验区域的备选供水井和/或检测井。

以下所举的定性染料示踪试验例子,可能得益于场地概念模型的开发和以此计划示踪试验,最终压缩了得出错误结论的可能空间。表面上,试验的唯一目标是确认已知落水洞与用作供水的泉水之间是否存在连通。值得注意的是,在整个试验过程中没有进行任何测流,现场查勘仅包括泉水采样。示踪试验实施的一般步骤如下:

(1)将带有颗粒活性炭包的被动染料采样器放入泉池。

(2)将任意数量的染料倒入离泉池几英里远的落水洞中(沉入落水洞的河流有时是间歇性的)。

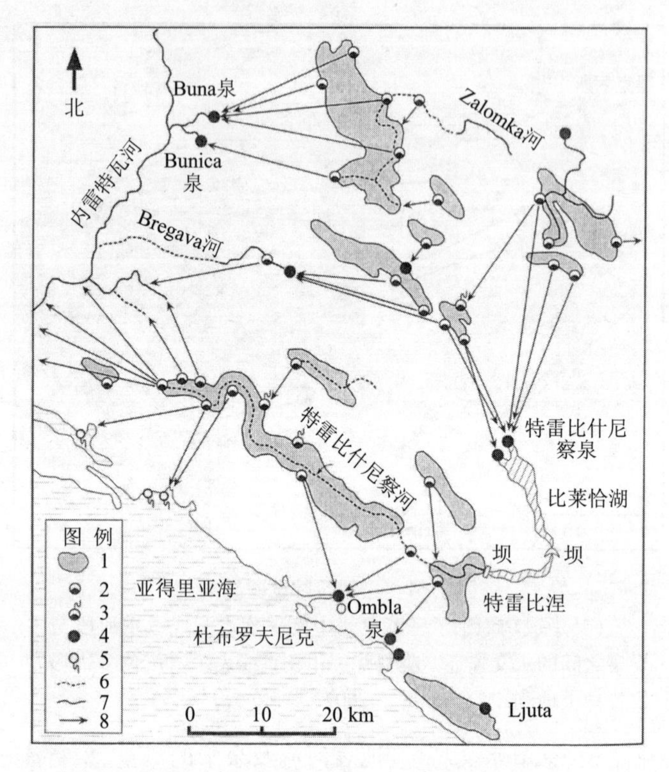

1—岩溶盆地;2—落水洞;3—消溢水洞;4—主要永久岩溶泉;5—海底泉;
6—间歇河流;7—永久河流;8—染料踪迹

图 3.62 黑塞哥维那东部岩溶地区染料示踪图(Milanovic,1979)

(3)在将染料注入落水洞之后的 4 周里,每周到泉池去一次并更换活性炭包;在实验室分析活性炭样本中是否存在染料。

(4)在活性炭样本中检测不出染料的 4 周后,停止采样。

(5)依据样本中不存在染料,得出落水洞与泉之间没有连通的结论。

上例中除染料可能会在注入的 5 周后才到达泉池这个最受关注的问题外,还有其他一些可能性说明了先前开发的场地概念模型还将怎样帮助避免产生以下歧义现象和出现错误结论的可能:

(1)伏流可能在注入染料之后已经干枯了,导致示踪剂运移大大减缓。

(2)伏流和/或泉的流量对于所用染料团来说太高了,造成染料浓度被稀释得检测不出来了。

(3)染料相当于泉水的特性是不够的,即在暴露于阳光下的泉池中的染料,由于较高的光化学衰减,可能已经被降解到低于检出限。

(4)落水洞和泉池在不同水文条件期间(季节)可能相互连通。

与上例相反,计划不周的定性试验还可能造成落水洞与泉之间存在连通但实际上不存在的假阳性结果和结论。Field(2003)详细解释了被动采样器检测可能产生假阳性结果的原因。一个常见的问题是活性炭增强了荧光染料和其他相似化合物的背景浓度。资料显示,活性炭中的染料浓度高达其在水中浓度的 1 000 倍(Käss,1998)。

根据研究目标不同,染料的注入点相差很大。最明显的是灰岩坑、溶沟、落水洞、溶洞,以及检测井及钻孔(见图 3.63)。染料还可喷洒在地面或释放到向下开挖到基岩的沟槽中,以研究补给机制或可能的地下水点源或非点源污染影响。任何情况下都可同时注入几种染料,在相同水流条件下同时检测多个释放点。在计划注入较多种的染料时,必须确定各自的背景浓度及其使用上的限制因素,包括其他荧光物质的干扰、荧光猝灭和岩溶管道(洞穴)中存在可吸收染料的细砂和黏土。例如,罗丹明 B 在光照下比较稳定,但很容易吸附到水中的泥沙上。罗丹明 WT 是专门为在水中进行示踪试验而开发的,因此建议作为常规使用,但很容易发生光化学衰减。含水系统中发现的荧光物质,由于可共享罗丹明 WT 的激发光谱或发射光谱而成为干扰源的包括但不限于藻类;某些盐类化合物;天然着色有机化合物和人造有机污染物如染料、石油馏出物和洗涤剂等(美国 YSI 环境公司,2001)。

荧光猝灭是指荧光强度被削弱,导致溶液中其他物质与染料起反应。猝灭剂按以下某一或全部方式发挥作用:①吸收激发能量;②吸收发射(荧光)能量;③削减激发态能量;④从化学上改变染料的分子结构(Williams 和 Bridges,1964)。氯就是猝灭剂的一个例子,通过改变罗丹明 WT 的分子结构,使其荧光性质发生改变。

图 3.63 染料注入落水洞、观测井、地下河的情况

(左上图是向一个已形成池塘的塌陷落水洞里注入荧光素钠;图中的急流从一公共水厂的沉淀池排出(图片由美国地质调查局 Charles J. Taylor 提供)。左下图是向一个水位观测井内注入罗丹明 WT(图片由美国地质调查局 Charles J. Taylor 提供)。右图是向比利时圣安妮溶洞内的地下河注入荧光素钠(酸性黄 73)。(图片由 Philippe Meus 提供,Field,2002))

样本的 pH 值也可影响荧光的强度,因此影响染料的测值。罗丹明 WT 的荧光在 pH 值为 5 ~ 10 时比较稳定,因此减轻了其在外使用的限制。pH 值变动造成的荧光减少通常不是问题,除非是研究污染物瞬时排放、工业污流、酸性污流和城市及工业污水处理的特定阶段(美国 YSI 环境公司,2001)。

在高度曝气的水体,例如在山区河流的激流段和其他存在溶解氧过饱和的地方,氧可产生与氯相同的影响(Wilson 等,1986)。要注意识别可能出现此类问题的河段,并对其影响进行量化。

可行的话,应在整个示踪试验期间在染料的注入点和采样点测量降水量和流量，将其作为染料示踪试验的组成部分。在解释定量示踪试验结果时这种信息十分重要，流量测量还可用于绘制（计算）质量回收曲线。

确定所需染料的质量

Field(2003)对33个计算流动系统的示踪剂投入量的方程进行了全面的综述和定量分析。对这些方程的研究检查，除大多数方程在一定程度上依赖容积流率（流量）外，对各单个方程基本上没有揭示出什么。也许是因为这些方程对流量的依赖最初是为了处理可能的稀释效应。这33个计算方程为经验方程，因此保持质量平衡似乎不是一个重要考虑。这些方程的来源并非总是特定的，某一方程并非专门针对某类示踪剂而设计，或者无论其重要与否，大多数可能都是针对荧光染料——荧光素钠而设计。此外，某一方程是否准备用于示踪剂的目视检测，还是对水样进行仪器检测，或者旨在增强示踪剂浓度的采样器（例如，通过检测器的荧光染料被碳吸附），通常也不是很清楚。

有些方程需要用一个"经验系数"常数来考虑所用示踪剂的相对检测性、在含水层中的滞留时间、采样的类型、采样方法和分析方法。具体包括示踪剂类型、样本采集及分析方法和经验系数乘数，它们在计算必要的示踪剂质量时通常应该被视为是不合适的，除非具有明确的科学依据（例如，溶蚀管道弯度≤1.5）。

流量很显然是所列33个方程中大部分的主要因素，提示示踪剂稀释估算是方程开发中的最主要问题。预期运移距离或时间通常也是常见的元素。方程中的其他元素都是为了处理已知的问题（如运移距离）或未知的问题（如吸附），这些问题都可能影响染料在下游的最终浓度。Field(2003)强调，除2个计算方程外，其他方程都是建立在一个错误假设基础上，即看起来充分反映某一选定水文背景的简单代数表达式，也会适用于所有水文背景。此外，这些计算方程没能合理解释轴向扩散的重要影响和溶质运移理论。

Field(2003)根据上述分析提出了有效水文示踪试验设计(EHTD)方法，其中包括一个估算所需染料注入量的电脑程序。该模型还提供了预测示踪剂穿透曲线特性所需的正演模拟能力和有效抽取染料注入通道所需的时间间隔，这是对定量示踪试验计划十分重要的信息。水文示踪试验设计方法通过明渠流、封闭管流和等效孔隙介质流的各种形式的对流扩散方程计算出所需的染料注入量。使用者可指定示踪染料的注入质量和注入流量。对于明渠流和封闭管流条件，水文示踪试验设计方法要求如下输入值：①采样点（泉）的排泄流量；②从注入点到预期再现点之间的估算纵向距离；③排泄点的估算横截面积（即泉或河流的横截面积）；④应用到从注入点到预期再现点之间直线距离估算的弯度系数（Taylor 和 Greene，2008）。

Jones（2012）建议，在距离小于 1 km 和流量小于 30 L/s 的管道含水层进行示踪试验，应该需要至少 200 g 的荧光素钠，这已作为一个非常一般的指南。大多数其他常用的示踪染料的需要量可能为荧光素钠示踪试验的 2 ~4 倍。定性示踪试验的染料用量比定量试验少。如果泉水和受纳河流颜色对试验没有影响，则要增加染料估计用量。虽然用于示踪研究的常用无毒染料的容许浓度还没有基于毒理学或其他健康研究的严格要求，但还必须谨慎，如果示踪剂可能影响供水，就要使示踪剂的最大回收浓度保持在可见阈值（约为 30 mg/L 荧光素钠）以下。

采样间隔

示踪试验最不确定的问题是采样的时间安排（Kilpatrick 和Wilson，1989）。虽然在示踪剂质量估算上花了很大功夫，但在确定采样频次方面的工作似乎太少。采样频次一般根据示踪剂的运移距离确定，说明运移距离与预期到达时间之间存在直接关联。这种关联显然是正确的，但也是模糊的，因为作为滞留时间一个函数的运移速度是未知的。运移速度的差异极大，可导致基于未估算滞留时间的运移距离而制定的采样计划无效。

定性示踪试验中按几小时、几天或几周的频次采样的示踪剂回收率（例如检测器上吸附的荧光染料），可作为确定定量示踪试验适当采样频次的依据之一。然而，基于定性示踪试验的采样频次已被发现会导致假阳性或假阴性结果，因此不宜据此预测采样时间（Field，2003）。

由于上述种种原因，本书作者有意未提供关于示踪剂采样频次的建议;对于每一具体的项目场地,必须用场地概念模型和最佳流速及运移距离估值来确定。在任何情况下,最好的解决方案是要有某些类型的连续现场采样(例如用探头)作为大量复样实验室分析的补充,以控制质量。

染料注入、收集和样本分析

在实践中,染料注入最好在可以快速、直接将示踪剂输送进入管道的地方进行,这样可使染料在经过光化学衰减、吸附或其他实地条件后的损失最小。染料注入可采用液柱(瞬间)的形式,如果试验的部分目的是估算地下流量,还可采用几个小时或更长时间里连续注入的形式(见图3.63和图3.64)。落水洞的开放式入口和伏流的溶沟为比较理想的注入点。在没有天然径流(入流)情况下,可将染料注入由罐车或大瓶子排放饮用水形成的水流中。通常,300～500 gal水是染料注入所需最低水量,1 000 gal以上水量最好。约有一半的水量在染料注入前用于形成流入落水洞的水流。这样做是为了检测落水洞的排水能力、形成水流和冲刷流径,使吸附损失最小。其他水量在染料注入后排放,作为一种"追逐者"。在大多数条件下,这种技术不会显著改变天然的水流条件或含水层的水头(Taylor和Greene,2008)。

图3.64　利用水泵将染料连续注入一个小溶沟(箭头所指处)

(图片由Malcolm Field提供)

一般不建议将染料注入被淹没的落水洞洼地或被泥沙堵塞的溶沟,特别是定量示踪试验。除非有证据显示排水快速通过风化层表土流入地下,否则可能会造成示踪染料较大的损失。如果有必要的话,可用铁锹或反铲清理被泥沙部分堵塞的溶沟,在尝试进行染料注入之前检测排水能力(Taylor 和 Greene,2008)。

传统的人工采集实验室分析所用样本的方法如今已很少采用,这是由于实地采样需长时间在外,相关的人工成本较高。而自动采样器随时随地都可使用,因其可在各种条件下安装(见图 3.65),而且避免了采样器的交叉污染,而这却是人工采样常见的问题。无论采用哪种方法,都必须采集、贮藏和运输大量样本,并对其进行实验室分析(见图 3.66),以获得足够的分辨率来绘制示踪剂穿透曲线和质量回收曲线。

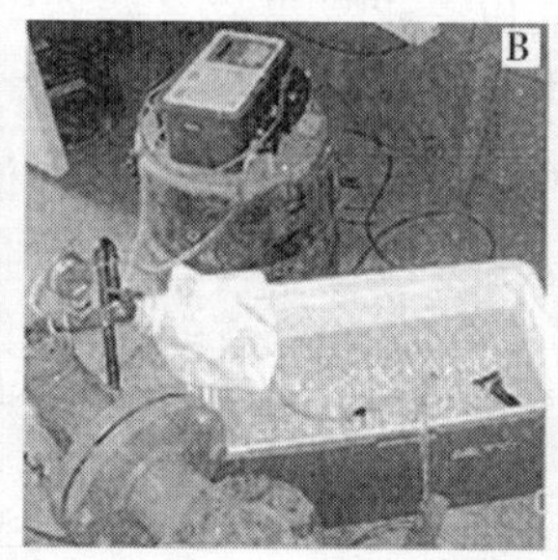

图 3.65　水样自动采集方法

((A)安装于石料场的采样器;(B)安装于供水井的采样器(井房内);
(C)安装于检测井的采样器(围栏内)。(俄亥俄州环保局,2010))

Mull 等(1988)建议,不管是人工采样还是自动采样,所有的样本都应装入玻璃瓶内,最大限度减少染料的损失。玻璃样瓶对示踪剂吸附比塑料样瓶要少些,后者可能影响样本分析结果。大多数情况下,采样瓶只需能够装得下最多约 32 mL 水。样本应该盖紧,贮藏于阴凉处。样本应该放入装有冰块的便携式保温容器内运到实验室(Field,2002)。

用荧光染料作为示踪剂并通过颗粒活性炭包采样时,有几个问题必须考虑。人们认为活性炭可以确保染料的回收,因为水样中染料的假想浓度很低,可能检测不出来,或者采样频次可能还不够。活性炭能够不断吸附和聚集荧光染料,在水样分析结果不是很明确时,是确定荧光染料是否存在的良好工具。然而,活性炭最多只能用于定性示踪试验。更重要的是,有很多机会造成处置过程中的样本污染。目前仍然比较严重的是最近才认识到的与活性炭包有关的假阳性和假阴性问题(Smart 和 Karunaratne,2001;Smart 和 Simpson,2001)。

虽然上述问题受到关注,但由于 Taylor 和 Greene(2008)所解释的种种原因,被动式颗粒状活性炭检测器的运用仍然十分普遍。这种检测器的主要优点是其经济性和便于进行地下水踏勘、同时监测很多潜在染料再现点和绘制区域未知的管道流路径和岩溶流域边界。这种检测器比较容易隐藏,从而最大限度地减少了外部干扰和破坏的可能性,因此比较经济。

检测器通常用玻璃纤维窗纱、尼龙网或类似材料做成包,里面装有几克活性炭采样介质。包的形状和活性炭用量并不是很重要——唯一的要求是检测器应该比较坚固耐用、安全保存颗粒状活性炭和使水轻易均匀地流过活性炭包。这种检测器或"窃听器"通常用于河流和泉的激流段,用钢筋混凝土或钢筋砖锚悬挂在底质上面。也可直接将检测器拴到或固定到水很浅的河床,用钓鱼线、转环和圆钢坠等商业渔具可轻易使其悬于检测井或供水井中。常用的做法是在所有染料预期再现点采用这种检测器,在整个试验期间里每隔 2 ~ 10 d 更换检测器(Quinlan,1989)。实际情况是,检测器在野外的放置时间一般不要超过 10 d,因为物理降解作用可能会降低活性炭的吸附能力。Taylor 和 Greene(2008)详细解释了如何提取活性炭样本中的染料和进行实验室分析。

常用的带有一个流通池的荧光计可在线分析示踪剂的浓度(见图 3.66),具有连续测量的优点。然而,采样过程可能由于采样管或采样盒中的混合作用或天然水流受到干扰特别是低流量的时候而引起浓度测量的延迟和误差。在野外使用流通式荧光计时,必须经常进行校验、温度修正和设备检查。必要时通过采用探头和数据记录器进行连续的示踪剂实地浓度测定来限制人工、自动采样器或荧光计方法。罗丹明 WT(http://www.ysi.com)和光纤荧光计(FOF)等先进设备可安装于检测井、泉或水下洞穴。通过多种示踪剂的探头可在多个测点同时记录多种示踪剂。

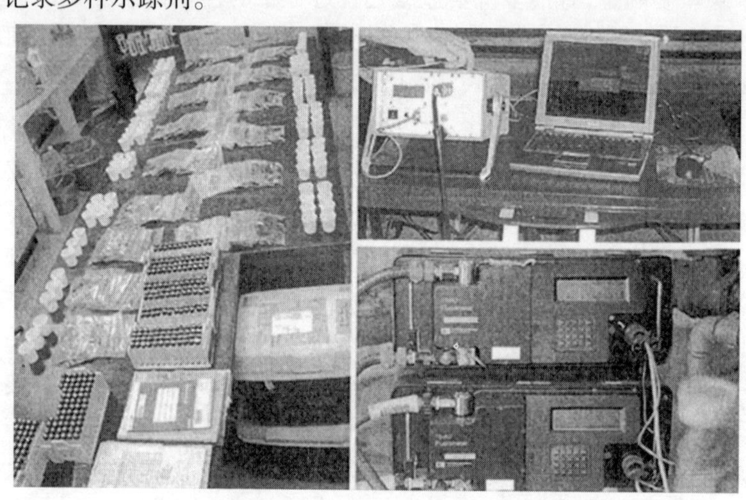

图 3.66 准备用于实验室分析的样本(左图)和光纤荧光计(右上图),荧光计串联测量样本中的罗丹明 WT 和荧光素浓度(右下图)

(左图由俄亥俄州环保局提供,2010 年,右上图图片由 Malcolm Field 提供,右下图图片由 Malcolm Field 提供)

虽然光纤荧光计(FOF)的发明者(Barczewski 和 Marschall,1992)介绍了很多优点,但这种方法还是没有得到普遍接受,部分原因是其购置成本较高和使用中的限制。例如,Schmid 和 Barczewski(1995)提醒,采用光纤荧光计探头的实验室测量结果与实地连续测量结果有时有很大差异,可能是由于探头表面水中悬浮固体的沉积形成的薄层吸附层造成的,就像他们在研究泉域发生几场暴雨之后的情形一样。

无论选择哪种采样方法,最重要的是要遵循以下建议:

(1)应该采集复样,以便质量控制。

(2)为了分析实验室控制,在不可能进行染料检测的偏远地点应采集多个样本,例如城市自来水。

(3)所有样本都应有交接监管。

(4)应由不同的人进行注入染料、采样和分析样本工作。无论多偏远,三组人员在试验期间不应有物理接触,以避免样本的任何交叉污染可能。

(5)所选数量的样本应该采用不同方法分析。例如,如果水样是通过野外现场用荧光计进行分析的,还要对一定数量的样本在实验室进行扫描荧光分光光度计分析。

结果解释

优势流路径示踪试验所形成的典型穿透曲线的偏斜度均为正值,有的十分简单,只有一个单峰(见图3.67),有的很复杂,有几个峰、平台和不规则振荡(见图3.68)。

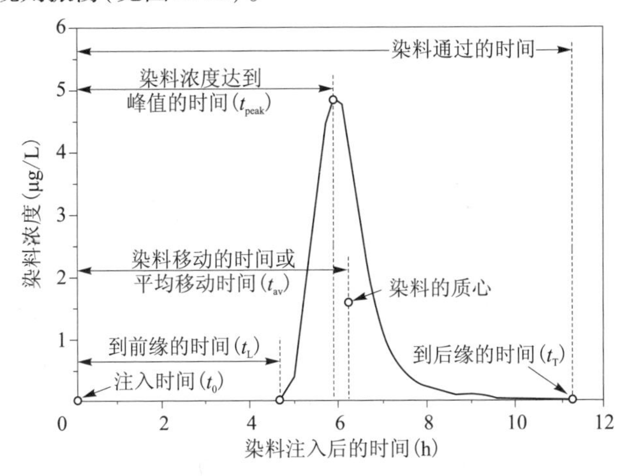

图3.67 染料的简单穿透曲线特征(Mull等,1988)

形成复杂曲线的原因很多,还没有哪本书能够用于选择正确的解释。也有例外(虽然十分罕见),即人们可以跟踪示踪剂流入地下的整个路径,并且观察积水、紊流和支流或分流管道如何影响示踪剂浓度和运移时间。但是无论如何,更为详细地了解从相同泉域或类似地质背景的洞穴探测中获得的可能地下管道模式是有帮助的。从图3.69所示的小图样可以看出,洞穴类型和洞穴系统有很多。缺乏对下伏岩溶含水层的详细了解,那就是胡乱猜想哪个特定的地下特征会产生特定形状的复杂穿透曲线。为了获得一个初步的概念,读者应该查阅 Jones(1984)和 Smart(1988)文献,其中提供了一些可能产生某些类型穿透曲线的管道形状的例子。

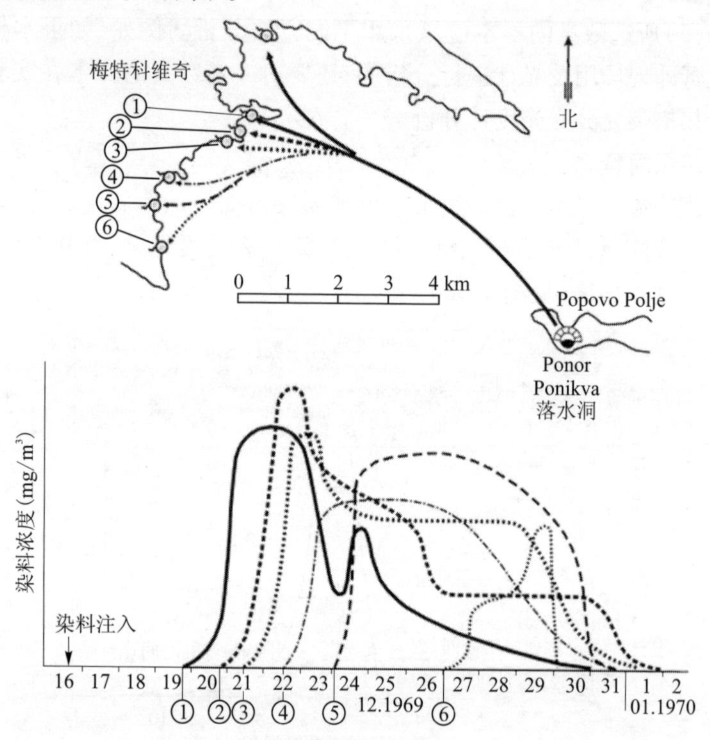

图 3.68　黑塞哥维那东部特雷比什尼察河 Ponikva Ponor(落水洞)示踪试验结果(Ramljak 等,1975)

染料流速

染料注入点到染料回收点的平均地下水流速是根据染料平均滞留时间和两点之间的距离计算的。染料平均滞留时间(在图 3.67 中用 t_{av}表示)为示踪染料的重心(质心)通过这一距离所需的时间长度。在穿透曲线中,染料团的重心与其峰值浓度通常是不同的,但更多的染料

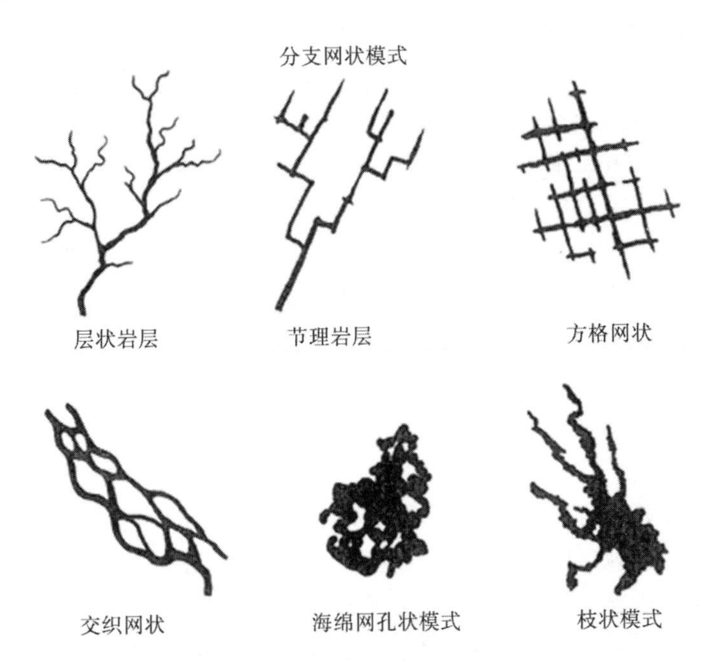

图3.69　常见的溶蚀洞穴模式。单通道洞穴基本上就是本图所示的这几种图样形式(Palmer,2007)

团都符合菲克定律(单位时间内通过已知横截面的扩散物质的质量与浓度梯度成正比),而染料重心与峰值浓度之间的差异不明显(Taylor和Greene,2008)。

染料平均滞留时间用以下方程估算:

$$t_{av} = \int_0^{\infty} tC(t)Q(t)\mathrm{d}t / \int_0^{\infty} C(t)Q(t)\mathrm{d}t \qquad (3.1)$$

式中:t为采样时间;$C(t)$为样本的染料浓度测值;$Q(t)$为采样点的流量测值。

如果不用QTRACER2或其他适用数学软件程序,而且采样频次为有规则的间隔,则积分可用简单求和算法进行,详见Field(2002)和Mull等(1988)。

示踪剂质量回收率

平均染料滞留时间、流速和穿透曲线数据的其他管道水力学特性的计算准确性完全取决于示踪剂质量回收率。很少有示踪试验的染料回收率为100%，但随着质量回收率的降低，计算水力学参数的误差范围会扩大，而所获得数值的置信度会降低。如前所述，穿透曲线和示踪剂回收率都可能受管道网的内部结构的影响。因此，将示踪剂质量回收率评价作为定量染料示踪试验分析的起点十分重要。

示踪试验的质量好坏可以用试验期间的示踪染料注入质量(M_{in})与示踪染料的总质量(M_r)之间的关系进行量化。Sukhodolov 等(1997)提出了示踪试验准确性指数的计算公式：

$$A_I = M_{in} - M_r/M_{in} \tag{3.2}$$

这个指标可对试验准确性进行半定量评价。$A_I=0$，表示示踪试验完美，没有示踪染料损失。A_I 为正数，表示注入的示踪染料质量比回收的示踪染料质量多——这是常见的结果，而 A_I 为负数则表示回收的示踪染料质量比注入的示踪染料质量多，这是不可能的，除非含水层中有残存的示踪染料、错误确定试验样本的染料浓度或染料注入质量的初始计算错误(Taylor 和 Greene，2008)。

上式中的 M_r 值，即示踪染料回收总质量按下式计算：

$$M_r = \int_0^{\infty} C(t)Q(t)\,dt \tag{3.3}$$

此算式假定染料总质量均从单一泉眼回收。如果染料在多个泉眼再现，则按此算式分别计算单个泉眼的回收质量，再加总得到总的 M_r。

如果染料是保守性的(不易发生衰减或吸附损失)，而且所有来自注入点的水都已考虑，则回收的染料质量应该等于其注入质量。虽然没有哪一种荧光示踪剂是完全保守性的，但是如果对所有染料再现点都进行了监测，示踪剂运移时间不到几天的示踪试验应该平衡得比较好。示踪剂从岩溶管道系统大量流失提示了存在其他的再现点或部分示踪剂流入到了沿途其他蓄积区。不太保守的示踪剂通常会产生较长的运移时间估值，这是由沿途的吸附和解吸造成的时滞所致(Jones，

2012)。

示踪剂在管道系统中的蓄积可能非常复杂。蓄积可能只是表示示踪剂以非常低的流速流过某一段分支管道,称为管线内蓄积。在水流逐渐变缓条件下进行的示踪试验会使部分染料残留于上层蓄积区,这些染料在日后流量增加的时候会重新活化。有些染料可能蓄积于沿途侧面区域的管道外,例如沉积层中的小空穴或孔隙。管道内蓄积趋向于形成与暴雨期间的冲刷相关的染料脉冲。管道外蓄积的染料在地下水位下降期间趋向于缓慢排泄(Jones,2012)。

溶质在岩溶含水层中的运移如果是发生于简单通道型管道时,要特别关注,因为溶质在这里运移较快、紊动、相对不受限制。如图3.67所示的带有单一锐峰的穿透曲线就是典型的这类条件,表明溶质完全混合,很少甚至没有弥散。更为复杂的穿透曲线可用污染物运移模型来描述,这种模型考虑了各种可能的地下过程,如弥散、淤积造成的延迟、吸附、衰减和扩散到岩体等。

为了了解会产生多峰正偏型穿透曲线的情形,Field 和 Leij(2012)用单一或多个流道进行了物理试验。试验还包括瀑布、溶质在蓄积区短期滞留和流动阻塞等(见图3.70)。结果显示,穿透曲线的偏斜度总是有一定程度的发生,但在遇到静水区时会更显著。多峰穿透曲线发生在主要通道的水流由于主通道中迫使溶质分流到次级通道的堵塞物质而发生部分受阻的时候和发生瀑布及蓄积区滞水的时候(图3.71)。在本书中,一阶管道传质双对流弥散方程(DADE)被推导出来,然后将其应用于通过物理试验得到的多峰值穿透曲线,以通过获得一组速度、弥散和相关参数,进一步认识有效的溶质运移过程。将此方程应用于在佛罗里达州里昂—沃库拉溶洞系统的上伏河(URS)等真实岩溶含水层所进行的示踪试验,阐明将多弥散模型应用于穿透曲线产生多峰值的示踪试验的价值。这一适合 URS 的模型很好地说明了运移速度和弥散性在里昂—沃库拉溶洞系统是有效的。特别有意思的是,洞穴潜水员直接观察到 URS 系统符合对流弥散方程(DADE)关于2个独立流动区域(管道)之间存在有限交换的要求(Field 和 Leij,2012)。

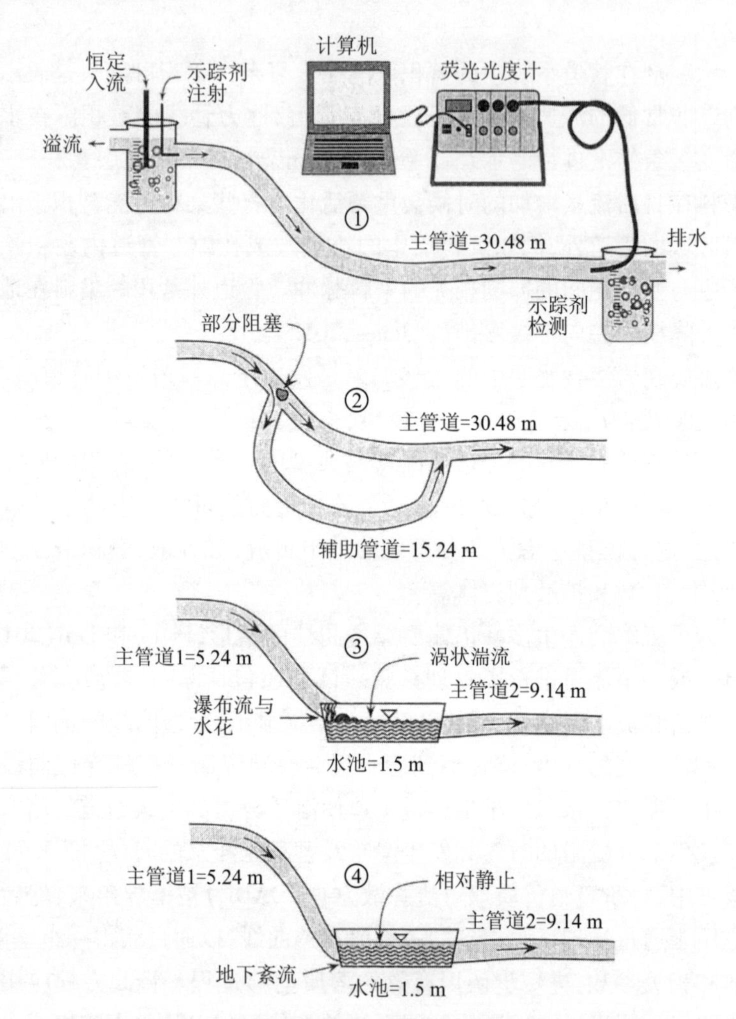

图 3.70 研究不同管道配置和水流特性对示踪剂穿透曲线影响的 4 个实验室示踪试验示意图

(参见图 3.71 的穿透曲线示例。(根据 Field 和 Leij,2012 修改))

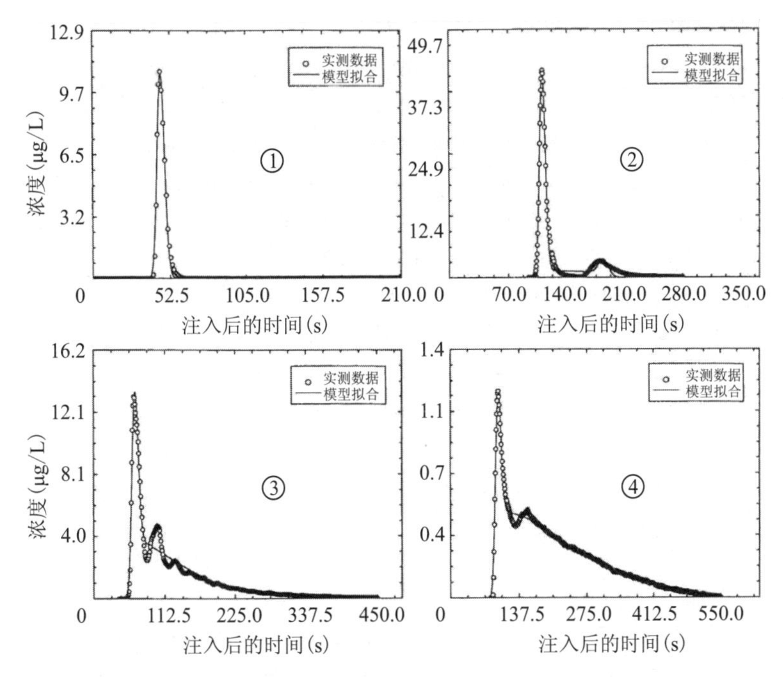

图3.71　示踪剂穿透曲线和拟合图3.70所示4个实验室示踪试验穿透曲线的优化双对流弥散方程(DADE)(根据Field和Leij,2012修改)

参考文献

[1] Abdullah, A., Akhir, J. M., and Abdullah, I., 2009. A comparison of Landsat TM and SPOT data for lineament mapping in Hulu Lepar area, Pahang, Malaysia. Eur J Sci Res, 34(3): 406-415.

[2] Arandjelovic, D., 1976. Geophysics in karst (in Serbian, English abstract). Geozavod Special Edition, Book 17, Belgrade, 220p.

[3] Atkinson, T. C., Smith, D. I., Lavis, J. J., and Whitaker, R. J., 1973. Experiments in tracing underground waters in limestones. J Hydrol, 19: 323-349.

[4] Barczewski, B., and Marschall, P., 1992. Development and application of a light fibre fluorimeter for tracer tests. In: Hôtzl, H., and Werner, A. (eds.), Tracer Hydrology, Balkema, Rotterdam, pp. 33-39.

[5] Barr, G. L., 1993. Application of ground - penetrating radar methods in determi-

ning hydrogeologic conditions in a karst area, west-central Florida. U. S. Geological Survey Water-Resources Investigations Report 92-4141, Tallahassee, FL, 26p.

[6] Benischke, R., Goldscheider, N., and Smart, C., 2007. Tracer techniques. In: Goldscheider, N., and Drew, D. (eds.), Methods in Karst Hydrogeology. International Contributions to Hydrogeology 26, International Association of Hydrogeologists, Taylor & Francis, London, pp. 147-170.

[7] Ciric, B., 1984. Earth crust in Yugoslavia. In: Mijatovic, B. F. (ed.), Hydrogeology of the Dinaric Karst, International Contributions to Hydrogeology, vol. 4, Heise, Hannover; pp. 18-41.

[8] Cvijić, J., 1926. Geomorfologija (Morphologie Terrestre). Knjiga druga (Tome Second). Beograd, 506p.

[9] Dimitrijević, M. D., 1978. Geološko kartiranje. Izdavačko-informativni centar studenata, Beograd, 486p.

[10] Enviroscan, 2012. Geophysics done right. Available at: http://www.enviroscan.com

[11] Ewers, R. O., 1985. Patterns of cavern development along the Cumberland Escarpment in southeastern Kentucky: In: Dougherty, PH. (ed.), Caves and Karst of Kentucky, Kentucky Geological Survey Special Publication 12, Series XI, Lexington, KY, pp. 97-118.

[12] FGDC (Federal Geographic Data Committee), 2006. FGDC Digital Cartographic Standard for Geologic Map Symbolization. FGDC Document Number FGDC-STD-013-2006. Available at http://www.fgdc.gov/standards/standards_publications/.

[13] Field, M. S., 2002. The QTRACER2 Program for Tracer-Breakthrough Curve Analysis for Tracer Tests in Karstic Aquifers and Other Hydrologic Systems. U. S. Environmental Protection Agency, Office of Research and Development, EPA/600/R-02/001, Washington, D. C., 179p.

[14] Field, M. S., 2003. Tracer-Test Planning Using the Efficient Hydrologic Tracer-Test Design (EHTD) Program. U. S. Environmental Protection Agency, National Center for Environmental Assessment, EPA/600/ R-03/034, Washington, D. C., 175p. Available at http://www.epa.gov/ncea.

[15] Field, M. S., and Leij, F. J., 2012. Solute Transport in Solution Conduits Ex-

hibiting Multi-Peaked Break-through Curves. Journal of Hydrology, vol. 440-441, pp. 26-35.

[16] Garner, L. E., Young, K. P., Rodda, P. U., Dawe, G. L., and Margaret, A. R., 1976. Geologic Map of the Austin Area, Texas (scale 1.:62,500). Bureau of Economic Geology, The University of Texas at Austin, Austin.

[17] Graham, C. D. R., 2000. Electrical resistivity studies in the Inner Bluegrass Karst Region, Kentucky. Thesis Series 1., Series XII, The Kentucky Geological Survey, Lexington, 92p.

[18] Flabič, P., 1.981. The tectonic influence on water discharge in karst. Naš krš, Bulletin of Speleological Society, Sarajevo, vol. VI, no. 10-11, pp. 37-46.

[19] Haryono, E., Nurcahyo, A. D., Gunawan, T., and Purwanto, T. H., 2005. Underground river network mod-elling from lineaments and fracture traces by means of remote sensing and geographic information system. In: Stevanovic, Z., and Milanovic, P. (eds.), Water Resources and Environmental Problems in Karst, Proceedings of the International Conference and Field Seminars, Belgrade & Kotor, Serbia & Montenegro, September 13-19, 2005, Institute of Hydrogeology, University of Belgrade, Belgrade, pp. 571-574.

[20] Imes, J. L., Plummer, L. N., Kleeschulte, M. J., and Schumacher, J. G., 2007. Reacharge area, base-flow and quick-flow discharge rates and ages, and general water quality of Big Spring in Carter County, Missouri. U.S. Geological Survey Scientific Investigations Report 2007-5049, Reston, VA, 80p.

[21] Jones, W. K., 1977. Karst Hydrology Atlas of West Virginia. Special Publication 4, Karst Waters Institute, Charles Town, WV, 111p.

[22] Jones, W. K., 1984. Analysis and interpretation of data from tracer tests in karst areas. Nat Speleolog Soc Bull, 46: 41-47.

[23] Jones, W. K., 2012. Water tracing in karst aquifers. In: White, B. W., and Culver, D. C. (eds.), Encyclopedia of Caves. Academic Press, Chennai, pp. 886-896.

[24] Käss, W., 1998. Tracing technique in geohydrology. Balkema, Rotterdam, The Netherlands, 581p.

[25] Kilpatrick, A., and Wilson, J. F., 1989. Measurement of time of travel in streams by dye tracing. Techniques of Water-Resources Investigations of the United States Geological Survey, Chapter A9, Book 3, Application of Hydraulics,

Washington, D. C., 27p.

[26] Kindinger, J. L., Davis, J. B., and Flocks, J. G., 2000. Subsurface Characterization of Selected Water Bodies in the St. Johns River Water Management District, Northeast Florida. U. S. Geological Survey Open File Report 00-180, 7p.

[27] Kresic, N., 1991. Kvantitativna hidrogeologija karsta sa elementima zaštite podzemnih voda (Quantitative karst hydrogeology with elements of groundwater protection, in Serbo-Croatian). Naučna knjiga, Beograd, 196p.

[28] Kresic, N., 1995. Remote sensing of tectonic fabric controlling groundwater flow in Dinaric karst. Remote Sens Environ, 53(2): 85-90.

[29] Kresic, N., 2007. Hydrogeology and Groundwater Modeling, 2nd ed. CRC Press, Taylor & Francis Group, Boca Raton, FL, 807p.

[30] Kresic, N., 2010. Types and classification of springs. In: Kresic, N., and Stevanovic, Z. (eds.), Groundwater Hydrology of Springs: Engineering, Theory, Management and Sustainability. Elsevier, New York, pp. 31-85.

[31] Kresic, N., and Tasic, Z., 1984. The significance of neotectonic investigations in hydrogeology of karst (in Serbo-Croatian, English abstract). Proceedings of Geoinstitute, Belgrade, no. 17, pp. 145-151.

[32] Kresic, N., and Pavlovic, P., 1990. Remote sensing as a method for determining directions of karst ground-water flow, Nas Krs, Sarajevo, XVI, 28-29, pp. 21-34.

[33] Kresic, N., Busbey, A. B., and Morgan, K. M., 1994. Remote sensing and neotectonic analyses of possible groundwater flow paths in karst. Proceeding of the Second International Conference on Ground Water Ecology, American Water Resources Association, Herndon, VA, pp. 289-295.

[34] Kresic, N., and Mikszewski, A., 2012. Hydrogeological Conceptual Site Models: Data Analysis and Visualization. CRC/Taylor & Francis Group, Boca Raton, FL, 552p.

[35] Krulc, Z., 1966. Primene geoelektričnih ispitivanja u sklopu istražnih radova na velikim hidroenergetskim objektima, Saopštenja sa VII Kongresa Jugoslovenskog nacionalnog komiteta za visoke brane, Sarajevo.

[36] Lattman, L. H. and Parizek, R. R., 1964. Relationship between fracture traces and the occurrence of ground-water in carbonate rock. Journal of Hydrology, v.

2, p. 73-91.

[37] Luman, D. E. and Panno, S. V., 2011. Mapping palimpsest karst features of Illinois' sinkhole plain using historical aerial photography. Proceedings of the 12th Multidisciplinary Conference on Sinkholes and the Engineering & Environmental Impacts of Karst. January 10-14, 2011, St. Louis, MO, 25p.

[38] MacDonald and Partners, 1984. Greater Yogyakarta Groundwater Study, Vol. 3C Cave Sutvey. Directorate General of Water Resources Development of the Republic of Indonesia.

[39] Marković, M., 1980, Method of remote sensing in geologic investigations (in Serbian), Simpozijum 20 godina LMGK, School of Mining and Geology, University of Belgrade, Belgrade, pp. 143-160.

[40] Marković, M., 1983. Basics of applied geomorphology (in Serbian), Geoinstitute Special Edition, Book 8,172p.

[41] Milanovic, P., 1979. Hidrogeologija karsta i metode istraživanja (in Serbian; Karst hydrogeology and methods of investigations). HE Trebišnjica, Institut za korištenje i zaštitu voda na kršu, Trebinje, 302p.

[42] Milanovic, P., 1980. Possibilities of application of remote sensing in karst hydrogeology (in Serbian), Ph. D. Thesis, University of Belgrade, Belgrade, 213p.

[43] Mull, D. S., Liebermann, T. D., Smoot, J. L., and Woosley Jr., L. H., 1988. Application of dye-tracing techniques for determining solute-transport characteristics of ground water in karst terranes. U. S. Environmental Protection Agency, EPA 904/6-88-001, Atlanta, GA, 103p.

[44] Ohio Environmental Protection Agency, 2010. Gibsonburg karst investigation. Available at: http://www. epa. state. oh. us /portals/28/documents/swap/GibsonburgDyeTracesReport-DRAFT-July2011. pdf

[45] Oluić, M., 1983. Remote sensing in geology (in Serbo-Croatian). In: Donassy, P., et al. (eds.), Remote Sensing in Earth Sciences, Council for Remote Sensing and Photointerpretation, Yugoslav Academy of Sciences and Arts, Zagreb, pp. 141-268.

[46] Palmer, A. N, 2007, Cave Geology. Cave Books, Trenton, NJ, 454p.

[47] Panno, S. V., and Luman, D. E., 2011. Illinois height modernization program. LiDAR data applications. Detecting karst features in forested terrain. Available at: www. isgs. illinois. edu/maps-data-pub/ publications/geobits/geo-

bit7. shtml

[48] Panno, S. V., Luman, D. E., Kelly, W. R., Larson, T. H., and Taylor, S. J., 2012. Mapping karst terrane of northwestern Illinois' unglaciated region, Jo Daviess County using LiDAR elevation data. Illinois State Geological Survey Circular. In review.

[49] Parizek, R. 1976. On the nature and significance of fracture traces and lineaments in carbonate and other terranes. In: Yevjevich, V. (ed.), Proceedings of the U. S. -Yugoslavian Symposium, Dubrovnik, June 2-7, 1975. Karst Hydrology, vol. 1, Water Resources Publications, Fort Collins, CO.

[50] Proctor, C. V., Brown, T. E., McGowen, J. H. and Waechter, N. B., 1981. Austin Sheet, Geologic Atlas of Texas, Scale 1:250,000, Bureau of Economic Geology, The University of Texas at Austin, Austin.

[51] Quinlan, J. F., 1989. Ground-water monitoring in karst terranes. Recommended protocols & implicit assumptions. U. S. Environmental Protection Agency, EPA/600/X-89/050, Environmental Monitoring Systems Laboratory, Las Vegas, NV, 79p.

[52] Quinlan, J. F., Ewers, R. O., and Field, M. S. 1988. How to use ground-water tracing to "prove" that leakage of harmful materials from a site in a karst terrane will not occur. In: Proceedings of 2nd Conference Environmental Problems in Karst Terranes and Their Solutions, Nashville, TN, National Water Well Association, Dublin, OH, pp. 289-301.

[53] Raabe, E. A., and Bialkowska-Jelinska, E., 2007. Temperature anomalies in the Lower Suwannee River and tidal creeks, Florida, 2005. U. S. Geological Survey Open-File Report 2007-1311, Reston, VA, 28p.

[54] Ramljak, P., Filip, A., Milanović, P., and Arandjelović, D., 1975. Establishing karst underground connections and responses by using tracers (in Serbo-Croatian). In: Mikulec, S., Sarić, A., Šunjić, J., and Trumić, A. (eds.), Hidrologija i vodno bogatstvo krša, Hidrotehnički zavod Sarajevskog Univerziteta, Sarajevo.

[55] Sabins, F. F., Jr., 1987. Remote Sensing Principles and Interpretation, 2d ed., W.H. Freeman & Co., New York, 449p.

[56] Schindel, G., Johnson, S., Hoyt, J., Green, R. T., Alexander, E. C., and Krietler, C., 2009. Hydrology of the Edwards Group: A Karst Aquifer Under

Stress. A Field Trip Guide for the USEPA Groundwater Forum November 19, 2009, San Antonio, TX, 57p.

[57] Schmid, G., and Barczewski, B., 1995. Development and application of a fibre optic fluorimeter for in situ tracer concentration measurements in groundwater and soil. In: Tracer Technologies/or Hydrological Systems (Proceedings of a Boulder Symposium, July 1995), Wallingford, UK, IAHS Publ. no. 229.

[58] Short, N. M., 1982. The LANDSAT Tutorial Workbook: Basics of Satellite Remote Sensing (updated in 1998). NASA Goddard Space Flight Center, E83-10001, NASA-RP-1078, 554p.

[59] Smart, C. C., 1988. Artificial tracer techniques for the determination of the structure of conduit aquifers. Ground Water, 26: 445-453.

[60] Smart, C. C., and Karunaratne, K. C., 2001. Statistical characterization of natural background fluorescence as an aid to dye tracer test design. In: Beck, B. F., and Herring, J. G. (eds.), Proceedings of the Eighth Multidisciplinary Conference on Sinkholes and the Engineering and Environmental Impacts of Karst, Geotechnical and Environmental Applications of Karst Geology and Hydrology, Balkema, Rotterdam, the Netherlands, pp. 271-276.

[61] Smart, C. C, and Simpson, B., 2001. An evaluation of the performance of activated charcoal in detection of fluorescent compounds in the environment. In: Beck, B. F., and Herring, J. G. (eds.), Proceedings of the Eighth Multidisciplinary Conference on Sinkholes and the Engineering and Enviromnental Impacts of Karst, Geotechnical and Environmental Applications of Karst Geology and Hydrology, Balkema, Rotterdam, the Netherlands, pp. 265-270.

[62] Sowers, G. F., 1974. Foundation subsidence in soft limestones in tropical and subtropical environments. Special Technical Publication G-7, Law Engineering Testing Company, Atlanta, GA, various pagination.

[63] Stierman, D. J., 2004. Geophysical detection of caves and karstic voids. In: Gunn, J. (ed.), Encyclopedia of Caves and Karst Science, Fizroy Dearborn/Taylor & Francis, New York, pp. 377-380.

[64] Sukhodolov, A. N., Nikora, V. I., RowiÒski, P. M., and Czernuszenko, W., 1997. A case study of longitudinal dispersion in small lowland rivers. Water Environ Resour, 97: 1246-1253.

[65] Taylor, C. J., and Greene, E. A., 2008. Hydrogeologic characterization and

methods used in the investigation of karst hydrology. In: Rosenberry, D. O., and LaBaugh, J. W. (eds.), Field Techniques for Estimating Water Fluxes between Surface Water and Ground Water, U. S. Geological Survey Techniques and Methods 4-D2, Chapter 3, 114p.

[66] Trček, B., and Zojer, H., 2010. Recharge of springs. In: Kresic, N., and Stevanovic, Z. (eds.), Groundwater Hydrology of Springs: Engineering, Theory, Management and Sustainability. Elsevier, New York, pp. 87-127.

[67] USGS (United States Geological Survey), 2011. Tracking change over time. Teacher guide. Images for education. General Information Product 133, 20p.

[68] Verimap, 2005, Suwannee River project final report. VeriMap PLUS Inc., 30p. Available at: www. verimap. com.

[69] Wierman, D. A., Broun, A. S., and Hunt, B. B., 2010. Hydrogeologic Atlas of the Hill Country Trinity Aquifer, Blanco, Hays, and Travis Counties Central Texas. The Hays-Trinity, Barton Springs. Edwards Aquifer, and Blanco Pedernales Groundwater Conservation Districts, July 2010,17,Plater +DVD, Austin, TX.

[70] Williams, R. T., and Bridges, J. W., 1964. Fluorescence of solutions-A review. J Clin Pathol, 17: 371-394.

[71] Wilson,J. F.,Jr, Cobb, E. D., and Kilpatrick, F. A.,1986. Fluorometric Procedures for dye tracing. U. S. Geological Survey Techniques of Water Resources Investigations Reston, VA, Book 3, Chater A12,34p.

[72] Worthington, S. R. H., and Ford, D. C., 2009. Self-organized permeability in carbonate aquifers. In: Kresic, N. (guest editor), Theme Issue: Ground Water in Karst. Ground Water, 47(3): 326-336.

[73] YSI Environmental, 2001. Water Tracing, In Situ Dye Fluorometry and the YSI 6130 Rhodamine WT Sensor. White Paper, 7p. Available at: http://www. ysi. com.

第二部分　岩溶水的管理

第4章 通 则

4.1 简 介

在水源管理的通用原则中都有一个最主要的考虑因素——供水。从根本上讲,供水管理是一个保证在满足合理用水总量的需求下不间断地提供合适的水质,并且不产生水量浪费的管理过程。这一定义虽然考虑了各种人为需求的利用,但遗憾的是它忽略了生态利用的需求,因此“合理使用”这一问题被提出。就如同 Rogers 和 Hall(2003)所提出的,供水管理是水治理的一个组成部分,它将通过联合一系列政策、社会、经济和行政管理等因素为不同社会阶层去开发、管理和实现供水的设施。水治理应具备能够制定得到公众认可的、平等的并能够可持续发展的公共政策和制度框架的能力。考虑到社会用水的复杂性,因此有效的水治理需要各个利益相关者的参与,并且确保所提出的不同意见在共同水域的治理及其财务和人力资源的发展、分配与管理决策中得到尊重。治理不仅要综合考虑水的技术和经济效益,还应具备利用政治和行政方式去解决问题与开拓新的发展机遇的能力。

在水资源综合管理(IWRM)和为后代们实现可持续解决方案的前提下,水治理和水管理必须深入到各类地质构造及分水岭,其中包括地下水、地表水、雨水、沉淀水(降雨量)和废水等(通常指阴性物质含量减少的水)。这些不同类型的水都是整个水循环系统中的基本要素。就像地下水与地表水是不可分隔的,因为地表水不仅提供了表面流的基流,还维持着地表水和含水层中的水生生物(比如岩溶洞)。提取地下水可能会影响到地表水的流量和质量,反之亦然。从某种角度来看,地表水也可能会成为地下水,同样的水可能会在流经地下水系统后经过几英里、几天甚至几世纪的时间再次转化为地表水。而上游(地表水流）和向上坡（含水土层）的取水量和污水排放量会直接影响下游与向下坡对水资源的利用率及水的质量。

喀斯特地形由于各类型水之间的相互作用而显得极其复杂和重要，因此喀斯特地形给水资源综合管理带来了巨大的挑战。

而一个水治理行业内的大规模政治会议文件就是由欧洲议会提出的地下水指南，其中指出地下水“在欧盟国家是最敏感也是体积最大的淡水群，特别是作为公共饮用水的主要水源供应到许多地区”（欧盟会议和欧盟委员会，2006）。地下水指南制定了具体的措施以防止和控制那些由于人为活动直接或间接引入到地下水的污染物对地下水的污染。这些措施包括：①良好的地下水化学状态的评估标准；②鉴别并逆转特殊的且有持续上升趋势的污染物的标准和定义逆转趋势的起始点的条件。该指南同时指出：“被各成员国确定的地下水保护区域的面积应当是被各国专业机构认可的确实需要保护的饮用水供应区域。这些保护区域也极有可能覆盖整个成员国地区。”

地下水指南强调了地下水是一种珍贵的自然资源，应当保护其免于恶化和被化学物污染。这一意识对依赖于地下水生存的生态系统和利用地下水供水的人类正常生活是极其重要的。对部分地区而言，地下水的保护可能会影响到农业和林业的发展，从而影响到他们的收入。因此，公共农业政治局提出了补助机制来帮助实现这些措施。欧洲最大的非政府性质的环保组织——欧洲环境局（EEB），对地下水指南作出了如下回应：欧洲议会的成员已经成功地打消了政府想要再次国有化地下水保护的意图。他们保证污染的防治和质量标准的实现都是健康且合法的。而如果没有这种欧盟范围内的合作，可能很多国家将会面临来自高等权力和全球化商务业带来的巨大压力。”（EEB，2006）。

水管理通常分为供给管理和需求管理。这两种分类更多地是出于技术和行政管理的考虑，当然，它们也是相辅相成的。然而，真正的水管理不仅仅只是制定声学工程，科技、经济和环境方面的决策。水治理在很多情况下会被一些由一个或多个对可持续性用水和对环境影响认识不够的来自城市、工业或是农业的用水户所提出的政策影响。这些不靠谱的政策很有可能使得用水需求剧增和地下取水增加，从而导致蓄水层的严重枯竭甚至是环境的恶化。然而,地下水具有强大的经济效益和公益效应,因此地下水的使用也被许多利益相关的用水户所牵制并监视着,因此上述的恶性循环很有可能将逐渐被改善。

而岩溶水管理中的许多方面可以通过大型泉水的例子来说明,因为它们通常都代表着跨越了几个水域的地表水和地下水系统综合的结果。布龙(Brune,1975)指出,泉水属于边界学的研究,因为它处于地下水与地表水转化的过渡时期。因此,泉水在某种形式下被地下水专家(水文地质类专家)研究,在某种形式下又被地表水专家(水文专家)进行研究。泉水可以直接地反映含水层的地下水状况,这些信号可以直接影响到溪流或其他地表水体的流量大小,从而影响到整个依靠着水循环的生态系统。泉水管理也因此可以用来指导地表水和地下水资源管理。下面的例子会说明如何管理岩溶泉并证明岩溶水不应该是什么样子的。

如布龙(Brune,1975)所提及的,在得克萨斯州佩克斯县斯托克顿堡自流形成的科曼奇泉,泉水从科曼奇纪的石灰岩地下蓄水层流出,最大流量达66 ft^3/s(1.7 m^3/s),养育着科曼奇族人和印度人已有数千年之久。从1875年起,科曼奇泉水就成为灌溉6 200英亩农田的供水基础。1947年5月,由于过量的抽水,蓄水层降至地下水位以下,泉水的流量开始降低。1954年人们申请了灌溉区禁止令用来控制抽水对科曼奇泉水正常流量产生的影响。然而得州法院拒绝了禁令的申请,科曼奇泉水也因此在1961年的3月枯竭了。由美国地质调查局测流形成的科曼奇泉历史水位曲线如图4.1所示。

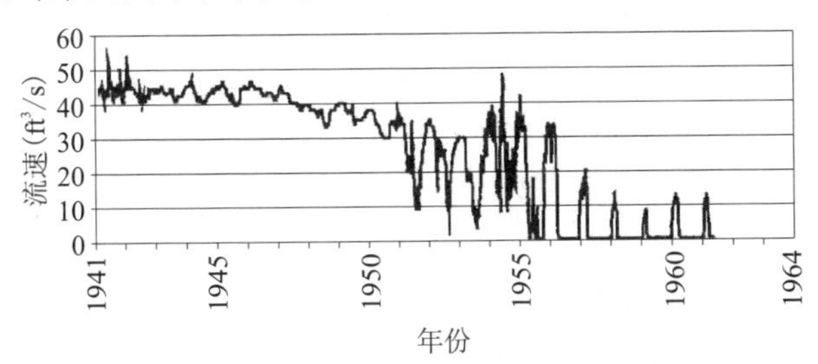

图4.1 科曼奇泉组的平均每日水位流量,佩科斯县,得克萨斯州,来自美国地质调查局的数据

在内华达州和犹他州盆岭区蓄水层的泉水量出现了类似的萎缩，这很有可能是因为拉斯维加斯的用水需求加大而使得南内达华州水务管理局(SNWA)决定扩大供水系统而导致的。这也是各种环境和民间组织在法庭和公共社区对这种过度扩张进行抗议的主要原因。此外，犹他州还曾发起全面的地下水监控项目并依此完成了一份关于大规模抽水项目对蛇谷水源含水层的影响的报告(Kirby 和 Huelow,2005)。

然而,南内达华州水务管理局(SNWA)调水计划的最终结果将影响着位于蛇谷南部的针尖泉的最终命运(Banker Ranches, Inc., 2008)。1993~2000 年间,他们钻取了一系列井用来为 13 个中心灌溉系统持续供水。萨默斯(2001~2005)评估了针尖泉的历史和水文地质条件,并推测了泉水枯竭的主要原因。正如萨默斯所指出的,在钻孔机工作日志上可以看到,这些井的直径都为 16 ft,是专为 500~1 300 gal/min 的大功率灌溉泵设计的。美国土地管理局曾对相关负责的管理机构表示过对针尖泉在优先权方面的意见,但并未对申请从新的灌溉井中抽水提出过抗议。这份申请被相关管理机构承认,在裁定书中写道:"通过对国家工程师记录簿的回顾,只要是在距针尖泉大约 1 mi 的地方挖井取水就可以降低对针尖泉的影响和损害。"随着这项裁决的公布和实施,在 2001 年,针尖泉开始断流,而周边环境的破坏也开始显露。一大批常年生活于针尖泉的野马也因为找不到其他新的水源而死亡。尽管灌溉水泵只在每年 4 月至 10 月期间抽水,但针尖泉最终还是永久地枯竭了。

犹他州地质勘查局对由南内达华州水务管理局(SNWA)在蛇谷提出的调水项目所导致的影响的评估意见如下:

(1)由南内达华水务管理局(SNWA)提出的取水井很可能会对犹他州附近的地下水环境产生不利影响。

(2)米勒德县西部要塞附近的地下水水文下降了超过 100 ft(31 m)。

(3)被提议的抽水泵可能会改变或逆转犹他州和内达华州中东部大盆地地下水的水流形式。这种影响可能会向东延伸,最终可能对哇哇谷和图里谷主要泉水的流量产生影响。

(4)用于农业和生态的主要泉水的流量都将会有所降低。

克莱泉是蛇谷众多泉水中的唯一可以进行大规模抽水的泉水。起初,它被第一批移民到蛇谷的克莱家族发现。到20世纪30年代,它被明间资源保护队作为了他们阵营的主要水源。克莱泉很深,并且还维持着大盆地沙漠周边的各种各样的野生动物,如候鸟、鹿、麋鹿、叉角羚、小型哺乳动物及水生生物的生态环境。这片区域附近地下水位的任何一点降低都有可能使泉水的流量降低甚至是干枯,从而导致整片绿洲甚至是其他绿洲的消亡(Banker Ranches, Inc. ,2008)。凭借着年平均流量12.19亿 m^3 或是38. 7 m^3/s 的流速,位于叙利亚共和国的Ras-el-Ain岩溶泉成为了世界最大的泉水之一。这条泉水位于底格里斯河和幼发拉底河之间,处于叙利亚与土耳其的交界地,是由幼发拉底河的支流Khabour河通过13个落差点产生的有效水头所形成的。Ras-el-Ain岩溶泉的蓄水层主要来自始新统石灰岩,并由中新统的蒸发岩和石灰岩提供补给。其主要的渗水区域位于北面的玄武岩和裸露在外的始新统石灰岩上,经预测这块区域的渗水面积达8 100 km^2。1942年12月到1959年11月的测量数据表明,6~11月Ras-el-Ain岩溶泉的每月平均流量为36~42 m^3/s,而历史最大流量达到107.8 m^3/s。经过计算,该岩溶泉蓄水层的储水量大约有74.2亿 m^3。在叙利亚,由联合国粮食和农业组织派出的技术支援小组通过研究分析指出:降低冬季取水量,提高夏季取水量,或许是最合理使用灌溉用水的方法(伯登和萨法迪,1963)。然而,伟大的Res-el-Ain泉还是因为人们的过度开采、利用而最终枯竭。

由于对地下水蓄水层的大量提取而导致岩溶泉的消失不仅仅只出现在那些降雨量少且自然蓄水能力恢复低的地区。图4.2画出了位于佛罗里达州基辛格泉的排水率表。

历史上著名的基辛格泉坐落于波尔克县的巴托市附近,几十年来一直是最受欢迎的休闲区之一(见图4.3),平均流量为29 ft^3/s(0.82 m^3/s)。

无论是基辛格泉还是和平河上游水域的小溪泉的枯竭,都与该区域由于磷矿开采导致中间蓄水系统和上游佛罗里达蓄水层从1937年

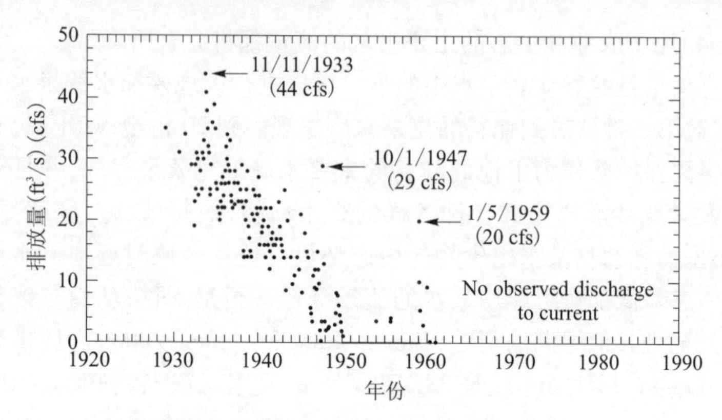

图 4.2　定期测量的佛罗里达州中心波尔克县的基辛格泉的排放量。目前,基辛格泉仍然处于干旱状态

(来自 Lewelling 等,1998)

图 4.3　基辛格泉的历史照片

(来自皮克,1951)

至 1950 年间等势面下降了 60 ft 有关(皮克,1951;斯图尔特,1966;Lewelling 等,1998)。1960 年 4 月,基辛格泉永久地断流了。虽然磷矿开采业已经提高了水利用率并很大程度降低了对地下水的抽取,但基辛格泉水干枯的主要原因还有由于其他用水户的抽取而导致的地下水位下降。基辛格泉复流的可能性几乎为 0,但在佛罗里达州的相关责任管理机构却由于土地开发的持续扩展和相关的政治压力,仍在为找

到可能治理该岩溶蓄水层以及其他岩溶泉的方案而努力着。

通常在理想情况下,当岩溶水源不以任何形式被利用时,它的治理应该着重于为生态用水和可能存在的非消耗性用水,从而保护其水质和水量。但在某些治理案例中还存在着休闲娱乐、渔业以及能源发电等用水因素。因此,一旦水源(泉水、溪流或是蓄水层)被用于任何类型的消费型供水,都需要被设置更高的管理要求,如:

• 利用各种工程手段清晰可靠地获得所有用水户的用水量(见第8、第9章);

• 根据法律规定划定水源保护区(见10.3节);

• 恢复受损的水源(见第11章)。

建立一个现实且可行的水管理计划要考虑以下三个先决条件:

(1)了解排水水源区域的水文地质和水文特征值,以及它的蓄水和排水参数(见第1、2、3章);

(2)监测用水源以及整个区域水资源的水质和水量(见4.3节);

(3)在自然条件和工程条件下对水源质量和水量进行预测建模分析(见第6章)。

水资源的供给管理除了要满足上述供水方面的管理要求,还应考虑需水方面的管理要求。水资源需求管理的概念一般是指通过对水利用率的提高,减少可用水资源的需求量宜满足预定的用水需求。水资源需求管理与节约用水不同,它的目的是保护水生环境并确保更合理地利用水资源。

而可悲的是,水资源需求管理通常是不被重视或是被迫考虑的问题,因为人们通常肤浅地认为需求管理只是为了提高水费。发达国家和发展中国家的水行业部门也因此承担着巨大的费用补贴,而许多政治家也在选举期间经常提出是否需要解决水价的问题。其实,除定价这一被认为是需求管理最有效的手段外,还有许多其他措施如果配合实施也可以成为非常有效的需求管理方法。在1999年由欧洲环境总署(EEA)出版的《欧洲国家可持续性用水》“第二章:需求管理”的报告中就非常详细地结合案例讨论了需求管理的方法,以及用水、水源保护等方面的问题。

在杜布罗夫尼克共和国(现在克罗地亚的一部分)的首都杜布罗夫尼克仍保存着的集中式供水系统和漂亮的公共喷泉就是一个非常有说服力的中世纪需求管理的案例(见图 4.4)。

图 4.4　上图为克罗地亚的杜布罗夫尼克古城,由中生代石灰石建成,具有以岩溶泉为基础的集中式供水系统。下图为古城中由泉水供给着的精致的公共喷泉

在图 4.5 所拍的喷泉建成以后,一项新的法规就颁布了"凡是有人被抓到转运或堵塞输水渠的都将被砍掉右手"并且"相关负责人员会每周定期检查整个输水系统以确认是否存在任何损伤和破坏"(图尔萨,2008)。虽然这种做法在今天的文明世界中很难想象,但这种做法表明了那些偷窃或是"破坏"水而用作他用的行为都将承担应有的后果。

水资源管理必须有一个明确的目标。无论是对当地的水务代理机

图4.5　位于克罗地亚杜布罗夫尼克的奥菲利亚喷泉是由意大利建筑设计师奥菲利亚戴拉凯夫于1440年设计建造的。喷泉的水，包括喷泉蓄水水库的水都是由一组长达12 km长的隧道和导水管组成的输送系统输送

构或是承办商,还是对国际级别的组织,这都是一条真理。这个管理目标应当包括对溪流或泉水流量测定量的临界值,以及含水层地下水位和水质参数的确定。为了防止过度取水,根据法律法规,一旦到达设定的临界值,所有从溪水、泉水或是从蓄水层开采的地下水的总量都要作相应的调整甚至是完全被禁止。

管理目标的设定可能是通过全面地定性分析也可能是经过严格地定量计算得出。不同地方水务部门设定的项目水源的临界值都会有所不同。例如,在建立水质管理目标方面,有的机构可能只是简单地利用水源浊度的平均值或是硝酸浓度值来界定该水质是否达到管理目标,而有些机构则可能以水源中没有任何成分超过公共引水标准的最大污染值作为衡量标准。虽然在建立管理目标上的自由度很高,但是各地的管理者应当记住制定管理目标的目的是给该区域的用水户提供可持续的供水(DWR,2003)。

然而不幸的是,水务机构、设备和管理人员都由于用水户之间的竞争而承担着巨大的压力,因此在很多情况下,水源管理是缺乏科学性、工程理论性甚至是被剥夺了政策决定权的。有时甚至会引起利益相争的用水户相互提出诉讼。一个由伊克(2010)提供的来自得克萨斯州山峦协会孤星分会对美国鱼类和野生动物服务会提起的诉讼案就是一个典型的案例,他们声称美国鱼类和野生动物服务会没有尽责保护依赖爱德华兹蓄水层生活的濒危物种。山峦协会指出,如果继续无限制地抽水很可能会导致科马尔和圣马科斯泉(见图4.6)的枯竭,并且这一行为将被根据濒危物种法的规定被定义为"赶走"濒危物种。因此,山峦协会要求该服务会务必保证濒危物种生存的最小泉水流量。直到1993年1月,在经历长达2年的诉讼后,美国米德兰地区地方法院的联邦法官卢修斯本顿给予了支持山峦协会及随之加入诉讼的其他组织的最终判决。法院方面指出,如果继续无限制地取水,那些濒危和受到威胁的物种将会如同濒危物种法案中所定义的被"带走"。法院还指出,美国鱼类和野生动物服务会未能执行好圣马科斯泉和科马尔泉的康复计划,从而给濒危物种的生存带来风险和威胁。本顿法官还下达了,即使是出现了如同20世纪50年代那样的干旱情况,也必须维持圣马科斯泉和科马尔泉的正常流量的指令。

图4.6　圣马科斯泉。在得克萨斯州的圣马科斯有超过200条泉水都是通过三处大型裂缝和一些小缺口中流出。1849年,这些泉水被爱德华布勒松将军在担任得克萨斯共和国副总统时,为运营磨坊在泉水下游修建的大坝所淹没。图中可以看到大部分的泉水被集中到这里,多余的水则通过溢洪道排出

(图片版权来自格雷格埃克哈特,经许可可印刷)

他指导得州水利委员会准备并提交了一份确保泉水流量的计划,同时还要求美国鱼类和野生动物服务会确定有可能导致周边物种被“带走”或处于“危险”的流量等级。随后,该服务会立刻给出了科马尔泉的流量等级为150 ft^3/s的确认(埃克哈特,2010)。

在1993年的裁决中,本顿法官还宣布得州议会机关必须制订有关限制从爱德华兹蓄水层取水的监管计划,否则他将执行他自己的计划。1993年5月,得州议会通过了参议院1477法案,废除了爱德华兹地下水行政区,创立了爱德华兹蓄水层管理局,并授予该机构发行取水许可和监管爱德华兹蓄水层取水的权利(埃克哈特,2010)。为了确保干旱之年能有充足的水量,关键时间管理这一新概念也被采用,它将通过几个被称作基准井的监测井来显示爱德华兹蓄水层的水头大小,并依此设置更严格的预警等级。例如,在圣安东尼奥地区每家每户都知道的J-17,这个指数对当地报纸和电视台每天通知民众是否或将如何限制用水条件起着重要的作用。

当J-17基准井的指数连续10个工作日都低于海拔660 ft时,圣安东尼奥的干旱预警就会被触动,并且该预警会维持到基准井指数回升到安全值的30 d后(埃克哈特,2010)。如图4.7所示,在2008年春末,J-17的指数开始下降,而年前极其干燥的10月也是导致泉水流量降低的原因。无奈之下,被用来处理卡里索-威尔科特斯砂质蓄水层废水的与圣安东尼奥水务系统配套的含水层储蓄和回收净化设备被切换成回收模式,并以15 ft^3/s(0.42 m^3/s)的速度转换出相当于它抽水容量1/3的水量。从图4.7可以看出,J-17的水位指数在要求对爱德华兹蓄水层减少取水和加强保护的呼声中开始回升。而在月末,基准井的水位再次开始下降,设备运行商也准备增大设备的回收率;然而幸运的是,随着飓风“多利”的到来,干旱预警也被取消,而这套应急设备也恢复了待命状态,这个事迹也成为了一个在关键时间维护基准井水位和泉水流量的成功案例(埃克哈特,2010)。

Tuinhof等(2002~2005年)强调,水资源管理在大多数情况下需要保持好管理工作和干预措施的成本与效益之间的平衡。水资源管理应当重视容易降解的水系统和包括下游底流水源在内的生态系统的用

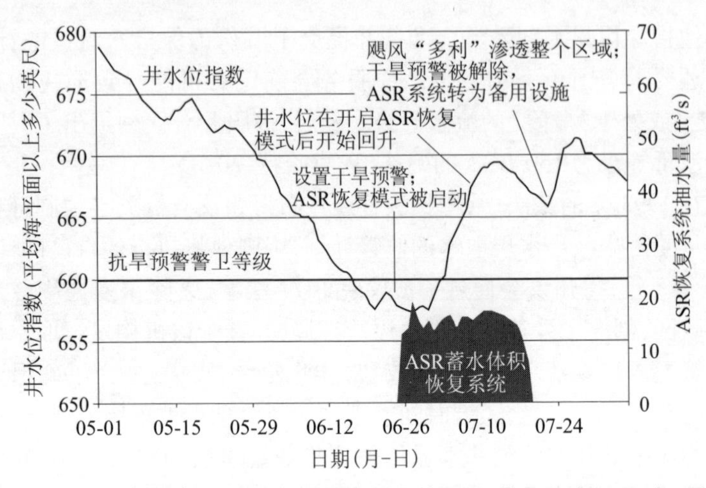

图4.7 J-17指数井以及ASR设备恢复模式的运用,从2008年5月到7月间

(版权属于格雷格,埃克哈特,印有许可)

水利益。图4.8说明了地下水资源开发的过程和水压变化对各阶段(地下水开采)的影响。

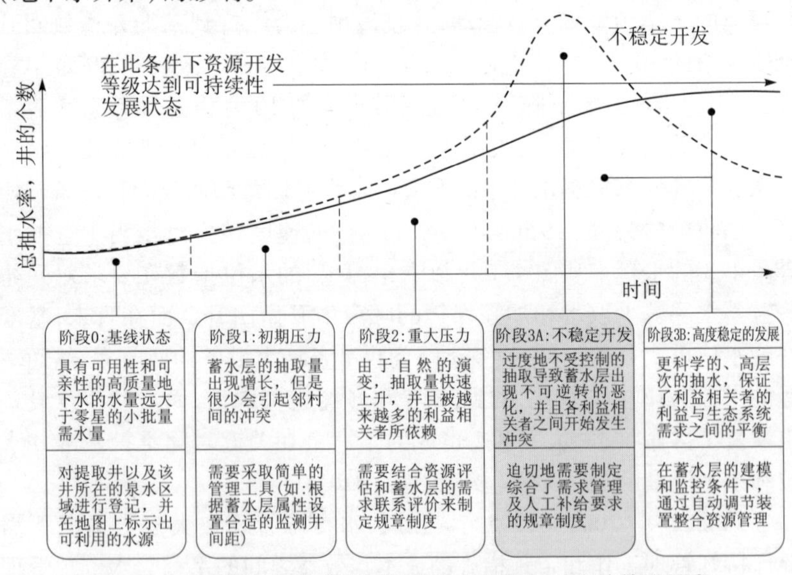

图4.8 主要蓄水层水资源开发的各个阶段和对应的管理要求

(来自Tuinhof等(2002~2005年))

图4.8中同时指出了出现过度而不可持续抽水的前提条件(3A不稳定开发)。在这个案例中可以看到,总抽取率最终在泉水将要出现不可逆转的退化现象时得到了明显的降低。

4.2　可持续发展的概念

水资源管理成功的第一步是所有的利益相关者对如何维持资源的可持续利用而达成共识,且这个共识必须与一个明确的制度结合在一起来实现。因此,可持续性发展这一理念在世界环境与发展委员会1987年的报告(出版成书)《我们共同的未来》中受到了大力推广。这份报告中寻求一个解决世界环境与发展问题的切实可行的方案的意见得到了联合国大会的认同。该报告重点提出了三大总体目标:

- 重新调查典型的环境与发展问题并制订切实可行的解决方案。
- 提出可能对需求变化方面的政策产生影响的新型国际合作形式。
- 提高对可持续性发展的认识,并要求个人、组织、企业、研究机构和政府都落实到行动上。

过去的几年里,在各种出版物、辩论会、公告和说明中,该委员的这份报告可以用下面这句广为流传的文字来概括:“可持续性发展是指既满足当代人的需求又不损害后代人满足需求的能力。”

在评估资源可用量以及发展可持续性供水战略时,一个很容易想到但并不准确的假设被提出:如果保证抽掉的水量与补充的水量相等,那么地下水将可以维持平衡——这又被称为安全产量。然而,没有任何取水是完全不受影响的,尤其是在考虑时间因素后。因此,安全产量的概念也只是理想状态,因为所有通过人工提取的地下水都不会再流回其自然排水源内。安全产量假设了水量平衡不受任何泉水流入蓄水层或地下水溢流等其他情况影响的前提条件。而布雷德赫夫特(2002)和德芙琳与索菲塞雷斯(2005)也从各个方面讨论了安全产量这一概念和与其相关的水量平衡条件。

图 4.9 比较了从地表水水库抽水和从泉水枯竭的蓄水层中抽水的安全产量的假设条件。如果蓄水层的抽水量等于或大于流入蓄水层的水量，那么从该蓄水层排出而形成的泉水最终将枯竭，从而给依赖地表水生存的生态系统和用水群体造成危害。同样地，如果大部分或全部从蓄水层排出的水都被占用或是转运到其他用水群体，那么最终也一定会造成一些不良后果。尽管这一结论在地表水水库和泉水的流失分析中非常明显，但在地下水水库的损失分析中则不太明显。但不论是在何种情况下，取水工作对水文直接影响的多少与从大自然中抽水体积的大小是相等的，只是对于地下水系统而言，有些影响可能需要些时日才能显现。由于蓄水层的补给、地下水的提取，以及从泉水或是用抽水井提取的水量都可能随着时间的推移而大幅改变，因此这些因素的

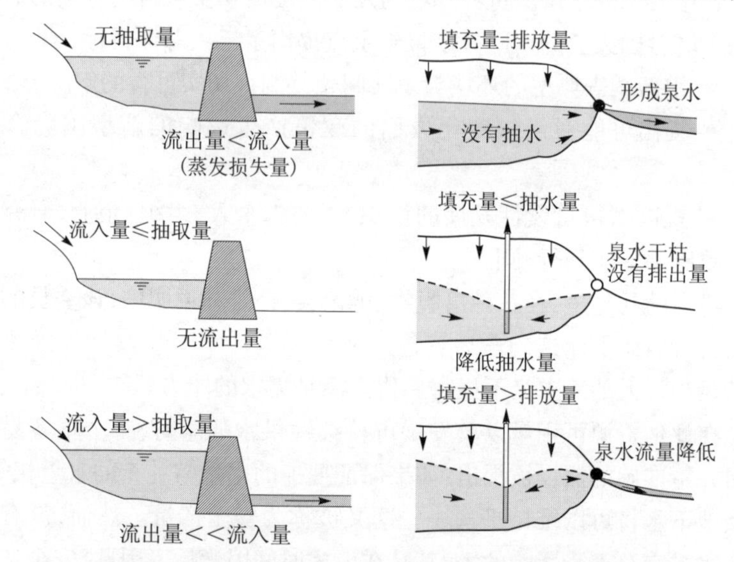

图 4.9　插图左边表示地表水水库，右边表示蓄水层灌注形成的泉水。水库中良性的水源利用只有在地下水抽水和取水活动分别对水库的影响可以被接受时，才能算作可持续性发展。而安全界限往往指取水量等于补给量的状态，但是如图所示，这种状态通常会导致流出量的降低或完全没有，甚至是更坏的结果

（改编自克雷西奇，2009，2010）

改变率都必须在研究地表水和地下水管理开发的策略时被考虑到。随着日益增长的用水需求量和有限的地下水资源,水利专家几十年来一直在争论的关于地下水安全提取的要素这一论题如今也慢慢地转变成了地下水的可持续利用。而“安全取水”与“地下水可持续性利用”的区别不仅仅是字面上的区别,且很多时候还是容易混淆。例如,可持续抽水的概念被定义为只要蓄水层不存在采矿和脱水显现,那么抽水率就可以长久地持续下去。而对于没什么经验的水管理人员而言,这一观点在岩溶水系统中很难解释。岩溶水是一个非常动态的系统,系统内任何一个部分的改变都会迅速而明显地对其他部分产生影响。随着地下水从补给区域流向排水区域(如泉水或是河流),它源源不断地流经地下水的饱和区域,形成了地下水蓄水库(水库)。然而,如果增加一个新的排水区(如供水井),那么大部分的水将不会再流向之前的(泉水或河流)区域。这一情况几乎被那些认为抽水率的可持续性是可以通过地下水的提取诱发地表水体对蓄水层的补充从而提升蓄水层的补给量来实现的人所忽视。虽然这种地下水管理策略可以很好地达到预期需求,但问题是这种对地表水的可持续利用是从地下水系统中流失更多的水而不是获取更多的水。

而对于可持续性抽水的另一争论来源于地下水存储的管理。这种管理战略利用自然蓄水周期来调整抽水率(泵抽)。例如,在需求高峰期,可以通过增大蓄水库中水泵的抽水率和降低蓄水层的水头(水位线)来取水。而在需求低峰以及高自然蓄水期时,几近枯竭的蓄水库再次被蓄满(这一点也是8.3节中讨论的工程用水的原则之一)。但是,这种方案的可持续性仍是一个疑问。一旦自然蓄水与自然排水失去平衡,所有依赖于它的用水活动都会受到影响。根据被节制的地下水排放的体积和比率的大小,受影响的用水户或多或少无法完全适应新的环境。由于这些原因,在世界的许多地方水资源综合管理越来越依赖各种包括废水处理的人工蓄水层补给策略。

可持续性发展对于不可再生的地下水系统来说已经成为社会发展的基本原则,而不再仅仅是工程或科学的研究发展方向。这意味着人们不仅仅要考虑到眼前的短期利益,更要全面地顾全到社会经济的发展，并且不断地自问"之后会怎样"，只有这样，可持续发展才能超过百年。正如 Foster 等(2002 ~2005 年)所指出的，地下水资源是很难再生的资源。有些时候，补给的时间会因为人们正常的活动和水资源总体的规划而延长(100 ~1 000 年)。因此，对于这些案例，更有意义的则是讨论如何利用这些不可再生的地下水或蓄水层。以下两种地下水系统被列入不可再生资源：

(1)现在补给现象很罕见且补给量很小的不受压蓄水层。

(2)地下水开发拦截或诱发极少的水量补给，并且地下水水头会不断地随着抽取量而下降的部分大型蓄水层系统。

沙特阿拉伯就是一个体现了包含岩溶蓄水层在内的，不可再生地下水资源开采的两个主要阶段的典型案例：它初始流速快，规模大，并且被用水户肆意地开发，随后又被淡化海水和处理过的污水填补。沙特阿拉伯已经成为世界上最大的淡化海水国。目前它生产提供了满足国内和工业需求 50% 的水，而剩下的需求量由地下水资源提供(Abderrahman, 2006)。然而，灌溉农业仍然是不可再生地下水的最大用水产业，尤其是在食品安全问题被得到高度重视的沙特阿拉伯(见图 4.10)。

对自然环境，以及对不可再生地下水的价值和独特性的公众宣传活动为所有用水户创建有利的蓄水层管理方案提供了必要的条件。也因为这样，所有与地下水有关的数据(实测值和综合值)都会被定期地传输到各相关单位和当地社区。这样的透明化管理是极其重要的，因为任何对不可再生地下水资源的消耗都会被认为是不利于不可再生地下水资源可持续性发展的。或许这种透明化管理可以维持一个或几个世纪的社会经济发展和政策方针，但长期的损耗最终会不可避免地对最初建立的社会经济和政策环境产生变化。且同样重要的是让从事不可再生地下水开采的行政部门和社会群体清楚地认识到，如果没有对人工蓄水层蓄水制订合理的管理计划，那么迟早会出现相应的负面影响(见图 4.11)。而环境的恶化最终将导致泉水、地表溪流、湿地及依赖地下水系统生存的绿洲的消灭。为了维持有价值的生态系统和濒临灭绝的物种，尽管所需用水量很难量化计算，但全球社会依然期望能够通过合理地利用水资源来满足主要栖息地的用水要求。而随着环保组织通过对法律的挑战和诉讼,以及对各地负责水源分配的政府机构的抗议(就如爱德华兹蓄水层一例),合理利用水资源的趋势逐渐形成。而在20世纪80年代之前,类似在佛罗里达州基辛格泉和得克萨斯州科曼奇泉发起的民间组织或公众参与的抗议活动都是从未出现过的。

图4.10　1990年1月航天飞机宇航员拍摄的位于沙特阿拉伯西南部的雅巴尔。图中圆圈是中心枢轴的灌溉系统,通过中央钻井提取地下水。这些圆圈的直径由几百英尺到一英里(2 km)不等

(照片图像由科学与分析实验室,美国宇航局约翰逊航天中心提供)

图 4.11　上图:最初提供的丰富多产的,不可再生的蓄水层。下图:从不可再生蓄水层提取地下水的最终后果
(由马丁希奇提供)

4.3　监　测

出于有效性和可能性方面考虑,水源管理和水资源综合管理必须依靠对于水量、水质,以及水在空间和时间上的各种循环变化,比如地表水、地下水、水沉积、雨水和废水(使用水),进行监测。所有的监测数据,以及在水资源评估、开发、利用过程中产生的所有数据,应当被存储和处理于一个交互式的地理信息系统数据库中。通过互联网提供的这些产品的数据库能够使各种利益相关者直观地看到历史和现时的监控

数据及其发展趋势,以便作出知情决策(见 Kresic 和 Mikszewski, 2012)。

合适的法律规则应通过把这个任务的不同方面分配给水资源管理者和使用者从而来制定监测地表水、地下水的使用和及其地位的规定。为了使其更加有效,这个法规应该确立现实的需求以适应现有的机构能力。典型的责任分工如下(由 Tuinhof 等修正,2002 ~ 2005):

- 中央政府/国家水资源管理局—环境监测网。
- 地方性/河道/蓄水层水资源机构——监测应作为一种资源保护条款。
- 水井承包商/钻井公司——有义务贡献测井曲线和蓄水层的测试性数据。
- 大型地下水开发商(公共事业)——地下水计量提取以及地下水位;位于靠近供水井(水源地)的哨兵井的预先的地下水资源监控。
- 小型地下水开采商(小型公共事业,水资源供应商,农田)——反馈水井的特征及其呈现的状况。
- 潜在的地下水污染来源 ——规范用水及在站点级别上的水质的早期监控。

对于地表水和地上水的监测主要有三种类型:①环境监控;②规范监控;③结果监控。这三种监测方式可以监测水质和水量,也可以根据管理目标的需求被用于长期监测或者短期监测。

4.3.1　环境监测

水环境监测程序测量水量、水质,比如蒸发量、泉水复流量、湖泊水位,以及监测井中的水位。设计这种监测方法是为了收集地方水域水资源的长期稳定数据,但是当它需要用于收集某个特定的项目所需要的在特定站点的数据的时候,它也可以有短期的用途。比如由不被任何人工因素影响的监测井后台监测一定水质成分的每一季度的浓缩量就是一个短期的环境监测的例子。另外一个例子就是几年里在监测井中对于泉水复流量、流量、水位的测量。这种短期的、在特定位置的环境数据因此可以与作为区域网络的一部分的最靠近的监测点所收集到的长期系列数据相关联。

长期的、区域性的水质、水量对环境监测是各方面水资源管理的基础。因此,同时要考虑到成本和复杂性这两个因素,这种水环境监测程序通常由政府和联邦政府机构来实施管理。美国地质调查局拥有的水资源监测网是世界上覆盖度最广、最优秀的水资源监测网之一。它收集了国土内长达150万km的所有主要流域和蓄水层的蒸发量、泉水复流量、湖泊水位、地下水位,以及其他物理、化学的水系数的数据。所有历史和现时数据,包括那些实时监测的站点(见图4.12),都是在公共区域建造的,并且可以在网上查到(http://waterdata.usgs.gov/nwis/)。用户可以浏览美国地质调查局国家水域信息网的所有数据资料,下载这些数据资料,或者通过选择不同选项在电脑屏幕上来观看不同水文参数在不同时间段的图的测绘(见图4.13和图4.14)。

图4.12 美国地质调查局的监测井位于俄亥俄州,哥伦比亚市的国家地下水协会总部。水位信息被实时地记录下来并且通过卫星传输到美国地质调查局的信息加工中心。这些信息在15 min之后就可以在网上查阅了(见Kresic和Mikszewski,2012)

对于政府来说,决定监测优先顺序的最主要因素之一就是经济因

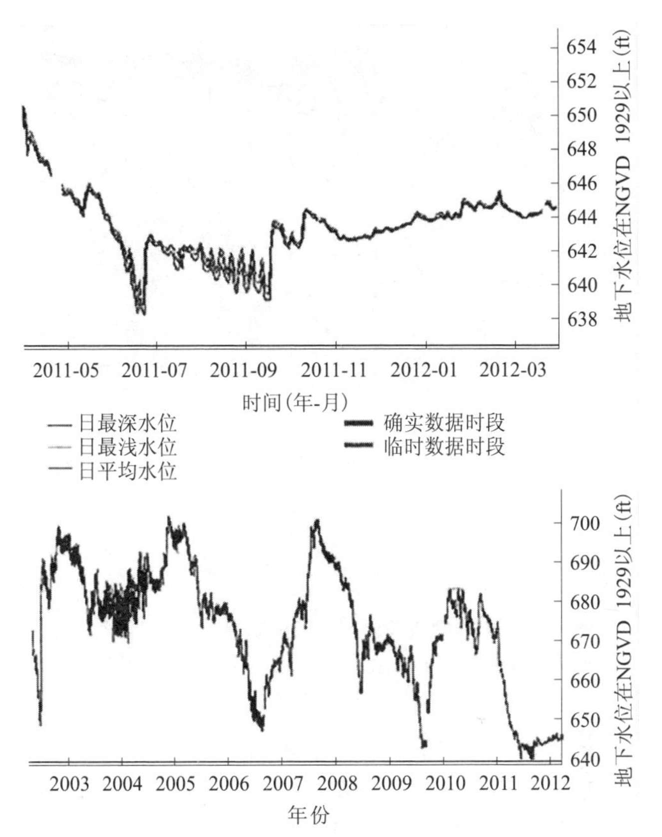

图4.13 上图:美国地质调查局监测井 #292556098260701 AY68 37 526 近圣安东尼奥,田纳西州,图显示了爱德华蓄水层(Edward Aquifer)受到的严重的干旱和地下水蒸发的影响。下图:一段时间的记录数据(由美国地质调查局修改,见网站:Http://waterdata.usgs.gov/nwis/.)

素。对地下水进行分类和监测是最昂贵的。即使是在美国,也只有几个州具有足够的经济资本来进行整个州地下水的监测(USEPA,2000)。因此,各个州正在致力于用不同的方法监测地下水。这些方法取决于对每个州各自的特殊情况、挑战和经济制约。这些方法的范围遍及从实施全州的地下水环境监测程序到以轮流制选择性地监测蓄水层。各个州根据资源的利用程度、污染的脆弱性和国家的管理决策

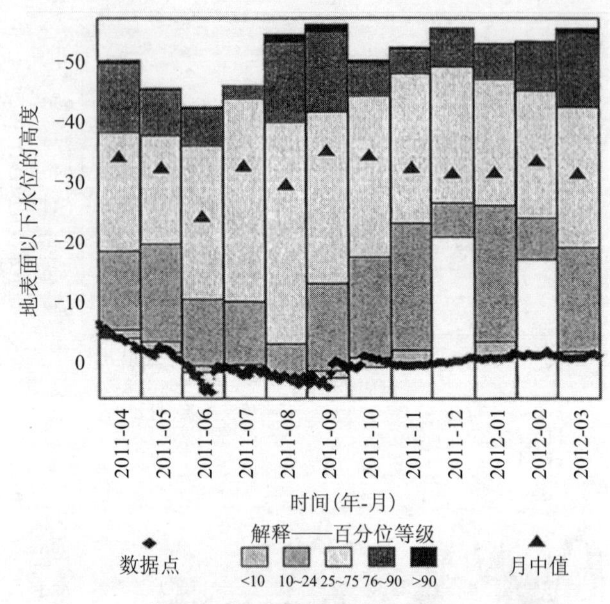

图 4.14　美国地质调查局监测的数据如图 4.13 所示。干旱的程度表现于水位在过去 12 个月或低于的第十百分位的记录

来制订相关的方案。那些依靠着地下水利用的大型治水区域同时也有着他们自己的监测程序,这些监测程序较大多数州而言有更丰厚的经济资助并且更加复杂一些。佛罗里达州的治水区域就是一个例子。

为了保护地下水资源,宾夕法尼亚州研发了一种地下水监测的系统,这种系统达成了以下的目标:

- 测量地下水的环境质量。
- 根据陆地用水的实践为长期地下水水质发展趋势提供了指向。
- 获取陆地用水治理实践中成功或者失败的经验。

地下水监控程序按照州区域划分而成的 478 个地下水流域来进行开发。虽然这些流域不是按照地理单元划分的,但是在水文地理、水文以及物理特质上具有相似性。1985 年流域的优先监控来自于以下三个主要因素:

- 地下水的使用;

- 地下水污染中潜在的、不受到监控的来源;
- 环境的敏感性。

尽管地下水的水质总体而言是好的,但在宾夕法尼亚州仍旧检测出了其超过地下水饮用标准的数据(USEPA, 2002)。一些超出的额度产生于比如说铁、总溶解固体、锰或者低 pH 值物质的自然性的浓度升高。对于硝酸钠、钠、氯的分析趋势及其总硬度表明,宾夕法尼亚州的地下水水质的变化极有可能是由于人类活动造成的。在许多监测站里,硝酸钠和硫酸盐含量的下降趋势可能反映出了一个问题:来自农业区(农肥)、净化系统、大气沉积的硝酸钠的来源减少了。总溶解固体、氯化物、钙、钾、总硬度及钠这些物质的增加趋势可能来源于非点源污染的增加,比如路盐、庞大的道路发展和郊区发展(USEPA, 2000)。

与地表水监控相反,由国际地下水资源评估中心(IGRAC)开展的全球地下水库存监控表明,在很多国家,对于一定区域范围内的地下水水质和水量的系统性的监控是极少甚至没有的(来自 Jousma 和 Roelofsen,2004)。这种缺乏监控的现象可能会对未开发的水资源的退化产生一些影响,这种影响是由于过度开发或污染而造成的,并且可能会导致以下情景的产生:

- 地下水位的下降和地下水储量的消耗。
- 流量减少、泉水流入生态系统敏感区域,比如湿地。
- 用于饮用水和灌溉的地下水的来源减少。
- 由于地下水水质恶化导致的用水限制。
- 在水泵和治水上的花费增加。
- 沉降和基础性的损伤。

一系列的因素导致了地下水的监控缺乏。而不充足的经济支持及对于实施监测的技术能力的缺乏也许是最重要的两个因素。其他的因素可能是缺乏明确的机构责任及缺乏对于监测的合法规范。有时候甚至在监测工作进行的时候,也没能提供足够的信息来进行有效的管理,这是因为:

- 监测目标没有被正确地定义好。
- 程序建立时对于地下水系统了解和认识不足够。
- 在样品收集、处理以及储存方面缺乏计划。

- 数据未被良好归档,并且这些数据的不易于进入一种利于管理又容易与利益相关者分享的格式。

为了改进这一现状,国际地下水资源评估中心成立了一个地下水专家工作小组,让他们为经济来源有限的国家设计地下水监测指导方针。这个文档是由工作小组协调一致工作的结果。这些文档着重关注地下水监测的第一阶段作为一般参考,这是合理的地下水管理的先决条件。这个指导方针详细讨论了监测原则和目标、制度上的要求、设计方案、实施方法、数据管理(Jousma,2006)。Stuart 等(2003)提供了对于英格兰、威尔士、欧盟国家和美国的国家地下水监测战略汇总,以及一些当前可用的化学领域的方法、测量的技术、创新的分析工具和化学指示剂的用法的综述。

地下水监测就是科学性地设计、不停歇地测量,并且观测地下水的每一个特性。它也包括数据评估和过程汇报。在地下水监测程序中,数据都应在设定的位置和固定的时间被收集上来。虽然制度框架和资金状况将会对他们自身的目标及其他约束有影响,但是基本的科学性和技术性的目标是在相对的空间与时间里描绘出地下水的特征。为了在喀斯特地貌环境中达到监测目标,如何选取监测地点和测报频率这个问题即使在有良好的资金资助的情况下也仍旧是一个挑战。如同在书中好几个章节里所描述的,岩溶含水层开放的水文地质结构及其发达的优选流径使得流速更快更猛。在这种情况下,取样的频率便成了监测成功与否最关键的因素。

虽然高频率(每日)或者不间断(实时)监测有一定的弊端,比如相对而言的花费较多,并且实时的可能性也存在问题,但如果以某一特殊的站点为基准来监测,可能会带来整体采样间隔不足的情况出现。举个例子,图 4.15 显示了美国田纳西州喀斯特地貌地区中心盆地的威尔森泉水(Wilson Spring)的排放量、雨量、温度、pH 值、特定的电导系数,以及每 10 ~ 15 min 间隔测量出的溶解氧的数值。非等动力的侵入式取样法常被用于定期(多数都是在基流的情况下)收集泉水中挥发性有机化合物(VOCs)的数据。在指定的风暴中,自动取样器被用于收集那些经过便携式气相色谱仪(CG)分析过的数据。进行质量管理的样品包括运送空白样品、设备空白样品、重复抽样样品、现场基质加标样品。

在对暴风雨的观测过程中检测出水质和水流量的重要、快速变化。特殊电阻率区间一般在 81 ~ 663 μS/cm，氯仿浓度一般是 0.073 ~ 34 mg/L。2000 年秋天的第一次暴风雨中发现了一次最重大的变化，那个时候氯仿浓度增长到了 0.5 ~ 34 mg/L。这些结果表明，间隔一个星期或者一个月一次的取样显然无法提供任何有效的信息，就好比在降雨

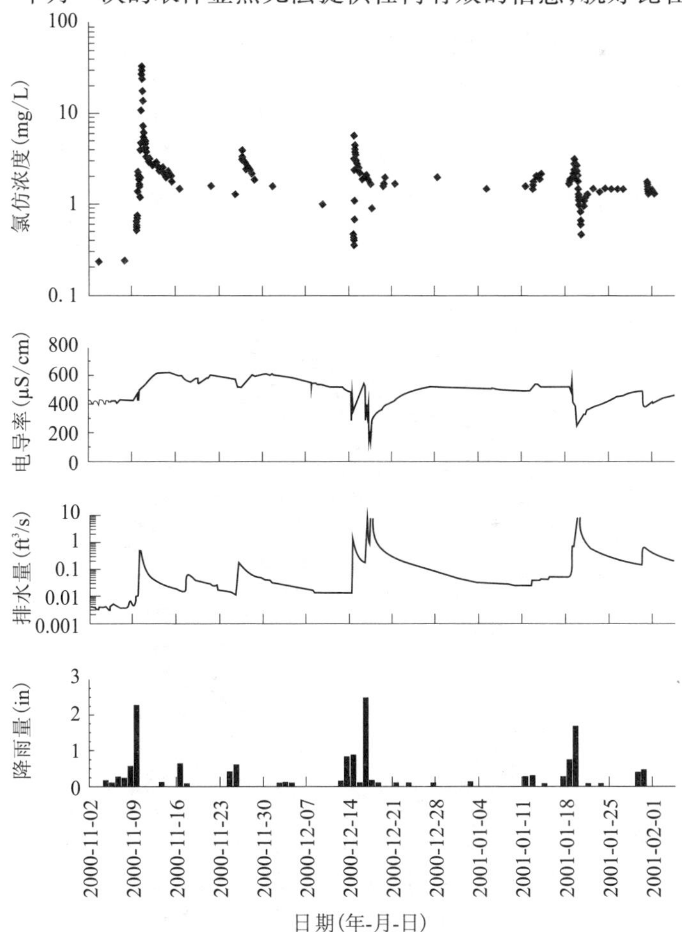

图 4.15　来自美国田纳西州喀斯特地貌地区中心盆地的威尔森泉水(Wilson Spring)的高频率测量结果

(由 Williams 和 Farmer 修订,2003)

的时候去测含水层准确的水流量,在可能有污染物的时候去测真实的浓度(波动)一样。

在任何情况下,对于喀斯特地貌来说,监测地下水、泉水、地表水应该实现自动化并且应该有与降水相似的数据记录(见图4.16),这是因为相关的花费较人工测量要少很多而且准确性和其他优势要高不少。一旦入水和出水之间经由这些高频率且不间断的数据记录而建立起联系,那么就能够充分地衡量出那些典型的需要更多花费来分析的水质参数的监测条件了。比如,图4.17显示出除1992年2月的那三次外,水井的水位与大部分的降雨情况并不相对应。而7个月的水位的稳步上升是由于1991年12月一个主要的为期一周的降雨导致的。因此,与图4.15里的例子不同,分析这个井中每天含有的有机化合物成分是不合情理的。

图4.16 在喀斯特地貌矿区,带数据记录器的太阳能自动雨量计被作为水监测程序的一部,秘鲁安第斯山脉

(由马克·艾迪安 AMEC 的环境和基础设施提供)

根据其在三年时间内从肯塔基州洛根县快乐森林泉(Pleasant Grove Spring)采集的566份样本中硝酸盐和三嗪的分析数据,Currens(1999年)得出每两周采集一次2 h的丰水样本可以获得有意义的悬浮成分和溶解成分统计数据。所采集的数据经过统计分析可以测定所需的最小数据集,用于计算得出有意义的管流岩溶泉年平均值。

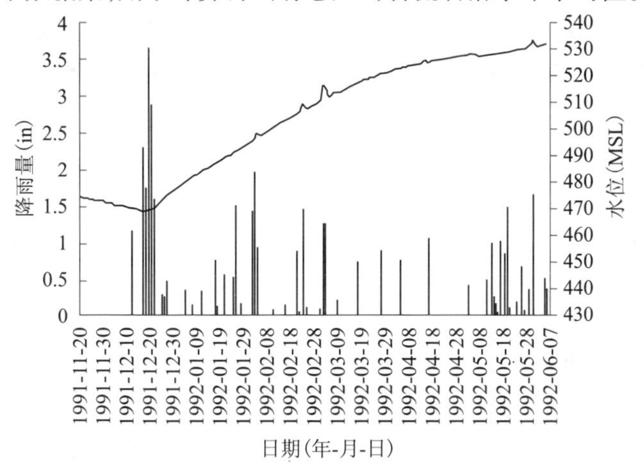

图4.17　1991～1992 **年爱德华含水层** Lovelady **井的水位和降雨量情况**

(根据 Harwert 和 Vickers,1994 年的文章进行修正)

图4.18 显示了长期环境监测的重要性。图中粗线表示在45～50年期间佛罗里达州两座泉水中硝酸盐的浓度(单位:mg/L)。中央杜松泉(Juniper Springs)位于奥卡拉国家森林(Ocala National Forest)内,并且有一个补给盆地,主要位于保留地内。利西亚泉(Lithia Springs)的补给盆地主要是农业用地。野外观察显示硝酸盐含量接近1 mg/L(虚线),所以泉水生物群落因植物生长失控而降级。但是,造成破坏的具体浓度仍不清楚。

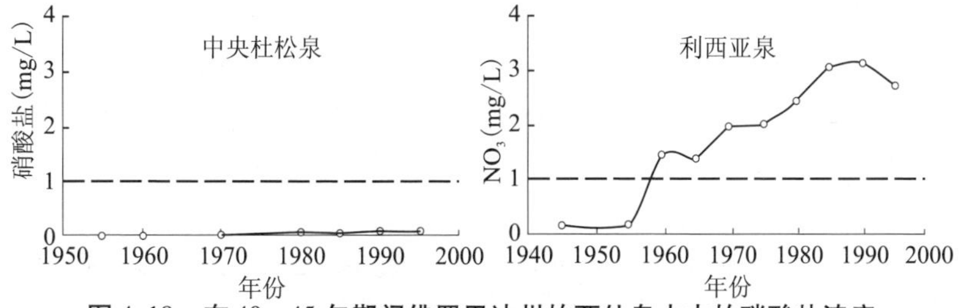

图4.18　**在40～45年期间佛罗里达州的两处泉水中的硝酸盐浓度**

(来自佛罗里达州泉水专案组,2000年)

4.3.2 合格和性能监测

根据联邦或州政府规范的要求,在已经发生地下水污染或可能存在污染物排放的设施位置或附近(如带地下储罐的加油站或垃圾填埋场)需实施地下水水质合格监测项目。此类项目测量地下水中特殊相关成分(COCs)的浓度,以确保不会发生污染物转移,对人体健康和环境造成不可接受的风险。

在水文地质复杂且存在重大点污染源的地点,地下水监测网络非常复杂,并且可能还涉及多个监测井。这些监测井在不同深度过滤且使用不同的水文地质单位。图 4.19 提供了其中的一个网络。在该网络中,井群的断面与地下水主要流动方向垂直。对于非岩溶多孔介质,这样的配置可以测定污染物的浓度、质量通量和源区中所采取修复措施的影响,以减少污染物的质量和通量。岩溶含水段采取甚至复杂得多的监测井配置,但是由于存在第 1 章中详细讨论的岩溶介质特殊孔隙率(另见图 4.20),经常无法全面描述污染物的运移情况。通常情况下,羽流污染的定性、界定、修复和监测成本非常高,而且还需要长达多年的调查和修复时间。依据含水层的性质、被监测的污染情况及具体的项目目标,多个监测井可能必须按照优选流径和岩体进行设置与过滤。

在处理喀斯特地貌地下蓄水层的复杂环境时所产生的问题,都是由于接纳一些团体或研究机构偶尔发表的非持续性的纲领文件和建议所造成的。美国材料与试验协会标准中的迷惑性陈述与其发表的其他一些文章和全世界大多数的喀斯特地貌水文地质学家的经验相矛盾:断裂的线性构造和垂直裂缝的交叉点都是探测水井的潜在地点,尤其是在结晶的岩石中。然而,在碳酸盐岩中,大多数的水渠和高渗透性的地区都沿着层面形成,在对断裂迹线和线性构造分析的基础上探测水井并不可能破坏主要的沟渠。

笔者希望喀斯特地貌的研究专家不要采纳这一观点或其他相似的陈述。不幸的是,当阅读到这一观点,然后将其与喀斯特地貌专家基于某一特定地点所提出的概念地点模型相比较的过程中,一些新入行水文地质学者和大多数管理者非常容易混淆。

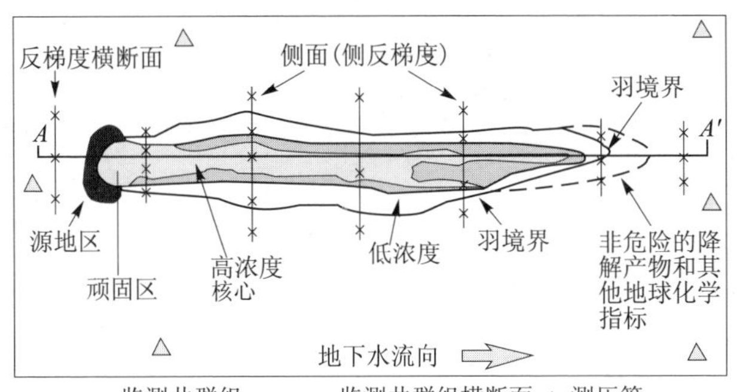

× 监测井群组　—×—×— 监测井群组横断面　△ 测压管

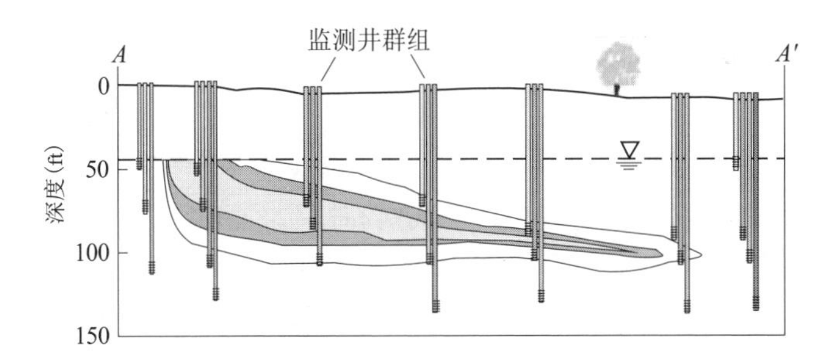

图 4.19　性能监控网络设计的例子，包括目标区域中对特定的解决目标监控的有效性。上部：地图视图。下部：A—A 横断面视图（来自福特，2007 年）

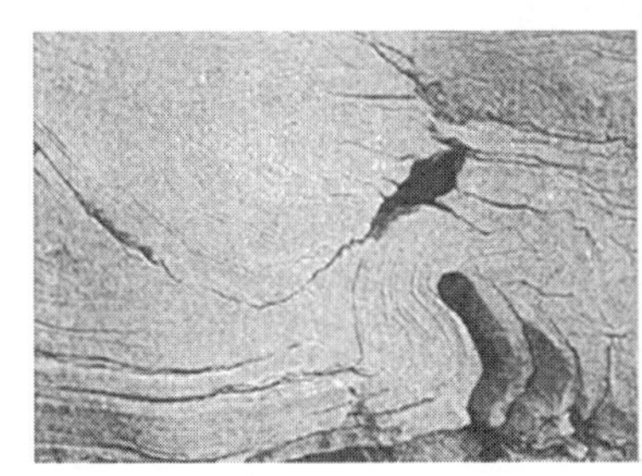

图 4.20　中生代石灰石溶解特性、达尔马提亚海岸，克罗地亚。左照片大约 1 ft(30 cm)，右边的照片是 2 ft

性能监控是指经常性地对水供应泵或地下水治理的质量和数量相关数据进行收集。对单一的地下水抽取地点的监控是成功的地下水管理中的一个关键因素。它为合理监测水量收支平衡和单一地下水抽取地点、抽取的程度、抽取地下水对地表水产生的影响、地下水水位和水质之间的相互作用提供了重要信息。

对大出水量水井的性能监测尤其重要。这些水井最低限度应该装配一个流动的或体积流量式设备。理想地,性能监控需包括对水位、基本的物理和化学参数例如水温、pH 值和电导系数的频繁(最好是持续性)的记录。至少一年一次,或者按照饮用水质量的适用规则执行,对规定的水中的化学物质需要进行分析。如果特定自然的或人为的污染物已经对水井造成影响或威胁,水中特定成分的监测需要更加频繁地进行。

在个体农场主所操作的灌溉井或单个家庭使用的供给井中,很难获取到关于地下水抽取率或质量的有用信息。在这种情况下,地下水抽取(例如每次抽取的总容量或抽取率)都应该基于在对抽取、灌溉地区、一类庄稼的水量要求或在特定气候和社会经济条件下,个人对水资源使用程度等一系列过程中对能量的消耗进行估计(Kresic,2009)。

Quinlan(1989)详细概述了喀斯特地貌地下水监测的基本准则,可以到 http//:www. karstwaters. org. 进行下载。

4.3.3 探测趋势

趋势通常是指在特定测量参数中随着时间而推移的单一变化(如:地下水的化学成分或水位)。这种趋势可以通过绘制参数时间图来直观地观测(定性分析)。当一个趋势很明显时,可以通过简单线性回归分析来描述两个变量之间的关系(如浓度和时间)。这种分析方法即使是在数据高度分散和线性回归系数很小的情况下也是相当有用的。而线性关系中的正、负斜线率则分别表示了递增或递减的趋势。利用参数确定的标准斜率则等于斜率的标准误差(阿齐兹等,2003)。

然而,另一个更强大的趋势分析方法则是概率分析法。从统计学角度来看,就是看一个随机变量(如浓度)的概率分布是否会随着时间的推移而发生变化。同时通过对一些中间值如平均值或中位数分布规律的研究对变化量和变化率作出描述。对于趋势的统计测试,非参数曼-肯德尔测试是最有力且最简便的一种方法。它能够标示出某一特定的随机变量在特定的位置上是否有显著的增加或减少的趋势(如监测井)。同时它也能显示出尚不存在的趋势走向。曼-肯德尔非参数测试法由于局限性小而被广泛运用。比如,数据样本不需要特定的分配,也可以含有缺失值。同时,它还可以利用踪迹值或是小于方法检测极限值的数值来记录数据;这些数值通常会被认定为一个小于最低测量值的公用值(如检测极限值的半值)。由于曼-肯德尔测试法是利用相对值而不是测量值来确定趋势的走向,因此这些理论都是可行的(吉尔伯特,1987)。曼-肯德尔测试分析了早期和后期测量数据之间的符号差异。每一个后期测量数据都会与所有早期测量数据相比较。递增趋势往往出现在后期数据持续大于早期测量数据的情况时(这种差异,用符号 τ 表示,正数时:$\tau > 0$)。相反地,递减趋势则是出现在后期数据持续小于早期测量数据的情况时($\tau < 0$)。

下面是汤森和马克在 1995~2000 年利用曼-肯德尔测试评估在堪萨斯州海斯供水井抽取试样中所观察到的硝酸-N 的明显趋势的案例(2007 年)。在中西部的堪萨斯州,有关硝酸浓度的问题已经在有限的地下水供应区域日趋严重。如图 4.21 所示,海斯的市政供水井中硝酸-N 的浓度整体表现出了增长的趋势,其中 C-27 号井的增长趋势尤其突出(C-27 号井被西部和南部的农田所包围)。而 C-24 号井中硝酸-N 的数值则普遍低于其他测试井,其中可能的原因是水质的降低(该井并非常用井)。并且从 C-24δ15N 的数值中也可以看出,该井确实可能产生了反硝化作用。

正如之前所提及的,曼-肯德尔测试利用希腊字母 τ 所表示的值来评定浓度与时间之间的单调关系。如果硝酸的浓度随着时间的增长而增加,那么当测验给定 α 值时,τ 为正数且参数 ρ 将为有效值。在这个案例中,α 的取值为 0.1,所以当 $\rho < \alpha = 0.1$ 时为有效值。表 4.1 列中出了从图 4.21 所有井中提取出的地下水样品中硝酸-N 值的递增和递减趋势的测验结果。因此,当 τ 为均正值时,除了 C-24 号井,所有井中的硝酸浓度都呈现出明显的递增趋势(汤森和马克,2007)。

然而,地下水水质数据具有独特的特性,因此需要特别的方法来测

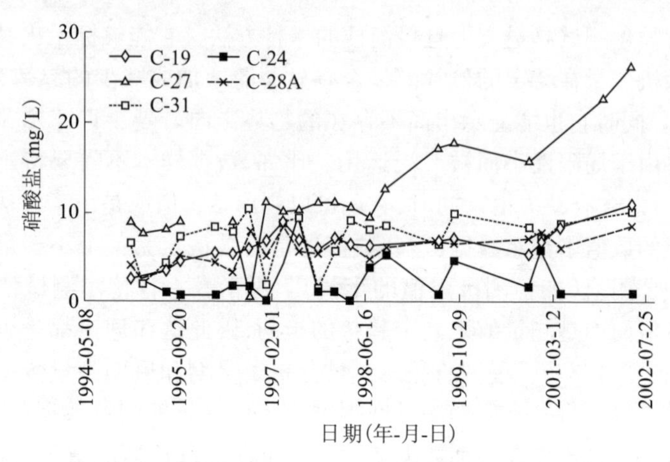

图 4.21　海斯市政井中硝酸盐浓度与时间的变化关系

(改编于汤森和马克,2007)

试趋势走向。数据集会设置一个基本极限零,因为数据集只含有正数值,且包含有删失值、异常值、复合检测极限、缺失值及序列相关(自相关值)等特性。这些数据特性在传统正态分布数据集的参数统计法的运用中通常会出现问题。而删失数据、非负值和异常值的出现很可能导致非对称的或非正态的分布,而不是在大部分数据集中常见的正常的、对称的或钟形的(高斯)分布状态。为了避免这种偏差和不合理的测试结果,这些失衡的数据集可能需要使用特定的非参数统计程序来分析。并且非参数统计程序也是运用在多个位置确定多种成分趋势的首选方法。此外,非参数统计测验对非正态分布数据的应用更为有利,就如同(在某些情况下)参数测试通常是正太分布数据的分析的首选(埃尔塞尔和赫希,1992,2002)。

但是,可能导致地下水水质数据发生季节性变化的因素有很多,例如不断变化的自然补给现象或是采用灌溉率的不同及地下水流量的不断变化。这些因素都应当在辩证特定的人为或自然过程对地下水水质产生的影响时被考虑在内。任何季节性的影响,以及对删失值和未删失值的处理方法都必须包含在趋势分析之内。

然而,被用于弥补水质数据季节性变化的统计学法是无分布规律的,通常被称为非参数季节性肯德尔趋势测试(SK)。季节性肯德尔测试是由美国地质调查局在20世纪80年代分析全美地表水水质趋势时所研发的(赫希,1982;赫希和斯莱克,1984;埃尔塞尔和赫希,1992,2002)。这个测试已经在环境科学中被广泛运用,并且在不同的地方被各种媒介所应用。季节性肯德尔测试比较的是同一季度里相对应的数据(由用户指定)。例如,1月与1月的值作对比,2月与2月的值相比,以此类推。因此,不会出现跨季度的值相比较。如果在一段时间内后续值较高,则记为正值,相反地,如果在一段时间内后续值偏低,则记为负值。当正值占多数时,被认为是正趋势,当负值占多数时,则被认为是负趋势。而当正数值与负数值相等时,则被认为不存在任何趋势。但把水质成分的浓度与时间独立来分析是一个虚无的假设(史密斯,1982)。该测试假设各个数据都是独立的,并且来自同一统计类。因此,SK测试统计的数值等于曼-肯德尔所有季节性测试结果的总和。而获得的等级(或ρ值)则是在当实际存在某种趋势时,却被错误地否认了无趋势的概率。SK斜率的估算量则是根据森的方法来计算;它是一年四季中所有成对比较的平均斜率,用来表示每年的变化率(通常根据成分定位毫克每升)和百分比。

1984年,赫希和斯莱克利用改良后的SK测试说明了时间序列中的序列相关(自相关)。而序列相关的数据不再是假设的完全独立——因此没有短期的相关性观测值。当发生序列相关性时,显著性测验ρ值会很小,而趋势也极容易判断错误。因此,赫希和斯莱克建议只有当数据超量过10年以上时,才使用调整过的ρ值,因为它通常需要这么长的数据年来检测序列相关性,如果存在序列相关性的话。

而区域性肯德尔测试将序列相关的概念延伸到了空间的角度而不仅仅是季节性。一个曼-肯德尔测试计算一个独立的空间点,把所有点的测试结果结合成一个整体来测定一个一致的区域趋势(埃尔塞尔和弗兰斯,2006)。该测试适用于那些每年(每季度)有许多不同观测点的数据,如水井,又或是一个用来确认是否区域内所有位置点都具有明显的相同趋势的整体测试。

用来执行季节性肯德尔,区域性肯德尔,以及曼-肯德尔测试趋势的公共计算机程序可以在美国地质调查局软件下载网页上下载。另外两种公共软件 MAROS 和 ProUCL,也兼容曼－肯德尔测试模型。它们可以在以下网址中下载。

http://www. gsi-net. com/en/software/free-software/maros. html

http://www. epa. gov/osp/hstl/tsc/software. htm, respectively

参考文献

[1] Abderrahman, W. A., 2006. Saudi Arabia aquifers. In: Foster, S. and Loucks, D. P. (eds.), Non-Renewable Groundwater Resources: A Guidebook on Socially-Sustainable Management for Water-Policy Makeres. IHP-VL, Series on Groundwater No. 10, UNESCO, Paris, pp. 63-67.

[2] ASTM (American Society for Testing and Materials), 1995. Standard Guide for Design of Ground-Water Monitoring Systems in Karst and Fractured-Rock Aquifers. D 5717-95, West Conshohocken, PA, 17p.

[3] Aziz, J. A., Newell, C. J., Ling, M., Rifai, H. S., and Gonzales, J., 2003. MAROS: A decision support system for optimizing monitoring plans. Ground Water 41(3): 355-367.

[4] Baker Ranches, Inc., 2008. Protect Snake Valley, Water. Available at: http://protectsnakevalley. com/ water. html. Accessed December 2008.

[5] Bredehoeft, J. D., 2002. The water budget myth revisited: Why hydrogeologists model. Ground Water, 40(4): 340-354.

[6] Brune, G., 1975. Major and historical springs of Texas. Texas Water Development Board, Report 189, Austin, TX, 95p.

[7] Burdon, D. J., and Safadi, C., 1965. Ras-el-Ain: The great karst spring of Mesopotamia: An hydrogeological study, J Hydrol, 1(Issue 1): 58-64.

[8] Currens, J. C., 1999. A sampling plan for conduit flow karst spring. Minimizing sampling cost and maxi-mizing statistical utility. Eng Geol, 52(1-2): 121-128.

[9] Devlin, J. F., and Sophocleous, M., 2005. The persistence of the water budget myth and its relationship to sustainability. Hydrogeol J, 13: 549-554.

[10] DWR(Department of Water Resources), 2003. California's groundwater. Bulletin 118, Update 2003. State of California, The Resources Agency, Department of Water Resources, 246p.

[11] Eckhardt, G., 2010. Case study: Protection of Edwards Aquifer, the United States. In: Kresic, N., and Stevanovic, Z. (eds.), Groundwater Hydrology of Springs: Engineering, Theory, Management and Sustainability. Elsevier, New York, pp. 527-542.

[12] EEB (European Environmental Bureau), 2006. Protecting Europe's Groundwater: Parliament achieves precautionary safeguards. Press Release, 18 October 2006, Brussels, Belgium. Available at: http://www.eeb.org/press/pr_groundwater_181006.htm. Accessed October 26, 2006.

[13] Ford, R. G., Wilkin, R. T., and Puls, R. W. (eds.), 2007. Monitored Natural Attenuation of Inorganic Contaminants in Ground Water. Volume 1—Technical Basis for Assessment. EPA/600/R-07/139, the U.S. Environmental Protection Agency, National Risk Management Research Laboratory, Ada, Oklahoma, 78p.

[14] Foster, S., Nanni, M., Kemper, K., Garduño, H., and Tuinhof, A., 2002-2005. Utilization of non-renewable groundwater: A socially-sustainable approach to resource management. Sustainable Groundwater Management: Concepts and Tools, Briefing Note Series Note 11, GW MATE (Groundwater Manage-ment Advisory Team), the World Bank, Washington, D.C., 6p.

[15] Gilbert, R. O., 1987. Statistical Methods for Environmental Pollution Monitoring. Van Nostrand Reinhold, New York, 320p.

[16] Hauwert, N. M., and Vickers, S., 1994. Barton Springs/Edwards Aquifer hydrogeology and groundwater quality. Barton Springs/Edwards Aquifer Conservation District, Austin, TX, various paging.

[17] Helsel, D. R., and Frans, L. M., 2006. Regional Kendall test for trend. Environ Sci & Technol, 40(13): 4066-4073.

[18] Helsel, D. R., and Hirsch, R. M., 1992. Statistical methods in water resources. Elsevier, Amsterdam, 529p.

[19] Helsel, D. R., and Hirsch, R. M., 2002. Statistical methods in water resources. U.S. Geological Survey Techniques of Water-Resources Investigations, Book 4, Chapter A3, 524p. Available at: http://water.usgs.gov/pubs/twri/twri4a3/

[20] Hirsch, R. M., and Slack, J. R., 1984. A nonparametric trend test for seasonal data with serial dependence. Water Resour Res, 20(6): 727-732.

[21] Hirsch, R. M. , Slack, J. R. , and Smith, R. A. , 1982. Techniques of trend analysis for monthly water-quality data. Water Resour Res, 18(1): 107-121.

[22] Jousma, G. (ed.), 2006. Guideline on: Groundwater monitoring for general reference purposed International Working Group I, International Groundwater Resources Assessment Centre (IGRAC), Report no. GP 2006-1, Utrecht, the Netherlands, various paging.

[23] Jousma, G. , and Roelofsen, F. J. , 2004. World-wide inventory on groundwater monitoring. IGRAC, Report no. GP 2004-1. International Groundwater Resources Assessment Centre, Utrecht, the Netherlands, various paging.

[24] Kirby, S. , and Hurlow, H. , 2005. Hydrogeologic setting of the Snake Valley hydrologic basin, Millard County, Utah, and White Pine and Lincoln Counties, Nevada—Implications for possible effects of proposed water wells. Report of Investigation 254, Utah Geological Survey, Utah Department of Natural Resources, 39p.

[25] Kresic, N. , 2009. Groundwater Resources: Sustainability, Management, and Restoration. McGraw-Hill, New York, 852p.

[26] Kresic, N. , 2010. Sustainability and management of springs. In: Kresic, N. , and Stevanovic, Z. (eds.), Groundwater Hydrology of Springs: Engineering, Theory, Management and Sustainability. Elsevier, New York, pp. 1-29.

[27] Kresic, N. , and Mikszewski, A. , 2012. Hydrogeological Conceptual Site Models: Data Analysis and Visualization. CRC/Taylor & Francis Group, Boca Raton, FL, 552p.

[28] Lewelling, B. R. , Tihansky, A. B. , and Kindinger, J. L. , 1998. Assessment of the hydraulic connection between ground water and the Peace River, West-Central Florida. U. S. Geological Survey Water-Resources Investigations Report 97-4211, Tallahassee, 96p.

[29] Peek, H. M. , 1951. Cessation of flow of Kissengen Spring in Polk County, Florida. In: Water resource studies, Florida Geological Survey Report of Investigations No. 7, Tallahassee, 73p.

[30] Quinlan, J. F. , 1989. Ground-Water Monitoring in Karst Terranes. Recommended Protocols & Implicit Assumptions. U. S. Environmental Protection Agency, EPA/600/X-89/050, Environmental Monitoring Systems Laboratory, Las Vegas, NV, 79p.

[31] Rogers, P., and Hall, A. W., 2003. Effective water governance. TEC Background Papers No. 7, Global Water Partnership Technical Committee (TEC), Global Water Partnership, Stockholm, Sweden, 44p.

[32] Sen, P. K., 1968. Estimates of the regression coefficient based on Kendall's Tau. J Am Stat Assoc, 63: 1379-1389.

[33] Smith, R. A., Hirsch, R. M., and Slack, J. R. 1982. A study of trends in total phosphorus measurements at NASQAN stations. U. S. Geological Survey Water-Supply Paper 2190, 34p.

[34] Stewart, H. G., Jr., 1966. Ground-water resources of Polk County, Florida. Florida Geological Survey Report of Investigations No. 44, Tallahassee, 170p.

[35] Stuart, M. E., Gaus, I., Chilton, P. J., and Milne, C. J., 2003. Development of a methodology for selection of determinand suites and sampling frequency for groundwater quality monitoring. National Groundwater and Contaminated Land Centre Project NC/00/35, Environment Agency, Olton, West Midlands, 89p.

[36] Summers, P., 2001-2005. Hydrogeologic Analysis of Needle Point Spring (Revised Final). Bureau of Land Management, Fillmore Field Office, Utah.

[37] The European Parliament and the Council of the European Union, 2006. Directive 2006/118/EC on the protection of groundwater against pollution and deterioration. Off J Eur Union, 2006: L 372/19-31.

[38] The Florida Springs Task Force, 2000. Florida's springs. Strategies for protection & restoration. 58p. Available at: http://www.dep.state.fl.us/springs/reports/files/SpringTaskForceReport.pdf

[39] Townsend, M. A., and Macko, S. A., 2007. Preliminary identification of ground-water nitrate sources using nitrogen and carbon stable isotopes, Kansas. Current Research in Earth Sciences, Kansas Geological Survey, Bulletin 253, part 3. Available at: http://www.kgs.ku.edu/Current/2007/Townsend/index.html. Accessed January 2008.

[40] Tuinhof, A., Dumars, C., Foster, S., Kemper, K., Garduño, H., and Nanni, M., 2002-2005a. Groundwater resource management: an introduction to its scope and practice. Sustainable Groundwater Management: Concepts and Tools, Briefing Note Series Note 1, GW MATE (Ground water Management Advisory Team), the World Bank, Washington, D. C., 6p.

[41] Tuinhof, A., Foster, S., Kemper, K., Garduño, H., and Nanni, M., 2002-

2005b. Groundwater monitoring requirements for managing aquifer response and quality threats. Sustainable Groundwater Management: Concepts and Tools, Briefing Note Series Note 9, GW MATE (Groundwater Management Advisory Team), the World Bank, Washington, D. C., 10p.

[42] Tušar. B., 2008. Vodoopskrba u Dubrovniku (Water Supply in Dubrovnik, in Croatian). Obrada vode, 4/2008, pp. 54-59.

[43] USEPA, 2000. National Water Quality Inventory: 1998 Report to Congress: Ground water and drinking water chapters. EPA 816-R-00-013, Office of Water, Washington, D.C., various paging.

[44] Williams, S. D., and Farmer, J. J., 2003. Volatile organic compound data from three karst springs in middle Tennessee, February 2000 to May 2001. U. S. Geological Survey Open-File Report 03-355, Nashville, TN, 69p.

第 5 章　管制和教育

5.1　引　言

在美国,水资源的管理和发放水权在历史上是州政府而非联邦政府不可否认的责任。然而，现今联邦法的很多条款已经干涉到了以州为基础的水资源管理系统。濒危物种法案、清洁水源法案、野外和旅游地河流法案都是侵犯州政府权威的联邦法案。例如,直到 20 世纪 70 年代,当美国最高法院就 Cappaert v. United States，1976(安德森和乌斯里,2005)出台判决,联邦政府保护水权的合法理念才仅被应用到对印第安人的保护中。

美国最高法院长期认为当联邦政府从公有领域中借用土地并以联邦的目的对其进行保护,联邦政府可以暗中以一种不恰当的方式去保护其附属的水资源,以达成保护的目的。通过这种做法,联邦政府在某些非法水域内获得了水资源保护的权利,这些水域在保护开始当天被合法授予联邦政府,并且联邦政府对其的统治权高于未来一切合法者。

水的数量受限于储存所需水的数量。如今面临的挑战是需要维持当地居民生存、维系河岸生态系统和保护濒临灭绝物种的水源遭到了大面积破坏。在这种管制下,联邦政府能够提出获取部分水资源的要求,以优先的权利,在公共领域中闲置部分土地以达成特定的目的。国有森林、公园、野生动物栖息地、野外和旅游区内的河流伴随着自身的土地一起拥有着水权。

西方水权法历史性地对备用的水资源赋予了较高的价值。例如，科罗拉多州宪法作出以下陈述:“将任何自然流域的不合法水源进行有效使用的权利不应该被否决。”注意这一条件水资源应该有价值地使用。如果分配人没有完全使用配置的水资源，一段时间以后，他会被迫丧失部分或全部权利。在这种情况下，优先分配的准则与传统相违背，因为部分水权持有者在保护水资源方面面临着严重的阻碍。建立在法律上和先前管理者设立的这种分配对水资源在其他用途上，例如水生物的使用、栖息地的保护和改善（安德森和乌斯里，2005）等方面造成了严重困难。

关于地下水资源的共同法是一种获取原则或英国法，它本质上有好有坏，土地所有者有权采集他们土地上的水并任意地使用它们。这些土地所有者并不需要对邻近的其他人负责，即使这样做会剥夺这些土地拥有者使用水资源的权利。这种侵占条款与“合理使用”或者“美国条款”相对立，在这些条款里面土地所有者抽取地下水的权利并非是绝对的，土地合理使用水资源的数量是受到限制的，邻近土地拥有者的权利是相互关联的，合理使用水资源的权利也受到约束。除得克萨斯州外，所有其他州都有美国条款的影子，通常都要对当地的管理者进行解释（波特，2004）。例如，尽管地下水的管理在某些情况下得到了重视，但是加利福尼亚的立法机构反复强调地下水的管理是当地政府的责任。图5.1描述了在现存法律条款下地下水管理的基本过程。这一过程由当地机构确定并直接执行。如果地下水管理过程中的某些问题不能由当地政府直接解决，他们将采取额外必要的措施来解决问题。这些措施包括当地政府颁布法令、立法机构通过法令或法庭决议。一旦执行，当地将会评价项目是否成功，确定是否需要其他的管理援助。州政府的角色是为地方政府在地下水资源管理中提供技术上和经济上的援助，例如通过地方地下水援助委员会批准项目。

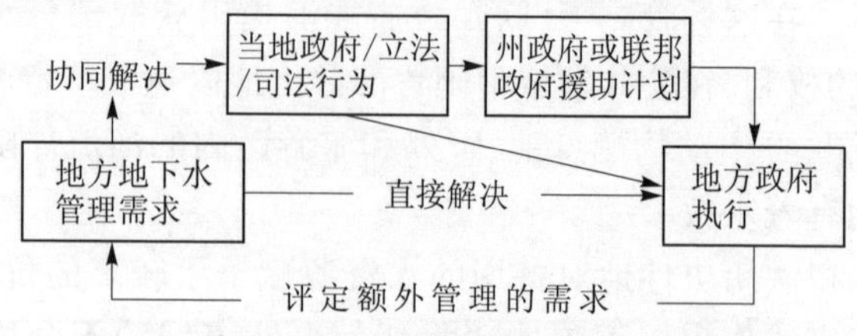

图5.1　加利福利亚州解决地下水需求的流程

（来自美国水资源部，2003）

不同层级政府采取保护地下水不受污染的措施各不相同,不同措施的背后有着不同的利益相关者,因此加强对公众的教育和与公众进行交流就非常必要。对于一个已经发现(或被告知)其这些年所饮用的水含有致癌物质的家庭来说,说政府没有辜负他们似乎是不太现实的。不幸的是,国内外类似的案例每天都在发生。另一方面,在许多发达国家,致力于保护水资源的政府项目和法令很少。

在美国,有一些项目完全或部分致力于水资源保护,包括 CWA,水资源评定项目、污染防治项目、水源保护项目、杀虫剂管制项目、地下灌溉控制项目,以及非常基金修正及再授权法第三条。

多年来,随着 1972 年 CWA 法案的推行,美国环境保护署、州政府和印第安人部落主要关注地表水保护的化学层面。在过去的 20 年中,人们更多专注的是其生理和生物的完整性。同样,在法案执行的早期,重点主要集中在管制传统点源设施的建设上,这些设施主要包括市政污水处理厂和工厂设施,但是对街道径流、建筑工地、农场和其他雨胎源的关注很少。从 20 世纪 80 年代开始,人们对解决地表径流的污染问题给予更多关注。志愿援助计划,包括与土地所有者共享成本,是解决非点源径流的关键措施。对于像城市雨水管系统和建筑工地这样的雨胎源问题,已经出台了管制措施进行解决。

CWA 项目的发展同样经历了一个由项目到项目、源头到源头、污染措施到污染措施向一个更加全面的以分水岭为基础的管理措施进行转变。在分水岭措施下,保护清洁水源和储存污水同等重要。一系列问题都已经解决,这些问题并非从属于 CWA 管理局。利益相关者的参与、为实现和保持州内水源质量所采取的措施及其他的环境目标是这一措施的另一种特点。

CWA 的关键组成部分是水资源质量标准的建立和检测,以及当水资源质量没有达到标准时采取措施使其达到标准。当所有的水源质量的标准全都达到了,将会采取防止水质恶化的政策和项目使水的质量达到可接受的范围。同样也采取环境监测的手段来保证水质。使地表径流达到水质标准的措施是发展日最大排污量计划。这一计划将会降低污染物的排放量以达到水质标准。日最大排污量计划同时对相关污染物源进行分配,使其达到可接受污染排放量范围。

与地表水相反的是,地下水源的保护在美国是一个相对模糊的概念。在美国,这些保护措施并非由美国州政府或联邦政府强制执行或管制。正如美国环境保护署所说:

在美国,地下水的管理高度松散,其将大部分的权力分配给了州和联邦政府以及当地项目机构。各级政府和立法机构对一种或多种在第3章中所描述的地下水问题进行管制。这些权力机构需要改善管理措施并考虑对地下水资源进行更综合性的管理。

对地下水保护缺乏综合性管理的主要原因是任何管理需要强烈的政治意愿,因为它必须包括对土地使用控制、对重要资源的监管和对土地使用案例的强制管制。在定义上,政治意愿包括对农业、工业和其他对土地使用的活动的管理。在不久的将来,这并非可行。在大多数情况下,真正的保护包括对现有资源和留给当地社区与公共水资源系统的资源的保护。他们不得不发展管理计划,这一计划包括当地利益相关者和公众并可以降低水资源供给及其他资源的风险。简单说,如果社区(包括所有利益相关者)认为某个特定工业或者土地使用的活动不会威胁地下水的数量和质量,人人都会对整体的资源感到满意。如果这种情形不能出现,通常有四种选择:①公共教育和通过转变土地使用来解决问题的衍生服务;②对使部分利益相关者仍然感到不愉快的当地法规和法令的颁布;③土地收购和土地保护;④法律诉讼(克雷西奇,2009)。

第10章提到,不管是过去还是现在都有很多潜在或现存的地下污染源,并且存在着无限多样的自然和人为污染物。要把每一个地下污染源找出来不是一件简单的事情,想很快将资源存储起来用于其他地方却是更加困难。大多情况下,由于法律、经济和其他方面的限制,水的质量不能由终端使用者决定。例如,在几英里之外,并没有使用权的人们越权提取地下水,这就对附近提供公共用水的水源地产生了影响。即使污染源界定清晰,合法存储地下水的规章制度明确,政府也需要几年的时间才能采取有效措施来缓解现状。常见的原因之一就是地下水修复的成本过于高昂,这使得很多大小型使用者根本不愿尝试去解决问题。这也就是为什么在有些国家,比如美国,水的使用者和所谓污染者的权利都受到保护,但是每年还是会有很多人花很多钱在地下水污染诉讼案上,而不会直接花钱缓解这一问题。

5.2　地下水法

2006年10月,美国环境保护署出台了《地下水法》(GWR)最终版本,旨在减少地下水资源的终端使用者(PWS)可能遇到粪便性污染的风险。这部法规建立了一个风险导向型战略来找出粪便性污染高风险的地下水系统,并且特别指出了石灰溶岩地形和高浸透型蓄水层。GWR还特别规定了何时可采取改正措施来保护高风险地下水系统消费者的权益(USEPA, 2006, 2008)。

如果一个系统通过管道或其他运输工具为人类供水,且它有超过15个服务连接器或至少1年内有60 d持续为25人供水,那么这个系统即可被称为PWS。PWS包括由系统操作员进行控制的集水、治理、存储和配送系统,在使用过程中与这一系统紧密联系,与不受这一系统联系的搜集或处理设备一起工作(USEPA,2008)。

在对其法规的解释中,美国环境保护署指出地下水研究和近期的疫情数据表明致病病毒与细菌可能出现在实用地下水的PWS中,并且人们可能会由于接触到受污染的地下水而生病。大多数的水传播病都有胃肠疾病的症状(例如腹泻和呕吐),这些症状通常可以进行自我控制,很少需要治疗。然而,这些相同的症状对一些过敏人群(例如小孩、老人、免疫系统受到损害的人)非常严重甚至可以致命。人体中和动物粪便中的致病病毒和细菌可以直接污染饮用水。粪便污染物可以接触到地下水源,包括饮用水井、废弃的化粪池系统、泄漏的污水管道、动物庄园和大型动物养殖场等。

尽管数据表明相对很少的地下水供给系统中含有粪便污染物,但是这对人类健康的严重威胁和间接与地下水微生物病原体相接触的人促使美国环境保护署颁布规章制度。GWR被运用到地下水的PSW系统中(2007年超过了147 000个)。如果地下水可以直接参与到分配系统中并向消费者提供无需与地表水治理同等的治理措施,那么 GWR 可以运用到任何混合地表水和地下水的系统中。这些供水系统向 10 亿多消费者提供饮用水。

GWR 通过建立在四种主要组成部分的风险瞄准战略来规避风险:

(1)定期的地下水系统卫生调查。这需要对 8 种关键要素进行评估和对明显的缺陷进行辨认(例如在漏水的化粪池边的水井)。各州必须在 2012 年 12 月 31 日之前完成对大多数社区水资源系统的最初调查,在 2014 年 12 月 31 日之前对运行良好的社区水资源系统和所有的非社区水资源系统进行调查。

(2)对水源地水样本中大肠杆菌、肠球菌、大肠杆菌噬菌体的含量进行检测。主要有两种检测条款:①触发监控针对的是暂时无法提供解决方案的系统,这种解决方案必须使 99.99%(4-log)的细菌灭绝或病毒消除,必须在水资源分配系统中大肠杆菌含量条款下有大肠杆菌免疫样本;②评定监控是触发监控的补充,每个州选择性地采用这种系统对水源水进行评定监控以帮助其辨别高风险系统。

(3)对有重大缺陷和含有粪便污染物的水源采取纠正措施。这个系统必须执行以下补救措施中的一种或多种:①填补所有的重大缺陷;②消除水源污染;③提供替代性水源;④提供使 99.99%(4-log)的细菌灭绝或病毒消除的治理方案。

(4)服从监控是为了保证使至少 99.99%(4-log)的细菌灭绝或病毒消除治理方案中治理技术的合理使用。

关于 GWR 的更多细节请登录:www.epa.gov/safewater。

5.3　地下水的影响

一些病原体,比如像贾第鞭毛虫和隐孢子虫的寄生虫,在地表水中自然形成,与糟糕的卫生条件没有必然的联系。此外,通过简单的细菌灭菌并不能杀死寄生虫。基于这一原因,美国环境保护署出台了针对公共供给系统中地表水和与地表水有直接影响的地下水的详细的治理条件。这主要包括泉水和渗水廊道。然而,喀斯特地貌地下蓄水层中的地下水抽取并未被直接提及,但这是实现其他条件的另一逻辑目标。因此,大多数的依赖从喀斯特地貌地下蓄水层中抽取地下水的水井的PWS,并没有考虑到贾第鞭毛虫和隐孢子虫的威胁。根据各州和当地水资源机构对喀斯特地貌中地下水影响所作的不充分的阐述,美国PA认为低于地表水200 ft的地下水更容易受到影响。根据这样的解释,如果两者的距离大于200 ft,从供水井中抽取的地下水就不会受到地表水的影响。然而,地表径流在离供水井几英里的地方可能造成水流失或下沉,这种水通过优先选择流速快的径流进入捕获区域。当水从水井里抽取上来时,渗失河和伏流中的病原体仍然可以存活。此外,伏流中的很多其他病原体在不利的条件下可以对喀斯特地貌中地下蓄水层中的水井造成影响。例如,贾第鞭毛虫的源头包括牲畜、工地污水系统、饲育场、污染的水井和泥浆井。

5.4 公共教育和服务

喀斯特地貌水资源保护的最重要的方面就是进行公共教育和改善公共服务。不幸的是,这些常常缺乏足够的经费或完全被忽视。有很多对公众进行教育的简单手段,管理者可以从投资中获得多次回报。例如,化粪池维修和合理使用的公共服务项目(参考Riordan,2007),家庭有毒废弃物的降解(例如油画、溶剂、杀虫剂)及其他未经使用的药品的降解。对于保护水资源供给地区的地下水的含量,水资源保护和土地合理使用的公共服务项目是不可取代的。

或许最有可能接受地下水教育的群体是参观国家公园、州公园和地方公园的游客,这些公园由于有典型的喀斯特地貌景观,例如洞穴、温泉和独特的地貌而建立起来(见图5.2)。

图5.2为美国得克萨斯州建立在两个大型石灰岩温泉的排水管道上的休闲游泳池。两个喷泉的所在地为州公园。左边:圣所罗门温泉,得克萨斯州白默河地区;每天2 200万 ~2 800万gal的地下水从泳池流过。右边:Barton温泉,得克萨斯州奥斯汀地区,河岸上的主要温泉。20世纪90年代早期的一天,这座泳池由于水质问题被暂时关闭并排

干水。(图片版权:格雷科·伊克 允许影印)

这些公园应该作为显示水资源和环境保护重要性的榜样并尽可能将它们纳入到媒体宣传和学校教育中去。其中一所公园是得克萨斯州奥斯汀地区的 Barton 温泉(见图 5.2,右)。

图 5.2 在美国得克萨斯州,一个休闲娱乐的游泳池被直接建造在两个大型的石灰石泉眼上。且这两条石灰石泉的周边区域都被立为州立公园。左边:圣所罗门泉,得克萨斯州白默河泉组中的一条。每天都有大约 2 200 万 ~ 2 800 万 gal 的地下水流经这个池子。右边:得克萨斯州奥斯汀的巴顿泉,远处浅滩的主要泉源。在 20 世纪 90 年代早期的一天,这个泳池因为水质的问题被关闭并进行排水

在 2006 年,美国地质调查局发表了关于该温泉 2003 ~ 2005 年样本水质的科学调查报告。这些水被一些持续性的低含量污染物所污染,其中包括莠去津(一种除草剂)、氯仿(饮用水消毒过程中产生的一种副产品)、四氯乙烯(一种人工合成的有机化学溶解物)。在 2008 年,上映了一部以保护巴顿温泉为主题的纪录片,这部纪录片由罗伯特·雷德福执导,他儿时曾经在此学习游泳。这部电影通过巴顿小溪地区流域的艰难发展来揭露发生在美国的私人财产权和资源保护之间的冲突。这部影片引起了强烈的反响,但是一些开发者认为这部电影有所夸大并对其进行丑化。环境学家认为这部电影对那些想以牺牲公共资源为代价而谋求发展的开发者谴责得不够严苛。(更多细节,请查阅 http://www.edwardsaquifer.net/barton.html.)

佛罗里达温泉任务组理解了以下这句话的内涵并重视公共教育和服务,他们对佛罗里达州喀斯特地貌泉水的综合分析并对其保护提出了管理策略。

国民感情是一切。有了它,任何事情都不会失败。没有它,任何事情都不会成功。

亚伯拉罕·林肯

如果当地官员无法理解泉水盆地中土地使用和泉水质量和数量之间的关系,那么他们无法对泉水盆地中土地的使用作出合理决策。土地所有者、农场主、高尔夫场地管理者、公共事务官员不会减少肥料的使用,尤其是当他们无法理解自己的行为会对流入泉水中的地下水造成影响的时候。对公众进行教育是解决其他很多泉水问题的成功办法。

教育能够培养公众对佛罗里达州泉水的重视,并可以使公众参与合作和自愿服从。维基瓦温泉州立公园、银泉公园和艾斯塔克尼温泉州立公园实施的教育活动赢得了公众的支持与持续关注。教育能够建立公众对土地占有和归还的支持,对泉水采取保护性的措施。没有公众的支持,法律制定者和政策制定者不可能提供使佛罗里达州泉水受益的资金。公众必须被告知佛罗里达州泉水的各种问题。一个积极的信号需要传递——如果我们齐心协力,我们可以保护佛罗里达的泉水(佛罗里达泉水任务组,2000)。

参考文献

[1] Anderson, M. T., and Woosley, L. H. Jr., 2005. Water availability for the Western United States—Key scientific challenges. U. S. Geological Survey Circular 1261, Reston, Virginia, 85p.

[2] DWR (Department of Water Resources), 2003. California's groundwater. Bulletin 118, Update 2003. State of California, The Resources Agency, Department of Water Resources, 246p.

[3] Kresic, N., 2009. Groundwater Resources: Sustainability, Management, and Restoration. McGraw-Hill, New York, 852p.

[4] Potter, H. G., 2004. History and evolution of the Rule of Capture. In: Mullican, W. F, and Schwartz, S. (eds.), 100 Years of Rule of Capture from East to Groundwater Management. Texas Water Development Board Report 361, Austin, TX, pp. 1-9.

[5] Riordan, M. J., 2007. Septic system checkup: The Rhode Island Handbook for Inspection. Rhode Island Department of Environmental Management, Office of Water Resources. Available at: www. dem. ri. gov/pubs/regs/regs/water/isdsbook. pdf.

[6] The Florida Springs Task Force, 2000. Florida's Springs. Strategies for Protection and Restoration. Florida Department of Environmental Protection, Tallahassee, FL, 58p.

[7] USEPA, 1999. Safe Drinking Water Act, Section 1429, Ground Water Report to Congress. EPA-816-R-99-016, United States Environmental Protection Agency, Office of Water, Washington, D. C., various paging.

[8] USEPA, 2001. Implementation Guidance for the Interim Enhanced Surface Water Treatment Rule. EPA 816-R-01-011, United States Environmental Agency, Office of Water, Washington, D. C., various paging.

[9] USEPA, 2006. Final Ground Water Rule. Fact Sheet, EPA 815-F-06-003, United States Environmental Agency, Office of Water, Washington, D. C., 2p.

[10] USEPA, 2008. Sanitary Survey Guidance Manual for Ground Water Systems. EPA 815-R-08-015, United States Environmental Agency, Office of Water, Washington, D. C., various paging.

第6章 预测模型

6.1 简 介

预测模型是水资源管理决策支持系统(DSS)的基础。水资源相关项目及其管理的范围和复杂性各有不同,模型也是如此。图6.1显示了高级模型在区域性流域尺度上为优化多部门(通常是相互竞争的)供水需求提供服务的应用。这些模型模拟现有水系统的运行,也可模拟包括许多决策参数的概念性备选方案,还能够自动进行敏感性分析和优化运算。这类模型的运行还需要结合法规设定或利益相关者约定的各种管理约束条件。在最为复杂的情况下,大流域的水资源综合管理(IWMR)可能需要几个与方案—决策—反馈循环相联的分级模型。这些模型可以根据气象估算输入值进行实时的短期和长期预测,还可以用于评估各种地表水和地下水的开发、扩建、保护与修复工程项目,以及用于支持旨在平衡水的供需和用水户的各种利益冲突的新法规。

流域级管理模型根据子流域和地下水系统物理模型的输出定期更新,同时后者则根据各监测点的输入参数定期更新。有一些地方地表水模型的输出,包括预测施用化肥、暴雨后浊度负荷导致水质暂时改变及水库控泄导致的流量改变。地下水模型可以预测基本基流、季节天气或土壤水分条件下的预期灌溉抽取量。简言之,综合模拟系统的复杂程度取决于终端用户和利益相关者设定的管理目标。

由于水资源及其用户是按空间分布的,所有模型自然最好整合到地理信息系统(GIS)中,后者连接着数据库、模型和用户友好且基于图形化可视环境的模型输出(Kresic 和 Mikszewski,2012)。监测系统、模型和地理信息系统是决策支持系统的3个主要支柱。决策支持系统正快速成为水资源管理的一项标准。可视化和多媒体工具目前在向决策者、政策制定者和公众传递技术知识方面是不可替代的，它们也是识别不同管理方案的经济、环境和社会影响的最有效手段。

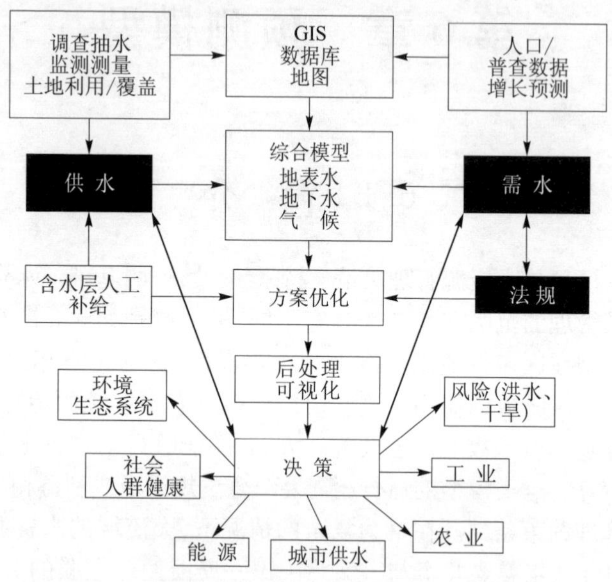

图6.1 水行业背景下的资源管理和决策支持系统

（根据供水、需水、模拟和法规进行决策）

岩溶水系统对基于物理的数值模型应用提出了持续性挑战。对这些挑战的主要解释十分简单，对有粒间孔隙的含水层，地下水流量方程式主要建立在相对简单的达西定律基础上。然而，岩溶含水层的孔隙性质要求对截然不同的多孔介质应用如下不同方程组：①岩石基体；②岩体不连续面，例如断层、裂隙和层面；③溶蚀扩大的孔隙，例如由最初的不连续面发育形成的岩溶通道和管道。任何描述这些截然不同的流态不同方程式的有意义定量组合，都会因为存在于不同孔隙类型的场分布和识别有关的不确定性而变得更为复杂。

但是，相关的努力结果一般都落后于粒间结构（非裂隙、非岩溶）含水层水文地质学的发展。大多数岩溶模拟方法仍然还是按各种时间序列进行分析，并以地表水文学发展过程中的一般统计与概率方法应用为基础。这类方法有一个共同点；必须有一个较长时间序列的含水层补给和泉流量数据，以及各种输入输出关系。但这也是很多执行时间较短的工程项目实际的主要制约因素。因此，不少水文地质学专业工作者仍然选择将岩溶含水层表征为一个等效多孔介质（EPM），然后再采用流行的基于达西方程的确定性（基于物理的）模型描述地下水流，甚至污染物的运移，由此得出的结论常常受到质疑，是不足为奇的（Kresic，2009）。

无论如何，随着裂隙岩体和岩溶含水层表征的现场及实验室方法的不断发展，包括地下水流的新分析解与数字解，以及成功的岩溶水系统管理，在很多情况下很可能会要求同时应用时间序列和确定性模型，从而促进传统地表水文学者与传统水文地质学者之间的密切合作。

要成为一种有用的岩溶工程或水资源管理工具，任何模型都应能够回答如下或者类似问题：

（1）如果不下雨，本月底的泉流量是多少？如果本月达到平均降雨量，月底的泉流量又是多少？

（2）如果未来将在泉 3 km 外的水井抽水 200 L/s，对该泉有何影响？

（3）如果发生了历史性严重旱灾，含水层的可用水量是多少？

（4）人们能够调控含水层（泉）并在 8、9 月份抽取比自然排泄量还要多的地下水吗？我们可以相信每年都能够这样做吗？这样做对河流有何影响？

（5）人们能够期望泉水的水质良好吗？始终保持水质良好吗？我们多久必须进行水处理？

（6）人们能够将泉用作鲑鱼的孵化场所吗？

（7）人们在泉边所建水电站的容量要达到多少才能在现行能源价格水平获利？

（8）污染物用多长时间能够到达水井（泉）？到达时的浓度是多少？

显然，定量（即用模型）回答这些问题的能力主要取决于可获得的现场数据以及获得这些数据所需的经费，包括所用时间。然而，不管所选模拟方法和可用数据如何，任何答案或多或少有可能是默认的。例如,尽管确定性模型都是基于某些地下的地下水流现有定律为基础的,但有关含水层(或泉)未来状态的各种预测在一定程度上将取决于未来的降水量,而这是一个随机的周期过程。

采用数学方程式描述地下水流要素的模型称为数学模型。根据所涉及方程式的性质不同,这些模型可能是经验(试验)模型、概率模型或确定性模型。经验模型根据适配于某些数学方程的实验数据而建成。达西定律就是一个很好的例子(注意达西定律后来成为理论基础,实际成为物理或确定性定律)。虽然经验模型范围有限,但却是更复杂模拟工作的重要部分。例如泉水排泄区的示踪研究可能导致描述示踪剂向泉迁移的数学表达式的产生,适用时还包括快速流(管道流)和慢速流(扩散流)分量;这些函数可用于随机时间序列模型,或者作为数字确定性模型的校正目标。

概率模型以概率论和统计学定律为基础,形式复杂多样,从泉水排泄量及降水量的简单概率分布开始,到最后的复杂随机时间序列模型。这类模型并不试图描述各种水输入如何输移到河流或泉流量的物理现象,因此常常被称为黑箱模型。这类模型的主要目标是找出一种可以合理准确地执行一个或多个时间序列,并将含水层水头、泉流量或其他排泄分量(例如浊度或大肠杆菌群)转化为合适的统计数学表达式。时间序列模型在水文地质学中的主要局限性是不能用于某些常见任务,如预测计划实施的从含水层抽水或含水层人工补给新项目的影响。

6.2 回归分析

对以某种方式相关联并用大量数据表示的不同变量进行回归分析,可能是大多数学科领域最常见的定量分析方法。在水文学和水文地质学中,回归分析通常是指发现一个用已知的对因变量有影响的自变量观测时间序列来描述流速、水头或其他因变量的简单或多元回归方程。自变量可能包括各种水量平衡的分量和降水量、土壤湿度等参数。

就像其他根据时间序列数据编制的模型那样,进行回归变量分析,其观测时段是相同的，其表示的数据点数量是相等的，即日流量与日降雨量相关，月流量与月降雨量相关，等等。所有商业统计电脑程序、大多数电子表格应用程序和很多公用程序中都默认有回归分析功能，可在互联网上免费下载。连同各种曲线图，还可提供对岩溶水系统的有价值的理解。

图6.2～图6.6显示了向得克萨斯州爱德华含水层排泄的Comal泉和San Marcos泉日流量的回归分析。圣安东尼奥地区含水层的日抽水量、比尔县J17号指标井和圣安东尼奥降水量分别与这2个泉的日流量作图。由于没能看见任何定量分析，距J17号井和圣安东尼奥较近的Comal泉显示了与抽水量和含水层水位的比较好的整体相关性。基于J17号井水位的Comal泉排泄量的简单回归模型（见图6.3）显示出从模型相关系数（$r=0.978$）得出的几乎完美的判断。此数值非常接近1，相当于一个数学函数。然而，看模型的残差图时（见图6.4），模型显然不能准确描述某个可能由抽水引起的未知周期性分量。但是，将含水层抽水纳入回归分析并未使模型明显改善。

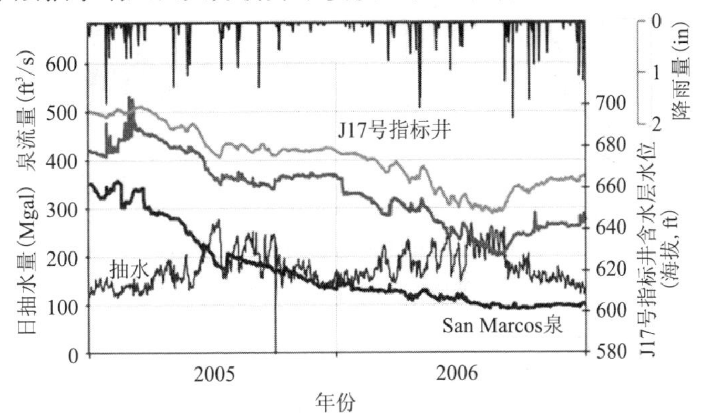

图6.2　Comal泉和San Marcos泉的日流量（ft^3/s）与圣安东尼奥地区爱德华含水层的日抽水量（Mgal/d）、比尔县J17号指标井的含水层日水位和圣安东尼奥日降水量的关系曲线

（Kresic，2010；荷兰爱思唯尔（Elsevier）出版集团版权所有，经许可打印）

由于这2个泉都是上升自流泉，除Comal泉2005年初情况外，对日降水量都没有快速响应。这已通过图6.5所示的完全没有相关性情

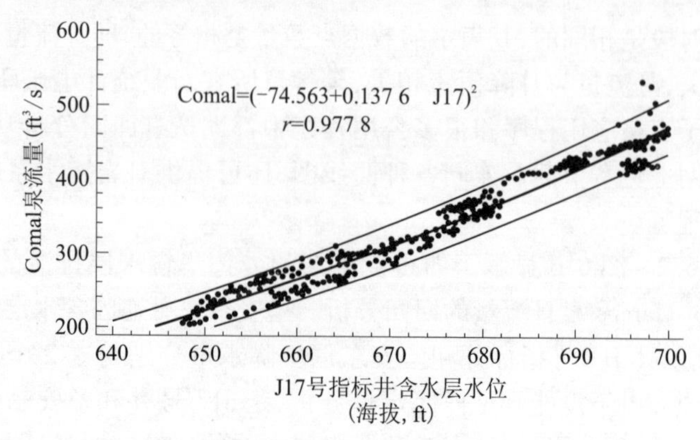

图 6.3 Comal 泉流量与比尔县 J17 号指标井含水层水位的简单平方根回归模型及预测值的置信限(为 95%)

(Kresic,2010;荷兰爱思唯尔出版集团版权所有,经许可打印)

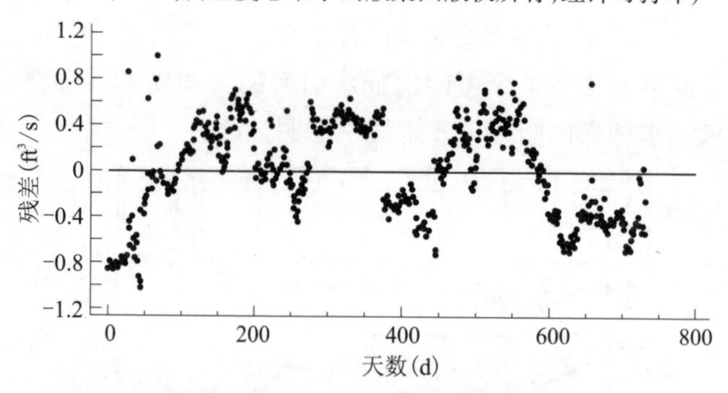

图 6.4 图 6.3 所示回归模型的残差

(Kresic,2010;荷兰爱思唯尔出版集团版权所有,经许可打印)

况得到了确认。即使对日或周降水量响应比较快的泉,泉流量与泉水排泄区总降水量之间的简单线性回归也通常以周为单位。除在一个水文年度里有很多天降水量为零的原因外,还有其他原因:受前期降雨、土壤湿度和蒸散率的影响,泉对相同的降水量也会产生不同的季节响应。而且由于新入渗的水要迁移到潜水面,然后再迁移到泉,因此泉的响应通常会有一定滞后。

分析还表明有些相关性可能呈线性或接近线性(见图 6.3),有些则可能显示出很强的非线性(见图 6.6)。图 6.6 中看到的“之”字形分

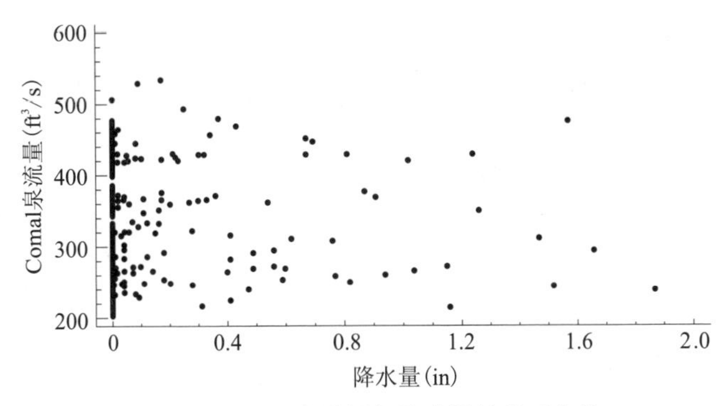

图6.5　Comal泉流量与降水量的关系曲线

(Kresic,2010;荷兰爱思唯尔出版集团版权所有,经许可打印)

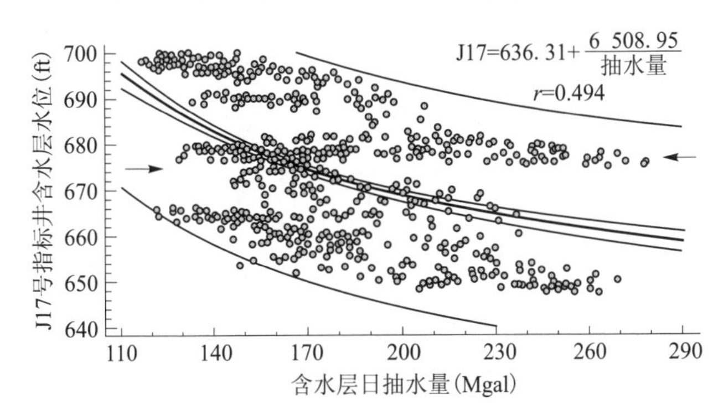

图6.6　Comal泉流量与含水层抽水量回归模型及预测值置信限为95%

(Kresic,2010;荷兰爱思唯尔出版集团版权所有,经许可打印)

布可能是对抽水量比较重要的含水层层位的水位(水头)处于临界水平。随着抽水增加,含水层水位保持稳定(用箭头指示),然后缓慢下降,一直降到下一个较低的临界水位为止。

改进泉流量与降水量回归的一个便利方法是利用所谓前期降水量指数(IAP)间接说明土壤湿度和含水层补给由于前期降雨而对泉流量产生的影响。对降雨响应及时的泉的前期降水量指数通式为:

$$IAP = \sum_{t=1}^{i}(C_t \times P_t) \tag{6.1}$$

式中:t 为时间间隔(例如,1 d);i 为计算前期降水量指数的时间间隔总数；C_t 为经验系数；P_t 为时间 t 的降水量。图 6.7(a) 显示了 C_t 的一些常见表达式和前 10 天里降水量的相对权重相应降低的曲线图。

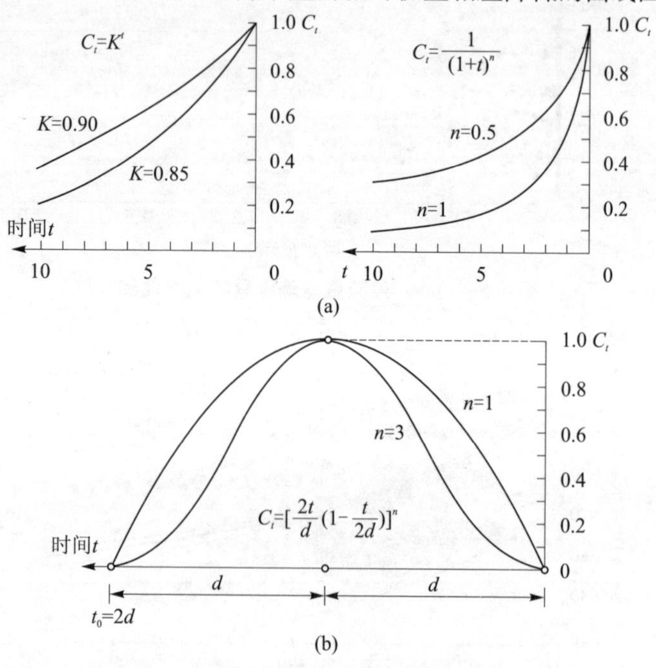

图 6.7　用常见的表达式，定义水对降雨响应及时的前期降水量指数(*IAP*)(a)及对降雨响应滞后的泉系数 C_t(b)

(Kresic，2010；荷兰爱思唯尔出版集团版权所有，经许可打印)

当泉对降雨(补给)响应滞后时，前期降水量指数有一个移到过去 d 天的峰值，使那天的降水量对今天泉流量的影响最大(见图 6.7(b))。这种延迟(滞后)时间可根据包含前期降水量指数的回归模型系数的最大值进行试算确定。也可从泉流量与降水量的互相关图中选择(详见下一节)。也可以检验很多不对称数学表达式，有时可能会提供更精确的适配。

6.2.1　自相关和互相关

在泉流量等岩溶水系统输出的回归模型中，如果有一个变量用于描述它就是泉流量本身,即所谓自回归,则可使该模型得到显著改进。显然,今天的泉流量受到前一天、前两天甚至更多天前的流量的影响,泉流量过程曲线的下降段和上升段都是这样的。有些泉连续流量间的相互依赖程度较强,有些则只有较短的记忆。比如说 10 d 或更久前的流量对今天的流量没有统计学意义上的显著影响。泉的这种记忆性通过第 1.7.1 节所述时间序列的自相关系数(又称为序列相关系数)来评估[见方程(1.81)至方程(1.85)]。如果能够根据某时间序列的过去值对其现在值进行一定的预测,那么这个时间序列就是自相关的。经常用来描述自相关序列的术语还有持续性和记忆性。如果一个序列不是自相关的(没有持续性),也不存在记忆性。

Mangin(1982)提出,相关曲线降到 0.2 以下所需的时间称为记忆效应。根据作者的观点,在岩溶含水层情况下,一个泉的记忆性强,表明了岩溶网络不太发育,地下水流储量大。相反,记忆性弱则反映了岩溶强烈发育,地下水流储量低。然而,Grasso 和 Jeannin (1994)分析了一个合成的规则流量时间序列的自相关曲线图,论证了洪水发生频率增加,导致了相应相关曲线的急剧下降段。他们还指出了洪水的峰值越尖锐,相关曲线的下降段就越急剧。同样,回归系数降低也会引起相关曲线的急剧下降段。Eisenlohr 等(1997)的泉流量过程曲线的正演数值模拟确认了相关曲线的形状主要取决于降水的发生频率。上述作者还表明,降水量的时空分布和分散与集中入渗比值,都对泉流量过程曲线形状和相关曲线有很大影响。因此,相关曲线的形状和推导出的记忆效应不仅取决于岩溶系统的发育成熟状态,还取决于所考虑降水发生的频率和分布(Kresic,1995;Kovács 和 Sauter,2007)。

图 6.8 显示了同一个泉在 2 个特征年(丰水年和枯水年——注意降水量坐标轴放大比例的差别),图 6.9 显示了其自相关曲线图和互相关曲线图。如自相关曲线图所见,置信限之间存在细微的差异,这是因为相关参数对的数量(相关精度)随着滞后天数的增加而减少。在枯水年,自相关曲线约在 60 d 时超出置信限,表明这期间的自相关系数明显不等于零,泉排泄过程并不是独立的。也就是说,这个岩溶水系统有长期的记忆性。因此,一般来讲,前 60 d 以内的泉流量对今天的

流量十分重要。一个可能的原因就是含水层大量蓄水,包括基质孔隙度,然后逐渐排放。

丰水年的情况完全不同,系统的记忆性较短,约 20 d,可能是因为降雨引起的入流比较频繁,足以使流过张开的大裂隙/裂缝或岩溶管道的地下水流量起主导作用。这些快排通道的流量波动性大,这一点可从图 6.8 中的泉流量过程曲线看出。这些通道中频繁的流量变化抑制了枯水年时周边基质的影响。

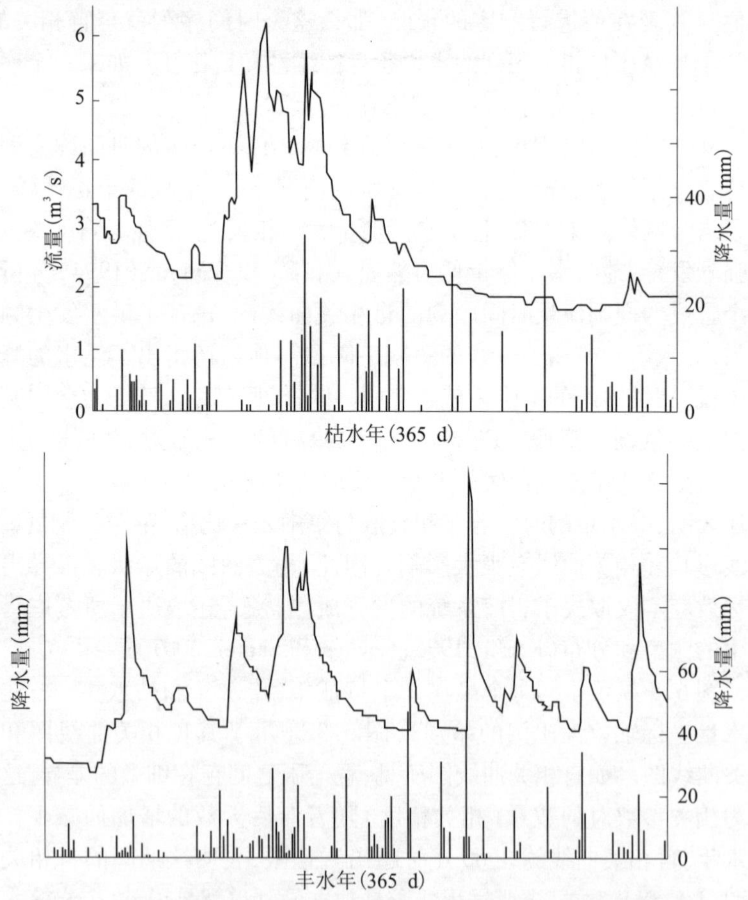

图 6.8　某大型岩溶泉在典型枯水年和丰水年的特征流量过程曲线

(Kresic,1997;泰勒弗朗西斯出版集团版权所有,经许可后转载)

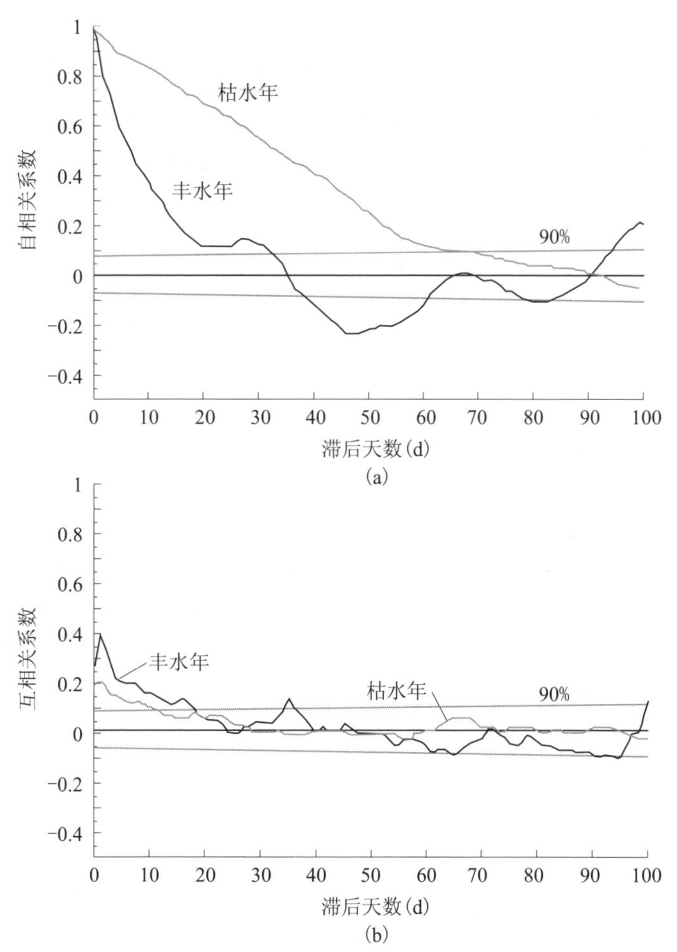

图6.9　图6.8典型丰水年和枯水年泉流量过程曲线自相关图(a)。相同年份的泉流量与泉域地区降水量的互相关图(b)

(Kresic,1997;泰勒弗朗西斯出版集团版权所有,经许可后转载)

如第1章所述,含水层的水头和泉流量或多或少地受到降水量(或其他水输入)的影响,这种影响可能会因各种原因而滞后。在互相关分析中,日泉流量等输出(因变量)与日降水量等输入(自变量)之间与时间有关的关系,可以通过计算各种时间滞后的互相关系数和绘制相应的互相关曲线图。时滞为k的互相关系数计算公式如下:

$$r_k = \frac{\mathrm{COV}(x_i, y_{i+k})}{(\mathrm{VAR}x_i \cdot \mathrm{VAR}y_i)^{1/2}} \tag{6.2}$$

式中:COV 为 2 个时间序列间的协方差;x_i 和 y_i 分别为日降水量和日泉流量的观测值;VAR 为各序列的方差。但在实践中,时滞为 k 的互相关系数通常采用以下公式进行抽样估算:

$$r_k = \frac{\sum_{i=1}^{n-k} x_i \cdot y_{i+k} - \frac{1}{n-k}\left(\sum_{i=1}^{n-k} x_i\right)\left(\sum_{i=1}^{n-k} y_{i+k}\right)}{\left[\sum_{i=1}^{n-k} x_i^2 - \frac{1}{n-k}\left(\sum_{i=1}^{n-k} x_i\right)^2\right]^{1/2} \cdot \left[\sum_{i=1}^{n-k} y_{i+k}^2 - \frac{1}{n-k}\left(\sum_{i=1}^{n-k} y_{i+k}\right)^2\right]^{1/2}} \tag{6.3}$$

图 6.9 显示了枯水年和丰水年的互相关系数分别约在 12 d 和 17 d 以后就无统计学意义了,这表明超过这一时间段的前期降水量对泉流量没有显著影响。丰水年时滞为 1(d)处有一明显的峰值,显示出含水层里的大传输管道对明显的降雨有一个重要的一天响应滞后。在典型的枯水年,这种响应远没有那么显著,但时滞同样也是一天,说明大雨过后的排泄机制是一样的。有趣的是在丰水年互相关曲线图上第 35 天出现一个明显的第二峰值,这可能说明是另外一组导管或遥远处某一点源补给的影响造成的。也可能说明通过上覆于弱透水风化壳或非岩溶沉积物的较厚包气带的滞后补给。

以下例子说明了自相关和互相关在编制岩溶含水层和泉流量概念模型时的可能应用。Ombla 泉(见图 6.10)直接为克罗地亚沿海城市杜布罗夫尼克供水,泉域面积 600 多 km^2,为迪纳拉造山带典型的壮年期岩溶地貌。大多数年份的最大最小流量比(泉流量不均匀系数)都大于 10,2 ~ 3 d 的较短滞后时间和将近 0.5 的较高互相关系数(图 6.10互相关曲线的峰值)都证实了泉流量对大雨的快速响应。据 Mangin 分析,由于夏季频繁的降雨和稳定(虽然较低)的基流,具有统计意义的流量自相关(r_k >0.2)持续了 30 多 d。这些事实提供了一个快速的初步评价:水主要在能够快速传输同样快速入渗的雨水的大管道内流动。管道网络虽然能够快速排水,但没有很大的蓄水量。其他类型的孔隙在漫长的夏季期间对非常均匀的区域基流(6 ~7 m^3/s)做了贡献。然而,相对于可能超过600 km^2 的泉域面积,含水层的有效基质孔隙度(蓄水量)还是很低的。

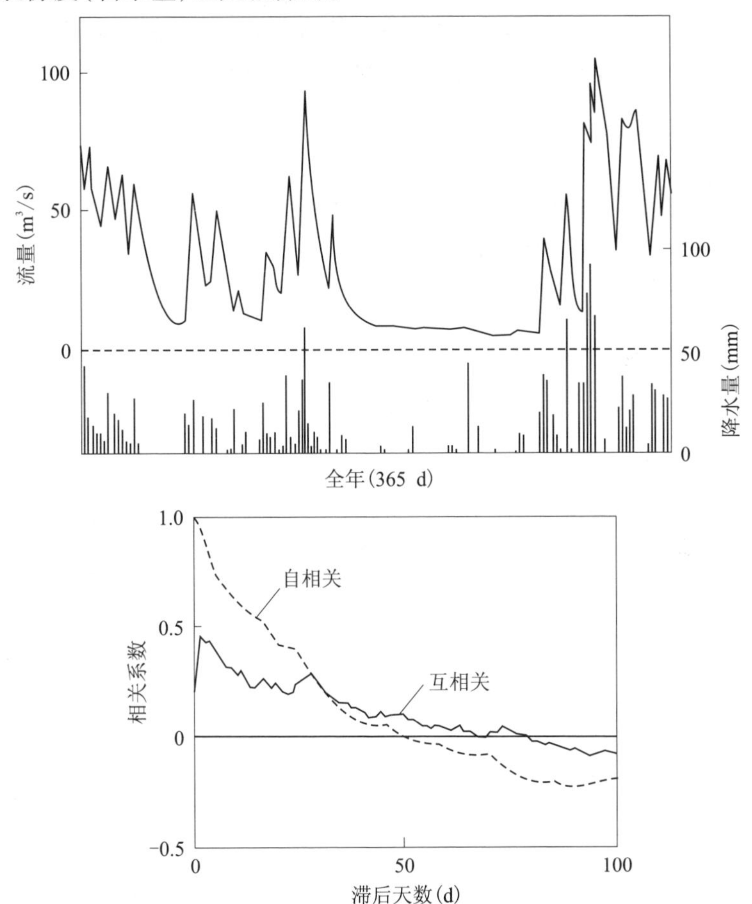

图6.10　Ombla泉流量自相关分析和泉流量与克罗地亚迪纳拉造山带的壮年期岩溶地貌发育形成泉域降水量的互相关

(Kresic,1995;美国水文研究所版权所有,经许可后转载)

Grza泉(见图6.11)位于塞尔维亚东部半覆盖型岩溶地区,具有高达22.5的泉流量不均匀系数,同时还有较高相关系数和较长久的自相关。互相关无统计学意义,虽然泉域的降雨频繁且全年雨量分配均匀。

但是初步的评价是岩溶地貌的入渗很慢。管道流不占优势，其他类型非管道的有效孔隙度（蓄水量）更为显著。这还有助于理解该泉域是一个具有大量山顶积雪而且在春季较快融化的山区地貌。融雪会形成与正在发生的降雨没有直接关系的洪峰流量（Kresic，1995，2010）。

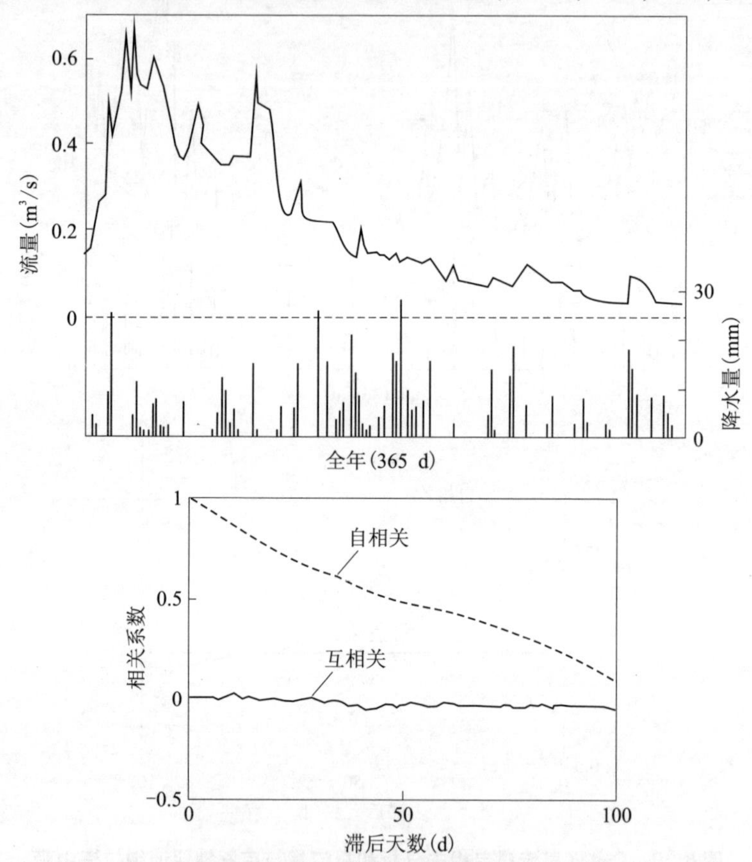

图 6.11 Grza 泉流量的自相关分析和泉流量与由塞尔维亚东部半覆盖型岩溶地貌发育形成的泉域降水量互相关

（Kresic，1995；美国水文研究所版权所有，经许可后转载）

6.2.2 自回归—交叉回归（ARCR）模型

对简单泉流量的自回归模型（AR）和交叉回归模型（CR）单独进行

分析可以提供有关含水层结构有用信息。图6.12显示了这些模型在典型丰水年和枯水年情况下的比较(泉流量过程曲线图见图6.8)。p阶自回归模型如下(Kresic,1997):

$$Q_t = a + b_1 Q_{t-1} + b_2 Q_{t-2} + \cdots + b_p Q_{t-p} \tag{6.4}$$

式中:Q_t为时间t时的预测泉流量;$Q_{t-1},Q_{t-2},\cdots,Q_{t-p}$为1,2,…,$p$天前的泉流量;$a,b_1,b_2,\cdots,b_p$为模型参数。

q阶交叉回归模型如下:

$$Q_t = a + c_1 P_{t-1} + c_2 P_{t-2} + \cdots + c_q P_{t-q} \tag{6.5}$$

式中:Q_t为时间t时的预测泉流量;$P_{t-1},P_{t-2},\cdots,P_{t-q}$为1,2,…,$q$天前的泉流量;$a,c_1,c_2,\cdots,c_q$为模型参数。

如图6.12所示,自回归模型的多元回归系数(为模型拟合效果的指标)比交叉回归模型高得多,这主要是因为蓄积地下水的逐步排泄导致了系统有较长的内部记忆性。从图6.12中互相关曲线的形状也可得到相同的结论。此外,交叉回归模型只采用总降水量,而且有效入渗的量与时间分布还不知道,使多元交叉回归中引入了大量零值,大大降低了其回归系数。

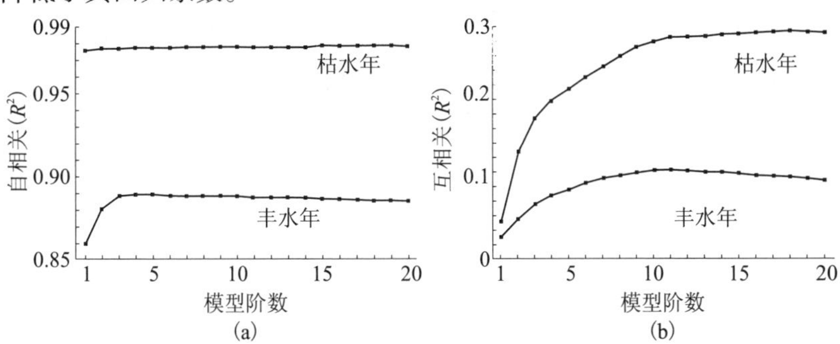

图6.12　图6.8中泉流量简单自回归模型(a)与交叉回归模型(b)的对比情况

(模型的拟合效果用多元回归平方系数(R^2)来衡量

(Kresic,1997;泰勒弗朗西斯出版集团版权所有,经许可后转载))

两种年份的自相关模型系数都保持在高水平,其中在枯水年又高于丰水年,并且在所有检验模型阶数下的变化都没有统计学意义。这又可以通过一个事实来解释,因小裂隙、已充填溶穴,或岩石基质的缓慢排泄所产生的水流始终占有统计学意义上的优势。然而在丰水年，前 3 ~4 d 流过岩溶管道的水流更为重要(见图 6. 12 自相关曲线图的峰值)。丰水年交叉回归曲线在阶数为 3 时斜率发生显著改变，突然变缓，阶数为 10 时再次变缓，然后保持稳定，这也表明从统计学来看，丰水年的泉流量受到 10 d 前降水量的影响，前 3 d 的影响最重要。

由于差异无统计学意义，所以简单交叉回归模型不能用来预测泉流量。丰水年和枯水年所有阶数的多元回归系数都分别低于 0. 32 和 0. 13。然而，丰水年和枯水年的自回归模型的回归系数非常高，其中枯水年几乎接近为函数依赖(R^2 接近 0. 98)，因此是良好的预测模型，在泉流量不受降水量影响时(退水期)可以用于预测。但是自回归模型不能用于基于预测降水量的预测，因为它们不能改变流量过程线的方向(如从下降变为上升)。自回归模型也不能用于依据历史降水量产生历史流量。

自回归—交叉回归模型属于多元时间序列模型，类似于 ARMAX 模型，即带有外生变量的自回归移动平均(ARMA)模型(Salas，1993)。但是，由于误差项未列入参数估计，这些模型都不太复杂。模型的阶数一般较低——包括 3 ~4 d 前的流量和降水量。较高的阶数确实会增加作为模型拟合效果指标的多元相关系数(R)，但这种增加没有统计学意义。然而在泉域面积较大(等于或者大于 50 km^2)并且降雨对泉流量的影响显著滞后时，其自回归部分的增加可显著提高自回归—交叉回归模型的有效性。

在这种情况下，自回归与交叉回归模型的结合显著提高了丰水年新自回归—交叉回归模型的有效性。对于枯水年，这种结合显著增加了多元回归系数，因为所有检验阶数的简单自回归模型值已经接近于 0. 98。自回归—交叉回归模型如下：

$$Q_t = a + b_1 Q_{t-1} + \cdots + b_p Q_{t-p} + c_1 P_{t-1} + \cdots + c_q P_{t-q} \quad (6.6)$$

式中符号同式(6.4)和式(6.5)。

模型阶数(p,q)可以从图 6. 13 所示的自回归阶数(p)和交叉回归阶数(q)各种组合中选择。对丰水年，模型系数(R^2)在 $p=3$ 和 $q=4$ 时最大。自回归阶数(p)和交叉回归阶数(q)的进一步增加会导致 R^2

轻微的负面变化，但仍接近0.925。在枯水年，模型没有单一的最大多元回归系数。自回归部分在阶数为2时出现第一个突然的正面改变，然后在阶数为7时再次达到第一次的最大值。阶数为14和15时R^2再次增加，但是多元回归系数的这些变化都没有统计学意义，即小于0.001。因此，通过增加自回归阶数将更多变量引入自回集中不能提高模型的有效性。一般来说，当时间序列为高度自相关时（就像本例一样），在水文实际工作中一阶和二阶自回归模型就够了。

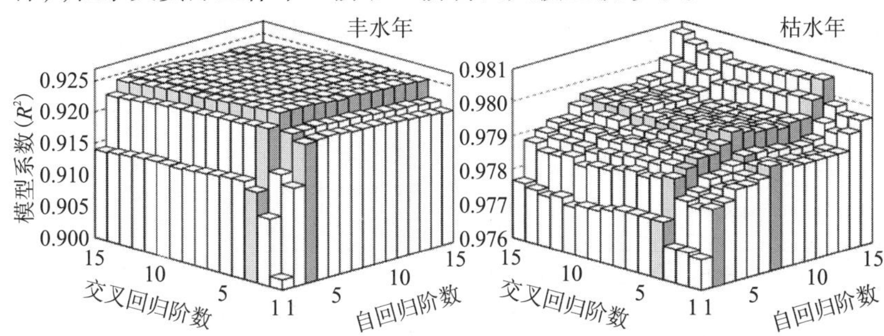

图6.13 自回归—交叉回归模型系数(R^2)对自回归部分和交叉回归部分阶数的依赖性（Kresic，1997；泰勒弗朗西斯出版集团版权所有，经许可后转载）

模型在枯水年的交叉回归部分是一致的，整个分析区域在阶数为4时都有最显著的增加（见图6.13）。自回归—交叉回归模型阶数在枯水年可选择$p=2$和$q=4$，即(2,4)。图6.14显示了丰水年中部分泉流量的模型预测值和实测值。当模型利用实际总降水量时，回归期间的预测值与实测值有明显的不同（图6.14的上图），这是因为模型赋予所有降水量数据相同的权重，包括夏季的孤立暴雨。没有考虑含水层非饱和带的蒸发蒸腾及水分亏缺，以及夏季月份其他大大减少有效降水量的因素。

正确估算有效（净）降水量是水文模拟降雨—径流关系中的一大难点。对于降雨入渗可能被多孔介质显著衰减的地下水系统更是如此。含水层对补给的响应全年各不相同，取决于含水层非饱和带的条件与厚度、地下水位、泉域位置和其他因素。

用数学描述总降水量转换的一种简单方式为通过移动平均线性滤

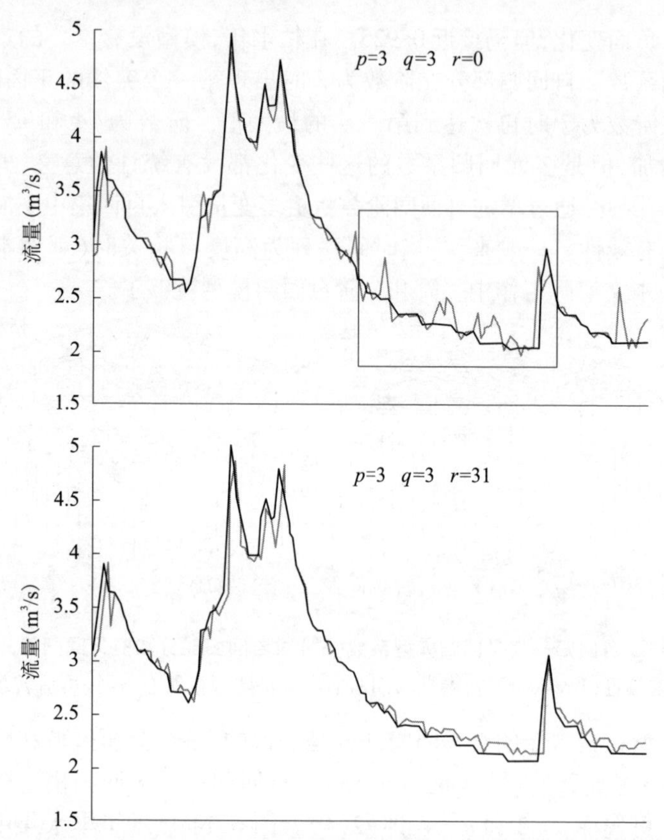

图6.14 一个典型丰水年夏季泉流量的实测值(粗线)与模型预测流量值对比情况(未用滑动平均滤波的自回归—交叉回归模型预测结果($r=0$)。自回归部分和交叉回归部分的阶数均为3(上图)。对泉域地区总降水量采用了31 d滑动平均滤波的结果(下图)。图6.15还显示了曲线图中的凹入段。(Kresic,1997;泰勒弗朗西斯出版集团版权所有,经许可后转载))

波法来转换数据。图6.15显示了采用不同移动平均值进行转换的结果,并以移动平均窗口为5说明了转换原理。

纳入了修正后降水量输入数据的自回归—交叉回归模型为:

$$Q_t = a + b_1 Q_{t-1} + \cdots + b_p Q_{t-p} + c_1 P_{r,t-1} + \cdots + c_q P_{r,t-q} \quad (6.7)$$

式中:r为用于转换降水量序列的线性滤波窗口的长度。其他符号同

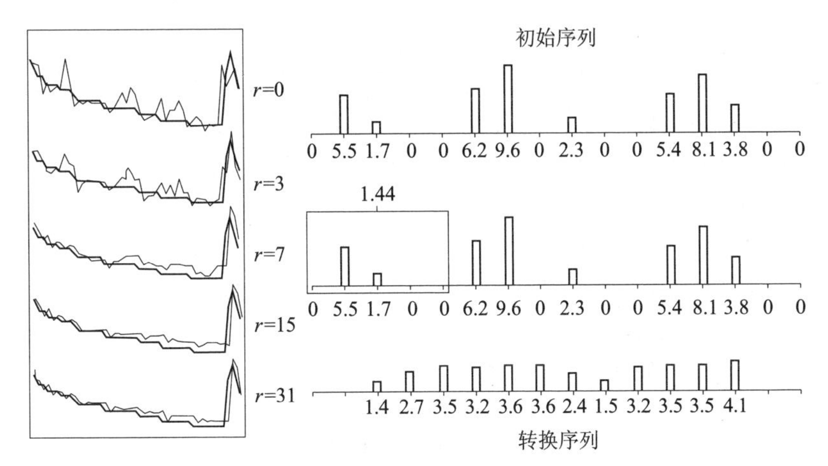

图6.15　增加(从上到下)移动平均窗口对预测泉流量(细线)的影响

(粗线为实测泉流量(左图),采用线性移动平均滤波法转换降水量序列(右图)。注意被转换序列中的数据总量通过 $m-1$ 减少了,m 为滤波窗口的长度(本例中 $m=5$)。(Kresic,1997;泰勒弗朗西斯出版集团版权所有,经许可后转载))

式(6.4)和式(6.5)。

应用移动平均滤波实际上使多元回归系数略有降低,这就是首选目测法确定滤波长度的原因。在图6.14中可见,补给期间的总降水量和转换降水量的预测结果都比较好。在衰减情况下,两者间的差异在转换降水量产生更好结果时有统计学意义。

建立一个简单的自回归—交叉回归模型首先可以通过任何电子表格和多元回归程序准备数据;流量和降水量时间序列用大量与自回归—交叉回归模型总阶数相对应的列进行排列,然后转变为一个时间的滞后。对于一个自回归—交叉回归(3,3)模型,泉流量根据当天的实测降水量和前3 d降水量进行预测:

$$Q_t = a + b_1Q_{t-1} + b_2Q_{t-2} + b_3Q_{t-3} + c_0P_t + c_1P_{t-1} + c_2P_{t-2} + c_3P_{t-3}$$

如前所述,交叉回归模型的多元回归系数(衡量模型有效性的一个指标)通常较低。这是连续的泉流量关于通常为零的日降水量回归的缘故。一种转换降水量序列的方法是应用一个移动平均滤波器(如图6.15所示),图中的滤波窗口为5,即一次有5个数据加总,而其平均值被定为窗口的中点。然后将窗口移动一个位置并再进行平均。最终得出平滑的序列:高降水量值降低了,低降水量值(包括零值)增加了。然后将新转换序列代入自回归—交叉回归模型,取代总降水量。还有各种其他数学和统计学滤波器可以用来检验和实现更好的拟合(见图6.7)。

自回归—交叉回归模型一次只能给出未来一步(如第二天)的有效预测,因为对于第二及随后的时段,前面几天的输出(泉流量)还不知道,而且模型置信度和预测值的置信限快速降低。其他类型的时间序列模型也是如此。

6.3 卷积和传递函数

自20世纪60年代后期以来,卷积和各种描述将输入(例如降雨量)转换为输出(例如径流)的数学函数被地表水文学者普遍应用。正如第2.6节中的图2.20和图2.21所述,这种方法将降水量分为:①超量降水量;②入渗和其他流失。超量降水量会产生直接暴雨径流。在岩溶水文地质学里,超量降水量相当于快速入渗到饱和带,潜水面或泉水流出的地方首先对此产生响应。在土壤水分得到满足后,任何超量降水的入渗都会形成地下水补给,最终形成地表河流的基流或者泉流量。

由于水系统土壤蓄水阶段存在临界值,所以不可能将整个系统视为线性,即使是在蒸发蒸腾已完全知道的地方。在地表水水文学里,反映超量降水量与暴雨径流之间线性关系的单位过程线理论的形成,通过消除基流及入渗避免了这个困难。正因为存在这一临界值,而不是地表水与地下水的响应时间差,因此必须对其进行分离。在应用水文学里,图2.21(第2.6节)所示的全模型很少采用。相反,随意将基流从总过程线中分离出来,然后超量降水量取值在数值(容积)上等于暴雨径流。如果分析中包括土壤水分计算,就必须定义土壤蓄水量的固有阈值效应。

Dooge(1973)强调,如果期望考虑图2.20或图2.21所示的整个系统,就必须处理一个非线性的系统,必然带来种种非线性数学难题。因此,地表水和地下水水文学都将注意力放在图2.21所示的各个分量上一点也不奇怪。迄今已开发了各种单位过程线技术(脉冲响应函数)来处理径流的直接响应,而且都以线性行为假设为基础。只是到了最近,泉对补给的响应的非线性系统模拟才占据主要地位(Jukić和Denić-Jukić, 2006)。涉及土壤蓄水量的非饱和相仍是水文循环中最难处理的部分。不仅存在阈值,还有反馈机制,因为土壤水分状态决定了入渗量。

最常用的采用线性系统方法模拟径流和泉流量的方法基础为以下三项原理:①叠加;②时间不变性;③将系统输入及输出集中在一起。在现实中,这三项原则都是无效的,但却大大简化了程序而且可产生满意的结果(Dooge,1973)。叠加意味着可以将许多输入(x)相加在一起,使输出(y)是各相应输出的总和。用叠加原理定义的线性系统必须与输入和输出之间的一般线性(即直线)函数关系区别开来。当一个系统的参数不随时间而变时,就称之为时不变系统。对这种系统,输出的形式只取决于输入的形式,不取决于输入的时间。

如果假定一个系统的输入和输出集中在一起,系统分析和综合问题也大大简化了。只有一个输入和输出的集总系统,其行为可用微分方程组进行描述。如果输入和输出未集总,系统行为必须用偏微分方程组描述,处理起来要比常微分方程组困难得多。

以下集总线性时不变系统的数学公式以脉冲(输入)函数和脉冲响应(输出)概念为基础(Dooge,1973):

$$y(t) = \int_{-\infty}^{\infty} h(t-\tau)x(\tau)\,\mathrm{d}\tau \tag{6.8}$$

式中:$y(t)$为时间t的输出;$x(\tau)$为用脉冲函数的正交系数代表的时间t的输入;$h(t-\tau)$为脉冲响应函数。

式(6.9)的右式代表著名的卷积数学算子,通常可用一个星号代表:

$$y(t) = h(t) * x(t) \tag{6.9}$$

式(6.9)中脉冲响应函数在水文学里称为瞬时单位线(IUH);在

数学里称为核函数。

对于两个相关的离散的有限序列(如降雨量和泉流量),卷积方程变为(Dooge,1973;Dreiss,1982,1989a):

$$y_i = \Delta t \sum_{j=0}^{i} x_j h_{i-j} + \varepsilon_i \qquad i = 0,1,2,\cdots,N \tag{6.10}$$

式中:N 为等长 Δt 中的采样间隔的数量;y_i 为间隔 i 期间的输出平均值;x_j 为间隔 j 期间的输入平均值;h_{i-j}为间隔 $i-j$ 期间的核函数;ε_i 为由于系统固有的非线性和测量误差造成的误差。

如果 x_j 和 h_{i-j}已知,则 y_i 可以通过卷积直接确定。如果 x_j 和 y_i 可以识别,则 h_{i-j}(核函数)可以通过去卷积确定(Dooge,1973;Dreiss,1982,1989a)。式(6.10)的解通过误差平方和最小化来获得:

$$\sum_{i=0}^{N} \varepsilon_i^2 \Rightarrow \text{最小化} \tag{6.11}$$

假定离散核函数为非负函数:

$$h_k \geqslant 0 \qquad k = 0,1,2,\cdots,M \tag{6.12}$$

式中,M 为系统的记忆性或脉冲(输入)影响输出期间的长度。当输入序列总量与输出序列总量相等时,即核函数下的面积等于 1 时有解:

$$\Delta t \sum_{k=0}^{M} h_k = 1 \tag{6.13}$$

系统识别也可以采用 Dooge(1973)介绍的相关分析法,即采用了以下连接了 2 个离散时间序列并用最小二乘法进行优化形式的卷积方程:

$$\varphi_{xy}(k) = \sum_{j=0}^{\infty} h_{opt}(j)\varphi_{xx}(k-j) \qquad k > 0 \tag{6.14}$$

式中,φ_{xy}为 2 个序列的互相关,在 p 趋近无穷大时被定义为限制值:

$$\varphi_{xy}(k) = \frac{1}{n}\sum_{i=-p}^{p} x(i)y(i+k) \tag{6.15}$$

式中,φ_{xx}为一个时间序列的自相关,被定义为限制值:

$$\varphi_{xx}(k) = \frac{1}{n}\sum_{i=-p}^{p} x(i)x(i+k) \tag{6.16}$$

在 p 趋近无穷大时,式中 $n=2p+1$ 为数据点的数量。

如图6.16所示,脉冲响应函数(核函数)描述了将快速入渗等快速离散数据转换为泉流量等输出。迭加原理可使孤立降雨事件(单位脉冲)的模拟单位线合并到真实(复杂)的泉流量过程线。应该对尽可能多的孤立过程线进行核识别,以便对引起这些过程线的降水事件进行定义。也许可能应用一个平均核,如果不同季节的核存在显著差异的话,也可选择应用几个核进行尝试。

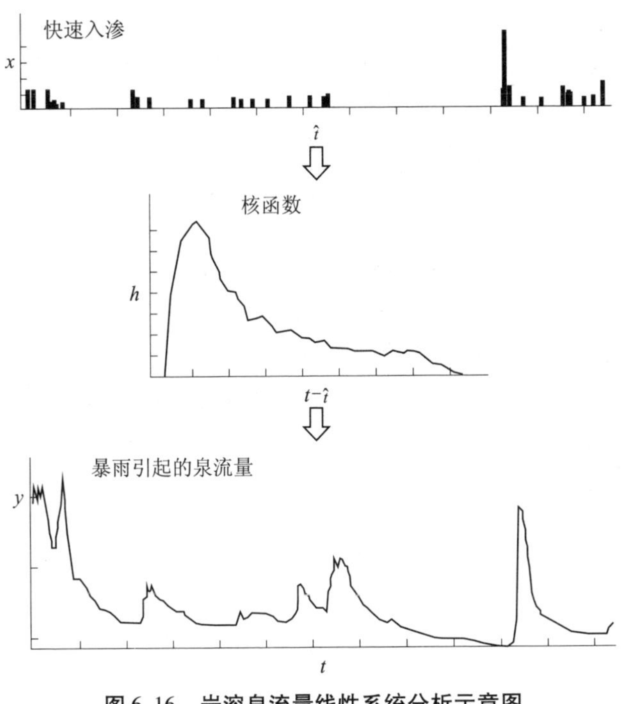

图6.16　岩溶泉流量线性系统分析示意图

(Dreiss,1989a;美国地球物理学会版权所有)

卷积在模拟泉流量中的一个主要的局限性是不能模拟时间比卷积核底数长,即系统记忆性较长的基流(无降水),因为核函数计算了零流量。目前最常选用的数值方法在准确描述岩溶泉退水曲线的两端方面普遍存在问题。在这种情况下,Snyder(1968)建议在以前的分割基流上加入单位流量过程线,这样输出曲线就不会从零开始了。为了避免算法的复杂,Canceill(1974)提出在卷积中加入一个呈降低趋势的简

单阈值:

$$y(t) = \int_{-\infty}^{t} h(t-\tau)x(\tau)\mathrm{d}\tau + C_k \mathrm{e}^{-\infty(t-t_k)} \tag{6.17}$$

式中:t_k 为最后一次有效(非零)降雨的日期;C_k 为优化参数。如Maillet所述,式(6.17)的主要意图是将泉流分为2类:线性快速流分量(脉冲响应)和退水期间缓慢的非线性基流(见式(2.23))。

Dreiss(1989a,1989b)结合示踪试验成果识别了不同时刻的卷积核,该试验在美国密苏里州的梅勒梅克(Maramec)泉进行,包括一个连续12个月的地区性长期天然示踪试验和3个短期记录子集。

Denić-Jukić和Jukić(2003)提出了一种称为复合传递函数(CTF)的新形式岩溶含水层传递函数。该函数通过适应于快速流和慢速流水文过程线分量模拟的2个传递函数来模拟泉流量。非参数传递函数(NTF)可用于快速流分量,而慢速流分量则用参数传递函数,即用数学公式表示并以概念模型定义的瞬时单位线来模拟。通过运用复合传递函数,可以避免辨识得到的传递函数曲线两端的不规则形状,而且使长衰减期和完整过程线的模拟变得更加成功。非参数传递函数、纳什(Nash)模型、左贺(Zoch)模型和类似的概念模型都可作为复合传递函数的简化形式单独加以考虑。基于降水率与复合传递函数之间卷积的降雨—径流模型已成功地在克罗地亚的Jadro泉进行了试验。其应用结果与非参数传递函数的应用结果进行了独立比较。

6.4 时间序列模型

时间序列是一个时变水文变量序列,例如地表河流或泉的流量。分析时间序列时要处理一个数量有限的记录数据——一个样本。这个样本,无论大小,都包括有限数量的相同水文过程实现值。该过程所有的可能实现值构成一个总体。大多数水文学和水文地质学研究的目的都是根据数量有限的样本(有限持续时间里进行的实测)认识和定量描述总体及其产生过程(Gabric 和 Kresic,2009;Kresic,1997)。

时间序列可能是连续的(例如泉流量),也可能是离散的(例如日降水量)。为了实用和便于计算,通过引入记录(或模拟)的时间间隔,如一天、一周或一个月,大多数连续时间序列都被转换为离散时间序列。当一个时间序列用统计学和概率参数描述时,就代表了其某一可能阶段发生(实现)的概率。某一气候温和区域月降水量的时间序列就是一个典型例子。例如,长期的经验告诉大家,每年的4~6月为丰水期,7~9月为枯水期。因此,可以预期,在不久的将来(下一年度),这两个水期的发生时间不变的概率较高。然而没有人能百分百地肯定说这种情况一定会发生(例如,下一年度6月可能发生不寻常的干旱),因为不可能用自然的物理定律准确预测年或月降水量。

人们只能应用统计学工具,通过利用基于过去数据的概率模型来预测未来。采用这种方式进行研究的时间序列称为随机型时间序列。相反,确定性过程在时间 t 的阶段可以明确定义,已知确定性过程在时间 t_0 时的阶段。也就是说,确定性过程用物理定律来描述,而不是概率法则。例如用裘布依方程、拉普拉斯方程或泰斯方程等方程式描述地下水从 A 点流到 B 点。定量水文地质学以地下水流的物理定律为基础,就像下一节所介绍的传统数值模型一样。

严格来说,水文学和水文地质学研究中的大多数时间序列都是随机的,因为其至少依赖一个随机变量,而降水量往往是最重要的一个变量。他们可以在时间域或谱域(频域)进行数学(统计学)描述,详见第1.7.1节"降水量"部分(见式(1.81)~式(1.94))。Box和Jenkins(1976)及Yevjevich(1972)的经典著作是引用最广的时间序列分析中参考文献。这里将这两本书强烈推荐给对岩溶时间序列模型应用感兴趣的读者。美国地质调查局的一份可在其官方网站上免费下载的公共域出版物,详细解释了随机信号处理的基本原理及其在水文学中的应用(Westlake和Dracup,1980)。

一般来说,时间序列有以下5个不一定会同时出现的要素(McCuen和Snyder,1986):

(1)趋势。是时间序列在长时期内系统呈现出来的持续增加或持续减少的变动趋势。

(2)周期性。这是水文时间序列很常见的:降水量、温度和流量的年度与季节周期。时间序列的周期可以通过移动平均分析、自相关分析或谱分析确定,然后用三角函数进行描述。

(3)循环。发生的周期不规则而且难以检测出来(例如,水文气象时间序列被认为受太阳黑子活动的影响,而后者的周期就不规则)。

(4)偶发变动。由飓风等很罕见或者一次性事件引起的变动,需要补充资料才能识别。

(5)随机波动。通常是时间序列方差的主要来源,也是概率识别的主要目标。

图 6.17 通过一个根据美国地质调查局保存的长期记录所绘制的小样本实际泉流量过程线说明了不同时间序列构成要素。

一个通用的时间序列模型开发框架包括 3 个阶段:①识别;②参数估算;③验证和诊断检验。模型识别不是标准自动化过程,但相当具有启发性。常用的方法是迭代试错法。第一步就是研究时间序列数据是否具有平稳性和是否存在需要建模的显著季节性。目测检查历史时间序列的时间曲线图有助于决定是选择季节模型还是非季节模型,是否需要地方差异化来生产数据平稳性,以及对可能模型的阶数形成一个基本感觉。接下来的识别过程是检查历史时间序列自相关和偏自相关函数的曲线形态。考虑到可能的识别误差,应该考虑一组封闭结构的模型。最好始终选择可以接受的最简单模型。

随机模型从形式上描述时间序列(作为黑箱),所以不考虑其物理性质。简单说,随机模型只是从统计学(数学)上分析过去的时间序列,作为系统输入,然后预测现在或未来,作为系统输出(成为自相关模型)。随机模型也可分析某一过去的时间序列,并用其来预测被证明与第一个时间序列相关的其他时变序列的现在和未来。随机模型还可合并几个输入并形成一个或几个输出。这类模型的例子有基于过去地下水位的地下水位预测模型,也有基于过去泉流量和前期降水量的泉流量预测模型,还有涵盖邻近河流历史水位的模型等。

由于比较简单而且在很多不同科学与工程领域都开发了许多一般性应用的数学方法和电脑程序,各种岩溶时间序列模型近几十年来一直普遍使用。时间序列模型的两个主要应用为合成样本的生成和水文

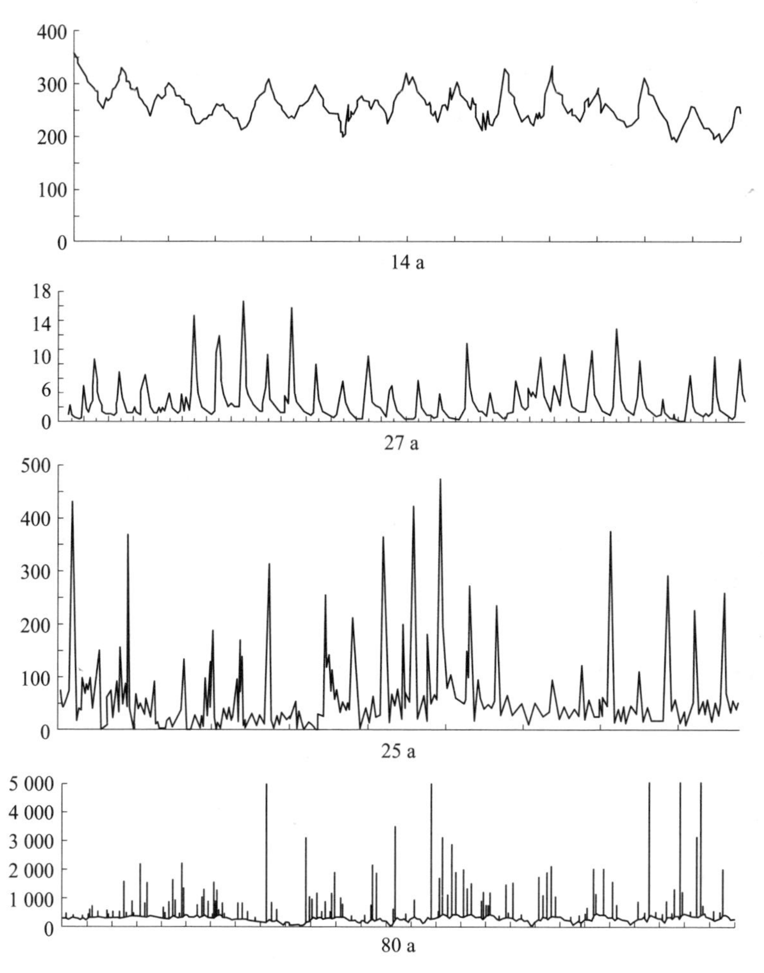

图6.17　显示了时间序列不同构成要素——趋势、周期性、循环、偶发变动和随机波动的泉流量过程线

（所有流量单位为 ft^3/s。（资料来源于美国地质调查局））

事件的短期预测。生成的时间序列在统计学上无法与历史时间序列区分，通常作为复杂水资源系统分析的输入，也可用来为工程分析和设计提供一种基本的概率框架。生成的序列显示出历史记录中没有显现的很多可能水文条件。因此，利用合成时间序列，就可以在这些时间序列所包含的很多不同条件下检验各种设计和运行方案。从已知历史观测值生成的数据有助于评价实时系统运行的不同选择。但是,正如上文强调的,时间序列模型的主要局限性就是不能确切回答与水管理决策相关的常见问题,例如安装新井田、人工补给或开发新住宅小区等。这是因为这些新条件还没有被观测出来,所以没有识别所需模型参数的数据。

一个离散时间序列(或由连续时间序列转换的离散时间序列)的具有相同记录时间间隔的输入—输出随机模型的一般数学表达式为:

$$y_t = f(x_t, x_{t-1}, x_{t-2}, \cdots; y_{t-1}, y_{t-2}, \cdots; \theta_1, \theta_2, \cdots) + \varepsilon_t \tag{6.18}$$

式中:f 为所选数学函数;y_t 为时间 t 的预测输出;$y_{t-1}, y_{t-2}\cdots$为在相应时间间隔 $t, t-1, t-2$ 所记录的输入时间序列的连续个体,$\theta_1, \theta_2, \cdots$为通过数学方法使 y_t 的估算(计算)值与观测值之差最小化找出的模型参数;ε_t 为模型误差(残差),以时间 t 输出序列的计算值与记录值之差形式给出。

随机建模一般采用引入了自回归移动平均(ARMA)模型的 Box 和 Jenkins(1976)提出的方法。自回归移动平均模型的数学描述为:

$$z_t = \sum_{j=1}^{p} \varphi_j z_{t-j} + \sum_{j=0}^{q} \theta_j \varepsilon_{t-j} + \varepsilon_t \tag{6.19}$$

式中:z_t 为均值为 0 和方差为 1 的随时间变化的序列;$\theta_1, \theta_2, \cdots, \theta_p$ 为时变自回归系数;$\theta_0, \theta_1, \cdots, \theta_q$ 为时变移动平均系数;ε_t 为独立正态变量。

用于产生合成时间序列的时间序列模型可分为自回归模型[AR(p)]、移动平均模型[MA(q)]和二者的结合,带有方差的自回归移动平均模型[ARMA(p, q)],例如差分自回归移动平均模型(ARIMA)模型(p, d, q)等。p、q 分别为自回归项和移动平均项的阶数,d 为差分阶数。

自回归模型估算因变量 z_t 的值,作为先前值 $z_{t-1}, z_{t-2}, \cdots, z_{t-n}$的回归函数。移动平均模型在概念上是当前的序列值对一个或多个先前的序列值的白噪声或随机冲击的线性回归。纯自回归模型,通常称为 Thomas – Fiering 模型,在水文学中已被广泛应用于模拟年度或周期性水文时间序列。由于参数个数的简约(越少越好)是非常可取的(因为参数要根据数据进行估算),模型的第二阶通常是表示水文时间序列所必要的最大滞后阶数。使用自回归移动平均混合模型可以获得一个简约模型,因为这是自回归过程与移动平均过程的结合,而非自回归模型或者移动平均模型。因此,低阶的差分自回归移动平均(ARIMA)模型已在水文学实践中广为应用(Salas,Boes 和 Smith,1982;Weeks 和 Boughton,1987;Padilla 等,1996;Montanari,Rosso 和 Taqqu,2000)。更为复杂的随机模型可能包括各种线性和非线性输入序列的转换、考虑周期性(季节性)和模型残差的滤波(最小化)。卡尔曼滤波器是广泛使用的一种线性残差滤波器,通常能够显著改善自回归移动平均模型(Kalman,1960;Birkens 等,2001)。

当自回归滑动平均模型中包含一个附加时间序列时,如降雨量,就称为外源自回归滑动平均模型(ARMAX)。Kresic 等(1993)讨论了应用外源自回归滑动平均模型估算一年里每个月的最小日泉流量的概率。根据泉域地区日流量的 4 年观测资料和日降水量的 30 年观测资料,应用外源自回归滑动平均模型模拟了 30 年泉流量。如图 6.18 所示,对模型的不同阶数进行了可靠性检验。在 4 年时间里,内部(泉流量)和外部(降雨量)输入的四阶模型的回归系数最大;模型的可靠性随降水量的降低而提高,见表 6.1。已运用不同的外源自回归滑动平均模型模拟了 30 年的泉流量。2 号模型用于模拟降水量在平均值的 10% 以下的年份。4 号模型用于模拟降水量低于平均值的 10% 或以上的枯水年,而 1 号模型模拟降水量超过平均值 10% 或以上的丰水年。将每月的 30 个最小日流量计算值拟合成 6 个不同的概率分布。图 6.19显示了 5 月(通常为泉流量最大的月份)和 8 月(通常为泉流量最小的月份)的模拟结果。除 1 月和 12 月外,所有月份的最佳拟合概率分布为对数皮尔逊Ⅲ型概率分布。

随机模型的一个重要方面是水文时间序列的非平稳性问题。模拟年时间序列时通常假定时间序列具有平稳性。在处理月或周时间序列时,会出现季度非平稳性,因此需要一个具有季节性变化特性的模型。Hirsch(1979)、Salas 等(1985)和 Obeysekera(1992)在开发周期模型方

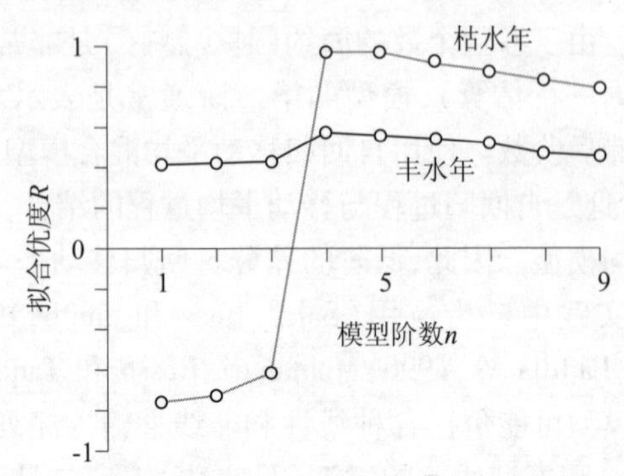

图 6.18　外源自回归滑动平均模型拟合优度(用回归系数 R 表示)对模型阶数 n 的依赖

(Kresic 等,1993)

表 6.1　外源自回归滑动平均模型可靠性对 Grza 泉域地区年降水量的依赖性

年份	与平均年降水量偏差(%)	模型拟合优度 R	模型编号
1980	17	0.59	1
1981	-3	0.72	2
1982	-22	0.92	3
1983	-24	0.96	4

注:资料来源于 Kresic 等(1993)。

面都有重大的贡献。模拟季节性时间序列有两种方法,一是直接法,即直接将带有季节参数的模型拟合为季节流量。这种方法需要很多年的数据,涉及的参数个数有可能很多。如果可用历史数据有限,参数估算就不准确。因此,所有具有时变系数季节模型的主要问题是缺乏简约性。二是分解(解集)法,季节流量分 2 个或多个水平生成。例如,第一个水平模拟生成年流量,第二个水平则通过线性模型将其分解为季节流量。然而,如果历史时间序列的自相关结构显示有显著的周期性,就必须采用明确引入了周期性结构的季节模型。如果所考虑时间序列的季节性处在均值和方差水平,则可通过简单的季节性标准化消除这种季节性,从而可以应用平稳模型。水文过程另外一个特性就是大多数情况下都可观测到的偏态分布函数。因此,人们一直在尝试修改标

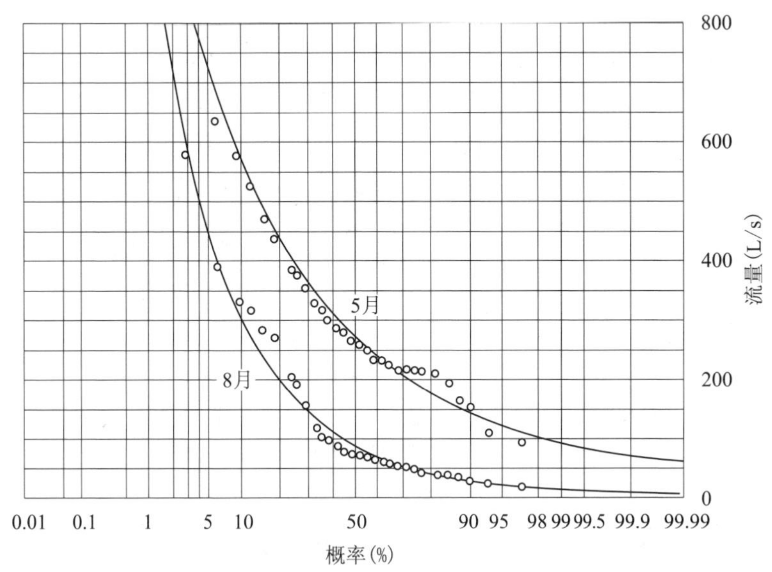

图6.19　用外源自回归滑动平均模型计算最小泉流量的理论概率分布(对数皮尔逊Ⅲ型)

(Kresic 等,1993)

准模型,以处理这种偏态(Bras 和 Rodriguez-Iturbe,1994)。

图6.20显示了伊朗 Sangsoorakh 岩溶流域不同时间尺度地表河流流量的随机模拟结果。该模型基于差分自回归移动平均模型(ARIMA)和消除季节影响的自回归移动平均模型(DARMA)。在这项研究中,采用了随机方法开发周、月和双月流量模拟与预测模型。作者的结论是,差分自回归移动平均模型在本特例中的表现优于消除季节影响的自回归移动平均模型。

谱域或时域谱域混合的时间序列模型在岩溶水文学和水文地质学研究中也很流行。采用这类模型的一个优点是其能够引入不同频率的多循环(周期)输入分量,例如井抽水量和地表河流上水闸及水坝的运行。谱域模型所进行的参数识别也可揭示叠加和屏蔽的输入与输出分量,这些分量可能是也可能不是完全知道的。Mangin(1981)、Padilla 和 Pulido-Bosch(1995)、Larocque 等(1998)、Labat 等(2000)和 Rahnemaei 等(2005)都发表了此类主题的论文。

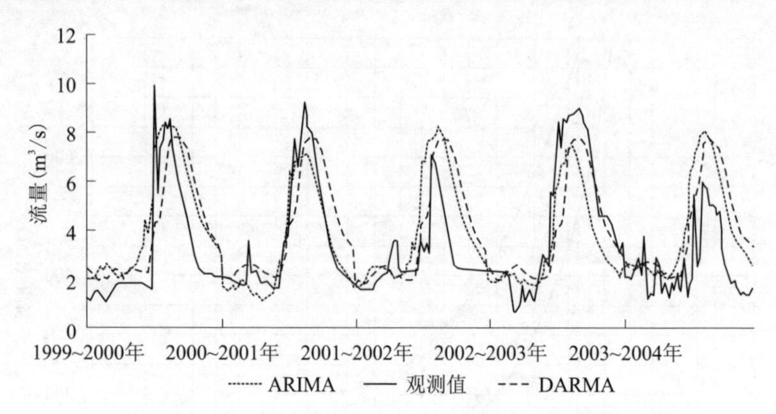

图 6.20 1999 ~ 2000 年至 2003 ~ 2004 年采用 ARIMA 和 DARMA 模型比较周流量的观测值与预测值

(Ghanbarpour 等,2010)

式(6.18)中所选数学函数 f 忽略了控制从输入到输出转换的物理定律时,模型就成为了纯随机模型了。如果数学函数,不管什么形式,引入了物理定律,就称此模型为随机概念模型或灰色模型。与所研究系统有关的各种物理过程和关系都是非常有价值的知识,可为随机模型提供物理背景(Klemeš,1987;Koch,1985;Salas 和 Obeysekera,1992;Kresic 等,1993;Kresic 和 Busbey,1995;Lee 和 Lee,2000;Petrič,2002;Jemcov 和 Petric,2009)。最好在进行随机模拟之前对有关水文过程进行详细的结构和物理分析。

如前所述,时间序列模型有很多可能的用途。合成时间序列在地表水工程中的典型应用包括水库设计、风险与可靠性评价、水力发电规划和洪旱灾害分析等。在地下水研究中,随机模型可用于分析和预测水头波动、填补数据空白和检测与量化趋势(Ann,2000;Knotteres 和 Bierkens,2000;Bierkens 等,2001;Kim 等,2005)。泉流量的时间序列模型目前正越来越流行,用于观测流量和引入影响因子,例如地下水位、降水量、蒸发蒸腾和人为水文干扰,例如含水层抽水。

案例研究——克罗地亚斯普利特 Jadro 泉

本案例由克罗地亚水资源公司的 Ivana Gabrić提供,反映了合成水文时间序列在岩溶水资源管理中的应用。Jadro 泉(见图6.21)的平均排泄流量为9.82 m^3/s,为克罗地亚港口城市斯普利特30万人供水。该泉的主要排泄特点是泉流量随降水量的波动性较大。在泉流量大的时期,积累于地下的土壤和沉积物冲刷作用较强,造成水质的突然短时变化。因此,泉水具有浊度偶尔超标的特点。浊度是 Jadro 泉和其他岩溶泉水质管理的关键问题。为了进行管理,重要的是掌握浊度的性质并尽早预测出高浊度的发生,因为高浊度通常与指示可能污染的高细菌指标有关。准确预测高浊度有助于优化采样策略。在 Jadro 泉,浊度监测没有系统性,所获得的信息不足以满足一个可靠供水系统的管理需要。因此,随机时间序列模型可以利用短期的浊度测定和长期的泉流量记录,提供对浊度更为全面的认识(Margeta 和 Fistanić,2004;Rubinić和 Fistanić,2005)。

图6.21　克罗地亚港口城市斯普利特的供水水源—Jadro 泉

(该泉于公元4世纪开始利用,最初作为罗马皇帝戴克里先夏宫的水源,水通过高架水槽输送。(图片由斯普利特水厂提供;在 http://www.vodovod-st.ht 上可获得;参见图1.10))

据对泉流量和浊度的时间序列分析,枯水期后第一场大雨期间,泉水的浊度较高。第一个丰水期后，相近流量造成的浊度则通常低得多。因此，可以利用一年里不同时段的不同泉流量与浊度回归方程准确预测浊度。图 6.22 显示了基于 3 年的浊度与泉流量的日测量数据和 28 年的日泉流量测量数据建立的一个随机模型。方框 A 表示 Jadro 泉随机模型建立的识别、估算和验证阶段。采用带有常数系数的 Thomas - Fiering AR(2) 模型产生月泉流量合成时间序列，该模型最好地保存了泉流量的统计特性——过程的季节平均值、方差和相关性。方框 B 描述了浊度时间序列的产生过程。根据日浊度和日流量之间的函数依赖性，用月均泉流量的合成时间序列(方框 A)产生出 100 个月均浊度时间序列。然后用月均浊度时间序列产生出最大日浊度时间序列。

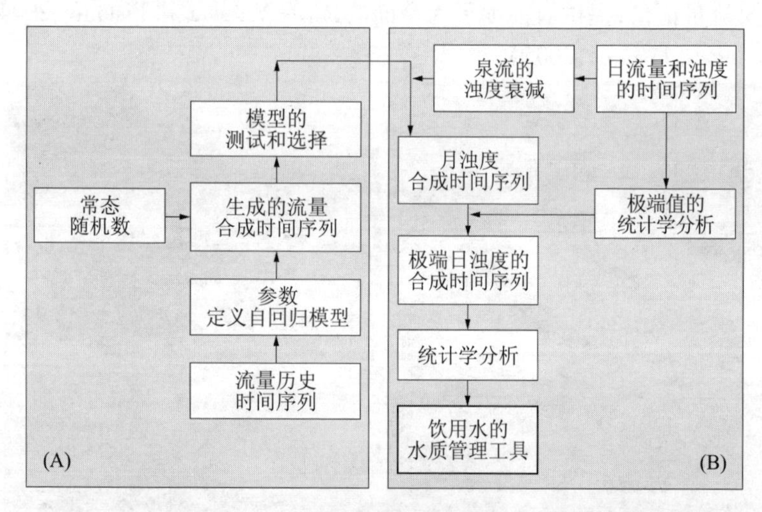

图 6.22　Jadro 泉日浊度随机时间序列模型的建模步骤

(解释见文本。(由克罗地亚水资源公司 Ivana Gabrić 提供))

图 6.23 显示了作为合成时间序列数量及长度的一个函数的 Jadro 泉日浊度最大生成值。高浊度发生的分析显示，其季节特性在模型中被保存下来了，见图 6.24。泉水浊度的最高均值及最大值通常出现在深秋时节，因为此时长期干旱后的降雨带动了沉积于地下的细粒沉积物。

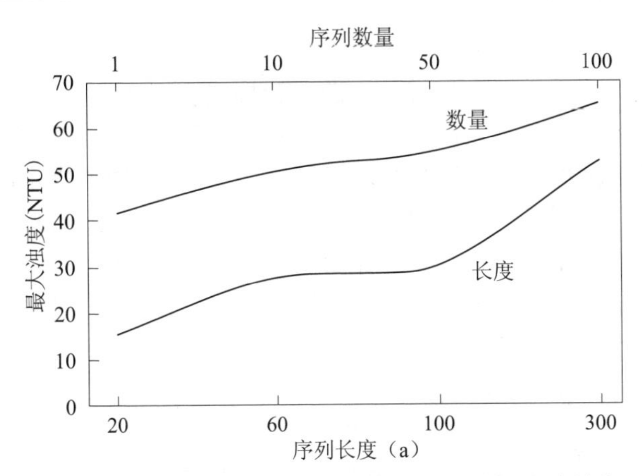

图6.23 Jadro 泉浊度最大合成值与合成时间序列数量及长度的关系曲线

(由克罗地亚水资源公司 Ivana Gabrić提供)

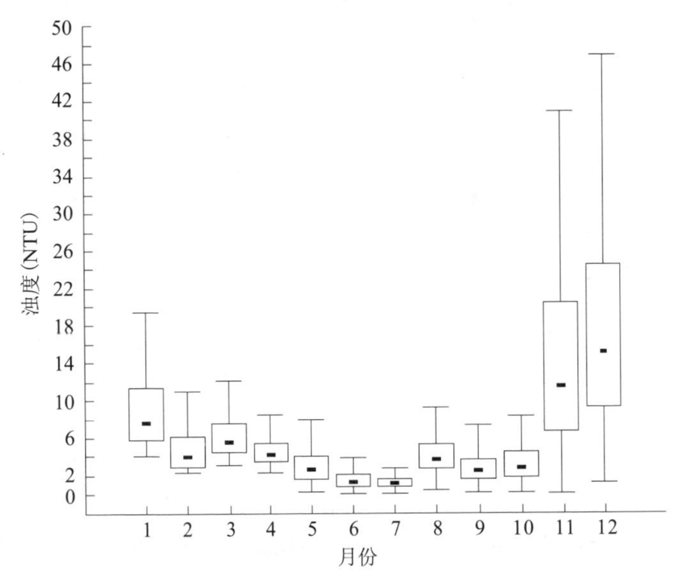

图6.24 合成日浊度值的盒须图(没有极端值和异常值)

(由克罗地亚水资源公司 Ivana Gabrić提供)

6.5 数值模型

数值模型可同时描述整个研究流场，为很多使用者指定的数据点提供数值解。将研究区分为很多小区（称为网格或单元），然后用基本流动方程在考虑水量平衡（即输入和输出）的情况下对每个模型网格求解。数值模型的解为代表各个网格的点的水头分布。这些点可以放在网格的中心、相邻网格之间交叉处或其他位置。每个网格的微分基本流动方程用代数方程替代（逼近），使整个流场可用以 x 为未知数的一元方程式来表示，x 为网格的数量。这个代数方程组可通过迭代过程得出数值解，因此称为数值模型。根据各种微分流动方程的逼近方法和用于所得到方程组的数值求解方法，可将数值模型分为几类，其中应用最为广泛的是有限差分（数值模型）和有限单元（数值模型）。

这两类数值模型各有利弊，对于某些问题，一类模型可能比另一类更为适用。但是由于容易设计和理解，而且涉及的数学知识较少，所以有限差分模型广泛应用于水文实践。此外，美国地质调查局开发了几个非常好的有限差分模型计划，并且放在公共域，以便使其得到尽可能广泛的应用。其中一个模型为 MODFLOW（http://water. usgs. Gov/nrp/gwsoftware/modflow. html），由于具有通用性和开放式结构：独立的子程序即模块可分成模拟特定水文特性的“程序包”，因此可能是迄今使用、测试和验证最广泛的模拟程序，并成为了行业标准。新模块和程序包可以很容易地加到程序中，不需要修改已有的程序包或主代码。美国地质调查局还对其有限元模型 SUTRA 进行了重大升级，现已能够模拟三维（3D）水流（Voss 和 Provost，2002）。这套电脑程序可以模拟非饱和及饱和流、热及污染物传输和变密度流。然而，与 MODFLOW 不同，SUTRA3D 还不是处理模型输入和输出数据的用户友好、图形用户界面（GUI）流行商业程序的一部分，严重制约了其进一步的应用。2008 年，美国地质调查局发布的令人们高度期待的 MODFLOW-2005 新增管道流程序（CFP）（Schoemaker 等，2008），能够用基于物理的方法清晰地模拟岩溶含水层的各种流型。

将某一场地的概念模型(CSM)成功转换成数值模型取决于使用者的经验和所选电脑程序的能力与局限性。经典 MODFLOW 和 MT3D 及 RT3D 等运移模型的主要优点在于其拥有广泛的使用者和不断的升级,包括频繁地引入新模块和数值解法。因此,目前大多数跨越各种电脑程序的建模概念都是间接或直接基于 MODFLOW 中首先使用的那些概念,有经验的 MODFLOW 用户很容易过渡到其他程序。现代计算机和计算机操作系统使大多数实际应用都不会受模型大小的限制。模型可能随便就有数百层和数百万个网格,用台式电脑仍可较快地求解。

然而,虽然有很多优点,经典 MODFLOW 有一些很多实际工作者不得不经常面临的严重局限。可以立即想到的就有 4 个局限性:①要求所有模型层在整个模型域都必须是连续的;②模型在试图模拟由断层或人造建筑引起的较大位移时不稳定;③所有模型网格必须是矩形的,行和列从模型的一边扩展到另一边;④模型在模拟导水率差异较大的多孔介质之间的接触时不稳定。这些局限性严重影响了模拟岩溶的复杂三维地质关系和不连续特性,以及网格间水流量的努力。

幸好在进行本书写作时,真正的地下水模拟突破以一个全新的电脑程序的形式实现了,即 MODFLOW-USG(MODFLOW 的不规则网格版本,详见第 6.5.3 节)。该程序由 AMEC 公司的 Sorab Panday 博士开发,并在充分利用不规则网格和有限体积数值解的同时,保持了与 MODFLOW 以前版本的完全兼容。该程序发布在公共域;数据输入和模型结果的可视化在进行本书写作时已得到图形用户界面最新版本 Groundwater Vistas 的完全支持。该程序使水文地质工作者能够准确地将最复杂的场地概念模型转化为数值环境,从而消除了对各种替代模型解的需要,包括裂隙岩体和岩溶含水层的地下水流。

数值预测模型主要分为两大类:①地下水流模型;②污染物运移模型。污染物运移模型必须首先求解研究系统的地下水流场才能开发,也就是说,这类模型利用地下水流模型的解作为运移计算的基础。

不管预期用途或类型如何,对于任何准备适当解释和使用的地下水模型,都必须清楚地了解其局限性。除(硬件/软件)计算精度等严

格的技术局限性外,以下几点对任何模型都是如此:

(1)基于各种对所模拟真实自然系统的假设。

(2)模型所用的水文地质和水文参数始终只是其实际场分布的一个近似值,永远不能百分百准确确定。

(3)描述地下水流的理论微分方程替换为多少有点准确性的代数方程组。

因此,很显然,模型的可靠性程度各异,但只要其有关的局限性被清楚说明,建模过程遵循行业程序及标准,而且建模文档和任何生成报告是公开透明的并遵循了行业标准,就能不被误用(Kresic,2007)。

关于对有限元和有限差分模型的全面解释及其各种应用,可参见 Anderson 和 Woessner(1992)的著作。

6.5.1 等效多孔介质(EPM)模型

直到最近,大多数(如果不是全部的话)广泛使用的地下水数值模拟的电脑程序都不具有模拟基于物理过程的岩溶含水层特征性三重孔隙介质的能力。因此,水文地质工作者和地下水建模者不是回避岩溶含水层的数字建模,就是忙于寻找行之有效的等效多孔介质方法。在利用 MODFLOW 及基于达西定律的类似代码时,这种方法包括赋予那些已知或者疑似包含高度导水性管道的模型网格很高的导水率数值。图 6.25 显示了这一程序如何可以导致优势流路径和实地观测的水头分布的合理呈现。

但是,没有一个等效多孔介质模型能够准确地再现大雨后泉流的快速流(管道流)分量和管道与周围基质之间的重要水力联系。即随着管道内水头快速抬升,可能会有大量的水输送到周围基质并蓄积起来,条件是基质具有一定的有效孔隙度。同时,泉可能会对由新入渗水引起的压力通过管道的传播产生快速反应(有时在几小时内)。最后,在泉域偏远区域发生局部降雨的仅几天以后,这些新入渗的水就可能从泉眼排泄出来。

为了模拟沿虚拟管道网格的地下水高表观流速和相关的泉流量响应,有些等效多孔介质建模者选择赋予这些模型网格大大低于周围基

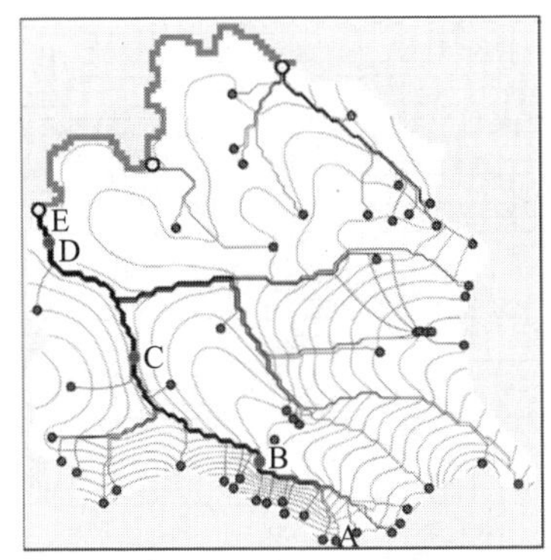

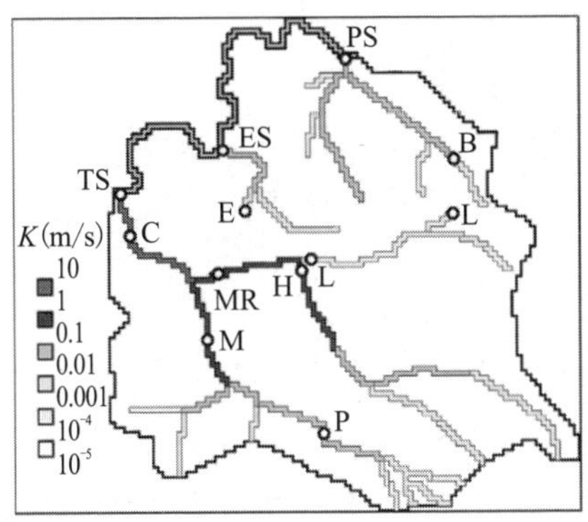

图 6.25　用岩溶含水层等效多孔介质数值模型模拟的水头(左图)及左图的导水率分布(右图)

(左图显示了实际示踪剂路径与水力梯度之间的较好吻合。小黑圆点为染色示踪剂的投放点。所有示踪路径都正确通向了图的左上方用较大圆圈表示的3个沿界河分布的泉(灰色模型网格)。右图要注意由等效多孔介质模型网格模拟的虚拟管道部分的指定导水率高达10 cm/s或8 640 m/d。(Worthington,2003))

质的低有效孔隙度,这是十分荒谬的(详见图1.40和第1章的相关讨论)。即使这种方法产生了期望的结果(地下水快速流),也不会在任何给定时点默认产生虚拟管道网格的高水头;等效多孔介质模型将使这些网格的水头始终低于周围网格,因为后者的导水性远大于其他模拟区。

图6.26显示了利用结合粒子跟踪的基于MODFLOW模型的等效多孔介质模型对佛罗里达州坦帕市附近中央沼泽地区一个井田进行产流区划分的部分结果。正如这一美国地质调查局报告作者所述(Knochenmus和Robinson,1996),分析了与时间相关的产流区的6类碳酸盐含水层系统:各向同性和均质的单层系统、在同一水平面上的各向异性的单层系统、离散垂直裂隙的单层系统、多层系统、双孔隙度单层系统和存在垂直与水平相互联系的异质系统。重要的是要注意,模型中所模拟的裂隙虚拟表示为模型网格,其中流动方程仍然是粒间孔介质(即达西连续介质)方程。

所模拟的含水层各向异性为5∶1,根据TENSOR2D程序的结果确

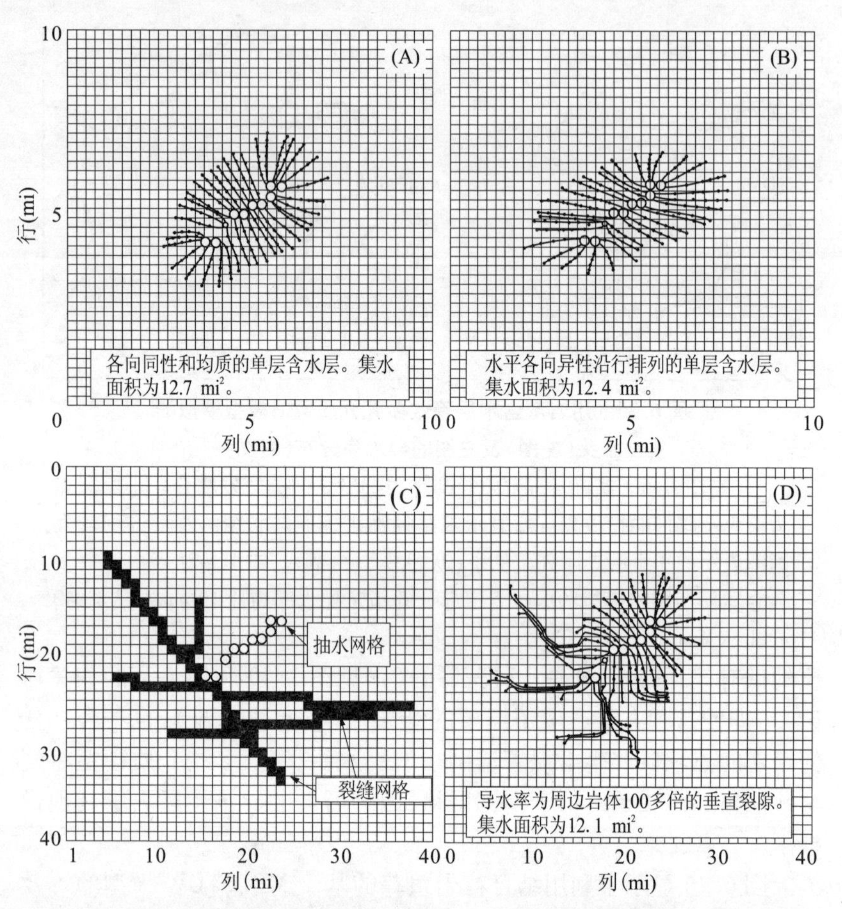

图6.26 含水层各向异性和异质性对佛罗里达州坦帕市附近赛普拉斯-克利克井田的中沼泽区模拟捕获带的影响

((A)各向同性和均质的单层含水层,(B)各向异性导水率沿行的方向存在5倍多的差异,(C和D)用“裂隙”岩体模拟垂直裂隙,这里的导水率比周围“岩体”网格的要大100多倍。(修改于Knochenmus和Robinson,1996))

定。所模拟的虚拟垂直离散裂隙网表示图像线性结构的位置。所模拟的增强流带通过钻孔摄像机和地球物理测井确定。作者得出结论,含水层异质性的分布和性质影响岩溶碳酸盐含水层系统产流区的大小、形状和方向。50年时间相关产流区的大小为8.2~39.1 mi^2。模拟显示,产流区大小主要受模拟抽水量、碳酸盐岩孔隙度和导水率的影响。模拟产流区的形状和方向主要导致了含水层各向异性、井的分布、沿虚拟溶蚀增强带的水流和通过模拟裂隙网的模型网格的短路流。流速和质点路径长度对抽水量、模拟有效孔隙度、虚拟裂隙导致的短路流和导水率作出响应。整合了含水层异质性的模拟结果显示,水流系统的过度简化导致了流场的定义错误。例如,很多典型的碳酸盐含水层具有的含水层各向异性会形成椭圆形的流场。因此,圆形的保护带难以充分表达椭圆形产流区的特征。而且,在将碳酸盐含水层系统模拟为具有离散流带的多层系统时产流区更大(Knochenmus 和 Robinson,1996)。

虽然有很多其他例子阐述了等效多孔介质模型在岩溶丰富地区的局限性,但这种方法仍然广为流传。有时,作者通过说明多孔介质的岩溶发育比较一致,以至于能够将关键模型参数分配到所有模拟层的方式,来证明等效多孔介质模型方法的合理性。这包括空间插值的一般程序,例如用克里格法画等高线。有关等效多孔介质模型的文献记载很多,包括各种建模目的和模型尺度,佛罗里达含水层就是其中一个很好的例子。有时,这种方法的辩护方法为,说明这种模型是地区性的,因而适用于估算各种一般水平衡元素,没有必要精确模拟地下水流速、局部流向和抽水导致的局部降深。

当模型的局限性没有得到明确说明或者在拥有某种定量管理工具的期望中被忽略时,在岩溶研究中采用等效多孔介质模型进行水管理通常会产生问题。但是,某个模型一旦产生出来,通常拥有了自己的生命,并且被各种利益相关者用于各种目的和动机,特别是当模型是由一个与相关项目没有明显利益关系的实体或像美国地质调查局这样的独立政府机构所建立时。然而,在所有这些情况下,模型文档都应该进行独立审查并根据行业标准编制,包括对场地概念模型(CSM)与岩溶发育的讨论,模型局限、假设、目标和模型误差(残差),等等。Putnam 和 Long(2009)的下列讨论说明了这几点。

南达科他州拉皮德城一半以上的城市供水是通过深井和泉由 Minnelusa 含水层与 Madison 灰岩含水层(图 6.27)提供的。城区许多新增用户获得这两个含水层的水用于生活、商业、工业和灌溉等用途。

作为一项与拉皮德城长期合作研究的一部分,美国地质调查局汇编了很多数据集,以便更好地认识 Minnelusa 和 Madison 水文地质单元的地下水流情况。目前已开发了1 000 mi^2 研究区的数值等效多孔介质地下水流模型,包含了拉皮德城和周边地区中的上述2个地质单元。美国地质调查局编制的建模报告目标是:①记录 Minnelusa 和 Madison 水文地质单元的地下水流数值模型的开发过程,其中包括南达科他州拉皮德城 Minnelusa 和 Madison 含水层;②提出对压力的模拟反应和描述模型局限性。

图6.27　泉溪峡谷的灰岩地貌的浅孔

(Ingrid E. Arlton 提供图片;Putnam 和 Long,2009)

美国地质调查局指出,模型受到许多简化假设的限制。其中最重要的简化假设为表征一个包含大量的次生孔隙作为多孔介质的水文地质系统。一个表征已知模型网格区域平均值的体积参数只能提供水力特性的广义近似,特别是 Madison 岩溶水文地质单元。这些简化可能产生一个响应压力的模拟水头,这种响应比观测到的响应更弱。某些区域场地特定的反应很有可能是误差(Putnam 和 Long,2009)。

图6.28 和图6.29 说明了美国地质调查局报告中提出的一些模型校准结果。图中可见,模型残差(水头的模式校准值与观测值之差)显示出严重偏差,特别是 Minnelusa 含水层;数据点集中在一个狭窄的垂直带范围内且垂直方向分布很散,数值在0 的上下方向都超过了100

ft。这表明模式校准相当不好，因为行业内广泛接受的是模型残差应该呈随机分布（无偏移）。Jackson-Cleghorn 泉的瞬间流量的模拟值与观测值曲线图（见图 6.29 左）有点令人费解，因为泉的观测流量不随时间而变，这对任何泉来说都是很少见的，不仅是岩溶泉。

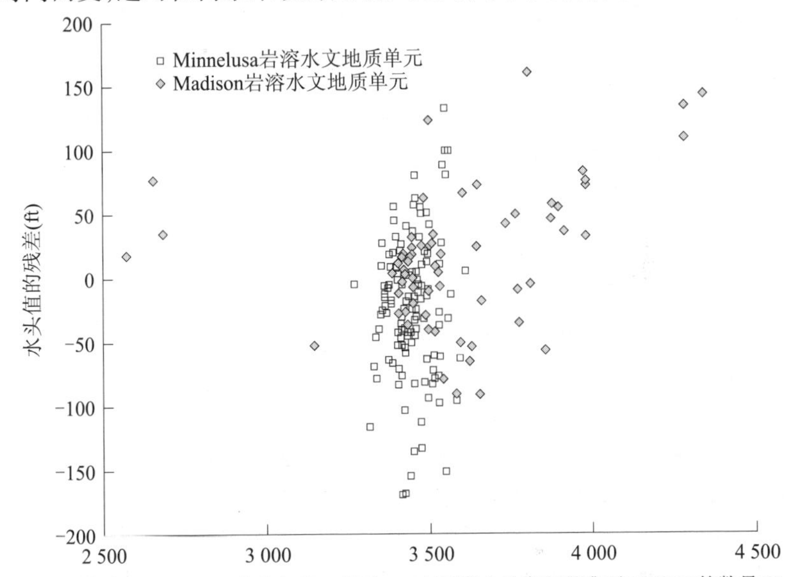

图 6.28　模拟稳态水头值与观测水头值的残差与水头平均值（1988～1997 水文年度）的关系图

（修改于 Putnam 和 Long,2009）

美国地质调查局指出，任何情况下，可能部分基于模型校准的结果，通过增加数据，模型的进一步优化是有可能的，这样可能提高压力，增加对系统影响模型估算值的准确性，例如取水增加或干旱。美国地质调查局的结论为，模型可以指导管理决策与规划，是地区层面压力影响及管理方案一般性表征的有用工具（Putnam 和 Long,2009）。

除地区性评价外，例如上述 Madison 含水层例子，了解模型不确定性及其如何影响那些将会影响地方尺度使用者的未来规划和决策，对水管理机构也同等重要，甚至更为重要。例如，Putnam 和 Long（2009）认为，某些区域用 Madison 岩溶含水层模型预测的场地特异反应可能

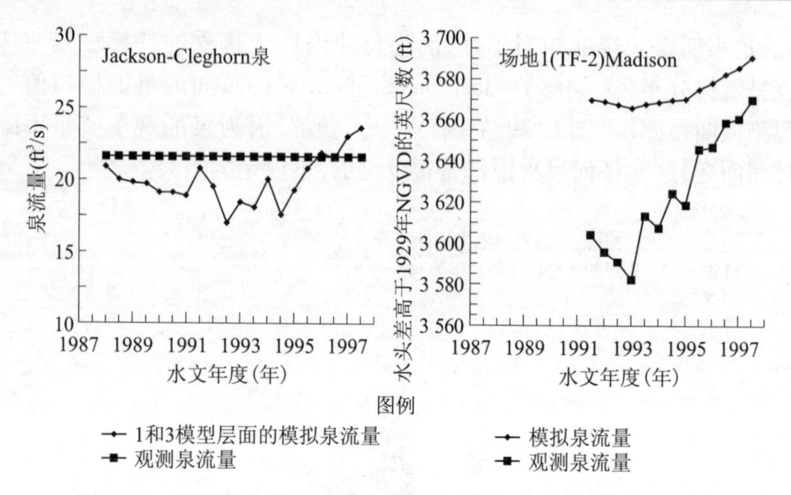

图 6.29　模拟泉流量与观测或估算泉流量(左图)及模拟水头与观测水头(右图)

(修改于 Putnam 和 Long,2009)

是基本错误(重点强调)的。因此,还不清楚这个模型目前在预测场地特异性响应方面的利用情况。例如,这包括增加含水层地下水允许抽取量造成的某一泉的流量减少,甚至干枯。如果这一不确定性没有以某种方式进行量化,包括等效多孔介质模型的局限,水管理机构就没有依据确定与管理决策有关的风险。

如 Kresic 和 Mikszewski(2012)所述,不精通地下水建模或岩溶地下水流原理的人在应用复杂数值模型时常见的一个问题是没有意识到数值模型可能产生否定场地概念模型或基本物理原理的结果。也就是说,数值模型总是严格按照其开发者的要求运行,包括产生不可能的结果。即使在开发者坚信自己的场地概念模型正确并且可以正确转化为数值环境(电脑程序)的时候,情况也是如此。模型开发者也可能坚信电脑程序会因概念模型的正确而产生正确的结果。但是,如果整个过程没有经过知识丰富的水文地质工作者和地下水建模人员的独立检查,仅靠公布的模型报告和某些彩图,常常不可能发现存疑模型结果的真正原因。以下示例说明了场地概念模型、根据场地概念模型开发数值模型和模拟结果表达之间的脱节。

美国地质调查局与美国国防部及爱德华含水层管理局合作开发了一个地下水流数值模型，其中整合了爱德华岩溶含水层最新信息和概念化的重要内容(Lindgren 等，2004)。这个单层模型包括了得克萨斯圣安东尼奥地区爱德华含水层的圣安东尼奥段和巴顿泉池段，并经过了稳态和瞬态条件的校验。瞬态模拟采用月补给量和地下水抽水量(取水量)数据。这个等效多孔介质模型是用 MODFLOW 开发的，整合了模拟为许多一网格宽的区域组成的虚拟管道，这些区域具有很大的导水率，高达 30 万 ft/d。管道网格的流量用达西方程式模拟，与模型中其他网格一样。正如模型开发者所说的，虚拟管道宽 1 320 ft(400 m)，长几十英里，其位置基于很多因子，包括含水层的主要等势面槽谷、存在伏流、地质化学信息和地质构造等(Lindgren 等，2004)。

图 6.30(A)显示了部分模拟爱德华含水层稳态等势面的模型计算域。模型的隔水边界用加在 Lindgren 等(2004)原图上的注解加以强调。这一隔水边界表现的行为如所期望的那样，基于大多数水文地质学教科书中所介绍的地下水流一般原理。也就是说，所模拟的等势面线都垂直于隔水边界。提示一下，水文地质学和地下水模型中的隔水边界，相当于一个不透水边界——水不能穿越这种边界流入或流出有效模型域，无论是稳态还是瞬态条件。

图 6.30(B)显示了相同的模型域，模拟了 1956 年 8 月瞬态干旱条件下的等势面。该图所显示的与图 6.30(A)完全不同。等势线平行于隔水边界。如果要绘制垂直于等势线的地下水流线，那肯定会显现这样一种情况，即隔水边界现在正在为这个单层模型提供水。这一点用加在原图上的粗黑箭头和问号加以强调。

图 6.31 显示了与图 6.30 相同的稳态和瞬态条件，模型中有虚拟的管道(图中锯齿状的灰线代表管道，美国地质调查局报告中为红色)。显然，所模拟的管道条件等势线在前 2 张图中被忽略了。相反，报告的作者选用手绘箭头示意了地下水流向(注意，图 6.31(A)和图 6.31(B)上的所有箭头均来自美国地质调查局出版物)。美国地质调查局显示地下水流向的箭头都垂直于隔水边界，在图 6.31(B)上加问号进行强调，表示正在发生来自隔水边界的水流。

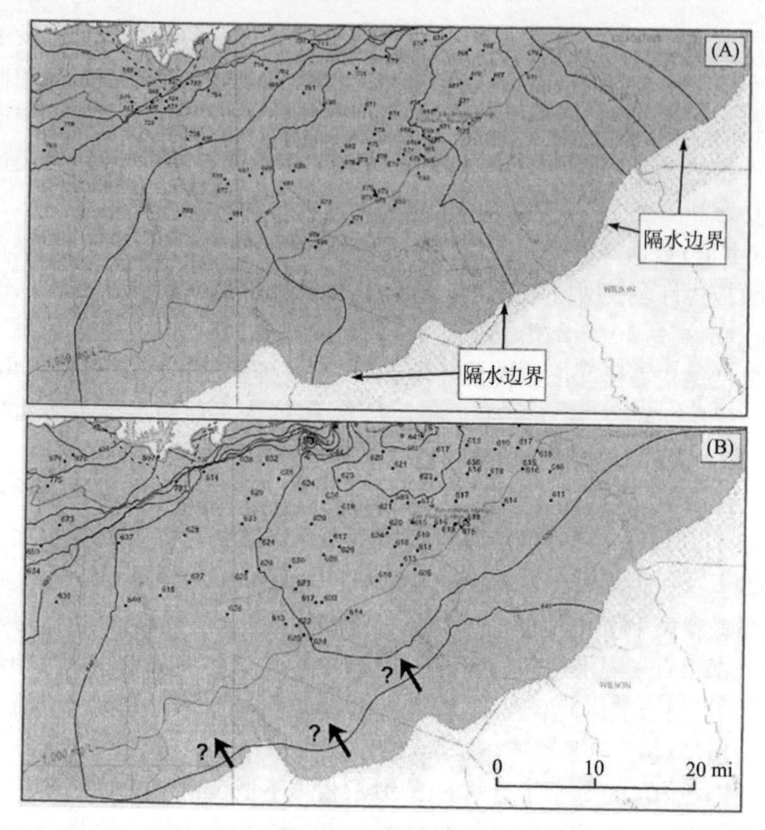

图 6.30　模型域局部

（显示了为美国得克萨斯爱德华岩溶含水层开发的地下水流数值模型结果（Lindgren 等，2004）（A）经校准稳态模型，带有模型预测的等势面线；加注解进行强调。（B）经校准的 1956 年 8 月干旱条件瞬态模型；加粗黑箭头和问号进行强调）

对于爱德华岩溶含水层单层等效多孔介质数值模型隔水边界的这一奇怪的、水力学上不可能的行为，本书作者还没有获知任何合理的解释。除美国地质调查局外，许多公共和私人专家也被列为模型的开发者或地下水模型咨询小组（GWMAP）成员。因此，似乎用来进行模拟的地下水数值模型和水文地质概念模型的结果肯定是正确的，因为它们受到了很多机构和咨询公司的认可。

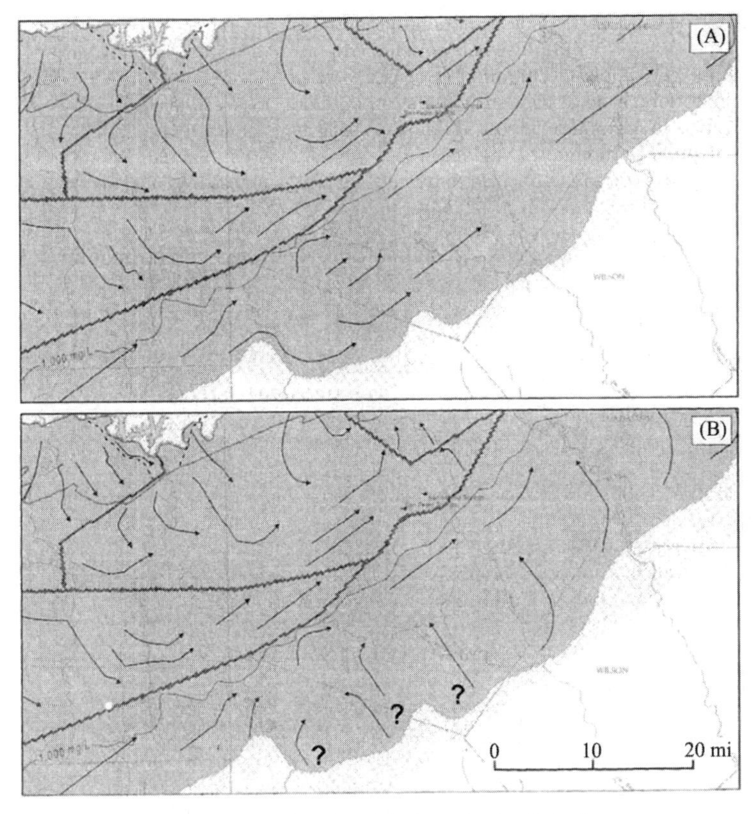

图6.31 某地下水数值模型的局部模型域

(为得克萨斯的爱德华岩溶含水层而开发,模型显示了虚拟管道(锯齿状的灰线)。(Linggren等,2004)图中手绘箭头表示地下水流向,为美国地质调查局报告中原有的。注意图中没有模型预测的等势面线。(A)经校准稳态模型。(B)经校准的1956年8月干旱条件瞬态模型;加粗黑箭头和问号进行强调)

以上的例子说明,在没有进行独立和批判式分析之前,不应接受以前公布并经过同行评审的表面信息。尽管美国地质调查局发表了很多有用和准确的报告,但也不是没有错误的。对于水文地质学者来说,通常希望直接引用美国地质调查局或其他像美国环境保护署这样在接受相关概念及结论方面受监管机构阻力比较小的机构。然而,如果所进行研究的假设和结果错了，就会导致错误概念的快速传播，并且在专业实践中根深蒂固（Kresic 和 Mikszewski，2012）。

6.5.2 连续管流耦合（CCPF）模型

如前所述，岩溶含水层的孔隙度性质需要对三种主要多孔介质运用不同的方程组：①岩石基质；②岩石连续性，如断层、裂隙和层理面；③溶蚀作用扩大的空洞，如由初始不连续面发育形成的通道和管道。在较大的不连续面，如大裂隙和管道中，地下水流可形成紊流，因此要用非线性（非达西）方程进行描述。通过达西多孔连续介质流模型与一个表达岩溶管道和通道内水流的管道网的耦合明确解释管流水力学的岩溶含水层地下水流数值模型通常被称为连续管流耦合（CCPF）模型。胡晓农（2009）对这个概念的形成历史进行了说明性综述，包括其数学基础。

Reimann 等（2011）引入了一个研究性岩溶模型（ModBraC），用圣维南方程组解释了变饱和管道中的非恒定和非均匀离散流。作者认为，模型的性能测试结果显示，ModBraC 模型能够模拟：①易变充满管道中的非恒定和非均匀流；②具有明满流平稳过渡和正确蓄水表示的管道排水和补水；③基质与易变充满管道之间的水交换；④多分支且互相交错管道网的流量演算。ModBraC 被应用于一个理想化的泉域，探讨明流表达的意义。一项参数研究在 2 个不同的条件下进行：①满流；②明流。明流为主时，系统的特征为：①信号传输的时滞；②表示满流向明流过渡的典型泉水流型；③管道与基质的相互作用在明流期间减弱。

在运用成熟和易得程序模拟岩溶含水层中地下水流的真实性质方面向正确方向走出的一步是美国地质调查局 MODFLOW－2005 中的管道流程序模块（Shoemaker 等，2008）。很多研究性电脑程序用于模拟双重孔隙含水层，但还没有更广泛运用的全面文献记录（例如 Clemens 等，1996；Kiraly，1998；Bauer，2002；Birk，2002）。此外，用 MODFLOW－2005 改变 MODFLOW 的结构（Harbaugh，2005），使地下水流的计算机编码更为模块化，更加容易在编码中添加新程序。

管道流程序模块能够模拟地下水紊流条件，主要通过：①耦合传统地下水流方程与圆柱形管道离散网络方程（Mode 1 或 CFPM1）；②嵌入一个可以在层流和湍流之间切换的高导水系数流层（CFPM2）；③耦合离散管道网并嵌入可以在层流和湍流之间切换的高导水系数流层（CFPM3）。美国地质调查局解释，CFPM1 可表示碳酸盐含水层的溶蚀作用或生物潜穴特性、裂隙岩体孔隙和/或玄武岩含水层的熔岩管，在层流或湍流条件下可以全部或部分饱和。优势流层（CFPM2）可表示：①在观测水力梯度下被怀疑发生紊流的多孔介质；②单一次生孔隙地下特征，例如明确的横向延伸地下溶洞；③包含许多相互连接孔隙的水平优势流层。

美国地质调查局指出，管道流程序模块是为了在现场数据有限和丰富的地方都能够灵活使用。在某些地质环境下，例如美国肯塔基州的猛犸洞，可以获得（或者推算出）关于地下洞穴位置、直径、弯曲度和粗糙度的详细资料。CFPM1 在设计上充分考虑了洞穴位置问题。在其他位置，例如佛罗里达州南部的比斯坎含水层，优势流层中的空穴连接和分布十分复杂，不可能进行全面表征。CFPM2 在设计上也充分考虑了洞穴位置问题，特别是用有限数量的有效或主体层参数表示流过复杂空穴连接的层流和湍流。

管道流程序模块中的一个选项为，在关于空穴结构和水力特性的现场数据比较丰富的情况下，可以通过设计，用复杂二维或三维管道流的管道和节点网络表示地下相互连接或末端的空穴。流量计算时假设管道节点位于 MODFLOW 网格的中心。垂直方向例外，有两个选项。一是管道节点被赋予海拔高程，因此没有严格限制在 MODFLOW 网格的中心高程。二是管道节点被赋予一个高于或低于 MODFLOW 网格的中心的距离（见图 6.32）。对于第二种选项，如果距离赋值为零，就假设管道节点位于 MODFLOW 网格的垂向中心。同一层面内或模型层内部及相邻层的两个有限差分网格之间，管道可进行对角连接（Shoemaker 等，2008）。

用 CFPM1 模拟所需的数据比用 CFPM2 更为复杂，包括管道位置、长度、直径、水温、弯曲度、内部粗糙度、临界雷诺数和管道与基质间的

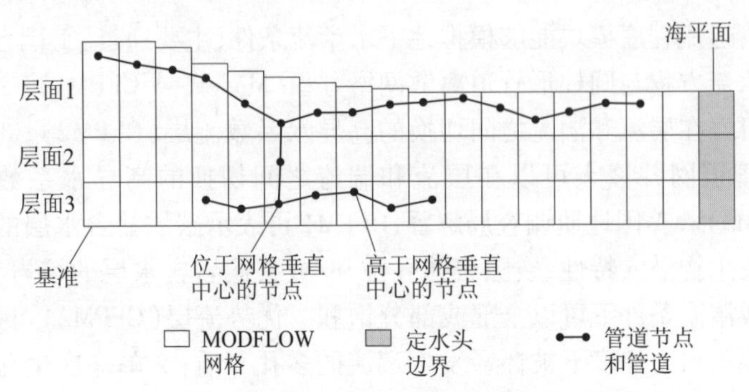

图 6.32 MODFLOW 网格中管道节点高程的可能变化
(Shoemaker 等,2008)

互导性。CFPM2 模拟所需的参数包括水温、平均空穴直径和临界雷诺数。用 CFPM3 模拟所需的参数为 CFPM1 和 CFPM2 模拟的输入参数之和。边界和临界条件(瞬态模拟)与经典多孔介质 MODFLOW 模型是相同的。集中式含水层补给,例如通过落水洞,可直接被分配到管道节点。

图 6.33 ~ 图 6.35 显示了通过 MODFLOW 的管道流程序模块开发的几个概念模型,利用了 Groundwater Vistas 图形用户界面。图 6.33 对比了等效多孔介质模型(EPM)与连续管流耦合模型(CCPF)经过校准的等水头线。在设定两个定水头边界时,流动方向为从右向左。分配给所有有限差分网格的导水率在两种情况下相同。连续管流耦合模型例图中包括一个管道(粗线),其水流方程单独求解,然后与有限差分网格的达西流解析解耦合。图 6.34 显示了管道网对其周围含水层基质的影响,右边例图显示了通过一个管道节点直接向导水率大于 1 号管道的 2 号管道集中补给所产生的影响。由于导水率的差异,使 1 号管道的水头抬高,管道中的水发生回流并排泄到周边的多孔介质基质,形成图 6.35 所示形态的等水头线。MODFLOW - 2005 保存的流量质量平衡结果可在图形用户界面的外部进行处理,并直观地显示于模型的基质部分或图 6.35 所示的管道。

MODFLOW - 2005 管道流程序仍然是一个进展中的工作,一些对传统多孔介质模拟有用的插件目前尚未公开发布,包括运移模拟和粒

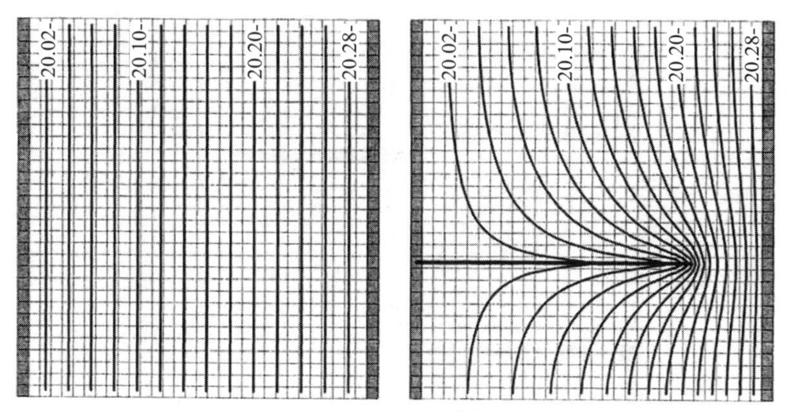

图6.33　用计算的同边界和同导水率多孔介质矩阵的等水头线比较
等效多孔介质模型(EPM,左)与连续管流耦合模型(CCPF,右)

(通过 MODFLOW 2005 和管道流程序(CFP)模块生成。(Mikszewski 和 Kresic,2012))

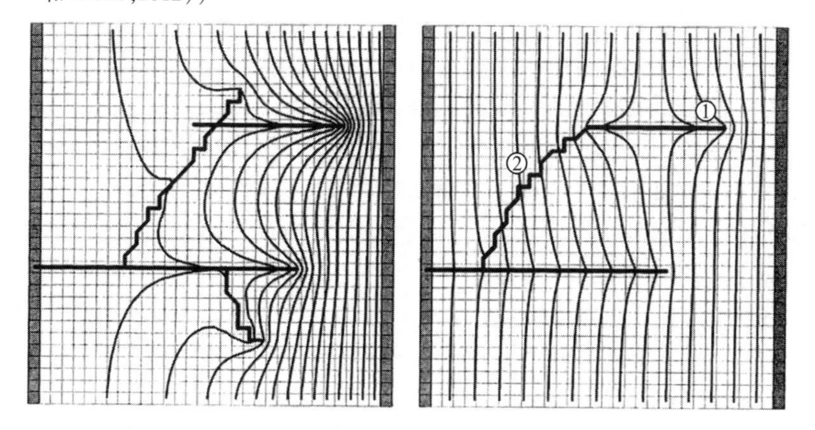

图6.34　管道网对周边含水层矩阵等水头线的影响

(右图例子显示了集中补给对2号管道的影响,2号管道的导水性(或直径)大于1号管道。(Mikszewski 和 Kresic,2012))

子跟踪。例如,可以通过 Groundwater Vistas 图形用户界面的刻度线进行选择性标记的颗粒轨迹和相关地下水流速,并没有管道,完全忽略了它们。使用者必须对模型结果进行外部处理才能分析并直观显示这些特征。然而,更为严重的是各种与模拟管道紊流需要较多附加模型参

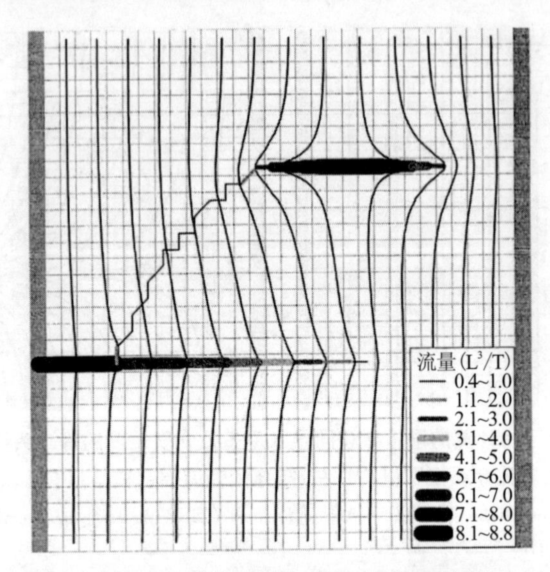

图 6.35 模型计算的图 6.34 右图所示管道网的流量

(对 MODFLOW - 2005 模型输出结果进行外部处理,显示出流量。(Mikszewski 和 Kresic,2012))

数导致的模型不稳定和运行时间长有关的问题。例如,Ashok 和 Sophocleous(2008)用各种模型设置对管道流程序进行了检验,发现了很多不一致。其中一项分析中,通过将空穴的直径增加和减少一个数量级来检验 CFPM2,但二者的结果却是相同的。甚至通过将层特征流量程序包(LPF)中的 Ks 增加 3 个数量级,将抽水量增加到 -200 m^3/d,以及将补给量增加一个数量级来进行检验。雷诺数对模拟似乎没有影响,无论其取值范围如何(Ashok 和 Sophocleous,2008)。

Mikszewski 和 Kresic(2012)指出,期望通过增加临界雷诺数在管道中形成层流时(基于实地观测或已确立的管道流水力学原理),模型似乎不合常理,好像进入管道的水多于模型中存在的水,总能保持紊流状态。

无论如何,美国地质调查局和其他机构的研究人员不断改进管道流程序的努力是令人鼓舞的,有可能增加其实用性,促进其过多地应用于模拟。例如,Reimann 等(2012)讨论了最近通过带有一个用户定义的非物理指数的广义幂函数对 CFPM2 所进行的调整。这种调整可匹配多孔介质或管道的紊流,消除导水率迭代调整所需要的时间步长。初始 CFPM2 通过降低 MODFLOW 连续模型现有线性水头梯度的导水率来模拟紊流。之所以选择这种方法是因其减少了模拟紊流的工作量和数值需求。初始公式是针对加大孔隙含水层的,其中假定湍流发生的雷诺数较低(1~100),并非针对管道的。此外,由于导水率的迭代调整,现有代码要求多个迭代收敛时间步长。

6.5.3 MODFLOW-USG

AMEC 环境与基础设施公司地下水模拟实施负责人 Sorab Panday 博士对这一新的地下水模拟程序进行了描述。

如前所述,美国地质调查局的有限差分模型 MODFLOW(Harbaugh,2005)是世界上最受欢迎的编码程序。MODFLOW 用矩形差分网格求解地下水流方程。虽然有些选项可以遮挡位于模拟区域以外的部分网格和局部网格加密,但矩形网格结构在拟合不规则区域几何图形或加密高度活跃或研究区域内的网格结构方面通常不太有效或高效。MODFLOW-USG 编程通过不规则网格使 MODFLOW 的模拟能力扩展到了不规则区域,并保持与 MODFLOW 旧版本的完全兼容。这一程序已在公共域发布;在本书编写的时候,数据输入和模型结果的可视化得到了图形用户界面程序——Groundwater Vistas 最新版本的全面支持。

通过实施不同形状的网格块几何图形和利用嵌套式网格结构,不规则网格为离散化提供了高度的灵活性。图 6.36 显示了一些可能用于 MODFLOW-USG 的不规则网格几何图形。网格可能是嵌套式网格与不同几何形状的多边形组合而成。沿断层的子分层和垂直位移不用过多离散化就可直接容纳。但网格在垂直方向上局限于一个棱形。

方法描述

有限容积法用来离散不规则网格结构地下水流方程。有限容积法的优点有:

(1)有限容积离散化提供了网格化的灵活性,易于理解和实施。

(2)有限容积离散化提供了质量守恒解,为有限差分公式的拓扑扩张(Peaceman,1977;Moridis 和 Pruess,1992)。

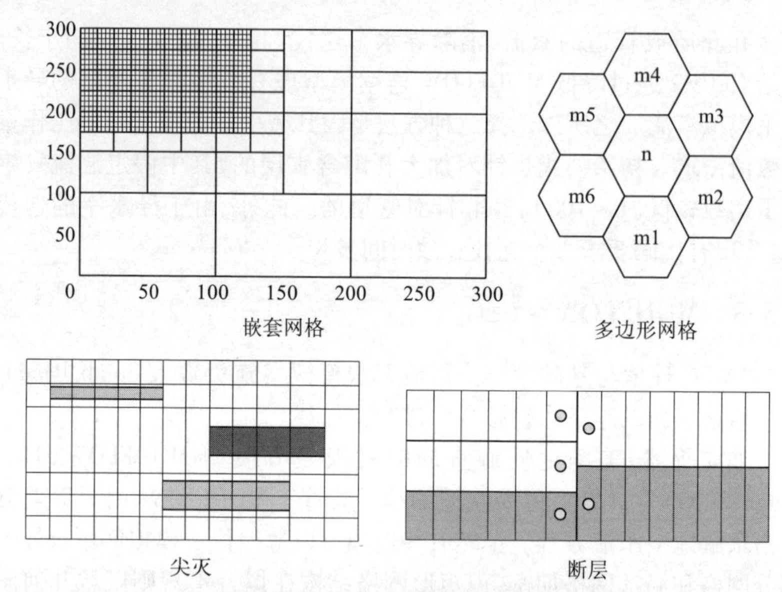

图 6.36 MODFLOW – USG 支持的不规则网格几何图形示例
（AMEC 环境与基础设施公司 Sorab Panday 博士提供）

(3)有限容积法是稳定有效的,具有有限元的灵活性,但没有计算密集的数值积分、单元集合和扩展的基质连接。

(4)有限元容积法提供了灵活性,具有各种形状的网格块和连接性,不需要有限元法那样多的单元目录。

积分有限差分(IFD)公式被应用于地下水流方程。这个离散公式与有限差分近似法相同,但对容积、水流面积、水流长度和连接性进行广义计算。逐个网格的导水率项可以利用 MODFLOW – 2005 的块中流(BCF)和图层流动数据(LPF)程序包提供的求平均数选项进行计算,包括调和平均、算术平均和对数平均。Niswonger 等(2011)的上游加权公式也与牛顿拉夫森一道,为困难的非线性问题提供更好的稳定性。由于存在用 MODFLOW – 2005 的 HFB 程序包概念化的水平流动障碍,导水率项可作进一步修改。

具有节点间任意水流连通的不规则网格结构地下水流方程,允许地下水流基本解的自然延拓,以全隐方式纳入各种其他相连水流过程。

因此，存在一个将附加流区和水流连接点合并到地下多孔介质系统的框架。一个在几种情形都很显著的重要水流过程包括流过长滤管井、管道和裂隙网的水流。管域流（CDF）程序包已被纳入最新版 MODFLOW－USG，模拟流过管道网的水流和在多孔介质与管道间流动的水流。管道可以是水平的、垂直的，或者是其他方向。管道与多孔介质间的水交换通过线性透水性项来表达，或者通过提姆方程模拟管道节点与多孔介质网格块之间的静水头损失。因此，CDP 程序包以全隐方式提供了 MODFLOW－2005 的管道流程序（CFP）程序包（Shoemaker 等，2008）和多节点井（MNW）程序包（Halford 和 Hanson，2002；Konikow 等，2009）的大多数综合功能。

对于有限容积网格，只有在网格的重心到 2 节点间平面的垂直线与该平面的中点重合时，公式为二阶近似（Dehotin 等，2011）——等腰三角形、矩形和高阶多边形就是这样的。但是，对网格中心不与平面的垂直平分线重合的不规则多边形或嵌套网格，通量计算中有错误。Ghost 节点修正（GNC）模块基于 Edwards（1996）和 Dickinson 等（2007）的成果，也随 MODFLOW－USG 被引入，用以保持不规则网格的高阶准确性。GNC 概念在于，某不规则网格块的水头节点值并不代表流过网格块之间界面的通量，而且相反，通过将水头值插入位于垂直平分面的“ghost 节点”位置可获得更有代表性的数值。如图 6.37 所示，ghost 节点位置的插值可在一个或多个维度进行。GNC 还可应用于偏离多孔介质网格块中心位置的管道，不用网格加密就可进行次网格尺度位置调整。

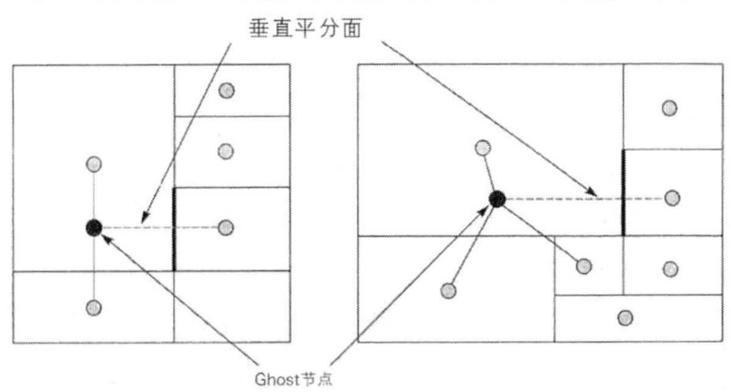

图 6.37　MODFLOW－USG 中 Ghost 节点的概念化

（AMEC 环境和基础设施公司 Sorab Panday 提供）

目前经过转化适用于不规则网格的 MODFLOW－2005 的边界程序包有补给程序包(RCH)、蒸散程序包(EVT)、暂态流及水头边界程序包(EHB)、井程序包(WEL)、排泄程序包(DRN)、河流程序包(RIV)、随水头变化的通量(一般水头边界)程序包(GHB)、溪流程序包(STR7)、带有河底不饱和流的溪流路径程序包(SFR2)、水位监测程序包(GAGE)和湖泊程序包(LAK3)等。通过对全球节点数进行索引,而不是 MODFLOW－2005 所用的规则图层、行和列分类,识别这些程序包内的边界节点。

不规则网格不能被 MODFLOW－2005 中的结构化、对称的解题器所容载。因此,MODFLOW－USG 编码纳入了自身的针对对称和不对称矩阵的非结构化解题器。

输入和输出

MODFLOW－USG 的输入/输出(I/O)格式与 MODFLOW－2005 相同。MODFLOW 在问题初始化期间读取一个命名文件,后者提供了所有其他被 MODFLOW－USG 打开的文件名。规则或不规则网格的输入可以被兼容。如果选择规则网格的 I/O 项,MODFLOW－USG 编码就会采用 MODFLOW－2005 的有限差分输入数据文件,使变化最小,例如切换到非结构化解题器程序。规则网格的输出与 MODFLOW－2005 ASCII 一致,为二进制,很容易被 MODFLOW 中可用工具进行后处理。

对于不规则网格,编码提供了不同的泛化等级,以减轻 I/O 负荷。而且,I/O 基于国际节点编号惯例,而非采用“层—行—列”格式。节点输出由层列表提供,以适应轻松处理各模型层的结果。流量输出是用于某一节点所有连接的。只有逐网格流量矩阵的上三角部分保存了,才能避免冗余的输出(因为 $Q_{nm} = -Q_{nm}$)。

基准测试和测试

可通过模拟若干测试问题来验证和测试编码。首先运行美国地质调查局 MODFLOW－2005 的测试问题包,保证新的程序编码和解题器对矩形有限差分问题提供相同的结果,例如 MODFLOW－2005 编码。这些相同的问题也用不规则网格的输入进行模拟,再次验证编码的运行表现对不规则网格的输入是适当的。进一步的测试是进行采用现场尺度的有限差分网格应用，将新编码和解题器的性能与 MODFLOW - 2005 进行对比。模拟的水位及质量平衡和运行的速度都比较相似，取决于所选的解题器选项。接下来的检测就是采用各种嵌套网格结构来评价不规则矩形网格的编码性能。Langevin 等(2011)对这些测试进行了讨论。最后采用简单及复杂的实例进行测试管域流(CDF)程序包和 Ghost 节点修正(GNC)模块，并将结果与更为通用的编码或优化的解对比。还以多个现场实例对该编码进行了测试。

图 6.38～图 6.40 由 AMEC 环境及基础设施公司 Tim Lewis 提供，显示了一个在英格兰某些地区公共供水采用的平硐系统的探索性模型的模拟结果。从一个中央井，3 个平硐以不同的方向和不同的水平伸展出去。在这个模型中，平硐的最大长度约 150 m。利用管域的功能性，水以每天不同的抽水量被抽出(见图 6.40)。模型建有 20 个层面，以获得充分的垂向分辨率。平硐系统内本身的水头损失很小，并导致含水层矩阵中的流场变形。图 6.38 和图 6.39 显示了矩阵中水头的等值面，间距为 0.5 m；这些沿平硐的等值面的延长较清楚。图 6.40 中的曲线显示了抽水点的平硐系统和与之相邻矩阵之间的水头差例子。

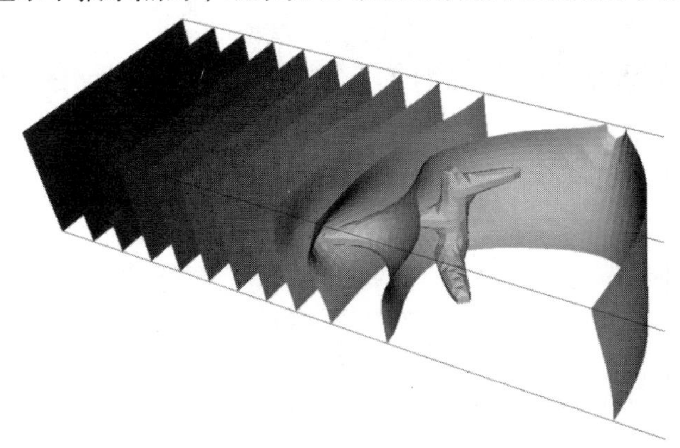

图 6.38　模型模拟的含水层矩阵等值面间距为 0.5 m 的情况

(反映从一个中央井和 3 个平硐的地下水抽取。此探索性模型通过 MODFLOW - USG 建成。(图片由 AMEC 环境及基础设施公司 Tim Lewis 提供))

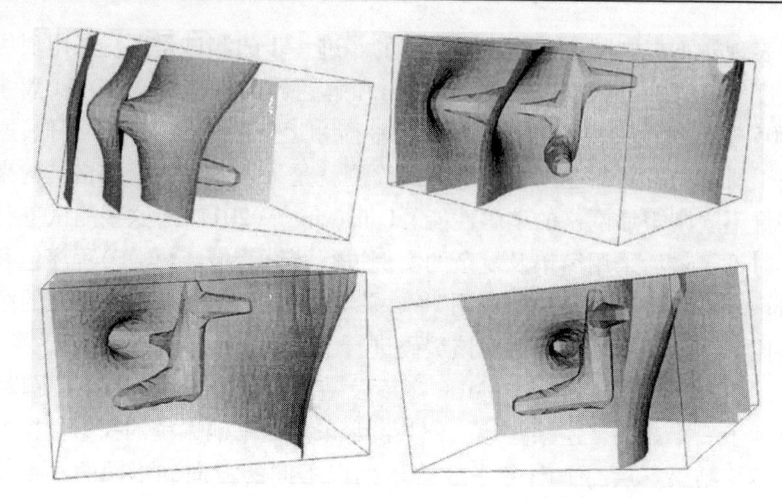

图 6.39　图 2.61 所示的模拟等值面的三维细节
（图片由 AMEC 环境及基础设施公司 Tim Lewis 提供）

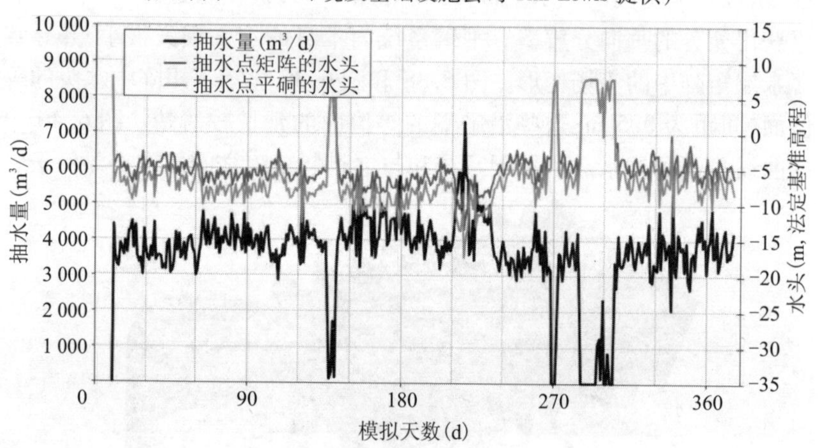

图 6.40　图 2.61 中平硐系统中抽水点周边矩阵与抽水点平硐水头和抽水量对比情况
（图片由 AMEC 环境及基础设施公司 Tim Lewis 提供）

参考文献

[1] Ahn, H., 2000. Modeling of groundwater heads based on second-order difference time series models. J Hydrol, 234: 82-94.

[2] Anderson, M. P., and Woessner, W. W., 1992. Applied Ground Water Modeling: Simulation of Flow and Advective Transport. Academic Press, San Diego, CA, 381p.

[3] Armbruster, J. T., 1979. Regional stochastic generation of streamflows using an ARIMA (1,0,1) process and disaggregation. U. S. Geological Survey Water-Resources Investigations Report 79-3, 54p.

[4] Ashok, K. C., and Sophocleous, M., 2008. Recent MODFLOW developments for groundwater modeling. Kansas Geological Survey Open-File Report 2009-4, Lawrence, KS, 139p.

[5] Bauer, S., 2002. Simulation of the genesis of karst aquifers in carbonate rocks. Vol. 62 of Tübinger Geowissenschaftliche Arbeiten: Tübingen, Germany, Reihe C. Institut und Museum für Geologie und Paläontologie der Universität Tübingen.

[6] Bierkens, M. F. P., Knotters, M., and Hoogland, T., 2001. Space-time modeling of water table depth using a regionalized time series model and the Kalman filter. Water Resour Res, 37(5): 1277-1290.

[7] Birk, S., 2002. Characterization of karst systems by simulating aquifer genesis and spring responses: Model development and application to gypsum karst: Vol. 60 of Tübinger Geowissenschaftliche Arbeiten: Tübingen, Germany, Reihe C. Institut und Museum für Geologie und Paläontologie der Universität Tübingen.

[8] Box, G. E. P., and Jenkins, G. M., 1976. Time Series Analysis: Forecasting and Control. Holden Day, San Francisco, CA, 575p.

[9] Bras, R. L., and Rodriguez-Iturbe, I., 1994. Random Functions and Hydrology. Dover Publications, New York, 559p.

[10] Canceill, M. F., 1974. Convolution et tarissement dans l'etude des relations pluie-debit. Pub. Com. Fr. AIH, Congress de Montpellier, AIH Memoires, Tome X, Paris, pp. 181-184.

[11] Clemens, T., Hückinghaus, D., Sauter, M., Liedl, R., and Teutsch, G., 1996. A combined continuum and discrete network reactive transport model for the simulation of karst development. In: Calibration and reliability in groundwater modelling—Proceedings of the ModelCARE 96 Conference, Golden, Colorado, September 1996, International Association of Hydrological Sciences Publication 237, pp. 309-318.

[12] Dehotin, J., Vazquez, R. F., Braud, I., Debionne, S., and Viallet, P.,

2011. Modeling of hydrological processes using unstructured and irregular grids: 2D groundwater application. J Hydrol Eng, 16(2): 108-125.

[13] Denić-Jukić, V., and Jukić, D., 2003. Composite transfer functions for karst aquifers. J Hydrol, 274: 80-94.

[14] Dickinson, J. E., James, S. C., Mehl, S., et al. 2007. A new ghost-node method for linking different models and initial investigations of heterogeneity and nonmatching grids. Adv Water Resour, 30: 1722-1736.

[15] Dooge, J. C. I., 1973. Linear Theory of Hydrologic Systems. Technical Bulletin No. 1468, United States Department of Agriculture, Washington, D. C., various paging.

[16] Dreiss, S. J., 1982. Linear kernels for karst aquifers. Water Resour Res, 18(4): 865-876.

[17] Dreiss, S. J., 1989a. Regional scale transport in a karst aquifer. 1. Component separation of spring flow hydrographs. Water Resour Res, 25(1): 117-125.

[18] Dreiss, S. J., 1989b. Regional scale transport in a karst aquifer. 2. Linear systems and time moment analysis. Water Resour Res, 25(1): 126-134.

[19] Edwards, M. G., 1996. Elimination of adaptive grid interface errors in the discrete cell centered pressure equation. J Comput Phys, 126: 356-372.

[20] Eisenlohr, L., Kiraly, L., Bouzelboudjen, M., and Rossier, I., 1997. Numerical versus statistical modeling of natural response of a karst hydrogeological system. J Hydrol, 202: 244-262.

[21] Gabric, I., and Kresic, N., 2009. Time series models. In: Kresic, N. (ed.), Groundwater Resources: Sustainability, Management, and Restoration. McGraw Hill, New York, pp. 657-661.

[22] Ghanbarpom, M. R., Abbaspour, K. C., Jalalvand, G., and Moghaddam, G. A., 2010. Stochastic modeling of surface stream flow at different time scales: Sangsoorakh karst basin, Iran. J Cave Karst Stud, 72(1): 1-10.

[23] Grasso, D. A., and Jeannin, P. Y., 1994. Etude critique des methodes d'analyse de la reponse globale des systemes karstiques. Application au site de Bure (JU, Suisse). Bulletin d'Hydrogéologie (Neuchatel), 13: 87-113.

[24] Graupe, D., Isailovic, D., and Yevjevich, V., 1976. Prediction model for runoff from karstified catchments, in Proceedings of the U. S. -Yugoslavian Symposium on Karst Hydrology and Water Resources, Dubrovnik, June 2-7, 1975, pp.

277-300.

[25] Halford, K. J., and Hanson, R. T., 2002. User Guide for the Drawdown-Limited, Multi-Node Well (MNW) Package for the U.S. Geological Survey's Modular Three-Dimensional Finite-Difference Ground-Water Flow Model, Versions MODFLOW-96 and MODFLOW-2000, U.S. Geological Survey Open-File Report 02-293.

[26] Harbaugh, A. W., 2005. MODFLOW-2005, the U.S. Geological Survey modular ground-water model-the Ground-Water Flow Process. U.S. Geological Survey Techniques and Methods 6-A16, Reston, VA, variously paginated.

[27] Hirsch, R. M., 1979. Synthetic hydrology and water supply reliability. Water Resour Res, 15(6): 1603-1615.

[28] Hu, B. X., 2009. Examining a coupled continuum pipe-flow model for groundwater flow and solute transport in a karst aquifer. Acta Carsologica, 39(2): 347-359.

[29] Jemcov, I., and Petric, M., 2009. Measured precipitation vs. effective infiltration and their influence on the assessment of karst systems based on results of the time series analysis. J Hydrol, 379: 304-314.

[30] Jukić, D., and Denić-Jukić, V., 2006. Nonlinear kernel functions for karst aquifers. J Hydrol, 328: 360-374.

[31] Kalman, R. E., 1960. A new approach to linear filtering and prediction problems. Trans. ASME, J. Basic Eng, 82: 35-43.

[32] Kim, S-J., Hyun, Y., and Lee, K-K., 2005. Time series modeling for evaluation of groundwater discharge rates into an urban subway system. Geosciences Journal, v. 9, no. 1, pp. 15-22.

[33] Kiraly, L., 1998. Modelling karst aquifers by the combined discrete channel and continuum approach. Bulletin d'Hydrogeologie, 16: 77-98.

[34] Klemeš, V., 1978. Physically based stochastic hydrologic analysis. In: Chow, V. T. (ed.), Advances in Hydroscience, Vol. 11. Academic Press, New York, pp. 285-352.

[35] Knochenmus, L. A., and Robinson, J. L., 1996. Descriptions of anisotropy and heterogeneity and their effect on ground-water flow and areas of contribution to public supply wells in a karst carbonate aquifer system. U.S. Geological Survey Water-Supply Paper 2475, Washington, D.C., 47p.

[36] Knotteres, M., and Bierkens, M. F. P., 2000. Physical basis of time series models for water table depths. Water Resour Res, 36(1): 181-188.

[37] Koch, R. W., 1985. A stochastic streamflow model based on physical principles. Water Resour Res, 21(4): 545-553.

[38] Konikow, L. F., Hornberger, G. Z., Halford, K. J., and Hanson, R. T., 2009. Revised multi-node well (MNW2) package for MODFLOW ground-water flow model. U. S. Geological Survey Techniques and Methods 6-A30, 67p.

[39] Kovács, A., and Sauter, M., 2007. Modelling karst hydrodynamics. In: Goldscbeider N., and Drew, D. (eds.), Methods in Karst Hydrogeology. International Contributions to Hydrogeology 26, International Association of Hydrogeologists. Taylor & Francis, London, pp. 201-222.

[40] Kresic, N., 1995. Stochastic properties of spring discharge. In: Dutton, A. R. (ed.), Toxic Substances and the Hydrologic Sciences. American Institute of Hydrology, Minneapolis, MN, pp. 582-590.

[41] Kresic, N., 1997. Quantitative solutions in hydrogeology and groundwater modeling. Lewis Publishers/ CRC Press, Boca Raton, Florida, 461p.

[42] Kresic, N., 2007. Hydrogeology and Groundwater Modeling. 2nd ed. CRC Press, Taylor & Francis Group, Boca Raton, FL, 807p.

[43] Kresic, N., 2009. Groundwater Resources: Sustainability, Management, and Restoration. McGraw-Hill, New York, 852p.

[44] Kresic, N., 2010. Modeling. In: Kresic, N., and Stevanovic, Z. (eds.), Groundwater Hydrology of Springs: Engineering, Theory, Management and Sustainability. Elsevier, New York, pp. 165-230.

[45] Kresic, N., and Mikszewski, A., 2012. Hydrogeological Conceptual Site Models: Data Analysis and Visualization. CRC/taylor & Francis Group, Boca Raton, FL, 584p.

[46] Kresic, N., Kukuric, N. and Zlokolica, M., 1993. Numeric versus stochastic modeling of water balance and minimum discharge of a karst hydrogeological system, In: Günay, G., Johnson, I., and Back, W. (eds.), Hydrogeological Processes in Karst Terranes (Proceedings of the Antalya Symposium and Field Seminar October 1990), IAHS Publ. No. 207. IAH Press, Wallingford, CT, pp. 253-259.

[47] Kresic, N. A., and Busbey, A. B., 1995. Transformation of precipitation series

for stochastic modeling of karst aquifer discharge. Proc. Solutions' 95 Congress of International Association of Hydrogeologists, Edmonton, Canada, 6p.

[48] Labat, D. , Ababou, R. , and Mangin, A. , 2000. Rainfall-runoff relations for karstic springs. Part I: Convolution and spectral analyses. J Hydrol, 238: 123-148.

[49] Langevin, C. D. , Panday, S. , Niswonger, R. G. , and Hughes, J. D. , 2011. Evaluation of mesh alternatives for an unstructured grid version of MODFLOW, MODFLOW and More 2011, Golden, CO.

[50] Larocque, M. , Mangin, A. , Razack, M. , and Banton, O. , 1998. Contribution of correlation and spectral analyses to the regional study of a large karst aquifer (Charente, France). J Hydrol, 205: 217-231.

[51] Lee, J. -Y. , and Lee, K. -K. , 2000. Use of hydrologic time series date for identification of recharge mechanism in a fractured bedrock aquifer system. J. Hydrol, 229(3-4): 190-201.

[52] Lindgren, R. J. , Dutton, A. R. , Hovorka, S. D. , Worthington, S. R. H. , and Painter, S. , 2004. Conceptualization and simulation of the Edwards Aquifer, San Antonio region, Texas. U. S. Geological Survey Scientific Investigations Report 2004-5277, 143p.

[53] Mangin, A. , 1981. Apports des analyses correlatoire et spectral crois dans la connaissance des systems hydrologiques. Comptes Rendus de L Academie Des Sciences, Paris, 293(11): 1011-1114.

[54] Mangin, A. , 1982. L'approche systémique du karst, conséquences conceptuelles et méthodologiques. Proc. Réunion Monographica sobre el karst, Larra, pp. 141-157.

[55] Margeta, J. , and Fistanić, I. , 2004. Water quality modelling of Jadro Spring. Water Sci Technol, 50(11): 59-66.

[56] McCuen, R. H. , and Snyder, W. M. , 1986. Hydrologic Modeling: Statistical Methods and Applications. Prentice-Hall, Englewood Cliffs, NJ, 568p.

[57] Mikszewski, A. , and Kresic, N. , 2012. Numeric modeling of karst aquifers: Comparison of EPM and CFP models. Proc. IAH 2012 Congress, Niagara Falls, Canada.

[58] Montanari, A. , Rosso, R. , and Taqqu, M. S. , 2000. A seasonal fractional ARIMA model applied to the Nile River monthly flows at Aswan. Water Resour

Res, 36(5): 1249-1259.

[59] Moridis, G. and Pruess, P., 1992. TOUGH simulations of Updegraff's set of fluid and heat flow problems. Lawrence Berkeley., LaboratorZ Report LBL-32611, Berkeley, CA, November 1992.

[60] Niswonger, R. G. Panday, S., and Ibaraki, M., 2011. MODFLOW-NWT, A Newton Formulation for MODFLOW-2005. U. S. Geological Survey Techniques and Methods 6-A37, 44p.

[61] Padilla, A., and Pulido-Bosch, A., 1995. Study hydrographs of karstic aquifers by means of correlation and cross-spectral analysis. J Hgdrol, 168: 73-89.

[62] Padilla, A., Pulido-Bosch, A., Calvache, M. L., and Vallejos, A., 1996. The ARMA models applied to the flow of karstic springs. Water Resour Res, 32(5): 917-928.

[63] Peaceman, D. W., 1977. Fundamentals of Numerical Reservoir Simulation. Elsevier, Amsterdam, 176p.

[64] Petrič, M., 2002. Characteristics of Recharge-Discharge Relations in Karst Aquifer. ZRC Publishing, Postojna-Ljubljana, Slovenia, 154p.

[65] Putnam, L. D., and Long, A. J., 2009. Numerical Groundwater-Flow Model of the Minnelusa and Madison Hydrogeologic Units in the Rapid City Area, South Dakota. U. S. Geological Survey Scientific Investigations Report 2009-5205, Reston, VA, 81p.

[66] Rahnemaei, M., Zareb, M., Nematollahic, A. R., and Sedghid, H., 2005. Application of spectral analysis of daily water level and spring discharge hydrographs data for comparing physical characteristics of karstic aquifers. J Hydrol, 311: 106-116.

[67] Reimann, T., Birk, S., Rehrl, C., and Shoemaker, W. B., 2012. Modifications to the conduit flow process mode 2 for MODFLOW-2005. Ground Water, 50(1): 144-148.

[68] Reimann, T., Geyer, T., Shoemaker, W. B., Liedl, R., and Sauter, M. M., 2011. Effects of dynamically variable saturation and matrix-conduit coupling of flow in karst aquifers. Water Resour Res, 47, W11503, doi: 10.1029/2011WR010446.

[69] Rubinić, J., and Fistanić, I., 2005. Application of time series modeling in karst

water management. In: Stevanovic, Z., and Milanovic, P. (eds.), Water Resources and Environmental Problems in Karst, Proceeding of the International Conference and Field Seminar. Belgrade & Kotor, September 13-19, 2005, Institute of Hydrogeology, University of Belgrade, Belgrade pp. 417-422.

[70] Salas, J. D., 1993. Analysis and modeling of hydrologic time series. In: Maidment, D. R., (ed.), Handbook of Hydrology, McGraw-Hill, New York, pp. 19.1-19.72.

[71] Salas, J. D., and Obeysekera, J. T. B., 1992. Conceptual basis of seasonal streamfiow time series models. J Hydraulic Eng, 118(8): 1186-1194.

[72] Salas, J. D., Boes, D. C., and Smith, R. A., 1982. Estimation of ARMA models with seasonal parameters. Water Resour Res, 18(4): 1006-1010.

[73] Salas, J. D., Delleur, J. W., Yevjevich, V., and Lane, W. L., 1985. Applied Modeling of Hydrologic Time Series. Water Resources Research Publication, Littleton, CO.

[74] Shoemaker, W. B., Kuniansky, E. L., Birk, S., Bauer, S., and Swain, E. D., 2008. Documentation of a Conduit Flow Process (CFP) for MODFLOW-2005. U.S. Geological Survey Techniques and Methods, Book 6, Chapter A24, Reston, VA, 50p.

[75] Snyder, W. M., 1968. Subsurface implications from surface hydrograph analysis. In: Proceedings of Second Seepage Symposium, Phoenix, AZ. U.S. Department of Agriculture, Washington, D.C., pp. 35-45.

[76] Voss, C. I., and Provost, A. M., 2002. SUTRA: A model for saturated-unsaturated, variable-density ground-water flow with solute or energy transport. U.S. Geological Survey Water-Resources Investigations Report 02-4231. Reston, VA, 250p.

[77] Weeks, W. D., and Boughton, W. C., 1987. Tests of ARMA model forms for rainfall-runoff modeling. J Hydrol, 91: 29-47.

[78] Westlake, P. R., and Dracup, J. A., 1980. Stochastic signal processing and analysis of water level data. U.S. Geological Survey Open File Report 80-1156, 226p.

[79] Worthington, S., 2003. Characterization of the mammoth cave aquifer. In: Significance of Caves in Watershed Management and Protection in Florida, Workshop

Proceedings, April 16th and 17th, 2003, Ocala, FL, Florida Geological Survey Special Publication No. 53.

[80] Yevjevich, V., 1972. Stochastic Processes in Hydrology. Water Resources Publications, Fort Collins, CO, 302p.

岩溶水的管理、易损性与恢复

(美)Neven Kresic 著

周 彬 彭 俊 熊 艳 李德刚 彭怀文 译

(下)

黄 河 水 利 出 版 社

·郑州·

Neven Kresic
Water in Karst: Management, Vulnerability, and Restoration.
ISBN:978 - 0 - 07 - 175333 - 3

备案号:豫著许可备字 - 2015 - A - 00000062

图书在版编目(CIP)数据

岩溶水的管理、易损性与恢复/(美)希奇(Kresic,N.)著;马志刚等译.郑州:黄河水利出版社,2015.3
书名原文:Water in Karst: Management, Vulnerability, and Restoration
ISBN 978 - 7 - 5509 - 1042 - 3

Ⅰ.①岩…　Ⅱ.①希…　②马…　Ⅲ.①岩溶水－水资源－资源保护－研究　Ⅳ.①P641.134

中国版本图书馆 CIP 数据核字(2015)第 059358 号

出 版 社:黄河水利出版社
地址:河南省郑州市顺河路黄委会综合楼 14 层　　邮政编码:450003
发行单位:黄河水利出版社
发行部电话:0371－66026940、66020550、66028024、66022620(传真)
E-mail:hhslcbs@126.com
承印单位:河南省瑞光印务股份有限公司
开本:890 mm×1 240 mm　1/32
印张:25.25
字数:727 千字　　　　印数:1—1 500
版次:2015 年 5 月第 1 版　　　　印次:2015 年 5 月第 1 次印刷

定价(上、中、下):128.00 元

目 录

第二部分 岩溶水的管理

第三部分　岩溶水的脆弱性及修复

第7章　洪水、干旱和气候变化

7.1　简　介

虽然在与其他多孔介质比较时，并非所有岩溶水系统和含水层对降水量变化同样脆弱，但它们通常显示出较快的响应，因此对洪水和干旱等极端天气事件更为脆弱。世界上很多岩溶地区有几百年甚至几千年历史的社区都有自己的集体记忆，能够使其应对上述极端事件，有时甚至能够利用这些极端事件，图7.1就说明了这一点。然而最近的人口增长加上随之而来的土地利用方式的改变和大型工程项目建设，正在影响世界上岩溶地区脆弱的水平衡。在很多情况下，这些新的实践活动都忽视了现有的集体经验，从而增加了岩溶环境对极端天气事件和长期气候变化可能影响的脆弱性。

直接暴露于降水补给的开放水文地质结构内并且基质孔隙度较低的岩溶含水层特别脆弱。在强降雨事件期间，孔隙度低的含水层不能大量蓄积和输送入渗雨水，快速形成管道网络水压。因此，管道水头有时能够在24 h内抬高数十英尺或数十米（见图1.146）。这能够导致间歇泉从地表涌出和通过活跃管道造成淹没。同时伴随着含水层风化程度较高的地表层面的地下水位普遍抬高，造成地下水的扩散淹没并影响到大片的相邻区域。在周期性淹没的岩溶洼地周围建立的社区很了解这些机制，因此不会在受影响区域修建永久住宅或脆弱的基础设施；农业通常是规避季节性风险的唯一活动（见图7.2和图1.76）。为了促进被淹没岩溶洼地不间断的自然排水，使其有尽可能多的时间用于农业，应该定期清除重要河流落水洞的碎石和泥沙，或者通过各种工程结构防止其被堵塞，如图7.3所示的围坝。如果可行的话，还可修建排水隧洞和廊道,尽快将盆地内的洪水排泄到较低的集水区。

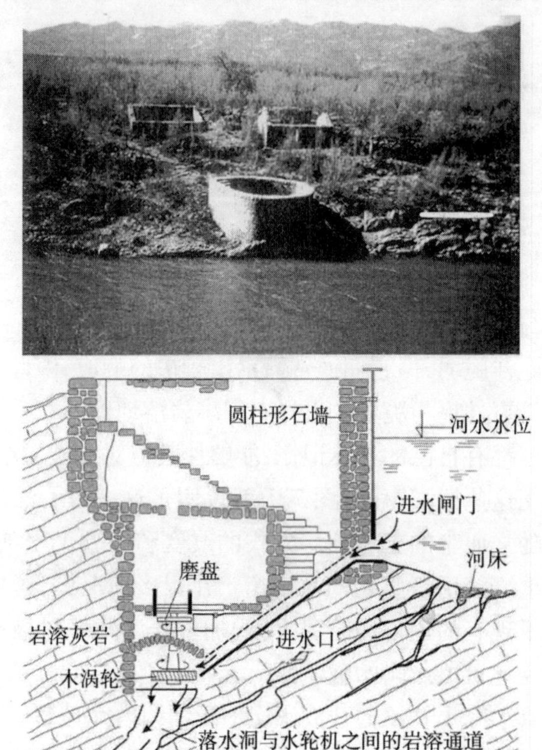

图7.1 黑塞哥维那特雷比什尼察河畔建在河流落水洞上面的废弃水磨坊。Popovo Polje 岩溶盆地的典型水磨坊截面图(上图及下图)。

(由 Petar Milanovic 博士提供)

岩溶地区的地表河流由于上述相同原因而对洪水淹没比较脆弱。外露的岩溶区与非岩溶区相比,入渗率很高,蒸散率相对很低。因此,在强降雨或快速融雪期间和之后,大量的水很快通过地下岩溶区流入河流。一个大的泉或者几股地下水组合并通过泉直接排入河流,就可造成河流泛滥。图7.4显示一个更为极端的地表河流洪水,发生在黑塞哥维那东部的典型第纳尔岩溶区,这里经常发生洪水和干旱,而且其应对已成常规。

图 7.2　出现夏季暴雨水引起土壤侵蚀漏斗(落水洞)区域被耕种了玉米的一块土地

(这个漏斗位于中国广西凤山县以北江州乡附近。(上图摄于 2008 年 7 月,由章程提供;下图摄于 2010 年 7 月,由裴建国提供))

图 7.3　希腊伯罗奔尼撒半岛周期淹没岩溶洼地落水洞保护设施

(由 Petar Milanovic 博士提供;参见 Milanovic,2004)

图 7.4　黑塞哥维那内维辛耶附近扎罗姆卡河上桥梁

（上图摄于正常低流量期，下图摄于 2010 年秋一次极端洪水期间。（照片由 Željko Zubac 提供））

有些土地利用方式能够加剧洪水淹没，如城市的扩张和铺路，可使暴雨水形成的径流集中排泄到较小区域并增加后续的地表水入渗，淹没地下管道网。规模不适当的连续农业灌溉可使风化残余土层的地下水位和含水量持续处于较高水平，形成重大补给事件后有利于增强地下水补给和加速地下水位抬升的条件。在下游水库处于高水位和大雨后的入库水量大于水库安全泄水量时，水坝和水闸的不充分运用还可加剧下游的淹没。

在这些情况和类似情况下，负面影响最小化的关键是操作模型充分考虑了岩溶的特点并且基于降水量、地表径流和监测井水位的监测不断升级。水文和天气预报，包括降水量，已越来越可靠，有些国家还可在线查询（例如，http://water.weather.gov/ahps/）。1 日、5 日、7 日和长期降水量预报被整合到为编制监测井和测流站索引而开发的数值与时间序列模型。结合前期降水量和含水层的水力条件，这类模型可对含水层预期水头或泉和地表河流的流量进行实时的短期预报。

岩溶地貌中的所有水体特别容易受干旱的影响。由于岩溶具有第 1 章详细介绍的各种特征，因此即使在平水年份，稀疏的排水网络中的地表水一般会不足。岩石基质中蓄积的水量有限，不能长时间为河流提供足够的基流，这种状况只有在降水量低于平均水平的季节和年份才会恶化。在岩溶基准面较深的区域，较长的无雨期能够快速转化为含水层水头降低到河道以下，很多半永久性泉会干枯（见图 7.5）。在碳酸盐沉积层比较厚的壮年岩溶地形，饱和带的位置通常很深，而且支离破碎的地表水系在一年中的大多数时间都是干的，甚至是在降水量丰沛的地区。因此，与所有其他地质环境相比，很多岩溶地形处于一种事实上的干旱状态。而且，连年的枯水年会对所有主要依赖从井中获取地下水进行供水的地区的岩溶水资源产生灾难性的长期影响。在非饱和带，由于地下水位降低而增厚的时候，干旱引发的增加抽水能够快速排干古老致密灰岩中的有限基质蓄水。这一蓄水量的回充可能需要长期的降水量增加和抽水量减少，以使管网内持续的水头能够使水回到岩石基质中。然而，不论气候条件如何，受影响地区需水量都可能不断增加，因此岩石基质蓄水量的自然恢复在很多类似情况下可能是不可行的。

长期的环境监测是所有环境下成功进行极端天气事件管理的关键。否则，就不可能准确评估干旱和洪水的趋势及幅度。第 1 章“降水量”一节和第 2 章“高、低流量的概率”一节分别描述了基于现有降水量和流量测量的洪水与干旱概率分析。同样的方法还可用于其他极端事件指标，如监测井测量的含水层水头等。记录期间太短时，可利用

图 7.5 克罗地亚某间歇泉上的水磨坊

第 6.4 节所述的某些时间序列模型产生足够长度的合成时间序列。然后对合成时间序列进行概率分析,以制订出水管理计划并获得各种工程项目,例如兴建库坝、截获泉水、开发井田或含水层的人工补给等所需的设计参数。

岩溶地区水管理的持续性挑战是通过贮存多余水以备需水增长时利用的方式实现洪水和干旱之间的平衡。尽管含水层蓄水目前呈增长趋势,世界各国实现这一目标最常见的方式为兴建水坝和水库。这主要是因为很多国家的地表水体基本上都已开发,主要河流上因合适坝址很少和人造水库所产生的环境影响受到普遍关注,通过兴建水坝和水库增加蓄水的机会也很少。但是,岩溶对兴建地表水库和含水层补给构成了进一步的挑战,详见第 10.4.2 节的解释。

典型第纳尔岩溶区有很多复杂的水资源工程,其中包括世界上最高的岩溶地区拱坝、最大的纯壮年岩溶区水库和最长的专门用于岩溶水资源管理的水工隧道。在这些工程中,黑塞哥维那东部特雷比什尼察河水系统比较突出(Milanovic,1979,2004,2006)。这个系统最吸引人的地方可能是几个大岩溶洼地的洪水和干旱控制,包括曾经是欧洲最长和最大伏流的特雷比什尼察河 62 km 长河段的铺装(见图 7.6)。

在用喷射混凝土(喷浆)进行河道铺装之前,该河段在枯水期的累计水损失估计为 63 m^3/s;该河流最终消失于几个位于 Popovo Polje 岩溶洼地西端的大河流落水洞,流入岩溶地下。特雷比什尼察河的最大流量超过 1 400 m^3/s。在春季,随着迪纳里德山脉较高海拔地带的强降雨和融雪,河流的流量比其所有落水洞和岩溶洼地内落水洞加起来的容量大得多。因此,Popovo Polje 岩溶洼地在春季会发生周期性淹没,持续时间长达 5 个月。河流流域的控制工程竣工后,自 20 世纪 70 年代末以来,岩溶洼地只有一些小区域会发生几次持续几周的淹没。

图 7.6　特雷比什尼察河流域大规模调控工程竣工后的黑塞哥维那 Popovo Polje 岩溶洼地

(图的右侧可见通过喷射混凝土铺装的河道,岩溶洼地不再受淹,被用于集约农业,河水则在枯水期被用于灌溉)

7.2　气候变化的影响

气候被定义为各种天气条件的集合,代表某一地方或地区天气变化的一般模式,包括一个平均天气条件,以及天气要素的变化和极端天气发生的信息(Lutgens 和 Tarback,1995)。天气和气候的性质依据基本要素来表达,其中最主要的包括:①气温;②空气湿度;③云型与云量;④雨型与雨量;⑤大气压;⑥风速与风向。这些要素主要通过影响含水层的自然补给过程影响一个区域的水量平衡。

天气与气候的区别主要是这些基本要素变化的时间尺度。天气总是在发生变化，有时是时时的变化，这些变化形成了任何给定时间和地方的无数种天气条件。相比较而言，气候变化比较慢，而且直到最近还认为几百年或更久的时间尺度才是重要的，因此只在学术界讨论。气候的广义定义是代表相互作用气候系统的长期行为，包括大气圈、水圈、岩石圈、生物圈、冰冻圈或积累于地球表面的冰雪（Lutgens 和 Tarback，1995）。

与地球运动和长期气候变化有关的重要理论，后来经过世界各地所收集的地质和古气候证据所证实，由贝尔格莱德大学的塞尔维亚数学和天体物理学教授米卢廷·米兰科维奇在 20 世纪 30 年代建立起来的。尽管塞尔维亚皇家科学院 1941 年就用德文发表了他的专著《Kanon der Erdbestrahlung und seine Anwendung auf das Eiszeiten problem》（《地球日照学说及其在冰期问题中的应用》），但还是基本上被国际科学界忽视了（米兰科维奇，1941）。1969 年，位于华盛顿特区的美国商务部和国家科学基金翻译出版了该书的英文版本，书名为《Canon of Insolation of the Ice-Age Problem》（《冰期问题的日照学说》）。1976 年，《科学》杂志上发表了一篇论文，研究检查了深海沉积物样芯，发现米兰科维奇的理论确实与气候变化时期一致（Hays 等，1976）。特别的是，作者能够分析追溯到 45 万年前的气温变化记录，发现气候的重大变化都与地球轨道参数（偏心率、斜率、岁差）有密切关系。地球的确在冰河时代经历着不同阶段的轨道变化。自从这项研究以后，美国科学院国家研究委员会接受了米兰科维奇周期模型（国家研究委员会，1982）："……轨道变化仍然是最彻底检查的数万年时间尺度气候变化机制，迄今是不断变化的日照对地球低层大气层直接影响的最清楚的例子。"

米兰科维奇对气候变化的难题感兴趣，对气候记录进行了研究，关注这些记录随时间的不同。他提出，全球的气候变化是由地球轴线、斜率和轨道的周期性变化造成的，后者改变了地球与太阳的关系，引发了冰河时代。米兰科维奇确定了地球在其轨道上摇摆运行，通过仔细测量星体的位置，利用了其他星球的引力，计算地球轨道的缓慢变化。米兰科维奇量化了3个变量，目前被称为米兰科维奇周期：

（1）地球轨道的偏心率周期：每隔9万～10万年，地球相对太阳的轨道会发生变化，从几乎圆形变为椭圆形，地球离太阳远了。

（2）地球轴线或斜率周期：平均而言，地球赤道面的斜率或倾斜度相对于其轨道平面每4万年会发生变化，南半球或北半球离太阳远了。

（3）岁差或地球自转轴的方向：平均每隔2.2万年会发生一些摇摆变化。地球不会像车轮那样完全围绕轴线旋转，其旋转就像一个摇晃的陀螺。

这些周期意味着在特定时期里到达地球的太阳能较少，导致冰雪融化减少。冰雪融化的减少可形成冰冻水的冷扩张。冰雪存在时间较长，持续很多个季节，就会发生积累。冰雪会将部分阳光反射回太空，也会加剧寒冷。气温降低，冰川开始前进（纽约特斯拉纪念馆，2007）。

气候受到所有3个周期影响，可能是各种形式的联合影响，有时会相互加强，有时是相互抵减。以下根据美国航空航天局（2007；参见图7.7），介绍各米兰科维奇周期对长期气候的一般影响及其现状。

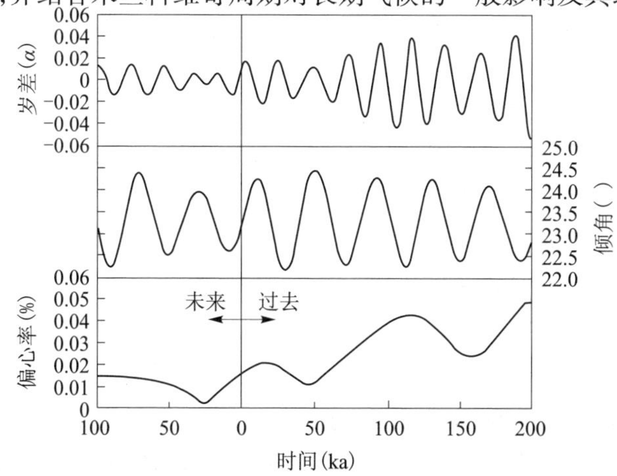

图7.7　各米兰科维奇周期30万年计算值

（美国航空航天局，2007；资料来源于 Berger loutre，1991）

地球轨道的偏心率随时间缓慢变化，从 0（向心）增加到 0.07%（偏心）。随着地球轨道变得更为偏心（椭圆形），太阳到地球最近距离（近日点）与最远距离（远日点）的差变得越来越大。目前，这一距离差仅为3%（500 万 km），最近距离发生的时间为 1 月 3 日，最远距离发生于 7 月 4 日。7 月至 1 月，这一距离由于入射太阳辐射（日照）差增加到 6%。偏心率目前呈减小趋势。在地球轨道高度偏心时，近日点所接受的日照量比远日点大 20% ~30%，导致了今天人们所经历气候的极大不同。

今天，地球轨道面与太阳的偏心角为 23.5°。在 2 万年的平均周期里，地球轴的角为 22.1° ~24.5°。由于偏心角的变化，人们所知的季节可能变得放大。偏心角越大，季节越极端——酷夏和严冬；偏心角越小，季节越缓和——凉夏和暖冬。凉夏可使高纬度的冰雪年年持续，最终形成巨大的冰原。地球覆盖的冰雪越多，反射到太空的太阳能就越多，就会进一步变冷。地球轴偏心率目前呈减小的趋势。

地球轴的岁差改变了近日点和远日点的发生日期，从而增加了一个半球的季节对比，减少了另一个半球的季节对比。如果一个半球的近日点指向太阳，该半球的远日点指离太阳，季节的差异更为极端。这一效应在另一半球则相反。目前，北半球夏季在接近近日点时出现，这意味着北半球的季节差异稍微有点极端。气候岁差接近于峰值，显示出降低的趋势。

虽然米兰科维奇周期可以解释地质时间尺度（大约几万年或更久远）的长期气候变化，这种长时期使其不能成为解释或预测那些对水资源评价和规划有重要意义的时间尺度为几十年到几百年气候变化的有效工具。然而，我们应该向已发展成熟的长期气候变化及其在过去发生的地质学证据的学科的地方是，它在未来必然还会发生。米兰科维奇没有谈到的第 4 个周期——地球上人类活动，可能会加剧气候的自然变化。

政府间气候变化专门委员会（IPCC）和美国前副总统戈尔由于在研究与解释气候变化很多问题和影响方面做出的努力，获得了 2007 年诺贝尔和平奖,气候变化与全球变暖一词已在全世界家喻户晓。像图7.8所示2个曲线图均是在媒体上广泛复制和世界范围讨论的科学图,即使有,也不多。图7.8说明了人类活动导致大气中二氧化碳浓度的增加,例如化石燃料的燃烧与全球气温的升高之间的联系。如果决定改变其他怀疑论者,2007年也是美国南加州所记录最干旱的一年,美国东南部地区也遭受了灾难性干旱。在本书写作的时候(2012年夏),美国广大地区正受到超纪录异常干旱的影响。严重的旱灾驱使政治家、经济学家、水资源专家和公众寻求很多与干旱有关的问题的答案,供水成为最重要的问题。在这方面,2007年和2012年可称为反思水管理与气候变化的社会方法完善年。

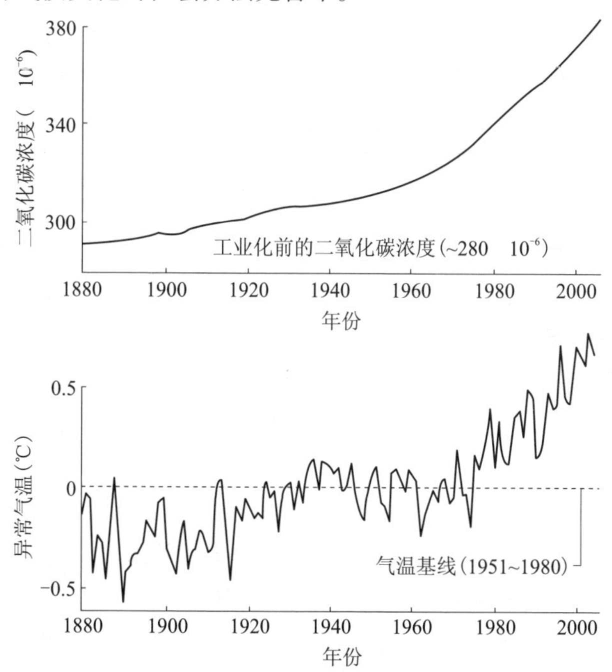

图7.8　1880年来全球气温异常和万亿分之一单位的二氧化碳浓度

(Riebek,2007。Robert Simmon绘图,美国国家海洋与大气管理局地球系统研究实验室的Pieter Tans博士提供二氧化碳浓度,美国国家航空航天局戈达德太空研究所提供气温数据)

准确和系统测量天气及气候要素对充分了解一个地区的气候,预测未来可能影响供水的气候变化是至关重要的。但是,气温和降水量的记录是最重要的气候直接测量,在欧洲这是近几百年前开始的,其他国家更晚。河流或泉流量的水文测量及地下水位记录是淡水水量平衡的3个最重要的直接测量,情况更糟。虽然气候和水文直接测量的时间记录不断增加,但越来越明显的是,100年仍然太短,不足以获得对极端气候——洪水和干旱进行更为准确的概率分析所必需的统计数据。

近几十年来的研究已经揭示,一些过去被认为是局部现象的气候变化其实是大尺度大气循环的组成部分,对全球气象产生周期影响,促使世界各地不同长期气候特征的形成,其中最著名和研究最多的是厄尔尼诺南方涛动现象(ENSO)。几个世纪前,厄瓜多尔和秘鲁沿海的当地居民以西班牙语厄尔尼诺(意为"圣婴")来命名一种每年都会发生的天气事件,这是因为它通常发生在圣诞节期间。这一现象通常会持续几周,其间有一股弱暖的逆流沿厄瓜多尔和秘鲁沿海向南流动,代替了秘鲁寒流。然而,每隔3~7年,这股逆流会异常地变热变强,并伴有可影响世界天气的广大中、南太平洋温暖海洋表层水(Lutgens 和 Tarbuck,1995)。

1982和1983年发生的是有记录以来第二强的厄尔尼诺现象,是世界很多地方的各类极端天气导致的(见图7.9)。强降雨和洪水影响到了秘鲁和厄瓜多尔通常干旱的地区。澳大利亚、印度尼西亚和菲律宾也经历了严重的干旱,而在美国大部分地区,在有记录以来最温暖的冬季后面紧跟着的是雨水最多的春季。1983年春,内华达山脉和犹他及科罗拉多山区的强降雪导致了犹他、内华达及科罗拉多河沿岸的泥石流和淹没。异常的降雨还导致了海湾国家和古巴的洪灾。然而,Lutgens 和 Tarbuck(1995)指出,厄尔尼诺现象的影响差异很大,部分取决于太平洋暖流区的温度和范围。在厄尔尼诺发生期间,一个地区可能经历洪水,但接着会遭受干旱侵袭。正是这些极端天气事件,让水管理者既害怕又要时刻准备应对。美国国家海洋和大气管理局国家气象局气候预测中心建立了一个网页,用于与厄尔尼诺和拉尼娜现象有关的研究及天气预报(气候预测中心,2012)。

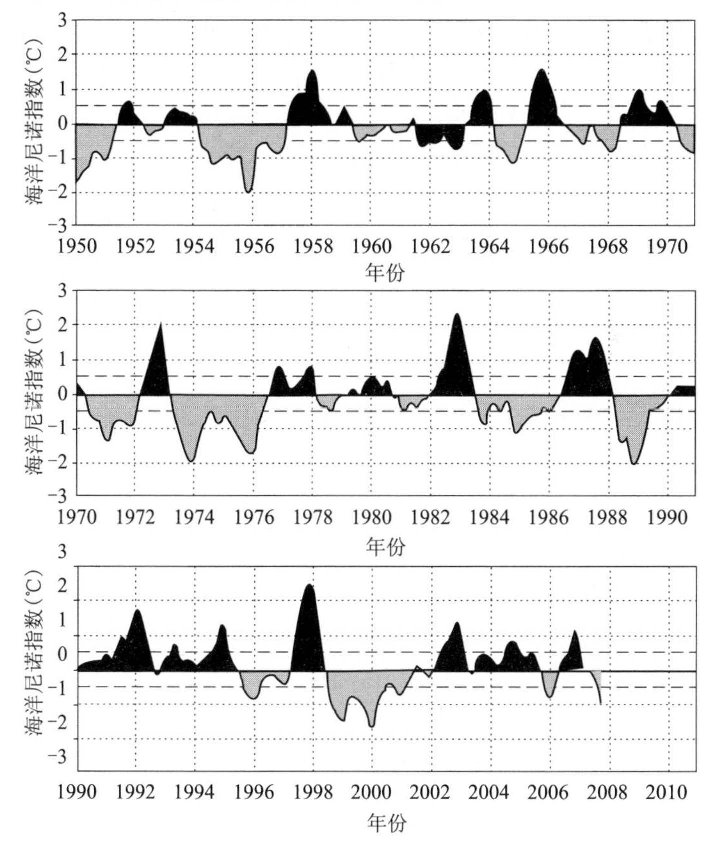

图7.9　自1950年以来的海洋尼诺指数(ONI,℃)演化情况

(海岸尼诺指数是监测、评价和预测厄尔尼诺南方涛动的主要指标。大于+0.5的正值通常表示处于厄尔尼诺条件,小于-0.5的负值通常表示处于拉尼娜条件)(气候预测中心,2007)

除厄尔尼诺和拉尼娜现象外,还有一些大尺度、相互联系并且影响全球气候的大气循环模式,包括太平洋十年涛动,大约每隔25年或更久会改变信号。Shih-Yu Wang等(2008)指出,在过去40年里,美国西部靠近山间地区中央的地方,降水量经历了时间尺度变化的显著增加,显示出一个频率约为 15 年的放大周期，其时间尺度处于厄尔尼诺周期的 2 ~7 年与太平洋十年涛动变化的大于或等于 25 年之间。太平洋十年涛动的各阶段与山间降水量有一个一致的时间滞后，导致降水的太平洋十年涛动周期为 3 ~4 年。带通滤波后太平洋十年涛动与山间降水量的互相关函数（CCF）描述了一个清晰的涛动模式，约每隔 12 年重现一次。太平洋十年涛动 3 年之内的准备期好像是其 12 年周期的 1/4。18 个月低通滤波后的太平洋十年涛动与降水量的互相关函数显示出显著的涛动，具有相同的周期性和时间步长，支持 12 年之内的周期（Shih-Yu Wang 等，2009）。有趣的是，第 1.7.1 节（降水量）所述法国最大的岩溶泉——泉水镇泉域（排泄区）的年降水量分析也显示出了 12 年的周期（详见第 1.170 和 1.171 节）。

陈雄文（2006）指出，在过去 40 年里，中国北纬 35°线以北地区的气温每 10 年约升高 0.24 ℃，而且这种现象还将持续下去。气候变化严重影响了中国水资源可利用量、生态系统和农业生产。作者对 3 个具有长期数据记录且分别位于湿润、半干旱和干旱气候区地方的降水周期及概率进行了分析。在湿润的热带气候区地方，降水量一般呈增加趋势，其他 2 个地方相反，降水量不断减少。光谱分析显示，所有 3 个地方生长季节的极端降水量变化周期（干旱和洪水）缩短了，可能会导致生物量（作物）初级生产力的降低。

3 个地方在生长期里极端降水量（最大和最小）的发生与厄尔尼诺/南方涛动事件高度一致。降水量越高，与厄尔尼诺/南方涛动暖事件一致的概率越高；较低的降水量则与厄尔尼诺/南方涛动冷事件吻合。干旱和半干旱气候区的平均变化系数在 1980 年之后显著增加，而湿润气候区则略有降低。中国的降水量变化也受到季风的影响，但季风与其他具有大尺度气候特征，例如厄尔尼诺/南方涛动的相互作用还难以解释。一种可能的解释可能是，中国过去几十年降水量变化趋势与人为黑碳浮质增加和水土利用政策等有关（陈雄文，2006）。

图 7.10 显示了中国北方最大岩溶泉娘子关泉的泉域地区降水量降低趋势和土地利用政策的负面影响。自 20 世纪 70 年代初以来，娘

子关泉域岩溶地下水被开采用于灌溉、生活用水和工业供水。自20世纪80年代起,用水量增速加快。目前,岩溶地下水成为该泉域的主要水源,而这一区域是中国重工业区之一,主要工业包括采煤、发电、化工和冶金等。娘子关泉域的岩溶地下水通过泉眼和水井进行利用。1988年,岩溶地下水的用水总量为1.49亿m^3,其中82%来自泉眼,18%来自水井。1980~2001年,水井的年抽水量从643万m^3增加到3 080万m^3。通过这一巨大的地下水抽取,该地区获得了很大的社会、经济效益,但也造成了水质、水量问题。地下水超采、无节制的城市与工业排污和农业集约化正日益引起含水层的普遍退化,造成岩溶泉排泄量减少。娘子关泉的排泄量自1956年以来持续减少,成为地方经济发展主要关注的问题。该泉水系统还受到采煤脱水和土地利用缺乏控制的进一步影响(武强等,2010)。

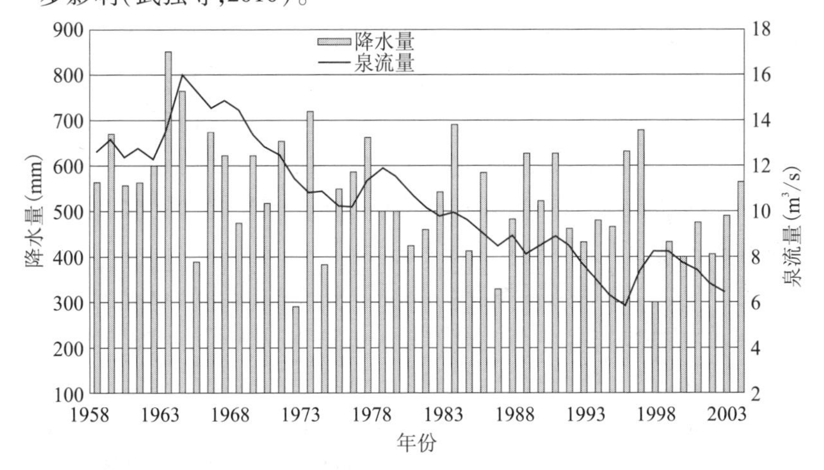

图7.10 中国北方最大岩溶泉娘子关泉流量曲线及其泉域地区降水量

(二者均显示出了降低的趋势)(武强等,2010;版权Elsevier公司所有,经许可印刷)

政府间气候变化专门委员会(2007)指出,一些水文系统通过很多冰川和融雪补给河流的径流量的增加及春汛峰值流量的提前,已经受到了持续气候变化的影响,其可信度是比较高的。全球气候变暖也已经影响到了变暖河湖的水温结构和水质。政府间气候变化专门委员会预计,积雪减少、冰川融化和初春径流增加将影响全世界的山区,造成海拔较低地区的地表水供水短缺。最为明显的是,中国和印度一些人口最为密集地区的供水都是依赖起源于喜马拉雅山脉的大江大河。

冬季积雪减少也会对山间盆地的地下水补给造成影响;融雪较少和时间缩短意味着地表水流动的时间较短,在盆地边缘和通过基岩直接转换成为地下水的流量也较少。山脉及盆地边缘地带的降水量距平百分率较大的表现形式为降雨很快变成地表水径流。类似不利于地下水补给条件的是政府间气候变化专门委员会预计某些地区降水量增加的表现形式为强度和湿度都较大的暴风雨,而不是降雨天数长。介于中间的大雨有较长的小雨或无雨时间,因此干旱发生频率会增加。

气温升高和热浪会导致需水量增加,再加上干旱,会进一步增加地表水和地下水资源的压力。水库和地表河流变暖会导致藻华等水质问题。气温越高,就会造成地表水库的水量损失因蒸发量增加而加大。蒸发量的增加还会影响浅层地下水,增加土壤水分亏缺。在深部循环和实际地下水补给发生之前,大部分入渗的降水都将用于弥补这一土壤水分亏缺。在灌溉农业地区,高气温、热浪和干旱都会增加对水资源的需求,这是因为此时需要从河流及水库分出或从含水层抽出更多的水来弥补较高的水量蒸发和土壤水分亏损。

更为频繁发生的强降雨会造成地表河流的浊度及非点源污染径流的增加,使其水质降低。与强降雨相关的洪水发生率增加会对供水基础设施造成压力,还会提高介水疾病的风险。

海平面上升会引起沿海地区、河口和淡水系统灌溉水的咸化,而且咸水入侵到较低沿海区域浅层含水层。此外,半干旱及干旱地区因受到持续干旱严重影响和低洼沿海地区因受影响海平面上升而形成的人口迁移,都将造成其他可能不受全球变暖显著影响地区水资源的压力。

以下介绍一些预计的大陆尺度的全球变暖影响(政府间气候变化专门委员会,2007)。

1. 非洲

(1)到2020年,预计有7 500万~2.5亿人口会由于气候变化而面临的水压力增加。

(2)到2020年,部分国家雨养农业产量可能会减少近50%。很多非洲国家的农业生产,包括获得食物,预计会遭遇严重威胁。这将进一步对粮食生产的可预测性产生不利影响,加剧营养不良。

(3)到21世纪末,预计海平面上升将会影响人口众多的低洼沿海地区。适应成本可能至少达到GDP的5%~10%。

(4)到2080年,非洲干旱和半干旱土地预计在各种气候方案下增加5%~8%。

2. 亚洲

(1)到2050年,中亚、南亚、东亚和东南亚,特别是大河流域,预计淡水资源可利用量会降低。

(2)沿海地区,特别是南亚、东亚和东南亚人口聚居的大三角洲地区,将会因为海水淹没和部分大三角洲的河流洪水淹没而面临极大的风险。

(3)预计气候变化将会加重城市化、工业化和经济的快速发展给自然资源与环境带来的压力。

(4)由于预计的水文循环变化,预计在东亚、南亚和东南亚,主要与洪水和干旱有关的腹泻导致的发病率及死亡率将会上升。

3. 澳大利亚和新西兰

(1)到2020年,预计大堡礁和昆士兰热带雨林地区等生态资源丰富的地区的生物多样性将会显著减少。

(2)到2030年,预计澳大利亚南部及东部地区、新西兰北陆和部分东部地区的水资源可利用量问题可以确定。

(3)到2030年,预计澳大利亚南部及东部大部分地区和新西兰部分东部地区的农林产量将会因为干旱和火灾的增加而减少。然而,在新西兰,预计最初会给其他区域带来效益。

(4)到2050年,预计澳大利亚和新西兰部分地区持续的沿海开发和人口增长将会加剧海平面上升的风险,加大暴风雨和沿海洪灾的严重性与发生频率。

4. 欧洲

(1)预计气候变化会扩大欧洲自然资源和资产的地区性差异。负面影响包括内陆山洪灾害风险增加、沿海洪灾更频繁和海水倒灌增加(由于暴风雨和海平面上升的增加)。

(2)山区将会经历冰川后退、积雪减少及冬季旅游受影响和大范围物种丧失(到2080年,某些地区物种损失高达60%)。

(3)欧洲南部,预计气候变化将恶化对气候变化敏感地区的环境条件(高温和干旱),减少水资源可利用量、水电蕴藏量、夏季旅游业和粮食生产。

(4)预计气候变化导致的热浪和火灾发生频率增加,也会加大健康方面的风险。

5. 拉丁美洲

(1)到21世纪中叶,预计温度升高及相应的土壤水分降低会使亚马孙东部地区热带雨林逐渐被热带稀树草原取代。半干旱植被将趋向于被干旱地区植被所取代。

(2)热带拉丁美洲许多地区由于物种灭绝而面临生物多样性显著损失的风险。

(3)预计某些重要农作物生产力会下降,畜牧业生产力降低,对粮食安全带来不利的后果。预计温带地区的大豆产量会增加。总体而言,面临饥饿风险的人数预计会有所增加。

(4)预计降水模式的变化和冰川的消融会显著影响供人类消费、农业和发电的可用水量。

6. 北美洲

(1)预计北美洲西部山区变暖会造成积雪减少、冬季洪水增加和夏季径流减少,加剧过度分配水资源的竞争。

(2)21世纪最初几十年,预计中度的气候变化会使雨养农业的累计产量增长5%~20%,但地区间存在重要差异。预计农作物的主要挑战是接近其温度适宜范围的变暖上限,或依赖被高度利用的水资源。

(3)预计在21世纪期间,目前遭受热浪的城市会受到更多、更强和更长时间热浪的袭击，可能对健康造成不利的影响。

（4）沿海社区和栖息地将日益受到气候不断变化影响的压力。

7. 小岛屿

（1）预计海平面上升会加剧洪水淹没、风暴潮、海水倒灌及其他海岸带灾害，因此威胁到那些支撑小岛屿社区生计的重要基础设施、居住区和设施。

（2）到 21 世纪中叶，预计气候变化会减少许多小岛屿，例如在加勒比海和太平洋的水资源，致使少雨期水资源不足以满足需求。

参考文献

[1] Berger, A., and Loutre, M. F., 1991. Insolation values for the climate of the last 10 million years. Quat Sci Rev, 10:297-317. Data available at: http://www. ncdc. noaa. gov/paleo/forcing. html#orbital.

[2] Chen, X., 2006. Comparison of the recent precipitation variation at three locations in China. J App Sci, 6(1): 144-150.

[3] CPC (Climate Prediction Center), 2007. ENSO cycle: Recent evolution, current status and predictions, update prepared by Climate Prediction Center/NCEP, December 24, 2007. National Weather Service. Available at: http://www. cpc. ncep. noaa. gov/products/analysis-monitoring/lanina/index. html. Accessed 28th December 2007.

[4] CPC (Climate Prediction Center), 2012. El Niño/La Niña Home. National Weather Service. Available at: http://www. cpc . ncep. noaa. gov/products/analysis-monitoring/lanina/index. html.

[5] Hays, J. D., Imbrie, J., and Shackleton, N. J., 1976. Variations in the earth's orbit: Pacemaker of the ice ages. Science, 194 (4270): 1121-1132.

[6] IPCC (Intergovernmental Panel on Climate Change), 2007. Summary for policymakers of the Synthesis Report of the IPCC Fourth Assessment Report; Draft Copy 16 November 2007 - subject to final copyedit, 23p. Available at: http://www. ipcc. ch/.

[7] Lutgens, F. K. and Tarbuck, E. J., 1995. The Atmosphere. Prentice-Hall, Inc. Englewood Cliffs, NJ, 462p.

[8] Milanovic, P., 1979. Hidrogeologija karsta i metode istraživanja (in Serbian;

Karst hydrogeology and methods of investigations). HE Trebišnjica, Institut za korištenje i zaštitu voda na kršu, Trebinje, 302p.

[9] Milanovic, P. T., 2004. Water Resources Engineering in Karst. CRC Press, Boca Raton, FL, 312p.

[10] Milanovic, P. T., 2006. Karst istočne Hercegovine i dubrovačkog priobalja (Karst of eastern Herzegovina and Dubrovnik litoral; in Serbian). ZUHRA, Belgrade, 362p.

[11] NASA (National Aeronautic and Space Agency), 2007. On the shoulders of giants. Milutin Milankovitch (1879-1958). NASA Earth Observatory. Available at: http://earthobservatory. nasa. gov/Library/Giants/Milankovitch/.

[12] NRC (National Research Council), 1982. Solar Variability, Weather, and Climate. National Academy Press, Washington, D. C., p. 7.

[13] Riebek, H., 2007. Global warming. NASA Earth Observatory. Available at: www. earthobservatory. nasa. gov/library/globalwarmingupdate/.

[14] Tesla Memorial Society of New York, 2007. Milutin Milankovitch. Available at: http://www. teslasociety. com/milankovic. htm.

[15] Wang, S.-Y., R. R. Gillies, J. Jin, and L. E. Hipps, 2009: Recent rainfall cycle in the Intermountain Region as a quadrature amplitude modulation from the Pacific Decadal Oscillation, Geophys. Res. Lett., 36, L02705.

[16] Wu, Q., Xing, L., and Zhou, W., 2010. Utilization and protection of large karst springs in China. In: Kresic, N., and Stevanovic, Z. (eds.), Groundwater Hydrology of Springs: Engineering, Theory, Management and Sustainability. Elsevier, New York, pp. 543-565.

第 8 章　地下水抽取

8.1　简　介

岩溶地区往往通过以下方式抽取地下水:①安装单井或井场;②修建地下水坝(库);③开发泉水,包括泉流量的工程调节措施。除传统的竖井外,还可采用斜井和排水廊道等抽取地下水。还有一些其他方法通常用于松散沉积层发育的含水层,例如排水沟、排水渠或集水井等,在岩溶地区往往不适用。在任何情况下,选择地下水抽取的点位和方法时,应该考虑以下一般因素:

(1)投资成本。

(2)靠近未来用户。

(3)现有地下水用户和地下水开采许可。

(4)水文地质特征和不同含水带(含水层)的深度。

(5)供水系统要求的流量和单井的预期出水量。

(6)水井的下降和井(井场)的影响半径。

(7)井场内井与井之间的相互干扰。

(8)水处理要求。

(9)抽水及水处理的用电费用和一般运行维护费用。

(10)含水层的脆弱性和与现有或潜在污染源有关的风险。

(11)与地下水系统其他部分及地表水的相互作用。

(12)含水层人工补给方案,如蓄水与回用。

(13)社会(政治)要求。

(14)开放水市场的存在或可能性。

以上因素并非全部,也并不是非要按重要性排列;某些时候只有 1 ~2 个因素就需要进行最终设计。随着美国和很多其他国家对地下水资源开发利用管理工作的日益加强,作为打井许可过程的一个组成部分,可能应对上述大多数因素进行论证。即使在没有取水许可要求的地方,即便不是全部考虑,至少要慎重考虑上述大多数因素,因为这些因素最终决定了工程项目的长期可持续性。

8.2　岩溶地区的水井

8.2.1　水井设计

对于许多人来说,在讨论地下水资源的开发利用时,可能首先想到的就是水井。对于非水文地质专业或非供水相关行业人士而言,一口井通常意味着地里面一个普通的、会莫名其妙地出水的孔,它可能是一个用栅栏围起来的井亭的景象,也可能是一幅用水车及水斗从大口井打水的乡村美景。总之,很少有人能够完全了解修建一口适合于公共供水井的复杂性、重要性及其成本。在许多长期采用现代钻井技术打井用于公共供水和家庭供水(见图 8.1)的发达国家也有相同的情况;终端用户通常将"打井业务"交给打井人,而不在意自己对井了解多少。然而,水文地质专业人士和地下水专家则要考虑各种情况的水井,有的人甚至花费了毕生精力去深入研究并进行水井设计。

图 8.1　小口径私人供水井贯穿了佛罗里达小河斯普林溶洞的水下通道（佛罗里达州泉特别小组,2000）

在岩溶地区为井或井场选择"最佳的"场址,有些人认为这是一门艺术,有些人认为这是运气,有些人认为就像找一个探矿者一样简单,有些人(如钻井人)视其为把井尽量对打入地下以收取费用的自然过程。尽管有的地下水行业人士同意以上的某些观点(除探矿者问题外),但公共供水或大型灌溉工程的选址和设计非常复杂,应该对各项设计要素进行全面考虑。然而,最重要的是,首先考虑所有间接及直接方法,确定第 3.2 节所述的优势流路径的位置。一口井位于或者邻近岩溶优势流路径时,其成功概率要比随机定位的井高得多。在比较年轻而且基质孔隙度较高的碳酸盐岩层的井是个例外,例如美国的佛罗里达含水层。在此类含水层,几乎所有水井都有很大的出水量,而靠近或位于优势流路径的水井出水量更大。

井的深度、直径和施工方法各不相同,水井的设计没有"一刀切"的方法。仅仅是有关水井设计方面问题的解答就可在由德里斯科尔(1986)所著的巨著(1 000 页)《地下水与水井》中找到。另一部关于水井设计的力作为坎贝尔和莱尔(1973)合著的《水井技术》。美国政府机构的公共出版物也提供了关于供水和监测井的设计与安装方面的有用信息(例如美国环境保护署,1975;美国垦务局,1977;Aller 等,1991;Lapham 等,1997)。井的设计、安装及修井材料都应遵循适用标准。在美国,应用最广的水井标准为美国国家标准协会(ANSI)/美国水行业协会(AWWA)A100 标准,但对使用和接触涉及饮用水产品的管理仍授权给各州,后者可能也有自己的标准要求。地方机构可以选择采用比本州更为严格的要求(美国水行业协会,1998)。

多孔介质中水井的一般设计要素包括:①钻井方法;②钻孔和套管直径;③井深;④滤管;⑤砾石填充层;⑥洗井;⑦试井;⑧主抽水泵的选择安装。然而,大多数岩溶含水层水井常常没有安装滤管和砾石填充层,并且采用裸眼井孔完井,这样可大大降低水井的成本,消除很多与滤管设计、井出水效率/井损和井整体维护相关的问题。在大型公共供水井情况下,还是希望安装砾石滤管,以保持钻孔的稳定,预防洞穴塌陷和岩石脱落造成水泵机械损坏。

图 8.2 和图 8.3 给出了一些更为常见的水井设计,这些设计因具体工程而异,单口井也可运用多种设计。随着钻井和井安装技术的不断发展,一些精心的设计得到应用,包括钻孔扩底技术(即在已安装并

灌浆的套管下面扩宽钻孔)、在不稳定地层条件下用临时套管钻井、变径式滤管、多滤管井段(带或不带连续砾石填充层)和斜井等。

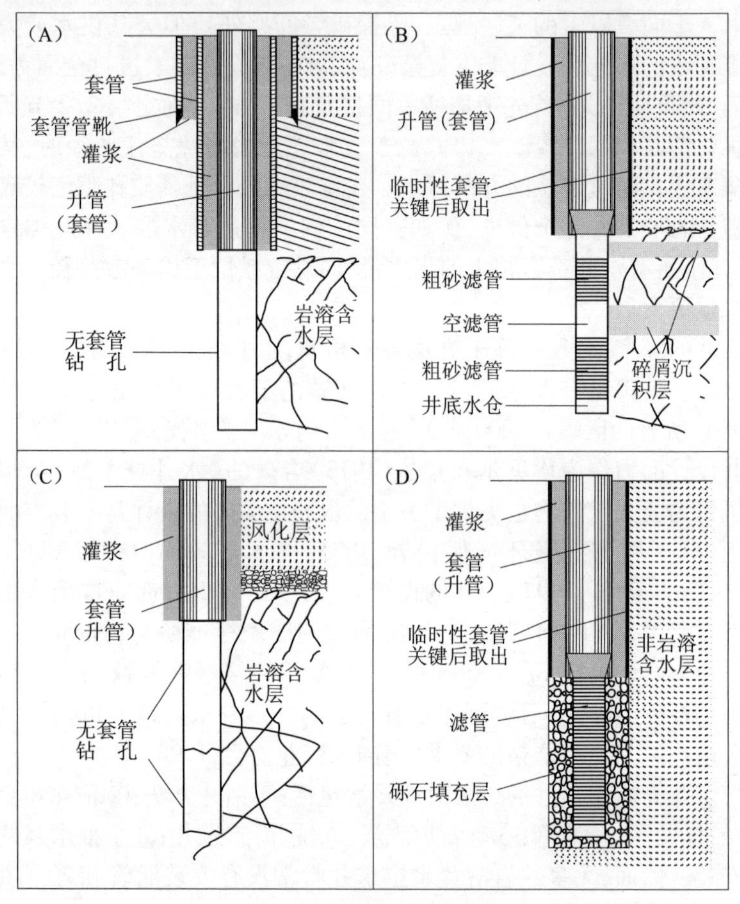

图 8.2 几种基本井型示意图

((A)为跨接不稳定地层和不利地层,使用多层灌浆套管的深井,在较深的岩溶含水层采用裸眼钻孔完井;(B)在整个上覆松散沉积物层段下套管的水井,在多个岩溶含水层采用粗孔滤管段,其间则用无眼套管隔开,以隔离松散沉积物地层和不稳定地层;(C)在稳定的岩溶基岩上使用灌浆升管穿过风化岩层及基岩上部的裸眼井;(D)在松散(非岩溶)沉积物地层中,灌浆升管下接变径滤管和扩底钻孔内设砾石填充层的水井)

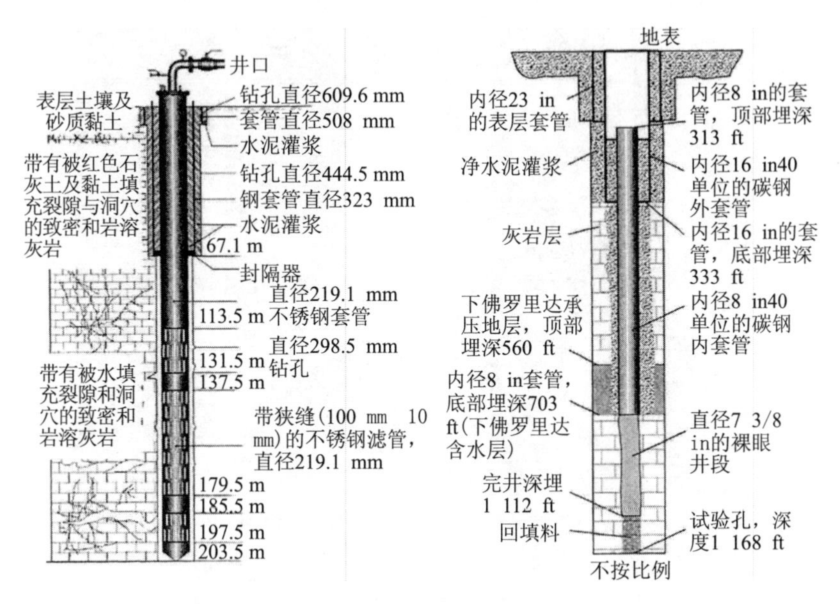

图8.3　塞尔维亚西部米奥尼察附近的拉吉科维奇村修建的RAJ-2井(左图)及HAAF11(36Q392)井的修井示意图(右图)

(左图井降深为112 m,出水量为2 L/s(Djokic等,2005),右图井建于美国佐治亚州查塔姆县的亨特陆军机场的下佛罗里达含水层中(Clarke等,2010))

在选择钻井直径和钻井方法时,预计水井出水量、井深和多孔介质(岩石)的地质及水文地质特性都起重要作用。深井或渗透与半渗透多孔介质层厚度大,可能要打几种直径的孔,安装直径逐渐变小的套管,即变径套管(见图8.2A)。这样做可打出稳定和垂直的深井钻孔,穿越障碍或不良的层段(例如流沙、高度破碎和易塌陷的不稳定井壁与较厚的膨胀黏土层)。钻井的成本随着井直径增加而增加,重要的是要与其他设计要求进行成本平衡,其中有些要求是想出来的,但未必是必不可少的。从长远来看,一个为公众供水的深度达到几千英尺(即1 000 m)的高容量深井成本至少在100万美元以上。这类井要用大型钻井机,使用特定的大直径钻头,包括大直径套管(见图8.4)。

只要有可能,井的设计应以主井开钻前试钻时获得的信息为依据。地球物理测井和试钻取岩芯(芯样)所提供的重要信息包括:含水层段

图 8.4 在钻大口径深井时通常使用牙轮钻头(左图)及一个直径为 48 in 的套管正在放入直径 54 in 的钻孔(右图)

(它们按照不同配置建造,图中的牙轮钻头(图中部和底部中央的箭头所指处)就是要保持一个垂直的钻孔并分阶段扩大孔径(照片由 Adrian Ezeagy 提供)。水井的目标深度为 1 300 ft,裸眼井段位于佛罗里达含水层 1 000 ~ 1 300 ft 深度。最终套管的内径为 20 in。该水井用于佛罗里达州米拉玛市的供水(照片由 Richard Crowles 提供))

的深度与厚度、粒径及透水性,以及多孔介质和地下水的理化特性。若不了解钻井地层的水文地质情况,就会导致钻井技术选择不恰当,甚至会因流砂、孔壁坍塌或钻机设备落入溶洞损坏等各种未预料到的困难而放弃该井址。

所有永久性井套管除滤管层段外,从上到下应该都是连续的、不透水的,而且还必须灌浆(即不能让其松散)。灌浆可防止地下水沿钻孔壁不同含水层段和含水带(含水层)之间的可能短流现象,以及来自地面的污染。在美国,大多数州都要求必须对距地面最小深度(通常是 50 ft)的上部套管进行灌浆。套管的材料必须与地下水的化学特性相适应,以防止腐蚀或其他破坏。在有可能暴露包括低分子量汽油产品或有机溶剂及其蒸汽在内的高浓度污染物的情况下,井套管的选材很重要。诸如聚乙烯、聚丁烯、聚氯乙烯及合成橡胶(包括用于连接部位的垫圈和密封衬垫)等套管材料,容易受到低分子量有机溶剂或汽油产品的渗透影响(美国水行业协会,1998)。如果套管穿过其污染区域或受污染影响的地区,就应适当地选择抗污染的套管材料。套管必须相当坚固厚实,能确保其安装、洗井及使用过程中的结构稳定性。这一点对于深井特别重要,因为地层压力高会使尺寸不够或欠安全的设计的套管发生损毁。选用劣质的套管材料虽然可降低初始成本,但可能会造成套管深度破坏及水井过早报废。美国国家标准协会/美国水行业协会 A100 标准提供了套管材料、直径及套管可接受的最低强度计算的技术要求。

如上所述,稳定基岩上的井很多都做成裸眼井孔,它们相互交叉,形成尽可能多的缝隙,使井的出水量最大,建造成本最低。这类井应在顶头部位有一个适当的灌浆套管,以防止表土和风化岩屑的坍塌,以及来自地面的污染。因此,建议灌浆套管应穿过表土层和高度风化岩层并延伸到坚固稳定的基岩内一定深度,以防止井水因细颗粒流入而造成污染,从而延长抽水泵的使用寿命。虽然未衬砌的裸眼井最终孔径必须留有安装抽水泵和设置检修便道的位置,但却不受滤管直径和井底部起过滤作用的砾石填充层厚度的限制。

表 8.1 和表 8.2 分别提出了根据地层及井深和不同抽水量情况下井内套管(升管)的最优与最小直径进行钻井方法的选择。

表 8.1　适合不同地层的钻井方法

<table>
<tr><th rowspan="3">特性</th><th rowspan="3">挖掘</th><th rowspan="3">钻孔</th><th rowspan="3">驱动</th><th colspan="3">钻机</th><th rowspan="3">喷射</th></tr>
<tr><th rowspan="2">冲击</th><th colspan="2">旋转</th></tr>
<tr><th>液压</th><th>空气</th></tr>
<tr><td>采用深度范围(ft)</td><td>0 ~ 50</td><td>0 ~ 100</td><td>0 ~ 50</td><td>0 ~ 1 000</td><td>0 ~ 1 000</td><td>0 ~ 750</td><td>0 ~ 100</td></tr>
<tr><td>直径(in(ft))</td><td>3 ~ 20 ft</td><td>2 ~ 30 in</td><td>1 1/4 ~ 2 in</td><td>4 ~ 18 in</td><td>4 ~ 24 in</td><td>4 ~ 10 in</td><td>2 ~ 12 in</td></tr>
<tr><td>地质地层类型</td><td></td><td></td><td></td><td></td><td></td><td></td><td></td></tr>
</table>

续表 8.1

特性	挖掘	钻孔	驱动	钻机			喷射
				冲击	旋转		
					液压	空气	
黏土	是	是	是	是	是	否	是
粉砂	是	是	是	是	是	否	是
细砂	是	是	是	是	是	否	是
砾石	是	是	粒度细	是	是	否	1/4 in 沙砾石
胶结砾石	是	否	否	是	是	否	
卵石	是	是,如果<井直径	否	是,处于坚硬的层面中时	困难	否	否
砂岩	是,如果软或破碎	是,如果软或破碎	薄层	是	是	是	否
石灰岩			否	是	是	是	否
火成岩	否	否	否	是	是	是	否

注:由美国环境保护署提供,1991。

表 8.2 不同抽水量情况下井内套管的最优与最小直径

预计出水量		最优套管直径		最小套管直径	
流速 (gal/min)	流速 (L/s)	内径(外径) (in)	内径(外径) (mm)	内径(外径) (in)	内径(外径) (mm)
<100	<5	6	152	5	127
75 ~ 175	5 ~ 10	8	203	6	152
150 ~ 350	10 ~ 20	10	254	8	203
300 ~ 700	20 ~ 45	12	305	10	254

续表 8.2

预计出水量		最优套管直径		最小套管直径	
流速 (gal/min)	流速 (L/s)	内径(外径) (in)	内径(外径) (mm)	内径(外径) (in)	内径(外径) (mm)
500 ~ 1 000	30 ~ 60	14	356	12	305
800 ~ 1 800	50 ~ 110	16	406	14	356
1 200 ~ 3 000	75 ~ 190	20	508	16	406
2 000 ~ 3 800	125 ~ 240	24	610	20	508
3 000 ~ 6 000	190 ~ 380	30	762	24	610

注:1. 资料来源于 Driscoll,1986;约翰逊滤管公司授权转载。

2. 表中第三行直径单位为 ft,右侧 4 列中外径数字用圆括号括起。

8.2.2　洗井与完井

采用正确洗井的方法,几乎可改善各种类型和大小水井的状况,否则再好的井若不进行洗井,也不会让人满意。正如美国环境保护署(1975)和 Driscoll(1986)所指出的,任何钻井技术都能使钻孔周围的透水性降低。采用绳式顿钻法可能发生压实、黏土涂抹和把细砂打入井壁的问题。正向旋转钻井法会导致钻井液进入含水层和钻孔壁而形成泥饼。反向旋转钻井法易使泥水和污水堵塞含水层。在固结地层,一些胶结不好的岩石可能压实,其岩屑、细砂和泥土被挤入裂缝、层理面及其他孔隙中,并在钻孔壁上形成泥饼。

适当的洗井可破坏被压实的井壁和溶解被胶结的泥土,先将其他穿过地层(含水层)进入井内的细砂吸出,然后通过抽排加以清除。洗井还可清除地层中的细小颗粒,在滤管附近形成更具透水性、更为稳定的区域。新井的清洗是利用了水或空气的物理作用,还应包括回洗,即水通过滤管的双向运动。只有在特定情况下才使用少量化学物洗井,而且在洗井前要事先得到水井业主和管理机构的同意。这些化学品包括结晶聚磷酸、玻璃状聚磷酸盐等泥土分散剂和石灰岩地层已完成水井所用酸的结晶。不适当地使用化学物,会使其沉到井底或者使滤管完全阻塞而产生许多问题。例如,过浓的六偏磷酸钠(SHMP)溶液可使玻璃状聚磷酸盐沉淀聚集于冷地下水界面处。沉淀的玻璃体是凝胶体,极难清除掉,因为它不存在有效的可溶物质(Driscoll,1986)。

洗井的方法很多,其选择主要取决于采用的钻井技术和地层特性。然而,在很多情况下设备的适应性和钻探工的偏好却不合理地起着更为重要的作用。通常难以预测一口井的洗井方式和时间。由于采用一次性总付费法洗井会导致不令人满意的洗井效果,因此最好是采用小时单价付费法,直到满足以下条件(美国水行业协会,1998):

(1)按设计排量抽水量时,在 2 h 完整抽水周期内每升出水量的含沙量平均不高于 5 mg。

(2)应定期进行不少于 10 次的测量,绘制含沙量与时间和生产率的曲线图,确定每个抽水周期的平均含沙量。

(3)在至少 24 h 的洗井过程中,井单位出水量没有明显增加。

洗井的方法一般有抽水、震荡、压裂和冲洗等,各种又有若干个方法(美国环境保护署,1975)。建议联合应用两种方法,这样效果最佳。过度抽水是一种常用的低效洗井方法,因为此时水流只朝水井一个方向流动,但其流速还不足以去除堵塞地层的细沙。定期关闭水泵形成的涌水作用可使泵柱内的水回流到井中,这比过度抽水更为有效。但水会重新进入地层中透水性最强的地方或者受打井破坏最小的地方,而地层中最需要清洗的部位大都不在其中(杰克逊滤管公司,2007)。向井中注水再将其抽出来(回流),会导致水在井的滤管和砾石填充层双向移动,从而提高了洗井效率。

压缩空气或气举法可能是最常见的洗井方法(见图 8.5)。Driscoll(1986)对各种气举技术作了详细讨论,包括合适的气举设计所需量化参数的确定。然而,很多钻井者和承办商总是不顾井址具体条件而一律采用相同的气举方法(自己熟悉的方法)。

如同未固结地层一样,包括空气钻井在内的各种钻井方法都会引起固结泥沙和硬岩层中的裂缝及其他孔隙堵塞。因此,洗井要清除这类地层中的堵塞物。很多情况下,最好的办法是喷水法与气举抽水法

图 8.5　大容量供水井在佛罗里达含水层安装完成

（Derald Seaburn 博士提供图片）

联合运用。充气止浆塞可隔离向水井供水的生产区（裂缝），从而可提高洗井的效率。

如果应用一种或多种水井增产措施，可使碳酸盐岩层水井的出水量显著增加。水井增产措施为洗井的第二个层次，与传统方法相比，水井增产措施更能提高井的出水量。水力压裂方法用于促使固结地层中新、老水井的增产。采用这种方法，水在极端高压下被注入整个井或者注入由充气止浆塞封闭的离散井段。被注入的水将裂缝中的泥沙冲走，并形成新的裂缝，从而增加了井附近地层的透水性。

有时将炸药放入固结岩层的无套管井眼中进行爆破，以增加井的单位出水量。这种方法与水力压裂法相似，扩大了现存的裂缝，形成新裂缝，从而使地层的渗透系数增大。但炸药爆破方法要小心应用，事先要考虑很多因素，包括法律规定和环境影响。

酸可用于石灰石及白云岩含水层水井的增产措施和洗井。酸溶解了碳酸物，扩大了井眼附近地层的孔隙和小裂缝。也可迫使酸离开水井进入不连续面，以溶解和清除大量原生物质，使井周围含水层总渗透系数增加，从而使井的单位出水量大增。

完井包括整个套管和滤管的消毒、永久性井泵的安装和泵房（井口）的建设及所有卫生要求。强烈建议在井内安装专用小口径空心管

(测深索),以测量井水位和采样深度(离散深度采样)。

井的整体设计因素中唯一不能由钻探工、水文地质专业人士或工程师保证的可能是井的出水量及其长期持续性。由于种种原因,一口花几十万美元建成的井实际上只能生产出设计出水量的一小部分,令所有利益相关方失望的是,这种事情常有发生。然而,通常可通过遵循非常明确的含水层评价和测试水文地质准则,以避免这类令人惊讶的事情发生,当然还应确保井的设计及安装。最不为人知的秘密是,在岩溶地区安装任何用途的水井时常常需要一点点运气。

8.3 洞穴的地下水抽取

自然岩溶洞穴,如充水的落水洞和溶洞通道,通常是有吸引力的地下水抽取目标。在钻井时,发现正在实际输水的优势流路径总是存在不同程度的不确定性,与此相反的是,已知水下岩溶洞穴是含水层输水带的最佳标志或是含水层输水带本身的一部分。岩溶洞穴尺寸足够大时,可以容纳大容量水泵并且在连接大量管道网络时可保持较大的出水量。Stewart(1977)提供了详细的例子,从美国佛罗里达坦帕附近200 ft 深的莫里斯大桥路落水洞里抽取地下水(见图 8.6)。在 25 d 内以 4 000 gal/min(250 L/s)的平均抽水量从这个落水洞抽取地下水,以检测其用作城市供水补充水源的可能性。在本测试结束时,落水洞的水位下降了 5.8 ft(1.8 m),距落水洞 655 ft(200 m)远的观测井水位下降了 1.5 ft,而距落水洞 2 500 ft(760 m)远的观测井未检测出水位下降。根据落水洞附近观测井的水位下降数据,总的含水层导水率估计有 1.3×10^5 ft^2/d(1.2×10^4 m^2/d)。检测表明,该落水洞每天能够持续出水 1 500 万 gal(0.7 m^3/s),最大水位下降可能不会超过约 23 ft (7 m)。

威廉姆斯井是亚拉巴马州出水量最大的水井之一,其抽水量可保持在 5 000 gal/min(361 L/s)以上,该井钻入了地下 30 m 直径 3 m 的洞穴。该井位于亨茨维尔市西南约 7 mi 的区域,那里有一组高出水量井都属于陆地卫星影像上清晰可见的一个大型线性结构(见图 8.7)。在这一连串水井中,有一个井的抽水量超过 5 000 gal/min,有 2 个超过

1 000 gal/min(63 L/s),另有2眼泉的抽水量也超过了1 000 gal/min。与亚拉巴马低基质孔隙度密西西比碳酸盐岩层建成的约20 gal/min(1 L/s)平均抽水量相比,Moore等(1977)将威廉姆斯井群定性为反常的水文条件。这种"反常"的一种解释是这些井与密集的地区性岩溶管道网络连通,就像威廉姆斯井的大洞穴那样。

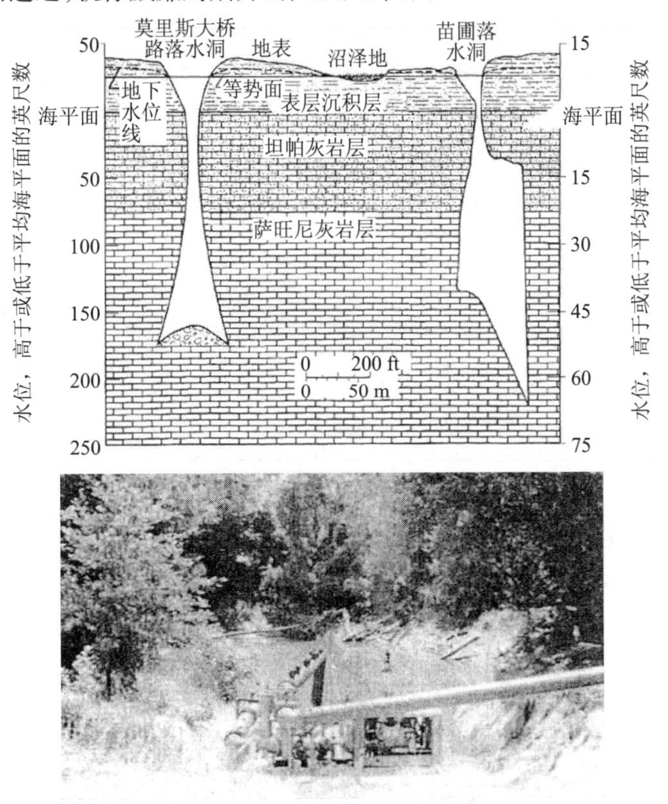

图8.6　上图为莫里斯大桥路落水洞和苗圃落水洞的广义截面图(是重装备潜水报告的一部分)。下图为莫里斯大桥路落水洞正以4 000 gal/min或250 L/s的平均抽水量抽水

(Stewart,1977)

图8.8显示了钻井工的最终梦想是什么:一眼水井不需要开钻,就正好如愿出水了。这就是写在井旁一块公告牌上的内容:"0～9号井

是得克萨斯的历史地标。这个天然洞穴的发现日期不详。这眼井为牛羊产业提供了无穷无尽的淡水,在克罗基特县北部地区的发展中发挥了主要作用。早在19世纪中叶,在牛群从墨西哥北上堪萨斯的长途跋涉中,就在这眼井里饮水。在20世纪初之前,'天然井'还充当了奥佐纳与圣安吉洛之间马车道路上的经常停歇之处。此水井及其周围的财产于1876年被得克萨斯州政府授予了得克萨斯大学,今天仍是U. L. S.系统的一部分。0~9号井受到得克萨斯州洞穴保护法的保护,而且由得克萨斯州洞穴管理协会进行管理。没有授权不得入内。"

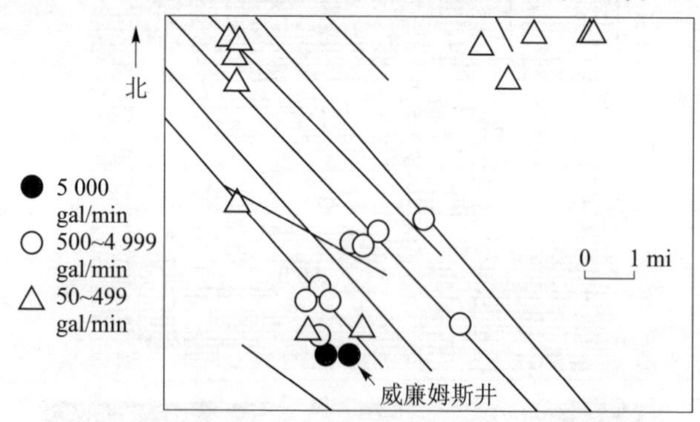

图8.7 拥有大容量井(图中的圆形图标)和泉(三角图标)的威廉姆斯井地区的大型线性结构(Moore 等,1977)

图8.8 0~9号井位于得克萨斯奥佐纳附近的爱德华高原上,是一个深度为120 ft的天然深坑

(大车队曾经在此停歇用水,因为此处可以用绳子系在水桶上在深坑里打水)(由爱德华含水层管理局 Geary Schindel 提供图片)

大型洞泉附近和向其供水的洞穴、垂直管道与虹吸管等都可用工程结构直接截蓄,包括竖井、斜井和排水廊道(坑道、隧洞等)。与含水层抽取泉水相反,这类地下水抽取被视为泉水调控,以下章节将作更为详细的解释。

8.4　岩溶泉的截蓄

Sun 等(1963)的如下分析说明了岩溶地区泉的重要性及其广泛用作可靠供水水源的局限性。泉水是田纳西州东部地区城市、生活和农业的主要水源;1935 年,95 个城市供水系统中有 39 个都将泉水作为唯一水源,另外有 15 个将泉水作为补充水源。有很多泉没有开发,因为难以接近或缺少关于泉水充足性及为小型工业与社区供水的可靠低流量等方面的信息。假定人均耗水量为 100 gal/d,一个排泄量为 450 gal/min 或 1 ft^3/s 的泉就足以为 6 500 人的城镇供水。有很多大泉已被识别为田纳西州东部地区未来发展的优质水源。然而,这些泉的排泄量变化阻止了其充分利用,除非有足够的储水设施。如果在用水高峰期和泉水排泄量最低时期,二者通常同时发生,没有蓄水提供的话,这个泉就只能在其最低可靠流量程度开发。然而如果能够提供足够储水设施的话,就可按接近年均流量的程度开发。

Kresic 和 Stevanovic(2010)就供水泉的引取、工程、利用和管理的主题进行了详细论述。世界各地的案例分析和本书介绍的工程设计原理包括很多岩溶泉。正如 Stevanovic(2010)指出的,引取泉水是一门古老的艺术。历史上,为了比较容易地获得水,城市通常建于大型岩溶泉附近,而那些没有可靠供水的城市由于不能经受长时间围困而被毁灭或废弃了。通常,成功建有泉水引水口并可从中大量引水的城市为繁荣发展提供了基础,也为城市居民提供了安全环境。例如,在狭窄的罗马历史中心,就有 23 眼泉最初为全城供水,而在罗马帝国的鼎盛时期,有 11 条长水道将水以 13 m^3/s 以上的流量从岩溶泉输送到城市,输水距离从 16 ~ 91 km(Lombardi 和 Corazza,2008)。

泉水能够满足广泛的水需求:从地区层面大城市的供水,到只有一个或几个家庭的供水。在后一种情况下,出水量 0.1 L/s 或者以下的泉通常能够满足,无需修建大型蓄水池(库)。然而大的用水户则需要流量高度持续的高产水量泉。在欧洲的中部和东南部地区,有很悠久的优先考虑泉水历史,有多达 5 个首都城市通过岩溶泉供水(Stevanovic,2010)。Plan 等(2010)对其中最著名并被维也纳水厂利用的克拉弗尔泉(见图 8.9)进行了详细介绍。然而需水量的增长导致很多城市更换或加强自己基于泉水并辅以其他含水层(大多数来自冲积含水层)的地表水或地下水的主要供水系统。人口增长和土地利用方式改变是很多过去使用地下水国家现在放弃的主要原因(见图 8.10)。从利用泉水向利用含水层、河流或水库的水已经成为近几十年来共同的发展方向。

图 8.9　左图为 2002 年 8 月洪水过程中的克拉弗尔泉局部。右图为接纳克拉弗尔泉直接入流的部分淹没廊道

(左图的右上方可见泉口水流形成了瀑布。泉水流入图底部的萨尔察河。右图为廊道开挖到了天然泉口下方的灰岩层并截蓄了 2 个含水洞穴来水)(图片由 Lukas Plan 博士提供;参见 Plan 等,2010)

在决定具体泉水截蓄工程方法前,有几个泉特征应该进行详细分析,包括其水文地质与水力特征、流型(流量大小、变化、季节性、最小与最大流量的发生概率)和水的理化特性,包括强降雨期间和之后。然而,即使所有这些特征都是有利的,很多情况下泉开发的最主要限制因子是不能控制泉域地区的土地利用及其对污染的脆弱性(详见第 10 章)。

主要愿望在大多数情况下为,截蓄能够保证需水高峰期所需流量的永久性泉。然而,如果没有其他选择,即使是截蓄间歇泉或控制季节

图 8.10　弗吉尼亚州温切斯特市一截蓄泉的主进水管(左图)及泉池的出流(右图)(用于公共供水,现已废弃。现已成为一个主题城市公园内的娱乐湖。温切斯特在该泉出水量逐渐不能支撑其人口增长后转用了地表水源)

性泉流,也是合理的。这种控制可以通过水井及廊道引取含水层深层水或通过地下水坝蓄水备用的方式来实现。

截蓄泉水首先要考虑的是蓄水的可行性。对于为少数几个用户供水的小泉而言,有时一个像水箱(见图 8.11 左图)这样很简单的结构就足够了。如果开发适当,即使很小的泉流量,也能在枯水期间提供必需的供水。对于大泉,可能需要水槽、钢筋混凝土水池(见图 8.11 右图)或水坝(见图 6.21)等结构来蓄水。一般来说,泉水截蓄设计的主要任务是努力控制尽可能多的水。只有这样,才有可能通过利用所需的水量,并能够使多余的水自由地流往下游的方式进行水管理。

图 8.11　弗吉尼亚州巴斯县克劳顿米尔泉(左图)(Phil Lukas 提供图片),塞尔维亚诺瓦瓦罗什附近一个工业设施通过岩溶泉水截蓄供水的局部图(右图)

较大的永久岩溶泉的排水点通常在地形较低处与弱透水地层的接触面，且沿着充当岩溶含水层地区溶蚀基面的河流分布（见图 8.12）。由于岩溶地层的多样性、岩溶过程的复杂性和地质及构造在引导地下水流方向中的作用，岩溶泉可为以下任何类型：上升泉、下降泉、冷泉、温泉、单位时间流量均匀的泉，或流量为 0 ~ 300 m^3/s 变化的泉（见图 1.163）。因此，截蓄岩溶泉的方法也种类繁多。

图 8.12　阿肯色州扎克附近用于公共供水的休斯泉水流出泉水池

（图片由美国地质调查局 Joel Galloway 提供；参见 Galloway, 2004）

泉水截蓄有 3 种基本类型：①按现状直接利用，这样人为干扰最少，甚至没有干扰；②进行一定形式的工程干预，主要是保护水源可靠利用和免受地面污染；③实施人工增加泉水流量的工程。当泉用于饮用水供给时，应将泉完全封闭，防止污染，并安装固定装置，便于取水、清洁和配水。图 8.13 显示了这类设计的一种，即通过用钢筋混凝土不透水泉水池（“泉水箱”）截蓄接触面下降泉的典型方法。泉水池的一侧与含水层相通，水可流入。在没有明确不透水边界的水平界面涌出的上升泉情况下，泉水池的底部是敞开的。无论出现哪种情况，泉水池流入地下水的一侧应该用岩石碎片、石笼或砾石加以稳定。泉水池应开一个通向地面的口，便于维护。3 根带阀管道可用于：①使水溢出；②完全排干池水，以便进行清洗与维护；③输送水以供水或蓄水。所有管道的两端都有栅栏，防止啮齿动物、小动物和昆虫进入。

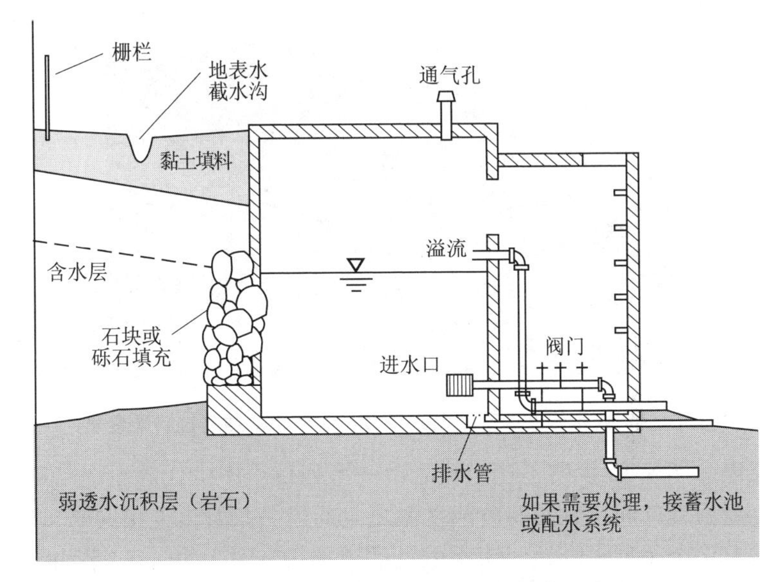

图 8.13　用泉水箱截蓄接触重力泉的典型方法

（Kresic,2007;泰勒－弗朗西斯出版集团版权所有;经授权转载）

通过围栏对泉进行卫生保护(见图 8.14),必要时在泉的上坡处设置一个不透水黏土填方和地表排水沟,以截留地表径流并将其输出水源区。泉通常在施工和维护期间受到细菌的污染。应该用电解氯化对所有新建和已维修泉水系统进行消毒。如果定期发生细菌污染,必须采用氯化或其他方法进行连续消毒。电解氯化需要氯的浓度至少百万分之 200(Jennings,1996)。

根据场地的具体条件,图 8.13 所示的泉水截蓄基本配置还可包括延伸到泉后面饱和带的排水廊道,以截蓄更多水流(见图 8.9 右图)。最重要的是,泉水截蓄设施应该建在一级地下泉流的位置,因为二级泉流可随时间移动。如果泉流来自崩积层及其他类型的岩石碎屑,就很可能是二级泉流并且远离可能看不见的一级泉流。在这种情况下,应该尽可能清理岩石碎屑并确定一级泉流的位置。

在起伏明显的地形,泉的海拔通常高于居民区,泉水能够自流进行输送,不耗能。这种情况还有一个好处是,高水头泉能够用于供水和水

图 8.14 塞尔维亚西部诺瓦瓦罗什用于供水的截蓄拉科米察泉

力发电。图 8.15 说明了这个概念。一系列位于中生代灰岩层与辉绿岩—燧石地层间接触面的被截蓄溢流泉通过一条管道连接起来，通往河谷里一个小型水电站。该水电站的势能(E)约为 50 kW，平均组合泉流量 $Q=0.065\ m^3/s$，水头差 $\Delta H=78\ m$：$E=Q\times\Delta H\times g$($g$ 为重力加速度，等于 $9.81\ m/s^2$)。最大平均流量为 $0.2\ m^3/s$ 时，势能为 0.15 MW。

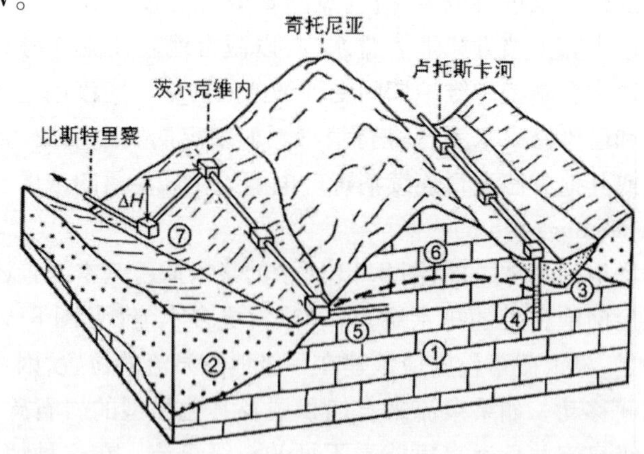

图 8.15 茨尔克维内—卢托茨岩溶系统地下水利用示意图

(1)三叠纪灰岩层；(2)辉绿岩—燧石地层；(3)新近系碎屑沉积层；(4)钻井；(5)排水廊道；(6)地下水开采期间的地下水位面；(7)水电站(Kresic，1988)

Graziadei 和 Zötl(1984)描述了奥地利建成的泉水调控及水力发电工程,该工程用于为著名的奥林匹克滑雪胜地、蒂罗尔州首府因斯布鲁克供水和供电。慕劳泉的第一个因斯布鲁克引水口建于 1887 年并于 20 世纪 50 年代重建。值得注意的是新鲁姆史多伦隧洞的施工条件和难度,该隧洞穿过了上覆新沉积物的三叠纪灰岩层岩溶地块。集水廊道长 564 m,分支长度为 1 159 m。2 条直径 600 mm 的管道将水输送到水电站的 2 台水轮机。因斯布鲁克约 25% 的居民的用电都是来自这个水电站。此外,未经处理的水水质优良。水温稳定在 5 ℃。年流量比约为 1∶2。初春月份里流量最低,为 560 L/s,而夏季流量最大,超过 1 600 L/s。相对稳定流量是由于雨水和融雪的滞后入渗。裂缝性灰岩含水层含有的狭小节理比大洞穴多,因此水的滞留时间也更长(Graziadei 和 Zötl,1984;Stevanovic,2010)。

案例研究——洛克海德泉

本案例研究由 John Gunn 博士提供。洛克海德泉(又称考代尔泉,见图 8.16)曾经是英格兰峰区的巴克斯顿附近洛克海德村和考代尔村饮用水源。与其他很多灰岩地区村庄一样,20 世纪 70 年代引入了自来水供水系统,洛克海德泉已停用了 30 多年了。

目前,该泉已被许多研究者进行了研究,发现在 20 多年时间里,其主要离子浓度只发生较小的变化,因此建议该泉水应该被认定为一类通过分散自发补给的泉址。在这一方面,它与周围大多数泉不同,后者有一个外源补给变量,因此其流量和化学性质的变化更大。泉流量变化范围从约 4 L/s 到 20 L/s,但这种变化的原因被认为是由于“活塞”效应,即新雨水以更快的速度推出旧雨水。

在 1997 ~ 2000 年期间,更深入的水质检测(包括对杀虫剂、除草剂、表面活性剂和其他痕量污染物的细菌学检测与分析)确定了洛克海德泉满足欧盟认定天然矿泉水的所有要求。与大多数完全靠自我补给的岩溶泉一样,不可能确定具体的泉域,但可根据地质学和水量平衡绘出大致的边界。这在后来被纳入了一个更大的水源保护区,用来保护洛克海德泉域、附近 2 个水井和圣安泉,后者为一个温泉,部分源于灰岩,部分源于粗砂岩。

图 8.16　英格兰峰区唯一仅从灰岩层排泄泉水的洛克海德泉(被欧盟正式确认为天然矿泉水)

(由 John Gunn 博士提供图片)

一项环境评价显示,以 480 m^3/d(每年 175 200 m^3)的流量抽取洛克海德泉水,将不会对瓦伊河水质或流量产生不利影响,因此英国环境保护署授予其按上述流量取水装瓶的许可。

一条管道建来连接泉域与位于工业园区的小型瓶装水厂,以生产洛克海德瓶装矿泉水。这只是使用了可用出水量的一小部分,因此一项在洛克海德泉附近一个弃用大理石采石场内新建大型瓶装矿泉水厂的规划申请已编制完成。

参考文献

[1] Aller, L. T., Bennett, T. W., Hackett, G., et al. 1991. Handbook of suggested practices for the design and installation of ground-water monitoring wells. EPA 160014-891034, Environmental Monitoring Systems Laboratory, Office of Research

and Development. Las Vegas, Nevada, 221p.

[2] AWWA (American Water Works Association), 1998. AWWA standard for water wells. American National Standard. ANSI/AWWA A100-97, AWWA, Denver, Colorado, various paging.

[3] Campbell, M. D., and Lehr, J. H., 1973. Water Well Technology. McGraw-Hill Book Company, New York, 681p.

[4] Clarke, J. S., Williams, L. J., and Cherry, G. C., 2010. Hydrogeology and water quality of the Floridan aquifer system and effect of lower Floridan aquifer pumping on the upper Floridan aquifer at Hunter Army Airfield. U. S. Geological Survey Scientific Investigations Report 2010-5080, Chatham County, Georgia, 56p.

[5] Djokić, I., Canić, V., and Cekić, M., 2005. Results of hydrogeological investigations in the Valjevo-Mionica karst region, Rajkovi ć-Kjluč area (Western Serbia). In: Stevanović, Z., and Milanović, P. (eds.), Water Resources and Environmental Problems in Karst-Cvijić 2005, Proceedings of the International Conference and Field Seminars, Belgrade & Kotoh 13-19 September 2005, Institute of Hydrogeology. University of Belgrade, Belgrade, pp. 597-602.

[6] Driscoll, F. G., 1986. Groundwater and Wells. Johnson Filtration Systems Inc., St. Paul, MN, 1089p.

[7] Galloway, J. M., 2004. Hydrogeologic characteristics of four public drinking-water supply springs in northern Arkansas. U. S. Geological Survey Water-Resources Investigations Report 03-4307. Little Rock, Arkansas, 68p.

[8] Jennings, G. D., 1996. Protecting Water Supply Springs. North Carolina Cooperative Extension Service, Publication no. AG 473-15. Available at: http://www.bae.ncsu.edu/programs/extension/publicat/wqwm/ag473-15.html.

[9] Johnson Screens, 2007. Well screens and well efficiency. Johnson Screens a Weatherford Company. Accessed in November 2007 at: www.weatherford.com/weatherford/groups/public/documents/general/wft029882.pdf.

[10] Kresic, N., 1988. Karst aquifers of the Lim catchment (SR Serbia). Des Comptes Rendus des Séances de la Société Serbe de Géologie pour l'année 1985-1986. Belgrade, pp. 217-223.

[11] Kresic, N., 2007. Hydrogeology and Groundwater Modeling. 2nd ed. CRC

Press, Taylor & Francis Group, Boca Raton, FL, 807p.

[12] Kresic, N., and Stevanovic, Z. (eds.), 2010. Groundwater Hydrology of Springs: Engineering, Theory, Management and Sustainability. Elsevier, New York, 573p.

[13] Lapham, W. W., Franceska, W. D., and Koterba, M. T., 1997. Guidelines and standard procedures for studies of ground-water quality: Selection and installation of wells, and supporting documentation. U. S. Geological Survey Water-Resources Investigations Report 96-4233. Reston, VA, 110p.

[14] Lombardi, L., and Corazza, A., 2008. L'acqua e la città in epoca antica. In: La Geologia di Roma, dal centro storico alia periferia, Part I, Memoire Serv. Geol. d'Italia, Vol LXXX, S. E. L. C. A, Firenze, pp. 189-219.

[15] Moore, J. D., Hinkle, F., and Moravec, G. P., 1977. High-yielding wells and springs along lineaments interpreted from LANDSAT imagery in Madison County, Alabama, U. S. A. In: Tolson, J. S., and Doyle, F. L. (eds.), Karst Hydrogeology, Proceedings of the 12th Congress of the International Association of Hydrogeologists. UAH Press, Huntsville, Alabama, pp. 477-486.

[16] Plan, L., Kuschnig, G., and Stadler, H., 2010. Case study: Klaffer Spring—The major spring of the Vienna water supply (Austria). In: Kresic, N., and Stevanovic, Z. (eds.), Groundwater Hydrology of Springs: Engineering, Theory, Management and Sustainability. Elsevier, New York, pp. 411-427.

[17] Stevanovic, Z., 2010. Utilization and regulation of springs. In: Kresic, N., and Stevanovic, Z. (eds.), Ground-water Hydrology of Springs: Engineering, Theory, Management and Sustainability. Elsevier, New York, pp. 339-388.

[18] Stewart, J. W., 1977. Hydrologic effects of pumping a deep limestone sink near Tampa, Florida, U. S. A. In: Tolson, J. S., and Doyle, F. L. (eds.), Karst Hydrogeology, Proceedings of the 12th Congress of the International Association of Hydrogeologists. UAH Press, Huntsville, Alabama, pp. 195-211.

[19] Sun, P-C. P., Criner, J. H., and Poole, J. L., 1963. Large Springs of East Tennessee. Geological Survey Water-Supply Paper 1755, 52p.

[20] The Florida Springs Task Force, 2000. Florida's springs. Strategies for protection & restoration. 58p.

[21] USBR, 1977. Ground Water Manual. U. S. Department of the Interior. Bureau of

Reclamation, Washington, D. C. , 480p.

[22] USEPA, 1975. Manual of Water Well Construction Practices. EPA-570/9-75-001, Office of Water Supply, Washington, D. C. , 156p.

[23] USEPA, 1991. Manual of Small Public Water Supply Systems. EPA 570/9-91-003, Office of Water, Washington, D. C. , 211p.

第 9 章　岩溶含水层和岩溶泉的工程调控

9.1　简　介

在考虑将某一特定的泉用作公共供水水源时,泉水的天然流量常常是一个限制因子。流量过程线与图 9.1 类似的泉,可能具有通过人工调控增加其最小流量和年平均流量的潜力。基本思路为利用泉在需水量较低的时期能排泄大量水这一实际现象,如在含水层自然补给量最大的春季或晚秋,可以通过两种方法调控这过剩的水量:①将这一水量用于对那些在需水高峰时期(如夏季至初秋)被过度抽取的含水层进行自然补给;②将这一水量储存在天然泉流高程以上的含水层内,即通过兴建地表或地下坝来蓄积地下水。图 9.2 和图 9.3 分别显示了这两个概念。

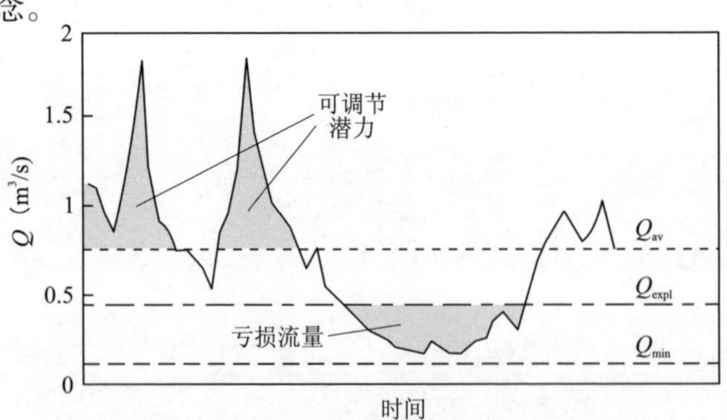

图 9.1　某泉的流量过程线

(此泉的潜在可采储水量大于最小泉水流量。Q_{av} 为平均泉水流量;Q_{min} 为最小泉水流量;Q_{expl} 为潜在安全可采储水量。资料来源于 Stevanovic,2010)

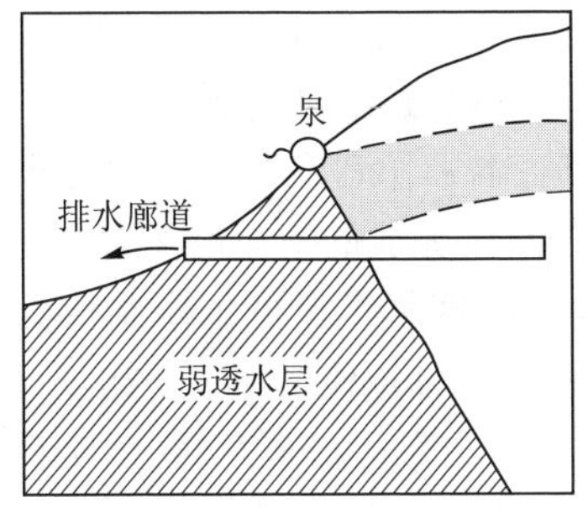

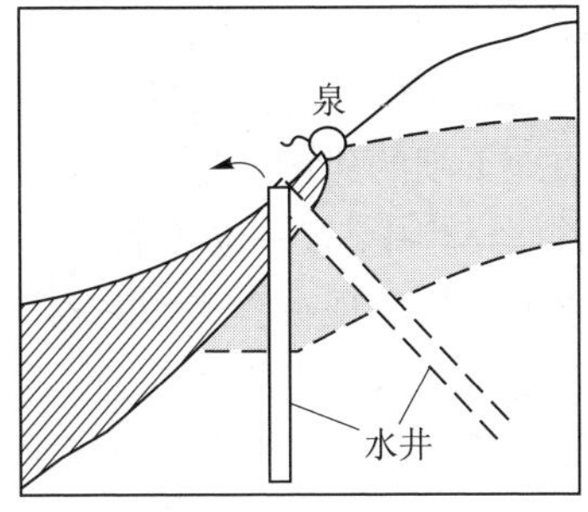

图9.2 利用排水廊道或排水井超量抽水对泉进行调控的潜在有利条件

(图中阴影区域为在自然补给期间能够恢复假设条件下可以在需水高峰时期从含水层抽取的额外水量)

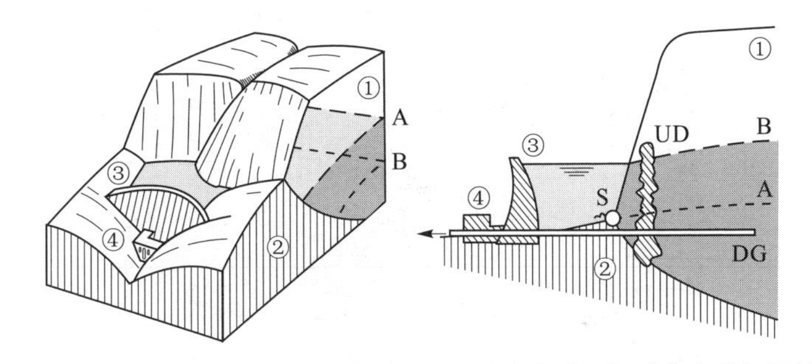

图9.3 在地质地貌条件有利情况下利用地表或地下坝对泉水进行调控

(图中注解:①含水层;②弱透水底层;③地表水坝;④水电厂和水处理厂。S为建坝前的泉;A为蓄水前的天然地下水位线;B为蓄水后的地下水位线;DG为排水廊道;UD为地下坝,如灌浆帷幕,代替地表水坝。资料来源于Kresic,1991)

在任何一种情况下,主要前提条件是含水层在泉流高程以下或以上有足够的地下库容。对于水坝而言,任何可行的设计都要使泉水从含水层与不透水屏障之间的V形地表接触面流出。水坝从横向和竖向嵌入弱透水层并与排水廊道结合,可用以控制含水层中地下水水头和流量。不管是地表水坝还是地下坝,实施这一概念的最重要的要求是,水坝周围或坝底不应有不可控制的失水。这意味着必须实施大量现场调查,如钻探、地质调查、裸眼测试和示踪试验等,准确绘制出岩溶含水层的三维立体图,最重要的是绘出蓄水后可能发挥作用的优选流径。

图9.4和图9.5显示了克罗地亚南部沿海城市杜布罗夫尼克(Dubrovnik)用于供水的欧布拉(Ombla)泉,这里即将成为世界上最大的岩溶地下坝的建设工地。有趣的是,本书作者在贝尔格莱德大学辅导的首届学生中,有一位学生在20多年前完成的毕业论文就是关于欧布拉泉地下坝。现在看来,20多年前,由塞尔维亚贝尔格莱德的恩纳格普罗吉科特水电工程咨询公司完成的欧布拉地下坝工程初步可行性研究和初步设计,将最终取得成果,因为在写这篇文章时,该工程的施工准备工作已经开始。该坝将包括3级帷幕灌浆,由始新世复理石天然屏障支撑并堵塞岩溶管道。拟将地下水电厂布置在帷幕下游的一个大溶洞内(Milanovic,1996)。

图9.4 欧布拉泉上游的岩溶高原全景(上图)(照片由NenoKukuric提供)及一废弃厂房旁的泉(下图)
(地下坝将建于碳酸盐背景的区域内,从横向和竖向嵌入由复理石沉积物构成的天然弱透水层)

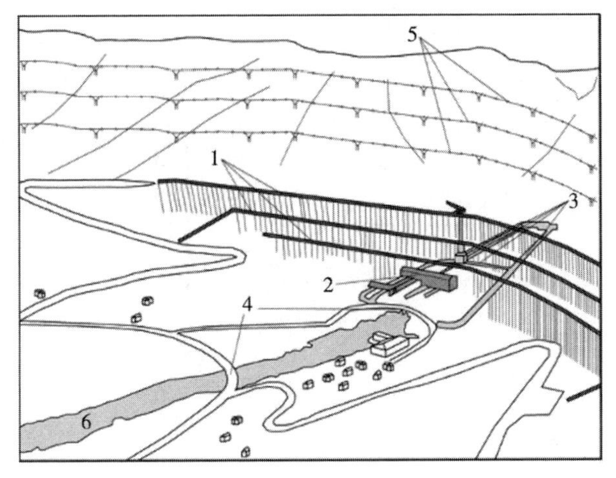

图9.5 欧布拉地下水库

(1.帷幕灌浆;2.水电厂;3.管线;4.桥;5.输电线;6.欧布拉泉形成的里耶卡杜布罗夫瓦克卡河。根据萨格勒布(Zagreb,1999);Elektroproject工程咨询公司的原始技术资料修改;资料来源于Stevanovic,2010)

大型屏障式岩溶泉是最佳的流量调控选择方案,因为岩溶的空隙特性可使地下水快速补给和输送。例如,克鲁帕茨(Krupac)泉的超采(见图9.6),目前可保证塞尔维亚第二大城市尼什在需水高峰期间2个夏季月份共获得200 L/s的额外供水量。20世纪70年代进行的初始抽水试验证实,此泉存在一个深而大的地下水库,泉域面积超过70 km^2。因此,20世纪20年代初开展了泉流量调控的调查计划,其中包括深度为86 m的探潜和用安装深度约为30 m的2台水泵重新进行抽水试验。抽水速度在150~350 L/s时,泉的最大降深为21 m。根据抽水试验结果得出结论,克鲁帕茨泉可以在2个月里持续提供260~280 L/s的额外水量,岩溶管道降深为50~60 m。如果旱季期间平均泉流量以50~150 L/s计,其所提供的用于满足供水需求的额外水量将显著增加(Jevtic等,2005)。在泉的上方钻了2口直径为720 mm的井,井深均为80 m,到了溶洞的垂直管道。连续的监测证实了旱季从岩溶含水层抽出的水(静储量)会使含水层冬季和初春集中补给期里定期得到补充(Stevanovic,2010)。

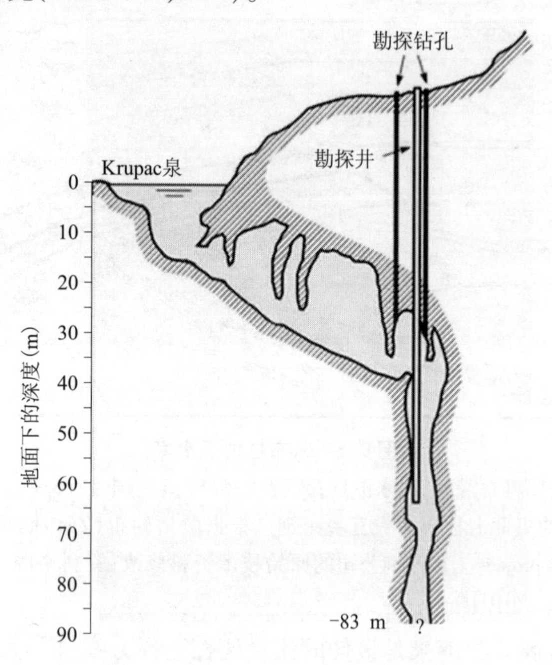

图 9.6　通过对克鲁帕茨泉的超采为塞尔维亚第二大城市尼什供水(资料来源于 Milanovic S. ,2005)

克鲁帕茨泉的超采在一定程度上是受到了著名的法国南部滨海岩溶地区实例的启发,在该实例中莱兹(Lez)泉(见图 9.7)为蒙彼利埃(Montpllier)市供水(Avias,1984)。在过去的 150 年间,蒙彼利埃市的需水量已经增加了 70 倍,从仅 25 L/s 到 1 800 L/s 以上。如上所述,由于城市大规模扩张和快速工业化发展而放弃基于泉水的供水方式,在实际供水中是比较常见的。但是在蒙彼利埃市却不是这样,其工程设计思路是更多地利用含水层深部的地下水。探索及精确测绘水下深溶洞管道有助于撤出井或廊道的施工和大容量水泵的更换。从溶洞入口下潜到 500 多 m 远、100 多 m 深的溶洞管道,过去曾是一项非常艰巨的工作,但目前已作为一种世界范围的概念验证。通过大功率水泵(见图 9.7 中的下图)从这个上升泉的主排水通道内安装的 3 口井中抽取地下水，这里位于主泉水池上游 400 m 和溢流水位以下 48 m。1997 ~2005 年的平均抽水速度为 1.1 m^3/s(Fleury 等，2008)。在开始抽取地下水时，主排水通道和主泉水池内的水位都会降低到使池内溢流停止和泉水干枯的程度。随后，抽水会引起主排水通道内水位进一步下降，枯水期结束时可达几十米的降深。这部分被抽走的地下水储量在秋季和冬季得到补给。当主排水通道内的水位上升到高于主泉水池内的水位时，泉水就会再次涌出。在抽水活跃期间，当莱兹(Lez)河的流量低于地下水抽水量时，后者将有部分水会流入河内。根据公共事业公司 1981 年 6 月 5 日的公告，这一回流流量为 160 L/s。

图 9.7　法国蒙彼利埃市附近的莱兹泉(上图)及莱兹泉更换大功率水泵(下图)(照片由蒙彼利埃市的 Arnaud Vestier 提供)

9.2 地下坝

美国自19世纪90年代后期起就认识到将水存储于地下的好处。例如,Slichter(1902)就对美国的第一座地下坝进行了描述。该坝位于加利福尼亚州洛杉矶县柏科马河(Pacoima Creek),建于1887 ~1890年,曾使业主利用基岩水流安然度过1898~1900年3个干旱年,并在圣费尔南多谷(Fernando Valley)成功种植了橙子、柠檬和橄榄。

与传统水坝形成的地表水库相比,利用地下坝蓄积地下水通常有如下优点:

(1)蒸发失水非常有限或者可忽略不计。

(2)地下水库上面的土地利用能够继续,不发生改变(通常不会造成房屋、基础设施和财产的淹没)。

(3)通常会改善水质,因为多孔介质可以滤除大气和地表径流中的污染物及病原体,而且滞水时间较长。除以管道流为主外,还拥有地下水流速较快的岩溶含水层、地下坝及水库,可大大延长新过滤水的滞留时间,这将有助于各种污染物的衰减,还可显著降低或消除所选地下水战略取水点或泉水的浊度问题。

(4)因为无泥沙淤积(即使是粒间含水层),所以地下水库的使用寿命较长;虽然有潜在担忧,但岩溶含水层的泥沙淤积与地表水库相比是非常有限的,而泥沙淤积是影响地表水库使用寿命的主要原因。

(5)没有溃坝危险,不会造成灾难性的生命财产损失。

(6)虽然还未完全了解地下水库对洞穴、管道生物的总体影响,但其对环境和动植物自然生境的总体影响非常小。

任何建于多孔介质中的地下水库主要缺点为,几乎没有一种可行的(经济有效的)施工方法能够确保水坝建成后完全不透水,实用中的不透水是指水坝可以接受的渗漏水平,这通常是可能实现的。此外,地下水库的库容难以准确确定,只能根据有限的不均匀多孔介质现场数据进行估算。这两个因素在岩溶问题中十分突出,就像第10.4.2节更为详细介绍的地表水坝那样。与地表库坝相似,地下坝和地下水蓄水池不能建在“任何地方”，需要一定的有利水文地质条件，例如不饱和带的厚度要足以容纳地下水位的上升，由弱透水层形成的水平及垂直自然地下水流范围。

地下坝可以定义为任何截留或阻挡自然地下水流并将地下水蓄积于地下的人工建筑物。最为常见的是印度、非洲和巴西在松散沉积物中所运用的地下坝，这些地区一年里的地下水流量变化很大，雨后流量非常大，而旱季流量可以忽略不计。地下坝可分为2类：地下坝和沙蓄水坝。地下坝是完全建在地下，利用的是黏土等弱透水性天然材料或者混凝土和混凝土浆等不透水材料。地下坝使坝上游地下水位上升，增加了地下水的储量，并通过控制出流减缓了地下水位的波动（见图9.3）。控制出流能力对于最大限度减轻对坝下游用水者的不利影响非常重要。通过适当的出流控制设计使地下水位保持在蒸发的临界深度，还可避免地下水库区由于浅层地下水蒸发而可能发生盐化。

图9.8和图9.9显示了成功建于日本宫古岛（みやこじま）的几个大型地下坝的基本概念和布置。如小须贺（1977）所述，岛尻（しまじり）泥岩层基岩导水率较低，平均2×10^{-6} cm/s。琉球灰岩层的透水性强，导水率为3.5×10^{-1} cm/s，形成了厚度为10～70 m的上覆含水层。琉球灰岩的有效孔隙度为10%～15%。沿着几条大断层的构造运动形成了地下谷，地下水沿着与地形构造隆起（脊）平行方向流动。虽然宫古岛丰沛降雨量的约40%都补给了灰岩含水层，但很快又流入海洋，未得到利用。此外，亚热带气候使50%的降雨量都蒸发了，只有10%的降雨量最终形成该岛的地表水流。图9.10显示了1993年11月建成砂川地下坝截水墙后的地下水位变化情况。1995年9月，即地下坝建成不到2年时间，该地下水库蓄水达到了总库容。

砂川坝能够蓄积约1 000万m^3的地下水，坝长达1 677 m，采用现场拌和注浆墙方法建成（石田等，2003）。自从2001年开始采用垂直井抽取地下水后，地下水位较地下水库的设计水位有所抬高，说明地下水抽取率略低于含水层的自然补给率。砂川坝在2001年、2002年和2003年分别提供了270万m^3、480万m^3和500万m^3的灌溉用水（石田等，2005）。该坝建成前后和运行3年的地下水硝酸盐浓度分析显

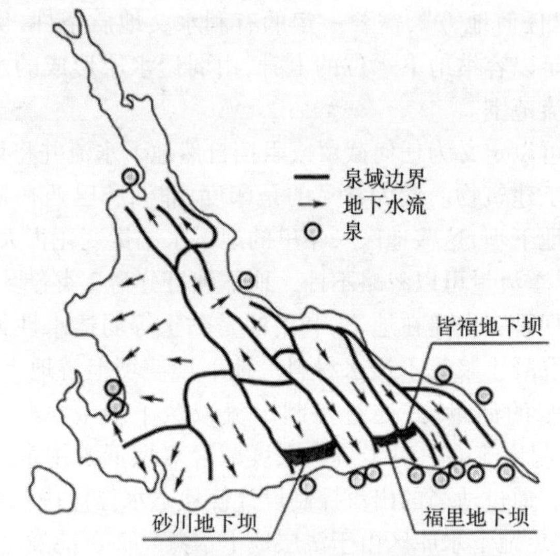

图 9.8　日本宫古岛地下水流域及地下水坝位置
（小须贺，1977；版权属联合国大学）

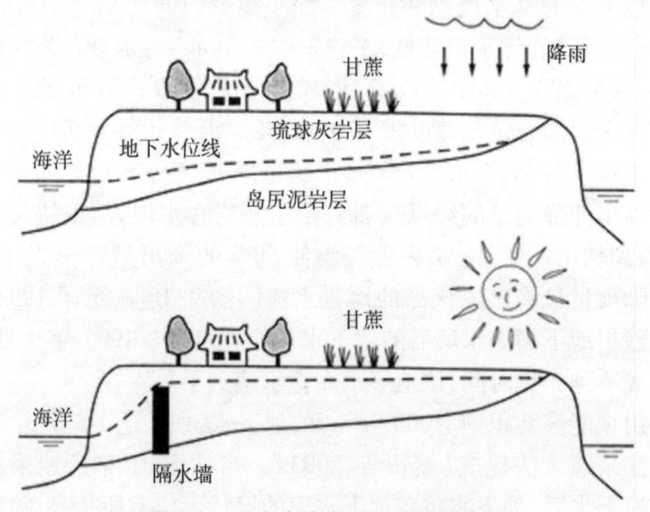

图 9.9　日本宫古岛地下水坝概念图
（小须贺，1977；版权属联合国大学）

示，硝酸盐浓度总体降低。运行 3 年以后，硝酸盐在地下水库的分布更为均匀，这是因为无硝酸盐自然补给的滞留时间较长，抽水引起的地下

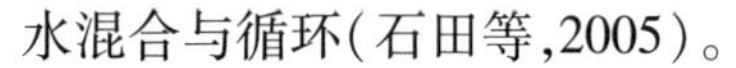
水混合与循环(石田等,2005)。

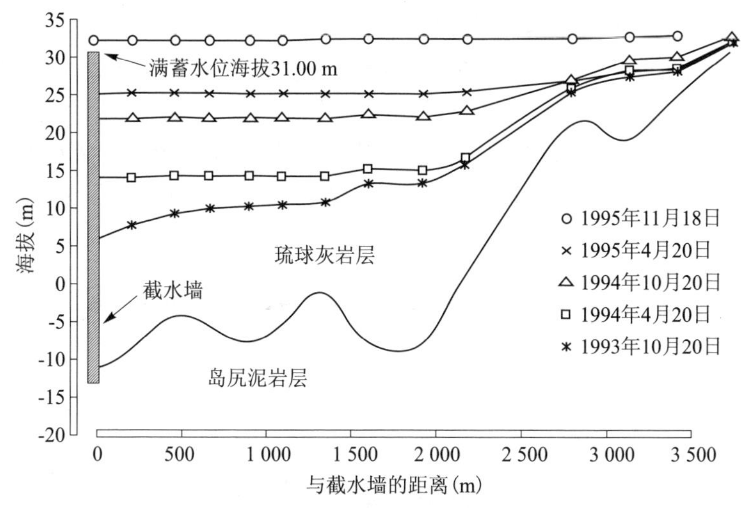

图9.10　日本宫古岛砂川地下坝地下水位变化情况

(小须贺,1977;版权属联合国大学)

Potier 等(2005)介绍了一个用地下坝防止咸水入侵并利用含盐岩溶泉的实例。人们很多年前就已经知道了在马赛(Marseilles)和卡西斯(Cassis)之间沿海小海湾山脉存在海底淡水泉。米欧泉(Port-Miou)和 Bestouan 是其中最大的2眼泉,通过水下岩溶管道的合并排泄流量为3 m^3/s。1964年,为了找出马赛市用水需求快速增长的适当应对之策,法国地质调查局(BRGM)和马赛自来水公司(SEM)两个法国机构联合成立了米欧泉联合研究会,并开展了深入的调查工作,包括地质与地球物理实地踏勘、地形测量、流量测定、染料示踪试验和潜水探查(在米欧泉的下潜深度为海平面以下147 m,潜水距离入口2 230 m;在 Bestouan 泉的下潜深度为海平面以下31 m,潜水距离入口约3 km)。

对米欧泉的调查促成了1972年第一座地下坝的修建(见图9.11),以及用第二座地下坝对天然溶洞廊道进行了完全封堵。第一座坝的目的是防止咸水入侵,而且不改变含水层的压力。采用了"弯道"坝的原理。这涉及距溶洞出海口530 m的地方修建一对弯道坝:上游坝建在廊道底部,而下游坝建在廊道顶部。

弯道坝的兴建并未完全阻止咸水对地下淡水的污染,但有一定的有利影响,即建坝后地下水在地表的咸度从 4 ~ 5 g/L 降到了 2 ~ 3 g/L,海平面以下 20 m 深度的坝上游地下水咸度从 18 ~ 20 g/L 降到了 3 ~ 4 g/L。几年后,决定修改最初的工程方案,完全封堵了溶洞廊道,形成一个溢水口。洪水期间,为了控制含水层的压力和减轻咸水入侵,还采取了其他几项措施。然而,完全防止地下水的咸化是不可能的(Potier 等,2005)。

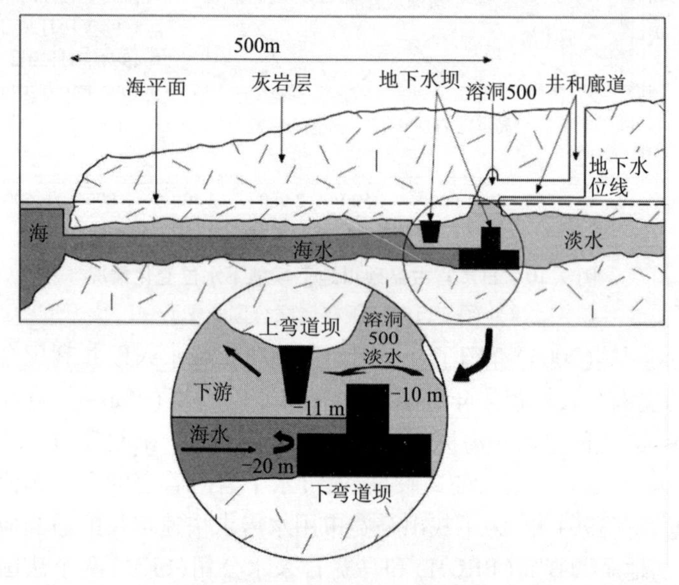

图 9.11　米欧泉地下坝情况

(倒坝迫使地下淡水向下流动,而建于洞底的坝防止咸水进一步向上游侵蚀,进入开采廊道。Potier 等,2005)

岩溶地下坝的主要实践经验来自中国实施的一些工程(卢耀如等,1973;卢耀如,1986)。中国已兴建了几十座不同用途的地下水库(供水、灌溉和水力发电等),单库蓄水量从 $1\times10^5 \sim 1\times10^7$ m^3 不等。虽然这些工程设计不同,但前文介绍的建坝阻挡泉水和堵塞地下水排泄通道等解决方案是最为常见的(见图 9.12)。云南省丘北县建有 25 m 高的地下坝,形成了最大的地下水库;地下水库(坝)与坝下游水电厂的水头差达 109 m,总装机容量 25 MW(卢耀如,1986)。

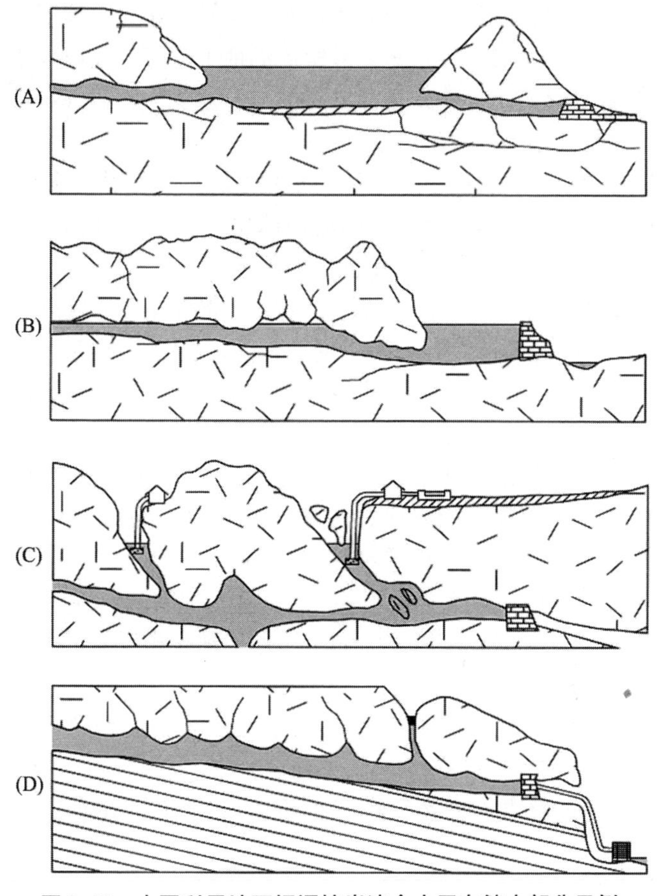

图 9.12　中国利用地下坝调控岩溶含水层存储水部分示例

((A)、(B)地下水库与地表水库联合运用;(C)地下坝与深落水洞抽水联合运用;(D)地下坝通过重力将水输送到蓄水池。源自卢耀如,1986 修改稿)

9.3　含水层人工补给

在水资源管理中,含水层人工补给的主要目的是把水储存在地下以供后用。世界上的含水层人工补给工程越来越多,这是因为有很多国家和地区都面临着日益增长的人口及水短缺的压力。地下蓄水相比地表水库的好处及局限与第 9.2 节所述的地下坝好处及局限相同。

任何含水层人工补给方案都要考虑如下重要因素(Kresic,2009):

(1)法规要求。

(2)是否可以获得化学和物理质量均适合的充足补给水源。

(3)补给水与现有地下水之间的地球化学相容性(例如,可能的碳酸盐沉淀、氢氧化铁的形成和痕迹量元素形态分布等)。

(4)多孔介质(土壤和含水层)的水文地质特性必然促成所期望的入渗率,并允许直接补给含水层。例如,从长期考虑,低透水性黏土大量存在于不饱和带(包气带)可能会使潜在的补给场地在未来不被考虑。

(5)含水沉积物必须能够在合理时间内蓄积补给水,使其以可接受的速度向抽取点作横向移动。也就是说,具体产量(储量)和含水层多孔介质的导水率都必须是足够的。

(6)由于具有高渗滤及吸附能力,细粒沉积物的存在有利于改善补给水的水质。补给设施以下渗流区其他地球化学反应也可能会影响水质。

(7)应设计工程性的解决方案,用于促进有盈余水量时的有效补给和急需水时的有效回采。

(8)拟订的解决方案必须经济有效、对环境无害并能竞争赢其他水资源开发方案。

能够储存大量水并且使其不会很快流走的含水层最适合进行人工补给。例如,岩溶含水层可以受纳大量的补给水,但也可很快将其输出到补给区域。这可能仍然有益于系统的整体平衡和在远离当前补给场地的下游区域获取地下水,如得克萨斯州爱德华含水层的例子(在本章后面进行讨论)所示。冲积含水层潜水面一般比较浅并且靠近水源(地表河流),常常是最适合进行含水层人工补给的场地。砂岩含水层由于具有高蓄水能力和适中的导水率,补给水不会很快流走,在很多情况下也是很好的候选方案。

含水层人工补给最常见的3种方法为:①将水扩散到土地表面;②将水引至地表以下的非饱和带;③将水直接注入含水层。各种工程解决方案和以上3种方法的组合被用于达到一个简单的目标——向含水层输送更多的水(见图9.13和图9.14)。

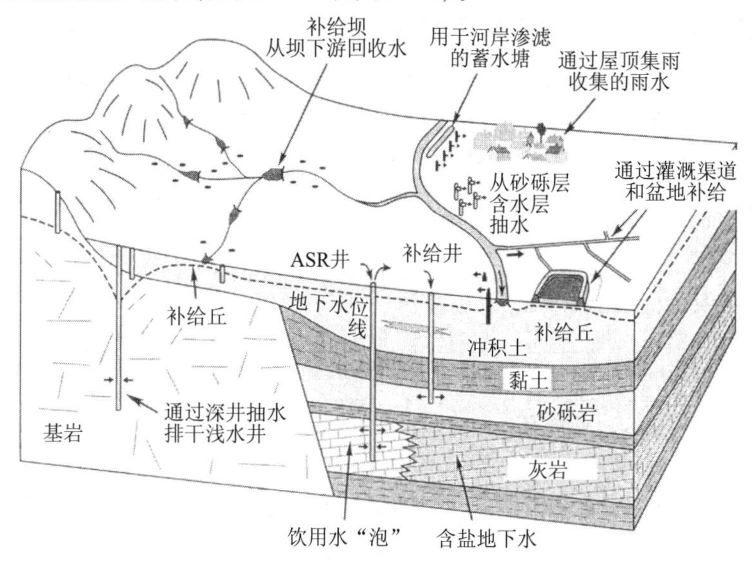

图9.13　可管理含水层补水(MAR)的可能方案

(根据国际水文地质学家协会(IAH),2002修改)

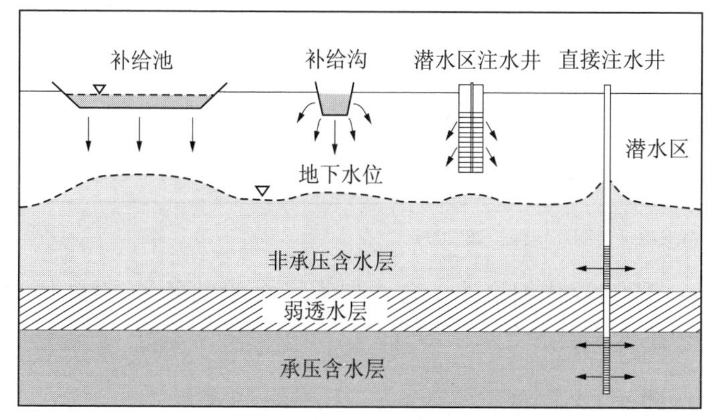

图9.14　含水层人工补给的工程方法

(根据美国环境保护署,2004修改)

表9.1比较了安装地下补给系统时的主要工程因子,包括补给池土地的获得及成本(Fox,1999)。如果这些成本过高,在再生水水源附近布设注水井能够降低注水井的输水系统成本。地表渗水池需要的预处理程度最低,而直接注水系统则要求,如果饮用含水层水质受到影响,必须使水质与饮用水水质相当。地表渗水池的低技术处理方案包括一级和二级污水处理,可能用到污泥池和自然系统。反渗透常直接用于注水系统防堵塞。然而,在蓄水用于灌溉时,有些含水层蓄水和回采(ASR)系统在没有膜处理情况下一直运行良好。如果含水层地下水位较浅且不适于饮用,表9.1中所列的直接注水系统的成本数字可以大大降低(美国环境保护署,2004)。

表9.1 地下水补给的主要工程因子比较

项目	补给池	包气带注水井	直接注水井
含水层类型	非承压	非承压	非承压或承压
前处理要求	低技术	固体去除	高技术
估计的主要投资成本	土地分配水系统	每口井 25 000 ~ 75 000 美元	每口井 500 000 ~ 1 500 000 美元
容量	100 ~ 20 000 $m^3/(hm^2 \cdot d)$	每口井 1 000 ~ 3 000 m^3/d	每口井 2 000 ~ 6 000 m^3/d
维护要求	排干并废弃	排干并消毒	消毒并倒流
预计使用寿命	大于100 a	5 ~ 20 a	25 ~ 50 a
土壤含水层处理	包气带和饱和带	包气带和饱和带	饱和带

注:资料来源于美国环境保护署,2004。

Kresic(2009)详细论述了含水层人工补给的各种方法,因此这里只简要转述有关岩溶含水层部分。

9.3.1 地表引渗池

人工地表引渗补给是最常见的含水层人工补给方法,最适用于碳酸盐层被很厚的残留物或其他较厚的松散沉积物所覆盖的岩溶地貌,主要是因为系统的非岩溶部分可以显著促进补给水中各种关注成分(COCs)的衰减,并能提供补给水的稳定分布。

含水层补给通过将水扩散到地表或将原水输送到引渗池和沟渠完成。引渗的运行效率取决于以下几个因素(Pereira 等,2002):

(1)地表和潜水面(含水层)之间有足够的透水层。

(2)潜水面以上的不饱和层有足够的厚度和蓄水量。

(3)含水层层位有合适的导水率。

(4)地表水没有过多的颗粒物(低浊度)。

能够从引渗场地渗入含水层的水量取决于以下三个基本因素:

(1)水渗入地下水层的入渗率。

(2)渗透率,即水可以通过非饱和带向下移动,一直到达潜水面(饱和带)的速率。

(3)含水层中水的横向移动能力,取决于导水率和饱和带厚度。

由于原水中挟带的泥沙、藻类生长、胶体膨胀、土壤分散和微生物活动导致土壤孔隙堵塞,入渗率往往会随时间的推移而降低。引渗池底部修得比较平坦,上面均匀地被浅水覆盖。这就需要大面积的表土用来进行有意义的规模补给工程。几个引渗池可以布置在一条直线上,这样可以使过量的水在池间流动。在水进入引渗池之前,可采用集水池使悬浮泥沙沉积,也可加入助凝剂。除了堵塞,浅引渗池的另一个主要劣势是水的蒸发损失,这在弱透水天然土壤或堵塞造成的入渗率较低情况下蒸发损失可能相当显著。因此,合理操作和定期维护引渗池,对引渗场地和引渗池的整体效率非常重要。

引渗池技术的变化形式包括采用引渗沟渠,这种方法通常更易于操作,且堵塞问题较轻,因为大部分沉积物都被缓慢流动的水输移出沟渠(Pereira 等,2002)。引渗沟渠的主要优势在于它们比较便宜,而且单位面积入渗率一般比引渗池更高,因为水还能通过沟渠两侧入渗;缺点是最终也会因悬浮土或生物质积累而堵塞其入渗表面。然而,这是个维护问题,沟渠比水池更具灵活性,可以将其从线上单个取下,尽量减少补给操作的中断。

9.3.2 补给坝

滞洪坝是广泛应用于含水层的人工补给工程,其目的是延缓地表河水径流,为补给本地含水层提供所需的时间。滞洪坝通常为低坝,包括要被洪水冲倒而建的土墙和石笼。例如,爱德华含水层补给区已建成许多此类补给坝(见图9.15),还有更多工程正在规划阶段。爱德华含水层是圣安东尼奥市,以及整个得克萨斯州中南部大量社区与农业区的主要供水源。该含水层也为里奥纳、圣佩德罗、圣安东尼奥、科马尔和圣马科斯等泉供水,创造了独特的环境和休闲机会,同时还为里奥纳、圣安东尼奥、瓜达卢佩和圣马科斯等河流提供基流。在过去的几十年中,不断增加的对爱德华含水层用水需求,引起了人们关于该含水层在不导致社会、经济和生态环境问题前提下,满足这些需求的能力关

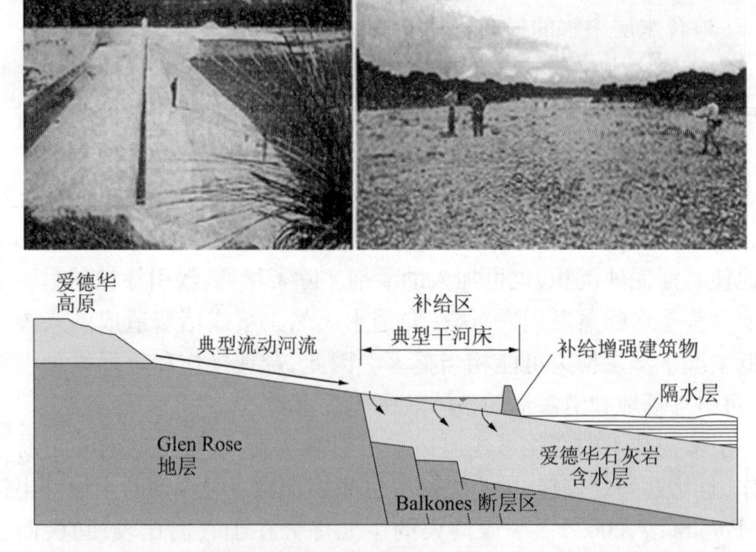

图9.15 得克萨斯州爱德华含水层韦尔迪河(VerdeCreek)中游补给工程场地混凝土补给坝和典型高透水河床(上图),以及爱德华含水层补给坝进行人工补给的原理(下图)

(努埃西斯河管理局,2007,来自HDR工程公司)

注。拟建的4个新补给工程预期效益是21 440 acft/a(英亩英尺/年,约为2 644.6万 m^3/a)的含水层额外抽取量、15 240 acft/a(英亩英尺/年,约为1 879.8万 m^3/a)的额外泉流量和额外含水层蓄水量(在最初几年),随后变为11 320 acft/a(英亩英尺/年,约为1 396.3.6万 m^3/a)的额外泉流量。在尤瓦尔迪县,额外的人工补给将含水层水位平均抬高11 ft(3.35 m),并使该县处于干旱管制状态的时间缩短25%(努埃西斯河管理局,2007,来自HDR工程公司)。

地质条件有利时,建于大落水洞的上坡面和位于非岩溶岩层的地表水库可以成为泉水处理的一部分。大雨后的浊水流入水库后发生沉淀,然后被排放,通过落水洞进入岩溶含水层(见图9.16)。这类坝还有额外可控制补给速率的好处。

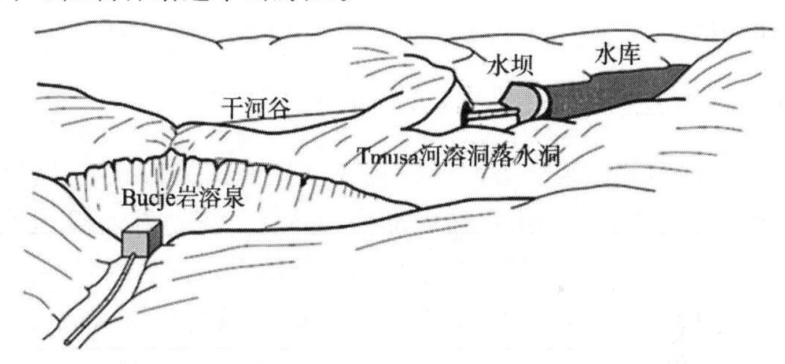

图9.16 塞尔维亚和黑山西部Bucje含水层调控示意图(Kresic,1988)

9.3.3 注水井

饱和带注水井的优点是可用来补给任何深度、任何类型的含水层,由此大体消除了与低渗透表层土壤和弱透水层相关的问题。直接注入所要求的水质比地表引渗水质更好,这是因为缺少地表引渗水所需要的包气带或浅层土壤基质处理,以及为注水井水流容量的需要,而这些都易于造成物理、生物和化学堵塞。除二级处理外,注水前所用到的处理过程包括消毒、过滤、空气剥离、离子交换、颗粒活性炭和反渗透或其他膜分离过程。通过使用这些过程或各种子集的适当组合,就有可能满足所有目前注水的水质要求,包括对再生水。然而,即使这样优质的水在用于补给时,也不能保证水井在较长运行期无故障运行,因为各种地球化学和机械过程的存在往往引起井滤管的堵塞,并且降低砾石过滤层和邻近含水层材料的渗透性。一种常见的做法是,通过两用井注水,这种水井可以偶尔用来抽取含水层的水,从而清除滤管堵塞物质("反冲洗")。堵塞最常见的原因是有机物和无机固体、生物与化学污染物,以及溶解空气与扰动气体的积累。非常低浓度的悬浮土,1 mg/L量级就可堵塞注入井。甚至低浓度的有机污染物也可以导致堵塞,因为细菌会在注水点附近生长(美国环境保护署,2004)。

在许多情况下,用于注水和回采的水井被美国环境保护署归为V类注水井。有些州要求,水在注入V类井之前必须符合饮用水标准。

对于地表引渗和直接注水,将开采井尽可能设置于远离补给场地的位置,因而会导致流径长度和地下滞留时间增加,以及补给水与天然地下水的混合。

9.3.4 含水层储存和回采(ASR)

含水层储存和回采已被广泛应用于美国东部沿海地区,特别是佛罗里达州,其人口增长和用水需求都受到高度关注。图9.17说明了含水层储存与回采的基本原理,在用水需求低或可用水多的时候,饮用水与含盐非饮用水被一同注入(储存于)含水层,然后在需求增长期抽取(回采)。这个系统成功与否的衡量指标是回采效率,即在一个注水、储水和回采循环中,相对于注入量可以回采达到预设标准(如氯化物浓度低于250 mg/L)的饮用水。回采效率一般随全循环次数增加而提高,因为每次循环后含水层中都会留下更多的注入饮用水。储存水的回采取决于注水阶段相对稳定的厚透镜体或低密度补给水气泡的有效布置。要形成这种透镜体,必须注入足够的水置换大量咸水,注入水与原生水的混合不得太显著,隔水层必须充分密封以防止低密度补给水的快速垂向迁移(Rosenshein 和 Hickey,1977;Yobbi,1997)。

与咸水含水层储存和回采操作有关的一个问题就是形成淡水透镜体和气泡。它们浮在密度较大的原生水上或者嵌入其中。透镜体的形成原因既可能是补给水与原生水之间的密度差,也可能是含水层中可能存在的不同导水带。

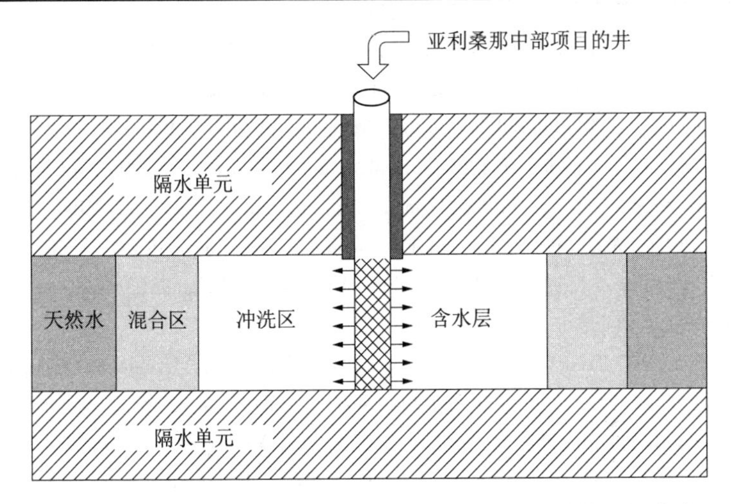

图9.17　承压含水层的储存和回采井以及补给形成的理想冲洗带和混合(过渡)带。冲洗带容纳了大部分补给水(Reese,2002)

参考文献

[1] Avias, J., 1984. Captage des sources karstiques avec pompage en periode d'etiage. L'example de la source du Lez. In: Burger, A., and Dubertet, L. (eds.), Hydrogeology of Karstic Terrains, Case Histories, International Contributions to Hydrogeology. Vol. 1., IAH, Heise, pp. 117-119.

[2] Fleury, P., Ladouche, B., Conroux, Y., Jourde, H., and Dörfliger, N., 2008. Modelling the hydrologic functions of a karst aquifer under active water management—The Lez Spring. J. Hydrol., doi: 10.1016/ j. hydrol. 2008. 11.037.

[3] Fox, P. 1999. Advantages of aquifer recharge for a sustainable water supply. United Nations Environmental Programme/International Environmental Technology Centre, International Symposium on Efficient Water Use in Urban Areas, Kobe, Japan, June 8-10, pp. 163-172.

[4] IAH (International Association of Hydrogeologists), 2002. Managing aquifer recharge. Commission on Management of Aquifer Recharge. IAH-MAR, 12 p. Available at http://www. iah. org/recharge/ MAR_reports. htm.

[5] Ishida, S., Kotoku, M., Abe, E., Fazal, M. A., Tsuchihara, T., and Masayuki, I., 2003. Construction of subsurface dams and their impact on the environment. RMZ Materials and Geoenvironment, 50(1): 149-152.

[6] Jevtic, G., Dimkic, D., Dimkic, M., and Josipovic, J., 2005. Regulation of the Krupac spring outflow regime. In: Stevanovic, Z., and Milanovic, P. (eds.), Water Resources and Environmental Problems in Karst—Cvijić 2005, Proceeding of International Symposium, University of Belgrade, Institute of Hydrogeology, Belgrade, pp. 321-326.

[7] Ishida, S., Tscuchihara, T., and Imaizumi, M., 2005. Evaluation of impact of an irrigation project with a mega-subsurface dam on nitrate concentration in groundwater from the Ryukyu limestone aquifer, Miyako Island, Okinawa, Japan. In: Stevanović, Z., and Milanović, P. (eds.), Water Resources and Envi-ronmental Problems in Karst—Cvijić 2005, Proceedings of the International Conference and Field Seminars; Belgrade & Kotoh September 13-19, 2005, Institute of Hydrogeology. University of Belgrade, Belgrade, pp. 121-126.

[8] Kresic, N., 1988. Karst aquifers of the Lim catchment (SR Serbia). Des Comptes Rendus des Séances de la Société Serbe de Géologie pour l'année 1985-1986, Belgrade, pp. 217-223.

[9] Kresic, N., 1991. Kvantitativna Hidrogeologija Karsta Sa Elementima Zaštite Podzemnih Voda (Quantitative Karst Hydrogeology With Elements of Groundwater Protection, in Serbo-Croatian). Naučna knjiga, Beograd, 196p.

[10] Kresic, N., 2009. Groundwater Resources: Sustainability, Management, and Restoration. McGraw-Hill, New York, 852p.

[11] Milanovic, P., 1996. Ombla Spring, Croatia. Environ Geol, 27(2): 105-107.

[12] Milanovic, S., 2005. Hydrogeological characteristics of some deep siphonal springs in Serbia and Montenegro karst. In: Stevanovic, Z., and Milanovic, P. (eds.), Water Resources and Environmental Problems in Karst—Cvijić 2005, Proceeding of International Symposium, University of Belgrade, Institute of Hydrogeology, Belgrade, pp. 451-458.

[13] Nueces River Authority, 2007. Edwards Aquifer recharge dams. Available at: http://www.nueces-ra.org/II/recharge/; accessed in 14th December 2007.

[14] Osuga, K., 1997. The development of groundwater resources on the Miyakojima

Islands. In: Uitto, J. I., and Schneider, J. (eds.), Freshwater Resources in Arid Lands. UNU Global Environmental Forum V. United Nations University Press, Tokyo. Available at: http://www. unu. edu/unupress/unupbooks/uu02fe/uu02fe02. htm, accessed October 27, 2005.

[15] Pereira, L. S., Cordery, I., and Iacovides, I., 2002. Coping with water scarcity. International Hydrological Programme VI, Technical Documents in Hydrology No. 58. UNESCO, Paris, 269p.

[16] Potier, L., Ricour, J., and Tardieu, B., 2005. Port-Miou and Bestouan freshwater submarine springs (Cassis—France) investigations and works (1964-1978). In: Stevanovic, Z., and Milanovic, P. (eds.), Water Re-sources and Environmental Problems in Karst, Proceedings of the International Conference and Field Seminars, Belgrade & Kotor, Serbia & Montenegro, September 13-19, 2005, Institute of Hydrogeology, University of Belgrade, Belgrade, pp. 267-274.

[17] Reese, R. S., 2002. Inventory and review of aquifer storage and recovery in southern Florida. U. S. Geological Survey Water-Resources Investigations Report 02-4036, Tallahassee, Florida, 56p.

[18] Rosenshein, J. S., and Hickey, J. J., 1977. Storage of treated sewage effluent and storm water in a saline aquifer, Pinellas Peninsula, Florida. Ground Water, 15(4): 289-293.

[19] Slichter C. S., 1902. The motions of underground waters. U. S. Geological Survey Water-Supply and Irrigation Papers 67. Washington, D. C., 106p.

[20] Stevanovic, Z., 2010. Utilization and regulation of springs. In: Kresic, N., and Stevanovic, Z. (eds.), Ground-water Hydrology of Springs; Engineering, Theory, Management and Sustainability. Elsevier, New York, pp. 339-388.

[21] USEPA, 2004. Guidelines for water reuse. EPA/625/R-04/108. U. S. Environmental Protection Agency, Office of Wastewater Management, Office of Water. Washington, D. C., 460p.

[22] Yaoru, L., 1986. Karst in China. Landscapes, types, rules (in Chinese). Spec. Ed. of Geol. Publ. House. Beijing, 288p.

[23] Yaoru, L., Jie, X. A., and Zhang, S. H., 1973. The development of karst in China and some of its hydrogeological and engenireeng geological conditions. Ac-

ta Geologica Sinica, 1: 121-136.

[24] Yobbi, D. K., 1997. Simulation of subsurface storage and recovery of effluent using multiple wells, St. Petersburg, Florida. U. S. Geological Survey Water-Resources Investigations Report 97-4024. Tallahassee, Florida, 30p.

第三部分　岩溶水的脆弱性及修复

第 10 章　岩溶水的脆弱性

10.1　概　述

就像其他多孔介质和环境背景一样,岩溶水极易受各种自然和人为因素的影响,这些因素能对其水质和水量产生负面影响。前几章在不同情况下给出了大量实例并进行了相关讨论。然而,在极少数情况下,岩溶水脆弱性的独特性能产生理想结果,至少对某些人来说是这样。约亨 · 杜克尔克以下一段话对此进行了诠释,这在 Showcaves (2012)的网页上进行了特别介绍:

这不是介绍一个地方的网页,而是有关岩溶地质发生的一个非常有趣的意外事件。在 19 世纪末 20 世纪初,法国有一种非常有名的阿布辛苦艾酒。这是一种含有多种成分的酒,包括茴香。像所有那些茴香酒(如 Ouzo,Raki)一样,这种酒是一种透明液体。直到与水混合后,它变成乳白色。

事实上,最初的苦艾酒含有几种有轻微毒性的成分。早前很难在获取致命剂量而不被酒精毒死,但是,这样接触有毒物在先前是苦艾酒神话的一部分。而且它还有一种传闻,就是能引起性欲。不幸的是,这些特点成为了几年后苦艾酒被禁止的原因。

1901 年 8 月 11 日,一场雷电击中了位于蓬塔利埃的佩尔诺(茴香酒)公司的厂房,发生了一场大火。高温使得装满酒精的大酒罐爆炸。成百万升苦艾酒流淌过厂房,进入下水道系统并直接流入杜布斯河。河水变白并有着茴香气味。

两天后,安德烈 · 贝特诺到山脊另一边离蓬塔利埃 15 km 开外的卢埃河源(见本书封面)考察。在欣赏清泉的浪漫气息时,他突然注意到一个变化:水变成了乳白色,空气中弥漫着茴香气味。他以前在酒馆知道这种气味,但他得尝一口以验证:这个大泉水的水变成了免费的开胃酒!这没有传出去,如果他灌满他的水壶……

现代洞穴学创始人 E. A. 马特尔听到了这个故事,9 年后,他做了一个染料跟踪试验。他发现杜布斯河河床有一个燕窝洞,然后添加了一种强烈的无毒绿色液体。64 h 后,卢埃河变成绿色。卢埃河与杜布斯河穿越山脊相连得到了证实,从而发明了染料跟踪地下水的方法。

但现在,这个剧本中的下一个行动开始了:杜布斯河沿岸几个小磨坊的坊主遇到了很多年缺水的奇怪问题。当他们听说了燕窝洞的事情后,他们开始找寻。在找到这些燕窝洞后,他们用混凝土将洞封了起来。因此,这种水就留在了杜布斯河内。

但现在,卢埃河边的居民遇到了水消失的问题。于是,这个案子提交到法院。法院判决如下:已经封死的落水洞维持不变,但如果再改变水流将受到惩处。

正如赫泽尔(1996 年)所讲,区分资源保护和水源保护现实可行,尽管这两个概念相互之间有着密切的联系——不进行资源保护就不可能进行水源保护。例如,在欧洲国家,地下水被看成是有价值资源,必须加以保护。危害其水质的活动受到法律禁止(见 WHG 阐述的德国规定,1996)。欧洲水框架指令(欧洲议会和欧盟委员会,2000)强调:水不是一种商业产品而是一种遗产,必须予以保护并给予同等待遇。因此,指令要求保护地下水和地表水资源。对用于饮用水的地下水给予最优先保护。水源也许是一个获取的泉水、一个抽水井,或者任何其他地下水取水点。欧洲地下水指令(2006)详细扩展了资源整体保护的概念(欧洲议会和欧盟委员会,2006)。

岩溶水源,包括地表河流、含水层、泉水的保护,通过防止可能污染,对已受污染水进行补救,检查和防止不可持续取水等手段来实现。防护方面包括污染防治计划、潜在污染源控制措施、土地利用控制、公众教育等。防治措施包括(克莱斯科,2009):

- 控制土地利用:防止明显的工业、农业和城市污染源进入河流与地下。

- 控制含水层补水敏感地区农药的使用,包括完全禁止使用,如在开敞式水文地质结构(岩溶仅为沉积物覆盖或者直接暴露在地表)。

- 土地利用控制:最大限度地减少对含水层自然补水的干扰,如大都市区铺路(城市扩张)。
- 城市径流管理:这些径流会污染地表水和地下水资源。
- 强制性安装设备和监测井,提早检测污染物释放,如加油站地下储油罐泄漏和垃圾渗滤液迁移。

图 10.1 显示美国得克萨斯州奥斯丁市实施的预防措施。该市地下爱德华岩溶含水层直接暴露在地表或者仅为一层很薄的残留层所覆盖。州级公路的地表径流被导流岛特别设计的混凝土汇流区,在水被允许渗入地下之前去除油质和微粒状物质。

图 10.1　得克萨斯州奥斯丁市州高速公路附近的混凝土汇流区,设计用来在水被允许渗入地下之前去除地表径流中的油质和微粒状物质

不幸的是,几近每种人类活动都潜在着一定程度地直接或间接影响岩溶地下水的可能。图 10.2 说明了几种能造成地表水、地下水及最终岩溶泉水污染的土地利用活动。过去 10 年分析实验室技术的几何级数发展表明很多合成有机化学物(SOCs)广泛分布在环境之中,包括地表水和地下水,而且其中很多物质现在能从人类的组织和器官中找到。

尽管断言无论什么水都能处理成饮用水,而销售瓶装水的跨国公司却在全球疯狂寻找新的泉水水源,这并不让人感到惊讶。这可以理解,因为世界各地很多消费者情愿出高价购买标有"纯净泉水"的品牌水。相反,正如8.4章节提到的那样,有好几个拥有丰富高水质岩溶泉水的欧洲国家利用这些泉水作为公共供水的优先水源。

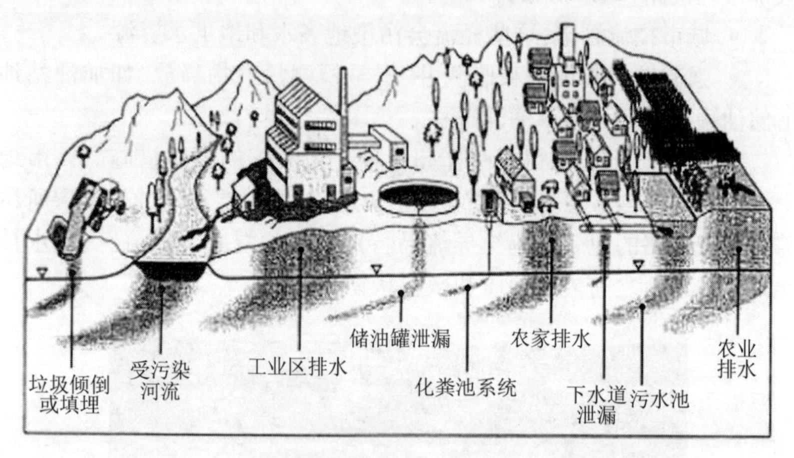

图10.2　土地利用活动通常会产生一种地下水污染威胁
(Foster等,2002~2005)

正如Brune(1975)所研究的,在得克萨斯州及美国全境,最初对地下水的兴趣也集中在泉水,尤其是在干燥的西部。随着美国东部的发展,大多数土地成为私有土地,基于地下水的公共供水从泉水转向水井。钻井和抽水技术的发展及农村电气化,使得在20世纪早期西部地区大规模开发地下水成为可能。大规模地下水灌溉,特别是第二次世界大战以后,在西部地区快速展开,造成很多地方的泉水枯竭。结果在美国东西部,集约化的供水中泉水的总体利用相比世界其他地方比例很小(Kresic,2009)。在有着多个大型泉水源的地方,如佛罗里达州、得克萨斯州、密西西比州的岩溶地区,很多情况下这些泉水位于私有土地或公用场地,被用于娱乐之类的其他用途。Meinzer(1927)发表的美国大型泉水有关的出版物中有一段阐述了佛罗里达州这个观点:"有些泉水已成为非常有名的风景名胜区,但这些泉水并没有很好地利用起来。这些泉水最吸引人的特点如马里昂县商会的宣传小册子下面这段对银泉的精彩描述。"(见p1.1)"银泉深深的凉爽水,清澈如空气,流量大,源自一个亚热带森林中部无边的盆地和洞窟。从玻璃船底往下看,岩石、水下植物、各种游动的鱼一览无余,就像悬浮在空气中。这些平原和洞窟非常漂亮。水中明亮物体捕捉阳光,效果简直不可思议。泉水形成了一个自然水族馆。有 32 种鱼类。这些鱼类受到保护,变得非常温顺,人们用手都能喂养。在向导的召唤下,成百上千条各种鲜艳的鱼儿聚集在玻璃船底下。"

不幸的是,以 4.1 章节所述佛罗里达州的 Kissengen 泉为例,为非消耗性实益用途对大型岩溶泉进行保护正变得越来越困难,需要水公司、监管机构、立法和公众一起可持续的、协调一致的努力。除水量外,曾经天然的泉水水质会被其集水区不可持续的土地利用实践慢慢缩减直至水源完全枯竭。正如第 5 章所强调的,岩溶水保护最重要的部分是公众教育。从这点讲,负责环境保护和相关执法的各政府部门起着关键作用。下面介绍弗吉尼亚州环境质量部(VA DEC,2008a)开展的新河(New River)流域脆弱性公众教育例子。

岩溶地区地表水和地下水之间的密切联系造成一个很容易污染的环境。在大多数非岩溶环境下,地表水缓慢渗透到地下,这样有时间进行过滤和自然生物补救,如植物吸收硝酸盐。另外,在岩溶地形,空隙和导管使地表水快速进入地下水,通常没有足够时间过滤或生物分解营养物和污染物。结果,地表所发生的一切大多确定了进入岩溶水的污染物的性质和比例。

在新河流域,占主导地位的三种土地利用为森林、农业和城市用途。森林覆盖了流域大约 58% 的面积,集中在山脊顶和山坡。流域中许多林地从岩溶地形向坡上发展。森林河流通常在流向岩溶地形后短时间内流入地下。汇流到成熟林区的河流一般非常清澈,偶尔发生的少数有少量野生生物细菌污染的除外。然而,砍伐树木会增加侵蚀和径流,潜在产生大量土壤和有机物残渣,或造成偶发燃料泄漏或其他污染。因此,森林最佳管理实践(BMPs)是关键。

农地,大多数牧场、农作物地和果园地占新河流域的 37%。农业是流域水质退化的一个重要潜在污染源。从农田、家畜区、牧场排出的化肥、农药、粪肥进入到河流和落水洞。

将废物处理到落水洞是非法的，这曾经是一种通常做法，它直接影响着岩溶地形。实施最佳农业管理实践，正如弗吉尼亚水土保持区所明确指定的那样，能大大减少农业对地表水质和岩溶资源的潜在影响。

城市和住宅区土地利用，尽管仅占流域的4%，却会造成极大的地表水和地下水退化。常见的化学污染物排放包括石油、抗冻剂、来自停车场和道路的径流、由于景观活动和白蚁处理产生的化肥和农药、建筑工地的遗留物、化学泄漏、地下储油罐（LUST）渗漏等。下水道或者功能失常的化粪池系统的渗漏产生的细菌和化学污染会进一步使水质退化，且由于这些结构物埋藏地下而极难被检测到。

弗吉尼亚州保护与娱乐部（VA DCR，2012）有一个资源遗产岩溶计划，强调通过对土地利用规划进行确认和核实来保护敏感的岩溶地区，帮助确保每个人有一个安全、清洁的供水。这些行动也保护了稀有物种和自然群落。DCR 的岩溶计划及州长任命的弗吉尼亚洞穴委员会协助州和联邦机构、地方政府、私人组织与个人处理联邦内的洞穴管理和岩溶资源保护有关的事情。弗吉尼亚洞穴保护法（http://www.dcr.virginia.gov/natural_heritage/vcbprotact.shtml#）认识到洞穴的独有和不可替代的特性，它们的特殊栖息地，它们的历史和文化价值，以及它们的其他特殊属性，同时也认识到了洞穴作为地下水导管所起的作用及它们的污染脆弱性（VA DCR，2012）。

DCR 的自然遗产计划支持通过目录和信息管理、土地保护和土地管理手段对弗吉尼亚洞穴和岩溶的保护。该计划为 NatureServe（服务自然）的一部分。NatureServe 是个自然遗产计划国际网络，它跟踪稀有生物要素以便开展环境规划和支持州环境审查程序。DCR 每年与地方政府、市民及州和联邦机构一道，对岩溶有关的成百上千个项目进行审查和评价，寻找解决平衡这些竞争性资源需求的方法。DCR 积极开展各种项目，定义岩溶地下水流域、实施洞穴生物调查和监测、帮助拟定和推进最佳管理实践，以保护弗吉尼亚的洞穴和岩溶资源。DCR 为不同州、联邦和地方政府机构及各组织、专业人员和市民提供岩溶有关的技术援助。

地下项目（Project Underground）是一个教育计划，推动对洞穴和岩溶更好的了解。该项目是DCR岩溶保护工作的基石。通过这项全国认可的项目,每年有成千上万的学生和市民认识到了岩溶的特别价值与敏感特性。DCR还有暴雨径流、水土流失、泥沙和营养物管理计划,减少对岩溶资源来说致命的非点源污染。该机构与地方水土保持区一道帮助土地拥有者使用最佳管理实践来保护自然资源和环境。DCR对其岩溶网站的访问者提出以下建议:"这里有保护本地区脆弱的岩溶的几种方式。不要将垃圾倾倒到落水洞中。管理好暴雨径流防止泥沙污染;采用植被过滤条带和河流缓冲带来改善水质;远离河流和天坑池塘为牲畜开发替代水源;制订营养物管理计划,仅在植物需要时施加化肥;帮助朋友与邻居更好地了解和理解他们在维持可持续、高质量环境中的利害关系;现在并为后代保护詹姆斯上游流域和饶诺克上游流域的洞穴及其他岩溶资源。"

有时候,不同政府机构和其他感兴趣的团体出于好心创建一些让人迷惑的岩溶脆弱性方面的指南文件和教育小册子。美国农业部在同一文件(图10.3所示的令人费解的流程图就源于该文件)中指出:"有必要就水处理对地下水、地表水和岩溶特性等的潜在影响进行一项地质调查,且必须由称职的地质学家来开展这项调查。"

有时候,几个源于官方建议的拇指规则会让人产生误解且潜在着危害。典型的例子是一个所建议的有些做法应予以关注的最小距离;如果这个距离大于拇指规则,就会以某种方式对相关做法予以关注(即如果*A*、*B*两点之间的距离小于1 mi,则不予关注)。无论有关岩溶的关注是什么,最好是根据现场特定条件开展评估而不是依赖于某些拇指规则,即便这些规则表面看起来源于官方。

世界各地很多洞穴学与洞穴探险俱乐部和学会都有着非常好的教育计划及公众宣传。他们还是最好的岩溶大使和在不断的保护需求下最常去见证岩溶很多独有的、迷人的特性的访客。这包括对水环境退化特别敏感的岩溶群落(见图10.4;同时见彩页)。除深海外没有什么地方能发现这些特殊多样性的生物。这些生物中许多为地方性物种,仅仅生活在一定区域而非其他。例如麦迪逊洞穴等足目(*Antrolana Lira*),一种无视力、自由游动的甲壳动物仅在弗吉尼亚大峡谷和西弗

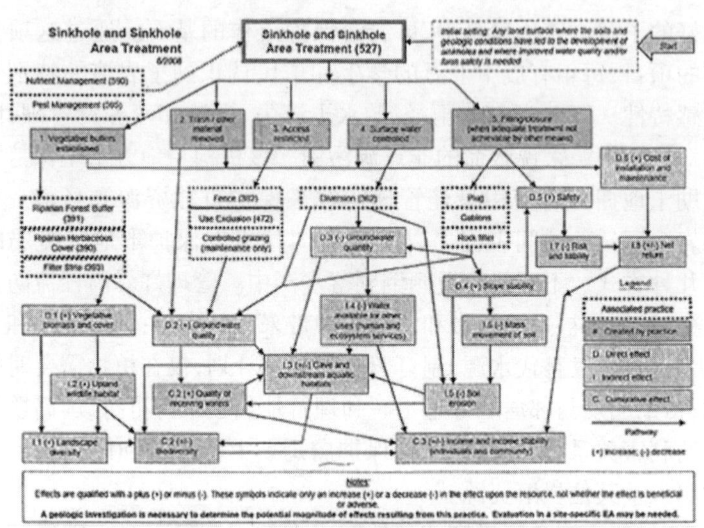

图 10.3 （上图）USDA 最初的文字说明指出，这个颇为费解的图解查明了当根据国家资源和保护部（NRCS）时间标准和技术要求应用这种做法是预期会发生的各种影响。用户要注意的是，这些影响是估计情况，可或不可应用于一个特定场点（USDA，2008）。（下图）东北衣阿华州一个岩溶地形上的一个落水洞将径流水直接漏入一个地下含水层中。落水洞四周的保护缓冲区对农地来水进行过滤，改善了水质（NRCS，Tim McCabe 摄影）

吉尼亚的石灰岩含水层中生活,而且到目前为止仅在11个洞穴和7口井中发现这种生物(图10.4右上)。这种生物,无视力、无颜色,完全适应地下和水下生活,被认为是很久以前当海洋与施南多流域(Shenandoah Valley)相连时从陷于此的海洋祖先进化而来。麦迪逊洞穴等足目整体被联邦和弗吉尼亚濒危物种法列为濒危物种,受到法律保护不受人类活动的影响。

图10.4　左上: Orconectes Pellucidus(Tellkampf),**西密西西比高原的** troglobitic **虾**(Barr,1985)。**右上:麦迪逊洞等足,** Antrolana lira(**自然遗产岩溶计划弗吉尼亚分部,弗吉尼亚保护和娱乐部**)。**左下:神仙虾**(Anostraca),Chirocephalus croaticus,**一种仅限于克罗地亚** Dinaric **岩溶临时性岩溶水的稀有物种**(S. Polak **拍摄**)。**右下:完全水生两栖类,眼睛未发育,被皮肤覆盖,**Proteus anguinus,**斯洛文尼亚、克罗地亚和波黑** Dinaric **岩溶含水层独有物种**(G. Aljancic **拍摄**)

图10.4右上显示著名的Proteus(变形杆菌)anguisnus是仅有的欧洲独有的穴居脊索动物。因其皮肤颜色(见彩图)而被当地人称为“人鱼”(covecija ribica)。由于其浅红色外鳃,中世纪少数几个曾经见过变形杆菌的人认为它是藏在洞穴中的龙宝宝。这个民间传说一种持续到18世纪中叶,这时,人们最终对其进行了科学描述。变形杆菌在斯洛文尼亚和克罗地亚受到保护。

世界上某些地方不时发现一种新的岩溶物种,提醒我们所有人这个巨大的低效宝藏正在受到越来越多因各种土地利用变化和人类活动造成的压力。

10.2 水污染

岩溶水污染源于以下活动,要注意的是,这个列单远非包括全部(经过对 www. wrds. uwyo. edu/wrds/deq/whp/进行修改而来):

- 家庭、商业或工业废物和化学品的非法倾倒或废弃,特别是弃于岩溶洼地(见图 10.5)。
- 商业、工业、农业和政府设施及家庭的液体、固体废物的误用与不恰当处理(见图 10.5)。
- 卡车、铁路、航空器、起卸设施和储存罐中化学品的意外泄漏。
- 冬天道路使用盐。
- 土地应用(污水处理排放水喷洒于土地,以及通过过滤池进行处理;污水处理产生的固体污泥铺撒在土地和农田上)。
- 来自停车场、街道和建筑工地的城市径流。
- 农业、住宅、市政、商业和工业饮用水井及液体、固体废物处理设施的位置、设计、施工、运行与维护不当。
- 农业、花园和高尔夫球场施用自然(粪肥)与人工肥料、农药。
- 牲畜饲养。
- 由烟、烟道灰尘、浮质和汽车排放等产生的、空中传播的硫和氮化合物等大气污染物,以酸雨形式落下,通过土壤渗透到地下。
- 污染水用来补充含水层,清洁补水与含水层孔隙媒介之间的地质化学反应(见图 10.6)。

来自点源与面源的污染物能到达地表水和地下水。前者包括各种形式的,由于农业、城市发展等土地利用活动产生的泥沙、营养物、有机物和有毒物及污水处理废水喷洒于土地等造成的弥散污染。雨水、融雪或灌溉水能洗掉这些物质及土壤颗粒,并挟带它们与地表径流一道进入地表河流。溶于水中的这种污染物荷载也能过滤进入地下并最终污染地下水。岩溶地区受污染的地表河流,如果经过较长河段而流失了水,也是地下水污染的面源之一。

无意的和有意的有害废物处理、泄漏、渗漏或其他对控制污染物进

图 10.5　上图:垃圾抛掷于落水洞,密苏里州拉克莱德县。染料跟踪显示,这个落水洞向 Ha Ha Tonka **泉提供补水**(密苏里州自然资源局提供图片,查询网址:http://dnr. mo. gov/env/wrc/springssandcaves. htm.)。左下图:图片和文字是美国地质调查局的一个早期公众教育性出版物中用来说明地下水对污染的脆弱性:“一所大学建筑物联系的污水流排入一个坑槽,进入到地下水道中”(Fuller,1910)。右下图:1993 年 11 月 20 日,Spelunker 查勘了得克萨斯州奥斯丁附近 Midnight 洞入口底部一个流石瀑布周围的垃圾。这些垃圾包括家庭垃圾、用过的滤油器、锈蚀的 55gal 鼓、杀虫剂玻璃瓶、半空的松节油罐、汽车零部件等。注意洞穴较高处边沿的垃圾(Hauwert 和 Vickers,1994)

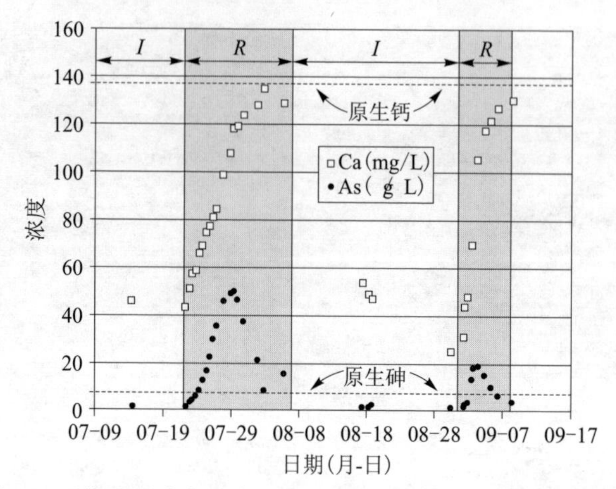

图 10.6 佛罗里达岩溶含水层 Punta Gorda ASR 项目循环试验期间砷和钙浓度的变化；*I*：注水阶段；*R*：恢复阶段。在恢复期间，观测到低钙注入水和高钙原生地下水的混合。在补水和原生地下水中砷浓度小于 10 μg/L。观测到高达 50 μg/L 的砷峰值，表明水岩交互作用(Arthur 等，2002)

入地下的程度有限的实践产生点源污染。点源污染还包括受污染地表河流在完全确定地点下陷(坑槽)；陆地地表以下但地下水位以上的污染源，如化粪池系统；低于地下水位的结构物，如放弃的或者施工不当的水井；以及用于含水层人工补水的受污染水。

在美国，很多 RCRA 和超级基金场点多为多点源地下水污染。这些污染源会形成一个个单一污染物羽状体，一个个源于可查污染源的多污染物羽状体，或在最为复杂情况下，混杂在一起的(融合的)来自不同污染源的不同污染物羽状体，其中一些不易或者根本无法确认。位于军事设施、大型工业企业和化工制造厂的场点地下水很可能受到多成分污染，可能分布在含水层不同深度，形成复杂形状的羽状体。复杂的地下水污染场点对那些尝试对可能污染源及其附属羽状体进行定性的地下水专业人员来说简直就是噩梦。然而，这却是那些为不同潜在责任方(PRPs)服务的律师们最喜欢的话题。可以理解为什么美国律师们深度涉及地下水污染和修复问题，因为与地下水修复相关的成本会是天文数字，而谁是羽状污染物的责任人这点很重要。此外，岩溶环境中某些污染物的修复从技术或者经济的角度来说也许不可行，这通常很难传达给不同的利益相关人（见 11.3.2 节）。

图 10.7 给出了美国环境保护署（2002a）和州环境保护机构开展的一项针对潜在污染源的全国性研究结果。研究中，要求各州指出潜在威胁其地下水资源的前十位污染源。在必要时根据各州具体关注点添加其他污染源。在选择污染源时，各州都考虑了多种因素，包括：

- 各类污染源在州内的数目；
- 相对于地下水饮用水源的位置；
- 处于受污染饮用水风险的人口规模；
- 污染物排放对人类健康和/或环境的风险度；
- 水文地质敏感度（污染物进入和通过土壤移动到达含水层的容易度）；
- 各州地下水评估和/或相关研究成果。

对这十个首要污染源中的每个污染源，各州都确定了可能影响地下水质量的具体污染物。图 10.7 所示，各州提起最为频繁、认为是地下水质潜在威胁的污染源是 LUST。化粪池系统、垃圾填埋、工业设施和施加化肥是提起和关注的第二频繁污染源。如果把类似污染源结合起来，可以将最重要的潜在水污染源合并成 5 类：①燃料储存；②水处理；③农业；④工业；⑤采矿。

Drew 和 Hotzl（1999a）的案例研究详细介绍了人类活动对岩溶地下水的各种影响。

10.2.1　岩溶地区水污染检测

水污染可通过多种方式进行检测。最显而易见的是人类感官检测：看起来不好、闻着不好、味道不好的水可能就是水质差的水。还有一个真理就是，仅仅依赖人类感官来检测污染也没有意义，因为看起来很清、没有气味、没有味道的水仍有可能被污染了，饮用这种水会导致严重的健康问题甚或死亡。不幸的是，即便是在大多数发达国家，也只有很少人能承受对其饮用水进行全套受管制化学品检测，更不要说定期进行这种检测了（一次这种分析要花费超过 3 000 美元）。大多数国

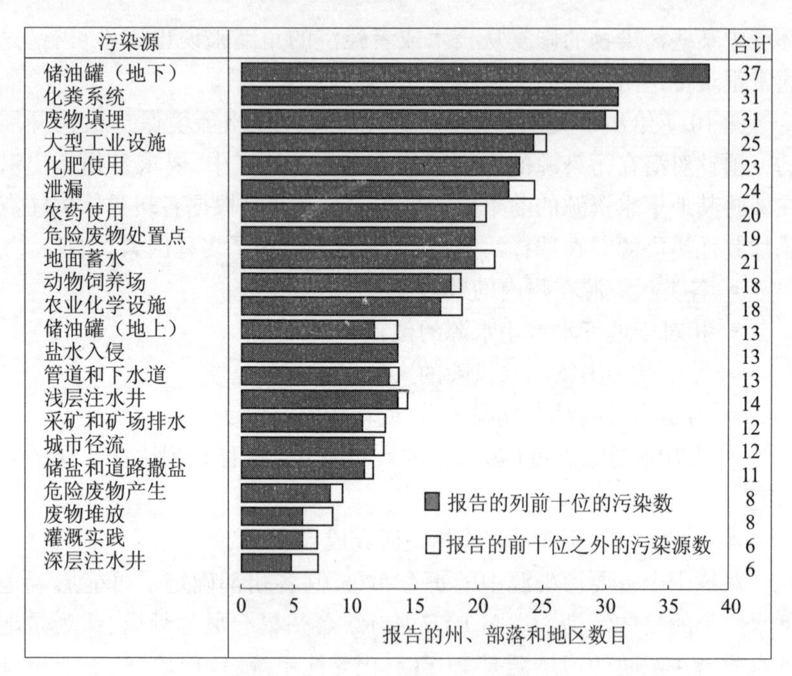

图 10.7 美国主要地下水污染源

（来源:美国环境保护署,2000）

家的公共供水系统受法律要求对其饮用水源的原水按饮用水标准进行定期检测,从而保护其消费者。个人水井拥有者并不受这种要求的约束,因此大多处于饮用受污染地下水的风险,特别是如果他们的水井取水于浅层非承压含水层或者岩溶含水层。

在美国,公众和管理者一样逐渐认识到私有水井易于受地下水污染的影响。例如,由于 2007 年 11 月生效的一项新法律,现在任何人想要购买纽约威切斯特县由私人水井供水的 2 万房屋中任何一个,都将有更为安全的饮用水。该法律要求在签订私人饮用水井服务的房产销售合同时要进行水质检测。该法律还要求新开发的私人水井和 5 年未用来提供饮用水服务的水井,在使用前要进行检测。出租房屋的私人水井也要定期进行检测。这种检测通过分析大肠杆菌和化学污染物的存在来确定井水是否安全。该项新法律规定,只有合格的实验室才被授权收集和测试水样。测试结果必须提交给威切斯特县卫生局及要求进行测试的人。法律还明确了售房人和买房人及其他各方的职责,以确保饮用水质问题得到纠正。同时还建立了不遵守法律规定的惩罚制度。有关这项法律的信息资料参见威切斯特县卫生局网址:www. westchestergov. com/health。

对已确定有污染物排放到地下或者有排放污染物可能的场点进行地下水污染监测和检测并非易事。它要求正确规划、实施和报告,并需要巨大投资(得克萨斯州行政法,2006),下面这段摘自得克萨斯州垃圾填埋规定说明了这一点:

- 必须安装地下水监测系统,该系统要有足够数量的监测井,安装在合适位置和适当深度以便从本规定 330. 3 款(有关定义)定义的最上层含水层获得具有代表性的地下水样本。
- 应安装背景监测井以确定尚未被渗漏影响到的背景地下水质。
- 应对地下水监测系统,包括监测井或其他取样点的数目、间隔和深度进行设计并由一位合格的科学家进行认证。在取得证书 14 天内,水井拥有者和运行人应将证明提交给执行官,并在运行记录档案中留下一份证书副本。在施工前,监测系统计划和所有运行数据必须提交给执行官审查与批准。
- 监测系统的设计应基于现场特定的技术信息,包括含水层厚度、地下水流速、地下水流向(包括水流的季节性和临时性波动)、场地施工和运行对地下水流向与流速的影响,以及最上层含水层饱和和未饱和地质单元与填充材料的厚度、分层、岩性和水力学特征、最上层含水层材料和最上层含水层下部承压单元材料的厚度、地层学、岩性和水力学特征等全部特征。
- 水井拥有人和运行人可使用一个可适用的多维归属和输移数值流量模型作为确定监测井和其他取样点间隔的补充,还应考虑基于现场特征的地下水流特点及最上层含水层材料中可能污染物的分散和扩散。

除要求合格的地下水科学家对计划进行验证外,适用于包括垃圾填埋在内的各种场点的其他几个重要点是:

• 确定各种物理和化学参数的背景浓度，以及潜在的关注成分(COCs)。

• 通过考虑地下水流中的季节性和临时性波动确定取样频率，这样不会遗漏该污染物。

• 通过考虑关注成分的归属和输移特征及岩溶孔隙媒介的水文地质特征(包括非均质性和各向异性)确定水井的数目、间隔与筛管层段(监测深度)。

在岩溶地区监测可能污染物时最为重要的因素极有可能是要理解，大多数岩溶水系统是极为动态并对各种自然和人为水输入作出快速反应。此外，污染物会通过各种污染源(间歇性或连续性污染源)污染地下水；因为补水(降雨)方式不同，它们能周期性地通过包气带冲走或从岩溶下面有储存功能的地方冲出来；还能在地下水位上面留存下来并被上升的水位周期性地剥离。这些因素和其他因素应经常予以考虑，因为它们会极大地影响监测井和泉水的污染物浓度。

需监测的水的物理和化学参数数量及关注成分的数量将根据现场污染物释放的类型或者潜在污染物的具体情况来决定。表 10.1 列举了有着潜在地下水污染和相关联潜在受关注污染物的各类场点，表 10.2列举了检测各种关注成分的实验室分析方法。

表 10.1 有潜在地下水污染和受关注污染物的场点类型

场点类型	潜在受关注污染物(COC)
小型加油站(带 AST 和 UST)	TPH,PAH,金属
取暖油箱(AST 或 UST)	PAH
干洗店	VOC
废物填埋(C 级和 D 级)	TDS,TPH,PAH,PCB,VOC,SVOC,金属,氯
机场	TPH,PAH
道岔	TPH,PAH,VOC
畜牧场(如:牛奶场)	氨,硝酸盐/亚硝酸盐,CFU
作物农场	OP,OC,除草剂

续表 10.1

场点类型	潜在受关注污染物(COC)
果园	OP,OC,金属(砷),除草剂
露天矿	金属,硫酸钠,硫化物,pH
采石场	VOC,HMX,RDX,TNT,高氯酸盐
核电站	氚,锶,铯
(热)电厂	PAH,TPH,金属
小型靶场	金属(铅、钨),PAH(黏土靶)
军用靶场	HMX,RDX,TNT,高氯酸盐,金属
机械工厂(如:电镀设施,航空零部件制造,汽车修理)	VOC,SVOC,金属
固体推进器制造(如:鞭炮,火箭发动机)	高氯酸盐,金属
木材处理厂	PAH,VOC,SVOC
造纸厂	PAH,金属,二噁英
市政废水处理厂	硝酸盐/亚硝酸盐,CFU,TOC,DBP,药物,表面活性剂(洗涤剂)
浸取场和化粪系统	氨,硝酸盐/亚硝酸盐,CFU,氯化物,表面活性剂(洗涤剂)
工业废水处理厂	金属,VOC
自动洗车	TPH,PAH,VOC
化工制造厂	特殊化学品 + VOC,SVOC
人造煤气厂	PAH,金属,TPH

注:来源:Kresic(2009)

TPH,总石油烃;PAH,多环芳烃;OP,有机磷农药;OC,有机氯农药;PCB,多氯联苯;VOC,挥发性有机化合物;SVOC,半挥发性有机化合物;CFU,菌落形成单位;AST,地上储油罐;UST,地下储油罐;DBP,消毒副产品。

表 10.2　检测地下水潜在污染污染物的常用分析方法

受关注污染物(COC)	实验室分析方法
普通化学	
碱性	EPA310
溴化物	EPA300/320
氯化物	EPA300/325
传导性	EPA120.1
氰化物	EPA335
氟化物	EPA300/340
氨	EPA350
硝酸盐	EPA300/352/353
亚硝酸盐	EPA300/354
硝酸盐 + 亚硝酸盐	EPA353
正磷酸盐	EPA365
高氯酸盐	EPA314,EPA332,EPA6850
总磷	EPA365
溶解性总固体	EPA160.1
总悬移值	EPA160.2
硫酸盐	EPA300/375
硫化物	EPA300/376
总有机碳	EPA415.1
浊度	EPA180.1
微生物学	
总大肠菌群(最可能数—MPN)	SM9221B
粪便大肠杆菌(菌落形成单位—CFU)	SM9222D

续表10.2

受关注污染物(COC)	实验室分析方法
金属	
金属(总量或溶解量)—除汞外全部金属	EPA6010/6020
汞(总量或溶解量)	EPA7470
毒性特征析出程序(TCLP)金属	EPA1311
有机物	
PAH	SW8310
VOC	SW8260
SVOC	SW8270
OP	SW8141
OC	SW8081
TPH	EPA418.1
炸药	EP8330
除草剂	SW8185
PCB	SW8082
洗涤剂—阴离子表面活性剂	EPA425
医药	没有单一标准:各不相同

一旦收集到监测数据并对其质量进行了验证,就可对污染物检测进行评估。对并非自然发生的关注成分,如人为、合成有机化学物的任何检测,都会是一种地下水污染。微生物污染也是这种情况,无论它们来自何方,因为它们要么自然发生,要么由于人类活动造成(污水排放、动物喂养、农业实践等)。

当关注成分未在背景监测井(位于可疑污染源上游)进行检测,而且从可疑污染源有明确规定和得到确认的污染物排放时,仍然不能肯定这种污染物与该特定污染源有关。在这点上,确定谁对污染负责取决于律师、咨询工程师和代表(如果该案例成为法律诉讼的主体)的技巧。如果背景井被同一关注成分污染,表明出现了另外一种潜在污染源,参与项目工作的地下水专业人员有时在花费了太多资源进行调查后会有一段很困难的时间来解码来自不同污染源的污染物分布。

10.2.2 浊度与病原体

在经过自体补水(来自降雨)和异体补水(来自下沉流)后,浊度的增加是有着快流构成(水流通道)的岩溶含水层中最常见的水质问题。尽管这些补水会带给含水层各种污染物,但是,当岩溶含水层被用作公共供水时,通常最引人关注的是泥水中的病原体(细菌、病毒、寄生虫)(见图 10.8)。在缺少合适卫生设施的地方,病原体引起的水携带疾病能在岩溶中快速传播开来。从全球范围看,在污水处理不充分——人类废物在露天厕所、沟、渠和水道进行处置或者铺撒在田间——的很多国家流行着痢疾病这种主要水传播疾病。据估计,每年发生 40 亿例痢疾病,造成 300 万 ~ 400 万人死亡,大多数为儿童(Hinrichsen 等,1997)。

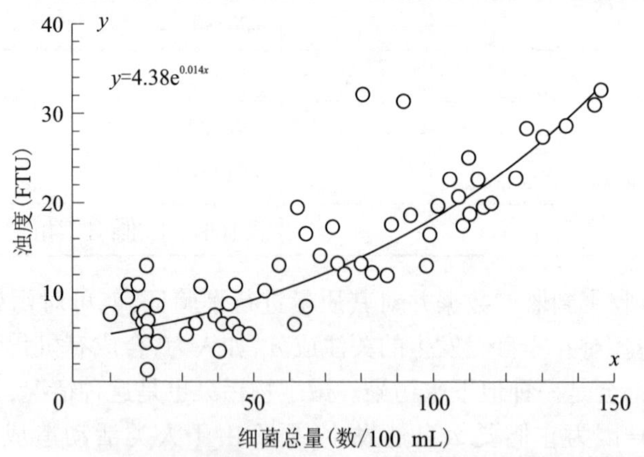

图 10.8 塞尔维亚西部 Valjevo 附件 Petnica 岩溶泉大肠杆菌(数/100 mL)与浊度关系

(Kresic 等 1992;版权:Springer - Verlag 纽约公司)

尽管地表水为病原体污染的首要受体和宿主,但是,在卫生条件差或者没有什么卫生条件的地区,当地下水和地表水直接相连时,岩溶地下水也受到极大影响。然而,有些病原体如寄生虫贾第虫(见图 10.9)和隐孢子虫,自然存在于地表水体中,并不一定与卫生条件差有关。为此,美国环境保护署对使用直接受地表水影响的地下水公共供水系统制定了具体水处理要求(见 5.3 节),并制定了特别适用于岩溶含水层的地下水规则,解决各种病原体污染问题(见 5.2 节)。

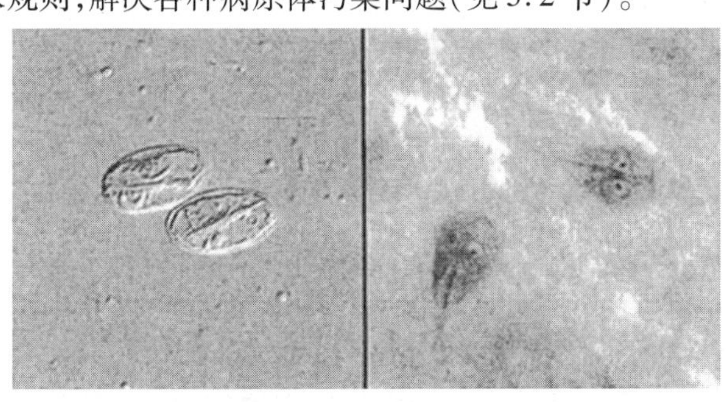

图 10.9　左图:DIC 显微镜下湿片中的肠贾第鞭毛虫囊肿;图像放大 1 000 倍拍摄。囊肿为椭圆形到椭圆体,8 ~ 19 μm 大小(平均 10 ~ 14 μm)。右图:肠贾第鞭毛虫滋养体为苹果状,长度 10 ~ 20 μm

(图片来自疾控中心寄生虫图像库)

废水和灰水回收和回用的不断增加加重了对公众健康的关注。水的卫生质量指标,即总大肠杆菌和粪便大肠杆菌细菌,作为出现肠道病毒和囊肿形成原生动物等多种关键病原体的指标不可靠这个事实,提高了关注度。从不同回收项目处理程度上讲,废水回收并没有具体的意义。有些废水回用仅要求在传统污水处理之外另外多一点对肠道病毒和囊肿形成原生动物的处理就可以。即便是在进行了被认为比较好的传统生活废水处理和加氯消毒(氯胺)之后,释放到地表水之中的生活废水仍然能够含有大量的肠道病毒和病原体原生动物,在摄取后,小一点说在与这些水体有身体接触后都很容易导致人类疾病(Lee 和 Jones - Lee,1993)。

一旦进入地下(含水层),病原体的存活和输移将取决于与原生地下水、孔隙媒介和原生微生物的各种生物地质化学交互作用。虽然有些细菌和寄生虫在饱和区无论原生环境如何都只能存活数周,但有些却已知能存活数月或者数年。Vesper 等(2003)描述了岩溶含水层中污染物输移机制(包括病原体),并提出了对洞穴微生物的调查结果,揭示出在深深的岩溶系统中丰富多样的有机物似乎滋长得非常好。一项对弗吉尼亚沉河系统——巴特勒洞穴中的总细菌和肠道细菌的调查(Chess,1987)显示系统中没有任何灭绝的证据。在系统内河流深部和在下陷地表河流中发生的出水泉发现数量基本相同的生物。

能导致疾病的微生物的最小形式是病毒。饮用水监管人对通过水媒介传播传染人类的粪便源病毒有着特别关注。在人类排泄物中,超过 120 种不同类型潜在有害肠道病毒被排泄出来,以各种类型、大量而广泛地分布于生活废水、农业废物和化粪系统之中(Gerba,1988;Banks 和 Batiggelli,2002)。这些病毒很多在自然水体中较为稳定,生存期很长,半衰期从数周到数月。由于即便是摄取少量病毒颗粒也会导致疾病,因此低水平的环境污染也会影响用水者。1971 ~ 1979 年,在美国大约 57 974 人受到水携带病原体暴发的影响(Craun,1986;Banks 和 Batiggelli,2002)。尽管在受人类粪便污染的自然水体中病毒是常事,对肠道病毒文献记载不足仍然是导致水携带疾病暴发的原因。水携带病毒导致人类生病的范围从心肌炎、肝炎、糖尿病、瘫痪等严重疾病到自我限制肠胃炎等相对轻微的疾病。目前,肠道病毒已被包含在美国环境保护署颁布的国家主要饮用水标准之中,而其他几个种群则被列入污染物候选名单(CCL)之中。

在碳酸盐含水层,即便一个相对较小的岩体发育着快速水流通道,病原体就是一个永久的威胁。在仅仅摄入一杯水这样的急性(短时间)接触后,它们就能造成负面影响甚至死亡。关于浊度和病原体——由于它们与地下水、泉水和一般统称的水相关联——的详细论述参见 Franchi(2009)、Fotouhi 和 Kresic(2010)著述。

由于其对供水管理的伟大意义,岩溶水中病原体归属和输移成为学术研究经常的主体。然而,从现实角度讲,所有水管理者需要了解的是他们的源泉(和资源)是否是岩溶水。如果是,他们就应该有一个默认的、针对所有病原体的合适的水处理手段,而不尝试以某种方式区别对待它们,错误地希望通过避免不必要的处理从而节省资金。Boyer

和 Kuczynska(2003)的一项研究是这方面的一个极好的说明。他们比较了受农业影响的岩溶地下水中暴雨流中粪便大肠杆菌密度和隐孢子虫卵囊密度的时间变化。隐孢子虫卵囊密度范围为每升 0～1 050 个卵囊,而平均暴雨密度范围为每升 3.5～156.8 个卵囊。粪便大肠杆菌密度范围从小于 1 CFU/100 mL 到大于 40 000 CFU/100 mL,而几何平均暴雨密度范围从 1.7 CFU/100 mL 到超过 7 000 CFU/100 mL。暴雨期间粪便大肠杆菌密度与流量相关度良好,但隐孢子虫卵囊密度展现出很大的样本间差异,且与流量不相关。粪便大肠杆菌密度与隐孢子虫卵囊密度不成正相关。粪便大肠杆菌密度在暴雨高峰时为最大,而这时含沙量也为最大。他们得出的结论是,粪便大肠杆菌和隐孢子虫卵囊的多输移机制使得需要各种农业土地管理和家畜健康维护以控制病原体向岩溶地下水移动。

Laroche 等(2010)介绍了法国北部一个提供饮用水的农村岩溶系统的一些特别研究,对条件进行干扰,促进抗生素抗性粪便细菌的移动。为此,通过分析来自互联互通的 4 个代表性场点的水样(一条溪流、一个落水洞、一个泉水、一口水井),调查大肠杆菌群(436 个隔离种群)对 17 种抗生素的抗性。这些水样在 4 个反差很大的水文期和放牧期采集。本项研究显示,对多种抗生素有抗性的大肠杆菌(占总菌群的 23%)在降雨峰值时深入岩溶含水层,有些隔离种群对高达 8 种抗生素有抗性。没有检测到 intI1 基因。寻找研究期间隔离开来的抗性大肠杆菌的源头的结果显示既来源于动物,也来源于人类。作者得出这样的结论:基于农村岩溶地形地下水的饮用水水源很容易受到抗生素抗性细菌的污染。

尽管早期对岩溶环境下饮用水处理有些建议,但是有几种类型岩溶含水层和泉水确实不易受浑浊度增加及病原体造成的相关污染的影响。这包括由非碳酸盐沉淀物组成的厚低渗透覆盖的承压含水层,这里,涌泉和水井场远离含水层出露区和异体补水点。例如,ECkhardt (2012)认为,得克萨斯州的 Edwards 含水层起着大型沉淀池的作用。暴雨时,快速移动的地表水,挟带着大量浑浊的泥沙和废渣物,通过各种岩溶地貌特征,如图 10.10 所示大大小小通道,沉入地下。一旦这类补水抵达含水层的承压部分，流速就降下来了，其所挟带的泥沙和有机物质开始沉淀。Edwards 含水层的潜水员报告称，水下洞穴底部覆盖着一层厚厚的、很容易搅拌起来的淤泥，使平常清澈的水体变得异常浑浊。而通过含水层的自然澄清，来自含水层的涌泉总是清澈且无有害病原体。

图 10.10　左图：得克萨斯州 Seco 溪上的 Valdina 农场坑槽，洪水期间，接受含有泥沙的浑浊水。右图：在一个 145 ft 的垂直下降后，是一个水平向通道。当坑槽不活跃时，通道干燥

（Edwards 含水层管理局 Geary Schindel 拍摄）

10.2.3　农业污染物和硝酸盐

农业活动对地下水补水的进度和成分以及含水层水文化学有着直接和间接影响。这些直接影响包括过量农药、化肥和相关材料的溶解与输移，以及灌溉和排水方面的水文变化；间接影响包括土壤和含水层中由于溶解氧化物、质子及主要离子的浓度增加造成水岩反应发生变化。农业活动直接或间接影响了地下水中大量有机化学物的浓度，如 NO_3^-、N_2、Cl、SO_4^{2-}、H^+、P、C、K、Mg、Ca、Sr、Ba、Ra 和 As，以及各种各

样的农药和其他有机化合物(Bohlke,2002)。

潜在着污染地下水的农业实践有动物饲养场、化肥和农药应用、灌溉、农业化学设施、排水井等。水污染会由以下原因造成:常规应用、泄漏、农药和化肥在搬运与储存过程中的滥用、肥料储存和施用、化学品不当储存、作为进入地下水的直接通道的灌溉回水排水沟等。滥用和乱用化肥、农药的田间会将氮、农药、镉、氯、汞、砷和硒等引入地下水。美国环境保护署(2000)指出,有多个州报告农业实践持续成为地下水污染的主要污染源。

农药指的是所有杀灭害虫的化学品,包括杀虫剂、杀真菌剂和杀线虫剂,一般还包括杀草剂。重要的是,大量使用农药不仅限于农村农业地区,还常常用于城市及市郊草坪、公园和高尔夫球场。

畜牧业是多个州经济的一个重要组成部分。美国多州出现了将动物限制在一定区域进行放养,即集中动物饲养活动(CAFO),将动物、饲料、粪便和尿液、动物尸体和生产活动集中在一小片土地上。这种实践对水质和公共健康带来很多风险,主要因为产生了大量的动物粪便和废水。动物饲养场常常备有蓄水池,废物会从中渗透到地下水中。家畜废物是氮、细菌、总溶解固体和硫酸盐的一个重要来源。

美国多州的浅层非承压含水层和岩溶含水层已因使用化肥而受到污染。农作物施肥是最重要的农业实践,向环境贡献的硝酸盐被很多人认为是最普遍的地下水污染物。农药的使用和应用实践同样也引起了对水质的极大关注,特别是岩溶地区。农药输移到地下水的主要路径是通过包气带淋溶或漫溢或者通过各种岩溶地形如落水洞和坑槽等直接渗入地下水。一般在强降雨和施用农业后不久农药入渗最大。在敏感地区,地下水监测显示相当普遍地检测到农药,尤其是阿特拉津。

以下几个非点源地下水污染实例要求对监管和地方土地利用作出改变以将含水层恢复到其自然状态。英国环境署报告称,2004 年在英格兰和威尔士的地下水监测点中 1/4 以上发现有农药,有些超出了饮用水标准。阿特拉津是主要用来保护玉米农作物的一种除草剂,过去,阿特拉津被用来维护公路和铁路。在英国完全禁止使用阿特拉津(和西玛津,另外一种农药),当初计划在 2005 ~ 2007 年间分阶段执行,但是直到2012年4月才实施。该机构注意到，禁用农药在最后使用之后多年都将会是一个问题（英国环境署，2007）。法国、瑞典、挪威、丹麦、芬兰、德国、奥地利、斯洛文尼亚、意大利等其他几个欧洲国家已禁止使用阿特拉津。相反，美国环境保护署得出的结论是，在大约10 000个使用地表水的社区饮用水系统中阿特拉津所带来的风险并不高，因此没有禁用这种农药，使得其继续成为美国使用范围最广的农药。顺便说一句，正如美国环境保护署声明的那样，40 000个使用地下水的社区饮用水系统没有包含在相关研究中，而且在环境保护署允许继续使用阿特拉津的决策中没有提到私人供水井（美国环境保护署，2003a）。

英国环境署也报告称，2004年，近15%的英格兰监测点（不包括威尔士）的平均硝酸盐含量超过了饮用水硝酸盐含量上限50 mg/L（计较起来，地下水硝酸盐自然含量仅仅几毫克每升）。硝酸盐含量高的水必须进行处理或用清洁水进行稀释以降低浓度。地下水中2/3以上的硝酸盐来源于过去和现在的农业，大多数来自化肥和有机物质。估计应该每年超过1 000万t有机物质被施用在土地上。其中超过90%为动物粪肥，其余为经过处理的污泥、绿色堆肥、造纸污泥、工业有机废物等。其他主要硝酸盐来源为下水道、化粪池、水管渗漏及大气沉降。大气氮沉降对地下水中硝酸盐的贡献非常大（Papic等，1991）。在米德兰的一项研究表明，土壤淋滤的氮中大约15%来自大气。英国环境署估计，英格兰60%的地下水体和威尔士11%的水体由于硝酸盐含量高而处于不能实现欧盟水框架指令目标的风险（英国环境署，2007）。

20世纪90年代，肯塔基地质调查局就农业活动产生的非点源污染进行了一次例证研究（Currens，1999）。肯塔基州洛根县南部的普莱森特格罗夫泉流域由于大部分没有非农业污染源而被选为本次研究点。大约70%的流域面积为农作物生产，22%为牧场。该地区下覆岩溶地质，其地下水流被分成弥漫（慢）流态和导管（快）流态。在主要降雨过程中及之后，这两种流态对确定泉流中污染物最高值和最低值的时间有着重大影响。该流域中硝酸盐是分布最广、持续时间最长的污染物，但浓度平均在5.2 mg/L，一般不超过美国环境保护署设定的饮用水最大污染物水平10 mg/L。阿特拉津一直都被检测到，而其他农药偶尔也被检测到。在泉流峰值期间，三嗪（包括阿特拉津）和甲草胺的浓度超出了饮用水最大污染物水平，如图10.11所示。普莱森特格罗夫泉水样中三嗪、克百威、异丙甲草胺和甲草胺的最大浓度值分别为44.0 μg/L、7.4 μg/L、9.6 μg/L和6.1 μg/L。1992～1993年的水流加权平均浓度，阿特拉津当量三嗪为4.91 μg/L，而硝酸盐氮为5.0 μg/L。比较而言，欧盟饮用水中单个农药的最大允许浓度为0.1 μg/L，而所有农药组合的最大允许浓度为0.5 μg/L。

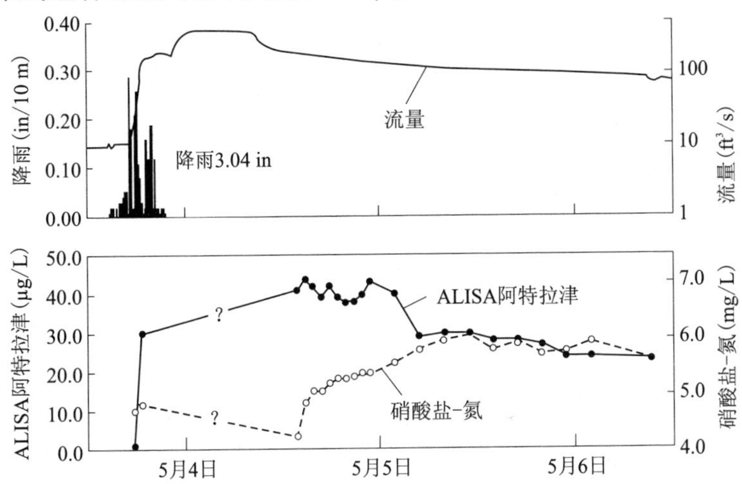

图10.11　Pleasant Grove泉1993年5月高水位流量期间的化学曲线图和流量过程线，阐明了到目前为止确定的最高三嗪浓度（Currens，1999）

细菌数总是超出饮用水标准，偶尔超出饮用水供水标准。全流域水样中，每100 mL粪便大肠杆菌菌落形成单位平均为465，而粪链球菌为1 891；最大细菌数分别为每100 mL 14 000和24 000菌落形成单位。细菌形态无法确定普莱森特格罗夫泉高细菌数的来源，但显示出细菌并非本地自然菌种。

流域的水文地质是污染物浓度时间变化的一个重要控制性影响因素。在快速水流导管区，其特点是低水流时硝酸盐和农药浓度中等，但在高水流时三嗪的浓度要高出很多，而硝酸盐的浓度却低很多。在弥漫（慢）流态，估计接近流域一半，排入导管流主导的地区。在弥漫流态区一直有着较高的硝酸盐浓度，但三嗪的浓度则较低且变幅不大。这个弥漫的、漫流区起着农业化学制品的储蓄池的作用，维持着导管流态区低水流时三嗪和硝酸盐的一个本底水平。高水流期间三嗪浓度要高出很多，而硝酸盐浓度得到了稀释。

Currens(1999)得出的结论是，取自地下水的市政和生活供水都会受到不利影响。BMP 在本流域的实施应重点放在控制动物排泄物，控制有着相关泥沙和农药流失的农田径流，使用更为有效的营养物施用方法。强力建议开展地下水保护教育计划。

Panno 和 Kelly(2004)报告了一项旨在估算一个农业为主的覆盖着的岩溶地形的地下水流域排出的泉水中硝酸盐(NO_3^-)和除草剂的荷载质量的调查。正常情况下荷载用于土地利用，对硝酸盐(NO_3^-)和除草剂流失与美国中西部其他农业区的估算流失进行了比较。研究区位于美国西南部伊利诺伊州落水洞平原，由两个大型岩溶泉组成，这两个岩溶泉为两个相邻地下水流域(总面积 37.7 km^2)的排水口。对这两个泉水及其形成的溪流进行监测已近两年。3 个监测点的硝酸盐氮($NO_3^- - N$)浓度几乎总在本底浓度(1.9 mg/L)之上。两个泉水的 $NO_3^- - N$ 浓度在 1.08 μg/L 到 6.08 μg/L 之间，中间浓度为 3.61 μg/L。阿特拉津和甲草胺浓度分别在 $<$ 0.01 μg/L 到 34 μg/L 和 $<$ 0.01 μg/L 到 0.98 μg/L 之间，中间浓度分别为 0.48 μg/L 和 0.12 μg/L(再次提请注意，这些浓度将构成很多欧洲国家的地下水污染，在欧洲，单种农药的饮用水标准为 0.1 μg/L)。

每年大约 100 000 kg $NO_3^- - N$、39 kg 阿特拉津和 2.8 kg 甲草胺被排放到这两个泉水中。稍高于背景源排放的NO_3^- 的一半，余下大多数可能来自化肥。这说明地下水盆地的氮肥流失了 21% ~31%。所施农药流失中，阿特拉津为 3.8% ~5.8%，甲草胺为 0.05% ~0.08%。悬浮固体吸收的阿特拉津流失约为每年 2 kg，仅约为泉水排出的阿特拉津总质量的 5%。

Peterson 等(2002)描述了一个定量方法，用来监测硝酸盐在岩溶泉盆地中的移动。该项研究沿着水流路径跟踪硝酸盐，从化肥之类的施用，通过土壤基质进入基岩，最终从泉水排放出来。根据对土壤芯样和泉水水样的分析数据,计算得出在一年时间里,在一个集水面积43.85 km^2 的一个泉水以氮的形式排出了22 000 kg的硝酸盐。本书作者的结论是在施用动物排泄物作为肥料之后,硝酸盐首先作为基质中的活塞流通过土壤淋滤,除非遇到大孔隙。从施加化肥的田间收集的土芯显示硝酸盐通过淤泥和黏土壤土移动的速度为65 cm/a。土芯还揭示存在着硝酸盐顶值,深度与化肥施加时间相关。土壤取样和泉水监测暗示土壤为硝酸盐的存储库。土壤中NO_3^- – N浓度在每千克土壤0.012 ~0.036 mg,相对于每升水11 ~106 mg NO_3^- – N。在到达基岩面后,硝酸盐进入含水层裂隙和溶液扩大的节理中,最后从泉水中排出。泉水流量数据显示,在低基流条件下,74%的硝酸盐通过泉水从盆地中排出,余下的26%,由于暴雨脉冲产生的快速流量而排出。在降雨过程中,坡面流和径流首先通过土壤中的大孔隙移动,主要挟带着地表产生的硝酸盐同时带走少量土壤硝酸盐。

需要特别关注的是,有关饮用水多重农业污染物的影响及风险的相关研究并非现在进行的,而是有一段时间了。例如,威斯康星大学麦迪逊分校开展的一项研究中,研究人员注意到,农药和化肥的普通混合物在当前测得的地下水浓度能产生生物影响。具体说,农业区地下水中检测到的最常见的污染物,甲草胺、阿特拉津和硝酸盐的组合,能影响到免疫和内分泌系统及神经健康。观测到学习能力方面的变化及侵犯模式的变化。当某一农药与硝酸盐化肥组合时影响最为显著。研究显示,儿童和发育中的胎儿风险最大(Porter等,1999;美国环境保护署,2000)。

饮用水中摄入过多硝酸盐会引发高铁血红蛋白血症或"蓝婴综合征",这是卫生条件差,如污水污染或者容器脏(Buss等,2005)时特别容易发生的一种急性效应。如果不进行处理,高铁血红蛋白血症对受影响儿童会是致命的。世界卫生组织(WHO)和欧盟对饮用水中的硝酸盐设定了标准,即11.3 mg/L,以氮的形式(mgN/L)测量,相当于50 gmNO_3/L。美国、加拿大和澳大利亚为10 mgN/L。

10.2.4　有机合成化学品(SOC)

SOC为人为化合物,被用于多种工业和农业目的,包括有机农药。

SOC 可分成两组:挥发性(VOC)化合物和非挥发性(半挥发性)化合物。

挥发性有机化合物(VOC)为合成化学品,用于多种工业和制造目的。最常见的 VOC 为脱脂剂和溶剂,如苯、甲苯、TCE;绝缘体和导体,如多氯联苯(PCB);干洗剂,如四氯乙烯(PCE);汽油化合物等。VOC 潜在着造成染色体畸变、癌症、神经系统紊乱及肝肾损害(美国环境保护署,2003a,2003b)等风险。

在美国地质调查局开展的一次研究中,在美国 12 个碳酸盐含水层 1993 ~2005 年间从水井和泉水中取样;1 042 个水样的水质结果被用来评估地下水水质的影响因素。这些含水层代表了各种气候、土地利用类型、受限程度,以及用来比较和评估这些影响因素对水质的影响情况的其他特征。同时还查明了各含水层之间的相同和差异。水样分析了主要离子、氡、营养物、47 种农药和 54 种挥发性有机化合物。在 12 个接受评估的碳酸盐含水层或含水层系统中,共有 7 个含水层或含水层系统超过 20% 的水样中每个水样含有 1 种或多种 VOC。在 0.2 μg/L 这个评估水平,在受限区和非受限区,水样检测到 1 种或多种的比例相似,分别为 19% 和 22% 。

在接近 70% 水样中,采用低水平分析方法进行分析的水样检测到 1 种或多种 VOC 的调研成果表明,受限区和非受限区碳酸盐含水层两者对 VOC 污染物影响的脆弱性(Lindsey 等,2009)。

为操作方便,半挥发性有机化合物(SVOC)定义为可提取溶剂的有机化合物,可由气体色谱分析法/质谱法(GC/MS)确定。包括多环芳香烃(PAH)、氮杂芳烃、氮化化合物、苯酚、邻苯二甲酸、奎宁等。这些 SVOC 有许多因为其毒性及与工业活动和过程相关联而被 USEPA 指定为优先级污染物。优先级污染物 SVOC 包括在塑料中使用的邻苯二甲酸、用作消毒剂和在制造化学品中使用的苯酚、PAH 等。

PAH 和氮杂芳烃含有有机物(木材和化石燃料,如汽油、石油、煤)在不完全燃烧过程中形成的稠合碳环。氮杂芳烃与 PAH 不同之处在于有一个替换稠合环结构的碳的氢原子。因为化石燃料燃烧是氮杂芳烃和 PAH 的主要根源,因此氮杂芳烃可能在受影响土壤和河床泥沙样本中发生。然而,PAH 另外的根源还包括自然和人为使用未燃烧煤、石油,以及在染料和塑料工业中使用PAH(诺威尔和卡贝尔,2003;卢普斯和费龙,2001)。大多数SVOC具有中度到强度疏水性(即它们具有较低水溶性和较高辛醇与水的分离系数)。结果,它们可能附于土壤和泥沙而与水中的有机物分离。

饮用水消毒是20世纪公共健康方面的一大进步。消毒是减少19世纪和20世纪初在美国和欧洲城市流行的伤寒症和霍乱传染病的一个主要要素。虽然消毒在控制很多微生物上很有效,但是,有些消毒剂(特别是氯)在源水和供水管道系统中与自然有机和无机物发生反应,形成消毒副产品,这些副产品几乎都是有机化学品(铬酸盐和溴酸盐是值得注意的例外情况)。大部分美国人口通过其饮用水潜在接触消毒副产品。在美国超过2.4亿人使用公共供水系统,使用消毒剂防止微生物污染。毒性研究结果显示,有几种消毒副产品(如溴二氯甲烷、三溴甲烷、三氯甲烷、二氯乙酸、溴酸盐等)在实验室动物身上产生毒性。其他消毒副产品(如氯酸盐、溴二氯甲烷及一些卤乙酸)也显示出在实验室动物身上会产生繁殖或发育影响。在消毒副产品上进行的流行病学和毒性学研究也显示,这些物质会在不同繁殖和发育毒性上产生各种不良影响:早期流产、死胎、胎儿体重不足、早产儿、先天性缺陷等(美国环境保护署,2003b)。当研究使用处理过的废水人为补充含水层的潜在可能性时,消毒副产品引起特别关注。

- 非水相液体

非水相液体(NAPL)为烃,当与水和/或空气接触时,以单独的、不溶混相方式存在。水和NAPL在物理、化学特性上的不同造成在液体之间形成一个物理界面,防止两种液体混合。NAPL通常划分为轻非水相液体(LNAPL)或密非水相液体(DNAPL),前者密度小于水,后者密度大于水。区分自由相时的实际NAPL和水中相同名字的化学品非常重要。例如,大多数普通有机污染物如PCE、TCE和苯,能以自由相NAPL和溶于渗透水的方式进入地下。然而,自由相NAPL和溶于地下水中的同名化学品的输移与去向有很大的不同(Kresic,2009)。

LNAPL在各种场点影响着地下水质。最为普遍的污染问题源自石油产品的释放。加油站和其他设施的地下储油罐(UST)泄漏可以说是发达国家地下水最普遍的点源污染(见图10.7)。汽油产品为典型的多组分有机混合物,由不同水溶性化学品组成。有些汽油添加剂(如MTBE和酒精如乙醇)有很高的水溶性。其他组分(如BTEX,包括苯、甲苯、乙苯和二甲苯)微溶于水。

DNAPL主要类型为卤化溶剂、煤焦油、基于防腐油的木材处理油、PCB和杀虫剂等。由于广泛的生产、运输、使用和处置活动,特别是20世纪40年代以来,在北美和欧洲有无数DNAPL污染点。由于其毒性、有限的水溶性(但比饮用水限制要高得多)和在土壤气体、地下水和/或作为一种单独相巨大的潜在迁移性,在很多场点地下水受一些DNAPL化学品长期严重污染的可能性很高。DNAPL化学品,特别是氯化溶剂,是在地下水供水中和在废物处理点查明的最常见的地下水污染物。

煤焦油和防腐油为非常复杂的DNAPL混合物,通过煤在炼焦炉和蒸馏器中进行干馏而成。从历史上讲,煤焦油在煤焦油蒸馏厂生产,是人造煤气厂和钢铁工业炼焦的一种副产品。防腐油混合品被用来单独处理木材或者用煤焦油、石油或者五氯酚(使用受限)进行稀释。除了保护木材,煤焦油还用于公路、屋顶和防水。煤焦油还大量用作燃料(Cohen和Mercer,1993)。

PCB为极其稳定、不燃烧、紧密的黏性液体,在联苯(双苯环)分子中用氯原子替换氢原子而形成。PCB在美国已经不再生产且现在对其使用有非常严格的规定。过去,PCB用于充油开关、电磁体、电压调节器、热转换媒介、阻燃剂、液压油、润滑剂、塑化剂、无碳复印纸、除尘剂和其他产品。使用前PCB常常先与载液进行混合。由于过去大量持续地使用,在环境中常常能检测到低浓度的PCB。在以前生产过、制造过程中使用过、储存过、再加工过和/或大量处置过PCB的场点,DNAPL迁移的可能性最大(Cohen和Mercer,1993)。

- 医药和个人护理产品

随着分析方法的发展,这些方法能检测万亿分之几(ng/L)或更低的浓度,就在近几年在供水中出现了数目众多的化学品。某些医药活性化合物(如咖啡因、阿司匹林、尼古丁),被人们所知在环境中存在了

20 多年，现在又加入了一大群化学品，统称为 PPCP。尽管水处理和污水处理业更倾向于使用微量成分一词，但是这种称呼在实践中作为新出现污染物的同义词似乎流行开来了。

PPCP 为一个有着很多分支的化学品群组，包括所有人类和兽医药品（处方药或非处方药，包括新型“生物制品”）、诊断试剂（如 X 射线照影）；保健食品（生物活性食品添加剂，如石杉碱甲）；其他消费化学品，如香水（麝香）和防晒产品（甲基苄基樟脑）；还包括 PPCP 制造和形成中使用的所谓的“惰性”成分“赋型剂”。纳米材料是新出现的一微量成分子群，被很多人认为是下一个工业奇迹。它们已经出现在美容化妆品、防晒霜、防皱衣服、食品等。由于微小，纳米材料在检测和处理方面提出了挑战。也由于它们微小，它们能进入所有人体器官包括大脑，但是对于它们在环境中的归属和输移知之甚少。

为人所知的仅有 PPCP 一个子集，如合成类固醇，为直接作用的内分泌破坏者。然而，对于长期接触低浓度 PPCP 和它们的降解产品会单独或联合产生什么影响知之甚少。

PPCP 在环境中的广泛使用是人类和动物不可避免的、集体性排放的结果。一些药品在被人类和动物消耗后没有完全代谢，以它们的原始形式被排泄出来，而其他的被转化成不同化合物（共轭体）。家庭污水为主要 PPCP 源，而 CAFO 为主要抗生素源且可能是类固醇源（Daughton，2007）。

游离排泄药物和衍生物能避开市政污水处理设施的降解，这些处理设施的去污效率是药品结构和所用处理技术的一个函数。有些共轭体在处理过程中也能水解返回到游离母体药物。在经过废水处理厂后，PPCP 和它们的降解产品被排放到地下水接收水体并能进入地下水，包括通过含水层人工补水。它们在水生环境中出现的范围、规模和分裂生殖目前知之甚少（Daughton，2007）。PPCP 释放到环境很可能还在继续，因为人口增长和老龄化，医药业配制新的处方和非处方药品并推广应用，产生了更多的废水，进入水文循环，会对地下水资源产生影响（Masters 等，2004）。

Einsiedl 等（2010）报告了一脆弱岩溶地下水系中出现了两种医

药:布洛芬和双氯芬酸。通过采集地下水 27 年的^3H 水样并实施示踪试验确定了岩溶系统的水文地质特征。采用数学模型对同位素和示踪数据进行诠释来估算水的平均输移时间并描述地下水系的水文地质流径特性。通过这种方法,确定了裂隙孔隙岩溶含水层 4.6 年平均^3H 输移时间,而导管系统中的快速水流显示了以天为单位的平均输移时间。沿落水洞和小溪流渗透进入岩溶系统的医药品在废水处理厂出水中检测到浓度高达 1 μg/L 左右。在 4 个流入 Altmuhl 河和 Anlauter 河的岩溶地下水泉水中的大多数水样中出现了双氯芬酸,浓度在 3.6 ~ 15.4 μg/L。相反,地下水中很少检测到布洛芬。作者得出的结论是,本次研究的结果暗示这两种医药都进入了岩溶系统的破裂系统并储存起来。同时还认为,稀释过程是控制破裂系统中这两种医药浓度的主要手段,而生物降解的作用可能要小得多。

前面提到,像其他合成化合物一样,很多 PPCP 都是内分泌系统干扰者。这个单子很长,随着新的研究结果的出现,这个单子还在稳定增长。内分泌系统干扰者包括多种类化学品,如自然和人造荷尔蒙,杀虫剂,以及用在塑料业和消费产品中的化合物。内分泌系统干扰者通常属弥漫式,分散在环境(包括地下水)中。以下是主要合成化学品其中的几种:持续性有机卤素(1,2 - 二溴乙烷,二噁英和呋喃,PBB,PCB,五录苯酚),食品抗氧化剂(BHA),杀虫剂(主要包括甲草胺、艾氏剂、阿特拉津、氯丹、DDT、狄氏剂、七氯、林丹、灭蚊灵、代森锌、复美欣等),以及邻苯二甲酸酯。砷、钙、铅、汞等重金属除了其毒性,也属于内分泌系统干扰者。一般来说,内分泌干扰化合物相关的健康影响包括多种生殖问题(生育率下降,男性女性生殖道畸形,男性/女性性别比例扭曲,胎儿损失,月经问题),荷尔蒙水平发生变化,性早熟,大脑和行为问题,免疫功能受损,以及各种癌症等(维基百科,2007)。

Colborn 等(1997)《我们被偷走的未来》一书,对出生和发育控制,特别是胎儿阶段的荷尔蒙信息产生干扰的某些合成化学物的各种机制进行了深入分析。相关网址(http/: www. ourstolenfuture. org/NewScience/newscience. htm)讨论了低剂量内分泌干扰者影响方面的科学发现,强调,有关干扰内分泌的化合物的最新研究揭示出这些化合物从传统毒性方面比想象要明显低很多的水平上产生影响。该网址还包括多个近期研究实例,可参考详细内容。

10.3　脆弱性及风险图

地下水资源水质保护的两个补充方法分别为保护现有供水水源,如水井和泉水,以及为当今用户和将来用户整体保护水资源。在不同国家和同一国家不同地区(比如美国),可能将重点放在其中一种方法或两种方法之上,取决于资源开发现状,占主导地位的水文地质条件,以及占主导地位的政治环境。以水源为导向的方法基于水源保护区的区域划分。这些区域的划分是为了设定地下水质监测优先次序,工业的环境审计,确定历史污染土地清理的优先安排,以及确定区域内风险可接受的土地利用活动。这种方法最适合于仅通过少量高产市政水井开采、取水量稳定的相对均衡的松散含水层。在有着大量地方地下水提取中心且数目还在增长(包括家庭用户)的地方,这种方法并非那么易于应用(Foster 等,2002 ~2005)。以资源为中心的战略应用范围更广,因为其目标在于对整个地下水资源及所有地下水用户进行保护。这需要在广大地区开展含水层污染脆弱性测绘,包括一个或多个含水层。这种测绘后一般将对潜在或现有污染物、各种土地利用活动相关危害和风险,至少是较为脆弱地区的相关活动危害和风险进行调查,编制清单。

地下水脆弱性的基本概念是,某些地区比其他地区更容易受到污染的影响。绘制脆弱性图的目的是将一个地区细分成几个脆弱性程度不同的更小地区(Goldscheider,2002)。Vrba 和 Zaporazec(1994)重点说明地下水的脆弱性是一个相对的、不可量测的、无量纲特性,能区别内在(自然)和特定脆弱性。内在脆弱性仅仅取决于一个地区的自然特性,如孔隙媒介的特征及补水等,独立于任何特定污染物之外。特定脆弱性考虑了污染物的输移和归宿特性。简言之,这意味着,比如说一个含水层可能容易受到氯化溶液在地面不恰当的处置或漫溢的影响,即便地下水流方向和存在着低渗透上覆弱透水层在发生硝酸盐非点源污染时可能有足够的保护作用。另外一个例子是干旱地区的一个很厚的未饱和区(>300 ft)或许能很好地保护下覆非承压含水层,仅仅因为现今意义不大的含水层补水,这种补水无法使污染物更方便地通过该厚层包气带下行到地下水面。然而,如果有在水塘处置废物这样的土地利用活动,会方便污染物迁移,那么这些含水层就被认为具有脆弱性。

尽管大多数定义和地下水脆弱性测绘方法只考虑污染方面,但也有地下水保护和脆弱性的定量内容,如过量勘探和含水层开采(Vrba和Zaporazec,1994)。那些描绘依赖于时间的可用于开采的地下水的数量和相关回落发展(水位下降)的地图是非可再生地下水资源及其他承受压力的含水层系统进行地下水管理的一个非常有用的工具。

尽管脆弱性图和水源保护区图联系非常密切,他们通常规模不同,目标不同。井口(泉源)保护区(下节详细说明)是指其地下水位(非承压含水层顶部)任一给定位置与地下水取水点(如水井)之间有着完整通道的区域。一般来说,该区域通常由所有水颗粒被提取(即被水井捕获)所需时长来定义。在非岩溶环境中,这类区域通常包括5年或10年捕获区。相反,地下水脆弱性(这是一种定量概念)需要一种模糊表述的概率,即地面某一理论污染或多或少可能达到地下水位。某些情况下,水资源和水源保护的目的通过绘制一张图,或多张叠加图来一并展示出来,可用来说明一个区域的总体脆弱性和用于地下水供水的井口保护区的脆弱性。

当脆弱性图包括潜在污染源及其相关污染物,而且可能根据其对地下水资源(供水)造成危害程度进行了等级划分时,被称为地下水污染危害或风险图。危害可归入几个类别,如基础设施开发、工农业活动等。通常用一种危害指标进行评价,该指标考虑了对地下水造成某一危害的危害性,发生事故时释放的相关物质的量,以及某一污染物释放发生的概率。当危险隐患(大量有害物质释放的高概率)位于高度脆弱区时会出现最高风险。风险图显示的是需要做出工程、立法(政治)或者管理响应的区域(Drew和Hotzl,1999b)。

然而,值得注意的是,以上描述的地下水污染脆弱性、危害和风险概念没有一个是针对任何一个特定污染物在地面释放点与受体(水井或泉水)之间的三维可能通道及其传播时间问题。请注意,这个通道必须包括包气带,因为有些情况下释放到地下的污染物由于包气带中各种衰减机制可能永远都到达不了地下水位。正因如此,作者对地下水脆弱性的纯粹描述性(定性)定义提出批评,它没有从物理学的角度进行定量定义,可能成为造成误解的根源。Andersen 和 Gosk(1989)指出,创建一个"普遍性"的脆弱性图,以比较的方式表达一个区域的永久保护特征是不可能的。他们强调,脆弱性图不能在同一时间应用于保守性污染物和活性污染物,不能同时应用于污染物瞬时释放和长期释放,不能同时应用于点源污染和面源污染情形。他们最后得出的结论是脆弱性图仅应针对明确定义的特定情形而编制。作者完全同意他们的立场,特别是应用于岩溶环境的情况。

Godscheider(2002)认为,脆弱性概念进行了描述性和概括性定义,缺乏物理方面的精确性被当作一种优点或一种缺点来考虑的话,是值得商榷的。描述性定义的优点是,脆弱性这个词常常被直觉性理解,尤其是规划过程中的决策者们这样理解(Hotzl 等,1995)。用不同颜色区域代表不同脆弱性程度(或自然保护)的脆弱性图很容易进行诠释,可作为土地利用规划、保护分区与定性风险评估的一种实用和适用的工具。对于纯粹描述性定义来说,这些同时也是缺点。一种没有从物理学上进行精确定义的性质,不能明白地从可量测的物理量中导出。因此,每一种脆弱性测绘办法都基于绘图人的个人观点和经验,因而主观性很强(Godscheider,2002)。对不同脆弱性方法或地图进行比较以确定哪种最好很困难。如果在一个区域对不同方法进行测试,所产生的地图总是不同,有时相互矛盾(Gogu,2000)。缺乏物理定义的另外一个重要后果是,很难验证(证实或否定)脆弱性评估或绘图(Broyere 等,2001)。作者建议,在进行脆弱性评估时必须回答下面三个实际问题:如果发生污染,①它会何时到达目标;②何种浓度水平?③目标在多长时间会被污染?然而,这三个问题与某一特定供水水源(目标)(比如说供水水井或泉水)的保护或脆弱性的相关度比起与地下水资源整体保护的相关度更高。

在地下水脆弱性定性测绘的各种方法之中，所谓的指数（或参数）法最为常见（见图 10.12）。例如，Magiera（2000）数出了 34 种不同方法，本文作者还能加上几种，包括有着令人惊叹缩写 GOD 的一种方法（G 为地下水水力约束，O 为上覆层，D 为到地下水位或走向的深度；见 Foster 等，2002 ~ 2005）。然而，不同指数法的总体程序相同。第一步是选择系数（参数），假定对脆弱性意义很大。每个参数有一个自然范围，细分为离散区间，每个区间被赋值，反映其对污染的相对敏感度。一个区域的脆弱性通过使用一种率定（指标）系统将不同系数的数值结合起来而确定。

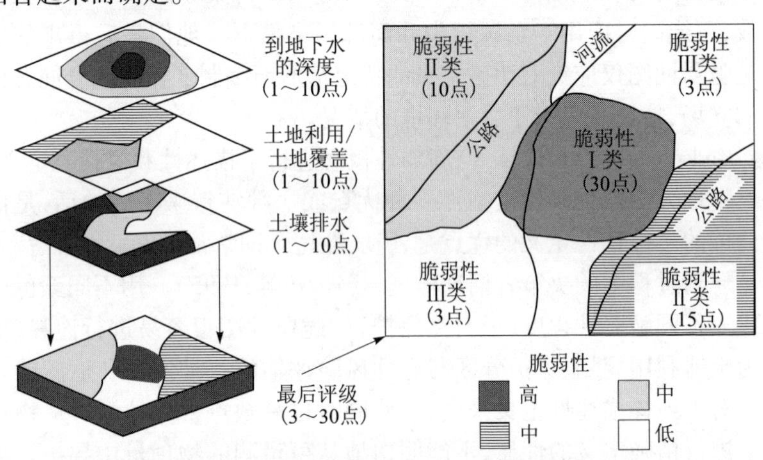

图 10.12 地下水脆弱性指数概图。有些指数根据定量数据而定，但单个及最后评级却有着很大的主观性

（根据 Focazio 等，2002 修改）

使用最广的指数法为 DRASTIC，它以考虑的 7 个系数命名：D（到达水的深度），R（补水），A（含水层媒介），S（土壤媒介），T（地形地貌），I（包气带影响），C（含水层渗透系数）（Aller 等，1985）。这 7 个系数被并入到一个相关排名方案，使用参数量和权重组合产生一个数值，称为 DRASTIC 指数。每个参数在 1 ~ 10 之间排序，排序采用一赋值权重（范围在 1 ~ 5 之间）相乘。加权排序相加，对特定水文地质单位给出一个分数，分数越高表明对污染的脆弱性越大。DRASTIC 法一直被用来为美国各地及全世界绘制地下水脆弱性图。然而,这种方法的有效性由于其主观性而成败参半,因为这些图没有使用任何量测污染物浓度或具体污染物进行校验(美国环境保护署,1993;Rupert,1999,2001)。DRASTIC 法不考虑破裂岩石和岩溶地下水系统的独有特性,因此不应用于岩溶地区脆弱性测绘的目的。

岩溶系统的以下特点在地下水脆弱性方面意义重大,因此当尝试创建脆弱性图时应加以考虑(根据 Kresic 等,1992;Hötzl,1996;Leibundgut,1998;Trimmel,1998;Drew 和 Hotzl,1999b;Goldscheider,2002;Zwahlen,2004;Kresic,2007a,2007b 进行编制修改):

• 每个岩溶系统都有其各自的特点,任何将其进行一般化处理都是有问题的;对岩溶系统进行详细的水文地质调查对任何脆弱性测绘方法来说都是不可替代的。

• 岩溶系统高度混杂而且各向异性。对现场数据的内推和外推都是有问题的,岩溶地区脆弱性图的可靠性要比其他地区的可靠性要低出很多。

• 岩溶含水层通过弥漫式浸润和通过落水坑及落水洞(地表河流中的浅坑)集中点式进行补水。

• 岩溶含水层之上的上覆层,如表土、残渣(风化层),以及其他未固结泥沙如河流沉积,根据其厚度可提供有限的保护;然而,这些地方之上与落水坑或落水洞相交的地表径流会加大含水层的脆弱性。除此之外,地表下及表层碎屑沉积中看不见的容易坍塌的落水洞的存在增加了脆弱性。

• 表层岩溶带出现时,应予以考虑。在某些环境下,表层岩溶的主要功能是储存水和集中水流。表层岩溶的结构及水文功能很难评估,各地差异很大。表层岩溶本身无论如何也不能当作岩溶的一部分保护而加以考虑。

• 岩溶含水层由于岩石基质中出现粒间孔隙和微裂隙,以及断裂和溶蚀孔隙(导管)而具有双重或三重孔隙度特征。地下水在孔隙和裂隙中存储起来,而导管负责排出。结果,在岩溶系统中存在着非常快和非常慢两种水流。污染物可快速输送和/或存储,也可非常慢地经过很长一段时间输送。

- 岩溶系统常常具有对水文事件非常快速和强有力的水力学反应的特点。含水层镇南关水头的时间变化通常能达到数十英尺,有时候还会更多。在很多岩溶系统中,地下水位不连续,很难确定。

- 岩溶排水地区通常特别大并水力学上长距离地联通。通常很难确定分水岭,并根据季节性水文条件随时间发生着变化。岩溶泉水的排水区常常交叠,通过示踪试验证实水流通道常常相互交叉。

- 在同一碳酸盐含水层岩溶化程度较小,较大部分之间可能有过渡带,而这些过渡带很难定义。

- 在一个地区也许有多种水力学连接的含水层,如某一岩溶含水层上覆或与之侧向连接的颗粒含水层。

所预期的欧盟地下水保护规定(欧洲议会和欧盟理事会,2006),特别是在这些规定生效之后,对岩溶环境所提出的各种指标法有着惊人的增长。有时候看起来好像欧洲的学术研究人员在参数、子参数、子子参数,以及缩写的数目和相对(定量)意义上意见不一。首先提出的脆弱性测绘定性方法中,适用于高山岩溶环境的是 EPIK(Doerfliger, 1996;Doerfliger 和 Zwahlen,1998)。下面简单介绍一下为欧洲各种岩溶环境开发的 COST 620,供大家参考。

COST(欧洲科学技术研究合作)动议 620 号将多国多学科(包括水文地质、岩溶地貌、环境化学、微生物等)专家召集在一起,以建立一种为岩溶环境绘制内在和特定脆弱性图的方法论。Zwahlen(2004)的详细解释是,针对脆弱性、灾害和风险测绘的 COST 620 方法,基于原产地 - 路径 - 目标模型,应用于地下水资源和水源保护。"原产地"用来描述潜在污染物释放的位置。"目标"为必须予以保护的水。对于资源保护来说,目标是地下水面;而对于水源保护,目标就是水井和泉水中的水。"路径"包括原产地和目标之间的一切。对于资源保护来说,路径包括保护罩内主要垂直通道;而对于水源保护,它还包括含水层水平流。

COST 620 的主要任务是开发一个一般性、非规定性内在脆弱性测绘方法,能修改成可适用于欧洲各岩溶地区的各种方法。欧洲岩溶包括高山和低地，地中海和大陆，各国岩溶地下水的管理也各不相同。因此，这种方法的基本属性必须具有灵活性（Zwahlen，2004）。

欧洲方法在评估内在脆弱性时使用4个系数（见图10.13）：覆盖层（*O*），水流浓度（*C*），降雨时段（*P*），岩溶网发育（*K*）。系数*O*、*C*、*K*代表系统的内部特征，而*P*为施加在系统的外部压力。系数*O*可包含高达4层——土壤、表土、非岩溶岩、非饱和岩溶岩。系数*C*确认岩溶地区径流可能会绕过上覆保护层，这些径流在地表或者附近聚集，之后通过天坑（落水洞）或河流潭穴进入地下水系统。对于资源型脆弱性测绘，其目标为饱和区顶部，应考虑系数*O*、*C*和*P*，而水源脆弱性测绘，其目标为钻孔或泉水等岩溶供水，还需要考虑系数*K*（Zwahlen，2004）。

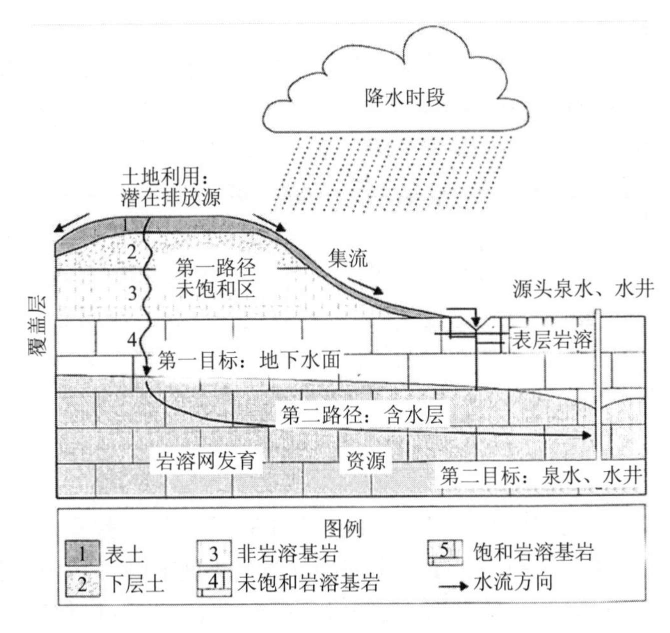

图10.13　COST 620或欧洲地下水脆弱性测绘方法基于源头－路径－目标概念模型。脆弱性评估的主要要素为：*P*降水时段，*O*覆盖层，*C*横向水流浓度，*K*岩溶网发育（Zwahlen，2004）

COST 620 没有规定应如何测量这些分量系数,或如何进行分类,或如何建立脆弱性率定,因此它不是一种方法论。其最后的目的是,这种做法尽管对岩溶很敏感,也不应完全以岩溶为中心到不能用于其他地下水环境的程度。正如 Zwahlan 所述,P 和 O 系数在脆弱性评估上有着普遍适用性,而 C 和 K 系数与岩溶含水层系统的特定特征相关,从这点上看,该目的已经实现。值得注意的是,地下水内在脆弱性评估仅仅说明系统的水文地质特征,但是,从定义上讲,它独立于具体污染物特性之外。然而,每种污染物或者污染物组在不同地层表现有所不同。这些污染物由于其自身物理和化学特性,其在地下输送过程中会受到阻滞或降解。根据各层的不同特征,在排序时导管被排除在外:“当然,传导性好的排水通道中的水流,由于其通常在地层中的停留时间不够,因而仅仅微微参与了衰减过程”,Zwahlan(2004)如是说。

总之,岩溶地区的定量脆弱性图(水源或水资源,内在性或特定性)显示出不同地区对人类活动产生的地下水污染的相对敏感性。这些脆弱性图,如果对决策者澄清并充分阐明了这个概念的局限性,就可用作土地利用规划和地下水管理。在制作这类地图时目标要明确、具体,要作为一个整体保护计划不可或缺的部分而不是一个独立单元。当签发具体环境和土地利用许可时,岩溶脆弱性图不可用来替代综合性水文地质测绘和现场查勘,包括必要且适用时进行染料跟踪。这是因为脆弱性图所固有的常用条件,如“较不敏感”、“较为敏感”和“有点敏感”,没有定量风险,因此对于管理者和监管人来说没有意义。

水源保护区描述

在美国,美国地质调查局等政府机构在 20 世纪初就开始对市民、农村房主和农民进行地下水污染问题教育。下面 Fuller(1910)的节选和图 10.14和图 10.15 描述的这些努力可被看成是水源区保护概念的早期例子。

远离城镇和人口聚集区的农场似乎几乎处于非常理想的位置获取纯净批发水。然而,实际上,水污染极为常见(见图 10.14),而且伤寒病率通常是乡村大于城镇。伤寒病现在几乎是全球公认仅只通过饮水

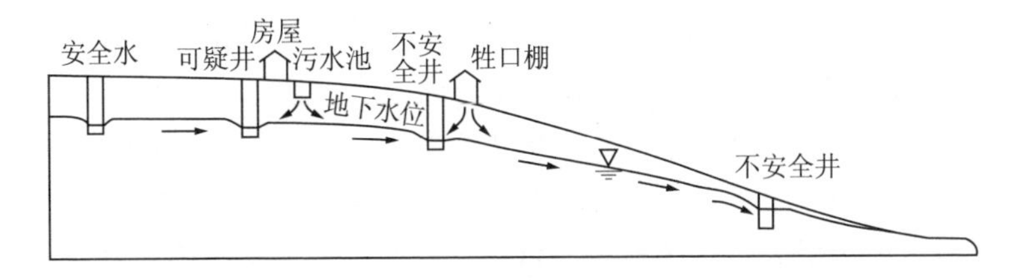

图10.14　农场水井普通位置示意图(Fuller,1910)

图10.15　城市街道中心的泉水(Fuller,1910)

或食物摄入进行传播,而且特别容易受从靠近伤寒病人是浅井获取的污染水的感染,这些伤寒病人将废弃物丢弃在地面,结果进入土壤进而进入水井,这无疑是农村地区常见这种疾病的主要原因。

本书图3.15中图版X,A展示了一例由于一种更为恶心的垃圾造成的危险。在一条游客较多的街道中央,仅高出充满废纸和废弃物的排水沟几英寸,无论何时下一场雨都定会从其某部分进入;敞露着,雨水冲洗街道将街道上路人脚步带来的脏物从其石级冲入其中;各种多少有点脏的水桶和器皿进进出出;接收者地下排水同时推定坡上建筑物或多或少排出的污水;以及容纳其底部几英寸的腐烂纸张和其他废物,这个泉水基本上是美国最糟糕、最危险的饮用水源之一。

美国环境保护署Kraemer等(2005)认为,水源保护的主要步骤牵涉对进入水井、井场或泉水的水进行评估，对本地区内潜在污染源进行调查，对水源对这些污染物的敏感性评价。这包括污染物排放的可能性和通过土壤与含水层进入井网的可能性。水源区管理社区负责对井口保护区命名。美国环境保护署指出，井口(水源)保护区的划定常常是在对水文地质和污染物输移的科技理解与从公共安全考虑方面的现实实施之间找平衡(Kraemer 等,2005)。

为了支持州的井口保护计划(WHPP)和美国公共供水水井的源水保护规划(SWAP)，美国环境保护署努力为捕获区划定和保护区测绘提供便利，发布了一个升级版本的 WhAEM2000，这是一个公共领域、开放的通用源地下水流模拟程序。WhAEM2000 是一种分析元模型，限于稳态和二元流条件，包括模拟水流边界条件(河流、补水、无水流接触)的影响的各种方案(Kraemer 等,2005)。图 10.16 说明了一井口保护区采用美国环境保护署指南所描述的几种方法划定井口保护区的相关的模棱两可的解释。可以看出，四个区域的形状有很大区别，反映出严重不同的假设，根据美国环境保护署指南，所有这些假设都是有效假设。在全部 4 个实例中，在一条较大的永久河附近的同一口井，以一不变(稳态)取水速率，从一个非承压含水层抽水，在此含水层，假定地下水流为水平向，且区域水力学坡降从东南向西北(朝河流方向)。最为重要的是，这些方法及计算机程序本身一点也不适合于岩溶环境。因此，应不惜代价且无论何种目的都要避免在岩溶环境中使用这些方法。

不幸的是，美国大多数州面临着为成千上万公共饮用水供水系统在仅仅几年的时间内制订井口保护计划的任务。按照 Kraemer 等(2005)的说法，从时间和成本两方面看，对每个单一饮用水井(或井场)进行大规模模拟是不可能的。“美国环境保护署从一开始就认识到了这个现实，提出了一系列简化的捕获区划分方法以便于每个井口保护计划的及时实施”。

结果是，很有可能许多公共供水系统划分了井口保护区，这些保护区的划分不是基于任何水文地质现实，不仅仅是岩溶含水层的情况，可能根本就没有保护它们，因此产生了一种错误安全感。在美国，大多数供水人口少于 3 300 人的社区供水系统使用地下水，而很多更大系统

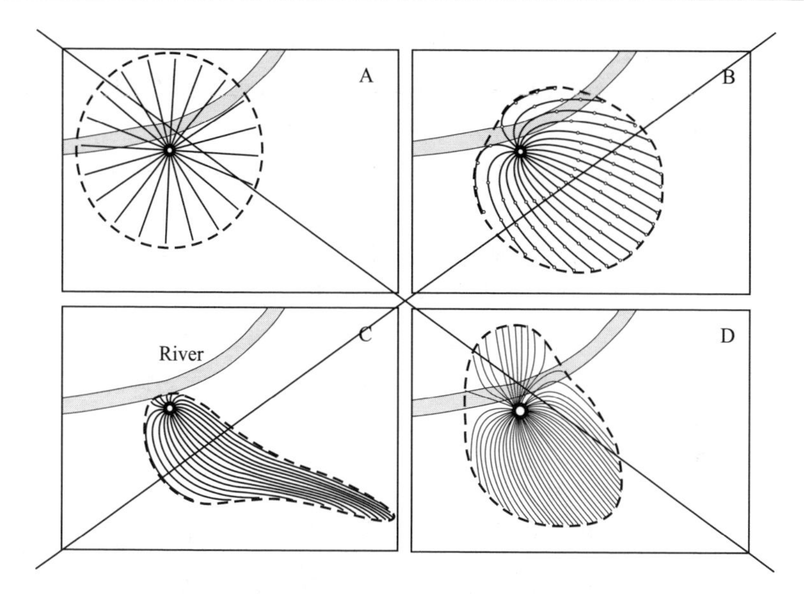

图 10.16　一条永久河流附近一口井的 5 年捕获区，采用 WhAEM2000 计算机程序中的不同方案描绘。地下水整体水流方向是从东南朝向河流。(A)固定半径容量法。(B)均匀流场法；小圆圈对应 1 年间隔。(C)考虑了水文边界条件(未显示)描绘的区域。(D)考虑了河床泥沙可能阻力描绘的区域(根据 Kraemer 等，2005 修改)。本书作者在本图上打叉的主要原因是显示的结果及用来创建本图所用计算机程序不适合于岩溶环境而且它们在岩溶中的应用在不论何种代价下都应尽量避免

也依赖于地下水。小规模系统以地下水为水源是因为地下水通常相比较地表水所需处理要少，因此更能承受。这是需要考虑的一个重点，因为很多小规模系统没有大的缴费基础，对不管是什么类型的含水层，都无法承受井口(源水)保护所需的合适水文地质研究。同时，井口保护工作常常是确保安全饮用水的最为经济有效的手段。这些工作防止污染的发生，而不是在发生污染后再来处理。

所有孔隙媒介中划分水源保护区所使用的大多数方法都是应对停留时间标准。这个标准基于以下假定：

- 非保守性污染物，易受各种归宿和输移过程的影响(如吸附、扩散、降解等)。

• 检测进入井口保护区的保守性污染物（不受衰减的影响）将留给公共供水公司足够的预警期以采取行动，包括地下水修复和/或建设新的（替代）供水。

• 检测井口保护区业已存在的污染物需要采取及时补救行动。

在各个实例中有关合适停留时间的最关键决策由利益相关人来作，虽然在主要井口捕获区内各种土地利用限制子区的划定中最常见的井口捕获区为5年、10年和20年。图10.17说明了一个均匀、各向同性含水层，采用相同取水速率，且严格假定为水平流，有着相同的水力学坡降且不随时间变化条件下的这个概念。

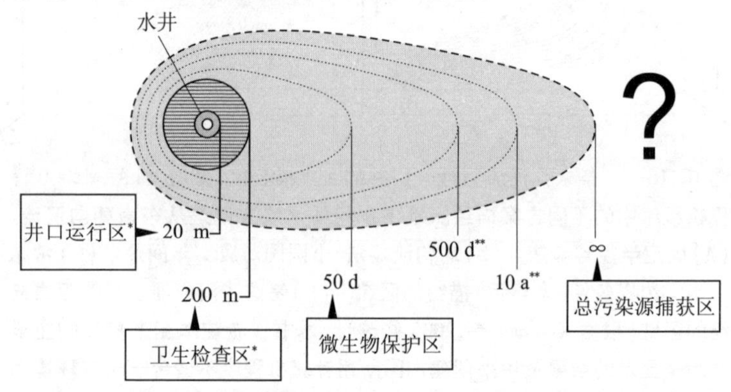

图10.17　非承压含水层水井保护地表卫生区和地下水流周界理想方案。＊经验式固定半径区域；＊＊偶尔使用的中间水流时间周界（Foster等，2002～2005）。本书作者在本图旁边打上一个大问号的主要原因是所示概念不适合于文中讨论的大多数岩溶含水层

通常，水务公司开展（或者监管部门要求）以下三个井口保护区的划定，尽管数目多少根据当地水文地质条件和监管要求有所不同：

• 区域1（卫生区或严格保护区）基本上是一个水源物理保护行政管理区，如设栅栏和限制进入措施。其目的是防止意外或故意损坏和/或污染水源，包括通过水源污染含水层。区域1的大小，在一个水井组成的简单系统情况下从数十到数百英尺（米）不等，在多个间隔较密的泉水或水井情况下可能更大。

• 区域 2,有时称作内保护区,基于行程时间分析划定。它反映了对各特定场点潜在污染物从其引入行进到地下及到达地下水取水点的最小行程时间的了解,在此期间,有可能启动修复活动,必要时为供水执行应急计划。在有些州,区域 2 被认为是衰减区,从化粪池系统或地表水体进入该区的病原体在到达水井前会得到减弱(例如,见怀俄明州 DEQ,2007)。很显然,总体上讲,根据含水层类型和渗透最厉害区的导水率,区域 2 从外形到尺寸变化幅度很大。冰川砾石沉积物和岩溶含水层是多孔媒介的极好例子,污染物在数英里的距离内行程时间会特别短(几天或更短)。

• 区域 3,也称作贡献区,包括地下水分界线内整个含水层水量。所有地下水无论行程时间多少都最终将从分界线通过水井或泉水排出。本区域根据不同标准,包括行程时间,可再进行细分。其重要性在于地下水资源管理的长期规划和相关土地利用及含水层保护规定。

井口保护区划分方法可归于以下三类(Kresic,2007a,2009):①非水文地质;②准水文地质;③水文地质。非水文地质法在水井周围选取任意一个固定半径或固定形状地区,由授权人员实施某类保护,如限制进入。这种方法不考虑停留时间标准,没有任何科学依据。

准水文地质法使用非常简单的假定。很多情况下,这种假定与特定地点水文地质条件没什么共同之处。由于包括了某些公式的应用,在那些非水文地质学家看来,这种方法应该有一定的可信度。当牵涉到准水文地质法的应用时,水文地质学家应明确解释各种不现实假设的局限性及对井口保护区最终划定会有什么样的暗示。例如,这些方法没有考虑含水层的均质性和各向异性,承压层的存在,垂直流分量,同一井场多水井在不同深度或者同一深度上的相互干扰,或者到各个水井筛网的深度。三种普通准水文地质法包括:①经过计算的固定半径;②均匀流场水井;③不基于水文地质测绘的地下水模拟(Kresic,2007a,2009)。在以上所列的任何一种情况都不应适应这些方法,永远也不要用于岩溶环境。

已经多次提到,岩溶含水层对污染特别脆弱。污染物能很容易地进入地下,且会很快在含水层长距离输送。在岩溶系统中污染物阻滞和衰减过程通常无法有效运作。因此,详细了解岩溶水文地质是岩溶源水保护区划定的一个前提条件。然而,由于第 1 章所描述的许多岩溶特性,为单一泉水或一个大型供水井贡献水源的岩溶排水区会非常广大而且令人费解。因此,对整个岩溶水系统标明需要进行最大保护通常不太现实,因为由此而产生的土地利用限制对一些利益相关方来说是不可接受的。此外,很多公共水系统没有财政和其他资源来做应该做的事情,并在其服务区着手开展合适的岩溶水文地质调查来正确描述其特征。不幸的是,这样的赌博有时候证明是致命的,下面 Worthington 等(2003)举出的例子说明了这一点(Goldscheider 等,2007,也有类似的实例说明)。

沃克顿是加拿大安大略的一个乡村小镇,人口约 5 000 人。2000 年 5 月,他们中约 2 300 人由于市政供水细菌污染而生病,并有 7 人死亡。主要病原体为 *E. coli O157:H7*(*E. coli* 的致病珠)和 *Campylobacter jejuni*。随后进行的流行病学调查显示大多数供水污染都是在一次强降雨后几小时或最多几天内发生的。在疾病暴发时,三个市政水井正在使用。暴发后不久,开展了一次水文地质调查,这包括钻了 38 个钻孔、地表和地下地球物理勘探、抽水试验,以及提取多个水样进行细菌学和物理学参数测试。沃克顿地下含水层由 70 m 厚平层状古时代石灰岩和白云岩组成,上覆 3 ~ 10 m 厚的冰渍土。地下水流数值模型(试验 MODFLOW 和 Darcian 方法)显示,30 d 行程时间捕获区从第五号井延伸了 290 m,从第六号井延伸了 150 m,从第七号井延伸了 200 m。这些结果表明,如果污染存在一个地下水路径,那么污染源必定离其中一个水井非常近。

就造成沃克顿悲剧的原因进行了一次公众调查(沃克顿调查)。在调查过程中,提出的问题涉及含水层是否为岩溶性,从而有着快速地下水流。在疾病暴发后开展的原始水文地质调查没有提及岩溶性地下水流的可能性。岩溶专家随后开展的调查发现存在着含水层为岩溶性的很多迹象(Worthington 等,2003)。这些包括水井细菌污染与前因雨之间的一种相关关系,展示水井的快速补水和来水;本地来水进入水井,视频图像显示在层理面有因溶解而扩大的椭圆形开口;出现了流量高达40 L/s的泉水；雨后这些泉水在流量和化学方面发生了快速变化；以及在一次抽水试验过程中水井的电导率发生了快速、本地化变化。

所有这些试验强烈暗示着含水层为岩溶性，但是，最有说服力的证据是含水层染料跟踪试验结果。早期数值模拟暗示地下水流速普遍在每天数米的范围，但是示踪试验显示，实际流速要快100倍左右（见图10.18）。结论是，岩溶专家所作调查显示，病原细菌的来源离水井要比早前调查和模拟显示的要远很多（Goldscheider等，2007）。

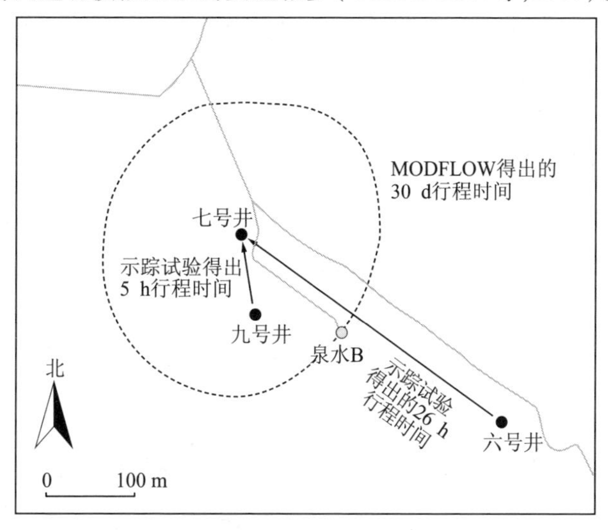

图10.18　六号和九号监测井注入的示踪剂轨道和行程时间，显示速度为每天大于300 m，而MODFLOW预测七号井为30 d捕获时间（根据Worthington等，2003修改）

脆弱性图有时候被用来推演岩溶地区的水源保护区。这种方法潜在的主要问题是完全依赖于计算机研究，使用出版的地质图、土地利用图、土壤覆盖图及其他一般性地图和文件。有些情况下，这些一般性和容易得到的文件并非聚焦特定的各种岩溶特点和对尝试划定水源保护区有着极其重要性的特定特征。指定那些岩溶化程度较低的地区和岩石为低敏感性，然后得出结论这类地区不需要对土地利用进行限制（而这种限制普遍适用于岩溶地区），也是错误的。

图 10.19 阐明了其中的几点。图中显示了最北端的 3 个洞穴的位置及其周边环境：Boney 坑，Poor Boy Baculum 洞，Blanco Road 洞。在美国地质调查局为 San Antonio 水系编制的脆弱性图上被认定为低相对敏感度。然而，Edwards 含水层管理局所做的多次示踪试验结果显示，向南的好几口井不同染料注入点和染料回收点之间的地下水流速在每天 80 ~ 12 000 ft 的幅度范围内。示踪试验还清楚地显示染料快速横穿一个位移达到 300 ft 的断层和其他 6 个断层。如前所述，由于未知原因，超过 Edwards 灰岩 50% 偏移的断层被认为是地下水流的屏障。有趣的是，该图还显示出了采用 MODFLOW 和 Darcian 等效多孔介质（EPM）法模拟的地下水流路径。模拟水流路径上的箭头之间的地下水流行进速度，根据美国地质调查局 Edards 含水层（得克萨斯州）数字模型计算，为 1 mi/a（Edwards 含水层管理局 Geary Schindel）。

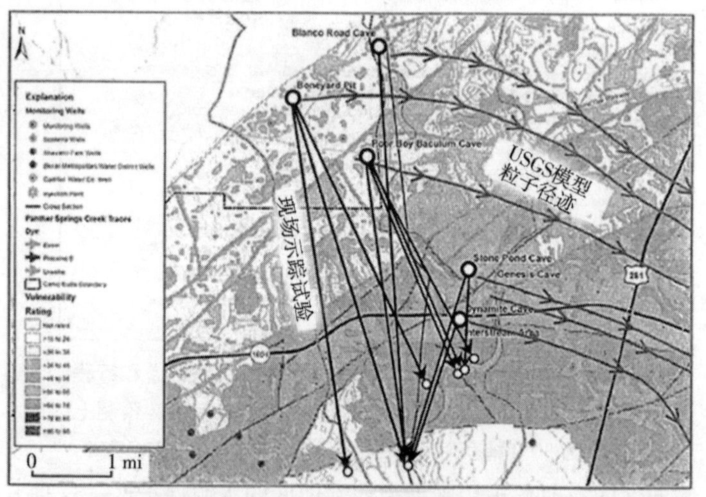

图 10.19　采用 MODFLOW 模拟和 Darcian 当量多孔媒介（EPM）法得出的示踪测试结果图。示踪试验速度在 80 ~ 12 000 ft/d 范围。模拟水流路径上的箭头之间地下水行程速度，根据美国地质调查局数字模型（得克萨斯州 Edwards 含水层）计算结果，为 1 mi/a。

（Edwards 含水层管理局 Geary Schindel；染料跟踪结果见 Schindel 等，2009）

总之,第 3 章详细描述的特定岩溶水文地质测绘图是本书作者推荐用于水源保护区划定的唯一方法。不幸的是,有时候,岩溶水文地质学家面临着一个极具挑战性的选择:要么明知道面对岩溶挑战所需资金不够也要开展工作,要么将这项工作留给他人。情况总是,每个人的选择不同。

10.4　岩溶地区的水危害

10.4.1　落水洞发育

有时候,在世界各地岩溶地形区、某地发育一个落水洞会使市民大为吃惊,并使他们的生活很悲惨,有时会有非常严重的后果(见图 10.20)。公共部门在这种情况下会发布一些新闻,将对此采取处理措施以让公众安心。美国地质调查局就发出了这样的声明并附上 Doug Gouzie 拍摄的照片(见图 10.21):“在密苏里州尼克萨镇,2006 年 8 月 13 日,星期天清晨发生了一个落水洞塌陷,造成一个车库和停放其中的一辆雪佛兰骑士轿车消失。落水洞最初估计大约 60 ft 直径,75 ft 深。虽然在密苏里欧扎克等岩溶地区发生落水洞很常见,但是,在一座房屋下突然坍塌却很少见。美国地质调查局和密苏里州立大学的研究团队将开展合作研究以更好地了解西南密苏里落水洞的空间分布及形成新的岩溶特征的潜在可能性。”(http://mcmcweb.er.usgs.gov/mcgsc/news_nixa_sinkhole.html)

不幸的是,由于自然原因或各种人类影响,岩溶地区落水洞将会继续发育,包括公众没有预料到的地方。而人类影响有时候急剧加速了这个过程,会对水资源和基础设施造成广泛损害。落水洞发育的危害已经得到很好了解并在各种出版物上有所描述。因此,在岩溶地形开展的任何土地利用规划或者土地利用活动没有理由不考虑这些。

Tihansky(1999)在一个资料翔实的有关佛罗里达中西部岩溶发育的出版物中指出,诱发型落水洞一般为盖坍塌型,倾向于突然发生(见图 10.22)。在过去几十年,落水洞形成速度越来越快,给佛罗里达州中西部发展和发达地区造成持续危害。由于对地下水和土地资源需求的增长,诱发型落水洞预计发生频率会继续增大。地区性地下水位下降增加了落水洞高发地区的落水洞发生概率。在低年降水量和干旱的自然、经常性周期,以及公共供水和农业灌溉开展大规模地下水开发期间,这种情况更为明显。Beck 和 Sinclair(1986)、Tihansky(1999)提供了下面这几个戏剧性例子来说明这几点。

图 10.20　左图:2008 年 9 月 7 日,中国广东省归州市金沙洲路发生了一起大坍塌,几乎 20 m 宽,超过 10 m 深。吞噬了正好经过的一辆轿车。这次坍塌由一个地下隧道施工和地下水位波动引起。右图:2008 年 12 月 20 日,中国广东省广州市夏茅村附近一个住宅建筑群基础施工时地下水位波动引发了坍塌。造成 6 栋建筑坍塌,3 栋倾斜变形,超过 10 栋建筑墙体和地板开裂变形,灾害面积约 5 000 m^2(雷明堂拍摄)

图 10.21　密苏里州尼克萨镇落水洞塌陷(Doug Gouzie 拍摄)

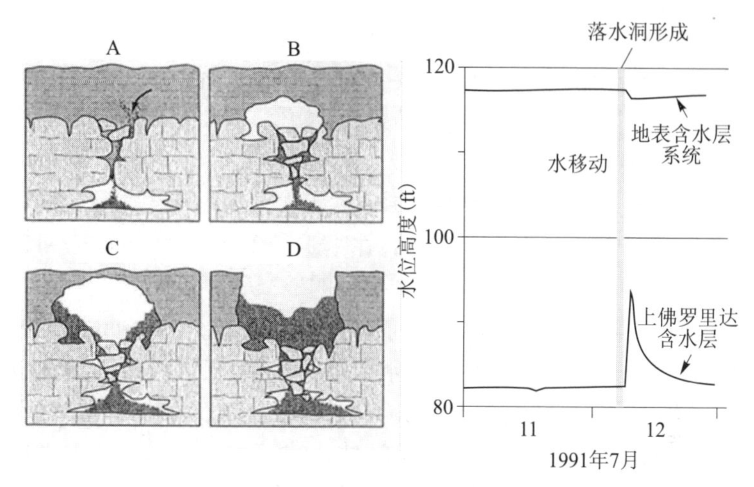

图10.22 左图:覆盖层塌陷落水洞形成简图。(A)泥沙剥落进入腔洞。(B)随着剥落继续,高黏性泥沙形成一个结构性拱门。(C)顶部渐进塌陷致腔洞上移。(D)腔洞最终突破地表面,造成突然性大落水坑。右图:一个落水洞撕裂了佛罗里达含水层和表层含水层之间的一个黏土连接层,说明了含水层之间的相互联系。在落水洞排水时,表层含水层系统的水位下降,上佛罗里达含水层水位上升相应发生。一个水井点记录的水位离落水洞不到1 000 ft(Tihansky,1999)

- 圣彼得堡市于1963年在Tampa北部新建设了一个井场(第21节)。1964年5月增加抽水速率1个月内,在井场1 mi半径内形成了64个新的落水洞。大多数在21－10号井附近,该井的抽水速率接近其他水井速率的2倍。邻近地区也察觉到湖泊水位急剧下降和湿地地区干涸。虽然水井只钻到石灰岩,但是上覆砂石和黏土中的水位也出现了类似下降情况,表明向下至石灰岩的渗漏增大。

- 在一个新钻灌井开发过程中,1998年2月25日,在6 h时间内形成了数百个直径1 ft到150多ft的落水洞。当水井抽水时,在一个约20英亩的区域未固结砂石覆盖层坍塌到无数个腔洞中。受影响地位于高地地区,靠近海岸,该地跨Pasco和Hernando两县。一个20 ft厚泥沙覆盖层主要由砂石组成,带少许黏土,下覆多孔灰岩基岩。水井穿过140 ft的石灰岩,在148 ft到160 ft深度之间报告有一个腔洞,钻孔在此深度结束。在工程开始后不久,两个小型落水洞在钻头附近形成。随着工程的继续,新的尺寸不同的落水洞开始在整个地区出现。随着泥沙坍塌陷落,树木被连根拔起然后倾倒,整个区域形成了同心外展裂隙和裂缝。随着它们继续扩大,未固结砂料沿较大落水洞边沿坍落掏空。最开始形成的两个落水洞最后扩大成为6 h发育形成过程中数百个落水洞中最大的两个。它们吞噬了众多60 ft高的松树和超过20英亩的森林,使水井站立在一个小小的地“桥”上。

- 1983年12月的灾难性冰冻期间,佛罗里达州Pierson附近的羊齿植物种植进行了防冰冻灌溉。水位下降严重,足以导致本地区较浅家庭水井干涸,有些家庭数天无水。在此期间,在羊齿植物种植区形成了一个大型落水洞。其直径为80 ft,估计约35 ft深。该落水洞形成于一个小湖泊旁边。落水洞中水消失后湖水很快排入。文献记载的本地先前由于冰冻形成的落水洞损坏了房屋、庭院和公路。

其他能引发灾难性落水洞坍塌的常见机制有:

- 大型施工区排水受拦截,或者建筑屋顶及停车场径流集中在一点。
- 下水道和输水管线渗漏。
- 土地上应用(喷洒)处理过的废水。
- 由于新建建筑物和其他建造物(见图10.23),固体废弃物和其他处置物,人工水库等静水导致地表荷载增加。
- 旧落水洞受淹形成的自然湖泊,这时候落水洞作为自然凹地的排水受到堵塞。此类岩溶凹地湖会持续数年,只有当旧排水疏通或者新的坍塌落水洞形成才会再次排空。

除结构性损坏外,发生在城市和工业化地区的落水洞坍塌会导致严重的地下水污染,因为会引发有害物质因管道、储罐破裂及其他基础设施受损而泄漏。城镇和农村地区埋藏在地下的基础设施也会受到碳酸盐岩石溶解相关下沉机制而不是灾难性落水洞坍塌产生的损害。因这种方式形成的渗漏可能在很长一段时间都不被发现,由此产生了严重的地下水污染和面积巨大的污染物羽流。

总而言之,正如Tihansky(1999)所讲,在下覆着多孔洞石灰岩,有

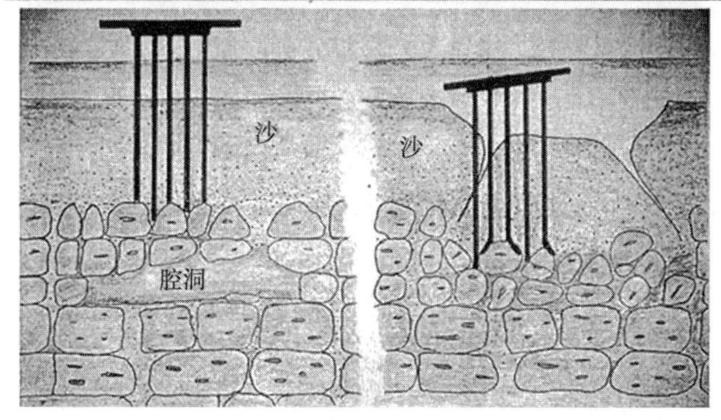

图 10.23　佛罗里达州 Tarpon 泉附近美国 19 号公路桥突然坍塌,由于无法停车致一人溺亡,多人受伤

(AMEC 环境和基础设施公司 George Sowers 影集)

着中低厚度覆盖层的地区,落水洞发育增多和财产损失增大与人类活动和文化发展有着强烈的关联。存在这种关联有几种原因。首先,快速成长和发展使得报道的新落水洞可能性越来越大,道路施工(见图 10.24)和工业或住宅建筑建设增加了财产损害的风险;其次,在快速发展地区土地利用的改变常常控制不严,包括改变排水,新的地表水蓄水池,落水洞多发区新的建筑,等等;最后,不断变化的土地利用通常关联着人口增长和供水需求增大,这会导致地下水抽取量增大,局地和区域地下水位下降。

尽管我们无法准确地预测落水洞的发展,但是,防止或者最大限度地减小落水洞的影响或者降低它们的发生频率是有可能的。地下水抽

图 10.24 修复的被活落水洞损坏的高速公路
（AMEC 环境和基础设施公司 George Sowers 影集）

提事件导致地下水下降直接加速落水洞活动的情况有很好的文献记载。很多诱发落水洞通过控制地下水位的波动进行预防，这是很有可能的。上佛罗里达含水层水位区域性整体下降一直以来都是水资源管理者们长期关注的事情。市政井场附近的局部下降，通常比整体下降要大得多，已导致湖泊和湿地干涸，水质较差的水上涌，盐水入侵，以及落水洞加速发展等。制订最低地下水位计划，对受影响条件进行某些改善，能有助于最大限度地减少落水洞的影响（Tihansky，1999）。

图 10.25 ~ 图 10.27 显示的是 George Sowers 受 Law Companies Group 公司（现为 AMEC 环境和基础设施公司）指派根据不同工程任务拍摄的美国和世界各地落水洞照片。Sowers（1996）有关落水洞专题的权威书籍《落水洞上的建设：岩溶地下基础设计和施工》强烈建议进一步阅读。另外一本内容丰富的参考书是 Waltham 等（2004）所写。

10.4.2 大坝和水库

下面 Turkmen 等（2002）有关大坝问题的描述在岩溶地区很普遍。为了防止土耳其一个 77 m 高堆石坝右坝肩渗漏，沿坝轴线修建了一个 200 m 长、60 m 深的灌浆帷幕。在大坝蓄水后，下游出现了几个泉流，为此，另外又进行了灌浆。然而，还是无法解决渗漏问题。为了确定渗

图10.25　1981年春天发生的冬季公园落水洞。损坏了两条城市街道，削掉了一个市政游泳池一角，吞噬了一栋房子，损坏了一个汽车修理厂并附带停在修理厂后面的几台车。最后形成的坑洞直径超过300 ft(90 m)，一个锥形开口进入黏土质砂约50 ft(15 m)深。下图是一个60 ft(18 m)直径的圆柱形开口，处于一个松软的多空隙石灰岩里，可能是石灰岩里的一个古老坑洞或者是一个古老的坍塌落水洞。引发这次事件的原因很明显，是水井抽水导致地下水位波动并可能由于游泳池渗漏进一步恶化(AMEC环境和基础设施公司George Sowers影集)

流方向和岩溶化型式，开展了新的现场查勘，包括钻孔和染料跟踪。通过这些水文地质研究，在大坝和溢洪道之间的岩溶灰岩中检测到渗漏路径。作者的结论是，渗漏问题肯定会继续，因为碳酸盐岩石延伸到溢洪道下面。

现存文献描述了岩溶中数百个类似的大坝渗漏案例，有很多大坝被废弃的例子，包括几个非常大且成本高的大坝(见图10.28)。粗略讲，岩溶地区大坝建设大概有两个时期：①20世纪上半叶，当时建造大坝常常没有充分了解岩溶性质；②初期建坝热情期之后的一段时间，反映出很多问题。不幸的是，第二段时间同时也有赌博的特点，尽管充分

图 10.26　上图:南非约翰内斯堡附近的一个大落水洞,吞噬了一个矿石加工厂和数栋房屋,致 29 人死亡。下图:佛罗里达州中南部的一个磷矿一个 400 英亩面积,220 ft 高的石膏堆内,1994 年 6 月 27 日突然形成了一个张开大嘴的落水洞,酸性废浆的腐蚀性化学性质可能加速了该落水洞的发育。请注意右上的卡车及钻机可知这个落水洞的大小(AMEC 环境和基础设施公司 George Sowers 影集)

意识到内在风险,但投资人一直试图在现场和设计调查阶段节省资金。这种赌博并非物有所值,所"节省"的钱产生的后果是成亿美元甚至更多的钱花在施工后补救上,这样的例子很多。不幸的是,即便当所有岩溶特定问题采用教科书现场调查,计算机研究,以及随后的设计和施工等进行了解决,仍然还保留着不可避免的大坝没有充分防渗漏风险。无论何种情况,当在岩溶地区规划大坝施工,投资人和其他利益相关方应权衡项目相对于风险的所有利益,并让岩溶专家参与到项目各个阶段。

图10.27　佛罗里达州 Bartow 东南部的牛奶场落水洞。右图:鸟瞰图;注意车迹对比大小。左图:看落水洞边缘的圆柱形岩喉和漏斗状覆盖层坡

(AMEC 环境和基础设施公司 Sowers,1974)

图10.28　西班牙 Sierra de Grazalema 的 Montejaque 大坝由于水库大量漏水,而且坝址有多个坑洞和其他岩溶地形,在第二次世界大战前被废弃。该拱坝位于 Guadiaro 河支流 Compobuche - Guadares 河上,坝高 83.75 m,坝顶长 84 m。在大雨后,坝后水库充满水,不久就漏完了(Petar Milanovic 博士拍摄)

黑山共和国的世界上最高的拱坝——Piva 坝,完全建在成熟岩溶上(见图 10.29)。这是一个发电效益大于灌浆的例子。在大坝完工后,灌浆持续了几十年。本书作者作为一个年轻水文工程师有过的几个最先岩溶实际经历是 Piva 坝最初的水文地质和灌浆工作。最近作者访问了塞尔维亚贝尔格莱德,他很高兴了解到大坝仍在蓄水,而且灌浆和相关染料跟踪试验也仍在做,这有利于年轻的水文地质学家获取岩溶方面的经验(见图 10.30)。Milanovic(2004)说过,坝址严重岩溶化,在两个坝肩都发现了大量的岩溶特征。由于溶解而扩大的断裂和大大小小的腔洞因探测廊道(竖井)和主要灌浆廊道而频繁相交。其

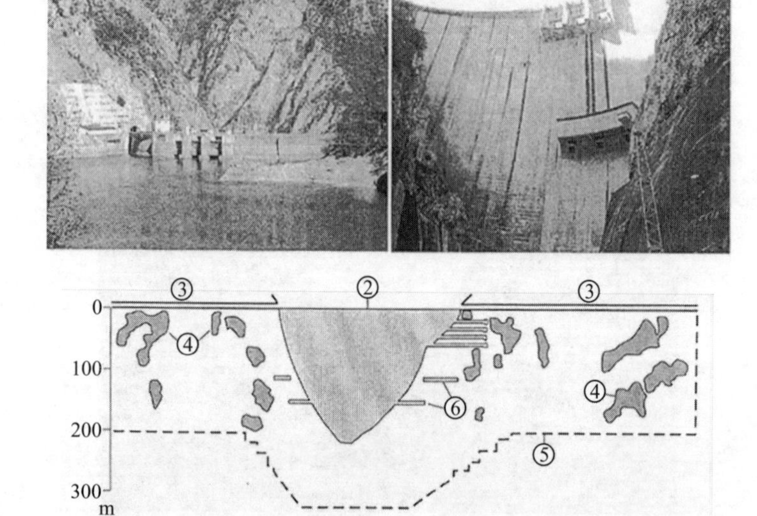

图 10.29　上图:黑山共和国的 Piva 大坝建在 Piva 和 1 500 m 深的河谷高度岩溶化的巨大三叠纪石灰岩上。拱坝 220 m 高,库容 7.9 亿 m^3。(贝尔格莱德 Energoprojekt - Hidroinzenjering 的 Vladimir Belicevic 博士)。**下图:灌浆帷幕布置图。①坝体;②坝顶;③灌浆廊道;④极端岩溶化区,灌浆用量极大;⑤灌浆帷幕底部;⑥廊道**(Petar Milanovic 博士;对贝尔格莱德 Energoprojekt - Hidroinzenjering 绘制的原工程图简化而来)

中一个不寻常的特征是,很多大型岩溶腔洞完全被岩化黏土充斥;这类腔洞最大的尺寸达到100 m×100 m。大坝帷幕在两个侧面与低渗透岩体相连,到达河床下250 m。帷幕由靠近大坝的三排横向及向下帷幕及一排深深进入岩体的帷幕组成。所遇到的总共66个腔洞,采用混合浆液进行密封,每个腔洞使用5~98 t量。这个极其复杂的灌浆帷幕的施工由安装在帷幕上下游的数十个压力计连续监测。根据监测结果和染料跟踪试验,在需要时实施新灌浆对帷幕修复。

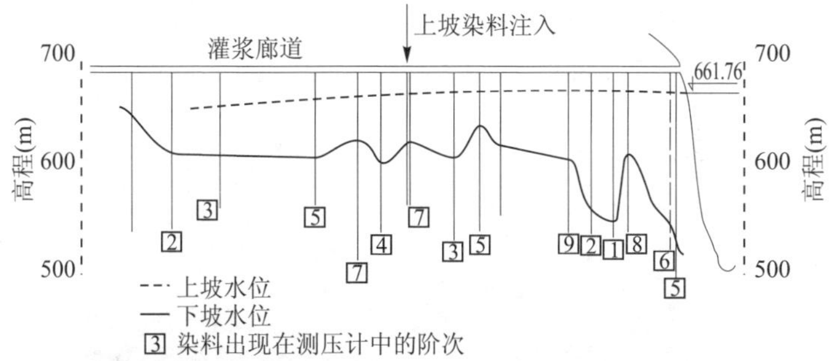

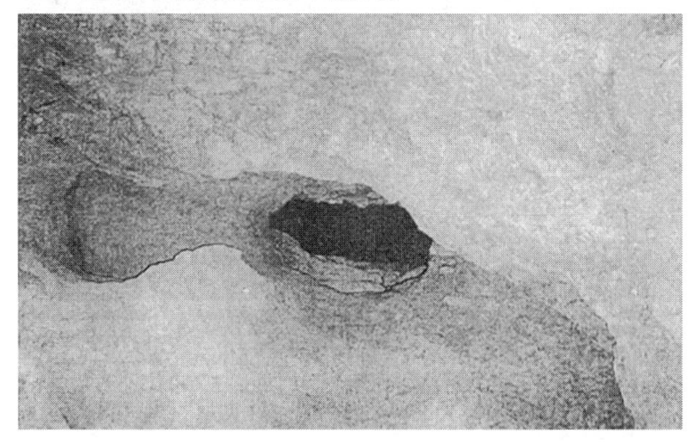

图10.30 上图:黑山共和国的Piva大坝左坝肩的染料跟踪试验结果,显示下坡测压计中出现染料的阶次。测试显示了一个优先水流路径和测压计附件灌浆帷幕可能的缺口,测压计显示染料第一次出现的地方水头最低。在不同测压计出现的不规则型式染料清晰可见岩溶不稳定。下图:灌浆帷幕遇到的典型腔洞(贝尔格莱德Energoprojekt - Hidroinzenjering的Vladimir Belicevic博士)

也有建在有着最小渗漏率且不需要施工后灌浆的纯 Dinaric 岩溶上的拱坝实例(见图 10.31)。在所有这类实例中,根据大坝实际建造前开展的广泛的多学科领域调查进行了复杂的岩土改善和灌浆。类似的例子能在经典 Dinaric 岩溶找到,在这种岩溶上,在深深的峡谷建造混凝土重力坝和拱坝主要有两个原因:①其地质力学特点,灰岩是建造拱坝最好的岩石之一;②岩溶的普遍存在使得没有什么选择余地。

图 10.31 波黑东部经典的迪纳拉岩溶地区 Trebisnjica 河上的 Grancarevo 坝。坝后水库库容 12.7 亿 m^3,是经典的迪纳拉岩溶地区最大的一个;水库实际水漏损少于 150 L/s,或大大少于设计阶段估计值,证实一个双排灌浆帷幕的成功。帷幕 664 m 长,150 m 深。在冲出裂缝和空腔后打了 3 个钻孔,高压注水注气进入密封包装的、5m 长钻孔段来实施灌浆。在持续清水从一个控制钻孔出来后冲水停止。水泥浆灌注到冲洗干净的钻孔中,这个过程重复实施覆盖整个灌浆帷幕

相对于这种在岩溶上建坝让岩溶水文地质学家和工程地质学家充分参与的做法,有大量大坝由土木工程师建造,有经验的岩溶专家几乎没有参与的例子。Schaefer(2009)指出,在美国陆军工程师团大量建造大坝的年代,当时认为大坝下面的溶液特性对大坝安全没什么影响。只有当渗漏量影响了大坝蓄水发电和供水时才被认为有问题。下面是1941年1月25日在小石头区工程师办公室与Arthur Casagrande博士就Clearwater坝举行的一次会议的会议备忘录节选,说明了当时的技术水平:

Major T. F. Kern,区工程师:Casagrande博士,你说到了穿越岩石的渗漏,你认为将来会有任何由于管涌造成溃坝的风险吗?

Casagrande博士:没有。在土力学中,我们理解,由于管涌,松散沙质土中大通道快速侵蚀,会导致结构物基础破坏,通常引起坍塌,经常造成蓄水快速逸出。在石灰岩基岩中,深处溶液通道始终存在。通过这些通道的水流不会造成快速侵蚀,也不会以其他方式破坏大坝基础稳定性。可能发生的最糟糕的事是水库无法充满。在Clearwater坝,这种极端条件据我看来从人类怀疑范围内是不可能的。但是,大坝渗漏会足以导致水库的发电使用经济度不高。

从那时起,大坝工程界从溃坝或之类事件知道,就像我们现在一般所了解的,溶液特性的确对大坝安全造成极大风险(Schaefer,2009)。

2005年,美国陆军工程师团开展了一个筛选风险评估程序来评价大坝各项资料。6座大坝被标定为大坝安全行动一类。这样标定是为了那些临界接近溃坝或有着极高风险的不安全大坝。这6座大坝中,3座建在岩溶地基上,正经历着巨大的危险。它们分别为南肯塔基州的Wolf Creek坝、北田纳西州的Center Hill坝、东南密苏里州的Clearwater坝。风险评估还显示,本地区有其他多个大坝有着岩溶基础相关的严重问题。这些大坝被标定为大坝安全行动二类。这个分类是对那些有着可预见的、引发溃坝的不安全或潜在不安全特征的大坝(Schaefer,2009)。

美国陆军工程师团在岩溶基础上建造大坝的做法是,在大坝基础开挖过程中对已发现的腔洞采用黏土进行充填,仅此而已(见图10.32)。然而,导管和腔洞中的这类充填物因为大坝水库中蓄水产生的高压力而很容易被冲走。结果,美国纳税人现在正支付着数亿美元为岩溶地区大坝进行大范围灌浆及其他补救措施,而这种工作却没什么进展。美国及世界各地很多大坝上如此做法不成功的主要原因是,一旦水库蓄满水,要阻止岩溶地区大坝坝下及坝周渗漏非常困难;陡峭的水力学坡降维持着岩溶导管中的高速地下水流,因此要成功进行灌浆几乎没有可能。然而,更恼人的是,堆石重力坝的安全会因坝下岩溶通道的出现造成的管涌和填土坍塌机制而大打折扣(见图 10.33)。

图 10.32　上图:Wolf 溪大坝施工图片,美国陆军工程师团,纳西维尔区。大坝开挖期间遇到了多个像这样的腔洞,采用土和黏土填充。下图:Wolf 溪大坝位于肯塔基州中南部 Jamestown 附近的 Cumberland 河上,有防洪、发电、娱乐和供水功能。1941 年开始施工,1943 ~ 1946 年因第二次世界大战中断。1950 年水库开始蓄水。坝长 5 736 ft,由土筑坝段和混凝土重力坝段组成(AMEC 环境和基础设施公司 Don Dotson)

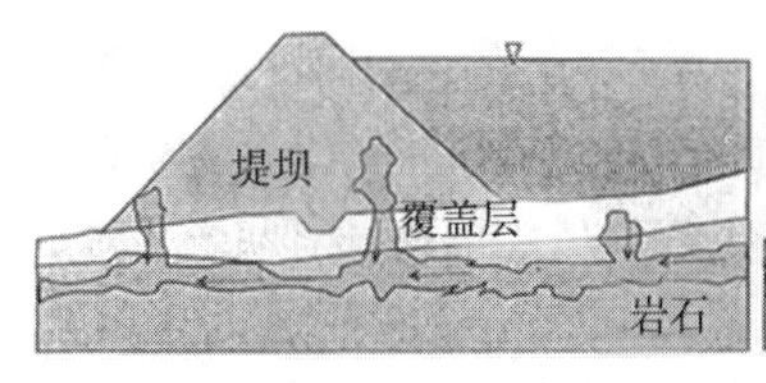

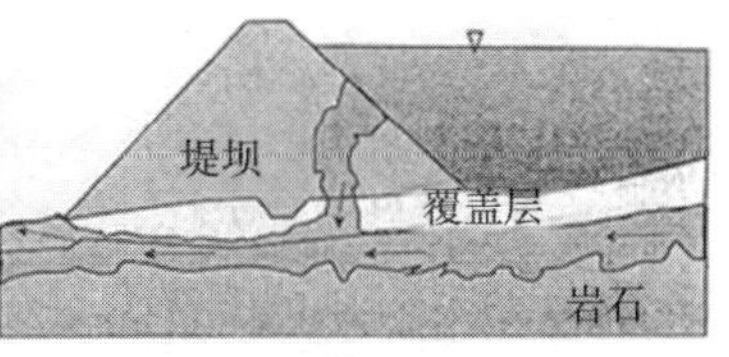

图10.33　错误地建于岩溶基础之上的大坝可能导致溃坝的几种条件。左图:侵蚀至溶蚀地形。右图:带连续土壤接触的溶蚀地形

(Schaefer,2009)

不幸的是,实际经验和各种理论研究结果都显示,一旦出现这种安全折扣,地区设计和施工都不恰当的大坝就不得不由于安全和经济原因而放弃。当然,在有些具体情况下,资金雄厚的投资人会决定实施那些看起来为最终解决方案的手段,见图10.34。

图10.34　土耳其 Akkopru 水库预防将来渗漏,在水库坑底和库岸铺设厚厚的加筋混凝土板。插图显示的是可行性研究和最终设计现场查勘期间发现的很多冲蚀坑其中的一个。目前正在施工的 Akkopru 大坝后将形成一个水库

(Petar Milanovic 博士拍摄;还参看 Gunay 和 Milanovic,2005)

Romanov 等(2003)介绍了一个模型研究成果,通过溶蚀裂隙的耦合方程扩大水流动来模拟大坝下岩石溶蚀过程。所有模型运行显示出类似特征值。大坝充水后不久,水库模拟展示了一个约0.01 m^3/s 的

小渗流,这个渗流稳定增长,直至几十年后发生了一次突破,在短短几年的时间内渗流突然增大到 1 m^3/s。随后,裂隙中的水流成为紊流,在随后的约 10 年时间内渗流增大到 10 m^3/s。坝下游小型水流通道激增,渗流缓慢增加,直至第一个通道到达大坝下游地表面。然而,发生突破,层流变紊流,形成了一个密集的、挟带水流的裂隙网。

就突破点对不同参数的依赖性进行了敏感性分析,这些参数包括蓄水高度、灌浆深度、裂隙的平均孔隙宽度(a_0),以及钙相对于方解石的平衡浓度和来水中的钙浓度等化学参数。这些结果显示,最关键的参数是裂隙的平均孔隙宽度。当孔隙宽度为 0.01 cm 时,突破时间在 500 年以上。在 $a_0 > 0.02$ cm 时,突破时间在结构物寿命年限之内。石膏石地区的坝址展示出类似突破时间。然而,在突破后,由于石膏石溶蚀速率更快,直至过度渗流的时间仅仅只有几年。作者得出的结论是,这些结果支持可溶碳酸盐岩地区坝址渗流增大一部分是由于溶蚀增宽裂隙的假设。

Milanovic(2004)介绍了岩溶地区大坝和水库相关工程问题与风险方面非常详细的研究情况。《岩溶地区水利工程》这部权威指南包含了经典 Dinaric 岩溶和世界各地多个例子。

10.4.3 取土、采矿及隧道

在岩溶地区取土、采矿及隧道等一般存在的水危害有可能使大量水一下子流入,产生严重淹没至危险境地,或者造成人员生命损失和设备损失。灾难性来水会发生在大雨后的非饱和区和在充满水的大型腔洞(洞穴)决水后的饱和区。因此,在岩溶地区采取任何会造成地下产生空洞的侵入行动之前,要强制实施综合性水文地质和岩土调查。通过完成具体项目或活动,继续进行有针对性的调查和监测同样重要。这包括连续监测本地区的降雨和水流(地表和地下),以及在推进开挖之前开展地球物理测量和钻探。只有当有足够的现场资料和比场点面积更大地区岩溶发育的概念模拟时,才有可能减少风险并设计出合适的排水措施或者在需要时调整现存排水。无论何种情况,项目和施工团队应一直准备着料想不到的情况,即便做了教科书规定的各个方面。

Marinos(2005)强调,地下水是岩溶地区隧道工程及其他地下工程稳定和安全问题的主要根源。隧道施工期及隧道运行之后的地下水控制是设计和施工人员所面临的最具挑战性的任务之一。水能影响隧道顶部和隧道面的稳定,当达到明显量时,就将妨碍施工。孔隙和洞穴的交叉,无论是空的、含水的,还是充满着未固结物质和易蚀物质,常常要求场点特定解决方案和实时工程。

图 10.35 ~ 图 10.38 说明了岩溶地区隧道、坑道和地下采矿工程施工期间遇到的几个较为常见的情况。这类直接或间接与水有关的工程的安全设计和实施的其他方面有很多。因此,强烈推荐作为项目团队一份子的水文地质学家们充分熟悉岩溶地区地下工程的岩土和土木工程原理。Milanovic(2004)和 Marinos(2005)通过世界各地多个实例对此有非常详尽的研究。

图 10.35　波黑东部 Dabarsko Polje 中的水工隧道,在施工期间被淹
(Petar Milanovic 博士拍摄)

为方便隧道工程、取土和采矿设置的临时或者永久排水系统会有各种局部与区域影响,这些影响是由含水层中水头下降造成的。这包括水流量减少或者泉水干涸,以及地表水特征、落水洞形成等。排水工程的一个潜在好处是,多余的不需要的水会成为受影响地区各种用户

图 10.36　部分充填潮湿黏土和淤泥的岩溶孔洞典型形态;希腊西北部 Dodoni 隧道,2000 年。注意那个断层,这有助于孔洞的发育(Marinos,2005)

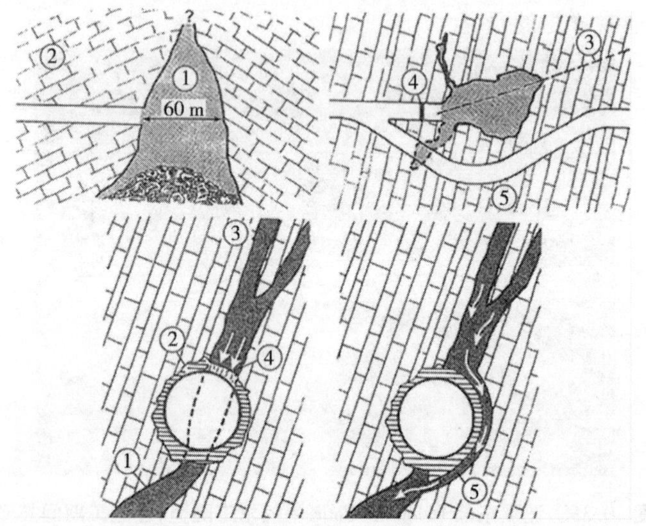

图 10.37　上图:大型腔洞可能会要求隧道改道。①腔洞;②岩溶化石灰石;③断层;④混凝土堵塞物;⑤隧道改道。下图:穿越一条与隧道相连的地下岩溶通道,要求通道保持排水防止由于大雨造成的过大水压力对隧道衬砌的可能损害。①岩溶通道;②隧道;③岩溶通道中的水位;④部分隧道衬砌处于过于集中压力之下;⑤隧道周围排水

(Petar Milanovic 博士;Milanovic,2004)

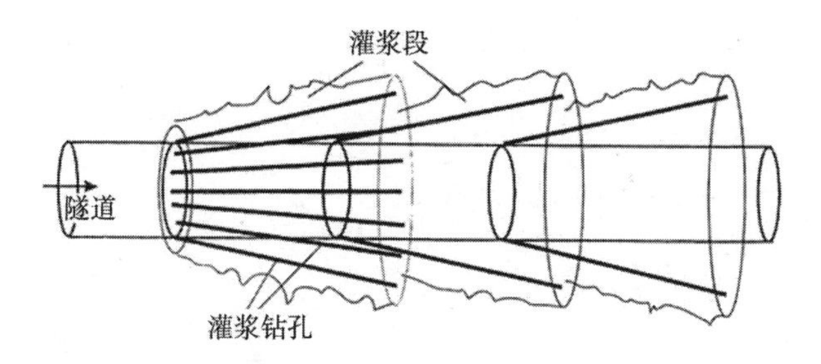

图 10.38　当先导钻孔遭遇充满高压水的岩溶区时提前进行锥状灌浆概念图(Petar Milanovic 博士;Milanovic,2004)

的一种宝贵资源。在规划项目、在建项目或完工项目中,应始终考虑这一点(见图 10.39 和图 10.40)。

图 10.39　John Beck 博士下到 Bateman 竖井中,进入到一个 18 世纪铅矿排水面"Lathkilldale Sough"(Sough 是德贝郡语,意指矿山排水)。该排水从一个地表河流捕获高达 220 L/s 的水流,结果,该河在一年中有数月干涸。由于该河有着极高的生态价值,现在正在努力使水流重回地表(John Gunn 博士)

Langer(2001)对石灰石地区取土的各种环境影响,包括地表水和地下水方面,进行了说明性评论。

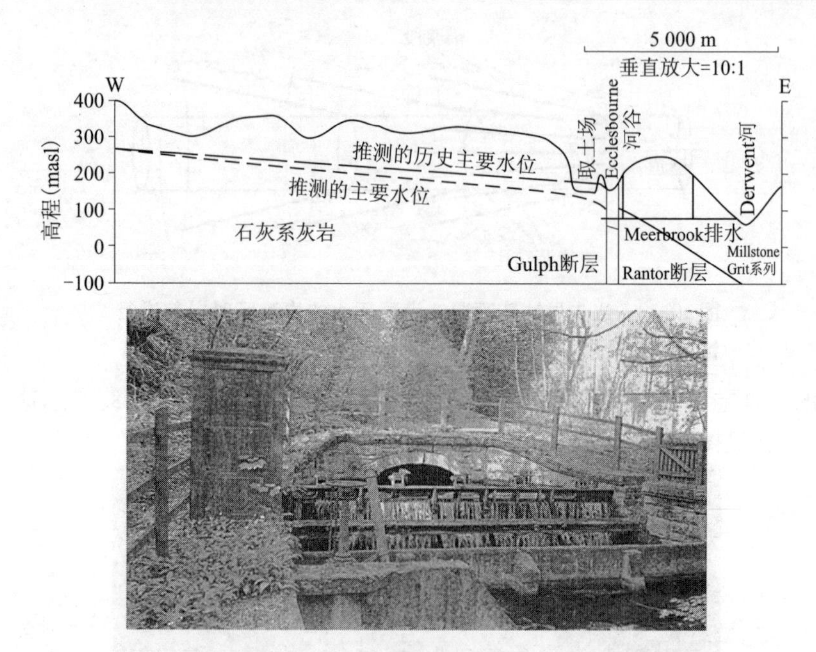

图 10.40　Meerbrook 排水的尾部(出口),一个铅矿排水现在是英国中部最大的公共供水水源,许可量每天 6 500 万 L

(AMEC 环境和基础设施公司 Martin Shepley)

参考文献

[1] Aller, L., Bennett, T., Lehr, J. H., and Petty, R. J., 1985. DRASTIC—A standardized system for evaluating ground water pollution potential using hydrogeologic settings. U. S. Environmental Protection Agency, Robert S. Kerr Environmental Research Laboratory, Ada, Oklahoma EPA/600/2-85/018, 163p.

[2] Andersen, L. J., and Gosk, E., 1989. Applicability of vulnerability maps. Environ Geol Water Sci, 13(1): 39-43.

[3] Arthur, J. D., Dabous, A. A., and Cowart, J. B., 2002. Mobilization of arsenic and other trace elements during aquifer storage and recovery, southwest Florida. In: Aiken, G. R., and Kuniansky, E. L. (eds.), U. S. Geological Survey Artificial Recharge Workshop Proceedings, April 2-4, 2002. Sacramento, CA. Geological Survey Open-File Report 02-89, pp. 47-50.

[4] Banks, W. S. L., and Battigelli, D. A., 2002. Occurrence and distribution of microbiological contamination and enteric viruses in shallow ground water in Baltimore and Harford Counties, Maryland. U. S. Geological Survey Water-Resources Investigations Report 01-4216, Baltimore, MD, 39p.
[5] Barr, T. C., 1985. Cave life of Kentucky. In: Dougherty, P. H. (ed.), Caves and Karst of Kentucky, Kentucky Geological Survey Special Publication 12. Series XI, Lexington, KY, pp. 146-175.
[6] Beck, B. F., and Sinclair, W. C., 1986. Sinkholes in Florida: An Introduction. The Florida Sinkhole Research Institute, Report 85-86-4, Orlando, FL, 16p.
[7] Böhlke, J-K, 2002. Groundwater recharge and agricultural contamination. Hydrogeol J, 10(1): 153-179.
[8] Boyer, D. G., and, E Kuczynska, E., 2003. Storm and seasonal distributions of fecal coliforms and Cryptosporidium in a spring. Journal of the American Water Resources Association 39 (6), pp. 1449-1456.
[9] Broytère, S., Jeannin, P. Y., and Dassargues, A., et al. 2001. Evaluation and validation of vulnerability concepts using a physically based approach. 7th Conference on Limestone Hydrology and Fissured Media, Besancon, Sep. 20-22, 2001. Sci Tech Envir Mém. H. S., 13: 67-72.
[10] Brune, G., 1975. Major and Historical Springs of Texas. Texas Water Development Board, Report 189, Austin, TX, 95p.
[11] Buss, S. R., Rivett, M. O., Morgan, P., and Bemment, C. D., 2005. Attenuation of nitrate in the sub-surface environment. Science Report SC030155/SR2, Environment Agency. Bristol, England, 100p.
[12] Chess, D. L. 1987. Comparisons of Microbiology and Selected Anions for Surface and Subsurface Stream Waters for the Aqua Spring Watershed of Burnsville Cove. Virginia. M. S. Thesis, The Pennsylvania State University.
[13] Cohen, R. M., and Mercer, J. W., 1993. DNAPL site evaluation. C. K. Smoley, Boca Raton, FL, various paging.
[14] Colborn, T., Dumanoski, D., and Meyers, J-P., 1997. Our stolen future: Are we threatening our fertility, intelligence and survival? A scientific detective story. Plume, Penguin Group, New York, 336p.
[15] Craun, G. F., 1986. Waterborne Diseases in the United States. CRC Press, Boca Raton, FL, 192p.

[16] Currens, J. C., 1999. Mass flux of agricultural nonpoint-source pollutants in a conduit-flow-dominated karst aquifer, Logan County, Kentucky. Report of Investigations 1, Series XII, Kentucky Geological Survey. University of Kentucky, Lexington, Kentucky, 151p + 2 plates.

[17] Daughton, C. G., 2007. Pharmaceuticals and Personal Care Products (PPCPs) as environmental pollutants. National Exposure Research Laboratory, Office of Research and Development, Environmental Protection Agency, Las Vegas, Nevada. Presentation available at: http://www. epa. gov/nerlesd1/ chemistry/ pharma/index. htm. Accessed in 5th May 2007.

[18] Doerfliger, N., and Zwahlen, F., 1998. Practical Guide, Groundwater Vulnerability Mapping in Karstic Regions (EPIK). Swiss Agency for the Environment, Forests and Landscape (SAEFL), Bern, 56p.

[19] Doerfliger, N., Jeanin, P. Y., and Zwahlen, F., 1999. Water vulnerability assessment in karst environments: A new method of defining protection areas using a multi-attribute approach and GIS tools (EPIK method). Environ Geol, 39(2): 165-176.

[20] Drew, D., and Hoetzl, H. (eds.), 1999a. Karst Hydrogeology and Human Activities, International Contributions to Hydrogeology Volume 20, International Association of Hydrogeologists, Balkema, Rotterdam, The Netherlands, 322p.

[21] Drew, D., and Hötzl, H., 1999b. Conservation of karst terrains and karst waters: The future. In: Drew, D., and Hotzl, H. (eds.), Karst Hydrogeology and Human Activities. Impacts, Consequences and Implications. Internattional Contributions to Hydrogeology Vol. 20, International Association of Hydrogeologists, Balkema, Rotterdam, pp. 275-280.

[22] Eckhardt, G., 2012. Does the Edwards act as a filter? Available at: http:// www. edwardsaquifer. net. geology, html#quality. Accessed in February 2012.

[23] Einsiedl, F., Radke, R. and Maloszewski, P., 2010. Occurrence and transport of pharmaceuticals in a karst groundwater system affected by domestic wastewater treatment plants. J Contam Hydrol, 117(1-4): 26-36.

[24] Environment Agency, 2007. Underground, under threat. The state of groundwater in England and Wales. Environment Agency, Almondsburry, Bristol, 23p. Available at: http://www. environmentagency, gov. uk/

[25] Focazio, M. J., Reilly, T. E., Rupert, M. G., and Helsel, D. R., 2002.

Assessing ground-water vulnerability to contamination: providing scientifically defensible information for decision makers. U. S. Geological Survey Circular 1224, Reston, Virginia 33p.

[26] Foster, S., Garduño, H., Kemper, K., Tiunhof, A., Nanni, M., and Dumars, C., 2002-2005. Groundwater quality protection; defining strategy and setting priorities. Sustainable Groundwater Management; Concepts & Tools, Briefing Note Series Note 8, The Global Water Partnership, The World Bank, Washington, D. C., 6p. Available at: www. worldbank. org/gwmate.

[27] Franchi, A., 2009. Groundwater treatment. In: Kresic, N., Groundwater Resources: Sustainability, Management, and Restoration. McGraw-Hill, New York, pp. 437-482.

[28] Fuller, M. L., 1910. Underground waters for farm use. U. S. Geological Survey Water-Supply Paper 255, Washington, D. C.

[29] Gerba, C. P., 1988. Virus survival and transport in groundwater. J lndust Microbiol Biotechnol, 22(4): 247-251.

[30] Gogu, R. C., 2000. Advances in Groundwater Protection Strategy Using Vulnerability Mapping and Hydrogeological GIS Databases. Ph. D. Thesis, University of Liège, Liège, France, 153p.

[31] Goldscheider, N., 2002. Hydrogeology and Vulnerability of Karst Systems—Examples from the Northern Alps and the Swabian Alb. Ph. D Dissertation, University of Karlsruhe, Germany, 236p.

[32] Goldscheider, N., Drew, D., and Worthington, S., 2007. Introduction. In: Goldscheider, N., and Drew, D. (eds.), Methods in karst hydrogeology. International Contributions to Hydrogeology 26, International Association of Hydrogeologists, Taylor & Francis, London, pp. 1-8.

[33] Günay, G., and Milanovic, P., 2005. Karst engineering studies at the Akköprü Reservoir area, SW of Turkey. In: Stevanovic, Z., and Milanovic, iv. (eds.), Water Resources and Environmental Problems in Karst, Proceedings of the International Conference and Field Seminars, Belgrade & Kotor, Serbia & Montenegro, 13-19 September 2005, Institute of Hydrogeology, University of Belgrade, Belgrade, pp. 651-658.

[34] Hauwert, N. M., and Vickers, S., 1994. Barton Springs/Edwards Aquifer: Hydrogeology and groundwater quality. Barton Springs/Edwards Aquifer Conser-

vation District, Austin, Texas, 91p. + Appendices.

[35] Hinrichsen, D., Robey, B., and Upadhyay, U. D., 1997. Solutions for a water-short world. Population reports. Series M, No. 14., Johns Hopkins School of Public Health, Population Information Program. Baltimore, MD; Available at: http://www. infoforhealth. org/pr/m14edsum. shtml

[36] Hötzl, H., 1996. Grundwasserschutz in Karstgebieten. Grundwasser, 1(1): 5-11.

[37] Hötzl, H., Adams, B., Aldwell, R., et al. 1995. Regulations. In: COST 65: Hydrogeological aspects of ground- water protection in karstic areas, Final report (COST action 65). European Commission, Directorate- General XII Science, Research and Development, Report EUR 16547 EN. Brussels, Luxemburg, pp. 403-434.

[38] Kraemer, S. R., Haitjema, H. M., and Kelson, V. A., 2005. Working with WhAEM2000; Capture zone delineation for a city wellfield in a valley fill glacial outwash aquifer supporting wellhead protection. EPA/600/R-00/022, United States Environmental Protection Agency, Office of Research and Development, Washington, D. C., 77p.

[39] Kresic, N., 2007a. Hydrogeology and Groundwater Modeling, Second edition. CRC Press, Taylor & Francis Group, Boca Raton, FL, 807p.

[40] Kresic, N., 2007b. Hydraulic methods. In: Goldscheider, N., and Drew, D. (eds.), Methods in Karst Hydrogeology. International Contributions to Hydrogeology 26, International Association of Hydrogeologists. Taylor & Francis, London, pp. 65-92.

[41] Kresic, N., 2009. Groundwater Resources: Sustainability, Management, and Restoration. McGraw-Hill, New York, 852p.

[42] Kresic, N., and Fotouhi, F., 2010. Springwater treatment. In: Kresic, N., and Stevanovic, Z. (eds.), Ground- water Hydrology of Springs: Engineering, Theory, Management and Sustainability. Elsevier, New York, pp. 269-304.

[43] Kresic, N., Papic, P. and Golubovic, R., 1992. Elements of groundwater protection in karst environment. J Environ Geol Water Sci, 20(3): 157-164, Springer-Verlag, New York

[44] Langer, W. H., 2001. Potential environmental impacts of quarrying stone in karst—A literature review. U. S. Geological Survey Open-File Report of-01-

0484, 34p.

[45] Laroche, E., Petit, F., Fournier, M., and Pawlak, B., 2010. Transport of antibiotic-resistant Escherichia coli in a public rural karst water supply. J Hydrol, 392(1-2): 12-21.

[46] Lee, F. F., and Jones-Lee, A., 1993. Public health significance of waterborne pathogens. Report to California Environmental Protection Agency Comparative Risk Project, 22p.

[47] Leibundgut, C., 1998. Vulnerability of karst aquifers (keynote paper). IAHS Publ, 247: 45-60.

[48] Lindsey, B. D., Berndt, M. P., Katz, B. G., Ardis, A. F., and Skach, K. A., 2009. Factors affecting water quality in selected carbonate aquifers in the United States, 1993-2005. U.S. Geological Survey Scientific Investigations Report 2008-5240, Reston, VA, 117p.

[49] Lopes, T. J., and Furlong, E. T., 2001. Occurrence and potential adverse effects of semivolatile organic compounds in streambed sediment, United States, 1992-1995. Environ Toxicol Chem, 20(4): 727-737.

[50] Magiera, P., 2000. Methoden zur Abschätzung der Verschmutzungsempfindlichkeit des Grundwassers. Grundwasser, 3(2000): 103-114.

[51] Marinos, P. G., 2005. Experiences in tunneling through karstic rock. In: Stevanovic, Z., and Milanovic, P. (eds.), Water Resources and Environmental Problems in Karst, Proceedings of the International Conference and Field Seminars. Belgrade & Kotor, Serbia & Montenegro, September 13-19, 2005, Institute of Hydrogeology, University of Belgrade, Belgrade, pp. 617-644.

[52] Masters, R. W., Verstraeten, I. M., and Heberer, T., 2004. Fate and transport of pharmaceuticals and endocrine disrupting compounds during ground water recharge. Ground Water Monitoring & Remediation, Special Issue: Fate and transport of pharmaceuticals and endocrine disrupting compounds during ground water recharge, pp. 54-57.

[53] Meinzer, O. E., 1927. Large springs in the United States. U.S. Geological Survey Water-Supply Paper 557, Washington, D.C., 94p.

[54] Milanovic, P. T., 2004. Water Resources Engineering in Karst. CRC Press, Boca Raton, FL, 312p.

[55] Nowell, L., and Capel, P., 2003. Semivolatile organic compounds (SVOC) in

bed sediment from United States rivers and streams: Summary statistics; preliminary results from Cycle I of the National Water Ouality Assessment Program (NAWOA), 1992-2001. Provisional data—subject to revision. Available at: http://ca. water. usgs. gov/pnsp/svoc/SVOC-SED-2001-Text. html

[56] Panno, S. V., and Kelly, W. R., 2004. Nitrate and herbicide loading in two groundwater basins of Illinois' sinkhole plain. J Hydrol, 290(3-4): 229-242.

[57] Papic, P., Kresic, N., and Golubovic, R., 1991. Acid rains and their influence on the quality of Petnica karstic spring water. Académie Serbe des sciences et des arts, Éditions speciales, Vol. DCXIV, Classe des sciences naturelles et mathématiques, Belgrade, pp. 95-105.

[58] Peterson, E. W., Davis, R. K., Brahana, J. V., and Orndorff, H. A., 2002. Movement of nitrate through regolith covered karst terrane, northwest Arkansas. J Hydrol, 256(1-2): 35-47.

[59] Porter, W. P., Jaeger, J. W., and Carlson, I. H., 1999. Endocrine, immune and behavioral effects of aldicarb (carbamate), atrazine (triazine) and nitrate (fertilizer) mixtures at groundwater concentrations. Toxicol Ind Health, 15: 133-150.

[60] Romanov, D., Gabrovšek, E, and Dreybrodt, W., 2003. Dam sites in soluble rocks: A model of increasing leakage by dissolutional widening of fractures beneath a dam. Eng Geol, 70(1-2): 17-35.

[61] Rupert, M. G., 1999. Improvements to the DRASTIC ground-water vulnerability mapping method. U. S. Geological Survey Fact Sheet FS-066-99, 6p.

[62] Rupert, M. G., 2001. Calibration of the DRASTIC ground water vulnerability mapping method. Ground Water, 39(4): 625-630.

[63] Schaefer, J. A., 2009. Risk evaluation of dams on karst foundations. Proceedings of 29th Annual USSD Conference, Nashville, TN, April 20-24, 2009, pp. 541-579.

[64] Schindel, G., Johnson, S., Hoyt, J., Green, R. T., Alexander, E. C., and Krietler, C., 2009. Hydrology of the Edwards Group: A Karst Aquifer Under Stress; A Field Trip Guide for the US EPA Groundwater Forum November 19, 2009 San Antonio, TX, 57p.

[65] Showcaves, 2012. Available at: http://www. showcaves. com/english/fr/karst/Pernod. html

[66] Sowers, G. F., 1974. Foundation subsidence in soft limestones in tropical and subtropical environments. Special Technical Publication G-7. Law Engineering Testing Company, Atlanta, GA, various pagination.

[67] Sowers, G. F., 1996. Building on sinkholes. Design and Construction of Foundations on Karst Terrain. American Society of Civil Engineers, ASCE Press, 202p.

[68] Texas Administrative Code, 2006. Title 30 (Environmental Quality), Part 1 (Texas Commission on Environmental Quality), Chapter 330 (Municipal Solid Waste), Subhapter J (Groundwater Monitoring and Corrective Action), Rule 330.403 (Groundwater Monitoring Systems), effective March 27, 2006, 31 TexReg 2502.

[69] The European Parliament and the Council of the European Union, 2000. Directive 2000/60/EC of the European Parliament and the Council of 23 October 2000 establishing a framework for community action in the field of water policy (EU Water Framework). Official Journal of the European Union, 22: L 327/1.

[70] The European Parliament and the Council of the European Union, 2006. Directive 2006/118/EC on the protection of groundwater against pollution and deterioration. Official Journal of the European Union, 27: L 372/19-31.

[71] Tihansky, A. B., 1999. Sinkholes, west-central Florida. In: Galloway, D., Jones, D. R., and Ingebritsen, S. E. (eds.), Land Subsidence in the United States. U.S. Geological Survey Circular 1182, Reston, VA pp. 121-140.

[72] Trimmel, H. (ed.), 1998. Die Karstlandschaften der Österreichischen Alpen und der Schutz ihres Lebensraumes und Ihrer Natürlichen Ressourcen. Fachausschut Karst, CIPRA-Österreich, Vienna, 119p.

[73] Turkmen, S, Özgüler, E., Taga, H., and Karaogullarindan, T., 2002. Seepage problems in the karstic limestone foundation of the Kalecik Dam (south Turkey). Eng Geol, 63(3-4): 247-257.

[74] USDA (United States Department of Agriculture), 2008. Sinkhole and sinkhole area treatment. Practice introduction. Natural Resources Conservation Service—Practice Code 527, 2p.

[75] USEPA, 1993. A review of methods for assessing aquifer sensitivity and ground water vulnerability to pesticide contamination. U.S. Environmental Protection Agency, EPA/813/R-93/002, 147p.

[76] USEPA, 2000. National Water Quality Inventory; 1998 Report to Congress; Ground water and drinking water chapters. EPA 816-R-00-013, Office of Water, Washington, D. C.

[77] USEPA, 2003a. Atrazine interim reregistration eligibility decision (IRED), Q&A's—January 2003. Available at: http://www. epa. gov/pesticides/factsheets/atrazine. htm#ql. Accessed January 23, 2008.

[78] USEPA, 2003b. Overview of the Clean Water Act and the Safe Drinking Water Act. Available at: http://www. epa. gov/OGWDW/dwa/electronic/ematerials/. Accessed in 18th September 2007.

[79] USEPA, 2003c. An overview of the Safe Water Drinking Act. Available at: http://www. epa. gov/OGWDW/dwa/electronic/ematerials. Accessed in 18th September, 2007.

[80] VA DCR (Virginia Department of Conservation and Recreation), 2008a. Natural Heritage Resources Fact Sheet. Karst Resources of the New River Basin. Virginia Karst Program, 10/08. Available at: http://www. dcr. virginia. gov/natural_heritage/karsthome. shtml

[81] VA DCR (Virginia Department of Conservation and Recreation), 2012. Virginia Natural Heritage Kars Program. Available at: http://www. dcr. virginia. gov/natural_heritage/karsthome. shtml#

[82] Vesper, D. J., Loop, C. M., and White, W. B., 2003. Contaminant transport in karst aquifers. Speleogenesis and Evolution of Karst Aquifers, 1 (2); republished from Theoretical and Applied Karstology, 2001, 13-14: 101-111.

[83] Vrba, J., and Zaporozec, A. (eds.), 1994. Guidebook on mapping groundwater vulnerability. International Contributions to Hydrogeology Vol. 16, International Association of Hydrogeologists (IAH), Swets & Zeitlinger Lisse, Munich, 156p.

[84] Waltham, T., Bell, F., and Culshaw, M., 2004. Sinkholes and Subsidence, Karst and Cavernous Rocks in Engineering and Construction. Springer, Praxis Publishing, Chichester, UK, 300p.

[85] WHG, 1996. Gesetz zur Ordnung des Wasserhaushalts (Wasserhaushaltsgesetz), BGBl, Bonn, Germany.

[86] Wikipedia, 2007. Endocrine disruptor. Available at: http://en. wikipedia. org/wiki/Endocrine_disruptor. Accessed in 5th December 2007.

[87] Worthington, S. R. H., Smart, C. C., and Ruland, W. W., 2003. Assessment of groundwater velocities to the municipal wells at Walkerton. Proceeding of the 2002 joint annual conference of the Canadian Geotechnical Society and the Canadian chapter of the IAH, Niagara Falls, Ontario, pp. 1081-1086.

[88] Wyoming DEQ (Department of Environmental Quality), 2007. Wyoming's wellhead protection (WHP) program guidance document. Available at: http://www.wrds.uwyo.edu/wrds/deq/whp/whpcover.html. Accessed on November 21, 2007.

[89] Zwahlen, F. (ed.), 2004. COST Action 620. Vulnerability and Risk Mapping for the Protection of Carbonate (Karst) Aquifers, Final Report. European Commission, Brussels, 297p.

第 11 章 岩溶水修复

11.1 简 介

关于地表水和地下水修复的定义与目标的讨论一直都没有停止。其性质通常被简化,只强调地下水“污染者”和“保护者”之间的利益分歧,置公众于两者之间,这使人产生误解。在岩溶环境中,地表水和地下水密不可分,其污染的复杂性和修复的可行性在很多情况下都不支持这种概念简化。此外,各级监管层面(地方、州和联邦)对地下水修复的目的和目标也存在不同意见。以下摘录了美国一个监管机构所写的一份备忘录,参见美国环境保护署的讨论文件——作为设定清理目标要素的地下水利用、价值和脆弱性(GWFF,2007):

我认为,制定一个国家政策来涵盖此讨论文件及批评家所提出的不同问题非常困难。科学界和商业发展团体有大量相关文献资料并进行了充分讨论,认为地下水具有价值,对其利用、保护和清理需要进行不同程度的研究。地下水的利用、价值和脆弱性(UVV),一直是而且很可能还将继续成为州和地方政府的一大问题,因为它本质上注定要进行土地利用(如区划)和开发。传统上讲,这些一直被视为州和地方政府的职责,因此利用、价值和脆弱性问题的处理因地而异,取决于当地许多科学和政治因素。

美国环境保护署的主要作用应该是对监管机构、监管对象和公众进行教育。这种教育以技术导向为主,政策导向为辅。对于影响某一场地的利用、价值和脆弱性问题,环境保护署也可以发起讨论,或应要求进行调解,尽可能让州和地方监管机构继续就设定保护现有和潜在饮用水供应的清理目标作出决策。这些决策将涉及美国环境保护署、其他联邦利益团体及公众积极参与计划。地方监管机构的明智决策是解决利用、价值和脆弱性问题的最有效方式。

解决这些问题需要一个动态的互动过程,而非仅只是指导文件和政策声明。当然,相关指导文件和政策声明有很多,很难就利用、价值和脆弱性问题制定一个统一的国家指导,也会被很多人所忽视。国家政策都属于一般性政策,承认各州都有自身的利用、价值和脆弱性问题,其中大部分都需要特定的解决方案(Pierce,2004)。

州监管机构对美国环境保护署提出的主要建议是建立一个良好环境管理的总体基调和实施关于美国环境保护署地下水目标的国家政策声明。声明应反映以下观点:①含水层不得退化;②已退化的,最终都需要恢复其自然条件。

州监管机构的上述观点不仅只是个案,许多决心保护环境的利益相关者也都提出了相同或相似的观点。有些已污染含水层之所以难以恢复到其自然条件,在于污染的性质及某些复杂水文地质环境(如岩溶)的"顽固性"。然而,地方层面的"土地利用(如区划)和开发"对污染性质的控制或减缓程度有限,而水文地质条件却完全无法控制。在某些情况下,为了将受污染的岩溶和其他含水层恢复到自然条件,就必须从根本上改变当地的社会经济结构和社会法律。即便如此,含水层恢复到其自然条件可能需要数十甚至数百年的时间。在这里,自然条件定义为地下水中不存在任何人为物质。

前面讨论过的杀虫剂和化肥的使用这两个例子,要求最高级别监管和地方改变土地利用以使含水层恢复到自然状态。以下 Mihael Bricelj 和 Barbara Cencur Cur 两位在斯洛文尼亚进行的一项研究得出的主要成果对目前岩溶地区土地利用和生活污水处理(包括使用化粪池)实践有着深远的影响。

正如以上两位(2005)所谈到的,病原体污染是地下水保护中最为重要的问题,特别是岩溶地区,泉水和水井被用以供水。溶质示踪剂,特别是像荧光素钠这样的发光染料,被普遍用来了解溶质污染物的归宿和输移特征,而胶态示踪剂则适合于模拟附着在悬浮胶体上的微生物污染物的输移。因此,噬菌体和荧光聚苯乙烯微球体等胶态示踪剂被用来评价岩溶地下水资源的病原体风险。

本项研究的目的是研究危害健康的人类病毒,如肠道病毒,在裂隙性岩石和岩溶性岩石未饱和区的渗透与迁移,因为这类岩石代表着斯洛文尼亚的重要含水层。沙门氏菌噬菌体 P22H5(400 ~ 800 nm)和发光微球体(5 μm),因能展示那些对健康有害的病毒的特性而得以应用。噬菌体由于其在结构、大小和抗失活性与肠道病毒相类似而被用来模拟水处理过程中人类肠道病毒的行为特征(Hedberg 和 Osterholm,1993)。

噬菌体 P22H5 为一种致命突变体,在鼠伤寒菌(沙门氏菌)中繁殖传播,很少发生在水体中(Seeley 和 Primrose,1982)。从前面的示踪试验(Bricelj,2003)可以知道,大肠杆菌噬菌体是受粪便物质污染的水体的普通组分,为此,它并非一种合适的示踪剂。噬菌体 P22H5 示踪剂被注入岩溶地区未饱和区,在那没有出现噬菌体宿主菌背景。

试验场点 Sinji Vrh 展示了一个 340 m 长的人工科研隧道,为地下 5 ~25 m(见图 11.1)。这个未饱和裂隙和岩溶石灰岩具有可忽略不计的基质孔隙度和极高裂缝密度,大通道(Veselic 和 Cencur Curk,2001)。为了这项研究,采集了科研隧道顶部 1.5 m 长一段(MP1 到 MP10)的渗漏水,采集面 2.2 m^2。

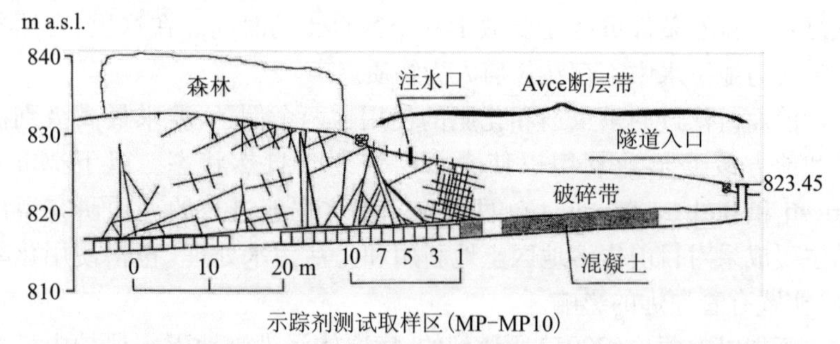

图 11.1　试验场点 Sinji Vrh 科研隧道纵剖面图,展现示踪测试区和示踪测试取样点(对 Bricelj 和 Cencur Curk 原图进行了修改,2005)

4.1 d 后,噬菌体示踪剂最先在取样点 5(MP5)出现,最大值为 3.1E +9 空斑形成单位(pfu)。1 d 后,在 MP4(出现噬菌体,最大值 1.1E +8 pfu)获取了一个阳性结果。22 d 后,示踪剂出现在所有取样点。示踪剂出现时峰值仅在MP2和MP8出现。在MP3,示踪剂在8 d后才出现,在注水50 d后才达到峰值。

在离注水口最远的取样点(MP1、MP2、MP9和MP10),峰值也在最低pfu值之内。324 d后在MP4和347 d后在MP5分别取了水样。最后一个水样提取时在MP4和MP5各1 mL水样中,分别还只有4.2E+2 pfu和9.8E+2 pfu。对MP4和MP5的恢复值进行了计算,结果都小于两个取样点注水量的1%(MP4为0.04%,MP5为0.91%)。表11.1对各取样点噬菌体示踪剂出现结果进行了小结。

表11.1　MP1到MP10示踪剂出现情况

取样点	示踪剂出现时间(d)	峰值(pfu)	峰值出现时间(d)
MP1	7	2.10E+03	11.1
MP2	7	2.90E+02	7
MP3	22.1	5.70E+02	50
MP4	5	1.10E+08	5
MP5	4.1	3.10E+09	4.1
MP6	8	4.30E+04	11.1
MP7	13.4	1.40E+04	30.9
MP8	7	6.50E+04	7
MP9	22.1	1.70E+03	24.9
MP10	8	4.90E+03	40

Sinji Vrh测试点的结果显示,裂隙性岩石和岩溶性岩石中未饱和区在污染物归宿与运移(包括储存)中起着重要作用。污染物向岩溶含水层深部的迁移取决于土壤和未饱和区的饱和度(降雨事件)。在测试场区,未饱和区中存在快速通道(大型裂隙或断层),水流在岩石整个导流部分流动更为快速,就像MP4和MP5那种情形。同时还观察到微裂隙系统区示踪剂延迟的情况,特别是MP3、MP7、MP9和MP10这几个点。在这些点上,出现峰值分别被延迟50 d、31 d、25 d和40 d。出现非常低的示踪剂恢复率是由于示踪剂在无法取样,且示踪剂基于

衰变、过滤、沉淀和不可逆吸附等机制产生衰减的方向出现弥散。在注入噬菌体和微球体后,它们停留在未饱和区裂隙(通道)和微裂隙系统中,经过了随后数月后发生的较大降雨事件的清洗(见图11.2)。

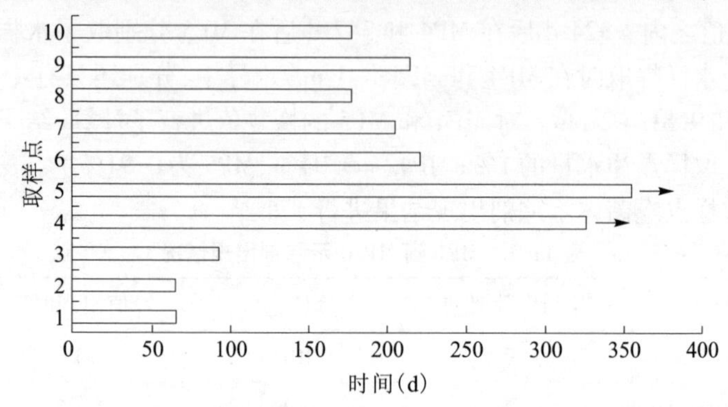

图11.2 MP1到MP10取样点在第一次出现噬菌体示踪剂后的存在情况

(箭头表示在MP4和MP5取样点最后一天取样时噬菌体继续存在)(对Bricelj和Cencur Curk原图进行了修改,2005)

2002年秋天建立的地下水特别工作组(GWTF),作为美国环境保护署的一个清洁计划的一部分,旨在改善美国环境保护署处理红土地、联邦设施、地下储油罐渗漏、资源保护与恢复法(RCRA)纠正措施和超级基金等方面的清洁计划的规划及质量,对地下水资源及其脆弱性的重要性进行了以下研讨(GWTF,2007):

地下水利用通常指的是地下水目前的使用和功能基因合理的将来预期使用。地下水利用一般可分为饮用水、生态用水、农业用水、工业/商业用水或功能,以及娱乐用水等。饮用水包括公共供水和个人(家庭或生活)供水。生态用水通常指地下水功能,如为地表水提供基流以支持动物栖息地;地下水(最有名的是岩溶环境下)还可以作为其自身的生态栖息地。农业用水一般指的是农作物灌溉和牲畜饮水。工业/商业用水指的是工业过程(如制造业)中的冷却水,或者商业用途,如洗车设施。娱乐用水一般与地下水造成的对地表水的影响有关;然而,岩溶环境下的地下水可用于娱乐目的,如洞穴潜水。所有这些用途和功能都被认为是地下水的有益使用。此外,在一定范围的河流期待用途和功能中,最大(或最高)有益地下水利用指的是那些确保最严格的地下水清洁水平的使用和功能。

地下水价值通常被认为表现在三个方面:当前利用,将来利用或合理的期待利用,以及其固有价值。当前利用价值很大程度上取决于需求。地下水在为唯一水源、在其比地表水处理和分配成本更为低廉、或者其支持着生态栖息地时价值更大。当前利用价值还可考虑受污染地下水对周围媒介(如下面的饮用水含水层,上面的空气特别是室内空气,以及邻近的地表水)的影响相关成本。将来利用或合理的期待利用价值指的是人们施加在他们预期将来会利用的地下水上的价值;该价值将取决于特定的期待用途(如饮用水、工业用水)。固有价值指的是人们施加在知道存在清洁地下水,可供后代利用(无论现在还是以后利用)上的价值。而地下水的价值常常很难量化,它当然会随着地表水处理成本的增加而增大,并随着现存地下水和地表水供水达到继续开发的容量时而增大。

地下水的脆弱性是指进入环境中的地下水能负面影响地下水质和水量的程度。脆弱性很大程度上取决于当地条件,包括水文地质、污染物特性、泄放大小或泄放量,以及污染源的位置等。浅层地下水一般比深层地下水更为脆弱。私人(家庭生活)供水特别脆弱,因为:①它们一般比公共供水浅;②监管机构一般要求很少或者根本没有对它们的水井进行监测或测试;③房主或许没有意识到污染,除非有味道或者气味问题。

正如前面第10章提到的有关莠去津的例子,美国环境保护署在允许继续使用这种杀虫剂时甚至没有考虑用于饮用水供应的私人水井(USEPA,2003a)。Kresic 和 Mikszewski(2012)探讨的一个类似的发人深思的话题就是与新英格兰东部私人饮用水供给中砷(As)有关的当前监管政策。砷自然存在于大量开发私人供水井的地区的变质沉积基岩单位之中。2003年,整个东新英格兰地区有超过10万人在使用含砷浓度高于10 μg/L 的联邦最大污染物水平(MCL)的私人供水(Ayotte 等,2003)。这表示有大量接触被大家公认有毒的化学品。

与允许使用莠去津和接触砷的政策及不完全考虑单个化粪池系统的影响（这些影响会很严重，斯洛文尼亚的研究说明了这一点）相反，环境条例要求成百上亿美元经费用于修复超级基金和州主导的污染场点，而通常在这些场点污染接触风险程度很低（比如，一生中百万分之一的致癌风险），或者说只是假想出来的（比如，地下水将来潜在污染）。例如，在维沙利亚珀尔庭院超级基金场点，花费了 3 000 多万美元来修复并没有产生实际风险的地下水污染（详细情况本章将进一步讨论）。这是一个允许自找风险而不成比例地针对外部强加风险、忽视整体成果的相应成本效益政策的经典例子。这种思想体系的潜台词就是（根据对 Kresic 和 Mikszewski 进行删改而来，2012）：

在保护人类健康和环境时，我们不仅要解决自然发生的污染、社会或个人生活方式选择相关的风险，而且要积极采取行动来修复第三方造成的一切最小风险。

换句话说，当地下水点源污染是由已知潜在责任方（PRPs）造成，而这些责任方资金雄厚，比单个家庭要厚实得多时，很多情况下对地下水修复的方法取决于对现有地方和州规定的流行解释，而极少根据成本效益和风险分析。前面谈到，乔治亚州和美国其他好几个州，对各种工业和军用设施等大型污染者造成的地下水退化采取的是零容忍政策。这些潜在责任方最后都被要求将他们污染的那部分含水层恢复到原始自然状态，常常不管地下的水文地质特征、风险和相关成本如何。根据各州在地下水恢复方面的不同趋势，美国环境保护署各区也采用了不同的战略。例如有些区还没有批准单一技术不可行（TI）自动放弃（见 11.3.2 节）这种做法，而有些区在处理诸如岩溶这样复杂水文地质环境中地下水恢复的可行性方面则采取了一种更为务实的方法，那就是批准在几个由美国环境保护署领衔清理的几个地下水污染点采取技术不可行（TI）自动放弃做法。

据估计，欧洲国家有 2 万多个“大型场地”，需要对污染土壤和地下水进行大量的修复（清理），预计费用达数百亿美元（Rügner 和 Bittens，2006）。这些场地中绝大多数的清理工作尚未开始，因为监管机构及各利益相关者正在努力制定能够平衡人类健康和环境风险与社会经济现实的恢复方法。这种纠结的一个原因是,很多大型场地是冷战和工业增长时期遗留下来的,为政府所拥有,因此修复的费用必须由全民负担。除复杂的大型场地外,还有成千上万其他场点有着类似问题。例如,据估计,仅在丹麦这样的小国就有14 000个场点受到各种化学品泄漏的污染(丹麦环境保护署,1999),其典型污染物包括氯化溶剂、汽油/燃料、焦油和防腐油(Gudbjerg,2003)。欧洲国家在制定务实和现实的地下水恢复策略的最新因素是碳足迹、能源消耗、气候变化和正在施虐的经济危机的复杂问题。

与欧洲国家实践相反,由于超级基金计划(官方称为1980综合环境应对、补偿和责任法案(CERCLA))及类似的由州主导的推进项目,地下水修复已经成为美国的一个可获利领域,无数咨询专家和技术提供人为方方面面的污染物和地质环境提供解决方案。地下水受污染的有害污染物场点的清理是美国一大专业水文元素。很可能每个职业水文学家将在其职业生涯中在某个点涉及地下水修复项目。如Kresic和Mikszewski(2012)所述,对公众来说,提起超级基金这个词就让人联想到燃烧的河流、生锈的55 gal油桶在地面渗漏着荧光液体、受污染水井,以及发生变异的水生生物这些影像。尽管在很多情况下这些立体特性事实上很准确,但是对污染的感知通常如定义污染的性质和范围及与现有或潜在接触污染相关风险的实际数据一般重要。同样,对环境清理的感知通常比繁复的修复项目的严格的成本量化和真实的环境、社会和经济效益更为重要(见11.4节)。例如,美国有许多已安装的抽出处理(P&T)地下水修复系统,不仅能源需求非常大,相关费用也节节攀升。有一些这类系统每年抽取数千万加仑的水,而实际的地下水污染物只有数十磅或更少(见图11.3)。此外,大量这样的水经处理后往往未被利用就被直接排放到地表河流或下水道或返回到含水层。因此,即使在美国,某些地下水修复工作的可持续性也可能日益受到利益相关者和付费者的质疑。

供水通常由地方负责,其成本很少能完全覆盖。发达国家和发展中国家的大多数水公司都严重依赖政府补贴,而且远不能创造他们自己的资本。由于几乎没有提高水费的政治愿望,中央政府要么不愿意,

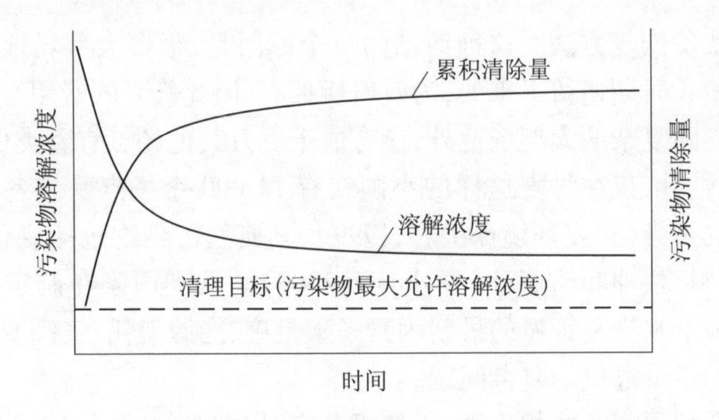

图 11.3 受污染场点抽出处理系统长期效能典型示意图

(在污染物浓度起始阶段大量减少和污染物清除量较大之后,两项指标只出现尾迹,没有实现清理目标(通常情况下,饮用水保准表述为 MCL 或最大污染物水平)。尾迹主要由于孔隙媒介中死水区污染物缓慢释放,孔隙基岩的反扩散,以及非水相液体的缓慢溶解)

要不无法提供财政支持,水公司陷入一种恶性循环之中:基本维护不足、抵制提高费用、无法处理地下水污染。在像美国这样好诉讼的社会,这种状况是法学(律师)行业的沃土。在那些更为务实或者不是那么富裕的社会,中央政府和水管机构在各种地下水污染争端中起着关键作用。他们还帮助地下水用户和污染者双方创造一种更为灵活的监管环境,着重强调基于风险和经济的、可持续方法进行水资源分配,以更好地恢复和管理地表水与地下水。

建立一个类似于碳排放交易的地下水修复交易系统,是形成更高效率和更少冲突的地下水修复方法的可能途径。例如,造成多场点地下水污染的大公司和财力雄厚的政府部门(如国防部或能源部),能根据通过风险和成本效益分析形成的优先性,对其现有和未来的修复成本进行交易。当然,这包括为受影响的地下水用户提供安全的饮用水,从而消除公共健康风险。

同时,干洗店和加油站等引起局部地下水污染又无力支付全部地下水污染清理费用的小企业,将由共同基金支付(已成为美国一些州的惯例)。这些共同基金也将用于支持预防未来地下水污染,包括主动保护脆弱的地下水补给区。

一个理想世界应该意味着上亿美元的钱不该花在寥寥几个其地下水在一个合理的时间框架内恢复到自然状态并不可行或者相对效益来说成本太高的场点。而宁愿把资金和资源花在那些成本效益比更为有利的其他场点。共同基金也可用来充分保护有价值的未污染水源。尽管这种方法在美国那种复杂的监管和诉讼框架下看起来有点牵强,但在世界其他地方也许能满足社会和环境两方面的效益。

11.2　修复技术

总体说来,无论地下水文地质情况如何,也许会也许不会限制其适用性,修复技术划分为以下几类(采自 USEPA,2010):

(1)源头处理修复。在污染物处置点或附近对土壤、沉积物、污泥和/或非水相液体进行现场或场外处理。现场处理技术包括土壤气相抽提法(SVE)、现场热处理、生物修复、现场化学氧化和冲洗等。修复技术通常混合使用,例如,现场热处理通常要求除加热元件外还要安装 SVE 和多相抽提系统。场外修复主要由土壤开挖机后续处理、焚烧和/或处置。

(2)源头遏制修复。现场遏制受污染土壤、泥沙、污泥或非水相液体。修复技术包括垃圾填埋场盖帽、障碍墙和固化/稳定。

(3)地下水处理修复。现场处理污染源区或紧邻污染源区下游的高浓度溶解气相中的主要污染物。修复技术包括空气喷射、可渗透反应墙(PRBs)、生物修复和现场化学氧化(后两种技术也用于源处理)。

(4)抽出处理。将受污染地下水抽取并进行场外处理,防止羽状污染物进一步迁移。注意,抽出处理最初被当作是一种有效的地下水处理方式。然而,经过几年运行数据显示,这种方法有了更好的描述:它是羽状污染物修复方法,其辅助效益是加强地下水冲洗,使总体清洁时间有了轻微的减少。

(5)受监测的自然衰减(MNA)。这取决于生物降解、溶解、稀释、吸收和蒸发等自然衰减因素在合理的时间框架内(相比较于其他修复技术)实现修复目标。MNA 涉及一个详细的、受控制的、综合监测系统,并常常搭配源处理和/或地下水处理或遏制来加快场地清理。

有关各技术方法的详细情况,读者可参阅美国环境保护署(2010)附录 B 和 Kresic(2009)。

如后文 11.3.2 节所述,在美国大多数受污染岩溶场点,牵涉到的监管机构和咨询公司一样,要么用一种规定的千篇一律的方法,要么用一种当前国内最流行的方法,以与其他非岩溶环境相同的方式开展修复工作。因此,岩溶场点与所有其他场点在这方面没有什么差别,而随着时间推移,我们对低效污染物的特性和各种技术方法的效率了解越来越多,从监管和商业角度讲,喜好的技术手段频繁发生着变化。美国环境保护署为各个超级基金场点建立了决策记录(ROD)公共档案文件,通过这些文件可以衡量这些技术方案的使用趋势。正如美国环境保护署(2011a)所描述:"一个决策记录包含场点历史、场点描述、场点特征、社区参与、实施情况、过去和现在的活动、受污染媒介、出现的污染物、响应行动的范围和作用,以及选取的清洁修复手段等内容。"

结果,决策记录和其他综合环境应对、补偿和责任法案决策文件(决策记录修改书和重大差别说明(ESDs))提供了修复市场最新信息,阐明了受欢迎修复方法和技术方面的变迁。Kresic 和 Mikszewski(2012)给出了各种修复技术应用变化趋势和原因。下面对几种有趣的观察资料作了个小结(见图 11.4):

(1)抽出处理法的使用在 20 世纪 80 年代晚期急剧增加,是整个 90 年代的主流修复方法。请注意,在 90 年代早期,出版了大量的决策记录,1991 年最多,达到 197 例(USEPA,2010)。1997 ~ 2001 年,每年选择使用抽出处理法的次数急剧减少,但在 21 世纪的前 10 年,选用频率维持着相对稳定。90 年代晚期,选用抽出处理法的减少反映出人们对这项技术的了解的增加,即该技术在大规模清除和减少清理时间方面的效果有限,而在 21 世纪的前 10 年能维持每年大约 20 次选用反映出这种技术作为防止污染物羽状体进一步迁移的一种遏制措施还存在着需求。

(2)在 1991 年达到峰值和随后马上回落之后,从 1993 年起选用现场源头控制方法一种保持着相对稳定。2001 年以来,现场源头控制修

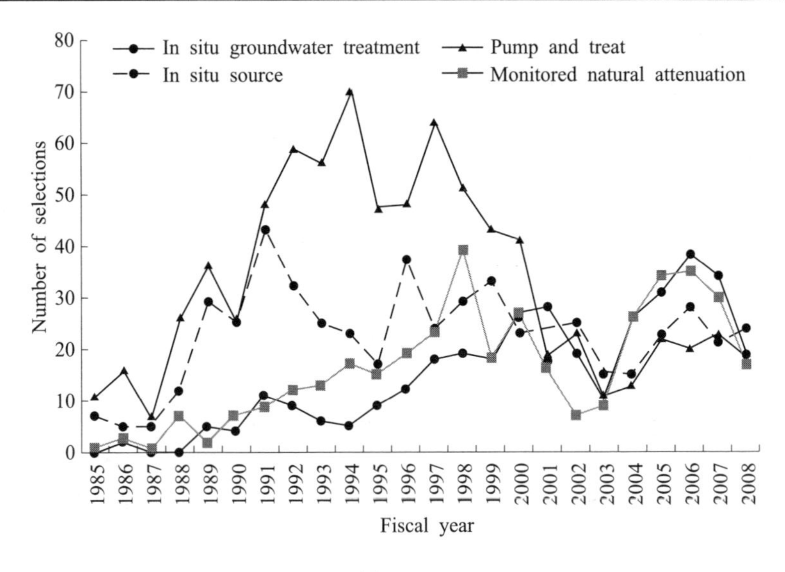

图 11.4

复方法每年选用的次数基本与抽出处理法持平。这两种方法常常先后使用来减少清理时间。

(3)现场地下水处理和受监测的自然衰减(MNA)的使用在90年代稳定增加,到21世纪初期,这两项技术的选用频率比现场源头控制法和抽出处理法要高。请注意,2001~2003年间受监测的自然衰减技术选用减少的原因部分是1999年出版的美国环境保护署有关正确使用受监测的自然衰减的指南(USEPA,1999a)。在咨询商和监管人共同调整新的受监测的自然衰减框架并提出了如何最好地吸收这种技术之后出现了2004年的反弹。

除普遍增加了相关技术手段的物理、化学和生物过程相关知识与了解外,人们更多选择现场地下水处理和受监测的自然衰减技术基于以下几个因素:

(1)采用现场化学氧化进行现场地下水处理的方法比抽出处理法能清除多得多的污染物。

(2)使用受监测的自然衰减的清理时间与那些采用抽出处理法使用的时间或那些源头和/或地下水处理已经达到一个恢复递减点的清

理时间通常没有什么显著的不同。

(3)受监测的自然衰减常常被污染责任方(PRP)认为是一种比积极修复方法成本要小很多的替代方案。请注意,情况并非总是这样,因为受监测的自然衰减需要大量、长时段的监测。

(4)有着多年抽出处理系统运行经验和常年运行经验的污染责任方更乐于接受资本成本更高的创新技术以避免无休止地运行现有或安装新的抽出处理系统。

很多岩溶场点的一个难点是岩溶岩由一层不均匀的残渣层所覆盖,这种残渣层可能有数十英尺厚。因为在大多数情况下,下面的岩溶含水层污染来自地表并穿过残渣层,这个未固结残留沉积物也成为问题的一部分。正因如此,在固结岩溶岩上应用效果不好的补救技术按常规应用于这些场点来解决受污染残渣层。因此,Kresic 和 Mikszewski (2012)所作以下分析一般适用于正在对残渣层进行积极补救,希望能解决下伏岩溶含水层污染问题的所有岩溶岩场点。

在所有超级基金场点现场源头控制方案中,土壤气相抽提法占居主要地位,但自 1991 年来,其使用已从峰值急剧下降。除决策记录数量减少外,这种衰退很可能由于人们增强了对环境温度土壤气相抽提法的了解,最为显著的是对于低挥发污染物及密度非水相液体等那些位于地下水深水处的污染物,处理起来很困难。土壤气相抽提法在去除低渗漏岩层中的污染物时也存在困难。

生物补救、多相抽提、固化/稳定技术手段每年选用数自 20 世纪年代初期以来保持相对稳定,然而,现在这些技术都包含有比例不断增加的现场源控制技术手段。在 21 世纪初期,热处理作为一种更为流行的技术已悄然出现,在 2005 年,其被选用次数与环境温度土壤气相抽提法被选次数相媲美。要记住的是,热处理几乎通常需要一个土壤气相抽提法系统来支撑,因此这种技术最好被认为是“热加强土壤气相抽提法”。因此,即便将来热处理的应用大量增加,现场源控制市场仍可划定为以土壤气相抽提法为中心。

类似于土壤气相抽提法,空气喷射法在 20 世纪 90 年代为主要地下水处理技术。然而,跟土壤气相抽提法不同的是,空气喷射法显得有些过时,因为其选用频率在 21 世纪初期已被生物补救和化学处理(最著名的是现场化学氧化)技术远远超越。其局限性与土壤气相抽提法很相似;事实上,空气喷射法通常需要一个土壤气相抽提法系统来去除来自渗流区的挥发性污染物,这是其本身的一个局限。现在还得看地下水现场补救趋势增长是否会延续到下一个 10 年。与空气喷射法和土壤气相抽提法一样,基于可用性能数据的不断增加,现场化学氧化和生物补救可能有种反弹,虽然并非先前期待的那么令人鼓舞。

尽管在技术和政治上不断发展,超级基金一直保持不变的是将受污染地下水恢复到有益使用这个目标。有益使用通常被认为是按最大污染浓度(MCL)标准测得的饮用水,确保将来的子孙后代有清洁的地下水资源可用。不幸的是,地下含水层孔隙媒介中非水相液体的出现给这个目标的实现设置了极大的挑战。

11.2.1　非水相液体问题

非水相液体通常分为低密度非水相液体和高密度非水相液体,前者的密度小于水密度,后者的密度大于水密度(见表 11.2)。正如第 10 章讨论的,区别实际的自由相非水相液体与溶解于水中的同名化学物是非常重要的。例如,四氯乙烯、三氯乙烯和苯等大多数常见的有机污染物,可以以纯非水相液体和溶于渗漏水的形式进入地下。然而,纯非水相液体的归宿和输移与溶解于地下水的相同化学物有很大的不同。

表 11.2　选取挥发性有机化合物的密度

(IUPAC)化合物名称	常用名或别称	20 ℃时密度(g/cm^3)
1,2,3 - 三氯苯	1,2,6 - 三氯苯	1.690
四氯乙烯	全氯乙烯,四氯乙烯,PCE	1.623
四氯化碳	四氯化碳	1.594
1,1,2 - 三氯乙烯	1,1,2 - 三氯乙烯,TCE	1.464
1,2,4 - 三氯苯	1,2,4 - 三氯苯	1.450

续表 11.2

(IUPAC)化合物名称	常用名或别称	20 ℃时密度(g/cm³)
1,1,2 - 三氯乙烷	三氯乙烷(甲基氯仿)	1.440
1,1,1 - 三氯乙烷	三氯乙烷(甲基氯仿)	1.339
1,2 - 二氯苯	0 - 二氯苯	1.306
cis - 1,2 - 二氯乙烯	cis - 1,2 - 二氯乙烯	1.284
跨 - 1,2 - 二氯乙烯	跨 - 1,2 - 二氯乙烯	1.256
1,2 - 二氯乙烷	1,2 - 乙基二氯,二氯乙烷	1.235
1,1 - 二氯乙烯	1,1 - 二氯乙烯,DCE	1.213
1,1 - 二氯乙烷	1,1 - 乙基二氯	1.176
氯苯	一氯苯	1.106
0 ℃时纯水		1.000
萘	环烷	0.997
氯甲烷	氯甲烷	0.991
氯乙烷	氯乙烷	0.920
氯乙烯	氯乙烯	0.910
苯乙烯	苯乙烯	0.906
1,2 - 二甲苯	0 - 二甲苯	0.880
苯		0.876
苯乙烷		0.867
1,2,4 - 三甲基苯	偏三甲苯	0.876
甲苯	甲苯	0.867
1,3 - 二甲苯	m - 二甲苯	0.864
1,4 - 二甲苯	p - 二甲苯	0.861
2 - 甲氧基 - 2 - 甲基丙烷	甲基叔丁基醚	0.740

注:①IUPAC—国际理论与应用化学联合会;②劳伦斯(Lawrence),2006 提供该表。

非水相液体以较大范围或体积连续(相连)体的形式存在于地下,占据着岩溶含水层之上未固结残渣层物质的孔隙空间,或者出现在岩溶含水层的裂隙或通道中。在这种情况下,这些被称为自由相非水相液体。在大多数情况下,检测未固结残渣层或岩溶岩中的自由相高密度非水相液体是做不到的。而且,当做到了,也往往是碰巧(见图11.5),这种情况下,高密度非水相液体要么是向下移动的相连入侵体的一部分,要么在低渗透多孔介质之上形成一个较大的横向聚集区(见图11.6左)。

图11.5 田纳西州 Knoxville 附近一条路堑暴露的表层岩溶(上图)及田纳西州 Hartsville 一处抽干的古生代灰岩深施工场地的洞穴(下图)

(George Sowers 提供,感谢 AMEC 环境和基础设施公司)

浮在饱和残渣层地下水位面之上的低密度非水相液体聚集区往往比较容易检测到;然而,当假设检测低密度非水相液体所需要的工作只是筛选穿过了地下水位线的监测井时,这些也会令调查者感到惊讶。浮在地下水位线以上的移动相低密度非水相液体,将随地下水位的波动而作垂直移动。在地下水位上升或下降时,低密度非水相液体保留在土壤孔隙,会留下一个残余低密度非水相液体“污迹区”,拟或整个聚集区作垂直迁移。地下水位的下降可能截留住在水位上升时水位线以下形成的低密度非水相液体聚集区。例如,Oostrom 等(2005)的试验和模拟结果表明,易受地下水位变动影响的黏滞性流动相低密度非水相液体,不一定浮在地下水位上,所以可能不会出现在观测井中。类似的情况可能会在水井恢复生产过程中形成。由于地下水位降落引发梯度,低密度非水相液体将流向恢复生产的水井或沟槽。当地下水位恢复到抽水之前条件时,低密度非水相液体可能会保留在地下水位线以下(Newell 等,1995)。

在残余饱和度条件下,非水相液体会在较大的孔隙内形成不连续的单个和多个液滴(见图 11.6 右),由于入侵水而从非水相液体的连续体中分离出来(Cohen 和 Mercer,1993;Pankow 和 Cherry,1996)。非水相液体孔隙的实际饱和度为 0 ~ 1,饱和区内所有流体(非水相液体和水)的单个饱和度之和等于 1。即使利用实际岩芯样品,确定非水相液体的饱和度并非易事,而且需要应用复杂、费力的技术,小心地采集、保存和运输样品。在任何情况下,为了估算含水层体积中存在的相应高密度非水相液体体积,必须对从分散采样点获得的饱和度数字数据进行外推和内插(“画等值线”)。Cohen 和 Mercer(1993)提出了粒间多孔介质(黏土、粉砂、砂、砾石及其混合物)中各种非水相液体流体残留饱和度的实验室和实测值,得出的结论是,饱和多孔介质中的残余饱和度值一般为 0.1 ~ 0.5,而且在非水相液体运移的主要路径上会越来越高。残余饱和度还会随孔隙高宽比与孔径不均匀性的增加和孔隙度的降低而提高。也可能是由于降低孔隙连通性和较小孔喉中移动相非润湿流体(非水相液体)的减少。渗流区的残余饱和度通常比饱和区的小,为 0.10 和 0.20。这是因为非水相液体在有空气存在情况下的排泄,比在水饱和系统更为容易。渗流区的残余饱和度和保持能力随着内渗透性、有效孔隙度和含水量的减少而增加(Cohen 和 Mercer,1993)。

正如 Fountain(1998)讨论的,在地下水位以下,高密度非水相液体

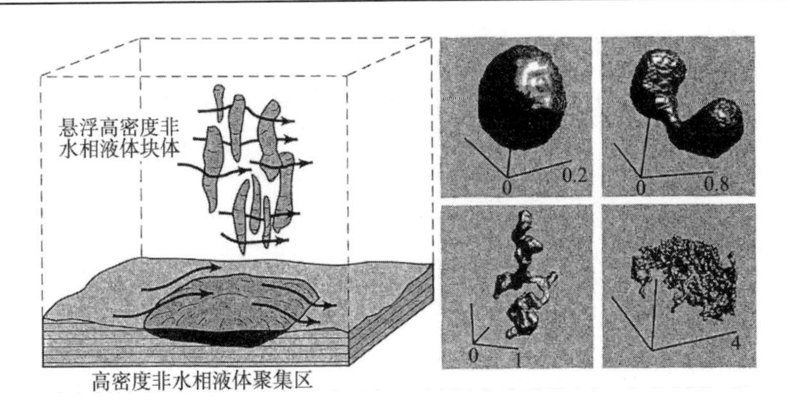

图11.6　低渗透层上高密度非水相液体聚积区仅仅暴露在地下水通量中(左图)(上部)及多孔介质中高密度非水相液体的电子图像(右图)

(左图中不规则、悬浮和非连续的高密度非水相液体块体有着更大的与流动地下水的接触面积,且溶解(消耗掉)更快(Kresic 2007,版权 Taylor 和 Francis);右图比例尺为 mm(Brusseau, 2005))

进入充满水的孔隙,需要克服由高密度非水相液体和水之间的界面张力形成的排替压力。所需排替压力随着粒径的减小而加大(见表11.3)。因此,高密度非水相液体向下的流动每遇到较小粒径层面时就可能会中断。高密度非水相液体总是在细粒层以上横向流动和积累,直到高密度非水相液体形成足够的厚度,克服排替压力。粒度分布的变化即使很小,也可能会引起高密度非水相液体流的显著偏转,导致了一系列由狭窄垂直通道连接的高密度非水相液体水平透镜体。在渗流区时,少量高密度非水相液体被保留下来,作为其流经孔隙的残余饱和度。高密度非水相液体如果遇到高排替压力层,就会在其顶部积累,形成一个聚集区。因此,高密度非水相液体通常是多个水平透镜体,由分散的垂直通道连接,在细粒层以上有一个或多个聚集区(见图11.7)。大多数水平透镜体和垂直通道都处于或低于残余饱和度;只有聚集区有更高的饱和度。区分残余饱和度和聚集区很重要,因为只有聚集区内的高密度非水相液体才可能移动。然而,由热(所有热处理方法)或化学物质(表面活性剂或助溶剂)引起的水与高密度非水相液体间界面张力的变化,可通过降低毛细力推动处于饱和度的残余高密度非水相液体。

表 11.3 高密度非水相液体三氯乙烯的排替压力

多孔介质	排替压力(cm)
净砂($K = 1 \times 10^{-2}$ cm/s)	45
粉砂($K = 1 \times 10^{-4}$ cm/s)	286
黏土($K = 1 \times 10^{-7}$ cm/s)	4 634
裂隙,20 μ 张开度	75
裂隙,100 μ 张开度	15
裂隙,500 μ 张开度	3

资料来源.Fountain(1998)。

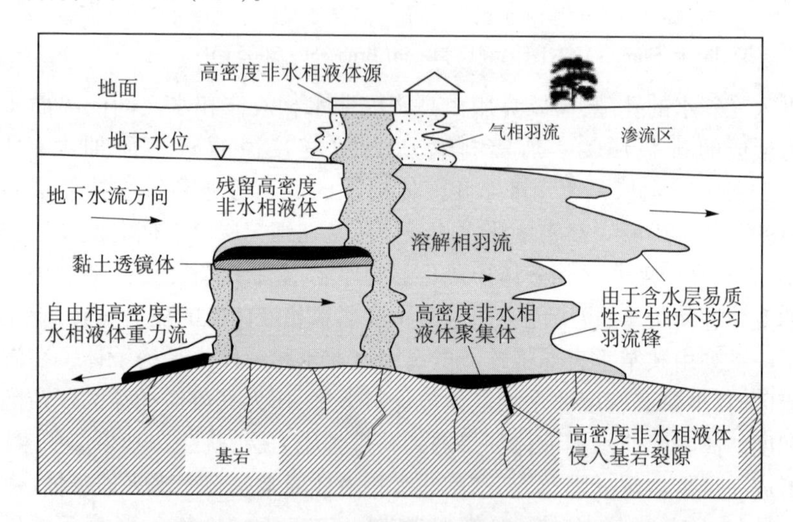

图 11.7 自由相高密度非水相液体和衍生的溶解与气相污染物羽流可能迁移路线(Kresic,2007;版权:Taylor 和 Francis)

未固结残留层泥沙中的监测滤管井饱和区存在高密度非水相液体的一个潜在标志是,溶解态污染物的浓度大于化合物有效溶解度的1% ~10%(Feenstra 和 Cherry,1988;Pankow 和 Cherry,1996)。这一经验得到广泛认可的原因是,如果存在高密度非水相液体,一般既可能是在小优先通道中的小透镜体,以残余相液滴形式存在,也可能从优先通道扩散,进入细粒基岩。如果一个 10 ft 滤管井段接近或穿过这些区域,存在高密度非水相液体区域的厚度与该井段总长度相比,就可能显得较薄。这主要是因为未固结泥沙中的地下水流一般为层流,在短距离内不会很快与较大的地层间隔混合。结果,不断从高密度非水相液体溶解到浓度接近其溶解度限制的地下水中的水相污染物,仍将限制在距污染源区下游方向不远的狭窄(薄)层段。在监测井采样期间,这种污染将被地层较大的滤管段所稀释。因此,溶解度小的污染物浓度表明在监测井附近可能存在高密度非水相液体。如果滤管井段较短,稀释作用将会较弱,而且污染物浓度在表明存在高密度非水相液体之前将有着较高的溶解度。这种方法具有主观性,如果单独使用的话,可能会严重高估或低估含水层中存在的高密度非水相液体,因此必须慎重使用。这种方法只作为判断是否存在高密度非水相液体这一程序的一部分来考虑,方法本身并不表明高密度非水相液体存在与否(州际技术与监管理事会(ITRC),2003)。Anderson 等(1987,1992)非常翔实地讨论了高密度非水相液体污染源区污染物的预期行为和溶解浓度。

另一种间接检测可能存在的残余高密度非水相液体的方法是根据实测土壤总浓度计算孔隙水的假设浓度,假设固相、孔隙水和土壤气体之间的化学分区平衡,而且所收集的样本不存在高密度非水相液体。孔隙水(假设)浓度(C_W,单位为 mg/L 或 μg/cm^3)可用土壤总浓度(C_T,单位为 μg/g 干重)和以下公式表示(Pankow 和 Cherry,1996):

$$C_w = \frac{C_t \rho_b}{K_d \rho_b + \theta_w + H_c \theta_a} \tag{11.1}$$

式中:ρ_b 为土样的容积密度,g/cm^3;θ_w为充水孔隙度(体积分数);θ_a为充气孔隙度(体积分数);K_d为关注化合物在孔隙水与固体之间的分配系数,cm^3/g;H_c为关注化合物的无量纲亨利气体定律常数(见表 11.4 和表 11.5)。

表 11.4　普通有机污染物水溶度（25 ℃时单位为 mg/L）和亨利常数（25 ℃时单位为 kPa m³/mol）

（IUPAC）名称	常用名或别称	25 ℃时水溶度（mg/L）	25 ℃时亨利常数 H（kPa m³/mol）
2-甲氧基-2-甲基丙烷	甲基叔丁基醚，MTBE	36 200	0.070
1,2-二氯乙烷	1,2-乙基二氯，二氯乙烷	8 600	0.140
氯甲烷	氯甲烷	5 320	0.920
氯乙烷	氯乙烷	6 710	1.11
cis-1,2-二氯乙烯	cis-1,2-二氯乙烯	6 400	0.460
1,1-二氯乙烷	1,1-乙基二氯	5 000	0.630
1,1,2-三氯乙烷	三氯乙烷（甲基氯仿）	4 590	0.092
跨-1,2-二氯乙烯	跨-1,2-二氯乙烯	4 500	0.960
氯乙烯	氯乙烯	2 700	2.68
1,1-二氯乙烯	1,1-二氯乙烯，DCE	2 420	2.62
苯		1 780	0.557
1,1,1-三氯乙烷	三氯乙烷（甲基氯仿）	1 290	1.76
1,1,2-三氯乙烷	三氯乙烷（甲基氯仿）	1 280	1.03
四氯化碳	四氯化碳	1 200	2.99
甲苯	甲苯	531	0.660
氯苯	一氯苯	495	0.320
苯乙烯	苯乙烯	321	0.286
四氯乙烯	全氯乙烯，四氯乙烯，PCE	210	1.73
1,2-二甲苯	0-二甲苯	207	0.551
1,4-二甲苯	p-二甲苯	181	0.690

续表 11.4

(IUPAC)名称	常用名或别称	25 ℃时水溶度(mg/L)	25 ℃时亨利常数 H(kPa m^3/mol)
1,3 - 二甲苯	m - 二甲苯	161	0.730
苯乙烷		161	0.843
1,2 - 二氯苯	0 - 二氯苯	147	0.195
1,2,4 - 三甲基苯	偏三甲苯	57	0.524
1,2,4 - 三氯苯	1,2,4 - 三氯苯	37.9	0.277
萘	环烷	31.0	0.043
1,2,3 - 三氯苯	1,2,6 - 三氯苯	30.9	0.242

注:1. IUPAC—国际理论和应用化学联合会;
2. 劳伦斯 2006 年提供该表。

表 11.5　一些通用低密度非水相液体化学物和汽油添加剂的部分特性

化学物	溶解度[a](mg/L)	$\log K_{oc}$(L/kg)	蒸汽压(mm Hg)	亨利常数(无量纲)
苯	1 780	1.5 ~ 2.2	76 ~ 95.2	0.22
甲苯	535	1.6 ~ 2.3	28.4	0.24
乙苯	161	2.0 ~ 3.0	9.5	0.35
间二甲苯	146	2.0 ~ 3.2	8.3	0.31
乙醚	可混	0.20 ~ 1.21	49 ~ 56.5	0.000 21 ~ 0.000 26
甲醇	可混	0.44 ~ 0.92	121.6	0.000 11
TBA	可混	1.57	40 ~ 42	0.000 48 ~ 0.000 59
甲基叔丁基醚(MTBE)	43 000 ~ 54 300	1.0 ~ 1.1	245 ~ 256	0.023 ~ 0.12

续表 11.5

化学物	溶解度[a]（mg/L）	$\log K_{oc}$（L/kg）	蒸汽压（mm Hg）	亨利常数（无量纲）
ETBE	26 000	1.0 ~ 2.2	152	0.11
TAME	20 000	1.3 ~ 2.2	68.3	0.052
DIPE	2 039 ~ 9 000	1.46 ~ 1.82	149 ~ 151	0.195 ~ 0.41

注：1. a—纯相溶解度；混合物溶解度要低（Raoult 定律）；

2. 资料来源于 Nichols 等（2000）；

3. 版权归美国石油学院所有。

如果不存在高密度非水相液体，土样所含化学物质的量在土壤中的孔隙水与空气达到化学平衡时最大。也就是说，对于平衡的纯水溶质（溶解相），孔隙水计算浓度（C_w）等于溶解度浓度（$C_w = S_w$）。如果孔隙水的计算浓度高于溶解度浓度，样品中肯定存在化学物质的高密度非水相液体相。值得注意的是，对于高密度非水相液体的混合物，单一化合物的有效溶解度将低于其纯相水溶性。Pankow 和 Cherry（1996）提供了下面应用式（11.1）的例子：

（1）饱和区（$\theta_a = 0$）的土样中三氯乙烯实测浓度（C_t）为 3 100 mg/kg 或 3 100 μg/g。

（2）三氯乙烯的分配系数（K_d）是从土样中的有机碳分数（$f_{oc} = 0.001$）和三氯乙烯的有机碳分配系数（$K_{oc} = 126$）根据下式计算出来的：$K_d = f_{oc} \times K_{oc} = 0.001 \times 126 = 0.126$。

（3）容积密度（ρ_b）的估计值为 1.86 g/cm^3。

（4）总孔隙度等于充水孔隙度（θ_w），估计值为 0.3。

将上述数值代入式（11.1）中，得出孔隙水浓度的计算值 10 790 mg/L；大于三氯乙烯的纯水溶性，即约为 1 280 mg/L。因此，样本中存在残余液态三氯乙烯高密度非水相液体。

一旦低密度非水相液体或高密度非水相液体进入残留层下的岩溶岩，日常应用于非岩溶场点的有关它们归宿和输移的所有叙述就不再有效。Wolfe 等（1997）、Loop 和 White（2001）、Vesper 等（2003）就此开展了翔实探讨,同时相关专业团体和政府机构也有大量其他文献资料可查(有关简介见州际技术与监管理事会,2003 和 2004)

Vesper 等(2003)指出,低密度非水相液体会浮于地下水之上,这导致一些值得关注的问题,比如漂浮在宾夕法尼亚 Mechanicsburg 附近地下水位上近 2 m 深的一个汽油湖(Rhindress,1971)。一般来说,导管在地下水面上形成一个水槽,这样,导管分支中和裂隙系统中的低密度非水相液体就朝着主导管移动。在洪水漫流期间,水槽充满水,自由面流导管变成了管道流态。水潭中的低密度非水相液体随着水位上升而上升,直达顶部。顶部的任何小洞穴都将截留住低密度非水相液体(Ewers 等,1991)。如果顶部密实,那么低密度非水相液体就被压迫通过障碍物成为活塞流。低密度非水相液体继续爆涌直至抵达导管。另一种情况是,如果顶部破碎,那么活塞流压迫低密度非水相液体向上,气相会上升进入地表上的建筑物中。在初次漫溢后,受到低密度非水相液体污染的导管系统上的房屋和气体建筑物会出现烟气问题(Stroud 等,1986)。

Vesper 等(2003)重点指出,很多常见轻质烃有很大的溶解度和气压力(见表 11.5)。对于聚集在导管障碍物后面的低密度非水相液体,其下面的淡水连续不断的拂扫将最终溶解并去除掉这个聚集体。同样,由于这些化合物的气压力,低密度非水相液体将会逐渐挥发掉。在这个过程中,充满气体的洞穴通道受到烃烟气污染。由于气压变化,洞穴中的气体翻转最终将污染物排出,但是在其存在时,将对洞穴探险者造成极大危害,特别是对那些采用电石灯进行探险的人们。1966 年在乔治亚州 Howard 洞穴发生了一起最为严重的事件,当时电石灯造成汽油爆炸导致 3 人死亡(Black,1966)。

美国地质调查局已经开发了多个初步概念模型,强调岩溶含水层氯化高密度非水相液体的积累场地(Wolfe 等,1997)。虽然这种模型是针对水文地质条件最复杂的岩溶含水层开发的,但有一种或多种可适用于其他水文地质环境下的常见情形。图 11.8 所示岩溶环境下高密度非水相液体积累机制为:在风化层的截获,在基岩顶部聚集,岩溶导管中聚集,基岩扩散流区聚集,在与活动地下水流脱离的裂隙内聚集。

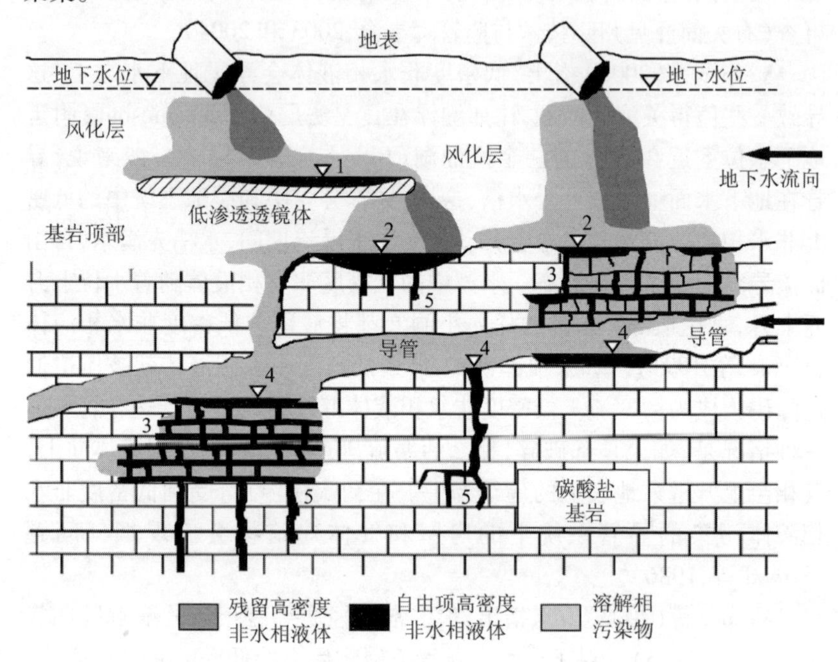

1—在风化层弱透水层上面的聚集;2—在基岩顶部的聚集;3—基岩扩散流区内聚集;4—岩溶导管中聚集;5—在与地下水流脱离的裂隙内聚集

图 11.8 假设岩溶环境下潜在高密度非水相积累场地分布

(Wolfe 等,1997)

在发生风化层截获的地方,风化层较厚、透水性较弱而且存在一些大裂缝和裂隙。基岩表面附近有一些裂隙或岩溶特征的平伏岩层有助于岩石顶部的积累。基岩表面附近的裂缝或岩溶特征,促使氯化高密度非水相液体迁移到基岩的岩溶管道或扩散流区。高密度非水相液体可以通过一类基岩含水层迁移到下伏的另一类含水层或进入与活动地下水流脱离的缝隙(Wolfe 等,1997)。从含水层恢复的角度来看,除在裂隙含水层的任何深度找到高密度非水相液体的概率极低外,最有问题的是其迁移到基岩扩散流区和与地下水主流隔离的裂隙内,并在其中聚集。在这些地区积累的高密度非水相液体将非常缓慢地溶解,进入缓慢流动的地下水，将成为一个长期的地下水的二次污染源。

正如 Wolfe 等（1997）强调的，图 11.8 所示的模型只是分析岩溶环境氯化溶剂污染的起点，而特定场地的环境背景和污染物分布特征的谨慎描述仍然至关重要。这些初步概念模型为中等规模。在这些环境区块中不存在高密度非水相液体的最小可存储限量，因此最大存储量为污染物排放的规模和性质及与特定场地水文地质特征的一个函数。当多个模型可适用于一给定场地时，这些模型相互兼容。

遗憾的是，美国地质调查局研究人员建议的"仔细描述特定场点污染物分布情况"在岩溶地区非常复杂而且成本很高。州际技术与监管理事会（2003）强调了这一点。在有些场点，还包含着由于调查活动造成高密度非水相液体污染范围扩大等巨大风险。任何裂隙或溶液通道都可能成为高密度非水相液体迁移的路径，而在非常靠近受污染路径（如果没有连通）可发现洁净裂隙或溶液通道。一旦进入裂隙或溶液通道，高密度非水相液体就能迁移到在未固结材料或基岩的无裂隙基体中所能预想到的距离远得多的地方，因为其空间通常要比未固结材料或无裂隙岩石中发现的空间要大且更有连续性。即便调查人员发现一处或多处裂隙含有高密度非水相液体，也很难确定含有高密度非水相液体的裂隙和通道的位置，以及在基岩基体中的扩散范围。钻孔和取样方法的局限性进一步抑制了表述基岩中化学污染范围的能力。比如说，由于样品处置或钻井取样，或者由于钻井取样而拖曳了高密度非水相液体，造成挥发物损失，将会导致对基岩污染的范围和性质的误读（州际技术与监管理事会，2003）。

如果长时间排放或连续排放，高密度非水相液体本身的特征可能会发生变化（就像制造过程发生变化一样）。高密度非水相液体结构和性质发生变化会导致水流流式改变。在一些防腐油和人工煤气厂观测到这样一个现象：高密度非水相液体的比重会由于风化（优先溶解或其他机制）随时间发生变化。高密度非水相液体的一些成分溶解或以其他方式丢失，其混合物变得比水轻。这些经过中和的漂浮于水上的低密度非水相液体成分能随地下水迁移，尽管根据非水相液体物理和化学特征，其迁移速度可能比地下水慢（州际技术与监管理事会，

2003)。

为了准确地确定高密度非水相液体场点的特征,通常需要大量的数据。即便使用现场分析方法和动态工作计划,也要花费大量的金钱开展高密度非水相液体场点调查,甚至都无法确定所有高密度非水相液体的精确位置。如果没有明确的目标,似乎有着几乎无尽的需求不断收集数据和花费大量金钱来收集这些数据。正如州际技术与监管理事会(2003)所重申的,需要确定怎样才是“适可而止”,而且,项目前期确立合理的目标非常重要,这样,不确定性能维持在可接受的水平。根据项目目标,可能没有必要试图确定场点中所有高密度非水相液体的位置,这可能是一种浪费(州际技术与监管理事会,2003)。

下面几段转述了岩溶地区的一个超级基金场点的实际补救调查报告声明,在这个超级基金项目中,本书作者为一个客户提供了同业审查。类似声明适用于美国几乎所有开展补救调查的岩溶环境,能纳入所有类似报告中而完全不必担心其精度或来源(可以理解的是,除非使用声明中包含的场地特定数据)。

报告融合了所有可用信息,包含了大量分析数据和地下特性描述信息(加注强调)。总体来说,分析数据跨越时间从 1983 年延续到 2012 年。在此场点内,有 568 个地下水监测井。

考虑到地下水的负责结构(从岩溶发展和结构方面),以及水流流势主导特性方面所观察到的一个很宽的传导性范围,该场点的地下水流或者污染物传输采用一种数值模型进行描述完全不太可能(加注强调)。

从染料跟踪结果来看,在场点内的明显地层与水文地层间隔之间似乎存在着相当关联。这记载着确实发生了地下水混合。然而,染料跟踪结果也记载到有的地方浅层水流和深层水流被隔离开来,表明在较深层水流中至少存在半封闭条件。看起来可能是断层有助于局部混合,尽管尚不知沿单个断层或断层组发生混合的具体位置,而且可能超出分辨率范围(加注强调)。

地图绘制的断层(或人员选定断层)可利于水流或有碍水流。这在任一给定断层沿线会有所不同。结果,不可能定义各个断层在地下水流和污染物特性与范围方面所起的作用，也不可能确定其归宿和输移情况（加注强调）。

由残余小山尖和下切山包组成的发育良好的表层岩溶会给污染物（高密度非水相液体）提供进入基岩的迁移途径或为其提供聚集场地。当认识到存在表层岩溶间隔，现有数据表明岩面表层多变而且不可预测。岩石顶部观测到在相距不足 10 ft 的钻孔中垂向变化达 60 ft。小山尖和下切山包上的覆盖层的特质同样多变，部分取决于原地石灰石分解后的残留燧石遗留量。另外，表层岩溶下覆并连接着一个不明确的、有着不同高度和广度的岩溶通道网。因此，无论使用地表物探方法还是地下探测，对基岩顶部进行定义到足以克服这些不确定因素是不可能的。这证明在尝试定位和修复地下高密度非水相液体时存在着这种制约因素（加注强调）。

现场的数据表明，高密度非水相液体已经迁移到很深位置而且侧向迁移到离污染源区很远的地方（加注强调）。看起来场点排放的高密度非水相液体已经沿层理倾角和/或断层朝东南方向迁移了 1 750 ft，深达 240 ft。尽管这种侧向迁移在文献中有记载，很有可能少数几个查明场点高密度非水相液体运移度的水井为偶然性置放。可能存在其他这类通道，也有可能高密度非水相液体仍在迁移。

高密度非水相液体除深度迁移外，还会通过岩溶通道以乳液的形式或者与挟带泥沙一起通过岩溶水流系统迁移一定距离。结果，高密度非水相液体会在远离污染源区的地方出现，为本地化热点溶解相挥发性有机化合物做准备（加注强调）。

根据美国国家科学研究委员会（1994，2005），岩溶含水层构成了最复杂的地下水污染调查和修复环境。2005 年的美国国家科学研究委员会根据媒介特点、异质度、渗透性、基质孔隙率等将水文地质环境归入 5 类。根据美国国家科学研究委员会的研究报告，第五类环境（本研究点所属环境）中的地下水修复，由于裂隙或通道中可能出现的高水流流量，造成对一个较大地方潜在污染影响，使其变得复杂起来。场点特征描述通常较为困难且成本高昂，导致参数估值高度不确定。在业已完成的研究以外开展额外场点特征描述不太可能极大减少场点概念模型的不确定性(加注强调)。如果出现高密度非水相液体,而且污染物已经扩散到岩石基体之中,则修复污染就有可能非常困难,成本也高,而且技术上讲也可能不切实际。

遗憾的是,在美国很多岩溶场点,负责监督污染场点修复的监管机构不愿意决定何时才适可而止,这样无休止的数据采集持续了数十年(见11.3.2节),而有关场点实际修复的决策却被束之高阁。这就是一些沮丧的咨询工程师制作了图11.9所示之类图表的主要原因。值得注意的是,自愿为Kresic和Mikszewski(2012)制作此类图表的同事们仍然希望匿名,因为他或她仍然害怕疏远了他或她定期会打交道的那些监管人员。

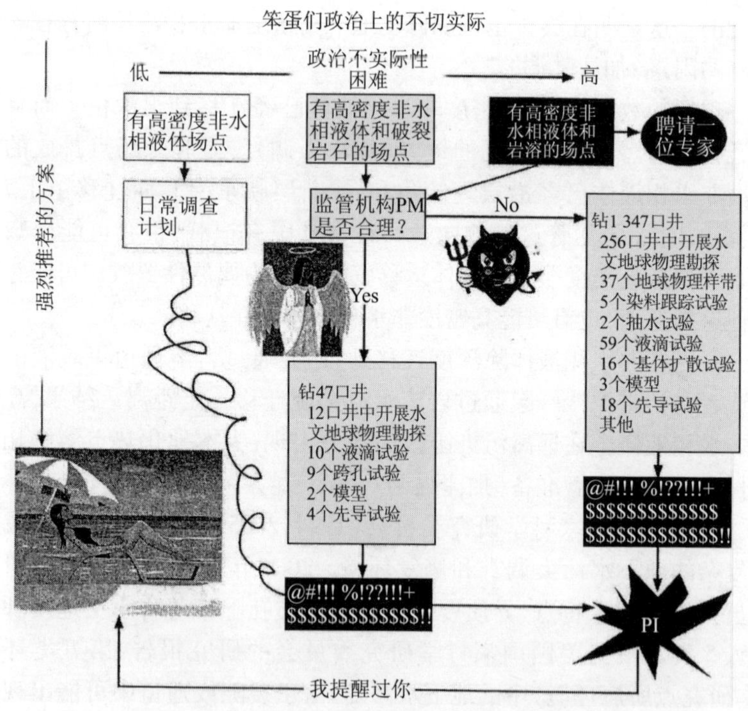

图11.9 岩溶地下水的修复在政治上不切实际

(原因是缺少实质性的指导、监管或一般政策,如果没有浪费资金进行过多现场调查、补救性试点试验和数据分析,就无法作出岩溶地区受高密度非水相液体影响的地下水有关决策)(来源:匿名)

总之,裂隙岩体和岩溶含水层中的高密度非水相液体污染源区的划定一般比粒间多孔介质中的污染源区划定要困难得多。在相对均匀的粒间多孔介质中,样本中的“清洁”水可提供污染源上游不存在高密度非水相液体的合理证据。相反,一个裂隙单元水井样本中的“清洁”水只能说明裂隙位于污染源上游并与水井有水力学联络(Fountain,1998)。由于没有满足要求的概念模型,通常导致数据收集时人力和财力的浪费,对说明问题起不到多大作用。水溶性污染物或多孔粒状介质场地描述的标准技术,在裂隙岩体和岩溶环境的高密度非水相液体场地可能会提供无关或错误的结果(Cohen 和 Mercer,1993; Barner 和 Uhlman,1995;Wolfe 等,1997;州际技术与监管理事会,2003;Kresic 和 Mikszewski,2012)。

目前存在与高密度非水相液体的特性描述和修复相关的风险。任何穿过高密度非水相液体聚集区的钻入技术(例如,钻井和推入工具),都可提供高密度非水相液体向下迁移的导管(Pankow 和 Cherry,1996)。任何改变地下水位或减少高密度非水相液体与水之间接触界面张力的修复技术,也可增强高密度非水相液体的迁移性。高密度非水相液体的迁移风险也取决于场地的水文地质条件。是否存在适当的封闭层或高密度非水相液体污染源区下面是否存在水资源,是两个特别重要的因素。因此,必须对每个污染场地进行风险评价。修复措施也可能增加高密度非水相液体迁移的风险,因此要对每个潜在修复技术的此类风险进行仔细评价(Fountain,1998)。

11.2.2　污染源区修复技术

虽然地下水的点污染源有许多不同类型,具有不同的空间形态和污染物特点,但从实际的修复角度可分为两大类:非水相液体污染源和易溶于或完全溶于地下水的化学物污染源,二者的修复策略和技术有很大差异。如前所述,非水相液体(包括低密度和高密度)的广泛生产、运输、利用和处置已导致世界上大量场地的地下水污染。由于非水相液体作为一种单独相,其毒性、有限溶解度(但大大高于饮用水的限制)和在渗流区、土壤气体与地下水中显著的迁移潜力,潜在着在很多此类场点继续长期污染的极大可能性。这种迁移可在渗流区和饱和区形成二次污染源,其位置远离污染物最初进入地下的地方。此外,在污染源区,各种非水相液体通常混存,具有与单一化学物不同的特点,从而使其归宿和输移机制的分析与备选修复方案更为复杂。

许多非水相液体化学物被证实或疑似致癌,且在饮用水中的最大污染物浓度(MCL)很低。考虑到污染源的浓度比最大污染物浓度大4个或5个数量级,污染源区要恢复到原始条件将面临极大的挑战,而且在许多情况下几乎难以实现。然而,减小非水相液体污染源区产生的羽状溶解污染带是一个更为现实的目标,可通过污染源和污染带修复措施的组合来实现。原位修复方法(如土壤蒸汽提取法、曝气法、热处理法、化学氧化法和表面活性剂及助溶剂冲洗法)目前可用于去除或削减污染源区内的非水相液体质量。污染源遏制方法(污染物阻隔墙、薄板桩墙和桩帽)也可用来消除或减少污染带的污染物负荷(Falta 等,2007)。

单个场点的污染源修复成本从几十万美元到数千万美元不等(见 McDade 等,2005),而且如果实施的话,也难以去除所有污染物。污染源修复的好处是,通过去除污染源质量,减少排入羽状污染带的质量(Rao 等,2001;Falta 等,2005a;Jawitz 等,2005)。通过源修复减少污染带负荷可能(或不可能)足以通过自然衰减过程使污染带浓度保持在可接受的范围内(Falta 等,2005a,2005b)。

通常认为羽状污染带的修复成本低于源修复成本,这是因为其资本成本较低。在污染源几乎被溶解作用或其他过程耗尽的场地,污染带修复往往是最为经济有效的场地管理策略。但是,如果污染源质量很大,又没有采取源修复措施,则必须长期运行污染带修复系统。在这种情况下,运行成本(按现值)与源修复的成本差不多。美国环境保护署强调,污染源修复与污染带修复的结合对许多场地来说是比较合理的策略。根据修复的程度,选择某一场地最佳修复措施必须考虑污染源修复与污染带修复的内在结合(Falta 等,2007)。

如 Lipson 等(2005)所展示,在断裂基岩中高密度非水相液体污染源去除后非常长一段时间会发生从岩石基质向开放性断裂的反向扩散。这种反向扩散过程去除来自岩石基体一定量的污染物的时间要比正向扩散过程最初将污染体推入岩石基体所花时间要长。这是由于正向扩散过程为单向,然而反向扩散与反向进入开敞式断裂的局部扩散相关联,而一些正向扩散仍在岩石基体内发生。这个结果表明修复断裂基岩环境的相关时间分度不能与高密度非水相液体污染源出现的时间关联在一起,而要与来自岩石基体的水相液体污染反向扩散所需时间关联起来。

正如 Slough 等(1999)分析的那样,类似于科学杂志上的很多同业审查文章,隔离或控制污染物传播所采取的任何措施,如场点周围安装低渗透隔离墙、蒸汽冲洗、溶解度增强化学品注水,或者甚至采用传统抽水处理方法来控制溶解污染物的迁移,将加大成本,因为高密度非水相液体的延展区增大了。再者,如果在岩石基体中即便出现小量的高密度非水相液体,依赖化学品或冲水的污染源区修复技术的有效性可能不会很好,原因是,如此产生的大多数水流将通过断裂网流过,与基体中的高密度非水相液体的接触有限。就其本身而论,作者对采用现有技术能修复有着不可忽视的基体吸入压力的可渗透断裂岩石中的高密度非水相液体污染区持不太乐观的态度(Slough 等,1999)。

现地热处理技术和现地化学氧化处理技术现在市场使用越来越多,受到监管机构的积极支持,并且常常被称赞为能够实现封闭高密度非水相液体污染场点的技术。例如,在一个 2009 年现状更新报告中,美国环境保护署宣称全美有 5 个高密度非水相液体污染场点通过污染源区修复技术实现了最大污染物水平目标(USEPA,2009a)。然而,值得注意的是,这 5 个点没有一处涉及基岩地下水污染,而这一直是最为负责的修复情景。此外,其中两个场地由于污染物体积有限是否应该归入"复杂"类也值得怀疑(Dry Clean USA No. 11502,奥兰多,佛罗里达;Pasley 溶剂和化学品有限公司,Hempstead, 纽约)。美国环境保护署报告中突出说明的最为复杂的项目是下节描述的 Visalia Pole Yard 修复项目。

1. 热处理技术

热处理技术首先应用在石油工业中。多年来,地下加热和蒸汽注入被用来提高从高重力矿藏和油砂及油页岩中的原油采收率。热处理技术应用于地下水修复项目是一种必然演变，如很多情况下，由石油和氯化溶剂等高密度非水相液体造成的污染。要重申的是，原地热处理是土壤气相抽提法（SVE）的加强形式，因为挥发性污染物必须以气相形式捕获处理。热处理方法通常也涉及多相抽提井。热处理方法对环境温度土壤气相抽提法有很多优点，因为通过以下手段对污染区进行加热处理大大提高了污染体的去除（美国陆军工程师团，2009）：

（1）增加污染物蒸汽压力；

（2）降低高密度非水相液体黏度；

（3）增加污染物溶度和扩散率；

（4）增加生物活动。

此外，土壤的热传导率一般比土壤渗透率（导水率）等传统参数变化小。因此，原地热处理可解决泥沙和黏土等无法建立对流的低渗透物质。目前三种主要商业化的原地热处理法为：

（1）电阻加热法（ERH）；

（2）蒸汽强化提取法（SEE）；

（3）热传导加热法。

有关这些技术的详细描述，参见美国陆军工程师团（USACE，2006，2009），美国环境保护署（USEPA，1998a，2004），Davis（1997，1998），Powell 等（2007），Kresic（2009），Kresic 和 Mikszewski（2012）。

电阻加热法（ERH）系统设计主要担心的是水分流失和高地下水流（Mikszewski 等，2012）。为了避免土壤过分干燥及由此造成的电导流失，电阻加热法系统通常考虑在电子周围设置加湿系统。每天超过数英尺的高速地下水渗流，由于温热水连续不断从处理区冲出并由冷却水替换，会导致巨大热损失。这种局限在有着优先水流路径的岩溶含水层极具代表性。有着上行抽水井和/或下行注水井的管理系统能有助于降低过多地下水通量和相关热损失（Kingston 等，2009）。

用于有害废物修复的蒸汽强化提取法需要使用蒸汽注入井来创造一个压力坡降来回收非水相液体，并对地下进行加热使污染物挥发，从而以气相形式抽提（见图 11.10）。与电阻加热法一样，蒸汽强化提取法能将地下加热到水的沸点的最大温度或者蒸汽蒸馏温度，约 100℃。

在非水相液体被替换并以水相形式回收后,可使用压力循环来加强气相污染体去除。压力循环通过在土体孔隙中创造热动态不稳定条件,从而促进了污染物挥发(美国陆军工程师团, 2006)。

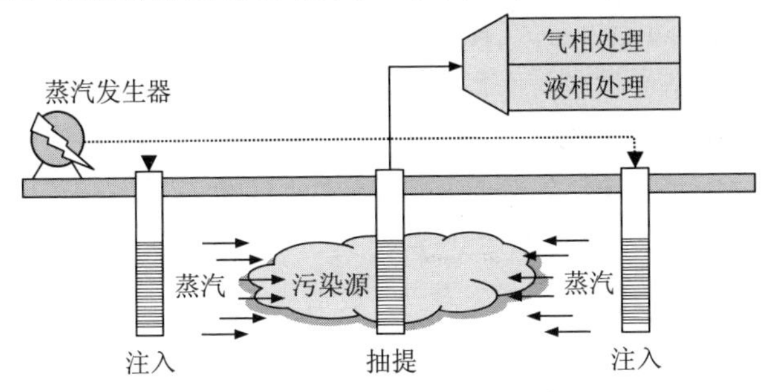

图 11.10 蒸汽强化提取法简图

(来源:美国环境保护署,2004;Davis,1998)

Gudbjerg(2003)强调在非岩溶颗粒状多孔介质情况下,蒸汽强化提取法成本高且难以实施,应仅用于需要快速补救的高污染源区。饱和区内注入的蒸汽受到浮升力的强力影响,导致蒸汽区上升到非饱和区。只有在简单情况下才有可能在无需进行全面复杂的数值模拟的情况下预测饱和区中蒸汽区的发展。当采用蒸汽修复时,污染物的下行迁移是一个潜在问题。毛细管压力随温度下降,从而有助于高密度非水相液体在饱和区内向下的迁移,然而更为重要的是,高密度非水相液体在蒸汽前锋的聚集能使非水相液体移动。后一种情况在未饱和区尤为突出,因为在未饱和区,正在下行的非水相液体仅需取代空气即可。用空气与注入的蒸汽进行混合可克服这个问题(Gudbjerg,2003)。尽管尚无蒸汽强化提取法在岩溶环境中应用的广泛报道或者分析,但可以肯定,必须对上述几点加以强调。

热传导加热法通过传导热传递首先加热地下。由分别安装在点源处地下、井内和覆盖层内的纵向和横向加热装置提供热源。加热器通常在 500 ℃以上温度运行,这些装置产生的热通过热传导和流体对流在地下传播(如热水流)(Kingston 等,2009)。

既不像电阻加热法也不像蒸汽强化提取法,热传导加热法能将地下加热到远大于水的沸点的温度。因此,除氯化溶剂和轻质石油烃外,热传导加热法可用来修复煤焦油产品和多氯联苯(PCBs)这样的低挥发性、高沸点污染物(美国陆军工程师团,2009)。像电阻加热法一样,有着高速水流的场点,比如岩溶,采用热传导加热法进行修复是一个极大的挑战,因为热损失过大,阻碍了目标温度的实现。安装一个地下水管理系统来控制通量也许有助于缓解这种局限(Kingston 等,2009)。

在 Kingston 等的概述报告(2009)和详细报告(2010)中,以实践综述的方式对目前为止已经完成的热修复项目的表现进行了综合评价。关于修复表现,Kingston 等(2009)指出:

尽管到目前为止应用相对较多,但有关后处理监测的数据仍然有限。在 182 个修复场点中,仅对 14 个应用点有足够文件对后处理地下水质改善和源区污染质排放减少情况进行评估。

可用表现数据的短缺使得准确定义表现期待值非常困难。这个问题并不限于热处理修复技术,因为大部分场点修复项目要么属机密,要么涉及对提供这些数据和处理结果及其敏感的方方面面。因此,实施基于实证的补救工作变得非常困难,因为先期补救项目的成功与失败没有良好记载,而是过于依赖管理者和技术供应商的判断。在这点上存在着一定的利益冲突,因为管理者和技术提供商热衷于将每一项补救都描绘为成功案例,而不管这些技术是否能有效满足原来目标。众所周知,负责场地修复的实体单位不想被大家知道他们参与了这项工作(极有可能因为害怕惹官司)。因此,即便是最大限度地减少向公众发放数据,也是对其利益的极大伤害,而公布和整理修复项目数据需要花更多精力。

根据那 14 个有着足够文献记载的应用案例,Kingston 等(2009)得出的结论是,当污染源区定义得当时,原位热处理能在溶解地下水浓度和量排放上减少一到两个量级。通过对系统进行过度设计,使其超出标明的源区范围,并通过系统优化,允许系统运行更长时间(Kingston 等,2009)等手段能实现更好的技术表现。然而,超出处理区范围和延长加热时间将会使一项通常已经需要投入数百万美元的技术的成本大大增加。例如在加州 Rosemead 的 Visalia Pole Yard 点采用蒸汽强化提取法加热持续了约 3 年时间,在这个 3. 5acre 的场点上产生的热修复成本达到2 150万美元(不包括能量成本)(美国陆军工程师团,2009)。

Kresic和Mikszewski(2012)提到,Visalia Pole Yard修复项目常常被美国环境保护署称为成功示范,这极有可能引发了2000年代原位热处理技术的快速增长。例如,在为美国环境保护署编写的一份出版物中,Ryan(2010)指出:

Visalia Pole Yard超级基金项目点实现了全部土壤和地下水修复目标,成为了迄今为止最佳污染点修复实例之一。该项目区的饱和区中有着大量的高密度非水相液体,在经过污染源体消弱修复后实现并达到了饮用水标准。

为了对受防腐油和五氯苯酚污染的地下水进行修复使其达到适用标准,在过去的31年中,开展了以下活动:

(1)地下水抽水处理排放到公共处理厂(1975~1985年);

(2)现场建设和运行一个地下水处理系统,延续运行抽出处理系统(1985~1997年);

(3)蒸汽加强提取(1997~2000年);

(4)安装和运行一个经过加强的生物降解系统,连续进行抽出处理(2000~2004年);

(5)在地面以下0~10 ft浅土开挖(2006年)(美国环境保护署,2009b)。

在最后的收尾报告中列出本场点1996~2006年的总修复成本约为3 000万美元(其中2/3以上为热处理修复)。未提及前20年抽出处理和建设处理厂等相关成本,也未提及热处理修复所消耗的总能量成本(美国环境保护署,2009b)。在没有深挖的情况下,看来清洁的地下水这个最终结果表明该项巨大投入的正确性,同时表明这项修复对保护人类健康和环境、恢复财产及其下覆地下水的有益使用是必要的。不幸的是,正如决策记录(美国环境保护署,1994)和场点的最后收尾报告(美国环境保护署,2009b)所详述的,情况并非这样。

首先,Visalia Pole Yard项目点并没有私人或公共饮用水受到污染。下面一段文字直接引自决策记录(美国环境保护署,1994):

给那些人(现场和场外职业工人和场外居民)产生风险的主要推手是预估假设将来摄入中间含水层的地下水。现场水井仅只被用于地下水监测和处理抽提目的。因此,风险评价中所评估的地下水接触是一种假设(加注强调)。

Kresic 和 Mikszewski(2012)认识到,将来潜在饮用水资源的污染一直以来都被证明需要进行补救已达到最大污染物水平,而上面引用文字仅仅只是说明在决策记录时实际并没有超出风险门限值的场地相关接触。事实上,公众开始对清理 Visalia Pole Yard 项目点并没有特别兴趣,这点在场点收尾报告的《社区关系活动》一节得到证实(美国环境保护署,2009b):

社区参与活动包括在启动 RI/FS 活动之前制订社区关系计划(CRP)。该计划包括拟定一份社区介绍和一份本地重要联系人清单。社区简介指出,周边地区主要是一些对场点清理活动不怎么感兴趣的商家(加注强调)。决策记录草案的副本留存在当地公共图书馆、DTSC 和 USEPA 第九区记录中心。并就决策记录草案的发行进行了公告。在当地报纸上也进行了公告。1993 年 10 月 13 日在加州 Visalia 举办了一次公众大会,介绍了拟议的清洁活动。没有公众成员参加本次会议(加注强调)。

更让人烦忧的是,《五年评审》特别指出“目前本场点没有重新开发的具体计划”。重新开发机会实际上受到作为决策记录一部分的《环境限制 - 资产限制使用盟约》的严重限制。下面一段文字与该盟约有关,摘自美国环境保护署(2009b):

由于修复行动目标基于工业清理标准,禁止包括住宅、医院、学校、托儿所等场点利用;禁止活动包括:土壤扰动低于级别以下 10 ft,以及设置基于任何目的的水井(加注强调)。

在考虑了以上所有相关信息后,不明白的是,除环境咨询工程师、热修复产品销售商和还有可能负责监管修复工作的机构外,还有谁或者单位实实在在从修复工程中受益。社区没有受到项目点的影响,也没有积极参与到任何场点修复计划之中,而且修复到该场点特定标准(由于假设将来存在的接触风险)的地下水的将来使用受到法律的严格禁止。此外,受污染地下水没有排放到地表水特征或造成任何已知不利生态影响。因此,似乎是花费高达3 000万美元仅仅只是证明这一点:高密度非水相液体场点修复到一定标准是可行的。

然而,仍然令人困惑的是,Visalia Pole Yard项目点收尾报告严格禁止将来使用项目点下的地下水,包括设置任何水井。这意味着没有人可以设置水井来饮用据称业已修复到饮用水标准的地下水,甚至也不能通过设置监测井来验证该点地下水是否当前或不久的将来满足饮用水标准!

将上述探讨联系到岩溶环境,必须知道,在Visalia Pole Yard项目点,3.5 acre进行了热修复处理,费用达2 150万美元(不包括能耗)。相比起来,几乎可以肯定的是,进入岩溶含水层饱和区的高密度非水相液体将造成溶解相污染物,影响不仅仅是数英亩范围,而且还有高密度非水相液体本身残余相和/或自由相未知三维扩散。

2. 原位化学氧化

原位化学氧化(ISCO)需要引入一种化学氧化剂到地下,将地下水或土壤污染物转化为危害较小的化学物质。原位化学氧化所用的氧化剂中,最常用的有以下4种:①高锰酸盐(MNO_4^-);②过氧化氢(H_2O_2)和铁(Fe)(芬顿法或过氧化氢法);③过硫酸盐($S_2O_8^{2-}$);④臭氧(O_3)。氧化剂的种类和物理形态表现了一般材料的处理与注入要求。Huling和Pivetz(2006)认为,氧化剂在地下持续存在很重要,因为这会影响到氧化剂在地下的对流与扩散输运和最终到达目标区域的接触时间。例如,高锰酸盐的持续时间很长,因此有可能扩散到低渗透性材料并通过多孔介质长距离输运。据报告,过氧化氢在土壤和含水层材料中仅持续几分钟到几小时,因此其扩散和对流的输运距离较短。由过氧化氢、过硫酸铵和臭氧形成的、主要负责各种污染物转化的自由基中间体,反应非常迅速,并且持续时间很短(<1 s)。

表11.6列出了常见氧化剂的相对强度。所列氧化剂有足够的氧化能力修复大多数有机污染物。标准电位值是一个非常有用的氧化剂强度的一般性参考指标,但并未显示在实地条件下如何执行。在决定一种氧化剂是否会在实地与特定污染物发生反应中,以下四大因素起

重要作用:①动力学;②热力学;③化学计算学;④氧化剂的输运。从微观上看,动力学或反应速率也许最重要。在实际中,有些反应根据 E_0 值,对热力学是有利的,但在实地条件下可能是不切实际的。氧化反应速率取决于许多必须同时考虑的变量,包括温度、pH 值、反应物的浓度、催化剂、反应副产物和系统杂质,如天然有机物(NOM)和氧化剂清除剂(州际技术与监管理事会,2005)。

表 11.6 氧化剂的强度

化学物种类	标准氧化电位(V)	相对强度(氯 =1)
羟基(OH^{-0})[1]	2.8	2.0
硫酸根($SO_4{}^{-0}$)	2.5	1.8
臭氧	2.1	1.5
过硫酸钠	2.0	1.5
过氧化氢	1.8	1.3
高锰酸盐(Na/K)	1.7	1.2
氯	1.4	1.0
氧	1.2	0.9
超氧阴离子(O^{-0})[1]	2.4	-1.8

注:①这些羟基在臭氧和 H_2O_2 分解时形成。

资料来源:州际技术与监管理事会,2005。

化学氧化剂与污染物起反应,产生无害物质,如二氧化碳、水和无机氯化物(在含氯化物情况下)。但是,要产生这些最终产物可能需要许多化学反应步骤,有些反应中间体,如多环芳烃(PAHs)和有机氯农药,此时还不能完全识别。

采用原位化学氧化(ISCO)技术进行地下水污染修复需要将氧化剂和潜在改良剂直接注入污染源区及其下游的污染带(见图 11.11 和图 11.12)。如果污染相对较浅,处于残留层区和紧随其下的岩溶含水层中,有时候就有可能需要使用氧化剂对残留层进行广泛(过度)处理,设法将其输送到下覆更大区域的岩溶含水层。常用输送方法包括通过临时或永久井注入、通过沟渠自流渗透,以及直接混入或翻耕到土壤中。对于深层污染,有必要设置密集基岩井,成本将高出很多。无论何种情况,岩溶环境中使用原位化学氧化法,就像其他所有液基修复技术一样,其主要挑战是以正确的剂量和停留时间将流体输送到目标区域(假定该区域已明确)的可行性。为了对扩散到岩石基体中和/或缓慢平流移动的污染物进行氧化,氧化剂就必须足够长时间里停留在这部分含水层中。另一方面,直接注入或进入地下水流和污染物流动快的优先水流通道(管道)的氧化剂,很明显将被很快稀释并从目标区冲走。为此,很多情况下岩溶环境使用原位化学氧化技术并不可行。

图 11.11　将氧化剂注入受氯溶剂污染的浅层含水层的直接推进钻井
(插图:带氧化剂注入管线的临时注入点)(ECC 提供照片)

图 11.12　直接将高锰酸钾与受氯化溶剂污染的残留层土混合
(AMEC 环境与基础设施有限公司 Rick Marotte 提供照片)

一般说来,原位化学氧化技术的主要益处是产生最小修复废弃料,有时候处理过程能在相对较短时间(几周或几个月,而不是数年)内完成。然而,在非水相液体的情况下,水基溶液中的氧化物将仅能与污染物的溶解相发生反应,因为两者不混合。结果,处理动力学会受到吸收限制,而破坏非水相液体(尽管可能)就需要一个因成本过高而受到限制的氧化剂剂量并需要多次应用(州际技术与监管理事会,2005)。

需要采用原位化学氧化处理的污染物包括:苯系物(单环芳烃苯、甲苯、乙苯和二甲苯)(BTEX),甲基叔丁基醚(MTBE),总石油烃,氯化溶剂(乙烯和乙烷),多环芳烃,多氯联苯,氯化苯,酚类,有机杀虫剂(杀虫剂和除草剂),军火成分(黑索金、TNT、奥克托今等)。

与其他流体注入技术一样,原位化学氧化技术的应用设计应彻底解决可能与含水层(土壤)多孔介质和其中存在的所有污染物的地球化学反应。例如,自然形成或人造的金属会因氧化态或 pH 值的变化而在处理区内迁移。在使用过硫酸盐时要特别关注这一点,由于过硫酸盐的分解,可观测到水中 pH 值非常低(1.5 ~ 2.5)。土壤的自然酸碱缓冲能力有助于减轻这一现象,但要在应用原位化学氧化前进行评价(测试)。一些场地观察到的另一个问题是多孔介质渗透率(导水率)由于化学反应产生不可溶盐的沉淀而降低,如用高锰酸盐进行原位化学氧化时会产生二氧化锰沉淀。

原位化学氧化也存在局限性。可能由于所需氧化剂的总量太大,难以经济有效地用于场地的原位化学氧化修复。在评价原位化学氧化是否适于作为修复策略时,必须收集和复核场地特定的信息,包括原位化学氧化对特定污染物、浓度范围和水文地质条件的适用性。无论何种情况,在岩溶环境(或者就此而言的任何其他场点)设计和实施一项全尺寸原位化学氧化修复技术,如果不进行先导性试验,那么多数情况下都将是一种资源浪费。不幸的是,即便是试验结果令人鼓舞,由于岩溶多孔介质的不可预测性,也将无法保证在 50 ft、100 ft、或 150 ft 以外也能得到类似结果。

图 11.13 显示了岩溶环境中开展的一次范围大、成本高的原位化学氧化先导试验结果,试验结束后得出的结论是,在本特定场点全面开

展本技术不可行。从试验后所报告的溶解相污染物浓度可以看出，几乎可以肯定在所有取样井附近某些地方的岩溶基岩中都遗留着大量的高密度非水相液体。

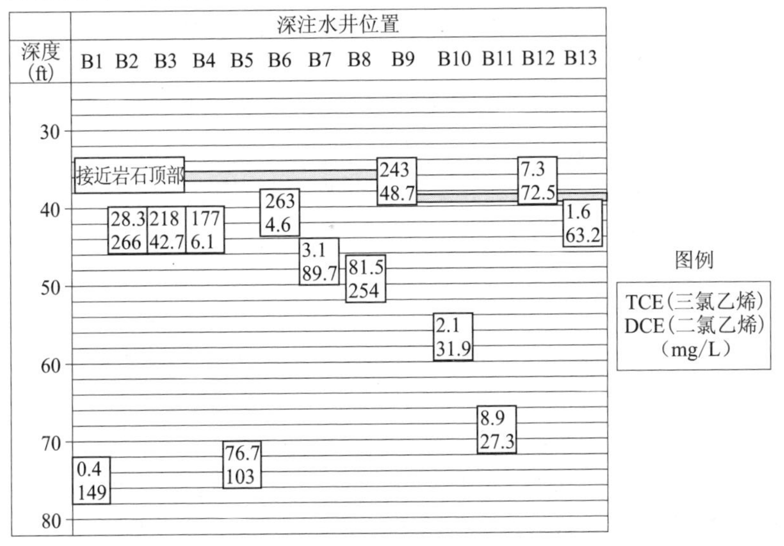

图 11.13　深注水井中的污染物浓度

（后原位化学氧化先导试验）

McGuire 等(2006)对源区修复有效性开展了一项翔实研究。对以高密度非水相液体污染源区修复为目标的 59 个氯化溶剂场点密集污染源清除技术的表现和反弹进行了评价。本次研究的四种技术为化学氧化、强化生物修复、热处理和表面活性剂/助溶剂冲刷。本次研究报告的全部结果由监测井实际浓度随时间变化数据计算得出，没有使用文献中报告的浓度降低值。26 个强化生物修复点、23 个化学氧化点、6 个热处理点和 4 个表面活性剂/助溶剂冲刷点的 147 个监测井数据可以利用。大约 75% 的污染源清除项目能实现母体化合物浓度降低 70%。在 12 个化学氧化点和 21 个强化生物修复点观察到挥发性氯化有机化合物总浓度(母体化合物加上子化合物)分别降低了 72% 和 62%。请注意，主要用来处理溶解相污染物的强化生物修复技术，也被用于高密度非水相液体源区及其附近区域来强化其溶解速率(Parsons,2004;美国能源部,2002)。McDade 等(2005)所做的一项相关研究报告了 59 个氯化溶剂场点评估处理的相关成本。

在 McGuire 等(2006)的研究中,对至少有一年后处理数据的场点反弹进行了评估,包括了 20 个场点(10 个强化生物修复点,7 个化学氧化点,2 个表面活性剂/助溶剂冲刷点,1 个热处理点)的 43 口监测井。从单个监测井看,在强化生物修复点 20% 的监测井、在化学氧化点 81% 的监测井观测到反弹,而在表面活性剂/助溶剂冲刷点和热处理点没有观测到反弹。例如,在化学氧化点的几个监测井中浓度在整个后处理监测期间反弹达 1 ~2 个量级。事实上,在 30% 的化学氧化反弹井,反弹造成浓度高出预处理条件。对于强化生物修复点反弹井,在预处理期间观测到浓度增加,但仍低于预处理浓度(McGuire 等,2006)。

本次研究中评估的污染源清理技术被应用于有着高起始溶解浓度的高密度非水相液体污染源区后,像最大污染物水平之类的通用监管标准没有在任何一个案例中得到执行。尽管有几个场点的几口监测井实现了最大污染物水平,但没有一个场点能在所有监测井的所有氯化化合物达到和保持最大污染物水平。如果大多数污染源清除技术不能实现将地下水恢复到可用水平这个主要修复目标,那么就极有可能需要在其中许多场地实施一些管理措施(如机构控制、长期监测、自然衰减监控或污染物控制等)(McGuire 等,2006)。

11.2.3 地下水(溶解相)修复技术

在岩溶场点应用任何一种溶解相修复技术时最严重的概念错误是将下伏岩溶含水层当作一种等效多孔介质看待。不幸的是,这也是美国大多数岩溶场点最为常见的错误。修复系统将流体输送到多孔媒介,或从中抽提地下水,仿佛在岩溶含水层内"各处"地下水流和溶解于地下水中的污染物相对均匀地流动和运移。这一概念通常因为类似图 11.14 所示羽状污染图而得以牢固形成。这类污染图采用默认值创建,因为大多数监管人员坚持而且所有其他人期待看到羽状污染图看起来与无数其他非岩溶场点所创建的地图及很多教科书中的通用的地图一样。随后,这种严重的概念错误传播到抽出处理系统安装,水井数目和位置的设计是为了捕获“好看”、正常的羽状污染物。同样的情况还有可渗透反应屏障或者注入修正剂进行生物刺激。如果在三维条件和瞬态条件下可能存在任何已知或推断优先水流路径（基流和暴流）影响没有得到正确的评估或者这类分析没有得到重视，那么，岩溶环境下的任何修复系统都极有可能起不到什么作用。遗憾的是，除定义岩溶含水层中优先水流路径的各种相关困难及高昂成本外，由于连续导管水流耦合模型缺少合适的归宿和运移数字程序加重了这个问题。所有这些情况导致同样的概念错误不断蔓延，监管人员指责污染责任方及其咨询公司草率设计和实施先导试验及全面修复系统的失败。结果，在同样考虑对额外调查或在设置更多修复（和/或注入）井投入更多资源所需开支之前、当中及之后，一些感到沮丧的咨询公司造出了前面图 11.9 中所示的图表。

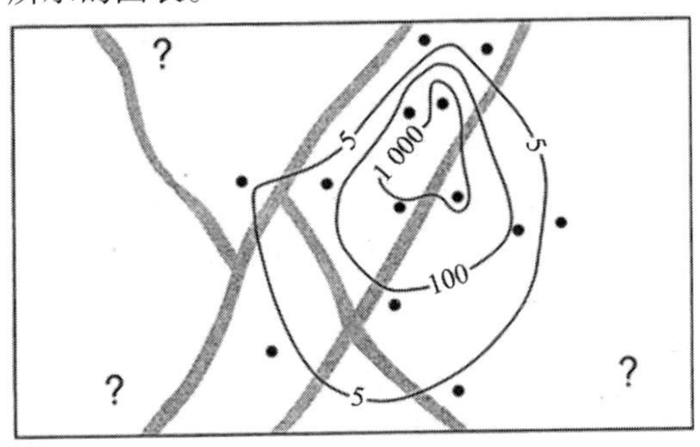

图 11.14　通过取样点（监测井）间简单插补创建羽状污染物图

（没有考虑可能优先水流路径的影响（用灰底描述））

1. 抽出处理技术

岩溶环境中使用抽提井去除溶解相污染物来修复地下水是环境专业人士应该考虑的最后选择，而且仅仅是在修复项目监管机构要求这么做之后才考虑。在大量案例中，监管机构要求这么做也只是用于与其他修复方案对比的参考。这是因为行业和监管双方都广泛认为抽出处理系统在恢复含水层到原生态（默认情况下这意味着所有污染物都达到最大污染物水平标准）方面没什么效果。相反很遗憾，抽出处理系统现在仍然被大量使用，用的是诸如羽状污染带抑制或“临时措施”

之类其他引用目标。尽管从监管的角度讲,羽状污染带抑制目标值得商榷,但是,处理解决各场点特定岩溶环境下其可行性和依据这点仍然很重要。根据作者及从事岩溶工作的同行的经验,在相当复杂的岩溶场点抑制羽状污染带非常难以确定。唯一真实证明这种抑制取得效果的是在所有合规式监控点,最重要的是所有地下水受体位置的污染物浓度低于最大污染物水平,因为首先安装的是抽出处理系统。换句话说,任何其他间接"证据",如抽水过程中的水头和相关等势图,无论是如何创建的,只要关键位置(包括泉水和供水井)的污染物浓度高于最大污染物水平,都将无意义。

本书第一部分谈到,岩溶含水层中的地下水流非常复杂,会经由岩石基体及优先水流路径出现,它会非常深且无法在现实场点规模时对场址进行定义。图 11.15 和图 11.16 描述了美国一实习场地情况。高密度非水相液体化学物质在多个位置进行了处理,在整个场点残留层和岩溶岩中的很多监测井发现了溶解度超过 1% ~10% 的溶解浓度。几个极深的基岩井钻探出现了极大困难,设备毁损,钻孔壁坍塌。在场点基岩中以不同间隔设置了几组井,同时还设置了其他许多较浅的单基岩井和几个较深的多网屏井。钻井过程中的深度离散采样显示出很高的污染物浓度,远高于最大污染物水平,直至钻孔底部超过 350 ft,最深的取样超过 700 ft。据称,该场点对数英里外的一个大型岩溶泉水产生影响,其成分(COC)浓度持续高于最大污染物水平。顺便说一句,该泉水现正用于供水,通过污染责任方支持的处理系统将其处理到达最大污染物水平标准。

根据图 11.15 横断面图和厚层岩溶含水层地下水流概念,泉水起着对沿优先水流路径中错综复杂、不可定义的 3D 网发育的污染物羽状带的终极单点抑制作用。值得注意的是,由于某种原因,深层基岩监测井的设置间隔并不监测调查性钻井过程中取样的所有受污染不连续间隔(然而,应注意的是,岩溶环境中监测井的设置和单井中完全隔离的多个不连续间隔的设置极其困难且费用高昂)。无论何种情况,泉水承担着受污染含水层的一个大型抽出处理系统的功能,因其每天大于 3 000 万 gal 的高流量,连续不断地去除大块体污染物。相反,应设

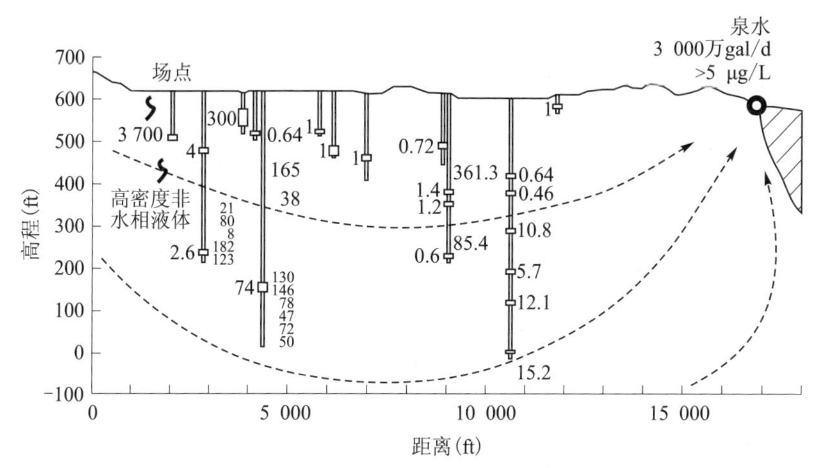

图 11.15　地下水流概念图

(该水流流向一个大型上升障碍物岩溶泉水,该图显示出源头区与泉水之间横断面沿线钻孔和监测井的污染物浓度。注意:在相同取样日,最靠近泉水的那口深基岩井的全部 TCE 浓度少于或等于 1 μg/L,而泉水的浓度始终 >5 μg/L,强调了岩溶中优先水流通道难以捉摸的特性)

置不定数量的浅层和深层抽提井,首先查明所有可能深度的全部可能的羽状污染带,然而在到达泉水之前截住它们。

总之,采用抽出处理系统实现岩溶中羽状污染带抑制目标的主要困难是:①找到所有便于溶解相污染物运移到合规点(包括受体)的优先水流路径;②从含水层中抽取受污染水和清洁水从水力学上阻止这种运移。假设在投入足够的资源后羽状污染物能得到抑制并得到充分证实,仍然会存在这个问题:从风险角度讲,这一切都有必要吗?谁会从中受益?这包括与受体位置(泉水、供水井)地下水处理和地下水使用的机构监控等合理做法进行比较。使用抽出处理系统来防止污染物向受体迁移的总成本应有充分的解释说明,并与替代方案的成本进行比较。这包括在抵达下游受体之前从含水层抽提地下水的价值。尽管在惯于通过诉讼来解决争端且监管缺乏灵活的社会,做这样的比较也许不能取得多大成就,但是,在可持续地下水修复方法盛行的形势下还

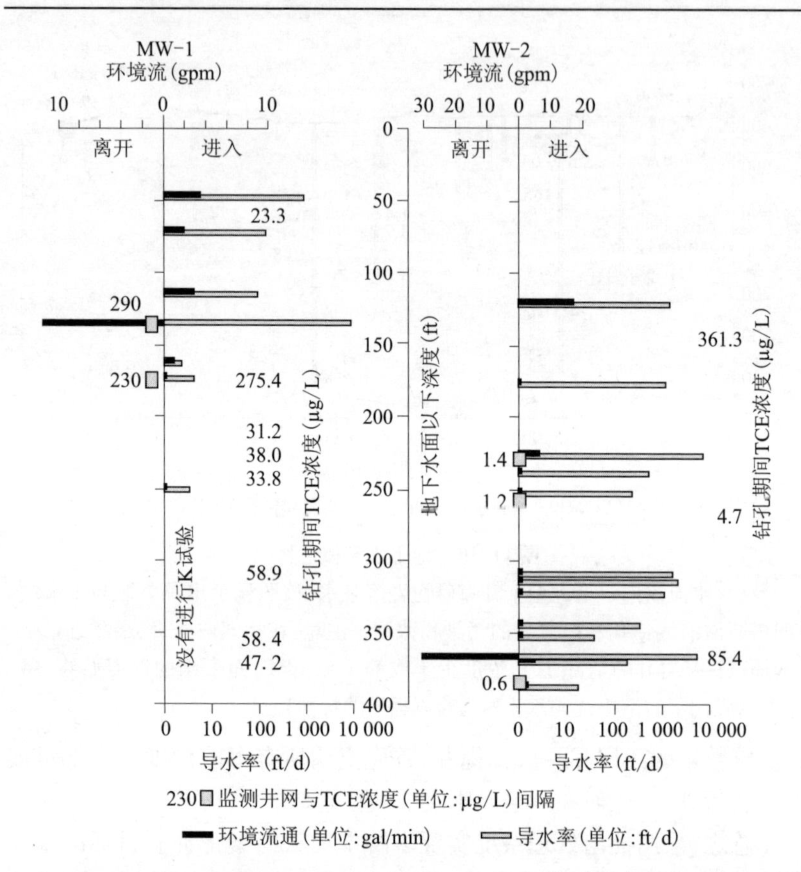

图 11.16　大致位于图 11.15 所示场点地下水流方向的两个相邻监测井的水文地质物理探测记录结果及污染物取样结果

是强烈推荐这么做。

2. 可渗透反应屏障

可渗透反应屏障概念比较简单,即在受污染地下水必须流经的地下安置反应材料,使地下水顺自然梯度从中渗过(形成一个被动处理系统),经处理的水从材料的另一面流出来(见图 11.17)。可渗透反应屏障可使水流过,但阻止了其中污染物。如果设计正确和实施恰当,可渗透反应屏障能够截留大量污染物,使经处理的水满足法定的浓度目标(美国环境保护署,1998c)。可渗透反应屏障可以各种配置安装,如利用沟槽或通过井眼将反应材料注入地下。如果注入材料有助于提高污染物的生物降解,这类屏障就称为生物屏障。

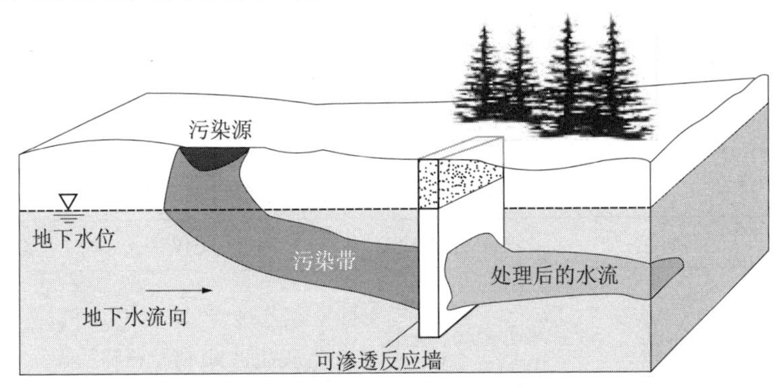

图 11.17　可渗透反应墙处理地下水污染带的示意图

(美国环境保护署,1998b)

地下水被动地流经处理区,其中的污染物被处理介质降解、沉淀或吸附。处理区可能含有降解挥发性有机物的金属基催化剂、固定金属的螯合剂、加强微生物生物降解的营养物与氧气或其他试剂。降解反应将地下水中的污染物分解成良性副产品。在水通过墙体时,沉淀墙与污染物发生反应,产生的不溶性产品留在墙内。吸附墙可将污染物吸附或螯合于墙面(美国环境保护署,1998b)。

迄今为止,粒状铁是各种尺度可渗透反应屏障中应用最广泛的反应介质。粒状铁或零价铁(ZVI)普遍使用的主要原因是它能对各种污染物进行非生物降解,其中氯化溶剂化合物最常见,如四氯乙烯(PCE)和三氯乙烯(TCE)(Wilkin 和 Puls,2003)。这个非生物过程涉及零价铁的腐蚀(氧化)和溶解性氯化烃的还原,可形成高度还原条件,导致氯化烃类结构中的氯原子被氢取代。

过去几年里,用非铁基反应材料处理更多污染物的可渗透反应屏障的替代设计也受到关注。例如,目前正在使用堆肥、沸石、活性炭、磷灰石和石灰石等反应材料控制 pH 值、金属和放射性核素(州际技术与监管理事会,2005)。表 11.7 列出了目前已用于可渗透反应屏障系统的部分反应材料。其中每种材料,包括已列明供参考的铁,都可影响水系统,或直接减少目标化学物的存在或迁移,或通过水系统的化学或生物变化促进其降解或固定。据观察,表中所列的大部分反应材料都是天然材料(不是通过人为制造或强化而成的),这是令人鼓舞的,因为利用自然过程的修复措施可改善可渗透反应墙的效果。大部分材料都是科学界、监管机构和利益相关者所熟知的,这也有利于公众接受这些材料的使用(州际技术与监管理事会,2005)。

表 11.7　可渗透反应墙所用的反应材料

反应材料分类	典型材料	被处理成分(仅举例,不是全部)
金属增强有机化合物的还原脱氧	零价金属(铁)	氯乙烯、乙烷、甲烷和丙烷;氟化杀虫剂、氟利昂和硝基苯
金属增强金属污染物的还原	零价金属(铁)、氧气转炉渣和氧化铁	Cr、U、As、Tc、Pb、Cd、Mo、Hg、P、Se、Ni
吸附与离子交换	零价金属(铁)、颗粒活性炭、磷灰石(和相关材料)、骨炭、沸石、泥炭和腐殖酸盐	氯化溶剂(部分)、苯系物、Sr-90,Tc-99,U,Mo
控制 pH 值	石灰和零价铁	Cr,Mo,U 和酸性水
原位氧化还原控制	次硫酸钠和多硫化钙	Cr 和氯乙烯
强化生物降解(包括碳、氧和氢源)	(包括固态、液态和气态源)释氧化合物、释氢化合物、碳水化合物、乳酸盐、零价铁、堆肥、泥炭、木屑、醋酸盐和腐殖酸盐	氯乙烯和乙烷、硝酸盐、硫酸盐、高氯酸盐、Cr、甲基叔丁基醚和多环芳香族碳氢化合物

资料来源:州际技术与监管理事会,2005。

铁能够降解各种污染物,正在越来越多地用于非传统技术,如将水溶液中的纳米铁通过液压注射到地下。使用粒状铁时,通过井眼将一种含有铁和瓜尔豆的可生物降解浆料注入到地下。根据地质材料现状,会形成裂隙,或者材料与更透水的土壤混合。采用生物降解方法时,在注射泥浆后添加酶,在短时间内降解泥浆,在地下留下粒状铁透镜体(州际技术与监管理事会,2005)。张伟贤(2003)研究了利用纳米铁进行环境修复的问题。

渗透反应屏障所具有的经济效益推动了这一技术的应用。渗透反应墙技术是被动运行的,这意味着其所必需的能源或劳动力投入(场地监测除外)相对较少。因此,这一技术对抽出处理技术等传统地下水处理系统具有潜在优势。无论如何,在评估给定场地的渗透反应墙技术的经济可行性时应采用成本效益法(州际技术与监管理事会,2005)。

到目前为止,大多数可渗透反应墙安装在沟槽中。然而,可渗透反应墙的沟槽安装有不少缺点。沟槽一般限于较浅的处理区,需要专门的挖沟设备,而且污染物穿透后更换和处置反应材料的费用较高。

大多数渗透反应屏障技术还不到 15 年,尚不了解在污染带的存在期间是否能维持有效,污染带的存在能长达数十年甚至更长。因此,很多研究重点集中在渗透反应屏障随时间的反应速率的变化上。此外,有些渗透反应屏障有着渗透率和水力学方面的问题,大多数似乎是渗透反应屏障安装施工技术或者是不恰当预设计场点特征的产物,而非反应媒介的化学沉淀和堵塞。与其他用来处理地下污染物技术一样,有效的场地特征、设计和施工是成功实施的前提条件。州际技术与监管理事会(2005)编制了一个详细文件,强调过去 10 年铁基渗透反应屏障系统的经验教训。

生物屏障系统的研究和应用近年来日益增加,特别是用于处理氯化溶剂和石油烃成分,如苯系物和甲基叔丁基醚。生物屏障经常被描述为具有渗透性反应屏障设计概念的原位生物修复(即一个连续、线性和通流的处理区）。这些系统可使用固体、液体或气体改良剂，如木屑、堆肥、乳酸和糖蜜等，形成一个生物活性增强区域，污染物在此发生降解。这样，通过加入改良剂，在生物屏障内间接形成了反应处理区。虽然根据现场的具体条件和污染区的深度，也可采用挖沟等其他技术，但通常还是通过垂直的临时性钻孔或永久性水井来添加改良剂。

有些生物屏障的设计，特别是那些需要深层输送和循环液体改良剂的设计，对渗透反应墙技术的被动运行概念构成了挑战。例如，虽然很多生物屏障都是用相对被动的方法（即氧气或空气的缓慢注入或扩散）将改良剂输入地下，但有些生物屏障需要大量能量将改良剂输送到适当的含水层深度，然后使改良剂在地下进行循环和混合。这种设计运行的被动性低于传统的渗透反应墙技术，因此可能产生更大的运行和维护费用（州际技术与监管理事会，2005）。

在岩溶环境中使用渗透反应墙技术的主要局限是由于岩溶导管中的高地下水流速和液压力产生的屏障井喷。同样非常需要关注的是无法控制地下水流垂向分量及经常出现在岩溶中的污染物迁移。此外，由于大多数渗透反应墙技术的运行都是被动的，所以场地的修复可能需要几年甚至几十年，需要在场地管理中采用长期的制度控制。因此，渗透反应墙技术应该在场地修复的整体和长远目标范畴进行考虑（州际技术与监管理事会，2005）。

3. 生物修复技术

卤化挥发性有机化合物，特别是在氯化脂肪烃（CAHs）的原位强化生物修复，是发展最快的地下水修复技术。这并不奇怪，因为挥发性有机化合物是美国超级基金污染场地和其他危险废物场地的土壤与地下水中最经常发生的污染物。目前正在开发和实施原位生物修复等创新技术，努力降低这些场地清理的成本和所需时间。原位生物修复技术正越来越多地被选来修复危险废物场地，因为与其他技术相比，其通常比较便宜，也不需要废物的抽提或挖掘。加上其主要依赖于自然过程处理污染物，因此更为公众所接受。

工程应用的生物修复是调节地下水中各种电子受体、电子供体和营养物质的浓度,通过本地(土著)微生物刺激污染物生物降解的一种技术,通常也称为生物刺激。生物修复技术还包括生物强化或将微生物加入到缺少能降解特定污染物的微生物的地下区域。这些微生物可选自场地已有并在地面反应器生长的种群,也可以是专门培养的已知能够降解特定污染物的非本地(外来)菌株。

电子受体是一种能够在氧化还原反应过程中接受电子的化合物。微生物通过将有机物(或硫化物等还原性无机物)等电子供体的电子转移到电子受体而获取能量。电子受体是那些在此过程中被还原的化合物,包括氧气、硝酸盐、铁(III)、锰(IV)、硫酸、二氧化碳,有些情况下还包括氯化脂肪烃,如四氯化碳(CT)、四氯乙烯、三氯乙烯、二氯乙烯和氯乙烯等。电子供体是此过程中被氧化的化合物,包括燃油碳氢化合物和原生有机碳等(美国环境保护署,2000)。氢是氯化溶剂二氯乙烯(PCE)还原脱氯的优先电子供体。使用二氯乙烯作为终端电子受体通过细菌生长过程进行还原脱氯。这个过程被称为脱卤呼吸(Magnuson 等,1998)。标识脱卤呼吸是现地生物修复技术发展的分水岭,引起 21 世纪初生物修复技术的广泛应用。

营养物是微生物生长所需的元素,如碳、氢、氧、氮和磷。培养基是微生物进行生物过程和繁殖所用的能源或分子构建块,包括各种形式的固态和液态有机碳,如碳水化合物等。

工程应用的生物降解的目标是促进那些最能降解某些污染物的微生物种群的生长并刺激其活性。例如,生物刺激也许能成功降解四氯乙烯和三氯乙烯,但也可能导致顺二氯乙烯和氯乙烯的聚积,造成现有细菌无法成功进行降解。需要在第一次处理区的下游进行其他类型的生物刺激,为促进顺二氯乙烯和氯乙烯的生物降解创造条件。

生物降解涉及在细菌系统的氧化还原反应中产生能源,包括细胞维持与繁殖所需的呼吸和其他生物功能。细菌一般可按以下标准分类:①获取能量的方式;②所需电子供体的类型;③所需碳源。例如,参与地下多环芳烃生物降解的细菌为化能营养菌(通过化学氧化还原反应获取能量的细菌),将有机物作为电子供体和有机碳源(有机异养菌)。然而,无机营养菌(利用无机电子供体的细菌)和自养菌(以二氧化碳作为碳源的细菌)也可能参与多环芳烃的降解(美国环境保护署,2000)。

地下水氧化还原电位可以显示电子受体类细菌的相对优势(见表11.8)。这些电子受体类型决定了在地下占优势地位的氧化还原区类型(例如,在有需氧菌存在时,好氧区将占优势)。表11.8列出了典型的电子受体类细菌,按氧化还原反应过程中产能最大到最小顺序排列。引起氧化还原反应产生较多能量的细菌电子受体,较氧化还原反应过程中产生能量较少的细菌电子受体更占优势(美国环境保护署,2000b)。

表 11.8 细菌电子受体按氧化还原电位的分类

优势(按相对产能确定)	电子受体类细菌	优势氯代脂肪烃生物降解机制	近似的氧化还原电位(V)
最大优势	氧还原(需氧菌)	有氧氧化	+0.82
↓	硝酸盐还原		+0.74
	四价锰还原		+0.52
	三价铁还原		-0.05
	硫酸盐还原	还原性脱氧	-0.22
最小优势	二氧化碳还原(产甲烷菌)		-0.24

注:资料来源于美国环境保护署,2000。

在好氧和厌氧条件下,有许多潜在反应能降解地下的多环芳烃(见表11.9)。并非所有多环芳烃都适合用每种过程进行降解。然而,厌氧生物降解过程有着降解所有常见的氯乙烯、氯乙烷和甲烷氯化物的潜在可能性。强化原位厌氧生物修复需要将一个有机基质输送到地下,以达到刺激微生物生长和发育、形成一种厌氧地下水处理区和通过发酵反应生成氢气的目的。这为溶解于地下水的氯化溶剂进行厌氧生物降解创造了条件。

表11.9 多环芳烃的可能降解过程

降解过程	化合物1											
	氯乙烯				氯乙烷				氯甲烷			
	PCE	TCE	DCE	VC	PCA	TCA	DCA	CA	CT	CF	MC	CM
有氧氧化	N	N	P	Y	N	N	Y	Y	N	N	Y	P
好氧共代谢	N	Y	Y	Y	P	Y	Y	Y	N	Y	Y	Y
厌氧氧化	N	N	P	Y	N	N	Y	P	N	N	Y	P
直接厌氧还原性脱氧	Y	Y	Y	Y	Y	Y	Y	Y	Y	Y	Y	Y
共代谢厌氧还原	Y	Y	Y	Y	P	Y	Y	P	Y	Y	Y	P
非生物转化	Y	Y	Y	Y	Y	Y	Y	Y	Y	Y	Y	Y

注:PCE,四氯乙烯;TCE,三氯乙烯;DCE,二氯乙烯;VC,氯乙烯;
PCA,四氯乙烷;TCA,三氯乙烷;DCA,二氯乙烷;CA,氯乙烷;
CT,四氯化碳;CF,三氯甲烷;MC,二氯甲烷;CM,氯甲烷;
N,无文献记录;Y,有文献记录;P,有可能发生反应,但无详细文献记录。
资料来源于Parsons,2004。

释放到环境中的最常见的氯化溶剂包括四氯乙烯(PCE)、三氯乙烯(TCE)、三氯乙烷(TCA)和四氯化碳。由于这些氯化溶剂以氧化状态存在,因此通常不受有氧氧化过程影响(共代谢可能是个例外)。然而,氧化化合物在厌氧条件下易于通过生物(生物学)或非生物(化学)过程还原。强化厌氧生物修复主要是为了利用生物厌氧过程降解地下水中的多环芳烃。其他常见的易于发生还原反应的地下水污染物,也可用强化厌氧生物修复,包括氯苯、有机氯杀虫剂(例如氯丹)、多氯联苯及氯代环烃(如五氯苯酚)、氧化剂(如高氯酸盐和氯酸盐)、爆炸品及弹药化合物、溶解性金属(如六价铬)和硝酸盐及硫酸盐(Parsons,2004)。

厌氧还原脱氯是以强化厌氧生物修复为目标的降解过程。通过将有机基质加入地下,强化厌氧生物修复将自然有氧或轻度缺氧的含水层区转换为厌氧反应区和多种微生物反应区，使其有利于多环芳烃厌氧降解。常用的易发酵有机基质包括醇类、低分子量脂肪酸（如乳酸）、碳水化合物（如糖）、植物油和植物残体（如腐质落叶层）。强化厌氧生物修复最常用的添加基质包括乳酸、糖蜜、释氢化合物（HRC®）和植物油等。较少使用的基质包括乙醇、甲醇、苯甲酸盐、丁酸盐、高果糖玉米糖浆（HFCS）、乳清、树皮覆盖层和堆肥、甲壳素、气态氢等。

最常用的输送液体基质的方法是通过已安装的注入井或直推井点输入，或者通过临时性直推探头直接注入。直推方法常用于松散地层中深度小于 50 ft 的浅层地下水应用。这种技术受制于粒度或胶结度等土壤特性（如砾石和卵石，或生硝会抑制直推技术的使用）。可通过直推探头（如 GeoProbe®）直接注射液体基质。这种技术无法保留井点，仅适用于长效基质，如 HRC®、植物油乳液或乳清浆等。这些基质的碳释放时间超过 6 个月甚至数年，通常需要以 7.5 ~ 15 ft 的注入点间距向处理目标区注入基质（Parsons，2004）。

永久井通常用于可溶性基质的连续或多次注射或再循环。在处理深度大和岩性不利，无法采用直推技术时，就必须采用永久注入井。先前调查或修复活动留下的监测井或抽水井，如果适用的话，也可使用。

由间距小的注入井和抽取井组成的再循环系统有时被用来增加污染地下水在处理区的滞留时间，促进基质与污染物的混合。地下水流经本系统的速率取决于再循环速率和通过再循环系统的自然地下水通量。因此，再循环系统的设计必须考虑导水性、含水层均匀性和水力梯度。再循环方法可能是实现基质和改良剂在不利水文地质条件场地（如没有自然水力梯度或显著不均匀）较均匀分布的唯一方法。通过主动性较少、被动性较多的方法无法实现短期应用时，也可考虑再循环方法。例如，再循环会有助于地下水从较大污染带到设定的生物强化处理区之间的循环（Parsons，2004）。再循环系统设计最关键的要素是防止滤网的生物积垢和堵塞。

基质与污染带的有效混合是强化厌氧生物修复设计的最大挑战之一。基质的大量注入可能导致污染带的显著位移，有时会因为生物积垢使注入点附近多孔介质渗透性下降。

根据基质输送到地下的频率,生物修复系统可分为被动式生物屏障、半被动式生物屏障和主动式生物屏障三类。被动式生物屏障通常使用缓释、长效基质(例如,HRC®、植物油或腐质落叶层),将其注入或放置于沟槽内,并长时间停留以维持反应区。污染物通过自然地下水流输送到处理区。

半被动或主动式生物屏障与被动生物屏障相似,不同之处在于可溶性基质通常是定期注入(半被动)或通过再循环系统(主动)输入。可溶性基质随地下水流迁移,消耗很快,需要频繁地添加。然而,这些系统的优点是能够随着时间的推移调整基质添加速率或添加类型,可溶性基质可能更容易分布于较大体积的污染带。

有机基质的生物降解消耗了含水层中的溶解氧和其他末端电子受体(如硝酸盐或硫酸盐),降低了地下水的氧化还原电位,从而刺激了有利于厌氧降解过程的条件。溶解氧消耗后,厌氧微生物通常按以下优先顺序利用本土的电子受体(如果有的话):硝酸盐、锰与三价氧氢氧化铁、硫酸盐和二氧化碳。图 9.53 说明了氯代脂肪烃(CAH)羽状污染带,基质已注入了污染源区。随着电子受体被耗尽,越来越多比较靠近有机碳源的厌氧区逐渐形成,发展成为一个厌氧处理区。厌氧脱氯已在硝酸盐、铁和硫酸盐的还原条件下得到证明,在产甲烷条件下的生物降解率最快,对氯代脂肪烃影响范围最广(Bouwer,1994)。

强化厌氧生物修复在下列情况下无效:

(1)受体受到影响的场地,或移动到潜在受体的时间或距离较短的场地。

(2)污染物不能厌氧降解。

(3)强还原条件不能产生。

(4)能够驱动强化厌氧生物修复过程的微生物群落不存在,或不能引入地下。

(5)不能使可发酵碳源成功地分布于整个地下处理区。

(6)有未知的或无法到达的高密度非水相液体污染源。

(7)不利的水文地质特征,阻碍了经济有效地输送改良剂,例如含水层的渗透性低或高度不均匀性。

(8)地球化学因素(如异常高或低的 pH 值),抑制了脱氯细菌的生长和发育。

地下水流量很高和很低的极端设置极大限制了生物修复的应用。由于地下水和本地电子受体通量的量级,在高流量设置条件下维持还原条件可能不切实际。另外,可能难以将基质注入致密地层,而且在低流量的设置下,基质与地下水的混合可能因对流和扩散而受到限制(Parsons,2004)。表 11.10 汇总了与强化生物修复的适用性相关的场地特性。

工程应用的生物修复通常用来实现以下修复目标:①修复基质/污染物能较好接触的污染源区;②减少来自某一污染源区或跨越指定边界的质量通量(例如,围堵污染带);③污染带处理。用主动生物修复全面处理整个溶解性污染带有时是可行的,然而,能进行处理的污染带规模最终会受经济上的限制。对于大于 10 ~ 20 acre 的污染带,采用与其他修复方法相结合的围堵策略可能会更可行(Parsons,2004)。

在厌氧脱氯可有效降解氯化溶剂的时候,可能会发生地下水质的二次降解。降解反应或地下水 pH 值和氧化还原条件的过度变化,会导致金属(如铁、锰和砷)的增溶作用、不良发酵产品(例如,醛类和酮类)的形成,以及二次供水水质的其他潜在影响(例如,总溶解固体)。很多这些变化是难以逆转的,而且对一个缓慢释放的碳源,添加基质的影响可能需要很多年才能降低。这些问题应在技术筛选过程中给予考虑(Parsons,2004)。

在许多情况下,单独采用有机基质(生物刺激)就足以刺激厌氧还原脱氯。然而,在一个场地的脱氯微生物总量不存在或不足以主动刺激出现的氯代脂肪烃成分的完全厌氧还原脱氯时,可考虑生物强化技术。Suthersan 和 Payne(2005)提出的例子显示,在不少场地,生物刺激作用导致了顺三氯乙烯和氯乙烯等必须另外处理的不良产品的积累。迄今为止,生物强化方面的经验不多,实际工作者对其效益还存在分歧。生物强化技术需要注入微生物改良剂,包括已知能够完成目标氯代脂肪烃脱氯的非本地的生物。例如,脱氯菌相关微生物的存在就与实地完成将四氯乙烯脱氯还原为乙烯有关联(Major 等,2001;Hendrickson 等,2002)。含有这些微生物的生物强化产品可从市场购得。

表11.10　强化厌氧生物修复适应性的场地特性

场地特征	适用于强化生物修复	适用性不确定	适用性不明—可能有风险—需要作进一步评价
存在高密度水相液体	残留高密度水相液本或被吸收污染源	定义不好的污染源可能需要作进一步表征	可能不适用于高密度水相液体聚集区的主动处理
污染带大小	小,仅几英亩	中到大,仅几英亩而且需要实施其他并行工程	大,很多英亩可能需要实施并行工程
场地内或场地附近的基础设施	来自污染物或生物气体的蒸汽侵入风险是可以接受的	目标处理区紧邻敏感基础设施	目标处理区位于已知存在蒸汽入侵或甲烷问题严重的地区
厌氧脱氯的证据	脱氯慢或停滞	厌氧脱氯的证据有限	无任何降解的证据
深度	与地下水位的距离 <50 ft	与地下水位的距离 >100 ft	深层地下水或深层污染
导水率	>1 ft/d($>3\times10^{-4}$ cm/s)	0.01 ~1 ft/d($>3\times10^{-6}\sim3\times1^{-4}$ cm/s)	<0.01 ft/d($<3\times10^{-4}$ cm/s)
地下水流速	30 ft/a ~5 ft/d	10 ~30 ft/a 5 ~10 ft/d	<10 ft/a >10 ft/d
pH 值	6.0 ~8.0	5.0 ~6.0 8.0 ~9.0	<5.0 >9.0
溶质浓度	<500 mg/L	500 ~5 000 mg/L (谨慎)	>5 000 mg/L 或存在矿物石膏情况下不适用

注:资料来源于 Parsons,2004。

4. 受监控的自然衰减法

受监控的自然衰减法(MNA),有时称为被动生物修复法,是指利用污染物的稀释、挥发、降解、吸附、扩散、弥散、固定化等天然运移过程及其与地下材料的化学反应,达到对具体场地的修复目标(Wiedemeier等,1998;美国环境保护署,1999;Chapelle 等,2007)。

在当前的工程实践中,对监控条件下自然衰减法效果逐个场地进行了评估,考虑三类数据:①历史监测数据,反映污染物浓度和/或质量随时间而降低;②地球化学数据,反映场地条件有利于污染物转化或固定;③具体场地的实验室研究成果,记录正在进行的生物降解过程。为了评价这三类数据,开发了各种实地和实验室方法并投入使用(Wiedemeier 等,1998,1999;Gilmore 等,2006)。

确认和测算自然衰减的主要困难在于其复杂性,而且大多数优势和关键衰减机制尚无法直接确定。例如,目前的做法不能直接测量正在发生生物降解。替代方法是收集适合于生物降解和分解产品的测量条件指标以证明生物降解正在发生。因此,需要采用多参数,而且需要了解各参数之间的关系,以准确评价监控条件下自然衰减法。利益相关者或决策者在决策前须确定所需证据量。随之而来的问题是,多少证据才算够用?因此,关键过程和降解率的直接实地测定成为研究重点之一,因为它将消除地下水流路径什么地方正在实际发生生物降解的问题(Gilmore 等,2006)。

监管机构和实际工作者一直强调,受监控的自然衰减法不是一种“不作为”的方法,因为它需要(州际技术与监管理事会,1999):

(1)描述污染物的运移特性以评价自然衰减过程的性质和程度。

(2)确保这些过程可减少地下污染物的质量、毒性和迁移性,将人体健康和环境风险降低到法定可接受水平。

(3)对影响自然衰减长期性能的因素进行评价。

(4)监测自然过程,确保其持续有效。

受监控的自然衰减法已经成为绝大多数地下水污染场地修复的首选。虽然已被批准作为少数复杂场地的唯一修复方法,但大家总是很乐于将受监控的自然衰减法作为一种补充措施,主要有 3 个原因:它是非侵入性的，无需能源和工作设备，而且实施成本比各种工程应用的地下水修复系统低得多。然而，监控条件下自然衰减法需要安装监测井，初始成本很高。这种技术潜在最吸引公众的就是其“非侵入性”：与许多精心设计的现场清理设施不同，它是“安静地”在地下工作，使其上的土地表面可继续利用。美国环境保护署出版了各种小册子（USEPA，1996a），努力向公众宣传自然衰减与生物修复的效益，同时消除公众的担忧——受监控的自然衰减法不是一种“不作为”的地下水修复替代措施。这些小册子包括如下的一般性解释：

生物修复技术是天然微生物（酵母、真菌或细菌）将有害物质分解或降解成毒性较小或无毒的物质的过程。像人类一样，微生物通过摄食和消化有机物质获取营养和能量（在化学词汇中，“有机”化合物是指那些含有碳和氢原子的化合物）。某些微生物可以消化燃料或溶剂等对人体有害的有机物质。生物降解可发生在有氧气存在（好氧条件）或没有氧气存在（厌氧条件）情况下。在大多数地下环境中，污染物的好氧和厌氧生物降解都会发生。微生物将有机污染物分解成无害的产品——在好氧生物降解中主要是二氧化碳和水。污染物一旦被降解，微生物数量就会减少，因为它们消耗了自己的食物来源。死亡或少量的微生物在没有食物情况下不构成污染风险。

很多有机污染物，如石油，可在地下环境中被微生物降解。例如，生物降解过程可以有效地净化土壤和地下水中的汽油等烃燃料和苯系物化合物——苯、甲苯、乙苯和二甲苯。生物降解还能分解地下水中的氯化溶剂，如三氯乙烯（TCE），但相关过程较难预测，而且其有效的场地比例较石油污染场所低。氯化溶剂广泛应用于飞机发动机、汽车零部件和电子元件的除油，是最常见的有机地下水污染物。当氯化物被生物降解时，完全降解十分重要，因为分解过程的一些产品可能比原来的化合物毒性更大。

本书未对各种实地和在实验室的生物降解过程及其特性进行详细的解释（仅在第5章作了简短说明）。由于对受污染的地下水实施生物修复的关注不断增加，有很多出版物和资源可在公共领域查阅，也可通过美国政府机构所拥有的各种网站免费访问下载。可先从Wiedemeier 等(1998,1999)、Azdapor - Keeley 等(1999)、Lawrence(2006)和 Gilmore 等(2006)的论著着手了解。

Byl 和 Williams(2000)对田纳西州一个岩溶含水层中的氯化乙烯的生物降解进行了非常详细的研讨,翔实地概述了各种相关生物降解机制。本场点的地球化学分析证实,对氯化溶剂还原脱氯至关重要的硫酸盐还原条件存在于受污染岩溶含水层的许多地方。含水层的其他地方在厌氧和好氧条件之间徘徊,包含有乙醚、甲烷、氨、溶解氧等共代谢相关化合物。在受污染含水层中栖住着大量各种各样的细菌群落。利用核糖核酸(RNA) - 杂交技术在岩溶含水层水中查明了硫酸盐还原细菌、甲烷氧化菌、氨氧化菌等已知的能生物降解三氯乙烯和其他氯化溶剂的细菌。通过原生岩溶含水层地下水观测得出的微观世界结果表明,当在微观世界建立合适条件时,有氧共代谢和厌氧还原脱氯降解过程存在可能。

这些化学和生物结果间接证明含水层中几种生物降解过程为活性过程。还建立了额外的现场水文信息以确定岩溶含水层中是否长时间存在适合于生物降解过程所需的条件。1998 年春天在四口井安装的连续监测设施显示,与活性地下水流路径隔离的区域中的 pH 值、电导率、溶解氧和氧化还原电位(ORP)变化不大。岩溶含水层中这些稳定区域有着地球化学条件和细菌,有益于氯化乙烯的还原脱氯。岩溶含水层的其他区域与活性地下水流路径相关联,在厌氧和好氧条件之间徘徊以回应降雨事件。与这种动态环境相关联的是有助于共代谢的活性地下水流路径和地球化学条件。总之,从化学、生物和水文数据得出的多条证据链表明,在该岩溶含水层中活跃着各种生物降解过程(Byl 和 Williams,2000)。

评价一种有机污染物的连续降解或完全破坏可行性所需的一个定量参数是化学计量转化率。受污染物化学结构及其分子量支配,该转化率决定着转化过程中产生的子产品的相对质量。通过直接测量出现的降解产品,可记录发生在某一特定场点的化合物降解,或通过测量显示这种降解可能发生的各种地下水组分的浓度变化来间接假设这一降解(见图 11.18)。无论哪种情况,也无论设计哪种现实机制和反应,子产品的质量必须遵循母产品和子产品之间的精确化学平衡。具体转化量,也就是模拟连续降解("衰减")模型所要求的参数,是子产品分子量和其母体化学物质之比乘以具体转化的质量转换系数。例如氯化乙烯的还原脱氯的量值为 TCE/PEC, 0.795; DCE/TCE, 0.737; VC/DCE, 0.645; ETH/VC, 0.450(Aziz 等,2000)。

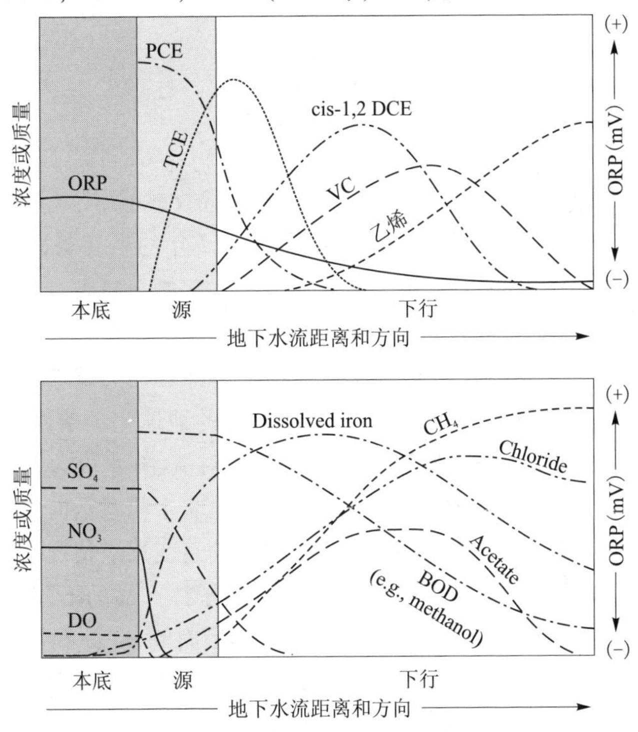

图 11.18 厌氧系统中氯化溶剂生物降解的常见方式

(解释:BOD(如甲醇)支持厌氧细菌的生长,如产生甲烷和醋酸盐,耗尽硫酸盐。硫酸盐还原和可能的铁还原细菌出现,负责 PCE 初始脱氯到 DCE。随着硫酸盐浓度降低,产甲烷细菌活性增加。在产甲烷/产乙酸条件下,1,2 - DCE 和 VC 脱氯成乙烷)

(州际技术与监管理事会,1999;制图:S. Jamal,毕克国际公司,1997)

许多化学物质在溶解相、固相和气相进行零级或一级降解。一级降解方程如下:

$$C = C_0 e^{-kt} \tag{11.2}$$

式中:C 为时间 t 时的浓度;C_0为时间 $t = 0$ 时的初始浓度;k 为一级降解速率常数(单位为时间$^{-1}$);t 为时间。

一级降解也可以用化学物的半衰期来表示。半衰期是污染物降低到剩下初始时一半所消耗的时间:

$$\frac{C}{C_0} = 0.5 = e^{-kt} \tag{11.3}$$

$$t_{1/2} = \frac{\ln 2}{k} = \frac{0.693}{k} \tag{11.4}$$

可以看出,污染物的半衰期和一级降解常数都可用于定量分析,但要始终如一,这样就不会发生混淆。比如说,2 年的半衰期等于一级降解速率常数为每年 0.35。大多数从业者和大多数分析方程,习惯用一级降解常数,其时间单位与所有其他时间依赖参数相同。

虽然降解常数 k 是所有涉及污染物降解计算的关键参数,但它却很难在实地准确测定,这是因为它会随场地的地球化学条件变化而随时变化。因此,在无法合理设定特定场地的对流、补水(考虑稀释的潜在影响时非常重要)、吸附和扩散等所有其他非生物参数时,降解常数也是监管机构最不可能接受的参数。在连续衰变反应情况下,当涉及氯化溶剂和弹药成分时,降解常数肯定会随子体产品的不同而在时间和空间上发生变化。在岩溶含水层,不同停留时间,有着不同化学成分的水会突然多多少少地混合,部分子体产品可生物降解性低,在有些条件下,甚至不可降解。例如,图 11.19 显示该岩溶场点在离散深度间隔从两个相对临近的钻孔采集到的 TCE 和 cis - 1,2 DCE 的浓度。可以看出,TCE 浓度相对而言有可比性,其子产品 cis - 1,2 DCE 的浓度则差异很大。

美国环境保护署发表了一个关于确定降解速率常数常用方法的资料手册,其中包括对各种方法的相关不确定性和适用性的讨论(Newell 等,2002)。关键在于,这一常数对于不同的人而言和在不同的语境下意味着不同的含义。因此,明确区分一般衰减常数与(生物)降解常数

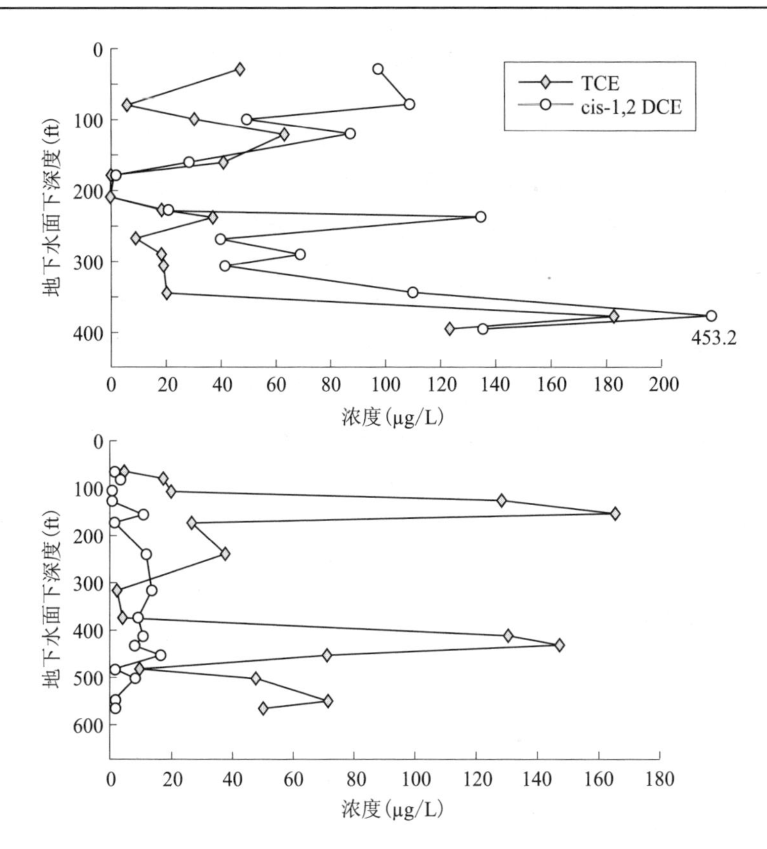

图 11.19　如图 11.15 所示岩溶场点两个深钻孔中 TCE 和 cis－1,2 DCE 浓度随深度变化情况

非常重要。虽然这两种常数都可用于定量描述污染物浓度的一般性下降(一级衰减过程),但降解常数只有在相关的生物过程得到确认且其速率已量化的情况下才应采用。更为广义的衰减常数还包括生物和非生物过程,二者不作区分。根据监测井多次的实测污染物浓度,建立浓度降低与时间之间的定量关系,就能比较容易地确定这一衰减常数。

总之,生物降解速率常数适用于空间和时间,但只适用于一种降解机制。对那些将各种生物降解当作潜在可行替代技术的污染物运移研究和修复项目来说,该参数的量化无疑是最关键部分。这项工作可以用场地提取的土壤和地下水样品在实验室进行微环境对照研究，也可在实地进行大范围（和昂贵）的示踪研究。

例如，图 11.20 所示美国南部一岩溶场点采用碎石灰岩和受萘污染地下水开展的一项微观世界研究结果显示，在现场处理过程中 23 d 的孵卵期，萘经受了广泛而且相对快速生物降解。由于取样不早于 23 d 前，因此不可能确定速率。然而，众所周知，萘在第 23 d 或之前达到检测出限值（1 μg/L）。结果，一阶衰落率必须大于或等于 0.39 d^{-1}。萘量减少与现场处理顶部空间中的氧气百分比的下降相吻合。在有氧微生物世界中，萘从［^{14}C］到^{14}C 的分布情况进一步确定矿化为主要归宿过程，而且在该岩溶含水层中 CO_2 为萘有氧生物降解的主要产物（克莱姆森大学 David Freeman 博士，2009，书面交流；DeLano 等，2010）。

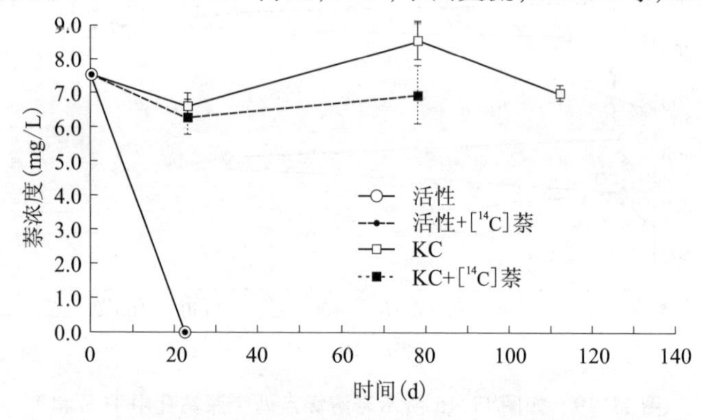

图 11.20　位置 1 有氧微生物世界中的萘浓度

（资料来源于 Delano 等，2010；感谢克莱姆森大学 David Freedman 博士和 Mihika Baruah，以及 AMEC 环境与基础设施公司）

11.3　替代整治指标

尽管适用于地下水修复的技术快速发展（很多被称为创新技术），对有着复杂地质和污染物特征的场点含水层修复目标很难实现。如前所述，高密度非水相液体因其物理和化学特性对场点修复提出了独特的挑战。到目前为止，尚无记载且经过论证的浓度被永久降低到最大污染物水平之下的破碎岩和岩溶含水层中地下水位以下高密度非水相液体修复的实例研究。下面一段对高密度非水相液体抗拒修复手段的描述文字节选自美国环境保护署(2009a),提醒我们这个问题的存在。

由于其比重,高密度非水相液体在地下往往会下沉。其迁移路线由于下覆土和破碎岩的非均质性质常常也很复杂且难以预测。结果,会发育出一种复杂的高密度非水相液体结构(形状和尺寸),它由多层土和基岩破碎区中的块状、节状、球状体组成。由于其低溶性,常会置换较大土壤孔隙中的水及向泥沙和黏土(和基岩基体)中弥散的特点,高密度非水相液体能长时间释放溶解组分,形成大型羽状地下水污染物。迁移中的羽状污染物组分在一定条件下能弥散进入含水层物质中,仅仅在之后才会回散出来。

考虑到这些挑战,高密度非水相液体修复 2003 年全国专家组报告的执行概要在“效能评价合适指标”方面得出的结论是(美国环境保护署,2003b,第 xi 页):

专家组对使用饮用水标准的技术基础(如最大污染物水平),对成功开展高密度非水相液体污染源区修复的单一效能目标,以及对监测井提取的、作为判断地下水修复系统效能的主要指标的地下水样进行的化学分析等进行了评估。尽管最大污染物水平目标也许与现行州和联邦法律一致,因为所有地下水考虑了潜在饮用水源,且是公众普遍容易理解的目标,然而,在合理的时间框架内,在绝大多数高密度非水相液体场点污染源区不太可能实现这个目标。因此,绝对依赖这个目标会妨碍污染源枯竭技术的应用,因为在污染源区实现最大污染物水平目标超出了大多数地质环境中目前可用现场技术的能力范围。

美国环境保护署 2000 年估计场点所有人今后几十年将花费数十亿美元进行氯化溶剂污染修复工作。同样,国防部估计有 3 545 个场点需要进行进一步调查和修复,数据相当复杂(Deeb 等,2011)。因此,如果少量复杂高密度非水相液体场点已经修复到饮用水标准水平,仍然需要替代修复端点和指标来设定现实的效能期待值,同时也能保护人类健康和环境。

Deeb 等(2011)提出了一个在已发表的文献中讨论过的替代端点

(非最大污染物水平)的概要,列出了以下可用方案:

(1)技术不可行(TI)自动放弃;

(2)其他可应用的或相关和合适的要求自动放弃(更大风险、临时措施、相当效能标准、州标准的不一致应用、资金平衡等);

(3)替代浓度限值;

(4)地下水管理/围堵区;

(5)地下水再分类/分类豁免;

(6)长时间受监测的自然衰减;

(7)自适应场点管理;

(8)修复到可适用程度。

下面重点介绍新出现的修复指标和应对技术不可行自动放弃的质量通量相关重要概念。

11.3.1 质量通量

质量通量是新出现的一种修复标准,对某一时间和地点的污染源或羽状污染物强度进行量化。质量排放实际上往往是受关注的参数;然而,质量通量则是更为常用的术语。质量通量为一个地区特定的溶质流量测值,通常为穿过断面的羽状污染物的子集,表述为每单位面积一时段之质量($g/(d \cdot m^2)$)。通过将定义面或横断面上经过的质量通量量测值合并来计算质量排放,因此它代表了通过某一定义面的地下水所输送的溶质的总质量,表述为一时段质量的有用单位(g/d)(州际技术与监管理事会,2010)。

确定质量通量的主要方法有三种,摘自州际技术与监管理事会(2010):

(1)样带法。使用各单个监测点,将相关羽状带横断面沿线的浓度和水流数据合并在一起。

(2)井捕获/羽状带泵试验法。使用抽提地下水的流量和浓度数据。

(3)被动式通量计。这是一种新的、设计用来直接估算监测井内质量通量的现地设备。

样带法是未固结含水层中最常用的一种方法,因为容易现场实施,而且数据受大型短暂性波动影响较小。然而,在岩溶含水层,情况可不是这样,地下水流的时空变化很大,而且相当活动,这点在前面多有论及。图 11.21 为岩溶含水层情况下质量通量概念图。

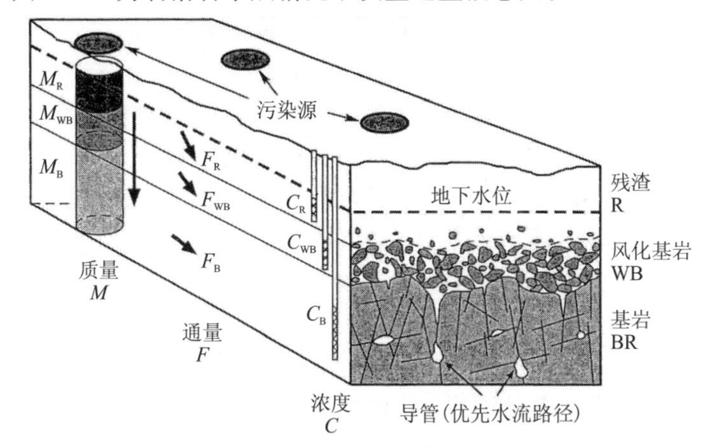

图 11.21　高密度非水相液体溢流区以下岩溶地下污染物质量分布概图

(包括溶解相归宿和输移路径。M_R、M_{WB} 和 M_B 分别为残留层、风化基岩和裂隙(岩溶)基岩中的非移动污染质量;F_R、F_{WB} 和 F_B 分别为通过残留层、风化基岩和裂隙(岩溶)基岩的溶解相污染物通量;C_R、C_{WB} 和 C_B 分别为残留层、风化基岩和裂隙(岩溶)基岩中合规点测得的溶解相污染浓度)(资料来源 Kresic 等,2005)

不幸的是,在岩溶(最为异相多孔环境)中,定义污染物质量通量这项任务最起码说是极具挑战性。量测通量所用传统的样带法和被动式通量计法误差的最大根源与含水层的异相型和主观加入溶质分布的过程有关。这项通量量测技术依赖于监测井多点量测和随后的数据加入,这可能造成误差。例如,Fraser 等(2005)对波顿含水层的非岩溶、非固结泥沙中萘羽状流的质量通量与取样密度进行了评价。当取样网格密度从每平方米 1.7 减小到 0.7 时,质量排放的范围(作为一种标准偏差)就增加到超过 50% 。Guilbeault 等(2005)指出,在安大略、新罕布什尔、佛罗里达,质量通量的 75% 发生在三个非岩溶羽状流样带截面积的5% ~10%，而且在有些地点需要一个不到15 ~ 30 cm的间隔以查明高浓度区。从这些研究可以很容易得出结论：即便花费了大量金钱安装监测井，岩溶含水层质量通量估算数据在很多情况下都靠不住。

可能使用质量通量和质量排放估算数据的情况包括：

(1)场点总体概念模型的关键——源区强度评价。

(2)监控的自然衰减法可行性分析的关键一步(也就是说，质量通量能帮助确定监控的自然衰减法是否起作用)——羽状流稳定评价。

(3)源区不同含水层区间对羽状污染物的相对贡献评价。这样，可从地下水修复到总体水质这一效益的角度对场点进行优先排序。

(4)不同污染源区对羽状污染物的相对贡献评价。这样，通过针对特别受关注区间能更有效地开展修复活动。

(5)预测和监测修复效能，重点在于确定修复技术之间的最优转变点(即现地源修复已达到一个减弱的返回点，且值得向监控的自然衰减法的转变)(州际技术与监管理事会，2010)。

质量排放现在是一种官方的替代修复标准，在华盛顿塔可马(Tacoma)的超级基金场点12A的决策记录(ROD)中，对其使用进行了明确说明。下文摘自美国环境保护署(2009c)：

修复行动目标(RAO)合规第一层的首要目标是解决残留污染源，最大限度地减少受体由于受污染地表土而产生的风险并实现时代石油大厦附近高浓度污染源区的污染物向溶解相羽状污染物至少减少90%排放(加注强调)。去污、现地热修复、现地增强厌氧生物修复等被认为已经完备，在满足了第一层标准后，修复被认为具有操作性和功能性。一旦满足了第一层标准，OU1的运行和维护就将移交给华盛顿州。

这一特殊决策记录(美国环境保护署，2009c)为停用业已存在的抽出处理系统和向旨在减少质量排放的监控自然衰减(MNA)转变提供了一个框架，在这点上，这一特殊决策记录也要进步得多，同时特别提到，如果监控自然衰减不能显示出在一定合理时间框架内符合可适用或相关和合适要求，就把技术不可行自动放弃作为一种选择方案。

然而,只有在实施了 1 621 万美元净现值源修复补救措施后,才会考虑技术不可行自动放弃。因此,有点默认的意味(美国环境保护署,2009c)。不管怎么说,由于将质量排放作为一种自适应的场点管理替代端点,该场点引起了大家的共鸣,其高达 90% 的质量排放减少触发了一种补救技术或方法向另一种技术或方法的转变(本例中从一种监管方法向另一种方法的转变)。

11.3.2 技术不可行

以下是对已岩溶化的一个碳酸盐含水层和一个受 TCE、DCE、VC 浓度(大大高出最大污染物水平)影响的一个小型间歇性渗透泉实施的补救措施进行的一次独立技术审查实例。一个抽出处理系统运行了大约 10 年而没有实现决策记录中描述的任何修复目标。场点所有人指令环境咨询商缩短修复时间,通过实施其他能加快场点关闭的调查和补救措施来消除公司长期、巨大的财政负担。在通过 15 个基岩井实施两轮现地注入生物刺激化合物后,场点咨询商与独立评审人签订合同帮助确定下一步应采取怎样的补救措施,特别是是否值得实施另一轮注入。下面为本次评审提出的几个关键点:

(1)一些监测井响应更为积极,一些似乎根本就没有受到注入的影响。

(2)小型渗流泉只在一定程度上对修复工作做出响应。泉水处浓度的变化似乎相比注入更与抽出有关——当抽出增加时,泉水处浓度就下降,反之亦然;这似乎表明,抽水在抑制一部分羽状污染物方面有效,而并非全部。

(3)在经过两轮耗资巨大的注入后泉水处浓度仍然远远高出最大污染物水平,无论抽水还是没抽水。

(4)在好几个点有着 DCE 和 VC 的聚集。这可表明含水层含氧较少部分不利于这两种物质的降解(即地下水从地表接收的补水含氧不足)。这需要从 DO - ORP 数据方面进行更多分析。MW - X 号井是这两个关注组分聚集的一个很好的例子,但 DO - ORP 数据显示出了合理的高值,因此这个假设不适用该情况。

（5）有些井，如 MW－XYZ，仅仅看到向上渐变发生了什么，没有进行注入修复（见图 11.22）。该井显示第二次注入前后的 TCE 浓度相同而且有一个 DCE 和 VC 团经过。

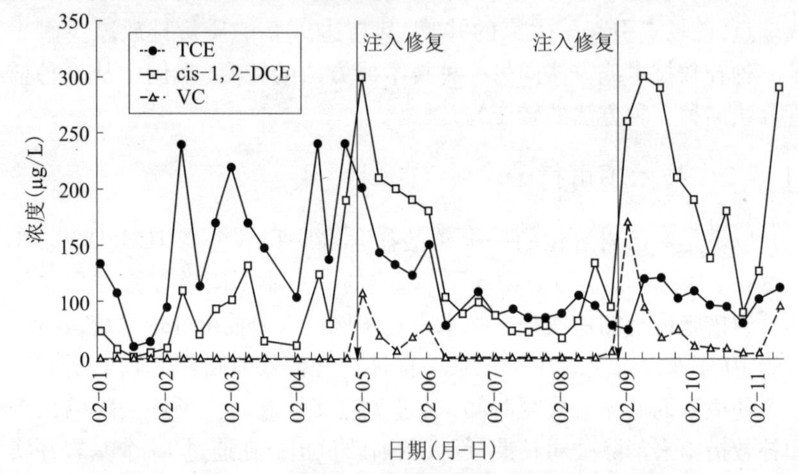

图 11.22　本书中 MW－XYZ 井点挥发性有机化合物浓度图

于是，评审人继续说明，如果衡量修复最后成功是泉水中浓度低于最大污染物水平的话，那么，即便重复注入，也不可能很快实现。这是因为有些含水层部分对注入没有显示任何响应；而这些含水层部分对地下水并最后对该泉水中污染物浓度贡献极大。评审人对他/她有关场点特征描述和可能存在高密度非水相液体方面的另外好几个疑问也深感歉意，但是建议在没有尝试回答以下必须与客户和监管人员讨论的四个关键问题之前不要对同一注入地点和协议做重复工作：

（1）除最大污染物水平外是否还有其他可能的衡量修复成果与否的方法？

（2）场点咨询商能否对这种衡量方法作担保？

（3）需要花费多少钱来实现所担保的目标？

（4）是否有合理的替代方案能保护人类健康和环境？

下段文字节选自一个超级基金场点的一份 5 年审查报告，阐明了类似论点：

《2008 年 4 月 SAIC OU1 最终地下水综合可研报告》中 TCE 质量

计算确定在东南工业区含水层中有着数百万磅 TCE。该计算确定,在东南工业区残留区间溶解相、吸附相、自由相和大规模扩散条件下,可能有 23874125 磅 TCE。即便该计算值减去 50%,在东南工业区含水层中仍然存在着多得惊人的污染物。如果仅仅出现 100 万磅,每年去除 625 磅将需要 1 600 年来去除 100 万磅,条件是去除率和流率不变,而这通常是不可能的。如果去除率能增加到每年 5 000 磅,那么去除 100 万磅需要 200 年时间,这只在仅出现小部分污染物时才有可能。考虑到污染物质量、含水层的复杂性和异质性,以及以前修复技术有限的成功率,看起来东南工业区含水层系统将在数百年时间内都会受到严重影响。

看来需要一项更为有效的行动,而不是对真实正面结果期待值低的处理行动,重点通过增加场外监测来保护场外受体(美国陆军工程师团,2010)。

上述 5 年评审没有强调的是这是一个典型的岩溶场点,而且有一个较大的受影响岩溶泉(流速大于每天 3 000 gal/d 或 1.3 m^3/s),深部优先水流路径导水性(>300 ft bgs)大于 1 000 甚至 10 000 ft/d,在岩溶含水层深部检测到受污染地下水,其关注组分浓度比最大污染物水平要高出 2 个量级。尽管存在着压倒性的岩溶证据,美国环境保护署还是将该受影响地下水系统描述为:①残积层;②风化基岩;③稳固基岩(Wischkaemper,2007)。未能将本地下水系统划分为岩溶是概念场点模型将补救决策过程模糊化造成的一种根本性错误。

本场点开展调查到现在已经超过 20 年,包括多迭代和多版本 RI 报告、可行性研究、地下水修复先导试验、抽出处理等临时修正措施等,估计在这点上成本高达 1 亿美元。尽管如此,美国环境保护署也没有签发一份场点决策记录。换句话说,该机构还没有决定该场点应该采取什么样的清理手段。正在规划新的调查和先导试验,在写本书时可能正在实施,部分由于之前先导试验“计划和实施都很草率”(Wischkaemper,2007)。

以上两个例子为经典案例,修复到最大污染物水平从技术上讲不可行,这意味着修复行动要么从工程角度不可行,要么从满足 ARAR

要求(美国环境保护署在超级基金场点使用的一个术语)来讲靠不住。本书作者参与了美国环境保护署的一次全国地下水大会的一个技术不可行专家组。顺便说一句,这个超过 1 亿美元的场点成为当时一个讨论话题。在作者提出到目前为止花在本场点上的 1 亿多美元可用于更好地改善当地受影响社区人们的生活,这包括修建图书馆、学校,甚至可能建一个地区剧院(当地社区的饮用水污染责任方供应)。美国环境保护署一个监管官员答复说欧洲人不能饮用水龙头的水因为已受污染。在美国环境保护署官员作出这种令人费解的说明后,专家组更换了讨论话题。

前面的两个例子不是例外现象。在美国有很多其他受高密度非水相液体污染场点水文地质环境困难,如破碎岩和岩溶含水层,有着非常类似的地下水清理失败的历史(满足最大污染物水平——饮用水标准)。美国环境保护署早已认识到这点,在 1993 年颁发了一个指令——《地下水修复技术不可行评价指南》(USEPA,1993)。

技术不可行自动放弃为《国家石油和有害物质污染应急计划》中规定的可适用的或相关和适当的(ARAR)6 项计划自动放弃之一,允许在联邦超级基金法令下修改修复行动目标。对地下水修复的限制也在《资源保护与恢复法案》(RCRA)的纠正行动计划中,并通过各种州级倡议进行了探讨。

这些技术限制得到了科学界和监管部门的广泛认可。在联邦和州地下水清理法令行文中考虑了这些限制。例如,美国环境保护署(1999c)提出的 28 个案例研究显示,地质复杂性和技术不可行是控制修复系统成本与效能的主要因素。而且,《环境应对、赔偿和责任法案》(CERCLA)立法融入了技术不可行概念,指出美国环境保护署可选择一个可无须满足《资源保护与恢复法案》要求、标准或限制的一个清理水平,如果它确定履行这种要求从工程的角度讲技术上不可行。美国环境保护署在《国家石油和有害物质污染应急计划》的修改版(1998 年 7 月 1 日)中融入这个概念,称之为一种"如果履行这种要求从工程的角度讲技术上不可行时,可以选用的、无须满足联邦环境或州环境或设施援引法律的任何《资源保护与恢复法案》要求的替代补救方案"

(40 CFR Sec 300.430(f)(1)(ii)C)(3))。

以下几段引自美国环境保护署助理署长 Elliott P. Laws 7月31日(1995)的一份备忘录,对象是当时美国环境保护署全部10个地区美国环境保护署署长及这些地区各计划项目主任。

在会谈期间,讨论了在那些污染恢复到饮用水标准(即高密度非水相液体等污染物授权使用联邦和/或州清理标准《资源保护与恢复法案》自动放弃)在技术上不可行的受污染地下水场点采用方法已发生的基本变化。根据现有有关高密度非水相液体场点特别问题方面的信息,OSWER希望技术不可行自动放弃将普遍适合于这些场点。这种形势要求一个灵活的、分阶段的方法应用于地下水修复,如使用临时决策记录、"无行动"替代方案、自然衰减、技术不可行自动放弃,等等。

为了重申我们的主要讨论点,我希望各地区在本预算年度合适的修复选择文件中使用技术不可行自动放弃。我关注的是初级数据,表明本预算年度规划的90个地下水决策记录中约30个针对的是高密度非水相液体场点,但是,到目前为止,为这些决策记录规划的ARAR技术不可行自动放弃不到10例。我担心这些决策记录不能充分反映高密度非水相液体场点目前的信息状态。

说做就做,针对高密度非水相液体污染且不执行此类场点技术不可行自发放弃政策的决策记录必须有书面材料证明偏离这种政策的正当理由。如果你们感觉有关技术不可行自动放弃理由不充分,数据不完整,或者本财政年度协调决策记录变化的时间不足,我建议使用临时决策记录或推迟签署决策记录直至数据完整,或者联邦/州/部落/社区/潜在责任方/其他利益相关方之间进行充分协商。我将会相应地调整地区超级基金的计划目标。

超级基金政策引导认识到能保护的地下水资源,而且在很多场点能对大量受污染地下水进行修复。然而,同时也确定了这样的情况:像上面所描述的,技术、时间和成本限制需要一种更有效的方法。我想确定你们是否掌控着联邦和非联邦超级基金场点的关键地下水修复选择决策。我请求总部超级基金地区协调员在随后几周内与地区工作人员一起跟踪这个问题和其他关键修复选择问题(土地用途、推定修复措施、符合主要政策)(Laws, 1995)。

到2010年,不寻常弃用这一政策声明的,自1993年出版的第一个也是唯一的一个美国环境保护署技术不可行指令以来仅签发了57例额外的技术不可行自动放弃,相对于每年平均放弃3.5例(Deeb等,2011)。参考情况是,在1993年发布指令之前,签发了20例技术不可行自动放弃,1998~1993年年均3.3例。因此,每年签发的技术不可行自动放弃数在技术不可行指令前后大致相同。由于决策记录文件数逐年减少,因此也有必要了解技术不可行的选用百分比统计数据。图11.23显示在20世纪90年代晚期《环境应对、赔偿和责任法案》CERCLA决策文件授权技术不可行自动放弃比例仅仅上涨了1个百分点,这对1993年的指导文件也许有也许没有起作用。更令人担忧的是,2008年和2009年,授权实施的技术不可行自动放弃数量和比例直线锐减。目前,这个趋势证明美国环境保护署到目前为止已完全忽略了其地下水特别工作组(2007)提出的推荐意见:

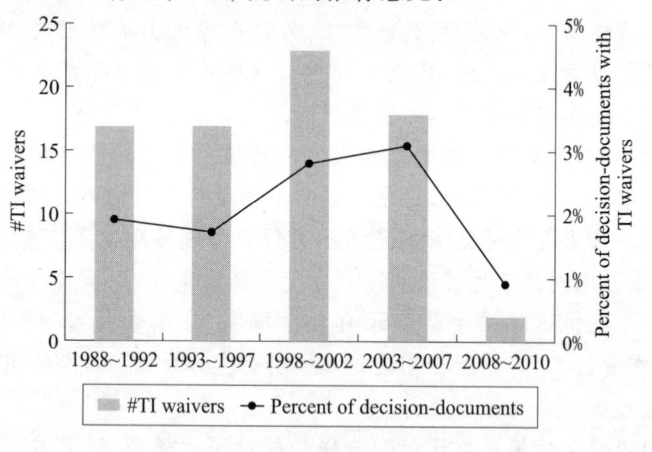

图 11.23

在确定适合于高密度非水相液体污染源区清理目标过程中牵涉到的决策程序,以及是否应开展修复工作来去除或处理高密度非水相液体污染源区,是所收到意见中的共同主题。大多数特别任务组成员赞同应对当前的超级基金技术不可行指南进行升级。而且,支持建立识别机制来确认那些有利于超级基金以外的清理计划决策过程的复杂场点条件。

建议:制定指南,指导美国环境保护署清理决策中如何确定高密度非水相液体施加的技术限制,包括超级基金项目中技术不可行自动放弃决策使用指南(升级版)。指南还应探讨确定高密度非水相液体之外场点复杂条件产生的技术局限的机制。

超级基金场点和《资源保护与恢复法案》纠正行动设施的长期清理目标并非总是包括在整个羽状污染物中实现最大污染物水平目标。对那些尚未被各州指定为当前或将来饮用水源的地下水,通常未使用饮用水标准作为清理水平,而且通常已确立替代清理目标,比如污染物控制和羽状污染物抑制。而且,在补救办法要求现场管理废弃物(如填埋)的地方,清理水平通常无需针对废物管理区下面的地下水。在这种情况下,在整个羽状污染物区实现最大污染物水平仅仅适用于废物管理区之外的羽状污染物部分。

而且,超级基金和 RCRA 纠正行动计划一般允许在整个羽状污染物在实现最大污染物水平被确定技术不可行时建立替代性清理目标。美国环境保护署这两种清理计划也都建立了交替清理限制(ACL),在适当情况下替代最大污染物水平。然而,CERCLA 所定义的交替清理限制与 RCRA 纠正行动计划中的定义有所不同。一些州清理计划规定建立受污染地下水污染物区或管理区。在该区内,对受污染地下水进行积极清理可能会受到延误或可能不要求这样做。污染物区或管理区如何进行定义的细节情况及适用哪些交替清理目标等,各州各有千秋。

鉴于上述原因,地下出现高密度非水相液体的场点很难清理到饮用水标准。适用于这些场点的清理技术通常包括单一方法或多种方法组合,旨在控制污染物迁移(抑制),从地下去除污染物(抽提),或者现场处理污染物(现地处理)。这些技术类别都被应用于污染源区高密度非水相液体或用于羽状污染物区的溶解相污染物(各种方法的成功率不尽相同)。

不幸的是,不仅机构未能更新其技术不可行自动放弃政策从而选择拒绝向专业人员提供相关技术援助，而且似乎在美国环境保护署各网站完全找不到包括有关案例研究在内的有关技术不可行参考资料。你无法找到任何决策记录单（这当中技术不可行是挽救措施的一部分），或无法使用搜索引擎更多了解技术不可行实施程序，或以某种方式偶用签发的技术不可行自动放弃用于超级基金场点。该机构在其年度应用技术审核或任何其他技术出版物中大多忽略了技术不可行（如USEPA，2010）。它同时也显示出一些美国环境保护署在近20年的时间内仅仅签发了寥寥几个技术不可行自动放弃，第四区尚未签发一个标准的技术不可行自动放弃。有趣的是，第四区覆盖了几个主要岩溶州，包括田纳西、肯塔基、阿拉巴马、佛罗里达。因此，看起来美国环境保护署第四区担心承认岩溶场点地下水修复技术不可行设下先例。第四区各州接受了这一政策的绝大部分内容，并应用于各自场点。仅只有 Deeb 等（2011）综合列举和说明了技术不可行场点，他们通过国防部的一个环境安全技术认证计划的资助做了这项研究，正如前所述，有相当数目的复杂场点将由联邦政府税款出资进行清理。

每年批准的技术不可行自动放弃案例的不断减少，以及缺少对技术不可行提供实质性技术指导，表明美国环境保护署针对很多年以前所使用的技术不可行自动放弃政策而采用了一种非正式政策。2011年夏天发布的两份环保局文件使该政策正式化。第一份文件是发布于2011年7月的《地下水路线图》，通过一个概念图和相关叙述概述了超级基金场点的地下水评价与修复过程（USEPA，2011b）。令人惊讶的是，技术不可行文件是该路线图的一个要素。然而，该路线仅仅在完成以下步骤后才可执行技术不可行政策：

（1）补救设计；

（2）补救行动；

（3）完成补救及绩效监测、五年复审和潜在系统优化；

（4）在补救目标未能实现的事件中其他技术的可行性评价。

换句话说，线路图表明技术不可行是在开展了补救行动之后才考虑的最后解决办法。即便最佳可用技术满足最大污染物水平的成功概率很低（如有高密度非水相液体的岩溶场点），也推荐使用某些形式的高成本补救手段。

第二份文件发布于2011年9月,为美国环境保护署超级基金修复和技术革新办公室主任的一份备忘录,对先前引用的美国环境保护署前局长助理 Elliott P. Laws 1995年7月31日备忘录进行澄清。下文直接摘自2011年9月备忘录(Woolford,2011):

本备忘录是澄清:①1995年备忘录是要仅适用于1995财年作出的修复决策;②高密度非水相液体污染本身不应成为任何给定场点考虑使用技术不可行自动放弃的唯一根据。科学技术的发展在对地下高密度非水相液体进行特征描述,以及成功处理和提取这些污染物方面显示出了很大的进步。最近修复决策选取了多种现地技术来解决和处理高密度非水相液体污染,例如:现地化学氧化、现地生物修复和现地热修复等。基于上述原因,1995年备忘录标题为《超级基金地下水决策记录:当进行当前场点决策时应不再考虑本财年实施变更,1995年7月31日(OSWER指令9335.3—03P)》(加注强调)

本备忘录废除了美国环境保护署各区在高密度非水相液体场地使用技术不可行自动放弃或者提供书面说明的1995指令。尽管看起来似乎1995指令从未真正被执行过,但是美国环境保护署现在以书面形式抛弃了这种政策规定。此外,尽管热修复和现地化学氧化等激进现地技术能长期带来成本高效、更好的结果的证据有限,但本备忘录正式认可了这类技术。虽然本备忘录果断地反对技术不可行自动放弃,但是,下面摘录的一段文字与路线图有冲突:

当从工程的角度讲地下水修复无法实现时,考虑技术不可行自动放弃也许是补救选择的一个合适选择(Woolford,2001)。

换句话说,从理论上讲,技术不可行自动放弃在补救选择阶段可取代激进补救手段而使用。尽管高密度非水相液体本身并非意味着技术不可行自动放弃,但是,可使用足够的、基于科学的论证以要求在合适时适用技术不可行自动放弃(Woolford,2011)。因此,美国环境保护署应对其路线图进行修订以反映出技术不可行自动放弃在补救手段初始选择阶段是一种可行的选择方案。无论这种警示怎样,2011备忘录极有可能将进一步消弱了复杂超级基金场点技术不可行自动放弃的适用

(Kresic 和 Mikszewski,2012)。

美国环境保护署不恰当的技术和监管导向的后果,包括各区在技术不可行自动放弃政策上的不一致,使正在为极为困难场点地下水修复开发场点概念模型的从业人员处于一种两难境地。因此,当他们中很多人将技术不可行称为政治不现实并制作仅为内部使用的类似于图 11.9的流程图就不足为奇了。

要申请实施技术不可行自动放弃必须满足以下两项标准之一:①工程上不可行;②不可靠(USEPA,1993)。一项补救措施如果设计用来满足《资源保护和恢复法案》的当前工程方法不能合理实施,就可认为其工程上不可行。如果表明现有补救方案在将来不太可能起到保护作用,就可认为不可靠。这两项标准共同定义了工程上技术不可行的概念。此外,技术不可行自动放弃仅仅根据在一个合理时段使用最佳可用技术无法实现清理目标这样的实证才被认为理所当然。

正如美国环境保护署所论述的那样,恢复地下水到有益使用的合理时段取决于场地的特地环境和所使用的修复方法。修复方法,从最激进方法到被动方法各方案比较将提供有关实现地下水清理水平所需的大致时段范围方面的信息。过长的修复时段,即便是采用最激进的修复方法,也会说明地下水修复从工程角度讲技术不可行(USEPA,1996b)。然而值得注意的是,美国环境保护署各区在使用技术不可行自动放弃上观点各有不同,包括对"合理"的定义。

要注意,根据美国环境保护署(1993)提供的量级数,一个合理的时段有时一般为 100 年。然而,在地下水修复方面尚无一个为大家所接受的对"合理"的定义,因为这取决于可适用的技术和水文地质等场点特定条件。这导致"合理"的真正含义产生混乱和矛盾的诠释。有些情况下,利益相关方将 600 年的时间尺度级解释为合理的时段,而其他人认为长于 30 年的时间尺度在技术上不可行(Deeb 等,2011)。

根据作者的经验,相对于基线条件下 500 年清理时间的估值,一项补救措施估计将清理时间减少到 250 年,监管机构就可认为合理和可行。现在不清楚如何认为 250 年的清理时间为合理时间。想想看,250 年前的 1761 年,美利坚合众国甚至还不存在。

为什么在清理时段数百年的修复手段间作选择根本上是错误的，这点上有决定性的技术理由。经济上讲，任何一种修复选择方案的净现值，其大部分在第一个 30 年的成本中获取，这表明将来 100 年或更久的长期修复成本差异无关紧要。在这种时间尺度的数值模型精度也值得怀疑，下文摘自美国环境保护署（1999b）对此进行的阐述：

模拟的时段越长，模型结果相关不确定性越大。尽管 Joint 场点地下水各点实现修复目标的时间将可能在 100 年时间尺度，但是，所做模拟如果要到将来 50 年以上，则一般为不可靠或者没有什么用处。美国环境保护署在比较修复方案时使用了 10～25 年的时间尺度模拟，尽管修复工作无论是哪种方案在这个时间段都未完成。这为各方案的相对效能及在 25 年时间尺度实现修复目标的进度提供了一个量度标准。

以上美国环境保护署声明与其他决策记录的决策文献发生直接冲突，在这些决策文献中，使用了模型模拟来证明为什么在两个方案都估计清理时间超过 100 年时选择一个方案而放弃另一个方案。在实践技术标准方面监管导向的前后矛盾，更重要的是，对"合理"时间段的构成的解释的前后矛盾将继续阻碍技术不可行自动放弃作为一种可行修复方案的推进，直至清理过程中考虑了社会和经济因素。下节将进一步探讨这个概念。

如果一个几百年的清理时间段被认为"合理"，那么我们几乎就没什么办法，这种情况下，有两种方法展示某一场点技术不可行自动放弃：现场方法和模型方法。任一方法都可在实施美国环境保护署（2012）仅有的技术不可行自动放弃指南中介绍的一种补救措施之前使用。Kresic 和 Mikszewski（2012）介绍了两个案例研究，阐述了这两种方法。

有趣的是，2012 年是两个最为重要的水文地质和地下水修复国际会议召开的一年。在加拿大尼亚加拉大瀑布，水文地质国际学会在 2012 年 9 月举行了 40 周年庆祝会，会上超过 750 份专题汇报，有多个世界上著名的水文地质学家作主旨发言。由于没有提交一个论文摘要（本次大会的岩溶研讨会就有超过 60 个专题报告），一个名为岩溶含水层修复的专题会被取消。2012 年 5 月，在加州蒙特利召开了氯化化合物和顽固化合物修复巴特尔国际会议,聚集了世界上最著名环境修复专业人员。本次大会上有关土壤和地下水修复的数千专题报告中,仅有一个是有关岩溶含水层的,得出的一个结论是,岩溶地下水污染和修复不应像其他多孔媒介采取相同方式进行处理。作者的观点是:在这两个大会上完全缺失岩溶修复报告的主要原因很简单:环境专业人员更喜欢介绍成功故事(甚至仅仅是为他们支付修复账单的客户允许这样做)。

11.4 前瞻:可持续修复

在美国,超级基金和州主导的修复有大量非经济效益,最著名的是有关公共健康及减少或清除对重要自然资源的损害(Kresic 和 Mikszewski,2012)。例如,Currie 等(2011)发现,超级基金清理能减少受影响社区内先天性异常的发生率为 20% ~25%。这是第一次研究以检验有害废物场点清理对婴幼儿健康的影响,其重要效益是不需要详细了解影响成年人健康的环境因素,包括终身吸烟行为、终身接触环境空气污染、终身接触多个有害废物场点(Currie 等,2011)。读者可参看美国环境保护署(2011d)综合了解美国环境保护署眼中的超级基金项目的其他效益。

Currie 等(2011)研究说明需要消除有害废物场点相关的真正(而非假设)污染接触。然而,我们知道,如何最有效地消除全国范围内的现有污染接触及将来的污染接触,不属于超级基金项目内容。可持续修复是一个新出现的领域,是为了对抗 Visalia Pole Yard 清理和其他类似项目不合理的心态而特别发展而来。这个概念最初由美国可持续修复论坛(SURF)2008 年白皮书(SURF,2009)提出,自那以后在美国和欧盟很快流传开来。在其 2011 夏季期刊中,修复杂志出版了该主题的第一个指南性文件,介绍了可持续修复框架,完成环境足迹分析和终生评估的详细必要步骤,并确定了修复项目中可持续实践的指标体系(见 Simon 的介绍,2011)。

可持续修复被定义为一项修复措施或多项措施组合,通过对有限资源的明智利用，将其对人类健康和环境的净效益最大化(SURF，2009)。通过平衡经济增长、环境保护和对当代与后代改善生活品质的社会责任来实现(USEPA,2011d)。因此，可持续修复的三重底线由环境、社会和经济因素来衡量(Butler 等,2011)。

Holland 等(2011)定义的可持续修复框架有以下几个重要特点：

• 基于流程的实施。包括实现最终成功的几个必要决策点。这是更为严格、更为传统的基于目标的实施(其所有焦点集中在满足某一具体规定要求，如最大污染物水平)的一个选项。

• 未来使用规划。在重点考虑终端使用或未来使用的条件下管理整个场点清理流程。这包括一项传统战略，在实现修复目标后有效推动项目从修复阶段到长期利用阶段。

• 分阶段可持续评估。通过二氧化碳排放、地下水或能源使用、对当地劳动力进行培训、利用地方供水人或重新引入场点生态的本地物种等指标(其他指标参见 Butler 等,2011)来衡量项目积极的可持续影响，将这种影响最大限度地表现出来。

• 开发场点可持续概念模型，纳入资源输入/输出、净环境效益、利益相关人经济和社会福利、高水平土地利用规划等可持续因素。场点可持续概念模型可用来回答场点地下水有益利用、场点关闭可行性及实现修复目标将如何改变场点风险等方面的复杂问题。

• 可持续修复措施的实施，包括但不限于：

——使用现地技术模拟污染物矿化而非相转移的自然过程和/或结果。例如，能使污染物现地完全破坏的生物修复相对于常常要求相变化以便从地下抽提污染物并需要将修复处理废物送出场点的热修复更受欢迎。

——大大减少或消除排放和自然资源(如能源，水等)消耗，这包括在可能的情况下最大限度地减少运输。

——使用可再生能源给修复工作提供电力。

——循环利用或再利用土壤或拆除材料。

——培训并雇用当地工人。

——在修复措施选择和实施之前、之中和之后开展社区协作活动。

可持续要素也能纳入到传统场点评估活动之中,如风险评估。重要的是在可持续评价过程中要牢记三重底线,这样,社区所面临的社会和经济挑战在决策过程中被给予了充分权重。例如,场点污染造成的极低的超额癌症风险(如百万分之一)常常被用来为场点修复辩护,而零代价是给美国癌症学会(ACS)估量2011年美国癌症死亡案例的2/3归因于烟草使用、超重或肥胖、身体活动不足、营养不良等所有这些可以防止的原因(ACS,2011)。可持续修复方法也将以与场地清理有着逻辑联系的方式考虑并潜在解决这些健康关注。例如,场点再利用规划可纳入一个社区健康中心,种植新鲜农产品的社区花园,或者健身设施和/或自然步道等。社区参与活动也可包括健康和经济咨询。以上例子都代表着更加理智地使用那些常常花在得不偿失的实现最大污染物水平的努力上的金钱(Kresic 和 Mikszewski,2012)。

在美国,最近非常关注"绿色修复",这是美国环境保护署定义并鼓励的一种做法。绿色恢复考虑了清理行动的所有环境影响并纳入了选择方案以最大限度地减少这些行动的环境足迹(USEPA,2011e,2011f)。因此,绿色修复与可持续修复在几个核心要素上是相同的,如在修复过程中最大限度地减少能源使用和排放。然而,在这两个概念之间存在着关键的根本分歧,常常因为"绿色"和"可持续"这两个术语通常交换使用而很容易掩饰这些分歧。例如,以下是美国环境保护署对绿色修复的几个关键点,直接引自美国环境保护署(2011e):

- 绿色清理不是设置清理水平和选择修复措施的替代方法;
- 为了重新使用而对场点进行清理是可持续发展的强力支撑;
- 减少清理活动的环境足迹并不证明改变终极目的的正确性。

简单地说,绿色修复在选择修复方法或首选最终用途上不包括可持续方面的考虑。绿色修复与过程严格相关,而可持续修复融入了社会和经济因素来解决更大的土地管理问题(USEPA,2011e)。这很不幸,因为实现可持续成果目标最大的机会是在修复实施的早期阶段设置修复规范和战略之时(NICOLE,2010)。

Kresic 和 Mikszewski(2012)提议,尽管只是LEED(能源与环境设计)标准的一个典型例子,绿色修复实现了使咨询人、监管人和利益相关方考虑清理项目的总体环境足迹的关键目标。此外,绿色修复鼓励应用那些在可持续发展中无疑起着重要作用因而成为修复产业走向成熟的另一个发展步骤的重要技术。图 11.24 是最先由 SURF(2009)提出的这种发展过程的扩展原理图。

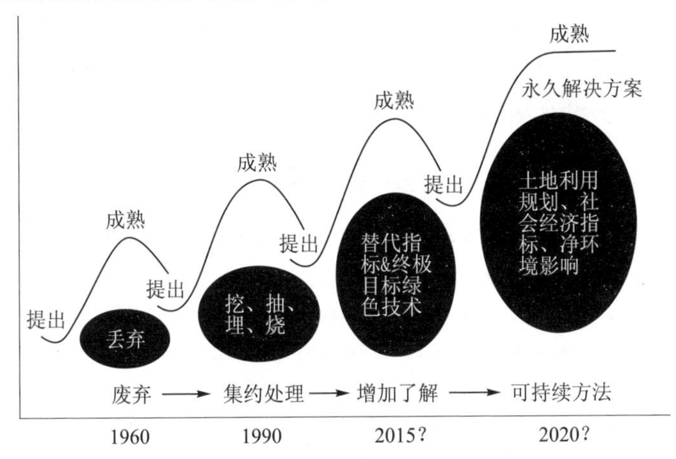

图 11.24　有关废弃物和环境清理活动的社会思考心路历程概念图。为原图扩展版,包含了我们当前的阶段(增加了解),绿色修复实践受到鼓励而且替代性修复终端目标和指标至少得到了积极的考虑。下一个逻辑发展步骤是全面包含可持续修复实践

(Kresic 和 Mikszewski,2012;从 SURF,2009 改编而来)

朝着可持续修复实践转变对于确保美国、欧盟及其他国家的环境保护项目的长期可行性至关重要。很多国家政府当前的预算和债务危机将继续威胁着环境清理项目的财政拨款,而修复产业不得不用较少资金做更多事情以谋生存。一个巨大危险是“别管含水层”方法的政治因素,由于偏向于较为廉价的供水方案,所有地下水恢复上所做的尝试都被摒弃(Ronen 等,2011)。Kresic 和 Mikszewski(2012)及本章强调的修复技术和当前的清理思想体系的缺点并不意味着不鼓励进一步清理或者贬低原生环境资源有内在价值这种看法。相反,作者希望鼓励对技术可行、能取得更好修复成果的整体方法提供支持,同时对尽可能多的受污染场点的评估和妥善管理提供财政资源。

最后,本书作者想说的是,本书各章节呈现的各种讨论和概念都与岩溶地区当前水文、水文地质及修复实践相关联,而且重点强调当前比较盛行的各种改善理念及推荐意见。这些话题常常颇具争议,作者希望本书就我们如何能够改进当前的政策和实践在花费较少资金的情况下获取更好的社会成果这个问题进行思考并展开讨论。

对于这些讨论,作者尚无议程表也没有潜在动机。需要注意的是,作者完成本书没有从任何公共机构或私人部门获得财政支持。

参考文献

[1] ACS (American Cancer Society), 2011. Cancer Facts and Figures 2011. American Cancer Society, Atlanta, GA.

[2] Anderson, M. R., Johnson, R. L., and Pankow, J. F., 1987. The dissolution of residual dense non-aqueous phase liquid (DNAPL) from a saturated porous medium. In: Proceedings of the NWWA/API Conference on Petroleum Hydrocarbons and Organic Chemicals in Ground Water: Prevention, Detection, and Restoration. National Water Well Association, American Petroleum Institute, Houston, TX, pp. 409-428.

[3] Anderson, M. R., Johnson, R. L., and Pankow, J. F., 1992. Dissolution of dense chlorinated solvents into groundwater. 3. Modeling of contaminant plumes from fingers and pools of solvent. Environ Sci Technol, 26:901-908.

[4] Ayotte, J. D., Montgomery, D. L., Flanagan, S. M., and Robinson, K. W., 2003. Arsenic in groundwater in eastern New England: Occurrence, controls, and human health implications. Environ Sci Technol, 37(10):2075-2083.

[5] Azdapor-Keeley, A., Russell, H. H., and Sewell, W. W., 1999. Microbial processes affecting monitored natural attenuation of contaminants in the subsurface. Ground Water Issue, U. S. Environmental Protection Agency, Office of Research and Development, EPA/540/S-99/001, 18p.

[6] Aziz, C. E., Newell, C. J., Gonzales, J. R., Haas, P., Clement, T. P., and Sun, Y., 2000. BIOCHLOR; Natural attenuation decision support system; User's manual, version 1.0. EPA/600/R-00/008, U. S. Environmental Protection Agency, Office of Research and Development, Washington, D. C., 46p.

[7] Barner, W., and Uhlman, K., 1995. Contaminant transport mechanisms in karst

terrains and implications on remediation. In: Beck, B. F. (ed.), Karst Geohazards—Engineering and Environmental Problems in Karst Terrane. A. A. Balkema, Rotterdam, pp. 207-212.

[8] Black, D. F., 1966. Howard's Cave disaster. National Speleological Society (NSS) News 24, pp. 242-244.

[9] Bouwer, E. J., 1994. Bioremediation of chlorinated solvents using alternate electron acceptors. In: Norris, R. D., et al. (eds.), Handbook of Bioremediation. Lewis Publishers, Boca Raton, FL, pp. 149-175.

[10] Bricelj, M., 2003. Microbial tracers in groundwater research. RMZ—Materials and Geoenvironment, 50(1): 67-70.

[11] Bricelj, M., and Čenčur Curk, B., 2005. Bacteriophage transport in the unsaturated zone of karstified limestone aquifers. In: Stevanovic, Z., and Milanovic, P. (eds.), Water Resources and Environmental Problems in Karst, Proceedings of the International Conference and Field Seminars, Belgrade & Kotor, Serbia & Montenegro, 13-19 September 2005, Institute of Hydrogeology, University of Belgrade, Belgrade, pp. 109-114.

[12] Brusseau, M., 2005. DNAPL source zones. In: DNAPLs—Source zone behavior and mass flux measurement, Clue-In Seminar, August 10, 2005. U.S. Environmental Protection Agency, Technology Innovation Program. Available at: http://www.clu-in.org/conf/tio/dnaplsl-081005/.

[13] Butler, P. B., Larsen-Hallock, L., Lewis, R., Glenn, C., and Armstead, R., 2011. Metrics for integrating sustainability evaluations into remediation projects. Remed J, 21:81-87. doi: 10.1002/rem.20290

[14] Byl, T. D., and Williams, S. D., 2000. Biodegradation of chlorinated ethenes at a karst site in middle Tennessee. U.S. Geological Survey Water-Resources Investigations Report 99-4285. Nashville, TN, 58p.

[15] Chapelle, F. H., Novak, J., Parker, J., Campbell, B. G., and Widdowson, M. A., 2007. A framework for assessing the sustainability of monitored natural attenuation. U.S. Geological Survey Circular 1303, Reston, VA, 35p.

[16] Cohen, R. M., and Mercer, J. W., 1993. DNAPL site evaluation. C. K. Smoley, Boca Raton, FL, various paging.

[17] Currie, J., Greenstone, M., and Moretti, E., 2011. Superfund cleanups and infant health. Massachusetts Institute of Technology, Department of Economics

Working Paper Series. Working Paper 11-02. Available at http://papers. ssrn. com/so13/papers. cfm? abstract_id = 1768233

[18] Danish EPA, 1999. Natur og Miljøpolitisk Redegørelse 1999. Miljø- og Energiministeriet. (Nature and Environment Policy Statement 1999, in Danish). Environment and Energy, Copenhagen, Denmark. Available at: http://www. mem. dk/publikationer/nmpr99/

[19] Davis, E. , 1997. Ground water issue: How heat can enhance in-situ soil and aquifer remediation: Important chemical properties and guidance on choosing the appropriate technique, EPA 540/S-97/502. U. S. Environmental Protection Agency, Office of Research and Development, Ada, OK, 18p.

[20] Davis, E. L. , 1998. Steam injection for soil and aquifer remediation. EPA/540/S-97/505, U. S. Environmental Protection Agency, Office of Research and Development, Ada OK, 16p.

[21] Deeb, R. , Hawley, E. , Kell, L. , and O'Laskey, R. , 2011. Assessing alternative endpoints for groundwater remediation at contaminated sites. ESTCP Project ER-200832, 232p. Available at: http://www. serdp. org/Program-Areas/Environmental-Restoration/Contaminated-Groundwater / Persistent- Contamination / ER-200832.

[22] DeLano, J. M. , Parker, J. T. , Galloway, R. , et al. , 2010. MNA as an approved groundwater remedy for a carbonate bedrock aquifer contaminated with PAHs. 2010 GSA Annual Meeting & Exposition, Reaching New Peaks in Geoscience, October 31-November 3, 2010, Denver, CO, Paper no. 58-6.

[23] Ewers, R. O. , Duda, A. J. , Estes, E. K. , Idstein, P. J. , and Johnson, K. M, 1991. The transmission of light hydrocarbon contaminants in limestone karst aquifers. In: Proceeding of the Third Conference on Hydrogeology, Ecology, Monitoring, and Management of Ground Water in Karst Terranes. Association of Ground Water Scientists and Engineers, Nashville, TN, pp. 287-306.

[24] Falta, R. W. , Rao, P. S. , and Basu, N. , 2005a. Assessing the impacts of partial mass depletion in DNAPL source zones: I. Analytical modeling of source strength functions and plume response. J Contam Hydrol, 78(4):259-280.

[25] Falta, R. W. , Basu, N. , and Rao, P. S. , 2005b. Assessing the impacts of partial mass depletion in DNAPL source zones: II. Coupling source strength functions to plume evolution. J Contam Hydrol, 79(1): 45-66.

[26] Falta, R. W., Stacy, M. B., Ahsanuzzaman, A. N. M., Wang, M., and Earle, R. C., 2007. REMChlor, remediation evaluation model for chlorinated solvents; User's manual, Version 1.0. U.S. Environmental Protection Agency, Center for Subsurface Modeling Support, National Risk Management Research Laboratory, Ada, OK, 79p.

[27] Feenstra, S., and Cherry, J. A., 1988. Subsurface contamination by dense non-aqueous phase liquid (DNAPL) chemicals. In: Proceedings of International Groundwater Symposium, International Association of Hydrogeologists, May 1-4, 1988, Halifax, Nova Scotia, pp. 62-69.

[28] Fountain, J. C., 1998. Technologies for dense nonaqueous phase liquid source zone remediation. Technology Evaluation Report TE-98-02, Ground-Water Remediation Technologies Analysis Center (GWRTAC), Pittsburgh, PA, 62p.

[29] Fraser, M., McLaren, R., and Barker, J., 2005. Multilevel monitoring wells to assess contaminant mass discharge: Magnitude of uncertainties based on Borden monitoring experience. The Abstract Book of the 2005 Ground Water Summit Program. National Ground Water Association, San Antonio, TX.

[30] Gilmore, T., et al., 2006. Characterization and monitoring of natural attenuation of chlorinated solvents in ground water: A systems approach. WRSC-STI-2006-00084, Rev 1, Savannah River National Laboratory, Savannah River Site, Aiken, SC, 53p.

[31] Gudbjerg, J., 2003. Remediation by steam injection. Ph. D. Thesis, Environment & Resources DTU, Technical University of Denmark, 137p.

[32] Guilbeault, M. A., Parker, B. L., and Cherry, J. A., 2005. Mass and flux distributions from DNAPL zones m sandy aquifers. Ground Water, 43(1):70-86.

[33] GWTF (Ground Water Task Force), 2007. Recommendations from the EPA Ground Water Task Force; Attachment B: Ground water use, value, and vulnerability as factors in setting cleanup goals. EPA 500-R-07-001, Office of Solid Waste and Emergency Response, pp. B1-B14.

[34] Hedberg, C. W., and Osterholm M. T., 1993. Outbreaks of foodborne and waterborne viral gastroenteritis. Clin Microbiol Rev, 6:199-210.

[35] Hendrickson, E. R., Payne, J. A., Young, R. M., et al., 2002. Molecular analysis of Dehalococcoides 16S ribosomal DNA from chloroethene-contaminated sites throughout North America and Europe. Appl Environ Microbiol, 68(2):

485-495.

[36] Holland, K. S. , Lewis, R. E. , Tipton, K. , et al. , 2011. Framework for integrating sustainability into remediation projects. Remed J, 21:7-38. doi: 10.1002/rem.20288

[37] Huling, S. G. , and Pivetz, B. E. , 2006. In-situ chemical oxidation. Engineering Issue, EPA/600/R-06/072, U. S. Environmental Protection Agency, Office of Research and Development, National Risk Management Research Laboratory, Cincinnati, OH, 58p.

[38] ITRC (The Interstate Technology & Regulatory Council), 1999. Natural attenuation of chlorinated solvents in groundwater: Principles and practices. Technical/Regulatory Guidelines, In Situ Bioremediation Work Team, Interstate Technology & Regulatory Council, Washington, D. C. , 25p + appendices. Available at: http://www. itrcweb. org.

[39] ITRC, 2003. An introduction to characterizing sites contaminated with DNAPLs. Technology Overview, Dense Nonaqueous Phase Liquids Team, Washington, D. C. , 36p + appendices.

[40] ITRC, 2004. Strategies for monitoring the performance of DNAPL source zone remedies. Technical and Regulatory Guidelines, Interstate Technology & Regulatory Council, Washington, D. C. , 94p + appendices.

[41] ITRC, 2005. Technical and Regulatory Guidance for In Situ Chemical Oxidation of Contaminated Soil and Ground-water, 2nd ed. In Situ Chemical Oxidation Team, Interstate Technology & Regulatory Council, Washington, D. C. , 71p + appendices.

[42] ITRC, 2010. Use and measurement of mass flux and mass discharge. Technology overview document. Interstate Technology & Regulatory Council, Washington, D. C. , 89p + appendices. Available at: http://www. itrcweb. org/Documents/MASSFLUXl. pdf. Accessed July 20, 2011.

[43] Jawitz, J. W. , Fure, A. D. , Demmy, G. G. , Berglund, S. , and Rao, P. S. C. , 2005. Groundwater contaminant flux reduction resulting from nonaqueous phase liquid mass reduction. Waiter Resources Res, 41(10):W10408.

[44] Kingston, J. T. , Dahlen, P. R. , Johnson, P. C. , Foote, E. , and Williams, S. , 2009. State-of-the- practice overview: Critical evaluation of state-of-the-art in situ thermal treatment technologies for DNAPL source zone treatment. ESTCP

Project ER-0314. Available at: http://cluin. org/techfocus/default, focus /sec / Thermal _Treatment %3A_In-Situ / cat / Guidance /

[45] Kingston, J. T., Dahlen, P. R., Johnson, P. C., Foote, E., and Williams, S., 2010. Final report: Critical evaluation of state-of-the-art in situ thermal treatment technologies for DNAPL source zone treatment. ESTCP Project ER-0314, 1272pp. Available at: http://cluin. org/techfocus/ default. focus / sec / Thermal_Treatment%3A_in_Situ/cat / Guidance /

[46] Kresic, N., 2007. Hydrogeology and Groundwater Modeling, 2nd ed. CRC/Taylor & Francis, Boca Raton, FL, 807p.

[47] Kresic, N., 2009. Groundwater Resources. Sustainability, Management, and Restoration. McGraw Hill, New York, 852p.

[48] Kresic, N., and Mikszewski, A., 2012. Hydrogeological Conceptual Site Models: Data Analysis and Visualization. CRC/Taylor & Francis Group, Boca Raton, FL, 552p.

[49] Kresic, N., O' Laskey, R., Deeb, R., et al., 2005. Technical impracticability (TI) of DNAPL remediation in karst. In: Stevanovic, Z., and Milanovic, P. (eds.), Water Resources and Environmental Problems in Karst, Proceedings of the International Conference and Field Seminars, Belgrade & Kotor, Serbia & Montenegro, September 13-19, 2005, Institute of Hydrogeology, University of Belgrade, Belgrade, pp. 63-65.

[50] Lawrence, S. J., 2006. Description, properties, and degradation of selected volatile organic cornpounds detected in ground water—A review of selected literature. U.S. Geological Survey, Open-File Report 2006-1338, Reston, VA, 62p; a web-only publication at http://pubs. usgs. gov/ofr/2006/1338/.

[51] Laws, E. P., 1995. Memorandum. Subject: Superfund Groundwater RODs: Implementing Change This Fiscal Year, July 31, 1995. EPA-540-F-99-005, OSWER-9335.5-03P, PB99-963220, Washington, D. C.

[52] Lipson, D. S., Kueper, B. H., and Gefell, M. J., 2005. Matrix diffusion-derived plume attenuation in fractured bedrock. Ground Water, 43(1):30-39.

[53] Loop, C. M., and White, W. B., 2001. A conceptual model for DNAPL transport in karst ground water basins. Ground Water, 39(1):119-127.

[54] Magnuson, J. K., Stern, R. V., Gossett, J. M., Zinder, S. H., and Burris, D. R., 1998. Reductive dechlorination of tetrachloroethene to ethene by a two-

component enzyme pathway. Appl Environ Microbiol, 64:1270- 1275.

[55] Major, D. W., McMaster, M. L., Cox, E. E., et al., 2001. Successful field demonstration of bioaugmentation to degrade PCE and TCE to ethene. Proceedings of the Sixth International In Situ and On-Site Bioremediation Symposium, San Diego, CA, Vol. 6, No. 8, pp. 27-34.

[56] McDade, J. M., McGuire, T. M., and Newell, C. J., 2005. Analysis of DNAPL source-depletion costs at 36 field sites. Reined J, 15(2):9-18.

[57] McGuire, T. M., McDade, J. M., and Newell, C. J., 2006. Performance of DNAPL source depletion at 59 chlorinated solvent-impacted sites. Groundwater Monit Remediat, 26(1):73-84.

[58] Newell, C. J., et al., 1995. Light nonaqueous phase liquids. Ground Water Issue, EPA/540/S-95/500, Robert S. Kerr Environmental Research Laboratory, Ada, OK, 28p.

[59] Newell, C. J., et al., 2002. Calculation and use of first-order rate constants for monitored natural attenuation studies. Ground Water Issue, EPA/540/S-02/500, U. S. Environmental Protection Agency, National Risk Management Research Laboratory, Cincinnati, OH, 27p.

[60] Nichols, E. M., Beadle, S. C., and Einarson, M. D., 2000. Strategies for characterizing subsurface releases of gasoline containing MTBE. American Petroleum Institute (API), Regulatory and Scientific Affairs Publication Number 4699, Washington, D. C., various paging.

[61] NICOLE (Network for Industrially Contaminated Land in Europe), 2010. NICOLE road map for sustainable remediation. Available at: http://www.nicole. org/documents/DocumentList. aspx? l = 2&w = n.

[62] NRC (National Research Council), 1994. Alternatives for Ground Water Cleanup. National Academy Press, Washington, D. C., 315p.

[63] NRC (National Research Council), 2005. Contaminants in the Subsurface: Source Zone Assessment and Remediation. National Academy Press. Washington, D,C., 358p.

[64] Oostrom, M., White, M. D., Lenhard, R. J., van Geel, P. J., and Wietsma, T. W., 2005. A comparison of models describing residual NAPL formation in the vadose zone. Vadose Zone J, 4:163-174.

[65] Pankow, J. F., and Cherry, J. A., 1996. Dense Chlorinated Solvents and Oth-

er DNAPLs in Groundwater. Waterloo Press, Guelph, Ont, Canada, 522p.

[66] Parsons (Parsons Corporation), 2004. Principles and practices of enhanced anaerobic bioremediation of chlorinated solvents. Air Force Center for Environmental Excellence (AFCEE), Brooks City-Base, Texas; Naval Facilities Engineering Service Center Port Hueneme, California; Environmental Security Technology Certification Program, Arlington, VA, various paging.

[67] Pierce, B., 2004. Comments & recommendations from the draft ground water use and vulnerability discussion paper. Memorandum to Guy Tomassoni, USEPA, Ken Lovelace, USEPA, September 30, 2004, Georgia Department of Natural Resources, Environmental Protection Division, Atlanta, GA, 4p. Available at: http://gwtf.clu-in.org/docs/options/comments/45.pdf.

[68] Powell, T., Smith, G., Sturza, J., Lynch, K., and Truex, M., 2007. New advancements for in-situ treatment using electrical resistance heating. Remed J, 17:51-70. doi:10.1002/rem.20124.

[69] Rao, P. S. C., Jawttz, J. W., Enfield, C. G., Falta, R. W., Annable, M. D., and Wood, A. L., 2001. Technology integration for contaminated site remediation: Cleanup goals and performance criteria. In: Groundwater quality: Natural and enhanced restoration of groundwater pollution. Publication No. 275, International Association of Hydrologic Sciences, Wallingford, UK, pp. 571-578.

[70] Rhindress, R. C., 1971. Gasoline pollution of a karst aquifer. In: Parizek, R. R., White, W. B., and Langmuir, D. (eds.), Hydrogeology and Geochemistry of Folded and Faulted Rocks of the Central Appalachian Type and Related Land Use Problems Earth and Mineral Sciences Experiment Station, The Pennsylvania State University, Circular 82, pp. 171-175.

[71] Ronen, D., Sorek, S., and Gilron, J., 2011. Rationales behind irrationality of decision making in groundwater quality management. Ground Water. doi: 10.1111/j.1745-6584.2011.00823.x

[72] Rügner, H., and Bittens, M., 2006. Revitalization of contaminated land and groundwater at megasites; SAFIRA II Research Program 2006-2012, UFZ Center for Environmental Research Leipzig-Halle GmbH, Germany.

[73] Ryan, S., 2010. Dense nonaqueous phase liquid cleanup: Accomplishments at twelve NPL sites. National Network of Environmental Management Studies Fellow. Published by the US EPA on-line at http://cluin.org, 84p.

[74] Seeley, N. D., and Primrose, S. B., 1982. The isolation of the bacteriophage from the environment. J Appl Microbiol, 53:1-17.

[75] Simon, J. A., 2011. Editor's perspective—US sustainable remediation forum pushes forward with guidance on the state of the practice. Remed J, 21:1-5. doi: 10.1002/rem.20287.

[76] Slough, K. J., Sudicky, E. A., and Forsyth, P. A., 1999. Importance of rock matrix entry pressure on DNAPL migration in fractured geologic materials. Ground Water, 37(2):237-244.

[77] Stroud, F. B., Gilbert, J., Powell, G. W., Crawford, N. C., Rigatti, M. J., and Johnson, P. C., 1986. U.S. Environmental Protection Agency emergency response to toxic fumes and contaminated ground water in karst topography: Bowling Green, Kentucky. In: Proceedings of the Environmental Problems in Karst Terranes and Their Solutions Conference, National Water Well Association, pp. 197-226.

[78] SURF (U.S. Sustainable Remediation Forum), 2009. Sustainable remediation white paper—integrating sustainable principles, practices, and metrics into remediation projects. Remed J, 19:5-114. doi:10.1002/rem.20210

[79] Suthersan, S. S., and Payne, F. C., 2005. In situ remediation engineering. CRC Press, Boca Raton, FL, 511p.

[80] USACE (U.S. Army Corps of Engineers), 2006. Design: In situ thermal remediation. UFC 3-280-05. Unified Facilities Criteria (UFC). U.S. Army Corps of Engineers, Naval Facilities Engineering Command (NAVPAC), Air Force Civil Engineer Support Agency (AFCESA).

[81] USACE, 2009. Design: In-Situ thermal remediation. Manual 1110-1-401536, 226p. Available at: http:// www. usace. army, mil/inet/usace-docs/.

[82] USACE, 2010. Five-Year Review Report for OU 1 SIA Groundwater Interim Remedial Action, OU 2 SIA Soils, OU 3 Ammunition Storage Area Soils and Groundwater, Anniston Army Depot, Calhoun County, Alabama, EPA ID: 321002027, Mobile, AL. Prepared for USEPA Region 4, Atlanta, GA.

[83] U.S. DOE (U.S. Department of Energy), 2002. DNAPL bioremediation-RTDE Innovative Technology Summary Report, DOE/EM-0625. Office of Environmental Management. Dover, DE, various paging.

[84] USEPA (United States Environmental Protection Agency), 1993. Guidance for

Evaluating the Technical Impracticability of Ground-Water Restoration, OWSER Directive 9234. 2-5, EPA/540-R-93-080, September 1993.

[85] USEPA (United States Environmental Protection Agency), 1994. EPA Superfund Record of Decision: Southern California Edison, Visalia Pole Yard Superfund Site, Visalia, CA. EPA ID: CAD980816466.

[86] USEPA, 1995. Use of Risk-Based Decision Making in UST Corrective Action Programs, OWSER Directive 9610. 17, Office of Solid Waste and Emergency Response, 20p.

[87] USEPA, 1996a. A Citizen's guide to bioremediation. EPA 542-F-96-007, Office of Solid Waste and Emergency Response, 4p.

[88] USEPA, 1996b. Presumptive response strategy and ex-situ treatment technologies for contaminated ground water at CERCLA sites, Final Guidance. OSWER Directive 9288. 1-12, EPA 540/R-96/023.

[89] USEPA, 1998a. Steam injection for soil and aquifer remediation. EPA/540/S-97/505, Office of Solid Waste and Emergency Response, U. S. Environmental Protection Agency, Washington, D. C., 16p.

[90] USEPA, 1998b. Permeable reactive barrier technologies for contaminant remediation. EPA/600/R-98/125, Office of Solid Waste and Emergency Response, U. S. Environmental Protection Agency, Washington, D. C., 94p.

[91] USEPA, 1999a. Use of monitored natural attenuation at superfund, RCRA corrective action, and underground storage tank sites. Directive 9200. 4-17P. Office of Solid Waste and Emergency Response, 41p.

[92] USEPA, 1999b. EPA Superfund Record of Decision: MONTROSE CHEMICAL CORP. and DEL AMO. EPA ID: CAD008242711 and CAD029544731 OU(s) 03 & 03, LOS ANGELES, CA 03/30/1999. Dual Site Groundwater Operable Unit. II: Decision Summary, pp. 11-7. EPA/ROD/R09-99/035

[93] USEPA, 1999c. Groundwater cleanup: Overview of operating experience at 28 Sites. EPA/542/R-99/006, Office of Solid Waste and Emergency Response, Washington, D. C., various pagination.

[94] USEPA, 2000. Engineered approaches to in situ bioremediation of chlorinated solvents: Fundamentals and field applications. EPA 542-R-00-008. Available at: http://cluin. org / download / remed / engappinsit bio. pdf. Accessed August 12, 2011.

[95] USEPA, 2003a. Atrazine interim reregistration eligibility decision (IRED), Q&A's—January 2003. Available at: http://www. epa. gov/pesticides/factsheets/ atrazine. htm#ql. Accessed January 23, 2008.

[96] USEPA, 2003b. The DNAPL Remediation Challenge: Is There A Case For Source Depletion? Report Prepared by an Expert Panel to the Environmental Protection Agency, Office of Research and Development, 'Publication EPA/600/R-03/143. Available at: http://www. epa. gov/ada/download/reports/ 600RO3143/600RO3143. pdf.

[97] USEPA, 2004. In situ thermal treatment of chlorinated solvents; Fundamentals and field applications. EPA 542/R-04/010. Office of Solid Waste and Emergency Response, U. S. Environmental Protection Agency, Washington, D. C., various paging.

[98] USEPA, 2007. Treatment Technologies for Site Cleanup: Annual Status Report (Twelfth Edition). Office of Solid Waste and Emergency Response, EPA-542-R-07-012, 66p + appendices. Available at: http://www. clu-in. org/asr/.

[99] USEPA, 2009a. DNAPL remediation: Selected projects where regulatory closure goals have been achieved. Office of Solid Waste and Emergency Response, EPA 542/R-09/008, 52p. Available at: http:// www. clu-in. org/s. focus/c/pub/ i/1719/.

[100] USEPA, 2009b. Final Close Out Report: Southern California Edison Visalia Pole Yard Superfund Site, Visalia, Tulare County, CA. EPA Region 9.

[101] USEPA, 2009c. Amendment #2 to the Record of Decision for the Commencement Bay-South Tacoma Channel Superfund Site, Operable Unit 1, Well 12A, EPA Region 10.

[102] USEPA, 2010. Superfund Remedy Report, Thirteenth Edition. Office of Solid Waste and Emergency Response, EPA-542-R-10-004, 36p + appendices. Available at: http://www. clu-in. org/asr/.

[103] USEPA, 2011a. Record of decision. Available at: http://www. epa. gov/superfund/ cleanup/ rod. him.

[104] USEPA, 2011b. Groundwater Road Map: Recommended Process for Restoring Contaminated Ground- water at Superfund Sites. OSWER 9283. 1-34, 31p.

[105] USEPA, 2011c. Green power equivalency calculator methodologies. Available at: http://www. epa. gov/greenpower/pubs/calcmeth. htm.

[106] USEPA, 2011d. Beneficial effects of the superfund program. Office of Superfund Remediation and Technology Innovation. EPA Contract EP W-07-037. Available at: http://www. epa. gov/superfund/ accomp/pdfs/SFBenefits-031011-Ver1. pdf.

[107] USEPA, 2011e. US and EU perspectives on green and sustainable remediation part 2. CLU-IN Internet Seminar, Delivered: March 15, 2011, 10:00 AM - 12:00 PM, EDT (14:00-16:00 GMT). Available at: http://www. cluin. org/live/archive/#US_and_EU_Perspectives_on_Green_and_Sustainable_Remediation_Part2.

[108] USEPA, 2011f. Introduction to green remediation. Office of Superfund Remediation and Technology Innovation. Quick Reference Fact Sheet. Available at: http://cluin. org/greenremediation/.

[109] Veselič, M., and Čenčur Curk, B., 2001. Test studies of flow and solute transport in the unsaturated fractured and karstified rock on the experimental field site Sinji Vrh, Slovenia. In: Seiler, K. P., and Wohnlich, S. (eds.), New Approaches Characterizing Groundwater Flow, Balkema, Lisse, The Netherlands, pp. 211-214.

[110] Vesper, D. J., Loop, C. M., and White, W. B., 2003. Contaminant transport in karst aquifers. Speleogenesis Evol Karst Aquifers 1(2), 101-111 (republished from Theoretical and Applied Karstology, 2001, 13-14).

[111] Wiedemeier, T. H., et al., 1998. Technical protocol for evaluating natural attenuation of chlorinated solvents in ground water. EPA / 600 / R-98 / 128, U. S. Environmental Protection Agency, Office of Research and Development, Washington, D. C., various pagination.

[112] Wiedemeier, T. H., et al., 1999. Technical protocol for implementing intrinsic remediation with longterm monitoring for natural attenuation of fuel contamination dissolved in groundwater; Volume I (Revision 0), Air Force Center for Environmental Excellence (AFCEE), Technology Transfer Division, Brooks Air Force Base, San Antonio, TX, various pagination.

[113] Wilkin, R. T., and Puls, R. W., 2003. Capstone report on the application, monitoring, and performance of permeable reactive barriers for groundwater remediation: Volume 1—Performance evaluation at two sites. EPA/600/R-03/045a. U. S. Environmental Protection Agency, Washington, D. C., various pa-

ging.

[114] Wischkaemper, K., 2007. Technical Impracticability, So Far, Anniston Army Ammunition Depot in Anniston, AL. TSP Semi-Annual Meeting in Las Vegas, Wednesday November 7, 2007. Available at: www. epa. gov / tio / tsp / download / 2007_fall_meeting / wed-wischkaemper. pdf

[115] Wolfe, W. J., Haugh, C. J., Webbers, A., and Diehl, T. H., 1997. Preliminary conceptual models of the occurrence, fate, and transport of chlorinated solvents in karst regions of Tennessee. U. S. Geological Survey Water-Resources Investigations Report 97-4097, Nashville, TN, 80p.

[116] Woolford, J. E., 2011. Memorandum. Subject: Clarification of OSWER's 1995 Technical Impracticability Waiver Policy. OSWER-#9335. 5-32, Washington, D. C.

[117] Zhang, W., 2003. Nanoscale iron particles for environmental remediation. J Nanoparticle Res, 5:323-332.

本书英制计量单位与国际法定计量单位换算表

单位符号	单位名称	物理量名称	换算系数
acre	英亩	面积	1 acre = 4 840 yd^2 = 0.404 856 hm^2
bar	巴	压强,压力	1 bar = 10^5 Pa = 1 dN/mm^2
ft	英尺	长度	1 ft = 3.048 × 10^{-1} m
ft^2	平方英尺	面积	1 ft^2 = 9.290 304 × 10^{-2} m^2
ft^3	立方英尺	体积	1 ft^3 = 2.831 685 × 10^{-2} m^3
gal	加仑	容积	1 gal(US) = 3.785 43 L
hp	[英制]马力	功率	1 hp = 745.700 W
in	英寸	长度	1 in = 2.54 cm
in^2	平方英寸	面积	1 in^2 = 6.451 600 × 10^{-4} m^2
in^3	立方英寸	体积	1 in^3 = 1.638 71 × 10^{-5} m^3
lb	磅	质量	1 lb = 0.453 592 kg
mi,mile	英里	长度	1 mi = 1.609 344 km
mi^2,$mile^2$	平方英里	面积	1 mi^2 = 2.589 988 km^2
pt	品脱	容积	1 pt = 0.568 261 dm^3
yd	码	长度	1 yd = 3 ft = 36 in = 0.914 4 m
yd^2	平方码	面积	1 yd^2 = 0.836 127 36 m^2